"十一五"国家重点图书

● 数学天元基金资助项目

俄罗斯数学
教 材 选 译

代数学习题集

（第4版）

□ А. И. 柯斯特利金 编

□ 丘维声 译

高等教育出版社·北京

图字：01-2012-1053 号

И. В. Аржанцев и др., Сборник задач по алгебре под редакцией А. И. Кострикина (Problems in Algebra). Москва, МЦНМО, 2009.

Originally published in Russian under the title
Problems in Algebra Edited by A. I. Kostrikin
By I. V. Arzhantsev and all (Moscow: MCCME, 2009)
Copyright © I. V. Arzhantsev
All Rights Reserved

图书在版编目（ＣＩＰ）数据

代数学习题集 /（俄罗斯）A. H. 柯斯特利金编；丘维声译. -- 4 版. -- 北京：高等教育出版社，2018.8（2023.2重印）
ISBN 978-7-04-050234-3

Ⅰ.①代… Ⅱ.① A… ②丘… Ⅲ.①高等代数—高等学校—习题集 Ⅳ.① O15-44

中国版本图书馆 CIP 数据核字（2018）第 169255 号

| 策划编辑 | 赵天夫 | 责任编辑 | 赵天夫 和 静 | 封面设计 | 姜 磊 | 版式设计 | 童 丹 |
| 责任校对 | 王 雨 | 责任印制 | 存 怡 |

出版发行　高等教育出版社　　　　　　网　　址　http://www.hep.edu.cn
社　　址　北京市西城区德外大街4号　　　　　　　http://www.hep.com.cn
邮政编码　100120　　　　　　　　　　网上订购　http://www.hepmall.com.cn
印　　刷　北京市艺辉印刷有限公司　　　　　　　　http://www.hepmall.com
开　　本　787mm×1092mm 1/16　　　　　　　　　http://www.hepmall.cn
印　　张　28.5
字　　数　490 千字　　　　　　　　　　版　　次　2018 年 8 月第 1 版
购书热线　010-58581118　　　　　　　印　　次　2023 年 2 月第 2 次印刷
咨询电话　400-810-0598　　　　　　　定　　价　89.00 元

本书如有缺页、倒页、脱页等质量问题，请到所购图书销售部门联系调换
版权所有　侵权必究
物　料　号　50234-00

序言

第四版序言

新版的《代数学习题集》入选为纪念莫斯科大学 250 周年校庆而出版的 "大学经典教材系列"，并且按照力学数学系一、二年级代数学教学内容分为两卷，但保留了前一版的结构. 第一卷包括第一部分 "代数学基础" 和第二部分 "线性代数与几何"，第二卷由第三部分 "基本代数结构" 组成.

第四版的编辑修改工作由编者团队、国立莫斯科大学高等代数学教研室成员以及 И. А. 丘巴罗夫完成.

莫斯科，2006　　　　　　　　　　　　　　　　　　　　　　B. A. 阿尔塔莫诺夫

第三版序言[①]

本习题集第二版 [16] 出版于 1995 年. 这一版的印数相当大，但是现在已经很难买到. 英文版 [18] 出版于 1996 年.

遗憾的是，在 [16] 中有大量印刷错误. 我希望在呈献给广大读者的第三版中已经改正了所有这些问题，自然还希望不出现新的纰漏. 在这一版中保留了在 [16] 中建立的结构，改正了一系列印刷错误，并且主要在第 13 和 14 章中补充了一些新的习题.

[①]本序言是由本书主编、俄罗斯科学院通讯院士、国立莫斯科大学教授、高等代数学教研室主任 А. И. 柯斯特利金提供的. 令人痛心的是，他本人未能等到这一版问世，不幸于 2000 年 9 月逝世.

第三版的编辑修改工作由 B. A. 阿尔塔莫诺夫完成，编者团队、国立莫斯科大学高等代数学教研室成员以及 E. B. 潘克拉季耶夫也参加了相关工作.

这一版与 А. И. 柯斯特利金的三卷本教材《代数学引论》[3-5] 同时出版.

莫斯科, 2001
А. И. 柯斯特利金

第二版序言节录

在第一版序言中谈到的为本代数学习题集提出的目标已经基本实现, 其评判依据是大量书评和教研室成员 (即习题集编者团队) 的教学经验. 与此同时, 第一版的重大缺陷几乎立刻暴露出来: 计算题数量不足, 典型习题空缺, 习题和答案的编号不够方便, 难度不同的习题混在一起.

这一版的任务就是改正上述缺陷, 主要由 B. A. 阿尔塔莫诺夫完成 (但编者团队基本上也参加了相关工作). 习题集的内容显著增加, 其中不仅补充了常规习题, 而且汇集了一些难题, 其难度有时相当高. 部分难题选自期刊和专著. 补充的难题在一定程度上有助于满足有才能的学生的需求, 并为年级论文[①]提供题目. 这些难题集中在每一节的最后, 在记号 * * * 之后.

第一版序言节录

高等代数、线性代数与几何课程已经有一些广受好评的习题集 (例如, 参看 [8, 9] 等), 所以再出版一部类似性质的教学用书, 就需要给出一些说明. 本习题集的编者所遵循的意图非常简单. 近年来, 上述课程的结构发生了变化, 出现了一些新的分支, 许多传统内容被删除或缩减, 所有这些导致习题课教师不得不求助于数量巨大的各种文献资料. 为了摆脱这样的局面, 国立莫斯科大学高等代数教研室决定编写一本包含三学期课程全部内容的新的习题集.

编写工作从最开始就是由一个团队完成的. 在选择材料时, 负责某一章内容的成员按照基于经验形成的标准适当控制材料的覆盖面和种类. 这实际上意味着, 标准计算题的数目有所减少, 而代之以最典型的例题. 因此, 在习题集中主要汇集了实际用于习题课的题目. 相对而言, 难题所占比例不大, 尤其是对于第一学期. 所有难题都有提示. 不过, 到课程结束时, 难题的作用越来越大. 最难的习题可以用在代数学的提高班上.

理论介绍的数量被降到最低程度, 但是对于最后几章, 独立使用本书变得越来越重要. 在编写本书时使用了参考文献所列习题集中的大量习题.

[①] 在俄罗斯高校中, 大学生一般从三年级开始在教师指导下开展学术训练并撰写年级论文, 在学年结束时参加论文答辩. ——译者注

在本书最后列出了本书所使用的符号和基本概念的定义，供读者在理解习题条件遇到困难时查阅。这里没有列出的定义可以在"理论知识"一节中找到，其中简要介绍了求解习题所必须掌握的基本命题。

编者感谢 В.В.巴特列夫，他为本书做了很多工作。特别感谢圣彼得堡大学高等代数与数论教研室和基辅大学代数与数理逻辑教研室的同事们，他们仔细审阅了这本书并提出了大量具体建议。

编者感谢本书编辑 Г.В.多罗费耶夫，他认真关注了材料的排序原则和符号的标准化，删除了一些多余的平行材料。

参考文献

1. *Кострикин А.И.* Введение в алгебру. — М.: Наука, 1977.
2. *Кострикин А.И., Манин Ю.И.*, Линейная алгебра н геометрия. — М.: Наука, 1986.
3. *Кострикин А.И.* Введение в алгебру. Ч. I. — М.: Физматлит, 2001.
4. *Кострикин А.И.* Введение в алгебру. Ч. II. — М.: Физматлит, 2001.
5. *Кострикин А.И.* Введение в алгебру. Ч. III. — М.: Физматлит, 2001.
6. *Курош А.Г.* Курс высшей алгебры. — М.: Наука, 1971.
7. *Скорняков Л.А.* Элементы алгебры. — М.: Наука, 1980.
8. *Фаддеев Д.К., Соминский И.С.* Сборник задач по высшей алгебре. — М.: Наука, 2001.
9. *Проскуряков И.В.* Сборник задач по линейной алгебре. — М.: Лаборатория базовых знаний, 1999.
10. *Икрамов Х.Д.* Задачник по линейной алгебре. — М.: Наука, 1975.
11. *Цубербиллер О.Н.* Задачн и упражнения по аналитической геометрии. — М.: Наука, 1970.
12. *Хорн Р., Джонсон И.* Матричный анализ. — М.: Наука, 1989.
13. *Barbeau E.J.* Polynomials. — N.Y.: Springer-Verlag, 1989.
14. *Латышев, В.Н.* Выпуклые многогранники и линейное программирование. — Ульяновск: Филиал МГУ, 1992.
15. Сборник задач по алгебре / Под. ред. А.И. Кострикина. — М.: Наука, 1987.
16. Сборник задач по алгебре / Под. ред. А.И. Кострикина. — М.: Факториал, 1995.
17. Сборник задач по алгебре / Под. ред. А.И. Кострикина. — М.: Физматлит, 2001.

18. Exercices in algebra: a collection of exercises in algebra, linear algebra and geometry / Ed. A. I. Kostrikin. — Gordon and Breach Publ., 1996.
19. *Дыбкова Е.В., Жуков И.Б., Семенов А.А., Шмидт Р.А.* Задачи по алгебре. Основы теории групп. — С.-Пб.: Изд-во С.-Пб, ун-та, 1996.
20. *Генералов А.И., Дыбкова Е.В., Жуков И.Б., Меркурьев А.С., Семенов А.А., Шмидт Р.А.* Задачи по алгебре. Основы теории колец. — С.-Пб.: Изд-во С.-Пб, ун-та, 1998.
21. *Винберг Э.Б.* Курс алгебры. — М.: Факториал Пресс, 2002.

目录

第一部分 代数学基础 ... 1

第一章 集合和映射 ... 3
§1. 子集的运算. 元素数目的计算 ... 3
§2. 映射和子集的数目的计算, 二项式系数 ... 4
§3. 置换 ... 6
§4. 递推关系. 归纳法 ... 10
§5. 求和 ... 13

第二章 算术空间和线性方程组 ... 15
§6. 算术空间 ... 15
§7. 矩阵的秩 ... 18
§8. 线性方程组 ... 22

第三章 行列式 ... 31
§9. 2 阶和 3 阶行列式 ... 31
§10. 展开行列式. 归纳定义 ... 32
§11. 行列式的基本性质 ... 33

§12. 按照一行或一列的元素展开行列式 · · · · · · · · · · · · · · 36
§13. 借助初等变换计算行列式 · · · · · · · · · · · · · · · · · · 38
§14. 计算特殊行列式 · 41
§15. 矩阵乘积的行列式 · 42
§16. 附加的习题 · 44

第四章　矩阵　49

§17. 矩阵的运算 · 49
§18. 矩阵方程. 可逆矩阵 · 53
§19. 特殊矩阵 · 58

第五章　复数　61

§20. 复数的代数式 · 61
§21. 复数的三角式 · 62
§22. 复数的根. 分圆多项式 · 65
§23. 借助复数计算和与积 · 68
§24. 复数和平面几何 · 70

第六章　多项式　73

§25. 带余除法. Euclid 算法 · 73
§26. 特征为 0 的域上的单根和重根 · · · · · · · · · · · · · · · · 75
§27. 在 $\mathbb{R}$ 和 $\mathbb{C}$ 上的素分解 · 77
§28. 有理数域和有限域上的多项式 · · · · · · · · · · · · · · · · 78
§29. 有理分式 · 81
§30. 插值 · 82
§31. 对称多项式. Vieta 公式 · · · · · · · · · · · · · · · · · · · 83
§32. 结式和判别式 · 88
§33. 根的分离 · 90

第二部分　线性代数与几何 · · · · · · · · · 93

第七章　向量空间 · 95
　　§34. 向量空间的概念. 基 · · · · · · · · · · · · · · · 95
　　§35. 子空间 · 98
　　§36. 线性函数和线性映射 · · · · · · · · · · · · · · 103

第八章　双线性和二次函数 · · · · · · · · · · · · · 107
　　§37. 一般的双线性和半双线性函数 · · · · · · · 107
　　§38. 对称双线性函数, Hermite 函数和二次函数 · · · · · · 115

第九章　线性变换 · 121
　　§39. 线性变换的定义. 像, 核, 线性变换的矩阵 · · · 121
　　§40. 特征向量, 不变子空间, 根子空间 · · · · · 124
　　§41. Jordan 标准形及其应用. 最小多项式 · · 129
　　§42. 赋范向量空间和代数, 非负矩阵 · · · · · · 134

第十章　度量向量空间 · · · · · · · · · · · · · · · · · 139
　　§43. 度量空间的几何 · · · · · · · · · · · · · · · · · 139
　　§44. 伴随变换和正规变换 · · · · · · · · · · · · · · 146
　　§45. 自伴随变换. 二次型化简到主轴上 · · · · 150
　　§46. 正交变换和酉变换. 极分解 · · · · · · · · · 153

第十一章　张量 · 159
　　§47. 基本概念 · 159
　　§48. 对称张量和斜称张量 · · · · · · · · · · · · · · 162

第十二章　仿射几何, Euclid 几何和射影几何 · · · 165
　　§49. 仿射空间 · 165
　　§50. 凸集 · 170
　　§51. Euclid 空间 · 175

§52. 二次超曲面 · · · · · · 180
§53. 射影空间 · · · · · · 186

第三部分　基本代数结构 · · · · · · 191

第十三章　群 · · · · · · 193

§54. 代数运算. 半群 · · · · · · 193
§55. 群的概念. 群的同构 · · · · · · 194
§56. 子群. 群的元素的阶. 陪集 · · · · · · 199
§57. 群在集合上的作用. 共轭关系 · · · · · · 204
§58. 同态和正规子群. 商群, 中心 · · · · · · 209
§59. Sylow 子群. 小阶群 · · · · · · 213
§60. 直积与直和. Abel 群 · · · · · · 216
§61. 生成元和定义关系 · · · · · · 221
§62. 可解群 · · · · · · 225

第十四章　环 · · · · · · 229

§63. 环和代数 · · · · · · 229
§64. 理想, 同态, 商环 · · · · · · 235
§65. 特殊代数类 · · · · · · 244
§66. 域 · · · · · · 249
§67. 域扩张. Galois 理论 · · · · · · 253
§68. 有限域 · · · · · · 263

第十五章　表示论初步 · · · · · · 267

§69. 群的表示. 基本概念 · · · · · · 267
§70. 有限群的表示 · · · · · · 272
§71. 群代数和它们的模 · · · · · · 276
§72. 表示的特征标 · · · · · · 280
§73. 连续群的表示的初始知识 · · · · · · 285

答案和提示 **289**

理论知识 **417**
  §I. 仿射几何和 Euclid 几何 417
  §II. 二次超曲面 419
  §III. 射影空间 421
  §IV. 张量 422
  §V. 表示论初步 423

定义汇总 **427**

符号表 **437**

第一部分

代数学基础

第一章　集合和映射

§1. 子集的运算. 元素数目的计算

1.1. 设 $A_i\ (i \in I), B$ 是 X 的子集, 证明:

a) $\left(\bigcup_{i \in I} A_i\right) \cap B = \bigcup_{i \in I}(A_i \cap B);$

b) $\left(\bigcap_{i \in I} A_i\right) \cup B = \bigcap_{i \in I}(A_i \cup B);$

c) $\overline{\bigcup_{i \in I} A_i} = \bigcap_{i \in I} \overline{A_i};$

d) $\overline{\bigcap_{i \in I} A_i} = \bigcup_{i \in I} \overline{A_i}.$

1.2. 设 X 是任一集合, 2^X 是它的所有子集组成的集合. 证明在集合 2^X 上的**对称差运算** $\triangle$

$$A \triangle B = (A \cap \overline{B}) \cup (\overline{A} \cap B)$$

具有下列性质:

a) $A \triangle B = B \triangle A;$

b) $(A \triangle B) \triangle C = A \triangle (B \triangle C);$

c) $A \triangle \varnothing = A;$

d) 对于 X 的任一子集 A, 存在 X 的子集 B 使得 $A \triangle B = \varnothing;$

e) $(A \triangle B) \cap C = (A \cap B) \triangle (A \cap C)$;

f) $A \triangle B = (A \cup B) \setminus (A \cap B)$;

g) $A \triangle B = (A \setminus B) \cup (B \setminus A)$.

1.3. 对于有限集 $A_1, \cdots, A_n$, 证明:
$$\left|\bigcup_{i=1}^n A_i\right| = \sum_{i=1}^n |A_i| - \sum_{1 \leqslant i < j \leqslant n} |A_i \cap A_j| + \cdots$$
$$+ (-1)^{k-1} \sum_{1 \leqslant i_1 < \cdots < i_k \leqslant n} |A_{i_1} \cap \cdots \cap A_{i_k}| + \cdots$$
$$+ (-1)^{n-1} |A_1 \cap \cdots \cap A_n|.$$

1.4. 证明对于任一整数 $n > 1$,
$$\varphi(n) = n\left(1 - \frac{1}{p_1}\right)\left(1 - \frac{1}{p_2}\right) \cdots \left(1 - \frac{1}{p_r}\right),$$
其中 $p_1, p_2, \cdots, p_r$ 是 n 的所有不同的素因子, $\varphi(n)$ 是 Euler 函数.

1.5. 从一个固定集合的给定的 n 个子集出发经过交、并和补的运算能够得到的子集的最大数目是多少?

1.6. 设 A, B, C 是一个集合的子集. 证明: $A \cap B \subseteq C$ 当且仅当 $A \subseteq \overline{B} \cup C$.

§2. 映射和子集的数目的计算, 二项式系数

2.1. 设 X 是一个房间里的人组成的集合, Y 是这个房间里的椅子组成的集合. 假设

a) 每把椅子被分配给一个人, 他坐在这把椅子上;

b) 每个人分到一把椅子, 他坐在这把椅子上.

在什么情形下 a) 和 b) 定义了一个映射 $X \to Y$ 和 $Y \to X$? 在哪些情形这些映射是单射、满射或双射?

2.2. 证明对于一个无限集 X 和一个有限子集 Y, 存在一个双射 $X \setminus Y \to X$.

2.3. 设 $f: X \to Y$ 是一个映射. 映射 $g: Y \to X$ 是 f 的**左** (或**右**) **逆**, 如果 $g \circ f = 1_X$ (或 $f \circ g = 1_Y$). 证明:

a) 映射 f 是单射当且仅当它有左逆;

b) 映射 f 是满射当且仅当它有右逆.

2.4. 在从集合 X 到集合 $\{0, 1\}$ 的所有映射的族与集合 2^X (见 1.2) 之间建立一个双射. 若 $|X| = n$, 计算 $|2^X|$.

2.5. 设 $|X|=m, |Y|=n$. 求从集合 X 到集合 Y 的所有

a) 映射,

b) 单射,

c) 双射,

d) 满射

的数目.

2.6. 设 $|X|=n$. 求 X 的基数为 m 的所有子集的数目 $\binom{n}{m}$ (这个数也称为从 n 个元素中取出 m 个元素的组合数, 常记为 C_n^m).

2.7. 设 $|X|=n$. 求 X 的基数为偶数的所有子集的数目.

2.8. 证明 Newton 二项式公式:
$$(a+b)^n = \sum_{i=0}^{n} \binom{n}{i} a^i b^{n-i} \quad (n \in \mathbb{N}).$$

2.9. 设 $|X|=n$ 并且 $m_1 + \cdots + m_k = n$ $(m_i \geqslant 0)$. 求把 X 分成分别包含 $m_1, \cdots, m_k$ 个元素的 k 个子集的有序划分的数目 $\binom{n}{m_1, \cdots, m_k}$.

2.10. 证明:

a) $(x_1 + \cdots + x_k)^n = \sum\limits_{\substack{(m_1,\cdots,m_k) \\ m_1+\cdots+m_k=n, m_i \geqslant 0}} \binom{n}{m_1,\cdots,m_k} x_1^{m_1} \cdots x_k^{m_k}$;

b) $\sum\limits_{\substack{(m_1,\cdots,m_k) \\ m_1+\cdots+m_k=n, m_i \geqslant 0}} \binom{n}{m_1,\cdots,m_k} = k^n$.

2.11. 证明:

a) $\binom{n}{m} = \binom{n}{n-m}$;

b) $\sum\limits_{i=0}^{n} \binom{n}{i} = 2^n$;

c) $\sum\limits_{i=1}^{n} (-1)^i \binom{n}{i} = 0$;

d) $\sum\limits_{i=1}^{n} i \binom{n}{i} = n 2^{n-1}$;

e) $\sum\limits_{i=1}^{n} (-1)^i i \binom{n}{i} = 0, n > 1$;

f) $\sum_{i=0}^{m} \binom{p}{i}\binom{q}{m-i} = \binom{p+q}{m}$;

g) $\binom{n}{k-1} + \binom{n}{k} = \binom{n+1}{k}, 1 \leqslant k \leqslant n$;

h) $\sum_{i=1}^{r} \binom{r+1}{i}(1^i + 2^i + \cdots + n^i) = (n+1)^{r+1} - (n+1)$;

i) $\binom{k}{k} + \binom{k+1}{k} + \cdots + \binom{n+k}{k} = \binom{n+k+1}{k+1}$;

j) $\sum_{i=1}^{n} \frac{p(p+1)\cdots(p+i-1)}{i!} = \frac{(p+1)\cdots(p+n)}{n!}$;

k) $\sum_{i=k}^{n-l} \binom{i}{k}\binom{n-i}{l} = \binom{n+1}{k+l+1}$, 其中 $n \geqslant k+l \geqslant 0$.

2.12. 证明 $x^m + x^{-m}$ 是 $x + x^{-1}$ 的 m 次多项式.

2.13. 求把 n 分成 k 个非负整数的有序和的划分的数目.

§3. 置换

3.1. 按照指出的次序和相反的次序将置换相乘：

a) $\begin{pmatrix} 1 & 2 & 3 & 4 & 5 \\ 3 & 4 & 1 & 5 & 2 \end{pmatrix} \times \begin{pmatrix} 1 & 2 & 3 & 4 & 5 \\ 5 & 3 & 1 & 2 & 4 \end{pmatrix}$;

b) $\begin{pmatrix} 1 & 2 & 3 & 4 & 5 & 6 \\ 3 & 6 & 4 & 5 & 2 & 1 \end{pmatrix} \times \begin{pmatrix} 1 & 2 & 3 & 4 & 5 & 6 \\ 2 & 4 & 1 & 5 & 6 & 3 \end{pmatrix}$;

c) $\begin{pmatrix} 1 & 2 & 3 & 4 & 5 \\ 2 & 1 & 3 & 5 & 4 \end{pmatrix} \times \begin{pmatrix} 1 & 2 & 3 & 4 & 5 \\ 4 & 5 & 3 & 2 & 1 \end{pmatrix}$;

d) $\begin{pmatrix} 1 & 2 & 3 & 4 & 5 & 6 \\ 3 & 5 & 1 & 6 & 2 & 4 \end{pmatrix} \times \begin{pmatrix} 1 & 2 & 3 & 4 & 5 & 6 \\ 6 & 3 & 4 & 2 & 1 & 5 \end{pmatrix}$.

3.2. 把置换分解成不相交轮换的乘积：

a) $\begin{pmatrix} 1 & 2 & 3 & 4 & 5 & 6 & 7 \\ 5 & 4 & 1 & 7 & 3 & 6 & 2 \end{pmatrix}$;

b) $\begin{pmatrix} 1 & 2 & 3 & 4 & 5 & 6 & 7 \\ 3 & 1 & 6 & 7 & 5 & 2 & 4 \end{pmatrix}$;

c) $\begin{pmatrix} 1 & 2 & 3 & 4 & 5 & 6 & 7 \\ 3 & 7 & 6 & 5 & 1 & 2 & 4 \end{pmatrix}$;

d) $\begin{pmatrix} 1 & 2 & 3 & 4 & 5 & 6 & 7 \\ 4 & 3 & 6 & 7 & 1 & 5 & 2 \end{pmatrix}$;

e) $\begin{pmatrix} 1 & 2 & 3 & 4 & \cdots & 2n-1 & 2n \\ 2 & 1 & 4 & 3 & \cdots & 2n & 2n-1 \end{pmatrix}$;

f) $\begin{pmatrix} 1 & 2 & \cdots & n & n+1 & n+2 & \cdots & 2n \\ n+1 & n+2 & \cdots & 2n & 1 & 2 & \cdots & n \end{pmatrix}$.

3.3. 写出下述置换的标准形式:

a) $(1\ 3\ 6)(2\ 4\ 7)(5)$;

b) $(1\ 6\ 5\ 4\ 2\ 3\ 7)$;

c) $(1\ 3\ 5\ \cdots\ 2n-1)(2\ 4\ 6\ \cdots 2n)$.

3.4. 将置换相乘:

a) $[(1\ 3\ 5)(2\ 4\ 6\ 7)] \cdot [(1\ 4\ 7)(2\ 3\ 5\ 6)]$;

b) $[(1\ 3)(5\ 7)(2\ 4\ 6)] \cdot [(1\ 3\ 5)(2\ 4)(6\ 7)]$.

3.5. 求序列的逆序数:

a) $2, 3, 5, 4, 1$;

b) $6, 3, 1, 2, 5, 4$;

c) $1, 9, 6, 3, 2, 5, 4, 7, 8$;

d) $7, 5, 6, 4, 1, 3, 2$;

e) $1, 3, 5, 7, \cdots, 2n-1, 2, 4, 6, 8, \cdots, 2n$;

f) $2, 4, 6, \cdots, 2n, 1, 3, 5, \cdots, 2n-1$;

g) $k, k+1, \cdots, n, 1, 2, \cdots, k-1$;

h) $k, k+1, \cdots, n, k-1, k-2, \cdots, 2, 1$.

3.6. 确定置换的奇偶性:

a) $\begin{pmatrix} 1 & 2 & 3 & 4 & 5 & 6 & 7 \\ 5 & 6 & 4 & 7 & 2 & 1 & 3 \end{pmatrix}$;

b) $\begin{pmatrix} 1 & 2 & 3 & 4 & 5 & 6 & 7 & 8 \\ 3 & 5 & 2 & 1 & 6 & 4 & 8 & 7 \end{pmatrix}$;

c) $\begin{pmatrix} 3 & 5 & 6 & 4 & 2 & 1 & 7 \\ 2 & 4 & 1 & 7 & 6 & 5 & 3 \end{pmatrix}$;

d) $\begin{pmatrix} 2 & 7 & 5 & 4 & 8 & 3 & 6 & 1 \\ 3 & 5 & 8 & 7 & 2 & 6 & 1 & 4 \end{pmatrix}$;

e) $\begin{pmatrix} 1 & 2 & 3 & \cdots\cdots\cdots\cdots & n-1 & n \\ 2 & 4 & 6 & \cdots & 1 & 3 & 5 & \cdots\cdots\cdots\cdots \end{pmatrix}$;

f) $\begin{pmatrix} 1 & 2 & 3 & \cdots\cdots\cdots\cdots & n-1 & n \\ 1 & 3 & 5 & \cdots & 2 & 4 & 6 & \cdots\cdots\cdots\cdots \end{pmatrix}$;

g) $\begin{pmatrix} 1 & 2 & 3 & \cdots & n-1 & n \\ n & n-1 & n-2 & \cdots & 2 & 1 \end{pmatrix}$;

h) $\begin{pmatrix} 1 & 2 & 3 & 4 & \cdots & n-1 & n \\ n & 1 & n-1 & 2 & \cdots\cdots\cdots\cdots & \end{pmatrix}$.

3.7. 确定置换的奇偶性:

a) $(1\ 2\ 3\ \cdots\ k)$;

b) $(i_1\ i_2\ \cdots\ i_k)$;

c) $(1\ 4\ 7\ 3)(6\ 7\ 2\ 4\ 8)(3\ 2)$;

d) $(i_1\ i_2)(i_3\ i_4)(i_5\ i_6)\cdots(i_{2k-1}\ i_{2k})$;

e) $(i_1\ \cdots\ i_p)(j_1\ \cdots\ j_q)(k_1\ \cdots\ k_r)(l_1\ \cdots\ l_s)$.

3.8. 设置换

$$\begin{pmatrix} 1 & 2 & \cdots & n \\ a_1 & a_2 & \cdots & a_n \end{pmatrix}$$

的第二行的逆序数等于 k. 求置换

$$\begin{pmatrix} 1 & 2 & \cdots & n \\ a_n & a_{n-1} & \cdots & a_1 \end{pmatrix}$$

的第二行的逆序数.

3.9. 考虑 n 次置换

$$\begin{pmatrix} 1 & 2 & \cdots & n \\ a_1 & a_2 & \cdots & a_n \end{pmatrix}.$$

a) 什么样的行 $(a_1,\cdots,a_n)$, 它的逆序数最大?

b) 位于第二行的第 k 个位置的数 1 做成多少个逆序?

c) 位于第二行的第 k 个位置的数 n 做成多少个逆序?

3.10. 在数 $1,2,\cdots,n$ 的序列 $a_1,\cdots,a_n$ 中把数 q 和 $q+1$ 互换位置, 其中 $1 \leqslant q \leqslant n-1$. 证明逆序数改变 ± 1.

3.11. 设置换
$$\sigma = \begin{pmatrix} 1 & 2 & \cdots & n \\ a_1 & a_2 & \cdots & a_n \end{pmatrix}$$
的第二行的逆序数等于 k. 证明:

a) σ 是 k 个邻接对换 $(q, q+1)$ 的乘积, 其中 $1 \leqslant q \leqslant n-1$;

b) σ 不是小于 k 个邻接对换的乘积.

3.12. 设 $\pi, \sigma \in \mathbf{S}_n$, 并且 σ 是长为 k 的轮换. 证明 $\pi\sigma\pi^{-1}$ 也是长为 k 的轮换.

3.13. 一个置换到不相交轮换的分解式在用某个对换去乘时如何改变? 这个**置换的减量**发生了什么变化?

3.14. 证明任一置换 $\sigma \in \mathbf{S}_n$ 能被表示成下列对换的乘积:

a) $(1\ 2), (1\ 3), \cdots, (1, n)$;

b) $(1\ 2), (2\ 3), \cdots, (n-1, n)$.

3.15. 证明任一置换 $\sigma \in \mathbf{S}_n$ 是几个因子的乘积, 其中每个因子等于轮换 $(1\ 2)$ 或者轮换 $(1\ 2\ 3\ \cdots\ n)$.

3.16. 证明任一偶置换是

a) 3-轮换的乘积;

b) 形如 $(1\ 2\ 3), (1\ 2\ 4), \cdots, (1\ 2\ n)$ 的轮换的乘积.

3.17. 设 f_{ij} 是二项式 $x_i - x_j$ 或二项式 $x_j - x_i$, 其中 i 和 j 是任意整数, $1 \leqslant i < j \leqslant n$, 并且设 $f(x_1, \cdots, x_n)$ 是所有这些二项式 f_{ij} 的乘积. 证明对于任一置换 $\sigma \in \mathbf{S}_n$ 有
$$f(x_{\sigma(1)}, \cdots, X_{\sigma(n)}) = (\mathrm{sgn}\,\sigma) \cdot f(x_1, \cdots, x_n).$$

* * *

3.18. 设 T 是 $\mathbf{S}_n$ 的一些对换组成的集合, Γ 是一个顶点集为 $\{1, 2, \cdots, n\}$ 且边集为 T 的图. 证明:

a) $\mathbf{S}_n$ 的任一置换是来自集合 T 的对换的乘积, 当且仅当图 Γ 是连通的;

b) 如果 $|T| < n-1$, 那么存在 $\mathbf{S}_n$ 的一个置换, 它不是来自 T 的对换的乘积.

3.19. 设 k 是一个整数使得 $1 \leqslant k \leqslant \binom{n}{2}$. 证明存在一个置换 $\begin{pmatrix} 1 & 2 & \cdots & n \\ i_1 & i_2 & \cdots & i_n \end{pmatrix} \in \mathbf{S}_n$, 其中 k 等于第二行的逆序数.

3.20. 求出所有置换 $\begin{pmatrix} 1 & 2 & \cdots & n \\ i_1 & i_2 & \cdots & i_n \end{pmatrix}$ 的第二行的逆序数的和.

3.21. 设 $|X| = m, |Y| = n, \sigma \in S_X, \tau \in S_Y$. 令 $\xi \in S_{X \times Y}$, 其中
$$\xi(x,y) = (\sigma(x), \tau(y)) \quad (x \in X, y \in Y).$$
求:

a) 用 $\operatorname{sgn} \sigma$ 和 $\operatorname{sgn} \tau$ 表示 $\operatorname{sgn} \xi$;

b) 置换 ξ 的分解式中不相交轮换的长度, 如果 $k_1, \cdots, k_s$ 和 $l_1, \cdots, l_t$ 是置换 σ 和 τ 的分解式中不相交轮换的长度 (包括长度 1 的轮换). 从 b) 推出情形 a) 的新的证明.

3.22. 设 $d = d(\sigma)$ 是置换 σ 的减量. 证明:

a) $\operatorname{sgn} \sigma = (-1)^d$;

b) 置换 σ 是 d 个对换的乘积;

c) 置换 σ 不是少于 d 个对换的乘积.

3.23. 设 $\sigma \in \mathbf{S}_n$. 则 $\sigma = \alpha \beta$, 其中 $\alpha, \beta \in \mathbf{S}_n$, 并且 $\alpha^2 = \beta^2 = \varepsilon$.

3.24. 设 σ 是长度为 n 的轮换. 证明:

a) 如果 n 能被自然数 m 整除, 那么 σ^m 是 m 个长度为 $\dfrac{n}{m}$ 的轮换的乘积;

b) 如果 m 是与 n 互素的自然数, 那么 σ^m 是长度为 n 的轮换;

c) 如果 m 是任意自然数, d 是数 m, n 的最大公因数, 那么 σ^m 是 d 个长度为 $\dfrac{n}{d}$ 的轮换的乘积.

3.25. 设置换 σ 可分解为长度为 $n_1, \cdots, n_k$ 的独立轮换的乘积. 假设 m 是任意自然数, d_i 是数 m 和 n_i 的最大公因数. 证明 σ^m 是 d_1 个长度为 $\dfrac{n_1}{d_1}$ 的轮换, d_2 个长度为 $\dfrac{n_2}{d_2}$ 的轮换, $\cdots$, d_k 个长度为 $\dfrac{n_k}{d_k}$ 的轮换的乘积.

§4. 递推关系. 归纳法

4.1. 设 $f(x) = x^2 - ax - b$ 是递推方程
$$u(n) = au(n-1) + bu(n-2) \quad (n \geqslant n_0 + 2) \qquad (*)$$
的特征多项式. 证明:

a) 函数 $u(n) = \alpha^n$ 满足 $(*)$ 当且仅当 α 是 $f(x)$ 的根;

b) 函数 $u(n) = n\alpha^n$ 满足 $(*)$ 当且仅当 α 是 $f(x)$ 的二重根;

c) 如果 $f(x)$ 有不同的根 α_1 和 α_2, 那么 $(*)$ 的任一解形如
$$u(n) = C_1 \alpha_1^n + C_2 \alpha_2^n,$$

其中常数 C_1 和 C_2 能被唯一确定;

d) 如果 $f(x)$ 有二重根 α, 那么 (*) 的任一解形如

$$u(n) = C_1\alpha^n + C_2 n\alpha^n,$$

其中当 $\alpha \neq 0$ 时, 常数 C_1 和 C_2 能被唯一确定.

4.2. 解递推方程 $(n_0 = 0)$:

a) $u(n) = 3u(n-1) - 2u(n-2), u(0) = -2, u(1) = 1$;

b) $u(n) = -2u(n-1) - u(n-2), u(0) = -1, u(1) = -1$.

4.3. 证明如果 $a \neq 1$, 那么

$$1 + 2a + 3a^2 + \cdots + na^{n-1} = \frac{na^{n+1} - (n+1)a^n + 1}{(a-1)^2}.$$

4.4. 计算 $u(0) + u(1) + \cdots + u(n)$, 其中 $n \geqslant 2$, 并且

a) $u(n) = 5u(n-1) - 4u(n-2), u(0) = 0, u(1) = 3$;

b) $u(n) = 2u(n-1) - u(n-2), u(0) = 1, u(1) = -1$;

c) $u(n) = 4u(n-1) - 4u(n-2), u(0) = -2, u(1) = 0$.

4.5. 设 $u(0) = 0, u(1) = 1$ 且 $u(n) = u(n-1) + u(n-2)$, 其中 $n \geqslant 2$. 整数 $u(n)$ 称为 Fibonacci 数. 求 $u(n)$.

4.6. 设 $a \geqslant -1$. 证明对于任意正整数 n, 不等式 $(1+a)^n \geqslant 1 + na$ 成立.

4.7. 证明对于任意整数 $n \geqslant 2$, 不等式

$$\frac{4^n}{n+1} < \frac{(2n)!}{(n!)^2}$$

成立.

4.8. 证明对于任意正整数 n:

a) $(n+1)(n+2)\cdots(n+n) = 2^n \cdot 1 \cdot 3 \cdot 5 \cdots (2n-1)$;

b) $1\cdot 2 + 2\cdot 3 + \cdots + (n-1)\cdot n = \dfrac{(n-1)n(n+1)}{3}$;

c) $1\cdot 2\cdot 3 + 2\cdot 3\cdot 4 + \cdots + n(n+1)(n+2) = \dfrac{n(n+1)(n+2)(n+3)}{4}$;

d) $\dfrac{1}{4\cdot 5} + \dfrac{1}{5\cdot 6} + \dfrac{1}{6\cdot 7} + \cdots + \dfrac{1}{(n+3)(n+4)} = \dfrac{n}{4(n+4)}$;

e) $\left(1 - \dfrac{1}{4}\right)\left(1 - \dfrac{1}{9}\right)\cdots\left(1 - \dfrac{1}{(n+1)^2}\right) = \dfrac{n+2}{2n+2}$;

f) $1 - \dfrac{1}{2} + \dfrac{1}{3} - \dfrac{1}{4} + \cdots + \dfrac{1}{2n-1} - \dfrac{1}{2n} = \dfrac{1}{n+1} + \dfrac{1}{n+2} + \cdots + \dfrac{1}{2n}$;

g) $\dfrac{1}{1\cdot 2\cdot 3}+\dfrac{1}{2\cdot 3\cdot 4}+\cdots+\dfrac{1}{n(n+1)(n+2)}=\dfrac{1}{2}\left(\dfrac{1}{2}-\dfrac{1}{(n+1)(n+2)}\right).$

4.9. 证明对于任意正整数 n:

a) n^3+5n 能被 6 整除;

b) $2n^3+3n^2+7n$ 能被 6 整除;

c) n^5-n 能被 30 整除;

d) $2^{2n}-1$ 能被 3 整除;

e) $11^{6n+3}+1$ 能被 148 整除;

f) $n^3+(n+1)^3+(n+2)^3$ 能被 9 整除;

g) $7^{2n}-4^{2n}$ 能被 33 整除.

4.10. 对于任意自然数 n 证明不等式

$$\dfrac{n}{2}<1+\dfrac{1}{2}+\dfrac{1}{3}+\cdots+\dfrac{1}{2^n-1}\leqslant n.$$

* * *

4.11. 设 $u(n)$ 是 Fibonacci 整数序列. 证明:

a) $u(1)+\cdots+u(n)=u(n+2)-1$;

b) $u(1)^2+\cdots+u(n)^2=u(n)u(n+1)$;

c) $u(n+1)^2-u(n-1)^2=u(2n)$;

d) $u(1)^3+\cdots+u(n)^3=\dfrac{1}{10}[u(3n+2)+(-1)^{n+1}6u(n-1)+5]$;

e) $u(m+n)=u(m)u(n-1)+u(m+1)u(n)$;

f) 如果 n 整除 m, 那么 $u(n)$ 整除 $u(m)$;

g) $(u(n),u(m))=u((n,m))$.

4.12. 设 $u_0(t)=0, u_1(t)=1$ 且 $u_n(t)=tu_{n-1}(t)-u_{n-2}(t)$. 证明:

a) $u_n(t)=t^{n-1}-\dbinom{n-2}{1}t^{n-3}+\dbinom{n-3}{2}t^{n-5}+\cdots$;

b) 如果 $t=2\cos\vartheta$, 那么 $u_n(t)=\dfrac{\sin n\vartheta}{\sin\vartheta}$;

c) $u_n(t)^2-u_k(t)^2=u_{n-k}(t)u_{n+k}(t)$, 其中 $k=0,1,\cdots,n$;

d) $u_{n+1}(t)^2-u_n(t)^2=u_{2n+1}(t)$.

4.13. 设 r 和 $\cos r\pi$ 是有理数. 证明 $\cos r\pi=0,\pm\dfrac{1}{2},\pm 1$.

4.14. 一般位置的 n 条直线 (即它们中任意的两条直线都相交且任意三条直线都没有公共点) 把平面划分成多少部分?

§5. 求和

5.1. 求和:

a) $1^2 + 2^2 + \cdots + n^2$;   b) $1^3 + 2^3 + \cdots + n^3$.

5.2. 证明和 $1^k + 2^k + \cdots + n^k$ 是 n 的 $k+1$ 次多项式.

* * *

5.3. 设 $N(\sigma) = |\{i | \sigma(i) = i\}|$ 是置换 $\sigma \in \mathbf{S}_n$ 的不动点的数目, 并且设

$$\sum_{\sigma \in \mathbf{S}_n} (N(\sigma))^s = \gamma(s) n! \quad (1 \leqslant s \leqslant n).$$

证明 $\gamma(1) = 1, \gamma(s)$ 不依赖于 n, 并且

$$\gamma(s+1) = \gamma(s) + \binom{s}{1} \gamma(s-1) + \cdots + \binom{s}{k} \gamma(s-k) + \cdots + \binom{s}{s-1} \gamma(1) + 1.$$

5.4. 证明:

$$\sum_{d|n} \mu(d) = \begin{cases} 1, & \text{当 } n = 1, \\ 0, & \text{当 } n > 1, \end{cases}$$

其中 $\mu(n)$ 是 Möbius 函数.

5.5. 设 $f(n)$ 和 $g(n)$ 是两个函数 $\mathbb{N} \to \mathbb{N}$. 证明下列每个小题中的条件是等价的:

a) $g(n) = \sum_{d|n} f(d), f(n) = \sum_{d|n} \mu(d) g\left(\frac{n}{d}\right)$;

b) $g(n) = \prod_{d|n} f(d), f(n) = \prod_{d|n} g\left(\frac{n}{d}\right)^{\mu(d)}$.

5.6. 证明 Euler 函数 $\varphi(n)$ 和 Möbius 函数 $\mu(n)$ 满足关系

$$\sum_{d|n} \frac{\mu(d)}{d} = \frac{\varphi(n)}{n}.$$

第二章 算术空间和线性方程组

§6. 算术空间

6.1. 求向量组
$$a_1 = (4, 1, 3, -2), \quad a_2 = (1, 2, -3, 2), \quad a_3 = (16, 9, 1, -3)$$
的线性组合 $3a_1 + 5a_2 - a_3$.

6.2. 从下述方程求向量 x:

a) $a_1 + 2a_2 + 3a_3 + 4x = 0$, 其中 $a_1 = (5, -8, -1, 2), a_2 = (2, -1, 4, -3), a_3 = (-3, 2, -5, 4)$;

b) $3(a_1 - x) + 2(a_2 + x) = 5(a_3 + x)$, 其中 $a_1 = (2, 5, 1, 3), a_2 = (10, 1, 5, 10), a_3 = (4, 1, -1, 1)$.

6.3. 判断下述向量组是否线性无关:

a) $a_1 = (1, 2, 3), a_2 = (3, 6, 7)$;

b) $a_1 = (4, -2, 6), a_2 = (6, -3, 9)$;

c) $a_1 = (2, -3, 1), a_2 = (3, -1, 5), a_3 = (1, -4, 3)$;

d) $a_1 = (5, 4, 3), a_2 = (3, 3, 2), a_3 = (8, 1, 3)$;

e) $a_1 = (4, -5, 2, 6), a_2 = (2, -2, 1, 3), a_3 = (6, -3, 3, 9), a_4 = (4, -1, 5, 6)$;

f) $a_1 = (1, 0, 0, 2, 5), a_2 = (0, 1, 0, 3, 4), a_3 = (0, 0, 1, 4, 7)$,
$a_4 = (2, -3, 4, 11, 12)$.

6.4. 给定一个有相同长度的向量组，我们选择一些固定的坐标 (对所有向量是共同的)，并且保持它们的次序. 所得到的向量组称为**缩短**组，而原来的向量组称为**延伸**组. 证明:

a) 线性相关的向量组的缩短组是线性相关的;

b) 线性无关的向量组的延伸组是线性无关的.

6.5. 证明: 如果向量组 a_1, a_2, a_3 是线性相关的，并且 a_3 不是 a_1 和 a_2 的线性组合，那么 a_1 和 a_2 是线性相关的.

6.6. 证明: 如果向量组 $a_1, a_2, \cdots, a_k$ 是线性无关的，并且向量组 $a_1, a_2, \cdots, a_k, b$ 是线性相关的，那么 b 是 $a_1, a_2, \cdots, a_k$ 的线性组合.

6.7. 给定一个线性无关的向量组 $a_1, \cdots, a_k$. 判断下述向量组是否线性相关:

a) $b_1 = 3a_1 + 2a_2 + a_3 + a_4,$
$b_2 = 2a_1 + 5a_2 + 3a_3 + 2a_4,$
$b_3 = 3a_1 + 4a_2 + 2a_3 + 3a_4;$

b) $b_1 = 3a_1 + 4a_2 - 5a_3 - 2a_4 + 4a_5,$
$b_2 = 8a_1 + 7a_2 - 2a_3 + 5a_4 - 10a_5,$
$b_3 = 2a_1 - a_2 + 8a_3 - a_4 + 2a_5;$

c) $b_1 = a_1, \ b_2 = a_1 + a_2, \ b_3 = a_1 + a_2 + a_3, \cdots,$
$b_k = a_1 + a_2 + \cdots + a_k;$

d) $b_1 = a_1, \ b_2 = a_1 + 2a_2, \ b_3 = a_1 + 2a_2 + 3a_3, \cdots,$
$b_k = a_1 + 2a_2 + 3a_3 + \cdots + ka_k;$

e) $b_1 = a_1 + a_2, \ b_2 = a_2 + a_3, \ b_3 = a_3 + a_4, \cdots,$
$b_{k-1} = a_{k-1} + a_k, \ b_k = a_k + a_1;$

f) $b_1 = a_1 - a_2, \ b_2 = a_2 - a_3, \ b_3 = a_3 - a_4, \cdots,$
$b_{k-1} = a_{k-1} - a_k, \ b_k = a_k - a_1.$

6.8. 设有向量组

$$a_1 = (0, 1, 0, 2, 0), \quad a_2 = (7, 4, 1, 8, 3), \quad a_3 = (0, 3, 0, 4, 0),$$
$$a_4 = (1, 9, 5, 7, 1), \quad a_5 = (0, 1, 0, 5, 0).$$

是否存在系数 c_{ij} 使得向量组

$$b_i = \sum_{j=1}^{5} c_{ij} a_j \quad (i = 1, 2, 3, 4, 5)$$

是线性相关的?

6.9. 求出 λ 的所有值使得向量 b 是向量组 a_1, a_2, a_3 的线性组合, 其中

a) $a_1 = (2, 3, 5), a_2 = (3, 7, 8), a_3 = (1, -6, 1), b = (7, -2, \lambda)$;

b) $a_1 = (4, 4, 3), a_2 = (7, 2, 1), a_3 = (4, 1, 6), b = (5, 9, \lambda)$;

c) $a_1 = (3, 4, 2), a_2 = (6, 8, 7), a_3 = (15, 20, 11), b = (9, 12, \lambda)$;

d) $a_1 = (3, 2, 5), a_2 = (2, 4, 7), a_3 = (5, 6, \lambda), b = (1, 3, 5)$;

e) $a_1 = (3, 2, 6), a_2 = (5, 1, 3), a_3 = (7, 3, 9), b = (\lambda, 2, 5)$.

6.10. 求出向量组的所有基:

a) $a_1 = (1, 2, 0, 0), a_2 = (1, 2, 3, 4), a_3 = (3, 6, 0, 0)$;

b) $a_1 = (4, -1, 3, -2), a_2 = (8, -2, 6, -4), a_3 = (3, -1, 4, -2)$,
   $a_4 = (6, -2, 8, -4)$;

c) $a_1 = (1, 2, 3, 4), a_2 = (2, 3, 4, 5), a_3 = (3, 4, 5, 6), a_4 = (4, 5, 6, 7)$;

d) $a_1 = (2, 1, -3, 1), a_2 = (2, 2, -6, 2), a_3 = (6, 3, -9, 3), a_4 = (1, 1, 1, 1)$;

e) $a_1 = (3, 2, 3), a_2 = (2, 3, 4), a_3 = (3, 2, 3), a_4 = (4, 3, 4,), a_5 = (1, 1, 1)$.

6.11. 向量组什么时候有唯一的基?

6.12. 求出向量组的一个基, 并且用这个基表示这个向量组的其他向量:

a) $a_1 = (5, 2, -3, 1), a_2 = (4, 1, -2, 3), a_3 = (1, 1, -1, -2), a_4 = (3, 4, -1, 2)$,
   $a_5 = (7, -6, -7, 0)$;

b) $a_1 = (2, -1, 3, 5), a_2 = (4, -3, 1, 3), a_3 = (3, -2, 3, 4), a_4 = (4, -1, -15, 17)$;

c) $a_1 = (1, 2, 3, -4), a_2 = (2, 3, -4, 1), a_3 = (2, -5, 8, -3)$,
   $a_4 = (5, 26, -9, -12), a_5 = (3, -4, 1, 2)$;

d) $a_1 = (2, 3, -4, -1), a_2 = (1, -2, 1, 3), a_3 = (5, -3, -1, 8)$,
   $a_4 = (3, 8, -9, -5)$;

e) $a_1 = (2, 2, 7, -1), a_2 = (3, -1, 2, 4), a_3 = (1, 1, 3, 1)$;

f) $a_1 = (3, 2, -5, 4), a_2 = (3, -1, 3, -3), a_3 = (3, 5, -13, 11)$;

g) $a_1 = (2, 1), a_2 = (3, 2), a_3 = (1, 1), a_4 = (2, 3)$;

h) $a_1 = (2, 1, -3), a_2 = (3, 1, -5), a_3 = (4, 2, -1), a_4 = (1, 0, -7)$;

i) $a_1 = (2, 3, 5, -4, 1), a_2 = (1, -1, 2, 3, 5), a_3 = (3, 7, 8, -11, -3)$,
   $a_4 = (1, -1, 1, -2, 3)$;

j) $a_1 = (2, -1, 3, 4, -1), a_2 = (1, 2, -3, 1, 2), a_3 = (5, -5, 12, 11, -5)$,
   $a_4 = (1, -3, 6, 3, -3)$;

k) $a_1 = (4, 3, -1, 1, -1), a_2 = (2, 1, -3, 2, -5), a_3 = (1, -3, 0, 1, -2)$,

$$a_4 = (1, 5, 2, -2, 6).$$

6.13. 设向量组 $a_1, a_2, \cdots, a_k$ 是线性无关的. 求出向量组

$$b_1 = a_1 - a_2, \quad b_2 = a_2 - a_3, \quad b_3 = a_3 - a_4, \cdots,$$
$$b_{k-1} = a_{k-1} - a_k, \quad b_k = a_k - a_1$$

的所有基.

6.14. 给定一个向量组

$$a_i = (a_{i1}, a_{i2}, \cdots, a_{in}) \quad (i = 1, 2, \cdots, s; s \leqslant n).$$

证明如果 $|a_{jj}| > \sum\limits_{\substack{i=1 \\ i \neq j}}^{s} |a_{ij}|$ 对于任意 $j = 1, \cdots, s$, 那么这个向量组是线性无关的.

6.15. 证明如果分量为整数的向量组 $a_1, a_2, \cdots, a_k \in \mathbb{Z}^n$ 在有理数域 $\mathbb{Q}$ 上线性相关, 那么存在互素的整数 $\lambda_1, \lambda_2, \cdots, \lambda_k$, 使得 $\lambda_1 a_1 + \lambda_2 a_2 + \cdots + \lambda_k a_k = 0$.

6.16. 证明如果分量为整数的向量组在模 p 剩余类域上是线性无关的 (对于某个素数 p), 那么这个向量组在有理数域上是线性无关的.

6.17. 设分量为整数的向量组在有理数域 $\mathbb{Q}$ 上是线性无关的. 证明存在有限多个素数 p 使得这个向量组模 p 线性相关.

6.18. 对于下列分量为整数的向量组求出所有素数 p, 使得这些向量组模 p 线性相关:

a) $a_1 = (0, 1, 1, 1), a_2 = (1, 0, 1, 1), a_3 = (1, 1, 0, 1), a_4 = (1, 1, 1, 0)$;

b) $a_1 = (1, 0, 1, 1), a_2 = (2, 3, 4, 3), a_3 = (1, 3, 1, 1)$.

§7. 矩阵的秩

7.1. 利用加边子式或初等行、列变换求下列矩阵的秩:

a) $\begin{pmatrix} 8 & 2 & 2 & -1 & 1 \\ 1 & 7 & 4 & -2 & 5 \\ -2 & 4 & 2 & -1 & 3 \end{pmatrix}$;

b) $\begin{pmatrix} 1 & 7 & 7 & 9 \\ 7 & 5 & 1 & -1 \\ 4 & 2 & -1 & -3 \\ -1 & 1 & 3 & 5 \end{pmatrix}$;

c) $\begin{pmatrix} 4 & 1 & 7 & -5 & 1 \\ 0 & -7 & 1 & -3 & -5 \\ 3 & 4 & 5 & -3 & 2 \\ 2 & 5 & 3 & -1 & 3 \end{pmatrix}$;

d) $\begin{pmatrix} 8 & -4 & 5 & 5 & 9 \\ 1 & -3 & -5 & 0 & -7 \\ 7 & -5 & 1 & 4 & 1 \\ 3 & -1 & 3 & 2 & 5 \end{pmatrix}$;

§7. 矩 阵 的 秩

e) $\begin{pmatrix} -6 & 4 & 8 & -1 & 6 \\ -5 & 2 & 4 & 1 & 3 \\ 7 & 2 & 4 & 1 & 3 \\ 2 & 4 & 8 & -7 & 6 \\ 3 & 2 & 4 & -5 & 3 \end{pmatrix}$;

f) $\begin{pmatrix} 77 & 32 & 6 & 5 & 3 \\ 32 & 14 & 3 & 2 & 1 \\ 6 & 3 & 1 & 0 & 0 \\ 5 & 2 & 0 & 1 & 0 \\ 4 & 1 & 0 & 0 & 1 \end{pmatrix}$;

g) $\begin{pmatrix} 3 & 1 & 1 & 2 & -1 \\ 0 & 2 & -1 & 1 & 2 \\ 4 & 3 & 2 & -1 & 1 \\ 12 & 9 & 8 & -7 & 3 \\ -12 & -5 & -8 & 5 & 1 \end{pmatrix}$;

h) $\begin{pmatrix} 1 & 1 & 0 & 0 & 0 \\ 0 & 1 & 1 & 0 & 0 \\ 0 & 0 & 1 & 1 & 0 \\ 0 & 0 & 0 & 1 & 1 \\ 1 & 0 & 0 & 0 & 1 \end{pmatrix}$;

i) $\begin{pmatrix} 1 & 1 & 0 & 0 & 0 & 0 \\ 0 & 1 & 1 & 0 & 0 & 0 \\ 0 & 0 & 1 & 1 & 0 & 0 \\ 0 & 0 & 0 & 1 & 1 & 0 \\ 0 & 0 & 0 & 0 & 1 & 1 \\ 1 & 0 & 0 & 0 & 0 & 1 \end{pmatrix}$;

j) $\begin{pmatrix} 1 & 1 & 1 & 1 \\ 4 & 3 & 2 & 1 \\ 1 & 4 & 1 & 1 \\ 5 & 1 & 1 & 1 \\ 1 & 1 & 3 & 1 \\ 1 & 1 & 1 & 2 \end{pmatrix}$;

k) $\begin{pmatrix} 1 & 1 & 0 & 0 & \cdots & 0 & 0 \\ 0 & 1 & 1 & 0 & \cdots & 0 & 0 \\ \cdots & \cdots & \cdots & \cdots & \cdots & \cdots & \cdots \\ 0 & 0 & 0 & 0 & \cdots & 1 & 1 \\ 1 & 0 & 0 & 0 & \cdots & 0 & 1 \end{pmatrix}$.

7.2. 对于参数 λ 的不同的值求下列矩阵的秩:

a) $\begin{pmatrix} 7-\lambda & -12 & 6 \\ 10 & -19-\lambda & 10 \\ 12 & -24 & 13-\lambda \end{pmatrix}$;

b) $\begin{pmatrix} 1-\lambda & 0 & 0 & 0 \\ 0 & 1-\lambda & 0 & 0 \\ 0 & 0 & 2-\lambda & 3 \\ 0 & 0 & 0 & 3-\lambda \end{pmatrix}$;

c) $\begin{pmatrix} 3 & 4 & 2 & 2 \\ 3 & 17 & 7 & 1 \\ 1 & 10 & 4 & \lambda \\ 4 & 1 & 1 & 3 \end{pmatrix}$;

d) $\begin{pmatrix} 1 & \lambda & -1 & 2 \\ 2 & -1 & \lambda & 5 \\ 1 & 10 & -6 & 1 \end{pmatrix}$;

e) $\begin{pmatrix} 1 & 1 & 2 & 3 \\ 1 & 2-\lambda^2 & 2 & 3 \\ 2 & 3 & 1 & 5 \\ 2 & 3 & 1 & 9-\lambda^2 \end{pmatrix}$;

f) $\begin{pmatrix} -\lambda & 1 & 2 & 3 & 1 \\ 1 & -\lambda & 3 & 2 & 1 \\ 2 & 3 & -\lambda & 1 & 1 \\ 3 & 2 & 1 & -\lambda & 1 \end{pmatrix}$;

g) $\begin{pmatrix} \lambda & 1 & 2 & \cdots & n-1 & 1 \\ 1 & \lambda & 2 & \cdots & n-1 & 1 \\ 1 & 2 & \lambda & \cdots & n-1 & 1 \\ \cdots & \cdots & \cdots & \cdots & \cdots & \cdots \\ 1 & 2 & 3 & \cdots & \lambda & 1 \\ 1 & 2 & 3 & \cdots & n & 1 \end{pmatrix}$;　　h) $\begin{pmatrix} 1 & \lambda & \lambda^2 & \cdots & \lambda^n \\ 2 & 1 & \lambda & \cdots & \lambda^{n-1} \\ 2 & 2 & 1 & \cdots & \lambda^{n-2} \\ \cdots & \cdots & \cdots & \cdots & \cdots \\ 2 & 2 & 2 & \cdots & 1 \end{pmatrix}$.

7.3. 证明如果矩阵 A 的秩在添加与它有相同行数的矩阵 B 的任意一列后不改变, 那么 A 的秩在联结 B 的所有列后不改变.

7.4. 证明矩阵乘积的秩不超过每个因子的秩.

7.5. 证明矩阵 A 联结矩阵 B 得到的矩阵 $(A|B)$ 的秩不超过 A 与 B 的秩的和.

7.6. 证明矩阵的和的秩不超过它们的秩的和.

7.7. 证明秩 r 的每个矩阵能表示成 r 个秩 1 的矩阵的和, 但是不能表示成小于 r 个的和.

7.8. 证明如果一个矩阵的秩等于 r, 那么位于任意 r 个线性无关的行和线性无关的列的交叉处的子式不等于 0.

7.9. 设 A 是 $n\ (>1)$ 阶方阵, 并且 r 是它的秩. 求伴随矩阵 $\widehat{A} = (A_{ij})$ 的秩, 其中 A_{ij} 是 A 的元素 a_{ji} 的代数余子式.

7.10. 设 A 和 B 是实数域上的有相同行数的矩阵. 证明:

$$r\begin{pmatrix} A & B \\ 2A & -5B \end{pmatrix} = r(A) + r(B).$$

7.11. 设 A 和 B 是固定大小的方阵. 证明:

$$r\begin{pmatrix} A & AB \\ B & B+B^2 \end{pmatrix} = r(A) + r(B).$$

7.12. 证明秩 1 的每个矩阵有下述分解

$$\begin{pmatrix} b_1c_1 & b_1c_2 & \cdots & b_1c_n \\ b_2c_1 & b_2c_2 & \cdots & b_2c_n \\ \cdots & \cdots & \cdots & \cdots \\ b_mc_1 & b_mc_2 & \cdots & b_mc_n \end{pmatrix} = {}^tB \cdot C,$$

其中 $B = (b_1, b_2, \cdots, b_n), C = (c_1, c_2, \cdots, c_n)$ 都是行向量组.

7.13. 设 $A_1, A_2, \cdots, A_k$ 是有相同行数的矩阵，并且 $C = (c_{ij})$ 是 k 阶非奇异矩阵. 证明矩阵

$$\begin{pmatrix} c_{11}A_1 & c_{12}A_2 & \cdots & c_{1k}A_k \\ \cdots\cdots\cdots\cdots\cdots\cdots\cdots\cdots \\ c_{k1}A_1 & c_{k2}A_2 & \cdots & c_{kk}A_k \end{pmatrix}$$

的秩等于 $A_1, A_2, \cdots, A_k$ 的秩的和.

7.14. 设 A 是 n 阶非奇异矩阵. 证明长方形矩阵

$$\begin{pmatrix} A & B \\ C & D \end{pmatrix}$$

有秩 n 当且仅当 $D = CA^{-1}B$; 此时

$$\begin{pmatrix} A & B \\ C & D \end{pmatrix} = \begin{pmatrix} A \\ C \end{pmatrix}(E_n \quad A^{-1}B).$$

* * *

7.15. 证明每个非奇异矩阵能经过 II 型初等行变换化简成形式

$$\begin{pmatrix} 1 & 0 & \cdots & 0 & 0 \\ 0 & 1 & \cdots & 0 & 0 \\ \cdots\cdots\cdots\cdots\cdots \\ 0 & 0 & \cdots & 1 & 0 \\ 0 & 0 & \cdots & 0 & d \end{pmatrix}.$$

7.16. 证明行列式为 1 的任意一个矩阵是初等矩阵 $E + \lambda E_{ij}$ $(i \neq j)$ 的乘积.

7.17. 证明如果矩阵 A 的行 (列) 是线性相关的，那么 A 经过 II 型初等行、列变换化简成形式

$$\begin{pmatrix} E_r & 0 \\ 0 & 0 \end{pmatrix},$$

其中 E_r 是 r 阶单位矩阵.

7.18. 设 A 和 B 分别是 $m \times n, n \times t$ 矩阵，它们的秩分别为 $r(A), r(B)$. 证明矩阵 AB 的秩不小于 $r(A) + r(B) - n$.

7.19. 证明任一矩阵经过初等行变换能够被化简成如下形式的矩阵:

$$\begin{pmatrix} 0 & \cdots & 0 & 1 & * & \cdots & * & 0 & * & \cdots & * & 0 & * & \cdots & * & 0 & * & \cdots & * \\ 0 & \cdots & 0 & 0 & 0 & \cdots & 0 & 1 & * & \cdots & * & 0 & * & \cdots & * & 0 & * & \cdots & * \\ 0 & \cdots & 0 & 0 & 0 & \cdots & 0 & 0 & 0 & \cdots & 0 & 1 & * & \cdots & * & 0 & * & \cdots & * \\ \cdots & \cdots & \cdots & \cdots & \cdots & \cdots & \cdots & \cdots & \cdots & \cdots & \cdots & & \vdots & \vdots & \ddots & \vdots \\ \cdots & \cdots & \cdots & \cdots & \cdots & \cdots & \cdots & \cdots & \cdots & \cdots & \cdots & & & & & * & 0 & \cdots & * \\ 0 & \cdots & 0 & 0 & 0 & \cdots & 0 & 0 & 0 & \cdots & 0 & 0 & 0 & \cdots & 0 & 1 & * & \cdots & * \\ 0 & \cdots & 0 & 0 & 0 & \cdots & 0 & 0 & 0 & \cdots & 0 & 0 & 0 & \cdots & 0 & 0 & 0 & \cdots & 0 \\ \cdots & \cdots & \cdots & \cdots & \cdots & \cdots & \cdots & \cdots & \cdots & \cdots & \cdots & \cdots & \cdots & \cdots & \cdots & \cdots & \cdots & \cdots & \cdots \\ 0 & \cdots & 0 & 0 & 0 & \cdots & 0 & 0 & 0 & \cdots & 0 & 0 & 0 & \cdots & 0 & 0 & 0 & \cdots & 0 \end{pmatrix},$$

并且这个形式是唯一的.

§8. 线性方程组

8.1. 运用 Gauss 方法求这些线性方程组的通解和一个特解:

a) $\begin{cases} 5x_1 + 3x_2 + 5x_3 + 12x_4 = 10, \\ 2x_1 + 2x_2 + 3x_3 + 5x_4 = 4, \\ x_1 + 7x_2 + 9x_3 + 4x_4 = 2; \end{cases}$

b) $\begin{cases} -9x_1 + 6x_2 + 7x_3 + 10x_4 = 3, \\ -6x_1 + 4x_2 + 2x_3 + 3x_4 = 2, \\ -3x_1 + 2x_2 - 11x_3 - 15x_4 = 1; \end{cases}$

c) $\begin{cases} -9x_1 + 10x_2 + 3x_3 + 7x_4 = 7, \\ -4x_1 + 7x_2 + x_3 + 3x_4 = 5, \\ 7x_1 + 5x_2 - 4x_3 - 6x_4 = 3; \end{cases}$

d) $\begin{cases} 12x_1 + 9x_2 + 3x_3 + 10x_4 = 13, \\ 4x_1 + 3x_2 + x_3 + 2x_4 = 3, \\ 8x_1 + 6x_2 + 2x_3 + 5x_4 = 7; \end{cases}$

e) $\begin{cases} -6x_1 + 9x_2 + 3x_3 + 2x_4 = 4, \\ -2x_1 + 3x_2 + 5x_3 + 4x_4 = 2, \\ -4x_1 + 6x_2 + 4x_3 + 3x_4 = 3; \end{cases}$

f) $\begin{cases} 8x_1+ 6x_2+ 5x_3+ 2x_4 = 21, \\ 3x_1+ 3x_2+ 2x_3+ x_4 = 10, \\ 4x_1+ 2x_2+ 3x_3+ x_4 = 8, \\ 3x_1+ 3x_2+ x_3+ x_4 = 15, \\ 7x_1+ 4x_2+ 5x_3+ 2x_4 = 18; \end{cases}$

g) $\begin{cases} 2x_1+ 5x_2- 8x_3 = 8, \\ 4x_1+ 3x_2- 9x_3 = 9, \\ 2x_1+ 3x_2- 5x_3 = 7, \\ x_1+ 8x_2- 7x_3 = 12; \end{cases}$

h) $\begin{cases} 6x_1+ 4x_2+ 5x_3+ 2x_4 +3x_5 = 1, \\ 3x_1+ 2x_2- 2x_3+ x_4 = -7, \\ 9x_1+ 6x_2+ x_3+ 3x_4 +2x_5 = 2, \\ 3x_1+ 2x_2+ 4x_3+ x_4 +2x_5 = 3. \end{cases}$

8.2. 解线性方程组, 并且求出与参数 λ 的值对应的通解:

a) $\begin{cases} 18x_1+ 6x_2+ 3x_3+ 2x_4 = 5, \\ -12x_1- 3x_2- 3x_3+ 3x_4 = -6, \\ 4x_1+ 5x_2+ 2x_3+ 3x_4 = 3, \\ \lambda x_1+ 4x_2+ x_3+ 4x_4 = 2; \end{cases}$

b) $\begin{cases} -6x_1+ 8x_2- 5x_3- x_4 = 9, \\ -2x_1+ 4x_2+ 7x_3+ 3x_4 = 1, \\ -3x_1+ 5x_2+ 4x_3+ 2x_4 = 3, \\ -3x_1+ 7x_2+ 17x_3+ 7x_4 = \lambda; \end{cases}$

c) $\begin{cases} 2x_1+ 5x_2+ x_3+ 3x_4 = 2, \\ 4x_1+ 6x_2+ 3x_3+ 5x_4 = 4, \\ 4x_1+ 14x_2+ x_3+ 7x_4 = 4, \\ 2x_1- 3x_2+ 3x_3+ \lambda x_4 = 7; \end{cases}$

d) $\begin{cases} 2x_1- x_2+ 3x_3+ 4x_4 = 5, \\ 4x_1- 2x_2+ 5x_3+ 6x_4 = 7, \\ 6x_1- 3x_2+ 7x_3+ 8x_4 = 9, \\ \lambda x_1- 4x_2+ 9x_3+ 10x_4 = 11; \end{cases}$

e) $\begin{cases} 2x_1+ 3x_2+ x_3+ 2x_4 = 3, \\ 4x_1+ 6x_2+ 3x_3+ 4x_4 = 5, \\ 6x_1+ 9x_2+ 5x_3+ 6x_4 = 7, \\ 8x_1+ 12x_2+ 7x_3+ \lambda x_4 = 9; \end{cases}$

f) $\begin{cases} \lambda x_1 + x_2 + x_3 = 1, \\ x_1 + \lambda x_2 + x_3 = 1, \\ x_1 + x_2 + \lambda x_3 = 1; \end{cases}$

g) $\begin{cases} \lambda x_1 + x_2 + x_3 + x_4 = 1, \\ x_1 + \lambda x_2 + x_3 + x_4 = 1, \\ x_1 + x_2 + \lambda x_3 + x_4 = 1, \\ x_1 + x_2 + x_3 + \lambda x_4 = 1; \end{cases}$

h) $\begin{cases} (1+\lambda)x_1 + x_2 + x_3 = 1, \\ x_1 + (1+\lambda)x_2 + x_3 = \lambda, \\ x_1 + x_2 + (1+\lambda)x_3 = \lambda^2; \end{cases}$

i) $\begin{cases} (1+\lambda)x_1 + x_2 + x_3 = \lambda^2 + 3\lambda, \\ x_1 + (1+\lambda)x_2 + x_3 = \lambda^3 + 3\lambda^2, \\ x_1 + x_2 + (1+\lambda)x_3 = \lambda^4 + 3\lambda^3. \end{cases}$

8.3. 求出空间 $\mathbb{R}^n$ 中的所有向量，它们在由矩阵 A 给出的线性映射 $\mathbb{R}^n \to \mathbb{R}^m$ 下的像等于向量 $b \in \mathbb{R}^m$:

a) $A = \begin{pmatrix} 3 & 2 & -5 \\ 3 & 4 & -9 \\ 5 & 2 & -8 \\ 8 & 1 & -7 \end{pmatrix}, \quad b = \begin{pmatrix} 7 \\ 9 \\ 8 \\ 12 \end{pmatrix};$

b) $A = \begin{pmatrix} 1 & -3 & -3 & -14 \\ 2 & -6 & -3 & -1 \\ 3 & -9 & -5 & -6 \end{pmatrix}, \quad b = \begin{pmatrix} 8 \\ -5 \\ -4 \end{pmatrix};$

c) $A = \begin{pmatrix} 1 & -2 & -1 & -2 & -3 \\ 3 & -6 & -2 & -4 & -5 \\ 3 & -6 & -4 & -8 & -13 \\ 2 & -4 & -1 & -1 & -2 \end{pmatrix}, \quad b = \begin{pmatrix} -2 \\ -3 \\ -9 \\ -1 \end{pmatrix};$

d) $A = \begin{pmatrix} 1 & 9 & 4 & -5 \\ 3 & 2 & 2 & 5 \\ 2 & 3 & 2 & 2 \\ 1 & 7 & 6 & -1 \\ 2 & 2 & 3 & 4 \end{pmatrix}, \quad b = \begin{pmatrix} 1 \\ 3 \\ 2 \\ 7 \\ 5 \end{pmatrix};$

e) $A = \begin{pmatrix} 1 & 1 & 3 & -2 & 3 \\ 2 & 2 & 4 & -1 & 3 \\ 3 & 3 & 5 & -2 & 3 \\ 2 & 2 & 8 & -3 & 9 \end{pmatrix}$, $b = \begin{pmatrix} 1 \\ 2 \\ 1 \\ 2 \end{pmatrix}$;

f) $A = \begin{pmatrix} 3 & -6 & -1 & 4 \\ 1 & -2 & -3 & 7 \\ 2 & -4 & -14 & 31 \end{pmatrix}$, $b = \begin{pmatrix} -7 \\ -5 \\ -10 \end{pmatrix}$;

g) $A = \begin{pmatrix} 2 & 1 & 3 & -2 & 1 \\ 6 & 3 & 5 & -4 & 3 \\ 2 & 1 & 7 & -4 & 1 \\ 4 & 2 & 2 & -3 & 3 \end{pmatrix}$, $b = \begin{pmatrix} 4 \\ 5 \\ 11 \\ 6 \end{pmatrix}$;

h) $A = \begin{pmatrix} 8 & 6 & 5 & 2 \\ 3 & 3 & 2 & 1 \\ 4 & 2 & 3 & 1 \\ 3 & 5 & 1 & 1 \\ 7 & 4 & 5 & 2 \end{pmatrix}$, $b = \begin{pmatrix} 21 \\ 10 \\ 8 \\ 15 \\ 18 \end{pmatrix}$.

8.4. 求线性方程组的通解和基础解系:

a) $\begin{cases} x_1 + x_2 - 2x_3 + 2x_4 = 0, \\ 3x_1 + 5x_2 + 6x_3 - 4x_4 = 0, \\ 4x_1 + 5x_2 - 2x_3 + 3x_4 = 0, \\ 3x_1 + 8x_2 + 24x_3 - 19x_4 = 0; \end{cases}$

b) $\begin{cases} x_1 - x_3 = 0, \\ x_2 - x_4 = 0, \\ -x_1 + x_3 - x_5 = 0, \\ -x_2 + x_4 - x_6 = 0, \\ -x_3 + x_5 = 0, \\ -x_4 + x_6 = 0; \end{cases}$

c) $\begin{cases} x_1 - x_3 + x_5 = 0, \\ x_2 - x_4 + x_6 = 0, \\ x_1 - x_2 + x_5 - x_6 = 0, \\ x_2 - x_3 + x_6 = 0, \\ x_1 - x_4 + x_5 = 0; \end{cases}$

d) $\begin{cases} x_1 + x_2 = 0, \\ x_1 + x_2 + x_3 = 0, \\ x_2 + x_3 + x_4 = 0, \\ \cdots\cdots\cdots \\ x_{n-2} + x_{n-1} + x_n = 0, \\ x_{n-1} + x_n = 0. \end{cases}$

8.5. 求由矩阵给出的线性映射的核的一个基:

a) $\begin{pmatrix} 3 & 5 & -4 & 2 \\ 2 & 4 & -6 & 3 \\ 11 & 17 & -8 & 4 \end{pmatrix};$
b) $\begin{pmatrix} 3 & 5 & 3 & 2 & 1 \\ 5 & 7 & 6 & 4 & 3 \\ 7 & 9 & 9 & 6 & 5 \\ 4 & 8 & 3 & 2 & 0 \end{pmatrix};$

c) $\begin{pmatrix} 6 & 9 & 2 \\ -4 & 1 & 1 \\ 5 & 7 & 4 \\ 2 & 5 & 3 \end{pmatrix};$
d) $\begin{pmatrix} 5 & 7 & 6 & -2 & 2 \\ 8 & 9 & 9 & -3 & 4 \\ 7 & 1 & 6 & -2 & 6 \\ 4 & -1 & 3 & -1 & 4 \end{pmatrix};$

e) $\begin{pmatrix} 5 & 6 & -2 & 7 & 4 \\ 2 & 3 & -1 & 4 & 2 \\ 7 & 9 & -3 & 5 & 6 \\ 5 & 9 & -3 & 1 & 6 \end{pmatrix};$
f) $\begin{pmatrix} 3 & 4 & 1 & 2 & 3 \\ 5 & 7 & 1 & 3 & 4 \\ 4 & 5 & 2 & 1 & 5 \\ 7 & 10 & 1 & 6 & 5 \end{pmatrix}.$

8.6. 运用 Cramer 法则解线性方程组:

a) $\begin{cases} 2x_1 - x_2 = 1, \\ x_1 + 16x_2 = 17; \end{cases}$
b) $\begin{cases} 2x_1 + 5x_2 = 1, \\ 3x_1 + 7x_2 = 2; \end{cases}$

c) $\begin{cases} x_1 \cos\alpha + x_2 \sin\alpha = \cos\beta, \\ -x_1 \sin\alpha + x_2 \cos\alpha = \sin\beta; \end{cases}$
d) $\begin{cases} 2x_1 + x_2 + x_3 = 3, \\ x_1 + 2x_2 + x_3 = 0, \\ x_1 + x_2 + 2x_3 = 0; \end{cases}$

e) $\begin{cases} x_1 + x_2 + x_3 = 6, \\ -x_1 + x_2 + x_3 = 0, \\ x_1 - x_2 + x_3 = 2; \end{cases}$
f) $\begin{cases} 2x_1 + 3x_2 + 5x_3 = 10, \\ 3x_1 + 7x_2 + 4x_3 = 3, \\ x_1 + 2x_2 + 2x_3 = 3. \end{cases}$

8.7. 求一个实系数 2 次多项式 $f(x)$, 使得 $f(1) = 8, f(-1) = 2, f(2) = 14$.

8.8. 求一个 3 次多项式 $f(x)$, 使得 $f(-2) = 1, f(-1) = 3, f(1) = 13, f(2) = 33$.

8.9. 求一个 4 次多项式 $f(x)$, 使得 $f(-3) = -77, f(-2) = -13, f(-1) = 1, f(1) = -1, f(2) = -17$.

8.10. 解同余方程组:

a) $\begin{cases} 2x+ y- z \equiv 1, \\ x+ 2y+ z \equiv 2, \\ x+ y- z \equiv -1; \end{cases}$ (mod 5), b) $\begin{cases} 3x+ 2y+ 5z \equiv 1, \\ 2x+ 5y+ 3z \equiv 1, \\ 5x+ 3y+ 2z \equiv 4. \end{cases}$ (mod 17),

8.11. 证明如果元素为整数的 n 阶方阵 (a_{ij}) 的行列式与整数 m 互素, 那么同余方程组

$$(a_{i1}x_1 + a_{i2}x_2 + \cdots + a_{in}x_n) \equiv b_i \pmod{m} \quad (i = 1, 2, \cdots, n)$$

有模 m 唯一解.

* * *

8.12. 设 A 是整矩阵 (即元素为整数的矩阵), d 是它的元素中绝对值最小的. 证明如果在 A 的**整数初等行、列变换**下 d 的绝对值不减小, 那么 d 能整除 A 的所有元素.

8.13. 证明: 任一整矩阵经过整数环 $\mathbb{Z}$ 上的初等行、列变换能变成矩阵 $\begin{pmatrix} A & 0 \\ 0 & 0 \end{pmatrix}$, 其中 $A = \text{diag}\{d_1, \cdots, d_r\}$ 且 $d_i | d_{i+1}$ $(i = 1, 2, \cdots, r-1)$.

8.14. 证明如果方程个数与未知量个数相等的 (简称为方的) 整系数线性方程组模任一素数 p 是确定的 (即有唯一解), 那么它在整数环上是确定的.

8.15. 判断方的整系数线性方程组如果模任一素数 p 相容 (即有解), 它是否在整数环上相容.

8.16. 证明下述线性方程组模几乎所有素数有唯一解 (除了有限多个例外). 解模例外素数的这些方程组:

a) $\begin{cases} x_1+ 2x_2+ 2x_3 = 2, \\ 2x_1+ x_2- 2x_3 = 1, \\ 2x_1- 2x_2+ x_3 = 1; \end{cases}$ b) $\begin{cases} x_1+ x_2+ x_3 = 1, \\ x_1+ x_2+ x_4 = 1, \\ x_1+ x_3+ x_4 = 1, \\ x_2+ x_3+ x_4 = 1; \end{cases}$

c) $\begin{cases} x_1 + x_2 + x_3 + x_4 = 1, \\ x_1 + x_2 - x_3 - x_4 = 1, \\ x_1 + x_2 + x_3 - x_4 = 1, \\ x_1 - x_2 - x_3 + x_4 = 0. \end{cases}$

8.17. 证明任一实系数线性方程组能经过 II 型初等行变换变成阶梯形方程组.

8.18. 证明一个整矩阵的固定大小的 k 阶子式的最大公因子在整数初等行、列变换下不变.

8.19. 证明如果整矩阵经过整数初等行、列变换化简成 $\begin{pmatrix} A & 0 \\ 0 & 0 \end{pmatrix}$, 其中 $A = \text{diag}\{d_1, d_2, \cdots, d_r\}, d_i \neq 0$ 且 $d_i | d_{i+1}$ $(i = 1, 2, \cdots, r-1)$, 那么整数 $d_1, d_2, \cdots, d_r$ 被唯一确定 (除了它们的符号外).

8.20. 两个变量组称为**整等价**, 如果它们被关系式

$$\begin{pmatrix} y_1 \\ \vdots \\ y_n \end{pmatrix} = U \begin{pmatrix} x_1 \\ \vdots \\ x_n \end{pmatrix}$$

联系, 其中 U 是行列式等于 ± 1 的整矩阵. 证明线性方程组

$$\sum_{j=1}^n a_{ij} x_j = b_i \quad (i = 1, 2, \cdots, m),$$

其中 a_{ij}, b_i 都是整数, 整等价于下述形式的方程组

$$d_i y_i = c_i \quad (i = 1, 2, \cdots, m),$$

并且变量组 $(y_1, \cdots, y_n)$ 整等价于变量组 $(x_1, \cdots, x_n)$.

8.21. 证明整系数线性方程组有整数解当且仅当对于任一整数 k, 方程组矩阵的大小为 k 的所有子式的最大公因子与加边子式的最大公因子一致.

8.22. 证明整系数线性方程组有整数解当且仅当它模任一素数 p 有解.

8.23. 证明下面的确定整系数线性方程组

$$\sum_{j=1}^n a_{ij} x_j = b_i \quad (i = 1, 2, \cdots, m)$$

的所有整数解的实用方法是正确的.

取 $(n+m) \times (n+1)$ 矩阵 $\begin{pmatrix} A & b \\ E_n & 0 \end{pmatrix}$, 只运用整数初等变换到前 m 行和前 n 列, 把这个矩阵化简成 $\begin{pmatrix} D & C \\ U & 0 \end{pmatrix}$, 其中

$$C = \begin{pmatrix} c_1 \\ \vdots \\ c_m \end{pmatrix}, \quad |\det U| = 1, \quad D = \begin{pmatrix} d_1 & 0 & \cdots & 0 & 0 & \cdots & 0 \\ 0 & d_2 & \cdots & 0 & 0 & \cdots & 0 \\ \cdots\cdots\cdots\cdots\cdots\cdots\cdots\cdots \\ 0 & 0 & \cdots & d_r & 0 & \cdots & 0 \\ 0 & 0 & \cdots & 0 & 0 & \cdots & 0 \\ \cdots\cdots\cdots\cdots\cdots\cdots\cdots\cdots \\ 0 & 0 & \cdots & 0 & 0 & \cdots & 0 \end{pmatrix},$$

$$d_i | d_{i+1}, \quad d_1 \neq 0, \cdots, d_r \neq 0.$$

如果对于 $i = 1, \cdots, r, d_i | c_i$, 对于 $k > r, c_k = 0$, 那么原来的方程组有整数解并且通解由公式

$$\begin{pmatrix} x_1 \\ \vdots \\ x_n \end{pmatrix} = U \begin{pmatrix} c_1/d_1 \\ \vdots \\ c_r/d_r \\ y_{r+1} \\ \vdots \\ y_n \end{pmatrix}$$

给出, 其中 $y_{r+1}, y_{r+2}, \cdots, y_n$ 是任意整数.

8.24. 求下述方程组的所有整数解:

a) $2x_1 + 3x_2 + 4x_3 = 2$;

b) $\begin{cases} 2x_1 + 3x_2 - 11x_3 - 15x_4 = 1, \\ 4x_1 - 6x_2 + 2x_3 + 3x_4 = 2, \\ 2x_1 - 3x_2 + 5x_3 + 7x_4 = 1. \end{cases}$

8.25. 设 A 和 B 是相同大小的矩阵, 并且设分别以 A 和 B 为系数矩阵的齐次线性方程组是等价的 (即同解). 证明 B 能够由 A 经过初等行变换得到.

8.26. 给了一个复系数线性方程组 $Ax = b$, 其中 A 为非奇异方阵. 假设矩阵 $E + A$ 的每行元素的模的和小于 1. 设 X_0 是任意一列, 归纳地定义 $X_{m+1} = (A + E)X_m - b$. 则序列 X_m 收敛到方程组 $AX = b$ 的解.

第三章　行列式

§9. 2 阶和 3 阶行列式

9.1. 计算行列式:

a) $\begin{vmatrix} 3 & 5 \\ 5 & 3 \end{vmatrix}$;

b) $\begin{vmatrix} ab & ac \\ bd & cd \end{vmatrix}$;

c) $\begin{vmatrix} \cos\alpha & -\sin\alpha \\ \sin\alpha & \cos\alpha \end{vmatrix}$;

d) $\begin{vmatrix} \sin\alpha & \sin\beta \\ \cos\alpha & \cos\beta \end{vmatrix}$;

e) $\begin{vmatrix} \log_b a & 1 \\ 1 & \log_a b \end{vmatrix}$;

f) $\begin{vmatrix} \cos\alpha + i\sin\alpha & 1 \\ 1 & \cos\alpha - i\sin\alpha \end{vmatrix}$;

g) $\begin{vmatrix} a+bi & c+di \\ -c+di & a-bi \end{vmatrix}$.

9.2. 计算行列式:

a) $\begin{vmatrix} 1 & 2 & 3 \\ 5 & 1 & 4 \\ 3 & 2 & 5 \end{vmatrix}$;

b) $\begin{vmatrix} -1 & 5 & 4 \\ 3 & -2 & 0 \\ -1 & 3 & 6 \end{vmatrix}$;

c) $\begin{vmatrix} 0 & 2 & 2 \\ 2 & 0 & 2 \\ 2 & 2 & 0 \end{vmatrix}$;

d) $\begin{vmatrix} 1 & 2 & 3 \\ 4 & 5 & 6 \\ 7 & 8 & 9 \end{vmatrix}$;

e) $\begin{vmatrix} a & b & c \\ b & c & a \\ c & a & b \end{vmatrix};$ f) $\begin{vmatrix} 0 & a & 0 \\ b & c & d \\ 0 & e & 0 \end{vmatrix};$

g) $\begin{vmatrix} \sin\alpha & \cos\alpha & 1 \\ \sin\beta & \cos\beta & 1 \\ \sin\gamma & \cos\gamma & 1 \end{vmatrix};$ h) $\begin{vmatrix} 1 & 0 & 1+\mathrm{i} \\ 0 & 1 & \mathrm{i} \\ 1-\mathrm{i} & -\mathrm{i} & 1 \end{vmatrix};$

i) $\begin{vmatrix} 1 & \varepsilon & \varepsilon^2 \\ \varepsilon^2 & 1 & \varepsilon \\ \varepsilon & \varepsilon^2 & 1 \end{vmatrix}$ $\left(\varepsilon = -\dfrac{1}{2} + \mathrm{i}\dfrac{\sqrt{3}}{2}\right);$

j) $\begin{vmatrix} 1 & 1 & 1 \\ 1 & \varepsilon & \varepsilon^2 \\ 1 & \varepsilon^2 & \varepsilon \end{vmatrix}$ $\left(\varepsilon = \cos\dfrac{4}{3}\pi + \mathrm{i}\sin\dfrac{4}{3}\pi\right).$

§10. 展开行列式．归纳定义

10.1. 判断什么乘积出现在适当大小的行列式展开式中，并且判断这些乘积的符号：

a) $a_{13}a_{22}a_{31}a_{46}a_{55}a_{64};$

b) $a_{31}a_{13}a_{52}a_{45}a_{24};$

c) $a_{34}a_{21}a_{46}a_{17}a_{73}a_{54}a_{62}.$

10.2. 求指标 i, j, k 使得乘积 $a_{51}a_{i6}a_{1j}a_{35}a_{44}a_{6k}$ 出现在 6 阶行列式的展开式中并且带负号．

10.3. 在行列式

$$\begin{vmatrix} x & 1 & 2 & 3 \\ x & x & 1 & 2 \\ 1 & 2 & x & 3 \\ x & 1 & 2 & 2x \end{vmatrix}$$

的展开式中求出所有包含 x^4 和 x^3 的乘积．

10.4. 利用定义计算下列行列式：

a) $\begin{vmatrix} a_{11} & 0 & 0 & \cdots & 0 \\ a_{12} & a_{22} & 0 & \cdots & 0 \\ a_{31} & a_{32} & a_{33} & \cdots & 0 \\ \multicolumn{5}{c}{\dotfill} \\ a_{n1} & a_{n2} & a_{n3} & \cdots & a_{nn} \end{vmatrix};$
b) $\begin{vmatrix} 0 & \cdots & 0 & 0 & a_{1n} \\ 0 & \cdots & 0 & a_{2,n-1} & a_{2n} \\ \multicolumn{5}{c}{\dotfill} \\ a_{n1} & \cdots & a_{n,n-2} & a_{n,n-1} & a_{nn} \end{vmatrix};$

c) $\begin{vmatrix} a & 3 & 0 & 5 \\ 0 & b & 0 & 2 \\ 1 & 2 & c & 3 \\ 0 & 0 & 0 & d \end{vmatrix};$
d) $\begin{vmatrix} 1 & 0 & 2 & a \\ 2 & 0 & b & 0 \\ 3 & c & 4 & 5 \\ d & 0 & 0 & 0 \end{vmatrix};$

e) $\begin{vmatrix} a_{11} & a_{12} & a_{13} & a_{14} & a_{15} \\ a_{21} & a_{22} & a_{23} & a_{24} & a_{25} \\ a_{31} & a_{32} & 0 & 0 & 0 \\ a_{41} & a_{42} & 0 & 0 & 0 \\ a_{51} & a_{52} & 0 & 0 & 0 \end{vmatrix}.$

10.5. 将行列式展开为 t 的多项式：

$$\begin{vmatrix} -t & 0 & 0 & \cdots & 0 & a_1 \\ a_2 & -t & 0 & \cdots & 0 & 0 \\ \multicolumn{6}{c}{\dotfill} \\ 0 & 0 & 0 & \cdots & -t & 0 \\ 0 & 0 & 0 & \cdots & a_n & -t \end{vmatrix}.$$

10.6. 计算矩阵的行列式，这个矩阵的主对角线的所有元素都等于 1，第 j 列的元素为 $a_1, a_2, \cdots, a_{j-1}, 1, a_{j+1}, \cdots, a_n$，其余所有元素都等于 0.

10.7. 设
$$\sigma = \begin{pmatrix} 1 & 2 & \cdots & n \\ i_1 & i_2 & \cdots & i_n \end{pmatrix} \in \mathbf{S}_n,$$
A 是 n 阶方阵，它的 (r,s) 元为 a_{rs}，其中对 $s = i_r, a_{rs} = 1$，否则 $a_{rs} = 0$. 证明 A 的行列式等于置换 σ 的符号.

§11. 行列式的基本性质

11.1. n 阶行列式会有什么变化，如果

a) 它的所有元素用 -1 乘;

b) 每个元素 a_{ik} 用 c^{i-k} $(c \neq 0)$ 乘；

c) 每个元素用关于第二条对角线 (即反对角线) 对称的元素代替；

d) 每个元素用关于行列式的 "中心" 对称的元素代替；

e) 我们绕 "中心" 反时针旋转行列式 90°？

11.2. n 阶行列式会有什么变化，如果

a) 第一列搬到最后一列并且其他列保持它们的次序向左移；

b) 它的行用逆序写下？

11.3. 行列式会有什么变化，如果

a) 从第 2 列开始把前面一列加到每一列；

b) 从第 2 列开始把前面的所有列加到每一列；

c) 从每一行减去下一行，除了最后一行外，并且从第 n 行减去原来的第一行；

d) 从第 2 列开始把前面一列加到每一列，并且把原来的最后一列加到第 1 列？

11.4. 证明奇阶反称矩阵的行列式等于 0.

11.5. 整数 20604, 53227, 25755, 20927 和 289 能被 17 整除. 证明行列式

$$\begin{vmatrix} 2 & 0 & 6 & 0 & 4 \\ 5 & 3 & 2 & 2 & 7 \\ 2 & 5 & 7 & 5 & 5 \\ 2 & 0 & 9 & 2 & 7 \\ 0 & 0 & 2 & 8 & 9 \end{vmatrix}$$

能被 17 整除.

11.6. 不用展开计算行列式:

$$\begin{vmatrix} x & y & z & 1 \\ y & z & x & 1 \\ z & x & y & 1 \\ \frac{x+z}{2} & \frac{x+y}{2} & \frac{y+z}{2} & 1 \end{vmatrix}.$$

11.7. 如果一个行列式的偶指标的行的和等于奇指标的所有行的和, 它的值是多少？

11.8. 证明任一行列式等于两个行列式的和的一半, 其中一个行列式从给定的行列式用数 b 加到第 i 行的所有元素得到, 而另一个行列式用数 $-b$ 加到第 i 行的所有元素得到.

11.9. 证明如果 n 阶行列式 D 的所有元素都是一元可微函数, 那么这个行列

式的导数等于 n 个行列式 D_i 的和，其中 D_i 的所有行除去第 i 行外都与 D 相同，而第 i 行由 D 的第 i 行元素的导数组成.

11.10. 计算行列式

a) $\begin{vmatrix} a_1+x & x & \cdots & x \\ a_1 & a_2+x & \cdots & x \\ \cdots\cdots\cdots\cdots\cdots\cdots\cdots \\ x & x & \cdots & a_n+x \end{vmatrix}$;

b) $\begin{vmatrix} a_1+x & a_2 & \cdots & a_n \\ a_1 & a_2+x & \cdots & a_n \\ \cdots\cdots\cdots\cdots\cdots\cdots\cdots \\ a_1 & a_2 & \cdots & a_n+x \end{vmatrix}$;

c) $\begin{vmatrix} 1+x_1y_1 & 1+x_1y_2 & \cdots & 1+x_1y_n \\ 1+x_2y_1 & 1+x_2y_2 & \cdots & 1+x_2y_n \\ \cdots\cdots\cdots\cdots\cdots\cdots\cdots\cdots \\ 1+x_ny_1 & 1+x_ny_2 & \cdots & 1+x_ny_n \end{vmatrix}$;

d) $\begin{vmatrix} f_1(a_1) & f_1(a_2) & \cdots & f_1(a_n) \\ f_2(a_1) & f_2(a_2) & \cdots & f_2(a_n) \\ \cdots\cdots\cdots\cdots\cdots\cdots\cdots \\ f_n(a_1) & f_n(a_2) & \cdots & f_n(a_n) \end{vmatrix}$,

其中 $f_i(x)$ 是至多 $n-2$ 次的多项式 $(i=1,2,\cdots,n)$;

e) $\begin{vmatrix} 1+a_1+b_1 & a_1+b_2 & \cdots & a_1+b_n \\ a_2+b_1 & 1+a_2+b_2 & \cdots & a_2+b_n \\ \cdots\cdots\cdots\cdots\cdots\cdots\cdots\cdots \\ a_n+b_1 & a_n+b_2 & \cdots & 1+a_n+b_n \end{vmatrix}$;

f) $\begin{vmatrix} 1+x_1y_1 & x_1y_2 & \cdots & x_1y_n \\ x_2y_1 & 1+x_2y_2 & \cdots & x_2y_n \\ \cdots\cdots\cdots\cdots\cdots\cdots\cdots \\ x_ny_1 & x_ny_2 & \cdots & 1+x_ny_n \end{vmatrix}$.

§12. 按照一行或一列的元素展开行列式

12.1. 按照第 3 行展开计算行列式

$$\begin{vmatrix} 2 & -3 & 4 & 1 \\ 4 & -2 & 3 & 2 \\ a & b & c & d \\ 3 & -1 & 4 & 3 \end{vmatrix}.$$

12.2. 按照第 2 列展开计算行列式

$$\begin{vmatrix} 5 & a & 2 & -1 \\ 4 & b & 4 & -3 \\ 2 & c & 3 & -2 \\ 4 & d & 5 & -4 \end{vmatrix}.$$

12.3. 计算行列式:

a) $\begin{vmatrix} x & y & 0 & \cdots & 0 & 0 \\ 0 & x & y & \cdots & 0 & 0 \\ 0 & 0 & x & \cdots & 0 & 0 \\ \multicolumn{6}{c}{\dotfill} \\ 0 & 0 & 0 & \cdots & x & y \\ y & 0 & 0 & \cdots & 0 & x \end{vmatrix}$;

b) $\begin{vmatrix} a_0 & a_1 & a_2 & \cdots & a_{n-1} & a_n \\ -y_1 & x_1 & 0 & \cdots & 0 & 0 \\ 0 & -y_2 & x_2 & \cdots & 0 & 0 \\ \multicolumn{6}{c}{\dotfill} \\ 0 & 0 & 0 & \cdots & x_{n-1} & 0 \\ 0 & 0 & 0 & \cdots & -y_n & x_n \end{vmatrix}$;

c) $\begin{vmatrix} a_0 & -1 & 0 & 0 & \cdots & 0 & 0 \\ a_1 & x & -1 & 0 & \cdots & 0 & 0 \\ a_2 & 0 & x & -1 & \cdots & 0 & 0 \\ \multicolumn{7}{c}{\dotfill} \\ a_{n-1} & 0 & 0 & 0 & \cdots & x & -1 \\ a_n & 0 & 0 & 0 & \cdots & 0 & x \end{vmatrix}$;

d) $\begin{vmatrix} n!a_0 & (n-1)!a_1 & (n-2)!a_2 & \cdots & a_n \\ -n & x & 0 & \cdots & a_n \\ 0 & -(n-1) & x & \cdots & 0 \\ \cdots\cdots\cdots\cdots\cdots\cdots\cdots\cdots\cdots\cdots \\ 0 & 0 & 0 & \cdots & x \end{vmatrix}$;

e) $\begin{vmatrix} 1 & 2 & 3 & \cdots & n-1 & n \\ -1 & x & 0 & \cdots & 0 & 0 \\ 0 & -1 & x & \cdots & 0 & 0 \\ \cdots\cdots\cdots\cdots\cdots\cdots\cdots\cdots\cdots \\ 0 & 0 & 0 & \cdots & x & 0 \\ 0 & 0 & 0 & \cdots & -1 & x \end{vmatrix}$, $x \neq 1$;

f) $\begin{vmatrix} n & -1 & 0 & 0 & \cdots & 0 & 0 \\ n-1 & x & -1 & 0 & \cdots & 0 & 0 \\ n-2 & 0 & x & -1 & \cdots & 0 & 0 \\ \cdots\cdots\cdots\cdots\cdots\cdots\cdots\cdots\cdots\cdots \\ 2 & 0 & 0 & 0 & \cdots & x & -1 \\ 1 & 0 & 0 & 0 & \cdots & 0 & x \end{vmatrix}$, $x \neq 1$;

g) $\begin{vmatrix} 1 & 0 & 0 & 0 & \cdots & 0 & 1 \\ 1 & a_1 & 0 & 0 & \cdots & 0 & 0 \\ 1 & 1 & a_2 & 0 & \cdots & 0 & 0 \\ 1 & 0 & 1 & a_3 & \cdots & 0 & 0 \\ \cdots\cdots\cdots\cdots\cdots\cdots\cdots\cdots\cdots \\ 1 & 0 & 0 & 0 & \cdots & 1 & a_n \end{vmatrix}$;

h) $\begin{vmatrix} a_1 & 0 & \cdots & 0 & b_1 \\ 0 & a_2 & \cdots & b_2 & 0 \\ \cdots\cdots\cdots\cdots\cdots\cdots\cdots \\ 0 & b_{2n-1} & \cdots & a_{2n-1} & 0 \\ b_{2n} & 0 & \cdots & 0 & a_{2n} \end{vmatrix}$;

i) $\begin{vmatrix} a_0 & 1 & 1 & 1 & \cdots & 1 \\ 1 & a_1 & 0 & 0 & \cdots & 0 \\ 1 & 0 & a_2 & 0 & \cdots & 0 \\ \cdots\cdots\cdots\cdots\cdots\cdots\cdots \\ 1 & 0 & 0 & 0 & \cdots & a_n \end{vmatrix}$.

12.4. 证明 Fibonacci 数列 (见习题 4.5) 的第 $n+1$ 个数 $u(n+1)$ 等于 n 阶行列式

$$\begin{vmatrix} 1 & 1 & 0 & 0 & \cdots & 0 & 0 \\ -1 & 1 & 1 & 0 & \cdots & 0 & 0 \\ 0 & -1 & 1 & 1 & \cdots & 0 & 0 \\ \multicolumn{7}{c}{\dotfill} \\ 0 & 0 & 0 & 0 & \cdots & -1 & 1 \end{vmatrix}.$$

§13. 借助初等变换计算行列式

13.1. 计算行列式:

a) $\begin{vmatrix} 1 & 2 & 3 & 4 \\ -3 & 2 & -5 & 13 \\ 1 & -2 & 10 & 4 \\ -2 & 9 & -8 & 25 \end{vmatrix}$;
b) $\begin{vmatrix} 1 & -1 & 1 & -2 \\ 1 & 3 & -1 & 3 \\ -1 & -1 & 4 & 3 \\ -3 & 0 & -8 & -13 \end{vmatrix}$;

c) $\begin{vmatrix} 7 & 6 & 9 & 4 & -4 \\ 1 & 0 & -2 & 6 & 6 \\ 7 & 8 & 9 & -1 & -6 \\ 1 & -1 & -2 & 4 & 5 \\ -7 & 0 & -9 & 2 & -2 \end{vmatrix}$;
d) $\begin{vmatrix} 4 & 4 & -1 & 0 & -1 & 8 \\ 2 & 3 & 7 & 5 & 2 & 3 \\ 3 & 2 & 5 & 7 & 3 & 2 \\ 1 & 2 & 2 & 1 & 1 & 2 \\ 1 & 7 & 6 & 6 & 5 & 7 \\ 2 & 1 & 1 & 2 & 2 & 1 \end{vmatrix}$;

e) $\begin{vmatrix} 1 & 5 & 3 & 5 & -4 \\ 3 & 1 & 2 & 9 & 8 \\ -1 & 7 & -3 & 8 & -9 \\ 3 & 4 & 2 & 4 & 7 \\ 1 & 8 & 3 & 3 & 5 \end{vmatrix}$;
f) $\begin{vmatrix} -5 & -7 & -2 & 2 & -2 & 16 \\ 0 & 0 & 4 & 0 & -5 & 0 \\ 2 & 0 & -2 & 0 & 2 & 0 \\ 6 & 4 & 6 & -1 & 15 & -5 \\ 5 & -4 & 10 & 1 & 14 & 6 \\ 3 & 0 & -2 & 0 & 3 & 0 \end{vmatrix}$;

g) $\begin{vmatrix} 1001 & 1002 & 1003 & 1004 \\ 1002 & 1003 & 1001 & 1002 \\ 1001 & 1001 & 1001 & 999 \\ 1001 & 1000 & 998 & 999 \end{vmatrix}$;
h) $\begin{vmatrix} 27 & 44 & 40 & 55 \\ 20 & 64 & 21 & 40 \\ 13 & -20 & -13 & 24 \\ 46 & 45 & -55 & 84 \end{vmatrix}$;

i) $\begin{vmatrix} 30 & 20 & 15 & 12 \\ 20 & 15 & 12 & 15 \\ 15 & 12 & 15 & 20 \\ 12 & 15 & 20 & 30 \end{vmatrix}$;

j) $\begin{vmatrix} \frac{1}{2} & \frac{1}{3} & \frac{1}{2} & 1 \\ \frac{1}{3} & \frac{1}{2} & 1 & \frac{1}{2} \\ \frac{1}{2} & 1 & \frac{1}{2} & \frac{1}{3} \\ 1 & \frac{1}{2} & \frac{1}{3} & \frac{1}{2} \end{vmatrix}$;

k) $\begin{vmatrix} 1 & 10 & 100 & 1000 & 10000 & 100000 \\ 0.1 & 2 & 30 & 400 & 5000 & 60000 \\ 0 & 0.1 & 3 & 60 & 1000 & 15000 \\ 0 & 0 & 0.1 & 4 & 100 & 2000 \\ 0 & 0 & 0 & 0.1 & 5 & 150 \\ 0 & 0 & 0 & 0 & 0.1 & 6 \end{vmatrix}$;

l) $\begin{vmatrix} 4 & -2 & 0 & 5 \\ 3 & 2 & -2 & 1 \\ -2 & 1 & 3 & -1 \\ 2 & 3 & -6 & -3 \end{vmatrix}$;

m) $\begin{vmatrix} 4 & 3 & 3 & 5 \\ 3 & 4 & 3 & 2 \\ 3 & 2 & 5 & 4 \\ 2 & 4 & 2 & 3 \end{vmatrix}$;

n) $\begin{vmatrix} 3 & 2 & 4 & 5 \\ 4 & -3 & 2 & -4 \\ 5 & -2 & -3 & -7 \\ -3 & 4 & 2 & 9 \end{vmatrix}$;

o) $\begin{vmatrix} 14 & 13 & 3 & -13 \\ -7 & -4 & 2 & 10 \\ 21 & 23 & 0 & -23 \\ 7 & 12 & -2 & -6 \end{vmatrix}$;

p) $\begin{vmatrix} 6 & 3 & 8 & -4 \\ 5 & 6 & 4 & 2 \\ 0 & 3 & 4 & 2 \\ 4 & 1 & -4 & 6 \end{vmatrix}$;

q) $\begin{vmatrix} 2 & 4 & 6 & -5 \\ 1 & 6 & 5 & 4 \\ -3 & 2 & 4 & 6 \\ 4 & 5 & 2 & 3 \end{vmatrix}$.

13.2. 把行列式化简成三角形来计算:

a) $\begin{vmatrix} 1 & 2 & 3 & \cdots & n \\ -1 & 0 & 3 & \cdots & n \\ -1 & -2 & 0 & \cdots & n \\ \cdots & \cdots & \cdots & \cdots & \cdots \\ -1 & -2 & -3 & \cdots & 0 \end{vmatrix}$;

b) $\begin{vmatrix} 1 & n & n & \cdots & n \\ n & 2 & n & \cdots & n \\ n & n & 3 & \cdots & n \\ \cdots & \cdots & \cdots & \cdots \\ n & n & n & \cdots & n \end{vmatrix}$;

c) $\begin{vmatrix} 1 & \cdots & 1 & 1 & 1 \\ a_1 & \cdots & a_1 & a_1-b_1 & a_1 \\ a_2 & \cdots & a_2-b_2 & a_2 & a_2 \\ \cdots & \cdots & \cdots & \cdots & \cdots \\ a_n-b_n & \cdots & a_n & a_n & a_n \end{vmatrix};$

d) $\begin{vmatrix} x_1 & a_{12} & a_{13} & \cdots & a_{1n} \\ x_1 & x_2 & a_{23} & \cdots & a_{2n} \\ x_1 & x_2 & x_3 & \cdots & a_{3n} \\ \cdots & \cdots & \cdots & \cdots & \cdots \\ x_1 & x_2 & x_3 & \cdots & x_n \end{vmatrix};$ e) $\begin{vmatrix} 1 & 2 & 3 & \cdots & n-2 & n-1 & n \\ 2 & 3 & 4 & \cdots & n-1 & n & n \\ 3 & 4 & 5 & \cdots & n & n & n \\ \cdots & \cdots & \cdots & \cdots & \cdots & \cdots & \cdots \\ n & n & n & \cdots & n & n & n \end{vmatrix};$

f) $\begin{vmatrix} 1 & x & x^2 & x^3 & \cdots & x^n \\ a_{11} & 1 & x & x^2 & \cdots & x^{n-1} \\ a_{21} & a_{22} & 1 & x & \cdots & x^{n-2} \\ \cdots & \cdots & \cdots & \cdots & \cdots & \cdots \\ a_{n1} & a_{n2} & a_{n3} & a_{n4} & \cdots & 1 \end{vmatrix};$

g) $\begin{vmatrix} 1 & 1 & \cdots & 1 & -n \\ 1 & 1 & \cdots & -n & 1 \\ \cdots & \cdots & \cdots & \cdots & \cdots \\ 1 & -n & \cdots & 1 & 1 \\ -n & 1 & \cdots & 1 & 1 \end{vmatrix};$ h) $\begin{vmatrix} a & b & \cdots & b & b \\ b & a & \cdots & b & b \\ \cdots & \cdots & \cdots & \cdots & \cdots \\ b & b & \cdots & a & b \\ b & b & \cdots & b & a \end{vmatrix};$

i) $\begin{vmatrix} 1 & a_1 & a_2 & \cdots & a_n \\ 1 & a_1+b_1 & a_2 & \cdots & a_n \\ 1 & a_1 & a_2+b_2 & \cdots & a_n \\ \cdots & \cdots & \cdots & \cdots & \cdots \\ 1 & a_1 & a_2 & \cdots & a_n+b_n \end{vmatrix}.$

13.3. 计算行列式

$$\begin{vmatrix} a & a+h & a+2h & \cdots & a+(n-2)h & a+(n-1)h \\ a+(n-1)h & a & a+1h & \cdots & a+(n-3)h & a+(n-2)h \\ \cdots & \cdots & \cdots & \cdots & \cdots & \cdots \\ a+h & a+2h & a+3h & \cdots & a+(n-1)h & a \end{vmatrix}.$$

§14. 计算特殊行列式

14.1. 运用递推关系 (见习题 4.1) 计算下述行列式:

a) $\begin{vmatrix} 2 & 1 & 0 & \cdots & 0 \\ 1 & 2 & 0 & \cdots & 0 \\ 0 & 1 & 2 & \cdots & 0 \\ \vdots & \vdots & \vdots & & \vdots \\ 0 & 0 & 0 & \cdots & 2 \end{vmatrix}$;   b) $\begin{vmatrix} 3 & 2 & 0 & \cdots & 0 \\ 1 & 3 & 2 & \cdots & 0 \\ 0 & 1 & 3 & \cdots & 0 \\ \vdots & \vdots & \vdots & & \vdots \\ 0 & 0 & 0 & \cdots & 3 \end{vmatrix}$;

c) $\begin{vmatrix} 5 & 6 & 0 & 0 & 0 & \cdots & 0 & 0 \\ 4 & 5 & 2 & 0 & 0 & \cdots & 0 & 0 \\ 0 & 1 & 3 & 2 & 0 & \cdots & 0 & 0 \\ 0 & 0 & 1 & 3 & 2 & \cdots & 0 & 0 \\ \vdots & \vdots & \vdots & \vdots & \vdots & & \vdots & \vdots \\ 0 & 0 & 0 & 0 & 0 & \cdots & 3 & 2 \\ 0 & 0 & 0 & 0 & 0 & \cdots & 1 & 3 \end{vmatrix}$;   d) $\begin{vmatrix} 1 & 2 & 0 & 0 & 0 & \cdots & 0 & 0 \\ 3 & 4 & 3 & 0 & 0 & \cdots & 0 & 0 \\ 0 & 2 & 5 & 3 & 0 & \cdots & 0 & 0 \\ 0 & 0 & 2 & 5 & 3 & \cdots & 0 & 0 \\ \vdots & \vdots & \vdots & \vdots & \vdots & & \vdots & \vdots \\ 0 & 0 & 0 & 0 & 0 & \cdots & 5 & 3 \\ 0 & 0 & 0 & 0 & 0 & \cdots & 2 & 5 \end{vmatrix}$;

e) $\begin{vmatrix} 3 & 2 & 0 & 0 & \cdots & 0 & 0 & 0 \\ 1 & 3 & 1 & 0 & \cdots & 0 & 0 & 0 \\ 0 & 2 & 3 & 2 & \cdots & 0 & 0 & 0 \\ 0 & 0 & 1 & 3 & \cdots & 0 & 0 & 0 \\ \vdots & \vdots & \vdots & \vdots & & \vdots & \vdots & \vdots \\ 0 & 0 & 0 & 0 & \cdots & 1 & 3 & 1 \\ 0 & 0 & 0 & 0 & \cdots & 0 & 2 & 3 \end{vmatrix}$;   f) $\begin{vmatrix} \alpha+\beta & \alpha\beta & 0 & 0 & \cdots & 0 \\ 1 & \alpha+\beta & \alpha\beta & 0 & \cdots & 0 \\ 0 & 1 & \alpha+\beta & \alpha\beta & \cdots & 0 \\ \vdots & \vdots & \vdots & \vdots & & \vdots \\ 0 & 0 & 0 & 0 & \cdots & \alpha+\beta \end{vmatrix}$;

g) $\begin{vmatrix} 1 & 1 & 1 & \cdots & 1 \\ 1 & 2 & 2^2 & \cdots & 2^n \\ 1 & 3 & 3^2 & \cdots & 3^n \\ \vdots & \vdots & \vdots & & \vdots \\ 1 & n+1 & (n+1)^2 & \cdots & (n+1)^n \end{vmatrix}$;

h) $\begin{vmatrix} a^n & (a-1)^n & \cdots & (a-n)^n \\ a^{n-1} & (a-1)^{n-1} & \cdots & (a-n)^{n-1} \\ \vdots & \vdots & & \vdots \\ a & a-1 & \cdots & a-n \\ 1 & 1 & \cdots & 1 \end{vmatrix}$;

i) $\begin{vmatrix} 1 & \cdots & 1 \\ x_1+1 & \cdots & x_n+1 \\ x_1^2+x_1 & \cdots & x_n^2+x_n \\ \cdots\cdots\cdots\cdots\cdots\cdots\cdots\cdots \\ x_1^{n-1}+x_1^{n-2} & \cdots & x_n^{n-1}+x_n^{n-2} \end{vmatrix}$;

j) $\begin{vmatrix} a_1^n & a_1^{n-1}b_1 & a_1^{n-2}b_1^2 & \cdots & b_1^n \\ a_2^n & a_2^{n-1}b_2 & a_2^{n-2}b_2^2 & \cdots & b_2^n \\ \cdots & \cdots & \cdots & \cdots & \cdots \\ a_{n+1}^n & a_{n+1}^{n-1}b_{n+1} & a_{n+1}^{n-2}b_{n+1}^2 & \cdots & b_{n+1}^n \end{vmatrix}$;

k) $\begin{vmatrix} 1 & x_1 & x_1^2 & \cdots & x_1^{s-1} & x_1^{s+1} & \cdots & x_1^n \\ 1 & x_2 & x_2^2 & \cdots & x_2^{s-1} & x_2^{s+1} & \cdots & x_2^n \\ \cdots & \cdots & \cdots & \cdots & \cdots & \cdots & \cdots & \cdots \\ 1 & x_n & x_n^2 & \cdots & x_n^{s-1} & x_n^{s+1} & \cdots & x_n^n \end{vmatrix}$;

l) $\begin{vmatrix} 1+x_1 & 1+x_1^2 & \cdots & 1+x_1^n \\ 1+x_2 & 1+x_2^2 & \cdots & 1+x_2^n \\ \cdots & \cdots & \cdots & \cdots \\ 1+x_n & 1+x_n^2 & \cdots & 1+x_n^n \end{vmatrix}$;

m) $\begin{vmatrix} 0 & 1 & 1 & \cdots & 1 & 1 \\ 1 & 0 & x & \cdots & x & x \\ 1 & x & 0 & \cdots & x & x \\ \cdots & \cdots & \cdots & \cdots & \cdots & \cdots \\ 1 & x & x & \cdots & 0 & x \\ 1 & x & x & \cdots & x & 0 \end{vmatrix}$;

n) $\begin{vmatrix} a & x & x & \cdots & x \\ y & a & x & \cdots & x \\ y & y & a & \cdots & x \\ \cdots & \cdots & \cdots & \cdots & \cdots \\ y & y & y & \cdots & a \end{vmatrix}$ $(x \neq y)$.

§15. 矩阵乘积的行列式

15.1. 通过平方计算行列式

$$\begin{vmatrix} a & b & c & d \\ -b & a & d & -c \\ -c & -d & a & b \\ -d & c & -b & a \end{vmatrix}.$$

15.2. 通过分解成行列式的乘积计算下述行列式:

a) $\begin{vmatrix} \cos(\alpha_1 - \beta_1) & \cos(\alpha_1 - \beta_2) & \cdots & \cos(\alpha_1 - \beta_n) \\ \cos(\alpha_2 - \beta_1) & \cos(\alpha_2 - \beta_2) & \cdots & \cos(\alpha_2 - \beta_n) \\ \vdots & \vdots & \ddots & \vdots \\ \cos(\alpha_n - \beta_1) & \cos(\alpha_n - \beta_2) & \cdots & \cos(\alpha_n - \beta_n) \end{vmatrix};$

b) $\begin{vmatrix} \dfrac{1 - a_1^n b_1^n}{1 - a_1 b_1} & \cdots & \dfrac{1 - a_1^n b_n^n}{1 - a_1 b_n} \\ \vdots & \ddots & \vdots \\ \dfrac{1 - a_n^n b_1^n}{1 - a_n b_1} & \cdots & \dfrac{1 - a_n^n b_n^n}{1 - a_n b_n} \end{vmatrix};$

c) $\begin{vmatrix} (a_0 + b_0)^n & \cdots & (a_0 + b_n)^n \\ \vdots & \ddots & \vdots \\ (a_n + b_0)^n & \cdots & (a_n + b_n)^n \end{vmatrix};$

d) $\begin{vmatrix} s_0 & s_1 & s_2 & \cdots & s_{n-1} \\ s_1 & s_2 & s_3 & \cdots & s_n \\ s_2 & s_3 & s_4 & \cdots & s_{n+1} \\ \vdots & \vdots & \vdots & \ddots & \vdots \\ s_{n-1} & s_n & s_{n+1} & \cdots & s_{2n-2} \end{vmatrix},$ 其中 $s_k = x_1^k + x_2^k + \cdots + x_n^k.$

15.3. 证明循环矩阵的行列式

$$\begin{vmatrix} a_1 & a_2 & a_3 & \cdots & a_n \\ a_n & a_1 & a_2 & \cdots & a_{n-1} \\ a_{n-1} & a_n & a_1 & \cdots & a_{n-2} \\ \cdots & \cdots & \cdots & \cdots & \cdots \\ a_2 & a_3 & a_4 & \cdots & a_1 \end{vmatrix}$$

等于 $f(\varepsilon_1)f(\varepsilon_2)\cdots f(\varepsilon_n)$, 其中 $f(x) = a_1 + a_2 x + \cdots + a_n x^{n-1}$, 并且 $\varepsilon_1, \varepsilon_2, \cdots, \varepsilon_n$ 是所有 n 次单位根.

15.4. 计算行列式:

a) $\begin{vmatrix} a & b & c & d \\ d & a & b & c \\ c & d & a & b \\ b & c & d & a \end{vmatrix};$ b) $\begin{vmatrix} 1 & \alpha & \alpha^2 & \cdots & \alpha^{n-1} \\ \alpha^{n-1} & 1 & \alpha & \cdots & \alpha^{n-2} \\ \alpha^{n-2} & \alpha^{n-1} & 1 & \cdots & \alpha^{n-3} \\ \cdots & \cdots & \cdots & \cdots & \cdots \\ \alpha & \alpha^2 & \alpha^3 & \cdots & 1 \end{vmatrix};$

§16. 附加的习题

16.1. 求 3 阶行列式的最大值, 它的元素是

a) 整数 0 或 1;

b) 整数 1 或 −1.

16.2. 证明一个 n 阶行列式如果它的某 k 行与某 l 列的交叉处都是 0, 且 $k+l>n$, 那么它的值为 0.

16.3. 设 D 是 $n\,(>1)$ 阶行列式, D_1 和 D_2 分别是把 D 的每个元素 a_{ij} 用它的代数余子式 A_{ij} 和余子式 M_{ij} 替代得到的行列式. 证明 $D_1 = D_2$.

16.4. n 阶方阵 A 的伴随矩阵 $\widehat{A}$ 是 (i,j) 元为代数余子式 A_{ji} 的矩阵. 证明:

a) $|\widehat{A}| = |A|^{n-1}$;

b) 若 $n>2$, 则 $\widehat{\widehat{A}} = |A|^{n-2}A$; 若 $n=2$, 则 $\widehat{\widehat{A}} = A$.

16.5. (Binet-Cauchy 公式) 设 $A=(a_{ij}), B=(b_{ij})$ 是 $m\times n$ 矩阵, $A_{i_1,\cdots,i_m}$ 和 $B_{i_1,\cdots,i_m}$ 分别是 A 和 B 的由指标为 $i_1,\cdots,i_m$ 的列合成的 m 阶子式, 并且

$$c_{ij} = \sum_{k=1}^{n} a_{ik}b_{jk}, \quad C=(c_{ij}) \quad i=1,\cdots,m; \quad j=1,\cdots,m.$$

证明当 $m \leqslant n$ 时有

$$\det C = \sum_{1\leqslant i_1 < i_2 < \cdots < i_m \leqslant n} A_{i_1,\cdots,i_m} B_{i_1,\cdots,i_m},$$

当 $m>n$ 时, $\det C = 0$.

16.6. 设 A 和 B 分别是 $p\times n, n\times k$ 矩阵, 设

$$A\begin{pmatrix} i_1 & \cdots & i_m \\ j_1 & \cdots & j_m \end{pmatrix}, \quad B\begin{pmatrix} i_1 & \cdots & i_m \\ j_1 & \cdots & j_m \end{pmatrix}$$

分别是矩阵 A 和 B 的位于指标为 $i_1,\cdots,i_m$ 的行与指标为 $j_1,\cdots,j_m$ 的列的交叉处的元素组成的子式. 设 $C=AB$. 证明:

$$C\begin{pmatrix} i_1 & \cdots & i_m \\ j_1 & \cdots & j_m \end{pmatrix}$$

$$= \begin{cases} \displaystyle\sum_{1\leqslant k_1<k_2<\cdots<k_m\leqslant n} A\begin{pmatrix} i_1 & \cdots & i_m \\ k_1 & \cdots & k_m \end{pmatrix} B\begin{pmatrix} k_1 & \cdots & k_m \\ j_1 & \cdots & j_m \end{pmatrix}, & m\leqslant n, \\ 0, & m>n. \end{cases}$$

§16. 附加的习题

16.7. 证明矩阵 $A \cdot {}^t A$ 的 k 阶主子式的和等于 A 的所有 k 阶子式的平方和.

16.8. 设

$$D = \begin{vmatrix} a_{11} & \cdots & a_{1n} \\ \cdots & \cdots & \cdots \\ a_{n1} & \cdots & a_{nn} \end{vmatrix}.$$

证明:

$$\begin{vmatrix} a_{11} & \cdots & a_{1n} & x_1 \\ \cdots & \cdots & \cdots & \cdots \\ a_{n1} & \cdots & a_{nn} & x_n \\ x_1 & \cdots & x_n & z \end{vmatrix} = Dz - \sum_{i,j=1}^{n} A_{ij} x_i x_j.$$

16.9. 证明: 如果我们把同一个数加到一个矩阵的所有元素上, 那么行列式的所有元素的代数余子式的和不变.

16.10. 证明: 如果行列式的某一行 (或列) 的所有元素都等于 1, 那么这个行列式的所有元素的代数余子式的和等于行列式的值.

* * *

16.11. 设

$$A = \begin{vmatrix} a_{11} & \cdots & a_{1n} \\ \cdots & \cdots & \cdots \\ a_{n1} & \cdots & a_{nn} \end{vmatrix}, \quad B = \begin{vmatrix} b_{11} & \cdots & b_{1k} \\ \cdots & \cdots & \cdots \\ b_{k1} & \cdots & b_{kk} \end{vmatrix},$$

$$D = \begin{vmatrix} a_{11}b_{11} & \cdots & a_{1n}b_{11} & a_{11}b_{12} & \cdots & a_{1n}b_{12} & \cdots & a_{11}b_{1k} & \cdots & a_{1n}b_{1k} \\ \cdots & \cdots & \cdots & \cdots & \cdots & \cdots & \cdots & \cdots & \cdots & \cdots \\ a_{n1}b_{11} & \cdots & a_{nn}b_{11} & a_{n1}b_{12} & \cdots & a_{nn}b_{12} & \cdots & a_{n1}b_{1k} & \cdots & a_{nn}b_{1k} \\ \cdots & \cdots & \cdots & \cdots & \cdots & \cdots & \cdots & \cdots & \cdots & \cdots \\ a_{11}b_{k1} & \cdots & a_{1n}b_{k1} & a_{11}b_{k2} & \cdots & a_{1n}b_{k2} & \cdots & a_{11}b_{kk} & \cdots & a_{1n}b_{kk} \\ \cdots & \cdots & \cdots & \cdots & \cdots & \cdots & \cdots & \cdots & \cdots & \cdots \\ a_{n1}b_{k1} & \cdots & a_{nn}b_{k1} & a_{n1}b_{k2} & \cdots & a_{nn}b_{k2} & \cdots & a_{n1}b_{kk} & \cdots & a_{nn}b_{kk} \end{vmatrix},$$

D 是 nk 阶矩阵的行列式, 它是 A 与 B 的 Kroneker 积.

证明 $D = A^k B^n$.

16.12. 连项式 (continuant, 也译作觞夹行列式)

$$(a_1 a_2 \cdots a_n) = \begin{vmatrix} a_1 & 1 & 0 & 0 & \cdots & 0 & 0 \\ -1 & a_2 & 1 & 0 & \cdots & 0 & 0 \\ 0 & -1 & a_3 & 1 & \cdots & 0 & 0 \\ \multicolumn{7}{c}{\dotfill} \\ 0 & 0 & 0 & 0 & \cdots & -1 & a_n \end{vmatrix}.$$

a) 求 $(a_1 a_2 \cdots a_n)$ 作为 $a_1, \cdots, a_n$ 的多项式的展开式.

b) 写出连项式按照前 k 行元素的展开式.

c) 建立连项式与连分数的下述关系

$$\frac{(a_1 a_2 \cdots a_n)}{(a_2 a_3 \cdots a_n)} = a_1 + \cfrac{1}{a_2 + \cfrac{1}{a_3 + \cfrac{1}{\ddots + \cfrac{1}{a_{n-1} + \cfrac{1}{a_n}}}}}$$

16.13. 证明: 如果 A, B, C, D 都是 n 阶方阵, 且 $C \cdot {}^t D = D \cdot {}^t C$, 那么

$$\begin{vmatrix} A & B \\ C & D \end{vmatrix} = |A \cdot {}^t D - B \cdot {}^t C|.$$

16.14. 证明: 如果 A, B, C, D 都是 n 阶方阵, 其中 C 或者 D 是非奇异矩阵, 那么 $CD = DC$ 蕴含

$$\begin{vmatrix} A & B \\ C & D \end{vmatrix} = |AD - BC|.$$

16.15. 计算行列式

$$\begin{vmatrix} cE & A \\ A & cE \end{vmatrix},$$

其中

$$A = \begin{vmatrix} a & 1 & 0 & 0 & \cdots & 0 \\ 1 & a & 1 & 0 & \cdots & 0 \\ 0 & 1 & a & 1 & \cdots & 0 \\ \multicolumn{6}{c}{\dotfill} \\ 0 & 0 & 0 & 0 & \cdots & a \end{vmatrix}.$$

16.16. 证明：从矩阵

$$(a_{ij}) = \left(\binom{j-1}{i-1}\right) \quad (i-1,\cdots,n+1;\ j=1,\cdots,n+2)$$

消去第 k 列得到的矩阵的行列式等于 $\binom{n+1}{k-1}$.

16.17. 证明：

$$\begin{vmatrix} \dfrac{1}{2!} & \dfrac{1}{3!} & \dfrac{1}{4!} & \cdots & \dfrac{1}{(2k+2)!} \\ 1 & \dfrac{1}{2!} & \dfrac{1}{3!} & \cdots & \dfrac{1}{(2k+1)!} \\ 0 & 1 & \dfrac{1}{2!} & \cdots & \dfrac{1}{(2k)!} \\ \vdots & \vdots & \vdots & \ddots & \vdots \\ 0 & 0 & 0 & \cdots & \dfrac{1}{2!} \end{vmatrix} = 0, \quad k \in \mathbb{N}.$$

16.18. (**Euler 等式**) 把下述两个矩阵相乘：

$$\begin{pmatrix} x_1 & x_2 & x_3 & x_4 \\ x_2 & -x_1 & -x_4 & x_3 \\ x_3 & x_4 & -x_1 & -x_2 \\ x_4 & -x_3 & x_2 & -x_1 \end{pmatrix}, \quad \begin{pmatrix} y_1 & y_2 & y_3 & y_4 \\ y_2 & -y_1 & -y_4 & y_3 \\ y_3 & y_4 & -y_1 & -y_2 \\ y_4 & -y_3 & y_2 & -y_1 \end{pmatrix},$$

证明：

$$(x_1^2 + x_2^2 + x_3^2 + x_4^2)(y_1^2 + y_2^2 + y_3^2 + y_4^2) = (x_1y_1 + x_2y_2 + x_3y_3 + x_4y_4)^2$$
$$+ (x_1y_2 - x_2y_1 - x_3y_4 + x_4y_3)^2$$
$$+ (x_1y_3 + x_2y_4 - x_3y_1 - x_4y_2)^2$$
$$+ (x_1y_4 - x_2y_3 + x_3y_2 - x_4y_1)^2.$$

16.19. 计算 n 阶矩阵 (a_{ij}) 的行列式，其中

a) 当 i 整除 j 时 $a_{ij} = 1$，其余情形 $a_{ij} = 0$;

b) a_{ij} 等于指标 i 与 j 的公因子的数目.

16.20. 证明 n 阶矩阵 (d_{ij}) 的行列式等于

$$\varphi(1)\varphi(2)\cdots\varphi(n),$$

其中 d_{ij} 是数 i 与 j 的最大公因子.

16.21. 设 $x_1,\cdots,x_n,y_1,\cdots,y_n$ 是一些数, 并且对所有 $i,j=1,\cdots,n$ 都有 $x_i y_j \neq 1$; 设 $\Delta(x_1,\cdots,x_n), \Delta(y_1,\cdots,y_n)$ 是 Vandermonde 行列式. 证明:

$$\Delta(x_1,\cdots,x_n)\Delta(y_1,\cdots,y_n) = \det\left(\frac{1}{1-x_i y_j}\right)_{i,j=1,\cdots,n} \prod_{i,j=1}^{n}(1-x_i y_j).$$

第四章 矩阵

§17. 矩阵的运算

17.1. 矩阵相乘:

a) $\begin{pmatrix} 1 & n \\ 0 & 1 \end{pmatrix} \cdot \begin{pmatrix} 1 & m \\ 0 & 1 \end{pmatrix}$;

b) $\begin{pmatrix} \cos\alpha & -\sin\alpha \\ \sin\alpha & \cos\alpha \end{pmatrix} \cdot \begin{pmatrix} \cos\beta & -\sin\beta \\ \sin\beta & \cos\beta \end{pmatrix}$;

c) $\begin{pmatrix} 3 & -4 & 5 \\ 2 & -3 & 1 \\ 3 & -5 & -1 \end{pmatrix} \cdot \begin{pmatrix} 3 & 29 \\ 2 & 18 \\ 0 & -3 \end{pmatrix}$;

d) $\begin{pmatrix} 1 & 5 & 3 \\ 2 & -3 & 1 \end{pmatrix} \cdot \begin{pmatrix} 2 & -3 & 5 \\ -1 & 4 & -2 \\ 3 & -1 & 1 \end{pmatrix}$;

e) $\begin{pmatrix} 1 & 2 & 1 \\ 3 & 1 & 3 \\ 1 & 2 & 1 \end{pmatrix} \cdot \begin{pmatrix} 1 & 3 & 1 \\ 2 & 1 & 2 \\ 1 & 3 & 1 \end{pmatrix}$;

f) $\begin{pmatrix} 1 & -1 & 3 \\ -1 & 1 & -3 \\ 2 & -2 & 6 \end{pmatrix} \cdot \begin{pmatrix} 1 & 5 & 2 \\ 0 & 3 & -1 \\ 2 & 1 & -1 \end{pmatrix}$;

g) $\begin{pmatrix} 1 & 2 & 0 & 0 \\ 2 & 1 & 0 & 0 \\ 0 & 0 & 1 & 3 \\ 0 & 0 & 3 & 1 \end{pmatrix} \cdot \begin{pmatrix} 1 & 1 & 0 & 0 \\ 1 & 1 & 0 & 0 \\ 0 & 0 & 1 & -1 \\ 0 & 0 & -1 & 1 \end{pmatrix}$;

h) $\begin{pmatrix} 1 & 1 & 0 & 0 \\ 1 & 2 & 0 & 0 \\ 0 & 0 & 3 & 1 \\ 0 & 0 & 1 & 1 \end{pmatrix} \cdot \begin{pmatrix} 1 & 1 & 0 & 0 \\ 1 & 3 & 0 & 0 \\ 0 & 0 & 1 & 2 \\ 0 & 0 & -3 & 1 \end{pmatrix}$.

17.2. 进行运算：

a) $\begin{pmatrix} 3 & 0 & 2 & 0 \\ 0 & 1 & 2 & 1 \\ 2 & 3 & 0 & 0 \end{pmatrix} \cdot \begin{pmatrix} 1 & -2 & 2 \\ 2 & -1 & 1 \\ -1 & 1 & -2 \\ 2 & 2 & -1 \end{pmatrix} + \begin{pmatrix} -2 & 0 & -3 \\ 0 & 6 & -3 \\ 5 & -2 & 8 \end{pmatrix}$;

b) $\begin{pmatrix} 3 & 0 & 2 \\ 0 & 1 & 3 \\ 2 & 2 & 0 \\ 0 & 1 & 0 \end{pmatrix} \cdot \begin{pmatrix} 1 & 2 & -1 & 2 \\ -2 & -1 & 1 & 2 \\ 2 & 1 & 1 & 2 \end{pmatrix} + \begin{pmatrix} 0 & -4 & 6 & 1 \\ 2 & 2 & -5 & -2 \\ 2 & -2 & 6 & 4 \\ 1 & 3 & 0 & 1 \end{pmatrix}$.

17.3. 计算：

a) $\begin{pmatrix} 1 & 2 & 2 \\ 2 & 1 & -2 \\ 2 & -2 & 1 \end{pmatrix}^2$;

b) $\begin{pmatrix} 0 & 1 & 0 & 0 \\ 0 & 0 & 1 & 0 \\ 0 & 0 & 0 & 1 \\ 0 & 0 & 0 & 0 \end{pmatrix}^2$;

c) $\begin{pmatrix} 1 & 1 & 1 & 1 \\ 1 & 1 & -1 & -1 \\ 1 & -1 & 1 & -1 \\ 1 & -1 & -1 & 1 \end{pmatrix}^2$;

d) $\begin{pmatrix} 0 & 1 & 0 & 0 \\ 0 & 0 & 2 & 0 \\ 0 & 0 & 0 & 3 \\ 0 & 0 & 0 & 0 \end{pmatrix}^2$.

17.4. 计算：

a) $\begin{pmatrix} \cos\alpha & \sin\alpha \\ -\sin\alpha & \cos\alpha \end{pmatrix}^n$;

b) $\begin{pmatrix} \lambda & 1 \\ 0 & \lambda \end{pmatrix}^n$;

c) $\begin{pmatrix} 2 & 1 \\ 5 & 3 \end{pmatrix} \cdot \begin{pmatrix} 1 & 0 \\ 1 & 1 \end{pmatrix} \cdot \begin{pmatrix} 3 & -1 \\ -5 & 2 \end{pmatrix}^n$.

17.5. 计算多项式 $f(x)$ 在矩阵 A 处的值：

a) $f(x) = x^3 - 2x^2 + 1, A = \begin{pmatrix} 2 & 1 & 0 \\ 0 & 2 & 0 \\ 1 & 1 & 1 \end{pmatrix}$;

b) $f(x) = x^3 - 3x + 2, A = \begin{pmatrix} 2 & 1 & 1 \\ 1 & 2 & 1 \\ 1 & 1 & 2 \end{pmatrix}$.

17.6. 证明: 如果矩阵 A 与 B 可交换, 那么

$$(A+B)^n = \sum_{i=0}^{n} \binom{n}{i} A^i B^{n-i}.$$

找出两个矩阵 A, B 的例子, 对于它们这个公式不成立.

17.7. 考虑 n 阶方阵

$$H = \begin{pmatrix} 0 & 1 & 0 & \cdots & 0 \\ 0 & 0 & 1 & \cdots & 0 \\ \multicolumn{5}{c}{\dotfill} \\ 0 & 0 & 0 & \cdots & 1 \\ 0 & 0 & 0 & \cdots & 0 \end{pmatrix}.$$

计算 H 的所有方幂.

17.8. 考虑 n 阶方阵

$$J = \begin{pmatrix} \lambda & 1 & 0 & \cdots & 0 & 0 \\ 0 & \lambda & 1 & \cdots & 0 & 0 \\ \multicolumn{6}{c}{\dotfill} \\ 0 & 0 & 0 & \cdots & \lambda & 1 \\ 0 & 0 & 0 & \cdots & 0 & \lambda \end{pmatrix}.$$

证明: 如果 $f(x)$ 是一个 n 次多项式, 那么

$$f(J) = \begin{pmatrix} f(\lambda) & \dfrac{f'(\lambda)}{1!} & \dfrac{f''(\lambda)}{2!} & \cdots & \dfrac{f^{(n-2)}(\lambda)}{(n-2)!} & \dfrac{f^{(n-1)}(\lambda)}{(n-1)!} \\ 0 & f(\lambda) & \dfrac{f'(\lambda)}{1!} & \cdots & \dfrac{f^{(n-3)}(\lambda)}{(n-3)!} & \dfrac{f^{(n-2)}(\lambda)}{(n-2)!} \\ \multicolumn{6}{c}{\dotfill} \\ 0 & 0 & 0 & \cdots & f(\lambda) & \dfrac{f'(\lambda)}{1!} \\ 0 & 0 & 0 & \cdots & 0 & f(\lambda) \end{pmatrix}.$$

17.9. 设 C, A 是同阶方阵, 且 $f(x)$ 是一个多项式. 证明 $f(CAC^{-1}) = Cf(A)C^{-1}$.

17.10. 计算 e^A, 其中

a) $A = \begin{pmatrix} 2 & 1 \\ -4 & -2 \end{pmatrix}$;
b) $A = \begin{pmatrix} 0 & 1 & 2 \\ 0 & 0 & 6 \\ 0 & 0 & 0 \end{pmatrix}$.

17.11. 计算 $\ln A$, 其中

a) $A = \begin{pmatrix} 3 & 1 \\ -4 & -1 \end{pmatrix}$;
b) $A = \begin{pmatrix} 1 & 1 & 0 & \cdots & 0 \\ 0 & 1 & 1 & \cdots & 0 \\ \multicolumn{5}{c}{\dotfill} \\ 0 & 0 & 0 & \cdots & 1 \end{pmatrix}$.

17.12. 设 $A = (a_{ij})$ 是 $m \times n$ 矩阵. 证明:
$$A = \sum_{i,j} a_{ij} E_{ij},$$
其中 E_{ij} 是**矩阵单位**.

17.13. 证明 $E_{ij} E_{pq} = \delta_{jp} E_{iq}$.

17.14. 设 A 是任一矩阵, 计算 $E_{ij} A$.

17.15. 设 A 是任一矩阵, 计算 $A E_{ij}$.

17.16. 设 A 是方阵使得对任意矩阵单位 E_{ij} 有 $E_{ij} A = A E_{ij}$, 证明 $A = \lambda E$ 对于某个纯量 λ.

17.17. 设 A 是方阵并且对于每个指标 i 有 $E_{ii} A = A E_{ii}$. 证明 A 是对角矩阵.

17.18. 设方阵 A 与所有非奇异矩阵可交换. 证明 $A = \lambda E$ 对于某个纯量 λ.

17.19. 求所有 n 阶矩阵 A 使得对于任一 n 阶矩阵 X 都有 $\operatorname{tr} AX = 0$.

17.20. 证明两个矩阵乘积的迹不依赖于因子的次序.

17.21. 证明如果 C 是非奇异矩阵, 那么对于任一同阶矩阵 A 有 $\operatorname{tr}(CAC^{-1}) = \operatorname{tr} A$.

17.22. 对于什么样的 λ, 方程 $[X, Y] = \lambda E$ 有解 (其中 $[X, Y]$ 是矩阵 X 和 Y 的**换位子**)?

17.23. 证明对于任意方阵 A, B, C:

a) $[A, BC] = [A, B]C + B[A, C]$;

b) $[[A, B], C] + [[B, C], A] + [[C, A], B] = 0$.

17.24. 证明对于任意 2 阶矩阵, $[[A, B]^2, C] = 0$.

17.25. 设 $A, B, \cdots, D_1$ 是同阶方阵. 求矩阵的乘积

$$\begin{pmatrix} A & B \\ C & D \end{pmatrix} \cdot \begin{pmatrix} A_1 & B_1 \\ C_1 & D_1 \end{pmatrix}$$

用所给矩阵表示的展开式.

* * *

17.26. 设 A 是与 ${}^tA$ 可交换的三角形实矩阵. 证明 A 是对角矩阵.

17.27. 设 $A = (a_{ij}) \in \mathbf{M}_n(\mathbb{R})$ 是非奇异对称矩阵, 使得当 $|i-j| \geqslant k$ 对某个固定的指标 $k < n$ 时 $a_{ij} = 0$. 设 $A = {}^tB \cdot B$, 其中 $B = (b_{ij})$ 是上三角矩阵. 证明对于 $j - i \geqslant k$ 有 $b_{ij} = 0$.

17.28. 证明任一迹为 0 的矩阵是一些迹为 0 的矩阵的换位子的和.

17.29. 对于矩阵

$$X = \begin{pmatrix} 0 & 1 & 0 & \cdots & 0 \\ 0 & 0 & 1 & \cdots & 0 \\ \multicolumn{5}{c}{\dotfill} \\ 0 & 0 & 0 & \cdots & 1 \\ 0 & 0 & 0 & \cdots & 0 \end{pmatrix},$$

求矩阵 A 与 B 使得

$$[A, X] = X, \quad [A, B] = -B, \quad [X, B] = A.$$

§18. 矩阵方程. 可逆矩阵

18.1. 解矩阵方程组:

a) $X + Y = \begin{pmatrix} 1 & 1 \\ 0 & 1 \end{pmatrix}, \quad 2X + 3Y = \begin{pmatrix} 1 & 1 \\ 0 & 1 \end{pmatrix};$

b) $2X - Y = \begin{pmatrix} 0 & 1 \\ -1 & 0 \end{pmatrix}, \quad -4X + 2Y = \begin{pmatrix} 0 & -2 \\ 2 & 0 \end{pmatrix}.$

18.2. 证明 2 阶方阵 X 是多项式

$$x^2 - (\operatorname{tr} X)x + \det X = 0$$

的一个根.

18.3. 解矩阵方程:

a) $\begin{pmatrix} 1 & 3 \\ 1 & 2 \end{pmatrix} X = \begin{pmatrix} 1 & 1 \\ 1 & 1 \end{pmatrix}$;   b) $X \begin{pmatrix} -1 & 1 \\ 3 & -4 \end{pmatrix} = \begin{pmatrix} -2 & -1 \\ 3 & 4 \end{pmatrix}$;

c) $\begin{pmatrix} 2 & -1 \\ 4 & -2 \end{pmatrix} X = \begin{pmatrix} 1 & 3 \\ 2 & 6 \end{pmatrix}$;   d) $X \begin{pmatrix} 2 & -1 \\ 4 & -2 \end{pmatrix} = \begin{pmatrix} 1 & 3 \\ 6 & 2 \end{pmatrix}$;

e) $\begin{pmatrix} 3 & 1 \\ 2 & 1 \end{pmatrix} X \begin{pmatrix} 1 & 3 \\ 1 & 2 \end{pmatrix} = \begin{pmatrix} 3 & 3 \\ 2 & 2 \end{pmatrix}$;

f) $\begin{pmatrix} 1 & 2 & -3 \\ 3 & 2 & -4 \\ 2 & -1 & 0 \end{pmatrix} X = \begin{pmatrix} 1 & -3 & 0 \\ 10 & 2 & 7 \\ 10 & 7 & 8 \end{pmatrix}$;

g) $X \begin{pmatrix} 5 & 3 & 1 \\ 1 & -3 & -2 \\ -5 & 2 & 1 \end{pmatrix} = \begin{pmatrix} -8 & 3 & 0 \\ -5 & 9 & 0 \\ -2 & 15 & 0 \end{pmatrix}$;

h) $\begin{pmatrix} 1 & 1 & \cdots & 1 \\ 0 & 1 & \cdots & 1 \\ \cdots & \cdots & \cdots & \cdots \\ 0 & 0 & \cdots & 1 \end{pmatrix} X = \begin{pmatrix} 1 & 2 & 3 & \cdots & n \\ 0 & 1 & 2 & \cdots & n-1 \\ \cdots & \cdots & \cdots & \cdots & \cdots \\ 0 & 0 & 0 & \cdots & 1 \end{pmatrix}$;

i) $X \begin{pmatrix} 1 & 1 & -1 \\ 2 & 1 & 0 \\ 1 & -1 & 1 \end{pmatrix} = \begin{pmatrix} 1 & -1 & 3 \\ 4 & 3 & 2 \\ 1 & -2 & 5 \end{pmatrix}$;

j) $\begin{pmatrix} 1 & 2 & 1 \\ 2 & 1 & 2 \\ 1 & 2 & 3 \end{pmatrix} X = \begin{pmatrix} 2 & 1 & 0 \\ 1 & 1 & 2 \\ -1 & 2 & 1 \end{pmatrix}$;

k) $\begin{pmatrix} 2 & 1 & 0 \\ 1 & 2 & 0 \\ 0 & 0 & 1 \end{pmatrix} X \begin{pmatrix} 0 & 0 & 1 \\ 0 & 1 & 0 \\ 1 & 0 & 0 \end{pmatrix} = \begin{pmatrix} 0 & 1 & 0 \\ 1 & 0 & 0 \\ 0 & 0 & 0 \end{pmatrix}$;

l) $X \begin{pmatrix} 1 & 1 & 1 \\ 1 & 2 & 3 \\ 1 & 4 & 9 \end{pmatrix} = \begin{pmatrix} 1 & 2 & 3 \\ 2 & 4 & 6 \\ 3 & 6 & 9 \end{pmatrix}$;

m) $\begin{pmatrix} 1 & 2 & 3 \\ 2 & 3 & 1 \\ 3 & 1 & 2 \end{pmatrix} X = \begin{pmatrix} 0 & 0 & 1 \\ 1 & 0 & 0 \\ 0 & 1 & 0 \end{pmatrix}$;

n) $\begin{pmatrix} 1 & 1 & 0 \\ 2 & 1 & 2 \\ 0 & 1 & 1 \end{pmatrix} X = \begin{pmatrix} 5 & -1 & 2 \\ -6 & 4 & 6 \\ -2 & 0 & 7 \end{pmatrix}.$

18.4. 设 A, B 分别是 $m \times n, m \times k$ 矩阵. 证明: 矩阵方程 $AX = B$ 有解 (其中 X 是 $n \times k$ 矩阵) 当且仅当 A 的秩与增广矩阵 $(A|B)$ 的秩相等.

18.5. 设 A 是方阵. 证明: 矩阵方程 $AX = B$ 有唯一解当且仅当 A 是非奇异的.

18.6. 设 A 是 $n \times m$ 矩阵, 其中 $m \neq n$. 证明: 对于任一自然数 k, 存在一个 $n \times k$ 矩阵 B, 使得矩阵方程 $AX = B$ 无解或者 $AX = B$ 的解不唯一.

18.7. 证明方程组
$$\sum_{j=1}^{n} a_{ij} X_j = B_i \quad (i = 1, 2, \cdots, n),$$
其中 X_j 和 B_i 是 $p \times q$ 矩阵, 有唯一解当且仅当 $\det(a_{ij}) \neq 0$.

18.8. 利用伴随矩阵求矩阵的逆:

a) $\begin{pmatrix} 1 & 3 \\ 0 & 1 \end{pmatrix}$; b) $\begin{pmatrix} 1 & 0 \\ 3 & 2 \end{pmatrix}$; c) $\begin{pmatrix} 1 & 2 \\ 3 & 5 \end{pmatrix}$;

d) $\begin{pmatrix} 1 & 3 \\ 2 & 7 \end{pmatrix}$; e) $\begin{pmatrix} 5 & 0 & 0 \\ 0 & 3 & 0 \\ 0 & 0 & -2 \end{pmatrix}$; f) $\begin{pmatrix} 1 & 0 & 0 \\ 0 & 1 & 0 \\ 3 & 0 & 1 \end{pmatrix}$;

g) $\begin{pmatrix} 6 & 0 & 0 \\ 0 & 1 & 2 \\ 0 & 3 & 5 \end{pmatrix}$; h) $\begin{pmatrix} 1 & 3 & 0 \\ 2 & 7 & 0 \\ 0 & 0 & 7 \end{pmatrix}$; i) $\begin{pmatrix} 1 & 1 & 0 \\ 0 & 1 & 0 \\ 0 & 3 & 3 \end{pmatrix}$;

j) $\begin{pmatrix} 2 & 0 & 0 \\ 3 & 1 & 1 \\ 0 & 0 & 2 \end{pmatrix}$; k) $\begin{pmatrix} \cos\alpha & -\sin\alpha \\ \sin\alpha & \cos\alpha \end{pmatrix}$.

18.9. 用初等行变换求矩阵的逆:

a) $\begin{pmatrix} 1 & 0 & 0 & 0 \\ 0 & 0 & 1 & 0 \\ 0 & 0 & 0 & 1 \\ 0 & 1 & 0 & 0 \end{pmatrix}$; b) $\begin{pmatrix} 0 & 0 & 1 & 0 \\ 1 & 0 & 0 & 0 \\ 0 & 0 & 0 & 1 \\ 0 & 1 & 0 & 0 \end{pmatrix}$;

c) $\begin{pmatrix} 2 & 0 & 0 & 0 \\ 0 & 0 & 0 & 1 \\ 0 & 2 & 0 & 0 \\ 0 & 0 & 1 & 0 \end{pmatrix}$;

d) $\begin{pmatrix} 0 & 0 & 0 & -1 \\ 0 & 0 & 2 & 0 \\ 1 & 0 & 0 & 0 \\ 0 & 3 & 0 & 0 \end{pmatrix}$;

e) $\begin{pmatrix} 1 & 1 & \cdots & 1 \\ 0 & 1 & \cdots & 1 \\ \cdots & \cdots & \cdots & \cdots \\ 0 & 0 & \cdots & 1 \end{pmatrix}$;

f) $\begin{pmatrix} 1 & 0 & 0 & \cdots & 0 & 0 \\ 1 & 1 & 0 & \cdots & 0 & 0 \\ 0 & 1 & 1 & \cdots & 0 & 0 \\ \cdots & \cdots & \cdots & \cdots & \cdots & \cdots \\ 0 & 0 & 0 & \cdots & 1 & 1 \end{pmatrix}$;

g) $\begin{pmatrix} 2 & 5 & 7 \\ 6 & 3 & 4 \\ 5 & -2 & -3 \end{pmatrix}$;

h) $\begin{pmatrix} 3 & -4 & 5 \\ 2 & -3 & 1 \\ 3 & -5 & -1 \end{pmatrix}$;

i) $\begin{pmatrix} 2 & 7 & 3 \\ 3 & 9 & 4 \\ 1 & 5 & 3 \end{pmatrix}$;

j) $\begin{pmatrix} 1 & 2 & 2 \\ 2 & 1 & -2 \\ 2 & -2 & 1 \end{pmatrix}$;

k) $\begin{pmatrix} 1 & 2 & 3 & 4 \\ 2 & 3 & 1 & 2 \\ 1 & 1 & 1 & -1 \\ 1 & 0 & -2 & -6 \end{pmatrix}$.

18.10. 求方阵的逆:

a) $\begin{pmatrix} A & 0 \\ B & C \end{pmatrix}$; b) $\begin{pmatrix} A & B \\ 0 & C \end{pmatrix}$,

其中 A, C 是非奇异矩阵.

18.11. 求矩阵的逆:

a) $\begin{pmatrix} 1 & 2 & 0 & 0 \\ 2 & 3 & 0 & 0 \\ 1 & -1 & 1 & 3 \\ 0 & 1 & 0 & 2 \end{pmatrix}$; b) $\begin{pmatrix} 2 & 3 & 1 & 2 \\ 1 & 1 & 2 & 0 \\ 0 & 0 & 1 & -1 \\ 0 & 0 & 1 & -2 \end{pmatrix}$.

18.12. 设 A, B, C, D 是非奇异矩阵. 证明:

$$\begin{pmatrix} A & B \\ C & D \end{pmatrix}^{-1} = \begin{pmatrix} (A - BD^{-1}C)^{-1} & (C - DB^{-1}A)^{-1} \\ (B - AC^{-1}D)^{-1} & (D - CA^{-1}B)^{-1} \end{pmatrix}.$$

18.13. 下述矩阵的行列式的值是什么?

a) 正交矩阵; b) 酉矩阵.

18.14. 一个整数矩阵 A 如果它的逆 A^{-1} 也是整数矩阵, 那么 A 的行列式的值是什么?

18.15. 设 A 是 n 阶方阵, 它的元素是变量 t 的多项式, 并且假设 $\det A$ 是非零多项式. 证明存在唯一的矩阵 B, 它的元素是 t 的多项式使得 $AB = BA = (\det A)E$. 求 B, 如果

a) $A = \begin{pmatrix} 1-t & 1+t \\ 1+t^2 & t^3 \end{pmatrix}$; b) $A = \begin{pmatrix} t & 1 & t \\ -1 & 1 & 1 \\ -t & 1 & t \end{pmatrix}$.

18.16. 证明在一个域上的矩阵环中:

a) 可逆矩阵不是零因子;

b) 任一矩阵或者是可逆的, 或者是左零因子和右零因子.

18.17. 证明如果矩阵 $E + AB$ 是可逆的, 那么矩阵 $E + BA$ 也是可逆的.

18.18. 设 A 和 B 分别是 $n \times m$ 和 $m \times n$ 矩阵, 假设 AB 和 BA 是 n 阶和 m 阶单位矩阵. 证明 $m = n$.

18.19. 设 A 是 $m \times n$ 矩阵, 它的秩为 m. 证明存在一个 $n \times m$ 矩阵 X 使得 AX 是 m 阶单位矩阵.

18.20. 矩阵 A^{-1} 将发生什么, 如果在 A 中:

a) 我们把第 i 行和第 j 行互换;

b) 我们把第 j 行的 c 倍加到第 i 行上;

c) 我们用数 $c \neq 0$ 乘第 i 行;

d) 我们把变换 a)~c) 用到列上?

18.21. 证明 $(AB)^{-1} = B^{-1}A^{-1}$.

* * *

18.22. 设 $\widehat{X}$ 是方阵 X 的伴随矩阵 (见 16.4). 证明:

$$\widehat{(AB)} = \widehat{B}\widehat{A}, \quad \widehat{A^{-1}} = (\widehat{A})^{-1}, \quad \widehat{({}^tA)} = {}^t(\widehat{A}).$$

18.23. 设 B 和 C 是长为 n 的行使得 $C \cdot {}^tB \neq -1$, 设 E 是 n 阶单位矩阵. 证明矩阵 $E + {}^tBC$ 是可逆的.

18.24. 设 B, C 是长为 n 的行使得 $C \cdot {}^tB = -1$, 设 E 是 n 阶单位矩阵. 证明 $E + {}^tBC$ 的秩等于 $n - 1$.

§19. 特殊矩阵

19.1. 证明当 $i \neq j$ 时,$E_{ii} - E_{jj} = [E_{ij}, E_{ji}]$.

19.2. 把矩阵分解成初等矩阵的乘积:

a) $\begin{pmatrix} 1 & 2 \\ 4 & 5 \end{pmatrix}$;   b) $\begin{pmatrix} 0 & 1 & 1 \\ 1 & 0 & 1 \\ 1 & 1 & 0 \end{pmatrix}$.

19.3. 利用初等矩阵的性质, 乘下述矩阵:

a) $\begin{pmatrix} 1 & 2 & 3 & 4 \\ 1 & 3 & 5 & 7 \\ 1 & 2 & 4 & 8 \\ 1 & 1 & 1 & 1 \end{pmatrix} \cdot \begin{pmatrix} 1 & 0 & 0 & 0 \\ 0 & 2 & 0 & 0 \\ 0 & 0 & 3 & 0 \\ 0 & 0 & 0 & 4 \end{pmatrix}$;   b) $\begin{pmatrix} 1 & 0 & 0 & 0 \\ 0 & 2 & 0 & 0 \\ 0 & 0 & 3 & 0 \\ 0 & 0 & 0 & 4 \end{pmatrix} \cdot \begin{pmatrix} 1 & 2 & 3 & 4 \\ 1 & 3 & 5 & 7 \\ 1 & 2 & 4 & 8 \\ 1 & 1 & 1 & 1 \end{pmatrix}$;

c) $\begin{pmatrix} 1 & 2 & 3 & 4 \\ 1 & 3 & 5 & 7 \\ 1 & 2 & 4 & 8 \\ 1 & 1 & 1 & 1 \end{pmatrix} \cdot \begin{pmatrix} 1 & 0 & 0 & 0 \\ 0 & 1 & 0 & 0 \\ 2 & 0 & 1 & 0 \\ -3 & 0 & 0 & 1 \end{pmatrix}$;   d) $\begin{pmatrix} 1 & 0 & 0 & 0 \\ 0 & 1 & 0 & 0 \\ 2 & 0 & 1 & 0 \\ -3 & 0 & 0 & 1 \end{pmatrix} \cdot \begin{pmatrix} 1 & 2 & 3 & 4 \\ 1 & 3 & 5 & 7 \\ 1 & 2 & 4 & 8 \\ 1 & 1 & 1 & 1 \end{pmatrix}$.

19.4. 证明下述转置的性质:

a) ${}^t(A+B) = {}^tA + {}^tB$;   b) ${}^t(\lambda A) = \lambda {}^tA$;

c) ${}^t(AB) = {}^tB \cdot {}^tA$;   d) $({}^tA)^{-1} = {}^t(A^{-1})$;

e) ${}^t({}^tA) = A$.

19.5. 证明任一矩阵能唯一地表示成一个**对称矩阵**与一个**反称矩阵**的和.

19.6. 证明:

a) 如果矩阵 A 和 B 都是**正交**矩阵, 那么矩阵 A^{-1} 和 AB 都是正交矩阵;

b) 如果复矩阵 A 和 B 都是酉矩阵, 那么矩阵 A^{-1} 和 AB 也是酉矩阵.

19.7. 证明:

a) 两个对称或反称矩阵是对称矩阵当且仅当它们可交换;

b) 一个对称矩阵与一个反称矩阵的乘积是反称矩阵当且仅当它们可交换.

19.8. 在什么条件下两个 **Hermite** 矩阵或反 Hermite 矩阵的乘积是 Hermite 矩阵?

19.9. 证明对于任意复方阵 X 存在一个矩阵 Y 使得 $XYX = X, YXY = Y$, 并且矩阵 XY 和 YX 是 Hermite 矩阵.

19.10. 证明对称 (反称) 矩阵的逆是对称 (反称) 矩阵.

19.11. 证明如果矩阵 A 和 B 两者都是对称或反称的, 那么换位子 $[A, B]$ 是反称的.

19.12. 任一反称矩阵是反称矩阵的换位子的和, 是这样吗?

19.13. 求所有 2 阶对称和反称正交矩阵.

19.14. 求出与所有较低的**幂零上三角**矩阵可交换的所有较低的幂零下三角矩阵.①

19.15. 证明两个可交换的**幂零**矩阵的和是幂零矩阵. 这个命题对于非交换的幂零矩阵对吗?

19.16. 证明如果矩阵 A, B 和 $[A, B]$ 是幂零的, 并且 A, B 与 $[A, B]$ 可交换, 那么 $A + B$ 是幂零的.

19.17. 证明如果 2 阶矩阵是幂零的, 那么 $A^2 = 0$.

19.18. 证明任一较低的幂零上三角矩阵是幂零矩阵.

19.19. 证明如果矩阵 A 是幂零的, 那么矩阵 $E - A$ 和 $E + A$ 都是可逆的.

19.20. 证明如果矩阵 A 是幂零的, 并且多项式 $f(t)$ 的常数项不等于 0, 那么矩阵 $f(A)$ 是可逆的.

19.21. 解方程 $AX + X + A = 0$, 其中 A 是幂零矩阵.

19.22. 证明 2 阶幂零矩阵的迹为 0.

19.23. 证明两个可交换的**周期**矩阵的乘积是周期矩阵. 这个命题对于非交换的周期矩阵正确吗?

19.24. 证明矩阵 CAC^{-1} 是幂零的 (周期的) 当且仅当 A 是幂零的 (周期的).

19.25. 设 σ 是集合 $\{1, 2, \cdots, n\}$ 的一个置换, 并且 $A_\sigma = (\delta_{i\sigma(j)})$, 其中 δ_{ij} 表示 Kronecker 函数. 证明:

a) 矩阵 A_σ 是周期的;

b) 对于任意置换 σ 和 τ, 我们有 $A_{\sigma\tau} = A_\sigma A_\tau$;

c) A_σ 能分解成至多 $n - 1$ 个初等矩阵的乘积.

19.26. 证明上三角矩阵的乘积是上三角矩阵.

19.27. 证明主对角元都为 1 的上 (下) 三角矩阵的逆仍然是主对角元都为 1 的上 (下) 三角矩阵.

19.28. 设 A, B, C, D 是 n 阶复矩阵, 并且 $CD = DC$. 证明

$$\det \begin{pmatrix} A & B \\ C & D \end{pmatrix} \neq 0 \iff \det(AD - BC) \neq 0.$$

---

① 较低的幂零上三角矩阵是指 $(n-1, n)$ 元为 0 的幂零上三角矩阵 —— 译者注.

第五章 复数

§20. 复数的代数式

20.1. 计算表达式:

a) $(2+i)(3-i) + (2+3i)(3+4i)$;

b) $(2+i)(3+7i) - (1+2i)(5+3i)$;

c) $(4+i)(5+3i) - (3+i)(3-i)$;

d) $\dfrac{(5+i)(7-6i)}{3+i}$;

e) $\dfrac{(5+i)(3+5i)}{2i}$;

f) $\dfrac{(1+3i)(8-i)}{(2+i)^2}$;

g) $\dfrac{(2+i)(4+i)}{1+i}$;

h) $\dfrac{(3-i)(1-4i)}{2-i}$;

i) $(2+i)^3 + (2-i)^3$;

j) $(3+i)^3 - (3-i)^3$;

k) $\dfrac{(1+i)^5}{(1-i)^3}$;

l) $\left(-\dfrac{1}{2} \pm \dfrac{\sqrt{3}}{2}i\right)^3$.

20.2. 计算 $i^{77}, i^{98}, i^{-57}, i^n$, 其中 n 是整数.

20.3. 证明等式:

a) $(1+i)^{8n} = 2^{4n}$, $n \in \mathbb{Z}$;

b) $(1+i)^{4n} = (-1)^n 2^{2n}$, $n \in \mathbb{Z}$.

20.4. 解方程组:

a) $\begin{cases} (1+i)z_1 + (1-i)z_2 = 1+i, \\ (1-i)z_1 + (1+i)z_2 = 1+3i; \end{cases}$

b) $\begin{cases} iz_1 + (1+i)z_2 = 2+2i, \\ 2iz_1 + (3+2i)z_2 = 5+3i; \end{cases}$

c) $\begin{cases} (1-i)z_1 - 3z_2 = -i, \\ 2z_1 - (3+3i)z_2 = 3-i; \end{cases}$ d) $\begin{cases} 2z_1 - (2+i)z_2 = -i, \\ (4-2i)z_1 - 5z_2 = -1-2i; \end{cases}$

e) $\begin{cases} x + iy - 2z = 10, \\ x - y + 2iz = 20, \\ ix + 3iy - (1+i)z = 30. \end{cases}$

20.5. 求满足方程的实数 x 和 y:

a) $(2+i)x + (1+2i)y = 1 - 4i;$ b) $(3+2i)x + (1+3i)y = 4 - 9i.$

20.6. 证明:

a) 复数 z 是实数当且仅当 $\bar{z} = z;$

b) 复数 z 是纯虚数当且仅当 $\bar{z} = -z.$

20.7. 证明:

a) 两个复数的乘积是实数当且仅当它们中的一个共轭于另一个与实数因子的乘积;

b) 两个复数的和与积是实数当且仅当它们或者都是实数, 或者共轭.

20.8. 求所有复数, 这些复数共轭于它们自己的

a) 平方; b) 立方.

20.9. 证明如果数 z 是从给定的复数 $z_1, z_2, \cdots, z_n$ 经过有限次的加法、减法、乘法和除法运算得到的, 那么数 $\bar{z}$ 是从 $\bar{z}_1, \bar{z}_2, \cdots, \bar{z}_n$ 经过相同的运算得到的.

20.10. 证明行列式

$$\begin{vmatrix} z_1 & \bar{z}_1 & a \\ z_2 & \bar{z}_2 & b \\ z_3 & \bar{z}_3 & c \end{vmatrix}$$

是纯虚数, 假如 z_1, z_2, z_3 都是复数, 并且 a, b, c 都是实数.

20.11. 解方程:

a) $z^2 = i;$ b) $z^2 = 3 - 4i;$

c) $z^2 = 5 - 12i;$ d) $z^2 - (1+i)z + 6 + 3i = 0;$

e) $z^2 - 5z + 4 + 10i = 0;$ f) $z^2 + (2i-7)z + 13 - i = 0.$

§21. 复数的三角式

21.1. 求复数的三角式:

a) $5;$ b) $i;$ c) $-2;$

d) $-3i$;　　　　　e) $1+i$;　　　　　f) $1-i$;
g) $1+i\sqrt{3}$;　　　h) $-1+i\sqrt{3}$;　　i) $-1-i\sqrt{3}$;
j) $1-i\sqrt{3}$;　　　k) $\sqrt{3}+i$;　　　l) $-\sqrt{3}+i$;
m) $-\sqrt{3}-i$;　　　n) $\sqrt{3}-i$;　　　o) $1+i\dfrac{\sqrt{3}}{3}$;
p) $2+\sqrt{3}+i$;　　q) $1-(2+\sqrt{3})i$;
r) $\cos\alpha - i\sin\alpha$;　s) $\sin\alpha + i\cos\alpha$;
t) $\dfrac{1+i\tan\alpha}{1-i\tan\alpha}$;　　u) $1+\cos\varphi + i\sin\varphi, \varphi \in [-\pi, \pi]$;
v) $\dfrac{\cos\varphi + i\sin\varphi}{\cos\psi + i\sin\psi}$.

21.2. 计算表达式：

a) $(1+i)^{1000}$;　　　b) $(1+i\sqrt{3})^{150}$;　　c) $(\sqrt{3}+i)^{30}$;

d) $\left(1+\dfrac{\sqrt{3}}{2}+\dfrac{i}{2}\right)^{24}$;　e) $(2-\sqrt{3}+i)^{12}$;　f) $\left(\dfrac{1-i\sqrt{3}}{1+i}\right)^{12}$;

g) $\left(\dfrac{\sqrt{3}+i}{1-i}\right)^{30}$;　　h) $\dfrac{(-1+i\sqrt{3})^{15}}{(1-i)^{20}}+\dfrac{(-1-i\sqrt{3})^{15}}{(1+i)^{20}}$.

21.3. 解方程：

a) $|z|+z = 8+4i$;　　b) $|z|-z = 8+12i$.

21.4. 证明复数的模的下述性质：

a) $|z_1 \pm z_2| \leqslant |z_1|+|z_2|$;

b) $||z_1|-|z_2|| \leqslant |z_1 \pm z_2|$;

c) $|z_1+z_2| = |z_1|+|z_2|$ 当且仅当向量 z_1 与 z_2 有相同的方向；

d) $|z_1+z_2| = ||z_1|-|z_2||$ 当且仅当向量 z_1 与 z_2 有相反的方向.

21.5. 证明：

a) 如果 $|z| < 1$，那么 $|z^2-z+i| < 3$;

b) 如果 $|z| \leqslant 2$，那么 $1 \leqslant |z^2-5| \leqslant 9$;

c) 如果 $|z| < \dfrac{1}{2}$，那么 $|(1+i)z^3+iz| < \dfrac{3}{4}$.

21.6. 证明不等式

$$|z_1-z_2| \leqslant ||z_1|-|z_2|| + \min\{|z_1|,|z_2|\} \cdot |\arg z_1 - \arg z_2|.$$

在什么情形下这个不等式变成等式？

21.7. 证明:
$$|z_1| + |z_2| = \left|\frac{z_1+z_2}{2} - \sqrt{z_1 z_2}\right| + \left|\frac{z_1+z_2}{2} + \sqrt{z_1 z_2}\right|.$$

21.8. 证明 Moivre 公式
$$[r(\cos\varphi + \mathrm{i}\sin\varphi)]^n = r^n(\cos n\varphi + \mathrm{i}\sin n\varphi),$$
其中 $n \neq 0$.

21.9. 对于 $n \in \mathbb{Z}$ 计算表达式:

a) $(1+\mathrm{i})^n$;

b) $\left(\dfrac{1-\mathrm{i}\sqrt{3}}{2}\right)^n$;

c) $\left(\dfrac{1-\mathrm{i}\tan\alpha}{1+\mathrm{i}\tan\alpha}\right)^n$;

d) $(1+\cos\varphi+\mathrm{i}\sin\varphi)^n$.

21.10. 证明: 如果 $z + z^{-1} = 2\cos\varphi$, 那么 $z^n + z^{-n} = 2\cos n\varphi$, 其中 $n \in \mathbb{Z}$.

21.11. 把下述函数表示成 $\sin x$ 和 $\cos x$ 的多项式:

a) $\sin 4x$;
b) $\cos 4x$;
c) $\sin 5x$;
d) $\cos 5x$.

21.12. 证明等式:

a) $\cos nx = \displaystyle\sum_{k=0}^{[n/2]} (-1)^k \binom{n}{2k} \cos^{n-2k} x \cdot \sin^{2k} x$;

b) $\sin nx = \displaystyle\sum_{k=0}^{[(n-1)/2]} (-1)^k \binom{n}{2k+1} \cos^{n-2k-1} x \cdot \sin^{2k+1} x$.

21.13. 把下述函数表示成 $\sin kx$ 和 $\cos kx (k \in \mathbb{Z})$ 的线性组合:

a) $\sin^4 x$;
b) $\cos^4 x$;
c) $\sin^5 x$;
d) $\cos^5 x$.

21.14. 证明等式:

a) $\cos^{2m} x = \dfrac{1}{2^{2m-1}}\left[\displaystyle\sum_{k=0}^{m-1} \binom{2m}{k} \cos(2m-2k)x + \dfrac{1}{2}\binom{2m}{m}\right]$;

b) $\cos^{2m+1} x = \dfrac{1}{2^{2m}} \displaystyle\sum_{k=0}^{m} \binom{2m+1}{k} \cos(2m+1-2k)x$;

c) $\sin^{2m} x = \dfrac{(-1)^m}{2^{2m-1}} \left[\displaystyle\sum_{k=0}^{m-1} (-1)^k \binom{2m}{k} \cos(2m-2k)x + \dfrac{(-1)^m}{2} \binom{2m}{m} \right]$;

d) $\sin^{2m+1} x = \dfrac{(-1)^m}{2^{2m}} \displaystyle\sum_{k=0}^{m} (-1)^k \binom{2m+1}{k} \sin(2m+1-2k)x$.

§22. 复数的根. 分圆多项式

22.1. 证明: 如果复数 z 是实数 a 的 n 次方根, 那么共轭复数 $\bar{z}$ 也是 a 的 n 次方根.

22.2. 证明: 如果
$$\sqrt[n]{z} = \{z_1, z_2, \cdots, z_n\},$$
那么
$$\sqrt[n]{\bar{z}} = \{\bar{z}_1, \bar{z}_2, \cdots, \bar{z}_n\}.$$

22.3. 哪个集合 $\sqrt[n]{z}$ 包含一个实数?

22.4. 设 z 和 w 是复数. 证明等式 ①:

a) $\sqrt[n]{z^n w} = z \sqrt[n]{w}$;

b) $\sqrt[n]{-z^n w} = -z \sqrt[n]{w}$, 如果 n 是奇数;

c) $\sqrt[n]{zw} = u \sqrt[n]{w}$, 其中 u 是 $\sqrt[n]{z}$ 的一个值.

22.5. 证明集合 $\sqrt[n]{z}$ 和 $\sqrt[n]{-z}$ 的并集等于集合 $\sqrt[2n]{z^2}$.

22.6. 等式 $\sqrt[ns]{z^s} = \sqrt[n]{z}$ $(s > 1)$ 成立吗?

22.7. 计算:

a) $\sqrt[6]{i}$;

b) $\sqrt[10]{512(1 - i\sqrt{3})}$;

c) $\sqrt[8]{2\sqrt{2}(1-i)}$;

d) $\sqrt[3]{1}$;

e) $\sqrt[4]{1}$;

f) $\sqrt[6]{1}$;

g) $\sqrt[3]{i}$;

h) $\sqrt[4]{-4}$;

i) $\sqrt[6]{64}$;

j) $\sqrt[8]{16}$;

k) $\sqrt[6]{-27}$;

l) $\sqrt[4]{8\sqrt{3}i - 8}$;

m) $\sqrt[4]{-72(1 - i\sqrt{3})}$;

n) $\sqrt[3]{1 + i}$;

o) $\sqrt[3]{2 - 2i}$;

p) $\sqrt[4]{-\dfrac{18}{1 + i\sqrt{3}}}$;

---

① 根据定义, 集合 zA 等于 $\{za | a \in A\}$.

q) $\sqrt[4]{\dfrac{7-2\mathrm{i}}{1+\mathrm{i}\sqrt{2}}+\dfrac{4+14\mathrm{i}}{\sqrt{2}+2\mathrm{i}}-(8-2\mathrm{i})}$;

r) $\sqrt[3]{\dfrac{1-5\mathrm{i}}{1+\mathrm{i}}-5\dfrac{1+2\mathrm{i}}{2-\mathrm{i}}+2}$;   s) $\sqrt[4]{\dfrac{-2+2\sqrt{3}\mathrm{i}}{2+\mathrm{i}\sqrt{5}}-5\dfrac{\sqrt{3}+\mathrm{i}}{2\sqrt{5}+5\mathrm{i}}}$.

22.8. 用两种不同的方式 —— 1 的 5 次方根和根式表示 —— 求

a) $\cos\dfrac{2\pi}{5}$;   b) $\sin\dfrac{2\pi}{5}$;   c) $\cos\dfrac{4\pi}{5}$;   d) $\sin\dfrac{4\pi}{5}$.

22.9. 解方程:

a) $(z+1)^n+(z-1)^n=0$;

b) $(z+1)^n-(z-1)^n=0$;

c) $(z+\mathrm{i})^n+(z-\mathrm{i})^n=0$.

22.10. 用根式表示 1 的 $2, 3, 4, 6, 8, 12$ 次方根.

22.11. 求 1 的所有 n 次方根的乘积.

22.12. 设 $\varepsilon_k=\cos\dfrac{2\pi k}{n}+\mathrm{i}\sin\dfrac{2\pi k}{n}$ $(0\leqslant k<n)$. 证明:

a) $\sqrt[n]{1}=\{\varepsilon_0,\varepsilon_1,\cdots,\varepsilon_{n-1}\}$;

b) $\varepsilon_k=\varepsilon_1^k$ $(0\leqslant k<n)$;

c) $\varepsilon_k\varepsilon_l=\begin{cases}\varepsilon_{k+l}, & \text{当 } k+l<n,\\ \varepsilon_{k+l-n}, & \text{当 } k+l\geqslant n\end{cases}$ $(0\leqslant k<n, 0\leqslant l<n)$;

d) 1 的 n 次方根组成的集合 $\mathbf{U}_n$ 对于乘法是 n 阶循环群;

e) 每一个 n 阶循环群同构于群 $\mathbf{U}_n$.

22.13. 证明:

a) 如果整数 r 和 s 互素, 并且 $\alpha^r=\alpha^s=1$, 那么 $\alpha=1$;

b) 如果 d 是整数 r 和 s 的最大公因子, 那么 $\mathbf{U}_r\cap\mathbf{U}_s=\mathbf{U}_d$;

c) 如果整数 r 和 s 互素, 那么 1 的任一 rs 次方根可以唯一地表示成 1 的 r 次方根与 s 次方根的乘积.

22.14. 证明下列命题等价:

a) ε 是 1 的 n 次本原根;

b) ε 在群 $\mathbf{U}_n$ 里的阶等于 n;

c) ε 是群 $\mathbf{U}_n$ 的生成元.

22.15. 证明如果 ε 是 1 的 n 次本原根, 那么 $\bar\varepsilon$ 也是 1 的 n 次本原根.

22.16. 证明如果整数 r 与 s 互素, 那么 ε 是 1 的 rs 次本原根当且仅当 ε 是 r 次本原根与 s 次本原根的乘积.

22.17. a) 设 z 是 1 的 n 次本原根. 计算 $1 + 2z + 3z^2 + \cdots + nz^{n-1}$.

b) 设 z 是 1 的 $2n$ 次本原根. 计算 $1 + z + \cdots + z^{n-1}$.

c) 设 z 是 1 的一个根且 $z^n \pm z^m \pm 1 = 0$. 求 n 和 m.

22.18. 证明:

a) 1 的 n 次本原根的个数等于 $\varphi(n)$ (见习题 1.4);

b) 若整数 m 与 n 互素, 则 $\varphi(mn) = \varphi(m)\varphi(n)$.

22.19. 证明如果 z 是 1 的奇数 n 次本原根, 那么 $-z$ 是 $2n$ 次本原根.

* * *

22.20. 用 $\sigma(n)$ 表示 1 的所有 n 次本原根的和. 证明:

a) $\sigma(1) = 1$;

b) 若 $n > 1$, 则 $\sum_{d|n} \sigma(d) = 0$;

c) $\sigma(p) = -1$, 当 p 是素数;

d) $\sigma(p^k) = 0$, 当 p 是素数, $k > 1$;

e) $\sigma(rs) = \sigma(r) \cdot \sigma(s)$, 当整数 r 与 s 互素;

f) 函数 $\sigma(n)$ 与 Möbius 函数 $\mu(n)$ 一致.

22.21. 设 d 是整数 s 与自然数 n 的 (正的) 最大公因子, 设 ε_i 是 1 的 n 次本原根 $(i = 1, 2, \cdots, \varphi(n))$. 证明等式

$$\sum_{i=1}^{\varphi(n)} \varepsilon_i^s = \frac{\varphi(n)}{\varphi\left(\frac{n}{d}\right)} \mu\left(\frac{n}{d}\right).$$

22.22. 数 $\dfrac{2+i}{2-i}$ 是 1 的哪次方根?

22.23. 求分圆多项式 $\Phi_n(x)$, 当 n 等于:

a) 1; b) 2; c) 3; d) 4; e) 6; f) 12;

g) p, 其中 p 是素数; h) p^k, 其中 p 是素数, $k > 1$.

22.24. 证明分圆多项式的下述性质:

a) $\prod_{d|n} \Phi_d(x) = x^n - 1$;

b) $\Phi_{2n}(x) = \Phi_n(-x)$ (n 是大于 1 的奇整数);

c) $\Phi_n(x) = \prod_{d|n} (x^d - 1)^{\mu\left(\frac{n}{d}\right)}$;

d) 若 k 能被 n 的任一素因子整除，则
$$\Phi_n(x) = \Phi_k\left(x^{\frac{n}{k}}\right);$$

e) 若 n 能被素数 p 整除，但是不能被 p^2 整除，则
$$\Phi_n(x) = \Phi_{\frac{n}{p}}(x^p)\left(\Phi_{\frac{n}{p}}(x)\right)^{-1}.$$

22.25. 求 $n = 10, 14, 15, 30, 36, 100, 216, 288, 1000$ 时的分圆多项式.

22.26. 证明：在任一分圆多项式中,

a) 所有系数都是整数；

b) 首项系数等于 1；

c) 常数项 $= \begin{cases} -1, & \text{当 } n = 1; \\ 1, & \text{当 } n > 1. \end{cases}$

22.27. 求分圆多项式 $\Phi_n(x)$ 的所有系数的和.

§23. 借助复数计算和与积

23.1. 计算和：

a) $1 - \binom{n}{2} + \binom{n}{4} - \binom{n}{6} + \cdots;$

b) $\binom{n}{1} - \binom{n}{3} + \binom{n}{5} - \binom{n}{7} + \cdots;$

c) $1 + \binom{n}{4} + \binom{n}{8} + \cdots;$

d) $\binom{n}{1} + \binom{n}{5} + \binom{n}{9} + \cdots.$

23.2. 证明等式：

a) $\cos x + \cos 2x + \cdots + \cos nx = \dfrac{\sin \frac{nx}{2} \cos \frac{(n+1)x}{2}}{\sin \frac{x}{2}}$ $\quad (x \neq 2k\pi, k \in \mathbb{Z});$

b) $\sin x + \sin 2x + \cdots + \sin nx = \dfrac{\sin \frac{nx}{2} \sin \frac{(n+1)x}{2}}{\sin \frac{x}{2}}$ $\quad (x \neq 2k\pi, k \in \mathbb{Z});$

c) $\cos \dfrac{\pi}{n} + \cos \dfrac{3\pi}{n} + \cos \dfrac{5\pi}{n} + \cdots + \cos \dfrac{(2n-1)\pi}{n} = 0;$

d) $\sin \dfrac{\pi}{n} + \sin \dfrac{3\pi}{n} + \sin \dfrac{5\pi}{n} + \cdots + \sin \dfrac{(2n-1)\pi}{n} = 0;$

e) $\dfrac{1}{n}\sum\limits_{k=0}^{n-1}(x+\varepsilon_k y)^n = x^n + y^n$ ($\varepsilon_0, \varepsilon_1, \cdots, \varepsilon_{n-1}$ 是 1 的 n 次方根);

f) $x^{2n+1} - 1 = (x-1)\prod\limits_{k=1}^{n}\left(x^2 - 2x\cos\dfrac{\pi k}{2n+1} + 1\right)$;

g) $x^{2n} - 1 = (x^2 - 1)\prod\limits_{k=1}^{n-1}\left(x^2 - 2x\cos\dfrac{\pi k}{n} + 1\right)$;

h) $\prod\limits_{k=1}^{n-1}\sin\dfrac{\pi k}{2n} = \dfrac{\sqrt{n}}{2^{n-1}}$;

i) $\prod\limits_{k=1}^{n}\sin\dfrac{\pi k}{2n+1} = \dfrac{\sqrt{2n+1}}{2^n}$.

$$* \quad * \quad *$$

23.3. 解方程:
$$\cos\varphi + \binom{n}{1}\cos(\varphi+\alpha)x + \binom{n}{2}\cos(\varphi+2\alpha)x^2 + \cdots + \binom{n}{n}\cos(\varphi+n\alpha)x^n = 0.$$

23.4. 证明:

a) $1 + \binom{n}{3} + \binom{n}{6} + \cdots = \dfrac{1}{3}\left(2^n + 2\cos\dfrac{\pi n}{3}\right)$;

b) $\binom{n}{1} + \binom{n}{4} + \binom{n}{7} + \cdots = \dfrac{1}{3}\left(2^n + 2\cos\dfrac{(n-2)\pi}{4}\right)$;

c) $\binom{n}{2} + \binom{n}{5} + \binom{n}{8} + \cdots = \dfrac{1}{3}\left(2^n + 2\cos\dfrac{(n-4)\pi}{3}\right)$;

d) $2\cos mx = (2\cos x)^m - \dfrac{m}{1}(2\cos x)^{m-2} + \dfrac{m(m-3)}{1\cdot 2}(2\cos x)^{m-4} + \cdots +$
$\qquad + (-1)^k \dfrac{m(m-k-1)\cdots(m-2k+1)}{k!}(2\cos x)^{m-2k} + \cdots$.

23.5. 求和:

a) $\cos x + \binom{n}{1}\cos 2x + \cdots + \binom{n}{n}\cos(n+1)x$;

b) $\sin x + \binom{n}{1}\sin 2x + \cdots + \binom{n}{n}\sin(n+1)x$;

c) $\sin^2 x + \sin^2 3x + \cdots + \sin^2(2n-1)x$;

d) $\cos x + 2\cos 2x + 3\cos 3x + \cdots + n\cos nx$;

e) $\sin x + 2\sin 2x + 3\sin 3x + \cdots + n\sin nx$.

23.6. 证明:

a) $\cos^2 x + \cos^2 2x + \cdots + \cos^2 nx = \dfrac{n}{2} + \dfrac{\cos(n+1)x \sin nx}{2\sin x}$;

b) $\sin^2 x + \sin^2 2x + \cdots + \sin^2 nx = \dfrac{n}{2} - \dfrac{\cos(n+1)x \sin nx}{2\sin x}$.

23.7. 证明: 对于任一奇自然数 m,

$$\frac{\sin mx}{\sin x} = (-4)^{(m-1)/2} \prod_{1 \leqslant j \leqslant (m-1)/2} \left(\sin^2 x - \sin^2 \frac{2\pi j}{m} x \right).$$

§24. 复数和平面几何

24.1. 指出平面上的点, 它对应于数 $5, -2, -3\mathrm{i}, \pm 1 \pm \mathrm{i}\sqrt{3}$.

24.2. 求复数, 它对应于

a) 中心在原点, 边长为 1 且平行于坐标轴的正方形的顶点;

b) 中心在原点, 一条边平行于一条坐标轴, 一个顶点位于负的实半轴, 并且外接圆的半径等于 1 的正三角形的顶点;

c) 中心在点 $2 + \mathrm{i}\sqrt{3}$, 一条边平行于横轴, 并且外接圆半径等于 2 的正六边形的顶点;

d) 中心在原点, 使得 1 是它的一个顶点的正 n 边形的顶点.

24.3. 解释表达式 $|z_1 - z_2|$ 的几何意义, 其中 z_1 和 z_2 是给定的复数.

24.4. 指出数 $\arg \dfrac{z_1 - z_2}{z_2 - z_3}$ 的几何意义, 其中 z_1, z_2, z_3 是不同的复数.

24.5. 平面上的哪些点对应于下述复数:

a) 复数 z_1, z_2, z_3, 使得

$$z_1 + z_2 + z_3 = 0, \quad |z_1| = |z_2| = |z_3| \neq 0;$$

b) 复数 z_1, z_2, z_3, z_4, 使得

$$z_1 + z_2 + z_3 + z_4 = 0, \quad |z_1| = |z_2| = |z_3| = |z_4| \neq 0?$$

24.6. 指出平面上对应于满足下述条件的复数 z 的点集:

a) $|z| = 1$;
b) $\arg z = \dfrac{\pi}{3}$;
c) $|z| \leqslant 2$;
d) $|z - 1 - \mathrm{i}| < 1$;
e) $|z + 3 + 4\mathrm{i}| \leqslant 5$;
f) $2 < |z| < 3$;

g) $1 \leqslant |z - 2i| < 2$; h) $|\arg z| < \pi/6$; i) $|\operatorname{Re} z| \leqslant 1$;
j) $-1 < \operatorname{Re} iz < 0$; k) $|\operatorname{Im} z| = 1$; l) $|\operatorname{Re} z + \operatorname{Im} z| < 1$;
m) $|z - 1| + |z + 1| = 3$; n) $|z + 2| - |z - 2| = 3$; o) $|z - 2| = \operatorname{Re} z + 2$;
p) $\alpha < \arg(z - z_0) < \beta$, 其中 $-\pi < \alpha < \beta \leqslant \pi$, 并且 z_0 是一个给定的复数.

24.7. 证明恒等式
$$|z + w|^2 + |z - w|^2 = 2|z|^2 + 2|w|^2,$$
并且指出它的几何意义.

24.8. 设复数 z_1, z_2, z_3 对应于一个平行四边形的顶点 A_1, A_2, A_3. 求对应于位于 A_2 对面的顶点 A_4 的数.

24.9. 求对应于一个正方形的相对顶点的复数, 如果它的邻接的两个顶点对应于数 z 和 w.

24.10. 求对应于一个正 n 边形的顶点的复数, 如果它的邻接的两个顶点对应于数 z_0 和 z_1.

24.11. 指出平面上对应于复数 $z = \dfrac{1 + ti}{1 - ti}$ 的点集, 其中 $t \in \mathbb{R}$.

24.12. 证明:

a) 平面上对应于复数 z_1, z_2, z_3 的点位于一条直线上当且仅当存在不全为 0 的实数 $\lambda_1, \lambda_2, \lambda_3$ 使得
$$\lambda_1 z_1 + \lambda_2 z_2 + \lambda_3 z_3 = 0, \quad \lambda_1 + \lambda_2 + \lambda_3 = 0;$$

b) 平面上对应于不同的复数 z_1, z_2, z_3 的点位于一条直线上当且仅当数 $\dfrac{z_1 - z_3}{z_2 - z_3}$ 是实数;

c) 平面上对应于不同的复数 z_1, z_2, z_3, z_4 的不在一条直线上的点位于一个圆上当且仅当它们的双重比 $\dfrac{z_1 - z_3}{z_2 - z_3} : \dfrac{z_1 - z_4}{z_2 - z_4}$ 是实数.

24.13. 指出平面上对应于满足等式 $\left|\dfrac{z - z_1}{z - z_2}\right| = \lambda$ 的复数 z 的点集, 其中 $z_1, z_2 \in \mathbb{C}$, 并且 λ 是正实数.

24.14. 求当 $|z| \leqslant 1$ 时 $|3 + 2i - z|$ 的最小值.

24.15. 求当 $|z - 10i + 2| \leqslant 1$ 时 $|1 + 4i - z|$ 的最大值.

24.16. (双纽线) 指出平面上对应于满足等式 $|z^2 - 1| = \lambda$ 的复数 z 的点集. 对于 $\lambda = 1$, 写出所得曲线的极坐标方程.

24.17. **扩展复平面**是补充了 "无穷远点" ∞ 的复平面. 证明如果 (z_1, z_2, z_3)

和 (w_1, w_2, w_3) 是扩展复平面的两组不同点的三元组, 那么存在一个分式线性变换

$$w = \frac{az+b}{cz+d} \quad (a, b, c, d \in \mathbb{C}, ad - bc \neq 0),$$

它把第一组映到第二组.

24.18. 证明: 如果扩展复平面的点的两个四元组 $(z_1, z_2, z_3, z_4), (w_1, w_2, w_3, w_4)$ 的每一组的所有元素是不同的, 那么存在一个分式线性变换把这些四元组的一组映到另一组当且仅当它们的双重比相等:

$$\frac{z_1 - z_3}{z_2 - z_3} : \frac{z_1 - z_4}{z_2 - z_4} = \frac{w_1 - w_3}{w_2 - w_3} : \frac{w_1 - w_4}{w_2 - w_4}.$$

24.19. 证明: 扩展复平面的分式线性变换把直线映成直线, 把圆映成圆.

24.20. 证明: 分式线性变换

$$w = \frac{az+b}{cz+d}, \quad ad - bc = 1,$$

把实轴映成它自己当且仅当矩阵 $\begin{pmatrix} a & b \\ c & d \end{pmatrix}$ 与实矩阵成比例.

24.21. 解释分式线性变换 $w = \dfrac{1}{z}$ 的几何意义.

24.22. 解释由公式 $w = z^n$ $(n \geqslant 2)$ 给出的复平面的变换的几何意义.

* * *

24.23. 证明: Zhukovsky 函数 $w = \dfrac{1}{2}\left(z + \dfrac{1}{z}\right)$

a) 把圆 $|z| = 1$ 映射到实数轴上的线段 $[-1, 1]$;

b) 把圆 $|z| = R$ $(R \neq 1)$ 映射到焦点为 $-1, 1$ 的椭圆;

c) 把射线 $\arg z = \varphi$ $\left(\varphi \neq 0, \dfrac{\pi}{2}, \pi, \dfrac{3\pi}{2}\right)$ 映射到焦点为 $-1, 1$ 的双曲线的一支.

24.24. 证明: 把开的上半平面映成中心在原点的单位圆盘内部的任一分式线性变换是如下形式

$$w(z) = a\frac{z-b}{z-\bar{b}}, \quad \text{其中 } |a| = 1, \operatorname{Im} b > 0.$$

24.25. 证明: 把中心在原点的单位圆盘映成它自身的任一分式线性变换是如下形式

$$w(z) = a\frac{z-b}{1-z\bar{b}}, \quad \text{其中 } |a| = 1, |b| \leqslant 1.$$

24.26. 对什么样的复数 a, 函数 $z \to z + az^2$ 把圆盘 $|z| \leqslant 1$ 双射地映到它自身?

第六章　多项式

§25. 带余除法. Euclid 算法

25.1. 用多项式 $g(x)$ 除多项式 $f(x)$, 带有余式:

a) $f(x) = 2x^4 - 3x^3 + 4x^2 - 5x + 6, \quad g(x) = x^2 - 3x + 1$;

b) $f(x) = x^3 - 3x^2 - x - 1, \quad g(x) = 3x^2 - 2x + 1$.

25.2. 求多项式的最大公因式:

a) $x^4 + x^3 - 3x^2 - 4x - 1$ 和 $x^3 + x^2 - x - 1$;

b) $x^6 + 2x^4 - 4x^3 - 3x^2 + 8x - 5$ 和 $x^5 + x^2 - x + 1$;

c) $x^5 + 3x^2 - 2x + 2$ 和 $x^6 + x^5 + x^4 - 3x^2 + 2x - 6$;

d) $x^4 + x^3 - 4x + 5$ 和 $2x^3 - x^2 - 2x + 2$;

e) $x^5 + x^4 - x^3 - 2x - 1$ 和 $3x^4 + 2x^3 + x^2 + 2x - 2$;

f) $x^6 - 7x^4 + 8x^3 - 7x + 7$ 和 $3x^5 - 7x^3 + 3x^2 - 7$;

g) $x^5 - 2x^4 + x^3 + 7x^2 - 12x + 10$ 和 $3x^4 - 6x^3 + 5x^2 + 2x - 2$;

h) $x^5 + 3x^4 - 12x^3 - 52x^2 - 52x - 12$ 和 $x^4 + 3x^3 - 6x^2 - 22x - 12$;

i) $x^5 + x^4 - x^3 - 3x^2 - 3x - 1$ 和 $x^4 - 2x^3 - x^2 - 2x + 1$;

j) $x^4 - 4x^3 + 1$ 和 $x^3 - 3x^2 + 1$;

k) $x^4 - 10x^2 + 1$ 和 $x^4 - 4\sqrt{2}x^3 + 6x^2 + 4\sqrt{2}x + 1$.

25.3. 求多项式 $f(x)$ 与 $g(x)$ 的最大公因式, 并且表示成 $f(x)$ 与 $g(x)$ 的倍式和:

a) $f(x) = x^4 + 2x^3 - x^2 - 4x - 2, \quad g(x) = x^4 + x^3 - x^2 - 2x - 2;$

b) $f(x) = 3x^3 - 2x^2 + x + 2, \quad g(x) = x^2 - x + 1.$

25.4. 设 $d(x)$ 是 $f(x)$ 与 $g(x)$ 的最大公因式. 证明:

a) 存在多项式 $u(x), v(x)$ 使得 $\deg u(x) < \deg g(x) - \deg d(x)$, 并且 $d(x) = f(x)u(x) + g(x)v(x);$

b) 在情形 a) 中我们也有 $\deg v(x) < \deg f(x) - \deg d(x);$

c) 在 a) 中多项式 $u(x), v(x)$ 是唯一确定的.

25.5. 用待定系数法求多项式 $u(x)$ 和 $v(x)$ 使得 $f(x)u(x) + g(x)v(x) = 1:$

a) $f(x) = x^4 - 4x^3 + 1, \quad g(x) = x^3 - 3x^2 + 1;$

b) $f(x) = x^3, \quad g(x) = (1-x)^2;$

c) $f(x) = x^4, \quad g(x) = (1-x)^4.$

25.6. 求多项式 $u(x)$ 和 $v(x)$, 使得
$$x^m u(x) + (1-x)^n v(x) = 1.$$

25.7. 求域 $\mathbb{F}_2$ 上的多项式 f 与 g 的最大公因式, 并且把它表示成 f 与 g 的倍式和:

a) $f = x^5 + x^4 + 1, \quad g = x^4 + x^2 + 1;$

b) $f = x^5 + x^3 + x + 1, \quad g = x^4 + 1;$

c) $f = x^5 + x + 1, \quad g = x^4 + x^3 + 1;$

d) $f = x^5 + x^3 + x, \quad g = x^4 + x + 1.$

25.8. 在分解出重因式后, 把给定的多项式分解成不可约因子:

a) $x^6 - 15x^4 + 8x^3 + 51x^2 - 72x + 27;$

b) $x^5 - 6x^4 + 16x^3 - 24x^2 + 20x - 8;$

c) $x^5 - 10x^3 - 20x^2 - 15x - 4;$

d) $x^6 - 6x^4 - 4x^3 + 9x^2 + 12x + 4;$

e) $x^6 - 2x^5 - x^4 - 2x^3 + 5x^2 + 4x + 4;$

f) $x^7 - 3x^6 + 5x^5 - 7x^4 + 7x^3 - 5x^2 + 3x - 1;$

g) $x^8 + 2x^7 + 5x^6 + 6x^5 + 8x^4 + 6x^3 + 5x^2 + 2x + 1.$

25.9. 设 K 是域, 并且 $f \in K[[x]], g \in K[x] \backslash K$. 是否存在元素 $r \in K[x], h \in K[[x]]$, 使得 $f = hg + r$ 并且或者 $r = 0$, 或者 $\deg r < \deg g$?

§26. 特征为 0 的域上的单根和重根

26.1. 用 $x - x_0$ 对多项式 $f(x)$ 做带余除法, 并且计算值 $f(x_0)$:

a) $f(x) = x^4 - 2x^3 + 4x^2 - 6x + 8, \quad x_0 = 1$;
b) $f(x) = 2x^5 - 5x^3 - 8x, \quad x_0 = -3$;
c) $f(x) = 3x^5 + x^4 - 19x^2 - 13x - 10, \quad x_0 = 2$;
d) $f(x) = x^4 - 3x^3 - 10x^2 + 2x + 5, \quad x_0 = -2$;
e) $f(x) = x^5, \quad x_0 = 1$;
f) $f(x) = x^4 + 2x^3 - 3x^2 - 4x + 1, \quad x_0 = -1$;
g) $f(x) = x^4 - 8x^3 + 24x^2 - 50x + 90, \quad x_0 = 2$;
h) $f(x) = x^4 + 2ix^3 - (1+i)x^2 - 3x + 7 + i, \quad x_0 = -i$;
i) $f(x) = x^4 + (3-8i)x^3 - (21+18i)x^2 - (33-20i)x + 7 + 18i, \quad x_0 = -1+2i$.

26.2. 把多项式 $f(x)$ 展开成 $x - x_0$ 的方幂和, 并且求它的导数在点 x_0 的值:

a) $f(x) = x^5 - 4x^3 + 6x^2 - 8x + 10, \quad x_0 = 2$;
b) $f(x) = x^4 - 3ix^3 - 4x^2 + 5ix - 1, \quad x_0 = 1 + 2i$;
c) $f(x) = x^4 + 4x^3 + 6x^2 + 10x + 20, \quad x_0 = -2$.

26.3. 决定多项式 $f(x)$ 的根 x_0 的重数:

a) $f(x) = x^5 - 5x^4 + 7x^3 - 2x^2 + 4x - 8, \quad x_0 = 2$;
b) $f(x) = x^5 + 7x^4 + 16x^3 + 8x^2 - 16x - 16, \quad x_0 = -2$;
c) $f(x) = 3x^5 + 2x^4 + x^3 - 10x - 8, \quad x_0 = -1$;
d) $f(x) = x^5 - 6x^4 + 2x^3 + 36x^2 - 27x - 54, \quad x_0 = 3$.

26.4. 对于 a 的什么值, 多项式 $x^5 - ax^2 - ax + 1$ 有 -1 作为至少 2 重根?

26.5. 对于 a 和 b 的什么值, 多项式 $ax^{n+1} + bx^n + 1$ 能被 $(x-1)^2$ 整除?

26.6. 对于 a 和 b 的什么值, 多项式 $x^5 + ax^3 + b$ 有非零的 2 重根?

26.7. 证明下列多项式有 1 作为 3 重根:

a) $x^{2n} - nx^{n+1} + nx^{n-1} - 1$;
b) $x^{2n+1} - (2n+1)x^{n+1} + (2n+1)x^n - 1$;
c) $(n-2m)x^n - nx^{n-m} + nx^m - (n-2m)$.

26.8. 证明下述多项式没有重根:
$$1 + \frac{x}{1!} + \frac{x^2}{2!} + \cdots + \frac{x^n}{n!}.$$

26.9. 证明下述多项式没有重数大于 $k-1$ 的非零根:
$$a_1 x^{n_1} + a_2 x^{n_2} + \cdots + a_k x^{n_k} \quad (n_1 < n_2 < \cdots < n_k).$$

* * *

26.10. 设 $f(x)$ 是多项式, 决定下述多项式的根 a 的重数:
$$\frac{x-a}{2}[f'(x) + f'(a)] - f(x) + f(a).$$

26.11. 证明在特征为 0 的域上, 多项式 $f(x)$ 能被它的导数整除当且仅当 $f(x) = a_0(x - x_0)^n$.

26.12. 证明如果 n 次多项式 $f(x)$ 没有重根, 那么 $[f'(x)]^2 - f(x)f''(x)$ 没有重数大于 $n-1$ 的根.

26.13. 考虑递推方程
$$u(n+k) = a_0 u(n) + a_1 u(n+1) + \cdots + a_{k-1} u(n+k-1), \quad k \neq 0, \quad a_0 \neq 0,$$
并且令 $f(x) = x^k - a_{k-1} x^{k-1} - \cdots - a_0$. 证明:

a) 函数 $u(n) = n^r a^n$ ($r \geqslant 0, a \neq 0$) 是这个方程的解当且仅当 a 是 $f(x)$ 的重数不小于 $r+1$ 的根;

b) 如果 $a_1, \cdots, a_m$ 是 $f(x)$ 的所有根, 它们的重数分别为 $s_1, \cdots, s_m$, 那么递推方程的任意一个解 $u(n)$ 有形式
$$u(n) = \sum_{i=1}^{m} g_i(n) a_i^n,$$
其中 $g_i(x)$ 是次数至多为 $s_i - 1$ 的多项式, $i = 1, \cdots, m$.

26.14. 设 $f(x) = a_0 + a_1 x + \cdots + a_k x^k$. 证明非零数 z 是至少 $r+1$ 重根当且仅当
$$a_0 + a_1 z + a_2 z^2 + \cdots + a_m z^m + \cdots + a_k z^k = 0,$$
$$a_1 z + 2 a_2 z^2 + \cdots + m a_m z^m + \cdots + k a_k z^k = 0,$$
$$a_1 z + 2^2 a_2 z^2 + \cdots + m^2 a_m z^m + \cdots + k^2 a_k z^k = 0,$$
$$\cdots\cdots\cdots\cdots\cdots\cdots\cdots\cdots\cdots\cdots\cdots\cdots\cdots\cdots$$
$$a_1 z + 2^r a_2 z^2 + \cdots + m^r a_m z^m + \cdots + k^r a_k z^k = 0.$$

§27. 在 ℝ 和 ℂ 上的素分解

27.1. 把多项式在复数域上分解成线性因子:

a) $x^3 - 6x^2 + 11x - 6$;　　b) $x^4 + 4$;　　c) $x^6 + 27$;

d) $x^{2n} + x^n + 1$;　　e) $\cos(n \arccos x)$;　　f) $\sin((2n+1) \arcsin x)$.

27.2. 把多项式在实数域上分解成线性和二次因子:

a) $x^6 + 27$;　　b) $x^4 + 4x^3 + 4x^2 + 1$;

c) $x^4 - ax^2 + 1$,　$|a| < 2$;　　d) $x^{2n} + x^n + 1$;

e) $x^6 - x^3 + 1$;　　f) $x^{12} + x^8 + x^4 + 1$.

27.3. 构造次数最小的复系数多项式, 它有

a) 2 重根 1, 以及单根 2, 3 和 $1+i$;

b) 2 重根 i, 以及单根 $-1-i$.

27.4. 构造次数最小的实系数多项式, 它有

a) 2 重根 1, 以及单根 2, 3 和 $1+i$;

b) 2 重根 i, 以及单根 $-1-i$.

27.5. 证明多项式 $x^{3m} + x^{3n+1} + x^{2p+2}$ 能被 $x^2 + x + 1$ 整除.

27.6. 对于 m, n 和 p 的什么值, 多项式 $x^{3m} - x^{3n+1} + x^{3p+2}$ 能被 $x^2 - x + 1$ 整除?

27.7. 对于 m 的什么值, 多项式 $(x+1)^m - x^m - 1$ 能被 $(x^2+x+1)^2$ 整除?

27.8. 求多项式的最大公因式:

a) $(x-1)^3(x+2)^2(x-3)(x+4)$ 与 $(x-1)^2(x+2)(x+5)$;

b) $(x-1)(x^2-1)(x^3-1)(x^4-1)$ 与 $(x+1)(x^2+1)(x^3+1)(x^4+1)$;

c) $x^m - 1$ 与 $x^n - 1$;

d) $x^m + 1$ 与 $x^n + 1$.

27.9. 证明如果 $f(x^n)$ 能被 $x - 1$ 整除, 那么 $f(x^n)$ 能被 $x^n - 1$ 整除.

27.10. 证明如果 $a \neq 0$ 且 $f(x)$ 能被 $(x-a)^k$ 整除, 那么 $f(x^n)$ 能被 $(x^n - a^n)^k$ 整除.

27.11. 设 $F(x) = f_1(x^3) + xf_2(x^3)$ 能被 $x^2 + x + 1$ 整除, 则 $f_1(x)$ 和 $f_2(x)$ 能被 $x - 1$ 整除.

* * *

27.12. 设多项式 $f(x)$ 对所有 $x \in \mathbb{R}$ 的值都是非负的, 证明存在 $f_1(x), f_2(x) \in \mathbb{R}[x]$ 使得
$$f(x) = f_1(x)^2 + f_2(x)^2.$$

27.13. 设 f, g 是互素的复系数多项式. 证明: $\max(\deg f, \deg g)$ 小于多项式 $fg(f+g)$ 的不同的根的个数.

27.14. 设 f, g, h 是两两互素的复系数多项式, 并且 $f^n + g^n = h^n$. 证明 $n \leqslant 2$.

§28. 有理数域和有限域上的多项式

28.1. 证明如果一个既约分数 $\dfrac{p}{q}$ 是整系数多项式 $f(x) = a_0 x^n + a_1 x^{n-1} + \cdots + a_{n-1} x + a_n$ 的根, 那么

a) $p | a_n$;   b) $q | a_0$;   c) $(p - mq) | f(m)$, $\forall m \in \mathbb{Z}$.

28.2. 求多项式的所有有理根:

a) $x^3 - 6x^2 + 15x - 14$;

b) $x^4 - 2x^3 - 8x^2 + 13x - 24$;

c) $6x^4 + 19x^3 - 7x^2 - 26x + 12$;

d) $24x^4 - 42x^3 - 77x^2 + 56x + 60$;

e) $24x^5 + 10x^4 - x^3 - 19x^2 - 5x + 6$;

f) $10x^4 - 13x^3 + 15x^2 - 18x - 24$;

g) $4x^4 - 7x^2 - 5x - 1$;

h) $2x^3 + 3x^2 + 6x - 4$.

28.3. 证明整系数多项式 $f(x)$ 若 $f(0), f(1)$ 都是奇整数, 则 $f(x)$ 没有整数根.

* * *

28.4. 证明有理数域上的不可约多项式在复数域中没有重根.

28.5. 一个整系数多项式称为**本原的**, 如果它的系数互素. 证明本原多项式的乘积也是本原的.

28.6. 证明如果一个整系数多项式在有理数域上是不可约的, 那么它能分解成两个次数较低的整系数多项式的乘积.

28.7. 设整系数多项式 $f(x)$ 在两个整数点 x_1, x_2 处有值 ± 1. 证明: 若 $|x_1 - x_2| > 2$, 则 $f(x)$ 没有有理根; 若 $|x_1 - x_2| \leqslant 2$, 则 $f(x)$ 的仅有可能的有理根是 $(x_1 + x_2)/2$.

28.8. (Eisenstein 不可约判别法) 设 $f(x)$ 是一个整系数多项式, p 是一个素数, 使得

a) $f(x)$ 的首项系数不能被 p 整除;

b) $f(x)$ 的所有其他系数能被 p 整除;

c) $f(x)$ 的常数项不能被 p^2 整除.

证明多项式 $f(x)$ 在有理数域上是不可约.

28.9. 证明下列多项式在有理数域上不可约:

a) $x^4 - 8x^3 + 12x^2 - 6x + 2$;

b) $x^5 - 12x^3 + 36x + 12$;

c) $x^{105} - 9$;

d) $\Phi_p(x) = x^{p-1} + x^{p-2} + \cdots + x + 1$ (p 是素数);

e) $(x - a_1)(x - a_2) \cdots (x - a_n) - 1$, 其中 $a_1, a_2, \cdots, a_n$ 是不同的整数;

f) $(x - a_1)^2 \cdots (x - a_n)^2 + 1$, 其中 $a_1, a_2, \cdots, a_n$ 是不同的整数.

28.10. 证明多项式 $x^n - x - 1$ $(n \geqslant 2)$ 在 $\mathbb{Q}$ 上是不可约的.

28.11. 证明: 若 $n \not\equiv 2 \pmod{3}$, 则多项式 $x^n + x + 1$ 在 $\mathbb{Q}$ 上是不可约的; 若 $n \equiv 2 \pmod{3}$, 则 $x^n + x + 1$ 在 $\mathbb{Z}$ 能被 $x^2 + x + 1$ 整除.

28.12. 设 $f(x) = x^n \pm x^m \pm 1$. 证明或者 $f(x)$ 在 $\mathbb{Q}$ 上不可约, 或者 1 的某个复根是 $f(x)$ 的根.

28.13. 设 $f(x) = x^n \pm x^m \pm x^q \pm 1$. 证明或者 $f(x)$ 在 $\mathbb{Q}$ 上不可约, 或者 1 的某个复根是 $f(x)$ 的根.

28.14. 证明正次数的整系数多项 N 对于无穷多个素数 p 在域 $\mathbb{Z}_p$ 中有根.

28.15. 证明如果 $\mathbb{F}_q$ 是 q 元域, 那么 $x^q - x = \prod\limits_{a \in \mathbb{F}_q}(x - a)$.

28.16. 设 F 是有限域. 证明对于任一映射 $h : F^n \to F$ 存在环 $F[x_1, \cdots, x_n]$ 的多项式 f, 使得 $f(a_1, \cdots, a_n) = h(a_1, \cdots, a_n)$ 对一切 $a_1, \cdots, a_n \in F$.

28.17. 设 $f(x)$ 是习题 28.10 或 28.11 中的多项式, 并且有 q 个根是 1 的复根. 证明在 $\mathbb{Q}[x]$ 中存在因式分解: $f(x) = g(x)h(x)$, 其中 $g(x)$ 的所有根是 1 的根, 并且 $h(x)$ 在 $\mathbb{Q}$ 上不可约.

28.18. 证明假如 $|a| \geqslant 3$, 则多项式 $f(x) = x^n + ax \pm 1$ ($a \in \mathbb{Z}$) 在 $\mathbb{Q}$ 上不可约.

28.19. 证明如果多项式 $f(x) = x^n \pm 2x \pm 1$ 在 $\mathbb{Q}$ 上不可约, 那么 $f(x) = g(x)(x \pm 1)$, 其中 $g(x)$ 在 $\mathbb{Q}$ 上不可约.

28.20. 证明如果 $|g| > 1 + |r|^{n-1}$, 并且 $|r|$ 不是整数 n 的任一非平凡因子 d 的 d 次幂, 那么多项式

$$f(x) = x^n + gx^p + r \in \mathbb{Z}[x], \quad 1 \leqslant p < n$$

在 $\mathbb{Q}$ 上不可约.

28.21. 证明若 $|a_{n-1}| > 1 + |a_0| + \cdots + |a_{n-2}|$, 那么多项式 $f(x) = x^n + a_{n-1}x^{n-1} + \cdots + a_0 \in \mathbb{Z}[x]$ 在 $\mathbb{Q}$ 上不可约.

28.22. 求:

a) 域 $\mathbb{Z}_2$ 上的次数 $\leqslant 4$ 的所有不可约多项式;

b) 域 $\mathbb{Z}_3$ 上的所有 2 次首一不可约多项式;

c) 域 $\mathbb{Z}_2$ 上的 5 次不可约多项式的个数;

d) 域 $\mathbb{Z}_3$ 上的 3 次和 4 次首一不可约多项式的个数.

28.23. 求 q 元域上的 2 次和 3 次首一不可约多项式的个数.

28.24. 证明 $\mathbb{Z}_p$ 上的多项式 $\Phi_d(x)$, 其中 d 整除 $p-1$, 能被分解成线性因子.

28.25. 设 $f(x) \in \mathbb{Z}_p[x]$ 是不可约的. 证明多项式 $f(x), f(x+1), \cdots, f(x+p-1)$ 或者是两两不同的, 或者它们都相等.

28.26. 证明如果 $a \in \mathbb{Z}_p^*$, 那么多项式 $x^p - x - a$ 在 $\mathbb{Z}_p$ 上不可约.

28.27. 设 b 是 $\mathbb{Z}_p$ 的一个非零元. 证明 $x^p - x - b$ 是在 $\mathbb{F}_{p^n}$ 上不可约的当且仅当整数 n 不能被 p 整除.

28.28. 证明若 $a \neq 1$, 则多项式 $x^q - ax - b$ 在 $\mathbb{F}_q$ 中有一个根.

28.29. 证明 $x^{2n} + x^n + 1$ 在 $\mathbb{Z}_2$ 上不可约当且仅当对某个整数 $k \geqslant 0, n = 3^k$.

28.30. 证明 $x^{4n} + x^n + 1$ 在 $\mathbb{Z}_2$ 上不可约当且仅当对于某两个整数 $k, m \geqslant 0, n = 3^k 5^m$.

28.31. 求所有整数 a 使得多项式 $x^4 - 14x^3 + 61x^2 + 84x + a$ 的所有根都是整数.

28.32. 设 I_m 是 q 元有限域上 m 次首一不可约多项式的个数. 证明在幂级数环 $\mathbb{Q}[[z]]$ 中

$$\frac{1}{1-qz} = \prod_{m=1}^{\infty} \left(\frac{1}{1-z^m}\right)^{I_m}.$$

28.33. 在习题 28.32 的假设下, 证明 q^k 等于 mI_m 的和, 其中 m 遍历正整数 k 的所有正因数.

28.34. 设 I_m 是习题 28.32 所定义的. 证明：
$$I_m = \frac{1}{m}\sum_{d|m}\mu(d)q^{md-1}.$$

§29. 有理分式

29.1. 把有理分式表示成复数域上的部分分式的和：

a) $\dfrac{x^2}{(x-1)(x+2)(x+3)}$;

b) $\dfrac{1}{x^4+4}$;

c) $\dfrac{x}{(x^2-1)^2}$;

d) $\dfrac{5x^2+6x-23}{(x-1)^3(x+1)^2(x-2)}$;

e) $\dfrac{1}{(x-1)(x-2)(x-3)(x-4)}$;

f) $\dfrac{3+x}{(x-1)(x^2+1)}$;

g) $\dfrac{x^2}{(x^4-1)}$;

h) $\dfrac{1}{x^3-1}$;

i) $\dfrac{n!}{x(x-1)\cdots(x-n)}$;

j) $\dfrac{1}{(x^2-1)^2}$;

k) $\dfrac{1}{(x^n-1)^2}$.

29.2. 把有理分式表示成实数域上的部分分式的和：

a) $\dfrac{x^2}{x^4-16}$;

b) $\dfrac{1}{x^4+4}$;

c) $\dfrac{x}{(x+1)(x^2+1)^2}$;

d) $\dfrac{1}{(x^4-1)^2}$;

e) $\dfrac{1}{\cos(n\arccos x)}$;

f) $\dfrac{1}{f(x)}$，其中 n 次多项式 $f(x)$ 有 n 个不同的实根；

g) $\dfrac{1}{x^3-1}$;

h) $\dfrac{x^2}{x^6+27}$;

i) $\dfrac{2x-1}{x(x+1)^2(x^2+x+1)^2}$;

j) $\dfrac{1}{(x^4-1)^2}$;

k) $\dfrac{x^{2m}}{x^{2n}+1}$, $m<n$.

29.3. 把 $\dfrac{1}{x^p-x}$ 表示成 $\mathbf{Z}_p$ 上的部分分式的和.

29.4. 证明对于任意非零多项式 f,g,
$$\frac{(fg)'}{fg}=\frac{f'}{f}+\frac{g'}{g}.$$

29.5. 设 $f = (x-a_1)\cdots(x-a_n)$. 证明:
$$\frac{f'}{f} = \frac{1}{x-a_1} + \cdots + \frac{1}{x-a_n}.$$

§30. 插值

30.1. 求次数最小的多项式具有给定的值表:

a)
x	-1	0	1	2	3
$f(x)$	6	5	0	3	2
;

b)
x	1	2	3	4	6
$f(x)$	5	6	1	-4	10
.

30.2. 证明如果次数小于 n 的多项式在 n 个相继的整数点有整数值, 那么它在所有整数点上有整数值. 这个多项式有整系数吗?

30.3. 证明 q 元有限域 F 上的任一函数 $f: F \to F$ 能够唯一地表示成次数小于 q 的多项式.

30.4. 证明次数小于 n 的多项式如果在点 $x_1, \cdots, x_n$ 处的值为 $y_1, \cdots, y_n$, 那么它等于
$$g(x) \sum_{i=1}^{n} \frac{y_i}{(x-x_i)g'(x_i)},$$
其中 $g(x) = (x-x_1)\cdots(x-x_n)$.

30.5. 次数至多为 $n-1$ 的多项式 $f(x)$ 在 1 的 n 次方根上的值为 $y_1, \cdots, y_n$, 求 $f(0)$.

30.6. 证明: 点 $x_1, \cdots, x_n \in \mathbb{C}$ 是中心在点 x_0 的正 n 边形的顶点当且仅当对于任一次数小于 n 的多项式 $f(x)$, 等式
$$f(x_0) = \frac{1}{n}[f(x_1) + \cdots + f(x_n)]$$
被满足.

30.7. 设多项式 $f(x)$ 的所有根 $x_1, \cdots, x_n$ 是不同的.

a) 证明对于任意非负整数 $s \leqslant n-2$,
$$\sum_{i=1}^{n} \frac{x_i^s}{f'(x_i)} = 0.$$

b) 计算和
$$\sum_{i=1}^{n} \frac{x_i^{n-1}}{f'(x_i)}.$$

30.8. 求 $2n$ 次多项式, 当它被 $x(x-2)\cdots(x-2n)$ 除时余式等于 -1.

30.9. 构造 $\mathbb{Z}_p$ 上的次数最小的多项式 $f(x)$ 使得 $f(k) = k^{-1}$ 对于 $k = 1, 2, \cdots, p-1$.

30.10. 构造 $\mathbb{Z}_7$ 上的次数最小的多项式 $f(x)$ 满足条件 $f(0) = 1, f(1) = 0$, 并且 $f(k) = k$ 对于 $k = 2, 3, 4, 5, 6$.

* * *

30.11. 设 $\mathbb{F}_q$ 是 $q\ (>2)$ 元域, c 是循环群 $\mathbb{F}_q^*$ 的生成元. 证明作用在 $\mathbb{F}_q$ 上的置换群 S_q 由映射

$$f(x) = x+1, \quad h(x) = cx, \quad g(x) = x^{q-2}$$

生成.

30.12. 给了习题 30.11 的假设, 证明交错群 A_q 由多项式 $c^2 x, x+1, (x^{q-2}+1)^{q-2}$ 生成.

30.13. 设 $k_0, \cdots, k_n$ 是自然数, x_i, b_{ij} 是特征为 0 的域 F 的元素, 其中 $i = 0, \cdots, n, j = 0, \cdots, k_i - 1$. 假设元素 $x_0, \cdots, x_n$ 是不同的. 证明存在次数最多为 $k_0 + \cdots + k_n - 1$ 的唯一的多项式 $f(x) \in F[x]$, 使得

$$f^{(j)}(x_i) = b_{ij}, \quad \text{对一切 } i, j.$$

30.14. 设 k_i, F, x_i, b_{ij} 如同习题 30.13. 令

$$f(x) = \sum_{i=0}^{n} G_i(x) \sum_{k=0}^{k_i-1} \sum_{l=0}^{k} \frac{b_{il}}{l!} \frac{d^l}{dx^l}\left(\frac{1}{G_i(x)}\right)\bigg|_{x=x_i} (x-x_i)^k,$$

其中 $G_i(x) = \prod_{j \neq i}(x - x_j)^{k_j}$. 证明 $f(x)$ 是次数至多为 $k_0 + \cdots + k_n - 1$ 的多项式, 并且对一切 $i, j, f^{(j)}(x_i) = b_{ij}$.

§31. 对称多项式. Vieta 公式

31.1. 构造 4 次首一多项式有:

a) 根 $1, 2, -3, -4$;

b) 3 重根 -1 和单根 i;

c) 根 $2, -1, 1+i$ 和 $-i$;

d) 2 重根 3 和单根 $-2, -4$.

31.2. 求多项式的所有复根的平方和以及乘积：

a) $3x^3 + 2x^2 - 1$;

b) $x^4 - x^2 - x - 1$.

31.3. 求多项式的所有复根的逆的和：

a) $3x^3 + 2x^2 - 1$;

b) $x^4 - x^2 - x - 1$.

31.4. 求所有初等对称多项式在 1 的 n 次复根处的值.

31.5. 确定 λ 使得多项式 $x^3 - 7x + \lambda$ 的一个根等于另一个根的 2 倍.

31.6. 多项式 $2x^3 - x^2 - 7x + \lambda$ 的两个根的和等于 1，求 λ.

31.7. 确定 p 和 q 之间的关系使得多项式 $x^3 + px + q$ 的根 x_1, x_2, x_3 满足条件 $x_3 = \dfrac{1}{x_2} + \dfrac{1}{x_1}$.

31.8. Wilson 判别法. 证明 $(p-1)! \equiv -1 \pmod{p}$ 当且仅当 p 是素数.

31.9. 用初等对称多项式表示：

a) $x_1^2 x_2 + x_1 x_2^2 + x_1^2 x_3 + x_1 x_3^2 + x_2^2 x_3 + x_2 x_3^2$;

b) $x_1^4 + x_2^4 + x_3^4 - 2x_1^2 x_2^2 - 2x_1^2 x_3^2 - 2x_2^2 x_3^2$;

c) $(x_1 x_2 + x_3 x_4)(x_1 x_3 + x_2 x_4)(x_1 x_4 + x_2 x_3)$;

d) $(x_1 + x_2 - x_3 - x_4)(x_1 - x_2 + x_3 - x_4)(x_1 - x_2 - x_3 + x_4)$;

e) $(x_1 + x_2 + 1)(x_1 + x_3 + 1)(x_2 + x_3 + 1)$;

f) $(x_1 x_2 + x_3)(x_1 x_3 + x_2)(x_2 x_3 + x_1)$;

g) $(2x_1 - x_2 - x_3)(2x_2 - x_1 - x_3)(2x_3 - x_1 - x_2)$;

h) $(x_1 + x_2)(x_1 + x_3)(x_1 + x_4)(x_2 + x_3)(x_2 + x_4)(x_3 + x_4)$;

i) $x_1^5 x_2^2 + x_1^2 x_2^5 + x_1^5 x_3^2 + x_1^2 x_3^5 + x_2^5 x_3^2 + x_2^2 x_3^5$;

j) $(x_1 - 1)(x_2 - 1)(x_3 - 1)$;

k) $x_1^2 + \cdots$;

l) $x_1^3 + \cdots$;

m) $x_1^2 x_2 x_3 + \cdots$;

n) $x_1^2 x_2^2 + \cdots$;

o) $x_1^3 x_2 x_3 + \cdots$;

p) $x_1^3 x_2^2 + \cdots$.

31.10. 求对称多项式 F 在多项式 $f(x)$ 的根处的值：

a) $F = x_1^3(x_2+x_3) + x_2^3(x_1+x_3) + x_3^3(x_1+x_2)$,
 $f(x) = x^3 - x^2 - 4x + 1$;

b) $F = x_1^3(x_2x_3 + x_2x_4 + x_3x_4) + x_2^3(x_1x_3 + x_1x_4 + x_3x_4)$
 $+ x_3^3(x_1x_2 + x_1x_4 + x_2x_4) + x_4^3(x_1x_2 + x_1x_3 + x_2x_3)$,
 $f(x) = x^4 + x^3 - 2x^2 - 3x + 1$;

c) $F = (x_1-x_2)^2(x_1-x_3)^2(x_2-x_3)^2$, $\quad f(x) = x^3 + a_1x^2 + a_2x + a_3$;

d) $F = \sum\limits_{\substack{i,j=1 \\ i\neq j}}^{3} x_i^4 x_j$, $\quad f(x) = 3x^3 - 5x^2 + 1$;

e) $F = \sum\limits_{1\leqslant i<j\leqslant 4} x_i^3 x_j^3$, $\quad f(x) = 3x^4 - 2x^3 + 2x^2 + x - 1$;

f) $F = (x_1^2 + x_1x_2 + x_2^2)(x_2^2 + x_2x_3 + x_3^2)(x_1^2 + x_1x_3 + x_3^2)$,
 $f(x) = 5x^3 - 6x^2 - 7x - 8$.

31.11. 设 $x_1, \cdots, x_n$ 是多项式 $x^n + a_{n-1}x^{n-1} + \cdots + a_0$ 的根. 证明 $x_2, x_3, \cdots, x_n$ 的任一对称多项式能表示成 x_1 的多项式.

31.12. 设 σ_{ki} 是变量 $x_1, \cdots, x_{i-1}, x_{i+1}, \cdots, x_n$ 的 k 次初等对称多项式. 证明:

$$\sigma_{ki} = \sigma_k - x_i\sigma_{k-1} + \cdots + (-1)^{k-1}x_i^{k-1}\sigma_1 + (-1)^k x_i^k$$

(假设当 $m > n$ 时 $\sigma_m = 0$, 当 $m \geqslant n$ 时 $\sigma_{mi} = 0$).

31.13. 考虑变量 $x_1, \cdots, x_n, t$ 的多项式

$$\lambda_t = (1 + x_1 t) \cdots (1 + x_n t).$$

证明 $\lambda_t = 1 + \sigma_1 t + \sigma_2 t^2 + \cdots + \sigma_n t^n$.

31.14. 设 λ_t 如同习题 31.13, 并且 $s_k = x_1^k + \cdots + x_n^k$. 证明:

$$\frac{d}{dt}(\ln \lambda_t) = \sum_{k\geqslant 1}(-1)^{k-1}s_k t^{k-1}.$$

31.15. 证明 Newton 公式

$$s_k - \sigma_1 s_{k-1} + \sigma_2 s_{k-2} + \cdots + (-1)^{k-1}\sigma_{k-1}s_1 + (-1)^k k\sigma_k = 0$$

(假设当 $k > n$ 时 $\sigma_k = 0$).

31.16. 证明习题 31.15 中,

$$s_k = \begin{vmatrix} \sigma_1 & 1 & 0 & \cdots & 0 & 0 \\ 2\sigma_2 & \sigma_1 & 1 & \cdots & 0 & 0 \\ \cdots\cdots\cdots\cdots\cdots\cdots\cdots\cdots\cdots\cdots\cdots\cdots \\ (k-1)\sigma_{k-1} & \sigma_{k-2} & \sigma_{k-3} & \cdots & \sigma_1 & 1 \\ k\sigma_k & \sigma_{k-1} & \sigma_{k-2} & \cdots & \sigma_2 & \sigma_1 \end{vmatrix}.$$

31.17. 证明习题 31.15 中,

$$\sigma_k = \frac{1}{k!}\begin{vmatrix} s_1 & 1 & 0 & \cdots & 0 & 0 \\ s_2 & s_1 & 2 & \cdots & 0 & 0 \\ \cdots\cdots\cdots\cdots\cdots\cdots\cdots\cdots\cdots\cdots\cdots\cdots \\ s_{k-1} & s_{k-2} & s_{k-3} & \cdots & s_1 & k-1 \\ s_k & s_{k-1} & s_{k-2} & \cdots & s_2 & s_1 \end{vmatrix}.$$

31.18. 求 s_m 在 $\Phi_n(x)$ 的根处的值.

31.19. 求 $s_1, \cdots, s_n$ 在下述多项式的根处的值:

$$x^n + \frac{x^{n-1}}{1!} + \frac{x^{n-2}}{2!} + \cdots + \frac{1}{n!}.$$

31.20. 计算对称多项式 s_k 在 1 的 n 次复根处的值.

31.21. 在复数域上解方程组:

a) $\begin{cases} x_1 + x_2 + x_3 = 0, \\ x_1^2 + x_2^2 + x_3^2 = 0, \\ x_1^3 + x_2^3 + x_3^3 = 24; \end{cases}$
b) $\begin{cases} x_1^2 + x_2^2 + x_3^2 = 6, \\ x_1^3 + x_2^3 + x_3^3 - x_1 x_2 x_3 = -4, \\ x_1 x_2 + x_1 x_3 + x_2 x_4 = -3. \end{cases}$

31.22. 证明任一 n 个变量的整系数对称多项式在 1 的 n 次方根处的值是一个整数.

31.23. 设 ζ 是 1 的 k 次本原复根. 证明对于任意复数 a,

$$(x-a)(x\zeta - a)\cdots(x\zeta^{k-1} - a) = (-1)^{k+1}(x^k - a^k).$$

31.24. 设 ζ 是 1 的 k 次本原根, $f(x)$ 是复系数多项式. 证明:

a) $f(x)f(x\zeta)\cdots f(x\zeta^{k-1}) = h(x^k)$, 其中 $h(x)$ 是一个多项式;

b) $h(x)$ 的根恰好是多项式 $f(x)$ 的根的 k 次幂.

31.25. 求 3 次多项式, 它的根是:

a) 多项式 $x^3 - x - 1$ 的复根的立方;

b) 多项式 $2x^3 - x^2 + 2$ 的复根的 4 次幂.

31.26. 求 4 次多项式, 它的根是:

a) 多项式 $x^4 + 2x^3 - x + 3$ 的复根的平方;

b) 多项式 $x^4 - x - 1$ 的复根的立方.

*   *   *

31.27. a) 设 $f(x_1, \cdots, x_n)$ 是 $x_1, \cdots, x_n$ 的一个反称多项式. 证明 $f(x_1, \cdots, x_n) = \Delta(x_1, \cdots, x_n) g(x_1, \cdots, x_n)$, 其中 $\Delta(x_1, \cdots, x_n)$ 是 Vandermonde 行列式, $g(x_1, \cdots, x_n)$ 是一个对称多项式.

b) 设 $h(x_1, \cdots, x_n)$ 是对称多项式, $h(x_1, x_1, x_3, \cdots, x_n) = 0$. 证明 $h(x_1, \cdots, x_n) = \Delta(x_1, \cdots, x_n)^2 u(x_1, \cdots, x_n)$, 其中 $u(x_1, \cdots, x_n)$ 是对称多项式.

31.28. 设
$$h_k = \sum_{1 \leqslant i_1 \leqslant \cdots \leqslant i_k \leqslant n} x_{i_1} \cdots x_{i_k},$$
并且 λ_t 如同习题 31.13. 证明:

a) $\lambda_t^{-1} = \sum_{k \geqslant 0} (-1)^k h_k t^k$;

b) $\sigma_k - h_1 \sigma_{k-1} + \cdots + (-1)^{k-1} h_{k-1} \sigma_1 + (-1)^k h_k = 0, \quad k \geqslant 1$;

c) 每一个对称多项式是 $h_1, \cdots, h_n$ 的多项式.

31.29. 正整数 n 的一个**分拆**是非负整数组成的一个集合 $\lambda = (\lambda_1, \cdots, \lambda_n)$, 其中 $\lambda_1 + \cdots + \lambda_n = n$, 并且 $\lambda_1 \geqslant \lambda_2 \geqslant \cdots \geqslant \lambda_n \geqslant 0$. 设 $p(n)$ 是数 n 的分拆的个数. 证明:
$$\prod_{m \geqslant 0} (1 - t^m)^{-1} = \sum_{n \geqslant 0} p(n) t^n.$$

31.30. 设 $\alpha = (\alpha_1, \cdots, \alpha_n), \alpha_1 > \alpha_2 > \cdots > \alpha_n \geqslant 0$ 是自然数的一个集合. 令
$$a_\alpha(x_1, \cdots, x_n) = \sum_{\sigma \in S_n} (\operatorname{sgn} \sigma) x_{\sigma(1)}^{\alpha_1} \cdots x_{\sigma(n)}^{\alpha_n}.$$

证明:

a) $a_\alpha(x_1, \cdots, x_n) = \det \begin{pmatrix} x_1^{\alpha_1} & \cdots & x_n^{\alpha_1} \\ \cdots\cdots\cdots\cdots\cdots \\ x_1^{\alpha_n} & \cdots & x_n^{\alpha_n} \end{pmatrix}$;

b) 若 $\delta = (n-1, n-2, \cdots, 1, 0)$, 则 $a_\delta(x_1, \cdots, x_n)$ 是 $x_n, \cdots, x_1$ 的 Vandermonde 行列式.

31.31. 设 $\lambda = (\lambda_1, \cdots, \lambda_n)$ 是某个自然数 k 的一个分拆. 令 $\alpha_i = \lambda_i + n - i$ 对一切 i, δ 同习题 31.30. 设

$$S_\lambda(x_1, \cdots, x_n) = \frac{a_\alpha}{a_\delta}.$$

证明:

a) $S_\lambda(x_1, \cdots, x_n)$ 是整系数对称多项式;

b) $S_\lambda(x_1, \cdots, x_n)$ 对一切 $\lambda = (\lambda_1, \cdots, \lambda_n)$ 形成 $x_1, \cdots, x_n$ 的对称多项式组成的线性空间的一个基;

c) 若 $\lambda = (1, \cdots, 1)$, 则 $S_\lambda(x_1, \cdots, x_n) = \sigma_n$;

d) 若 $\lambda = (n, 0, \cdots, 0)$, 则 $S_\lambda(x_1, \cdots, x_n) = h_n$ (见习题 31.28).

31.32. 证明:

a) $\displaystyle\sum_{i,j=1}^{n}(1 - x_i y_j)^{-1} = \sum_\lambda S_\lambda(x_1, x_2, \cdots) S_\lambda(y_1, y_2, \cdots);$

b) $\displaystyle\sum_{i,j=1}^{n}(1 + x_i y_j) = \sum_\lambda S_\lambda(x_1, x_2, \cdots) S_{\lambda'}(y_1, y_2, \cdots);$

其中求和遍历 n 的所有分拆 $\lambda = (\lambda_1, \cdots, \lambda_n)$, λ' 是共轭分拆, 即 λ_i' 是使得 $\lambda_j \geq i$ 的所有 j 的个数.

31.33. 证明:

$$\sum_{\tau \in S_n} \sigma_k(x_{\tau(1)} y_1, \cdots, x_{\tau(n)} y_n) = \sigma_k(x_1, \cdots, x_n) \sigma_k(y_1, \cdots, y_n).$$

31.34. 设 F 是 $x_1, \cdots, x_n$ 的整系数对称多项式环的分式域. 证明 F 与 $\mathbb{Q}(x_1, \cdots, x_n)$ 的由所有对称有理分式组成的子域一致.

§32. 结式和判别式

32.1. 计算多项式的结式:

a) $x^3 - 3x^2 + 2x + 1$ 与 $2x^2 - x - 1$;

b) $2x^3 - 3x^2 + 2x + 1$ 与 $x^2 + x + 3$;

c) $2x^3 - 3x^2 - x + 2$ 与 $x^4 - 2x^2 - 3x + 4$;

d) $3x^3 + 2x^2 + x + 1$ 与 $2x^3 + x^2 - x - 1$;

e) $2x^4 - x^3 + 3$ 与 $3x^3 - x^2 + 4$.

32.2. 求 λ 的所有值使得多项式:

a) $x^3 - \lambda x + 2$ 与 $x^2 + \lambda x + 2$;
b) $x^3 + \lambda x^2 - 9$ 与 $x^3 + \lambda x - 3$;
c) $x^3 - 2\lambda x + \lambda^3 x$ 与 $x^2 + \lambda^2 - 2$

有公共的根.

32.3. 从方程组消去 x:

a) $\begin{cases} x^2 - xy + y^2 = 3, \\ x^2 y + xy^2 = 6; \end{cases}$ b) $\begin{cases} x^3 - xy - y^3 + y = 0, \\ x^2 + x - y^2 = 1; \end{cases}$

c) $\begin{cases} y^2 - 7xy + 4x^2 + 13x - 2y - 3 = 0, \\ y^2 - 14xy + 9x^2 + 28x - 4y - 5 = 0; \end{cases}$

d) $\begin{cases} y^2 + x^2 - y - 3x = 0; \\ y^2 - 6xy - x^2 + 11y + 7x - 12 = 0; \end{cases}$

e) $\begin{cases} 5y^2 - 6xy + 5x^2 - 16 = 0, \\ y^2 - xy + 2x^2 - y - x - 4 = 0. \end{cases}$

32.4. 证明 $R(f, g_1 g_2) = R(f, g_1) R(f, g_2)$.

32.5. 求多项式 Φ_n 与 $x^m - 1$ 的结式.

32.6. 求多项式 Φ_n 和 Φ_m 的结式.

32.7. 计算多项式的判别式:

a) $ax^2 + bx + c$; b) $x^3 + px + q$;
c) $x^3 + a_1 x^2 + a_2 x + a_3$; d) $2x^4 - x^3 - 4x^2 + x + 1$;
e) $x^4 - x^3 - 3x^2 + x + 1$.

32.8. 求 λ 的所有值使得多项式:

a) $x^3 - 3x + \lambda$; b) $x^4 - 4x + \lambda$;
c) $x^3 - 8x^2 + (13 - \lambda)x - (6 + 2\lambda)$; d) $x^4 - 4x^3 + (2 - \lambda)x^2 + 2x - 2$

有重根.

32.9. 证明:
$$D[(x - a)f(x)] = D[f(x)] \cdot f(a)^2.$$

* * *

32.10. 计算多项式
$$x^{n-1} + x^{n-2} + \cdots + 1$$
的判别式.

32.11. 计算 $\Phi_n(x)$ 的判别式.

32.12. 计算多项式
$$1 + \frac{x}{1!} + \frac{x^2}{2!} + \cdots + \frac{x^n}{n!}$$
的判别式.

32.13. 设 f 和 g 是不可约多项式. 证明:
$$D(fg) = D(f)D(g)[R(f,g)]^2.$$

32.14. 设 j, k 是自然数, 并且 $d = (j, k)$. 证明:
$$R(x^j - a^j, x^k - b^k) = (-1)^j (b^{jkd^{-1}} - a^{jkd^{-1}})^d.$$

32.15. 设 $n > k > 0$, 并且 $d = (n, k)$. 证明:
$$D(x^n + ax^k + b) = (-1)^{n(n-1)2^{-1}} b^{k-1}$$
$$\times [n^{nd^{-1}} b^{(n-k)d^{-1}} - (-1)^{nd^{-1}} (n-k)^{(n-k)d^{-1}} k^{kd^{-1}} a^{nd^{-1}}].$$

32.16. 计算多项式 $x^n + a$ 的判别式.

32.17. 计算下述多项式的判别式:

a) Hermite 多项式
$$P_n(x) = (-1)^n e^{\frac{x^2}{2}} \frac{d^n}{dx^n} (e^{-\frac{x^2}{2}});$$

b) Laguerre 多项式
$$P_n(x) = (-1)^n e^x \frac{d^n}{dx^n} (x^n e^{-x});$$

c) Chebyshëv 多项式
$$2\cos\left(n \arccos \frac{x}{2}\right).$$

§33. 根的分离

33.1. 写出下列多项式的 Sturm 序列, 并且分离它的根:

a) $x^3 - 3x - 1$;   b) $x^3 + x^2 - 2x - 1$;
c) $x^3 - 7x + 7$;   d) $x^3 - x + 5$;
e) $x^3 + 3x - 5$;   f) $x^4 - 12x^2 - 16x - 4$;
g) $x^4 - x - 1$;   h) $2x^4 - 8x^3 + 8x^2 - 1$;
i) $x^4 + x^2 - 1$;   j) $x^4 + 4x^3 - 12x + 9$.

33.2. 写出实系数多项式 $x^5 - 5ax^3 + 5a^2x + 2b$ 的 Sturm 序列. 按照 $a^5 - b^2$ 的符号求这个多项式的实根的个数.

33.3. 写出实系数多项式 $x^n + px + q$ 的 Strum 序列. 按照 n 的奇偶性和数 $d = -(n-1)^{n-1}p^n - n^n q^{n-1}$ 的符号求这个多项式的实根的个数.

33.4. 写出下述多项式的 Strum 序列, 并且求它的实根的个数:
$$E_n(x) = 1 + \frac{x}{1!} + \frac{x^2}{2!} + \cdots + \frac{x^n}{n!}.$$

33.5. 证明多项式 $t^3 - 3t + r$ 在区间 $[0,1]$ 中不可能有多于 1 个的实根.

33.6. 假设多项式 $f(x) \in \mathbb{R}[x]$ 的所有根都是实数, 并且
$$f(x) = a(x-a_1)^{k_1} \cdots (x-a_m)^{k_m}, \quad a \neq 0,$$
其中 $a_1 < a_2 < \cdots < a_m$. 证明:

a) $f'(x) = na(x-a_1)^{k_1-1} \cdots (x-a_m)^{k_m-1}(x-b_1) \cdots (x-b_{m-1})$, 其中 $a_1 < b_1 < a_2 < b_2 < \cdots < a_{m-1} < b_{m-1} < a_m$;

b) 如果正整数 k 不超过 $f(x)$ 的次数, 那么 k 阶导数 $f^{(k)}(x)$ 的重根恰好是数 $a_i, k_i \geqslant k+2$;

c) 如果 $f(x) = c_n x^n + c_{n-1} x^{n-1} + \cdots + c_0$, 其中 $c_n \neq 0$, 并且 $c_k = c_{k+1} = 0$ 对于某个 $k = 0, \cdots, n-2$, 那么
$$c_0 = c_1 = \cdots = c_k = c_{k+1} = 0.$$

33.7. 设 $g(x) = b_n x^n + \cdots + b_0$ 是实系数多项式, $b_n, b_0 \neq 0$ 并且对于某个 $k = 1, \cdots, n-2, b_k = b_{k+1} = 0$. 则 $g(x)$ 至少有一个根不是实根.

33.8. 证明实系数多项式
$$a_n x^n + a_{n-1} x^{n-1} + \cdots + a_3 x^3 + x^2 + x + 1, \quad a_n \neq 0$$
至少有一个根不是实根.

33.9. 证明多项式 $nx^n - x^{n-1} - \cdots - 1$ 的所有复根 z 都满足 $|z| \leqslant 1$.

33.10. 证明多项式
$$f(x) = x(x+1)(x+2) \cdots (x+n) - 1$$
的所有正根小于 $\frac{1}{n!}$.

33.11. 证明多项式 $x^4 - 5x^3 - 4x^2 - 7x + 4$ 没有负根.

33.12. 在复平面的每个象限内, 多项式 $x^6 + 6x + 10$ 有多少个根?

33.13. 设 $n_1 < \cdots < n_k$ 是自然数. 证明多项式
$$1 + x^{n_1} + \cdots + x^{n_k}$$
没有复根 z 使得 $|z| < \dfrac{\sqrt{5} - 1}{2}$.

33.14. 证明实系数多项式 $x^{n+1} - ax^n + ax - 1$ 的所有复根的模都等于 1.

33.15. 设 k 是一个自然数, 且 $|a_i| < k$ 对于 $i = 1, \cdots, n$. 则对于多项式 $a_n x^n + \cdots + a_1 x + 1$ 的任一根 z 有 $|z| \geqslant \dfrac{1}{k+1}$.

33.16. 如果 $f(x) \in \mathbb{C}[x]$ 的所有根位于上半平面, 则 $f'(x)$ 的所有根属于相同的半平面.

33.17. 设 D 是复平面的凸区域, 它包含多项式 $f(x) \in \mathbb{C}[x]$ 的所有根. 则 $f'(x)$ 的所有根属于 D.

33.18. 设 $f_0, f_1, \cdots, f_n$ 是具有正的首项系数的实系数多项式的序列使得

(1) f_k 的次数等于 $k, k = 0, \cdots, n$;

(2) $f_k = a_k f_{k-1} - c_k f_{k-2}$, 其中 a_k, c_k 是实系数多项式, 并且对一切 $r \in \mathbb{R}, k \geqslant 2$ 有 $c_k(r) > 0$.

证明:

a) 所有多项式 f_k 的根是实数;

b) f_{k-1} 的根位于 f_k 的两个根之间.

33.19. 确定下述多项式的实根的个数:

a) Hermite 多项式 $(-1)^n e^{\frac{x^2}{2}} \dfrac{d^n}{dx^n} e^{-\frac{x^2}{2}}$;

b) Laguerre 多项式 $(-1)^n e^x \dfrac{d^n}{dx^n}(x^n e^{-x})$.

33.20. 确定系数为 ± 1 的仅有实根的所有多项式.

第二部分

线性代数与几何

第七章 向量空间

在这一章向量的坐标记成一行. 由向量 $e_1, e_2, \cdots, e_n$ 组成的空间的基记成行 $(e_1, e_2, \cdots, e_n)$, 然而对于矩阵的记号, 基向量的坐标被放置在一列.

一个 "旧" 基到一个 "新" 基 $(e'_1, e'_2, \cdots, e'_n)$ 的过渡矩阵是矩阵 $T = (t_{ij})$, 它的列是新的基向量在旧基中的坐标. 于是,

$$(e'_1, e'_2, \cdots, e'_n) = (e_1, e_2, \cdots, e_n)T,$$

并且向量 x 在旧基和新基中的坐标通过等式 $x_i = \sum_{j=1}^n t_{ij} x'_j$ 联系, 或者用矩阵记成

$$\begin{pmatrix} x_1 \\ x_2 \\ \vdots \\ x_n \end{pmatrix} = T \begin{pmatrix} x'_1 \\ x'_2 \\ \vdots \\ x'_n \end{pmatrix}.$$

§34. 向量空间的概念. 基

34.1. 设 x, y 是向量, α, β 是纯量. 证明:

a) $\alpha x = 0$ 当且仅当 $\alpha = 0$ 或 $x = 0$;

b) $\alpha x + \beta y = \beta x + \alpha y$ 当且仅当 $\alpha = \beta$ 或 $x = y$.

34.2. 对于 λ 的什么值:

a) 线性无关的向量组 $\{a_1, a_2\}$ 蕴含线性无关的向量组 $\{\lambda a_1 + a_2, a_1 + \lambda a_2\}$;

b) 线性无关的向量组 $\{a_1,\cdots,a_n\}$ 蕴含线性无关的向量组 $\{a_1+a_2, a_2+a_3,\cdots,a_{n-1}+a_n, a_n+\lambda a_1\}$?

34.3. 证明下列 $\mathbb{R}$ 上的函数组线性无关:

a) $\sin x, \cos x$;

b) $1, \sin x, \cos x$;

c) $\sin x, \sin 2x, \cdots, \sin nx$;

d) $1, \cos x, \cos 2x, \cdots, \cos nx$;

e) $1, \cos x, \sin x, \cos 2x, \sin 2x, \cdots, \cos nx, \sin nx$;

f) $1, \sin x, \sin^2 x, \cdots, \sin^n x$;

g) $1, \cos x, \cos^2 x, \cdots, \cos^n x$.

34.4. 证明下列 $\mathbb{R}$ 上的函数组线性无关:

a) $e^{\alpha_1 x}, e^{\alpha_2 x}\cdots, e^{\alpha_n x}$;

b) $x^{\alpha_1}, x^{\alpha_2}\cdots, x^{\alpha_n}$;

c) $(1-\alpha_1 x)^{-1},\cdots,(1-\alpha_n x)^{-1}$,

其中 $\alpha_1,\cdots,\alpha_n$ 是两两不等的实数.

34.5. 证明在一个实变量的函数空间中, 函数组 $f_1,\cdots,f_n$ 线性无关当且仅当存在数 $a_1,\cdots,a_n$ 使得 $\det(f_i(a_j))\neq 0$.

34.6. a) 设在复数域 $\mathbb{C}$ 上的向量空间 V 中, 复数与向量的新的乘法由法则 $\alpha\circ x=\overline{\alpha}x$ 定义. 证明 V 对于运算 $+$ 和 $\circ$ 是一个向量空间. 求它的维数.

b) 设 $\mathbb{C}^n$ 是长为 n 的所有行 $(a_1,\cdots,a_n)$ 组成的 Abel 群, 其中 $a_i\in\mathbb{C}$. 如果 $b\in\mathbb{C}$, 我们令 $b\circ(a_1,\cdots,a_n)=(b\overline{a}_1,\cdots,b\overline{a}_n)$. $\mathbb{C}^n$ 对于运算 $+$ 和 $\circ$ 是一个向量空间吗?

34.7. 证明:

a) 群 $\mathbb{Z}$ 不同构于任意一个向量空间的加法群;

b) 群 $\mathbb{Z}_n$ 同构于某个域上的向量空间的加法群当且仅当 n 是一个素数;

c) 交换群 A 是域 $\mathbb{Z}_p$ 上的向量空间当且仅当 $px=0$ 对于任意 $x\in A$;

d) 交换群 A 能够变成 $\mathbb{Q}$ 上的向量空间, 当且仅当它没有有限阶元 (除了零元外), 并且对于任意自然数 n 和任意 $a\in A$, 方程 $nx=a$ 在群 A 中有解.

34.8. 设 F 是一个域, 并且 E 是它的子域.

a) 证明 F 是 E 上的向量空间.

b) 若 F 是有限的, 则 $|F|=|E|^n$, 其中 n 是 F 作为 E 上的向量空间的维数.

c) 若 F 是有限的, 则 $|F|=p^m$, 其中 p 是 F 的特征.

§34. 向量空间的概念. 基

d) 求 $\mathbb{C}$ 作为 $\mathbb{R}$ 上的向量空间的基和维数.

e) 设 $m_1, \cdots, m_n$ 是不同的没有平方因子的自然数. 证明在 $\mathbb{Q}$ 上的向量空间 $\mathbb{R}$ 中数 $1, \sqrt{m_1}, \cdots, \sqrt{m_n}$ 是线性无关的.

f) 设 $r_1, \cdots, r_n$ 是区间 $(0,1)$ 内的不同的有理数. 证明在 $\mathbb{Q}$ 上的向量空间 $\mathbb{R}$ 中数 $2^{r_1}, \cdots, 2^{r_n}$ 是线性无关的.

g) 设 α 是 $\mathbb{Q}$ 上的一个不可约多项式 p 的复根. 求由所有形如 $f(\alpha)$ 的数 (其中 $f \in \mathbb{Q}[x]$) 组成的 $\mathbb{Q}$ 上的向量空间 $\mathbb{Q}[\alpha]$ 的维数.

34.9. 设 M 是 n 元集. 如同习题 1.2, 在它的所有子集组成的集合 2^M 中, 定义加法运算以及用 $\mathbf{Z}_2$ 的元素与子集的乘法运算:
$$1X = X, \quad 0X = \varnothing.$$

a) 证明集合 2^M 对于这些运算是域 $\mathbf{Z}_2$ 上的一个向量空间, 并且求它的基和维数;

b) 设 $X_1, \cdots, X_k$ 是 M 的子集, 它们中没有任何一个被包含在其他子集的并集里. 证明 $\{X_1, \cdots, X_k\}$ 是线性无关组.

34.10. 设向量 $e_1, \cdots, e_n$ 和 x 在同一个基下由坐标给出:

a) $e_1 = (1,1,1), e_2 = (1,1,2), e_3 = (1,2,3), x = (6,9,14)$;

b) $e_1 = (2,1,-3), e_2 = (3,2,-5), e_3 = (1,-1,1), x = (6,2,-7)$;

c) $e_1 = (1,2,-1,-2), e_2 = (2,3,0,-1), e_3 = (1,2,1,4), e_4 = (1,3,-1,0)$, $x = (7,14,-1,2)$.

证明 $(e_1, \cdots, e_n)$ 也是这个向量空间的一个基, 并且求 x 在这个基下的坐标.

34.11. 证明两个给定的向量组 S 和 S' 的每一个都是基. 求基 S 到 S' 的过渡矩阵.

a) $S = ((1,2,1),(2,3,3),(3,8,2)), S' = ((3,5,8),(5,14,13),(1,9,2))$;

b) $S = ((1,1,1,1),(1,2,1,1),(1,1,2,1),(1,3,2,3))$,
$S' = ((1,0,3,3),(-2,-3,-5,-4),(2,2,5,4),(-2,-3,-4,-4))$.

34.12. 证明在次数 $\leqslant n$ 的实系数多项式组成的向量空间 $\mathbb{R}[x]_n$ 中,
$$\{1, x, \cdots, x^n\} \text{ 和 } \{1, x-a, (x-a)^2, \cdots, (x-a)^n\} \quad (a \in \mathbb{R})$$
都是基. 求多项式 $f(x) = a_0 + a_1 x + \cdots + a_n x^n$ 在这些基中的坐标, 以及第一个基到第二个基的过渡矩阵.

34.13. 对于一个基到另一个基的过渡矩阵会发生什么, 如果

a) 我们把第一个基的两个向量互换位置;

b) 我们把第二个基的两个向量互换位置;

c) 我们按照相反的次序写这两个基的向量?

34.14. 证明下列向量组是线性无关的, 并且把它们扩充成行空间的一个基:

a) $a_1 = (2, 2, 7, -1), a_2 = (3, -1, 2, 4), a_3 = (1, 1, 3, 1)$;

b) $a_1 = (2, 3, -4, -1), a_2 = (1, -2, 1, 3)$;

c) $a_1 = (4, 3, -1, 1, 1), a_2 = (2, 1, -3, 2, -5), a_3 = (1, -3, 0, 1, -2), a_4 = (1, 5, 2, -2, 6)$;

d) $a_1 = (2, 3, 5, -4, 1), a_2 = (1, -1, 2, 3, 5)$.

§35. 子空间

35.1. 判断下列向量组是否形成适当的向量空间的一个子空间:

a) 平面上起点在 O、终点在相交于点 O 的两条给定直线之一的向量;

b) 平面上起点在 O、终点在给定的一条直线的向量;

c) 平面上起点在 O、终点不在给定的一条直线上的向量;

d) 坐标平面上的终点在第一象限的向量;

e) 向量空间 $\mathbb{R}^n$ 中有整数坐标的向量;

f) 域 F 上的算术空间 F^n 中的给定的线性方程组的解向量;

g) 线性空间中的向量, 它是给定的向量 $a_1, \cdots, a_k$ 的线性组合;

h) 复数的有界序列;

i) 实数的收敛序列;

j) 具有固定极限 a 的实数序列;

k) 域 F 的元素的序列 $u(n)$, 它满足递推关系

$$u(n+k) = f(n) + a_0 u(n) + a_1 u(n+1) + \cdots + a_{k-1} u(n+k-1),$$

其中 $(f(n))$ 是 F 的元素的固定序列, k 是固定的自然数, 并且 $a_i \in F$;

l) 系数在域 F 的偶次多项式;

m) 系数在域 F 不包含变量 x 的偶次幂;

n) 空间 2^M (见习题 34.9) 中基数为偶数的元素;

o) 2^M 中基数为奇数的元素.

35.2. 证明域 F 上向量空间 F^n 中的下述向量组形成子空间, 求它们的基和维数:

§35. 子 空 间

a) 第一个与最后一个坐标一致的向量;

b) 偶指标的坐标等于 0 的向量;

c) 偶指标的坐标相等的向量;

d) 形如 $(\alpha, \beta, \alpha, \beta, \cdots)$ 的向量;

e) 齐次线性方程组的解向量.

35.3. 判断域 F 上 n 阶矩阵的下述集合是否构成矩阵空间 $\mathbf{M}_n(F)$ 的子空间. 求它们的基和维数:

a) 所有矩阵;

b) 对称矩阵;

c) 反称矩阵;

d) 非奇异矩阵;

e) 奇异矩阵;

f) 迹为 0 的矩阵;

g) 与给定的矩阵集合可交换的矩阵（在计算基和维数时，假设给定的矩阵集合由一个对角矩阵组成，其对角线上的元素各不相同）;

h) 满足方程 $A_i X + X B_i = 0$ 的矩阵, 其中 $\{A_i, B_i\}$ 是给定的矩阵集合.

35.4. 设 $\mathbb{R}^S$ 是定义在集合 S 上的所有实值函数组成的空间. 判断下列函数 $f(x) \in \mathbb{R}^S$ 组成的集合是否形成一个子空间:

a) 在给定的点 $s \in S$ 上的值为 a 的函数;

b) 在某个固定的子集 $T \subseteq S$ 的所有点上的值为 a 的函数;

c) 在集合 S 的某个点上的值为 0 的函数;

d) 当 $x \to \infty$ 时有极限 a 的函数 (如果 $S = \mathbb{R}$);

e) 具有有限多个间断点的函数 (如果 $S = \mathbb{R}$).

35.5. 设 K^∞ 是域 K 的元素的无限序列组成的空间. 判断下述序列集是否形成 K^∞ 的一个子空间:

a) 几乎零序列;

b) 仅有有限多个成员等于 0 的序列;

c) 所有元素都不同于 1 的序列.

35.6. 证明在空间 $\mathbb{R}^\infty$ 和 $\mathbb{C}^\infty$ 中下述集合形成子空间:

a) **Cauchy** 序列, 即: 对于任给 $\varepsilon > 0$, 存在一个数 $N \in \mathbb{N}$ 使得对于一切 $n, k > N$ 都有 $|x_n - x_k| < \varepsilon$;

b) 满足 **Hilbert** 条件的序列: 级数 $\sum_{i=1}^{\infty} |x_i|^2$ 收敛;

c) 多项式增长序列, 即 $|x_n| \leqslant Cn^k$, 其中 C, k 是依赖于序列的自然数;

d) 指数增长序列, 即 $|x_n| \leqslant Ce^n$, 其中 C, n 是依赖于序列的正实数, 且 n 是正整数.

35.7. 判断下列多项式集合是否形成空间 $\mathbb{R}[x]_n$ (见习题 34.12) 的子空间. 求它们的基和维数:

a) 具有给定的一个根 $\alpha \in \mathbb{R}$ 的多项式;

b) 具有给定的一个根 $\alpha \in \mathbb{C}\backslash\mathbb{R}$ 的多项式;

c) 具有给定的根 $\alpha_1, \cdots, \alpha_k \in \mathbb{R}$ 的多项式;

d) 具有给定的一个单根 $\alpha \in \mathbb{R}$.

35.8. 证明如果向量空间 $\mathbb{R}[x]$ (见习题 34.12) 的一个子空间包含至少一个 k 次多项式对于任意 $k = 0, 1, \cdots, m$, 并且不包含次数 $> m$ 的多项式, 那么它与 $\mathbb{R}[x]_m$ 一致.

35.9. 设 $\mathbb{R}[x_1, \cdots, x_m]$ 是变量 $x_1, \cdots, x_m$ 的多项式组成的空间. 求

a) 所有 k 次齐次多项式组成的子空间的维数;

b) 所有次数小于或等于 k 的齐次多项式组成的子空间的维数.

35.10. 设 V 是 q 元域 F 上的 n 维向量空间. 求:

a) V 的向量的个数;

b) V 的基的个数;

c) F 上 n 阶非奇异矩阵的个数;

d) F 上 n 阶奇异矩阵的个数;

e) V 的 k 维子空间的个数;

f) 方程组 $AX = 0$ 的解的个数, 其中 A 是秩为 r 的长方形矩阵, X 是 n 个未知量组成的列向量.

35.11. 求下列向量组生成的线性子空间的一个基和维数:

a) $a_1 = (1, 0, 0, -1), a_2 = (2, 1, 1, 0), a_3 = (1, 1, 1, 1), a_4 = (1, 2, 3, 4), a_5 = (0, 1, 2, 3);$

b) $a_1 = (1, 1, 1, 1, 0), a_2 = (1, 1, -1, -1, -1), a_3 = (2, 2, 0, 0, -1), a_4 = (1, 1, 5, 5, 2), a_5 = (1, -1, -1, 0, 0).$

35.12. 设 L_1 和 L_2 是有限维向量空间 V 的子空间. 证明:

a) 如果 $L_1 \subseteq L_2$, 那么 $\dim L_1 \leqslant \dim L_2$ 并且等号出现仅当 $L_1 = L_2$;

b) 如果 $\dim(L_1 + L_2) = 1 + \dim(L_1 \cap L_2)$, 那么和 $L_1 + L_2$ 等于这些子空间之一, 并且交 $L_1 \cap L_2$ 等于另一个子空间;

c) 如果 $\dim L_1 + \dim L_2 > \dim V$, 那么 $L_1 \cap L_2 \neq 0$.

35.13. 设 U, V, W 是向量空间的子空间.

a) 断言 $U \cap (V + W) = (U \cap V) + (U \cap W)$ 是可能的吗?

b) 证明当 $V \subseteq U$ 时前面的等式是真的.

c) 证明:
$$(U + W) \cap (W + V) \cap (V + U) = [(W + V) \cap U] + [(V + U) \cap W].$$

d) 证明:
$$\dim\,[(U + V) \cap W] + \dim\,(U \cap V) = \dim\,[(V + W) \cap U] + \dim\,(V \cap W).$$

e) 证明:
$$(U \cap V) + (V \cap W) + (W \cap U) \subseteq (U + V) \cap (V + W) \cap (W + U),$$

并且这些子空间的维数的差是偶数.

35.14. 求空间 $\mathbb{R}^4$ 的向量组生成的线性子空间的和与交的维数:

a) $S = \langle (1,2,0,1), (1,1,1,0) \rangle, T = \langle (1,0,1,0), (1,3,0,1) \rangle$;

b) $S = \langle (1,1,1,1), (1,-1,1,-1), (1,3,1,3) \rangle$,
$T = \langle (1,2,0,2), (1,2,1,2), (3,1,3,1) \rangle$;

c) $S = \langle (2,-1,0,-2), (3,-2,1,0), (1,-1,1,-1) \rangle$,
$T = \langle (3,-1,-1,0), (0,-1,2,3), (5,-2,-1,0) \rangle$.

35.15. 求线性子空间 $\langle a_1, a_2, a_3 \rangle$ 与 $\langle b_1, b_2, b_3 \rangle$ 的和与交的基:

a) $a_1 = (1,2,1), a_2 = (1,1,-1), a_3 = (1,3,3)$,
$b_1 = (1,2,2), b_2 = (2,3,-1), b_3 = (1,1,-3)$;

b) $a_1 = (-1,6,4,7,-2), a_2 = (-2,3,0,5,-2), a_3 = (-3,6,5,6,-5)$,
$b_1 = (1,1,2,1,-1), b_2 = (0,-2,0,-1,-5), b_3 = (2,0,2,1,-3)$;

c) $a_1 = (1,1,0,0,-1), a_2 = (0,1,1,0,1), a_3 = (0,0,1,1,1)$,
$b_1 = (1,0,1,0,1), b_2 = (0,2,1,1,0), b_3 = (1,2,1,2,-1)$;

d) $a_1 = (1,2,1,0), a_2 = (-1,1,1,1), b_1 = (2,-1,0,1), b_2 = (1,-1,3,7)$;

e) $a_1 = (1,2,-1,-2), a_2 = (3,1,1,1), a_3 = (-1,0,1,-1)$,
$b_1 = (2,5,-6,-5), b_2 = (-1,2,-7,-3)$.

35.16. 求以向量组生成的子空间为解空间的齐次线性方程组:

a) $\langle (1,-1,1,0), (1,1,0,1), (2,0,1,1) \rangle$;

b) $\langle (1,-1,1,-1,1), (1,1,0,0,3)(3,1,1,-1,7) \rangle$.

35.17. 设 $L_1, \cdots, L_k$ 是向量空间的子空间. 证明:

a) 这些子空间的和是直和当且仅当至少有一个向量有唯一的表示

$$x_1 + \cdots + x_k \quad (x_i \in L_i, i = 1, \cdots, k);$$

b) 条件 $L_i \cap L_j = 0$ 对于从 1 到 k 的任意不同的 i 和 j, 这不是这些子空间的和是直和的充分条件.

35.18. 设子空间 $U, V \subseteq \mathbb{R}^n$ 分别是下述线性方程组的解空间:

$$x_1 + x_2 + \cdots + x_n = 0; \quad x_1 = x_2 = \cdots = x_n.$$

证明 $\mathbb{R}^n = U \oplus V$, 并且求基向量 $e_1, \cdots, e_n$ 分别在平行于 V 在 U 上的投影, 以及平行于 U 在 V 上的投影.

35.19. 在空间 $\mathbb{R}^4$ 中, 令

$$U = \langle (1,1,1,1), (-1,-2,0,1) \rangle, \quad V = \langle (-1,-1,1,-1), (2,2,0,1) \rangle.$$

证明 $\mathbb{R}^4 = U \oplus V$, 并且求向量 $(4,2,4,4)$ 在平行于 V 的 U 上的投影.

35.20. 证明对于任一子空间 $U \subseteq \mathbb{R}^n$, 存在一个子空间 V 使得 $\mathbb{R}^n = U \oplus V$.

35.21. 证明矩阵空间 $\mathbf{M}_n(\mathbb{R})$ 是对称矩阵子空间和反称矩阵子空间的直和. 求矩阵

$$\begin{pmatrix} 1 & 1 & \cdots & 1 \\ 0 & 1 & \cdots & 1 \\ \vdots & \vdots & \ddots & \vdots \\ 0 & 0 & \cdots & 1 \end{pmatrix}$$

在平行于这些子空间中的每一个在另一个子空间上的投影.

35.22. 设 U 是 $\mathbf{M}_n(\mathbb{R})$ 中反称矩阵组成的子空间, V 是上三角矩阵组成的子空间.

a) 证明 $U \oplus V = \mathbf{M}_n(\mathbb{R})$.

b) 求矩阵 E_{ij} 分别在 U 和 V 上的投影.

35.23. 设 U 是 $\mathbf{M}_n(\mathbb{R})$ 中对称矩阵组成的子空间, V 是上三角矩阵组成的子空间.

a) 证明 $U \oplus V = \mathbf{M}_n(\mathbb{R})$.

b) 求矩阵 E_{ij} 分别在 U 和 V 上的投影.

35.24. 设 F 是 q 元域, U 是 F 上 n 维空间 V 的一个 m 维子空间. 求 V 的子空间 W 的个数, 其中 W 使得 $V = U \oplus W$.

35.25. 设 V 是无限域 F 上的线性空间, 并且 $V_1, \cdots, V_k$ 是 V 的子空间使得 $V = V_1 \cup \cdots \cup V_k$. 证明 $V = V_i$ 对于某个 $i = 1, \cdots, k$.

35.26. 设 V 是域 F 上的线性空间, 并且 U, W 是 V 的子空间使得 $U \cup W = V$. 证明 $V = U$ 或 $V = W$.

35.27. 找一个有限域上的线性空间 V 的一个例子, 使得 $V = U_1 \cup U_2 \cup U_3$, 其中 U_1, U_2, U_3 是 V 的真子空间.

§36. 线性函数和线性映射

36.1. 设 $V_0 \xrightarrow{\mathcal{A}_1} V_1 \xrightarrow{\mathcal{A}_2} \cdots \xrightarrow{\mathcal{A}_m} V_m$ 是向量空间的线性映射的序列. 证明:
$$\sum_{i=1}^{m} \dim \operatorname{Ker} \mathcal{A}_i - \sum_{i=1}^{m} \dim \left(V_i / \operatorname{Im} \mathcal{A}_i \right) = \dim V_0 - \dim V_m.$$

36.2. 设 F 是 q 元域. 求:

a) 从 F^n 到 F^k 的线性映射的个数;

b) 从 F^n 到 F^k 的线性单射的个数;

c) 从 F^n 到 F^k 的线性满射的个数.

36.3. 设线性映射 $\mathcal{A} : V \to W$ 在空间 V 的基 (e_1, e_2, e_3) 和空间 W 的基 (f_1, f_2) 下的矩阵为 $\begin{pmatrix} 0 & 1 & 2 \\ 3 & 4 & 5 \end{pmatrix}$. 求映射 $\mathcal{A}$ 在基 $(e_1, e_1 + e_2, e_1 + e_2 + e_3)$ 和 $(f_1, f_1 + f_2)$ 下的矩阵.

36.4. 设 $L = K[x]_1$ (见习题 34.12), K 是一个域. 求从空间 L 到空间 $M = \mathbf{M}_2(K)$ 的线性映射 $\mathcal{A} : f(x) \mapsto f(S)$ 的矩阵, 其中 $S = \begin{pmatrix} a & b \\ c & d \end{pmatrix}$ 是一个固定的矩阵, 并且选择 L 的基为 $(1, x)$, M 的基由矩阵单位组成.

36.5. 设 $\mathcal{A}, \mathcal{B} : V \to W$ 是线性映射使得 $\dim (\operatorname{Im} \mathcal{A}) \leqslant \dim (\operatorname{Im} \mathcal{B})$. 证明存在 V 上的变换 $\mathcal{C}$ 和 W 上的变换 $\mathcal{D}$ 使得 $\mathcal{A} = \mathcal{D} \mathcal{B} \mathcal{C}$, 并且 $\mathcal{C}$ (或 $\mathcal{D}$) 能被选择成非奇异矩阵.

36.6. 设 $\mathcal{A}, \mathcal{B} : V \to W$ 是线性映射. 证明下列条件是等价的:

a) $\operatorname{Ker} \mathcal{A} \subseteq \operatorname{Ker} \mathcal{B}$;

b) $\mathcal{B} = \mathcal{C} \mathcal{A}$ 对于 W 上的某个变换 $\mathcal{C}$.

36.7. 设 $\mathcal{A}, \mathcal{B} : V \to W$ 是线性映射. 证明下列条件是等价的:

a) $\operatorname{Im} \mathcal{A} \subseteq \operatorname{Im} \mathcal{B}$;

b) $\mathcal{A} = \mathcal{BD}$ 对于 V 上的某个变换 $\mathcal{D}$.

36.8. 设 $\mathcal{A} : V \to W$ 是线性映射. 证明存在线性映射 $\mathcal{B} : W \to V$ 使得 $\mathcal{A} = \mathcal{ABA}, \mathcal{B} = \mathcal{BAB}$.

36.9. 设 $V = \mathbb{R}[x]_n$, 并且从空间 V 到 $\mathbb{R}$ 的映射 α^a $(a \in \mathbb{R}), \beta^i, \gamma^i$ 分别由下述法则给出

$$\alpha^a(f) = f(a), \quad \beta^i(f) = f^{(i)}(0), \quad \gamma^i(f) = \int_0^{i+1} f(x)dx.$$

证明函数组:

a) $\alpha^0, \alpha^1, \cdots, \alpha^n$; b) $\beta^0, \beta^1, \cdots, \beta^n$; c) $\gamma^0, \gamma^1, \cdots, \gamma^n$ 都是对偶空间 V^* 的一个基.

36.10. a) 证明对于 V 的对偶空间 V^* 的任意一个基存在 V 的唯一一个基使得给定的基是它的对偶基.

b) 求习题 36.9 a) 的这样一个基.

c) 求习题 36.9 b) 的这样一个基.

36.11. 证明对于 n 维空间 V 的任一非零线性函数 f 存在一个基 $(e_1, \cdots, e_n)$, 使得

$$f(x_1 e_1 + \cdots + x_n e_n) = x_1$$

对于任意坐标 $x_1, \cdots, x_n$.

36.12. 证明 n 维空间的任一 k 维子空间是某 $n-k$ 个线性函数的核的交.

36.13. 设 f 是向量空间 V (不必是有限维的) 的一个非零线性函数, 并且 $U = \operatorname{Ker} f$. 证明:

a) U 是 V 的**极大**子空间, 即它不被包含在不同于 V 的任一其他子空间中;

b) $V = U \oplus \langle a \rangle$ 对于任意 $a \notin U$.

36.14. 证明如果向量空间上的两个线性函数有相同的核, 那么它们仅相差一个纯量系数.

36.15. 证明 n 维空间上的 n 个线性函数是线性无关的当且仅当它们的核的交是零子空间.

36.16. 证明有限维空间 V 的向量 $e_1, \cdots, e_k$ 是线性无关的当且仅当存在线性函数 $f^1, \cdots, f^k \in V^*$ 使得 $\det(f^i(e_j)) \neq 0$.

36.17. 对于有限维空间 V 的任一子集 U 和对偶空间 V^* 的任一子集 W,

我们令

$$U^0 = \{f \in V^* | f(x) = 0 \text{ 对任意 } x \in U\},$$
$$W^0 = \{x \in V | f(x) = 0 \text{ 对任意函数 } f \in W\}.$$

证明:

a) U^0 是 V^* 的一个子空间, 并且如果 U 是子空间, 那么 $\dim U + \dim U^0 = \dim V$;

b) 若 U_1 和 U_2 是 V 的子空间, 则 $U_1^0 = U_2^0$ 当且仅当 $U_1 = U_2$;

c) 对于空间 V 的任意子空间 U, U_1, U_2,

$$(U^0)^0 = U, \quad (U_1 + U_2)^0 = U_1^0 \cap U_2^0, \quad (U_1 \cap U_2)^0 = U_1^0 + U_2^0.$$

36.18. 证明多项式空间 $\mathbb{Q}[x]$ 不同构于它的对偶空间.

36.19. 设 l_1, l_2 是线性空间 V 上的两个线性函数, 并且 $l_1(x)l_2(x) = 0$ 对一切 $x \in V$. 证明这些函数中的一个是零函数.

36.20. 设 $l_1, \cdots, l_k$ 是无限域上的线性空间 V 上的线性函数. 如果 $l_1(x) \times \cdots \times l_k(x) = 0$ 对一切 $x \in V$, 那么这些函数中的一个是零函数.

* * *

36.21. 设 K 是 q^n 元有限域, F 是 K 的子域, F 有 q 个元素, 并且 $l(x) = x + x^q + \cdots + x^{q^{n-1}}, x \in K$. 证明:

a) $l(x)$ 是 F 上的向量空间 K 上的线性变换;

b) $l(x)$ 的核由所有元素 $a - a^q$ 组成, 其中 $a \in K$;

c) F 被包含在 $l(x)$ 的核里当且仅当 K 的特征整除 n.

第八章 双线性和二次函数

§37. 一般的双线性和半双线性函数

贯穿本节，假设域的特征不等于 2.

37.1. 两个自变量的什么样的函数是合适的空间上的双线性函数：

a) $f(x,y) = {}^t x \cdot y$ $(x, y \in F^n$ 是列, F 是域$)$;

b) $f(A,B) = \operatorname{tr}(AB)$ $(A, B \in \mathbf{M}_n(F), F$ 是域$)$;

c) $f(A,B) = \operatorname{tr}(AB - BA)$;

d) $f(A,B) = \det(AB)$;

e) $f(A,B) = \operatorname{tr}(A + B)$;

f) $f(A,B) = \operatorname{tr}(A \cdot {}^t B)$;

g) $f(A,B) = \operatorname{tr}({}^t A \cdot B)$;

h) $f(A,B)$ 是矩阵 AB 的 (i,j) 元;

i) $f(u,v) = \operatorname{Re}(uv)$ $(u,v \in \mathbb{C}, \mathbb{C}$ 被看成 $\mathbb{R}$ 上的向量空间$)$;

j) $f(u,v) = \operatorname{Re}(u\overline{v})$;

k) $f(u,v) = |uv|$;

l) $f(u,v) = \operatorname{Im}(u\overline{v})$;

m) $f(u,v) = \int_a^b uv\,dt$ $(u,v$ 是区间 $[a,b]$ 上 t 的连续函数$)$;

n) $f(u,v) = \int_a^b uv'\,dt$ $(u,v$ 是区间 $[a,b]$ 上的可微函数，并且 $u(a) = u(b) = v(a) = v(b) = 0)$;

o) $f(u,v) = \int_a^b (u+v)^2 dt$;

p) $f(u,v) = (uv)(\alpha)$ $(u,v \in F[x], \alpha \in F)$;

q) $f(u,v) = \frac{d}{dx}(uv)(\alpha)$;

r) $f(u,v) = |u+v|^2 - |u|^2 - |v|^2$ $(u,v \in \mathbb{R}^3)$;

s) $f(u,v) = \varepsilon(u \times v)$ ($\times$ 是向量积, $\varepsilon(x)$ 是向量 x 在给定基下的坐标的和).

37.2. 从习题 37.1 中, 选择一个基并且求有限维空间上的合适的双线性函数的矩阵.

37.3. 设 F 是一个域, 并且 $F(x)$ 是变量 x 的有理函数域. 证明映射 $x \mapsto \varepsilon x^\tau$ 诱导了 $F(x)$ 的一个 2 阶自同构, 其中 $\varepsilon, \tau = \pm 1$ 并且 $(\varepsilon, \tau) \neq (1, 1)$.

37.4. 设 p, q 是不同的素数. 证明形如

$$a + b\sqrt{p} + c\sqrt{q} + d\sqrt{pq} \quad (a,b,c,d \in \mathbb{Q})$$

的实数形成 $\mathbb{R}$ 的一个子域 $\mathbb{Q}(\sqrt{p}, \sqrt{q})$. 检查映射

$$x \to \overline{x} = a - b\sqrt{p} + c\sqrt{q} - d\sqrt{pq}$$

是这个域的 2 阶自同构.

37.5. 设 F 是一个域, 它具有 2 阶自同构 $a \to \overline{a}$. 两个自变量的什么样的函数是合适的向量空间上的半双线性函数:

a) $f(a,b) = {}^t a \cdot \overline{b}$ $(a,b \in F^n$ 是列$)$;

b) $f(A,B) = \mathrm{tr}\,(A\overline{B})$ $(A,B \in \mathbf{M}_n(F))$;

c) $f(A,B) = \det(A\overline{B})$;

d) $f(A,B) = \mathrm{tr}\,(A \cdot {}^t \overline{B})$;

e) $f(A,B) = \mathrm{tr}\,(A \cdot {}^t B)$;

f) $f(A,B)$ 是矩阵 $A\overline{B}$ 的 (i,j) 元;

g) $f(A,B)$ 是矩阵 $A^t\overline{B}$ 的 (i,j) 元;

h) $f(u,v) = \frac{d}{dx}(u\overline{v})(a)$ $(u,v \in F[x], a \in F$; 多项式的自同构表示取它的所有系数的自同构$)$.

37.6. 给出双线性函数 f 在旧基下的矩阵和基变换的公式, 求 f 在新基下的矩阵:

a) $\begin{pmatrix} 1 & 2 & 3 \\ 4 & 5 & 6 \\ 7 & 8 & 9 \end{pmatrix}$, $\begin{array}{l} e_1' = e_1 - e_2, \\ e_2' = e_1 + e_3, \\ e_3' = e_1 + e_2 + e_3; \end{array}$

b) $\begin{pmatrix} 0 & 2 & 1 \\ -2 & 2 & 0 \\ -1 & 0 & 3 \end{pmatrix}$, $\begin{aligned} e_1' &= e_1 + 2e_2 - e_3, \\ e_2' &= e_2 - e_3, \\ e_3' &= -e_1 + e_2 - 3e_3. \end{aligned}$

37.7. 2 维复空间上的半双线性函数 f 在基 (e_1, e_2) 下的矩阵为 B. 求 f 在基 (e_1', e_2') 下的矩阵 B', 其中:

a) $B = \begin{pmatrix} i+1 & -1 \\ 0 & -i \end{pmatrix}$, $\begin{aligned} e_1' &= e_1 + ie_2, \\ e_2' &= ie_1 + e_2; \end{aligned}$

b) $B = \begin{pmatrix} 2 & -1+i \\ -i & 0 \end{pmatrix}$, $\begin{aligned} e_1' &= 2e_1 - ie_2, \\ e_2' &= ie_1 + e_2. \end{aligned}$

37.8. 设双线性函数 f 在某个基下的矩阵为 F. 求 $f(x, y)$, 如果:

a) $F = \begin{pmatrix} 1 & -1 & 1 \\ -2 & -1 & 3 \\ 0 & 4 & 5 \end{pmatrix}$, $\begin{aligned} x &= (1, 0, 3), \\ y &= (-1, 2, -4); \end{aligned}$

b) $F = \begin{pmatrix} i & 1+i & 0 \\ -1+i & 0 & 2-i \\ 2+i & 3-i & -1 \end{pmatrix}$, $\begin{aligned} x &= (1+i, 1-i, 1), \\ y &= (-2+i, -i, 3+2i). \end{aligned}$

37.9. 设复空间上的半双线性函数 f 在某个基下的矩阵为 B, 求 $f(x, y)$ 的值, 如果:

a) $B = \begin{pmatrix} 5 & 2 \\ -1 & i \end{pmatrix}$, $\begin{aligned} x &= (i, -2), \\ y &= (1-i, 3+i); \end{aligned}$

b) $B = \begin{pmatrix} -i & 1-2i \\ -4 & 2+3i \end{pmatrix}$, $\begin{aligned} x &= (2, i+3), \\ y &= (-i, 6-2i). \end{aligned}$

37.10. 设 g 是空间 V 上的双线性函数, 它在某个基下的矩阵为 G; 并且设 $\mathcal{A}$ 是 V 上的线性变换, 它在这个基下的矩阵为 A. 求双线性函数 $f(u, v) = g(u, \mathcal{A}(v))$ 在这个基下的矩阵, 如果:

a) $G = \begin{pmatrix} 1 & -1 & 0 \\ 2 & 0 & -2 \\ 3 & 4 & 5 \end{pmatrix}$, $A = \begin{pmatrix} -1 & 1 & 1 \\ -3 & -4 & 2 \\ 1 & -2 & -3 \end{pmatrix}$;

b) $G = \begin{pmatrix} 0 & 1 & 2 \\ 4 & 0 & 3 \\ 5 & 6 & 0 \end{pmatrix}$, $A = \begin{pmatrix} 1 & -4 & 3 \\ 4 & -1 & -2 \\ -3 & 2 & 1 \end{pmatrix}$.

37.11. 设 g 是线性空间 V 上的半双线性函数, 它在某个基下的矩阵为 G; $\mathcal{A}$ 是 V 上的线性变换, 它在这个基下的矩阵为 A. 求半双线性函数 $f(u, v) = g(u, \mathcal{A}(v))$ 在这个基下的矩阵, 如果:

a) $G = \begin{pmatrix} -5+i & 2 \\ -i & 4+i \end{pmatrix}$, $A = \begin{pmatrix} i & 0 \\ 2 & -i \end{pmatrix}$;

b) $G = \begin{pmatrix} 4-i & 2-i \\ 0 & 1+i \end{pmatrix}$, $A = \begin{pmatrix} -i+1 & 0 \\ 4 & 3+i \end{pmatrix}$.

37.12. 求双线性函数 f 的左核和右核，f 在基 (e_1, e_2, e_3) 下的矩阵为：

a) $\begin{pmatrix} 2 & -3 & 1 \\ 3 & -5 & 5 \\ 5 & -8 & 6 \end{pmatrix}$; b) $\begin{pmatrix} 4 & 3 & 2 \\ 1 & 3 & 5 \\ 3 & 6 & 9 \end{pmatrix}$.

37.13. 设 $F = \mathbb{Q}(\sqrt{3})$，若 $x = a + b\sqrt{3}$，其中 $a, b \in \mathbb{Q}$，则 $\bar{x} = a - b\sqrt{3}$. 在 F 上的 2 维向量空间中求半双线性函数的左核和右核，它在基 e_1, e_2 下的矩阵为：

a) $\begin{pmatrix} 1+\sqrt{3} & -1-\sqrt{3} \\ 1 & 2-\sqrt{3} \end{pmatrix}$; b) $\begin{pmatrix} -3 & -2\sqrt{3} \\ 2\sqrt{3} & 4 \end{pmatrix}$.

37.14. 求双线性函数 $f(x, y) = (x, \mathcal{A}(y))$ 的左核和右核，其中 $\mathcal{A}$ 是 Euclid 空间上的线性变换，它在一个标准正交基下的矩阵为：

a) $A = \begin{pmatrix} 5 & -6 & 1 \\ 3 & -5 & -2 \\ 2 & -1 & 3 \end{pmatrix}$; b) $A = \begin{pmatrix} 2 & -1 & 3 \\ 3 & -2 & 2 \\ 5 & -4 & 0 \end{pmatrix}$.

37.15. 设 $F, \bar{x}$ 与习题 37.13 一样. 求半双线性函数 $f(x, y) = g(x, \mathcal{A}(y))$ 的左核和右核，其中 $\mathcal{A}$ 是 2 维空间上的线性变换，它在基 (e_1, e_2) 下的矩阵为 A；g 是半双线性函数，它在基 (e_1, e_2) 下的矩阵是单位矩阵：

a) $A = \begin{pmatrix} 1+\sqrt{3} & 1 \\ 0 & 0 \end{pmatrix}$; b) $A = \begin{pmatrix} 0 & 0 \\ 2\sqrt{3} & 0 \end{pmatrix}$.

37.16. 设 f 是向量空间 V 上的双线性函数，它在 V 的一个基下的矩阵为 F，并且 U 是 V 的一个子空间. 求 U 对于 f 的左、右正交补 (即极大子空间 U_1 和 U_2 使得 $f(U_1, U) = f(U, U_2) = 0$)，如果：

a) $F = \begin{pmatrix} 4 & 1 & 3 \\ 3 & 3 & 6 \\ 2 & 5 & 9 \end{pmatrix}$, $U = \langle (1, -1, 0), (-2, 3, 1) \rangle$;

b) $F = \begin{pmatrix} 6 & -8 & 5 \\ 5 & -5 & 3 \\ 1 & -3 & 2 \end{pmatrix}$, $U = \langle (2, 0, -3), (3, 1, -5) \rangle$.

37.17. 设 $F, \bar{x}$ 与习题 37.13 一样，并且 f 是向量空间 V 上的半双线性函数，它在 V 的一个基下的矩阵为 G，并且 U 是 V 的一个子空间. 求 U 对于 f 的左、右正交补，如果：

a) $G = \begin{pmatrix} 1+\sqrt{3} & 2 & -\sqrt{3} \\ 0 & 1 & 2 \\ 1-\sqrt{3} & 2 & 0 \end{pmatrix}$, $\quad U = \langle (1,0,\sqrt{3}), (0,2,1) \rangle$;

b) $G = \begin{pmatrix} 1 & -\sqrt{3} & 2 \\ 2 & 0 & 1 \\ 1 & 1-\sqrt{3} & \sqrt{3} \end{pmatrix}$, $\quad U = \langle (1,-\sqrt{3},2) \rangle$.

37.18. 设 F 是 q^2 元有限域, 并且 $\overline{x} = x^q$ 对一切 $x \in F$. 假设 K 是包含 F 的有限域, 并且 $n = \dim_F K$. 证明:

a) $x \to \overline{x}$ 是 F 的 2 阶自同构;

b) 函数
$$f(x,y) = xy^q + x^{q^2} y^{q^3} + \cdots + x^{q^{2n-2}} y^{q^{2n-1}}$$
是 F 上的向量空间 K 中的半双线性函数;

c) b) 中的函数 $f(x,y)$ 是非奇异的;

d) 求 F 在 K 中对于 $f(x,y)$ 的左、右正交补.

37.19. 设 $F = \mathbb{Q}[i], K = F[\sqrt{2}]$. 把 K 看成 F 上的向量空间.

a) 证明 $\dim_F K = 2$;

b) 证明函数 $f(z_1 + z_2\sqrt{2}, t_1 + t_2\sqrt{2}) = z_1 \overline{t}_1 + 2z_2 \overline{t}_2$ 是 F 上的向量空间 K 上的半双线性函数, 其中 $\overline{z}$ 表示 z 的共轭复数.

c) 求 f 在基 $e_1 = 1, e_2 = \sqrt{2}$ 下的矩阵.

d) 证明函数 f 是非奇异的.

e) 求 F 在 K 中对于 f 的左、右正交补.

37.20. 设 $F = \mathbb{C}(x)$ 是有理函数域, 它有一个自同构使得 $x \to \varepsilon x^\tau$, 其中 $\varepsilon, \tau = \pm 1, (\varepsilon, \tau) \neq (1,1)$.

a) 证明多项式 $y^4 - x \in F[y]$ 在 F 上是不可约的.

b) 把域 $K = F[y]/(y^4 - x)$ 看成 F 上的向量空间, 证明 K 上的函数
$$f(u,v) = u(x,y)v(ix^\tau, y) + u(x, iy)v(\varepsilon x^\tau, iy)$$
$$+ u(x, -y)v(\varepsilon x^\tau, -y) + u(x, -iy)v(\varepsilon x^\tau, -iy)$$
是半双线性的.

c) 求 $f(u,v)$ 在 F 上的空间 K 的一个基 $1, y, y^2, y^3$ 下的矩阵.

d) 证明函数 f 是非奇异的.

e) 求 K 中线性子空间 $\langle 1, y \rangle$ 的左、右正交补.

f) 求 K 的一个基 u_0, u_1, u_2, u_3 使得 $f(u_i, y^j) = \delta_{ij}$, 其中 $i,j = 0,1,2,3$.

37.21. 在基的什么样的初等变换下, 一个双线性函数的矩阵变成一个线性变换的矩阵:

a) $(e_1,\cdots,e_i,\cdots,e_n) \to (e_1,\cdots,\lambda e_i,\cdots,e_n)$;

b) $(e_1,\cdots,e_i,\cdots,e_n) \to (e_1,\cdots,e_i+\lambda e_j,\cdots,e_n) \quad (j \neq i)$;

c) $(e_1,\cdots,e_i,\cdots,e_j,\cdots,e_n) \to (e_1,\cdots,e_j,\cdots,e_i,\cdots,e_n)$?

37.22. 设空间上的线性变换 $\mathcal{A},\mathcal{B}$ 和双线性 (半双线性) 函数 g 在某个基下的矩阵分别为 A,B,G, 并且双线性 (半双线性) 函数
$$f(x,y) = g(\mathcal{A}(x),\mathcal{B}(y))$$
在这个基下的矩阵为 F. 求 A,B,G 之间的关系.

37.23. 证明任一秩 1 的双线性 (半双线性) 函数 f 能被分解成两个线性函数的乘积 $p(x)q(y)$ (分别地, $p(x)q(\overline{y})$). 通过基的初等变换, 函数 f 的矩阵被化简成什么样的最简单形式?

37.24. 设 $\mathbf{e}=(e_1,\cdots,e_n), \mathbf{e}'=(e_1',\cdots,e_n')$ 是空间 V 的两个基, C 是 $\mathbf{e}$ 到 $\mathbf{e}'$ 的过渡矩阵, 并且 f 是 V 上的双线性 (半双线性) 函数, 它在这些基下的矩阵分别是 F 和 F'. 求 F 和 F' 之间的关系.

37.25. 证明空间 $\mathbf{M}_n(K)$ 上的双线性 (半双线性) 函数 $\mathrm{tr}\,(AB), \mathrm{tr}\,(A^t B), \mathrm{tr}\,(A\overline{B}), \mathrm{tr}\,(A^t\overline{B})$ 是非奇异的.

37.26. 证明双线性 (半双线性) 函数的左核和右核的维数相等, 虽然这些核可能是不一致的.

37.27. 设 f 是空间 V 上的非奇异的双线性 (半双线性) 函数. 证明对于任意一个线性函数 p 存在唯一的向量 $v \in V$, 使得对一切 $x \in V, p(x) = f(x,v)$, 并且映射 $p \mapsto v$ 是空间 V^* 和 V 的一个同构.

37.28. 设 F 是 n 维实线性空间 V 上的非奇异双线性函数 f 的矩阵.

a) 证明若 n 为奇数, 则 $-F$ 不是 f 在 V 的任一基下的矩阵.

b) 若 n 为偶数, 命题 a) 成立吗?

c) 若 n 为偶数且 F 为对角矩阵, 命题 a) 成立吗?

37.29. 对于空间 V 上的一个非零双线性 (半双线性) 函数 f, 设存在一个数 ε 使得对于任意 $x,y \in V$ 有
$$f(y,x) = \varepsilon f(x,y) \quad (\text{分别地}, \overline{f(y,x)} = \varepsilon f(x,y)).$$
证明:

a) ε 等于 1 或 -1;

b) 如果 U_1 和 U_2 是对于 f 全迷向的子空间, 并且有相同维数以及 $U_1 \cap U_2^\perp = 0$, 那么 f 到它们的和 $U_1 + U_2$ 的限制是非奇异的函数;

c) 如果 W_1 和 W_2 是对于 f 极大全迷向的子空间，并且 $W_1 \cap W_2 = 0$，那么 $\dim W_1 = \dim W_2$；

d) 如果非奇异的双线性函数 f_1 和 f_2 满足前面的条件 (具有相同的 ε)，并且对于它们中的每一个，空间 V 是两个全迷向的子空间的直和，那么函数 f_1 与 f_2 是等价的.

37.30. 设 f 是空间 V 上的双线性 (半双线性) 函数，并且对于任意 $x, y \in V$，等式 $f(x,y) = 0$ 蕴含 $f(y,x) = 0$. 证明：

a) 若 f 是双线性函数，则 f 或者是对称的，或者是反称的；

b) 若 f 是半双线性函数，则 f 或者是 Hermite 型的，或者是反 Hermite 型的.

37.31. 设 f_1, f_2 是空间 V 上的双线性 (半双线性) 函数，V 中取一个基 $(e_1, \cdots, e_n)$. 空间 W 中取一个基

$$(a_{11}, a_{12}, \cdots, a_{1n}, a_{21}, \cdots, a_{2n}, \cdots, a_{n1}, \cdots, a_{nn}),$$

在 W 上定义一个双线性函数 f:

$$f(a_{ij}, a_{kl}) = f_1(e_i, e_k) f_2(e_j, e_l).$$

a) 求 f 在给定基下的矩阵.

b) 证明如果 V 是对于 f_1 的全迷向子空间的直和，那么 W 是对于 f 的全迷向子空间的直和.

37.32. 不用计算，判断双线性函数是否等价:

a) $f_1(x,y) = 2x_1y_2 - 3x_1y_3 + x_2y_3 - 2x_2y_1 - x_3y_2 + 3x_3y_1$,

$f_2(x,y) = x_1y_2 - x_2y_1 + 2x_2y_2 + 3x_1y_3 - 3x_3y_1$;

b) $f_1(x,y) = x_1y_1 + ix_1y_2$,

$f_2(x,y) = 2x_1y_1 + (1+i)x_1y_2 + (1-i)x_2y_1 - ix_2y_2$.

37.33. 把这些反称双线性函数化简成标准形：

a) $x_1y_2 - x_1y_3 - x_2y_1 + 2x_2y_3 + x_3y_1 - 2x_3y_2$;

b) $2x_1y_2 + x_1y_3 - 2x_2y_1 + 3x_2y_3 - x_3y_1 - 3x_3y_2$;

c) $x_1y_2 + x_4y_3 - x_2y_1 + 2x_2y_3 - 2x_3y_2 + 3x_3y_4 - x_1y_4 - 3x_4y_3$;

d) $x_1y_2 + x_1y_3 + x_1y_4 - x_2y_1 - x_2y_3 + x_3y_2 + x_3y_4 - x_4y_1 - x_4y_3$.

37.34. 把复空间上的反 Hermite 函数化简成标准形：

a) $x_1\overline{y}_2 - ix_1\overline{y}_3 - ix_2\overline{y}_3 - \overline{x}_1y_2 + i\overline{x}_1y_3 + i\overline{x}_2y_3 + ix_1\overline{y}_1 - i\overline{x}_1y_1$;

b) $(1+i)x_1\overline{y}_2 + 2x_1\overline{y}_3 + ix_1\overline{y}_4 - (1-i)x_2\overline{y}_3 - (1-i)\overline{x}_1y_3 + i\overline{x}_1y_4 + (1+i)\overline{x}_2y_3 + 2ix_2\overline{y}_2 - 2\overline{x}_1y_3$.

37.35. 证明由次数小于或等于 5 的多项式 (它在点 0 和 1 处的值为 0) 组成的线性空间上的函数 $h(f,g) = \int_0^1 fg'dx$ 是反称的. 求它的标准基.

37.36. 证明元素为整数的反称矩阵的行列式是一个整数的平方.

37.37. 设 f 是空间 V 上的反称双线性函数, W 是 V 的一个子空间, 并且 $W^\perp$ 是 W 对于 f 的正交补. 证明 $\dim W - \dim(W \cap W^\perp)$ 是一个偶数.

37.38. 证明对于任一复非奇异的反 Hermite 矩阵 A, 存在一个非奇异的复矩阵 C 使得 $CA{}^t\overline{C}$ 是一个对角矩阵并且主对角元都是纯虚数.

37.39. 设 f 是空间 V 上的反称双线性函数, V' 是它的核, 并且 W 是极大全迷向子空间. 证明:

$$\dim W = \frac{\dim V + \dim V'}{2}.$$

37.40. 设 f 是 n 维空间 V 上的非奇异反称双线性函数. 设 $G = (g_{ij})$ 是 n 阶反称矩阵. 证明存在向量 $v_1, \cdots, v_n \in V$, 使得 $g_{ij} = f(v_i, v_j)$.

37.41. 设 $f(x,y)$ 是复空间上的 Hermite 函数, $q(x) = f(x,x)$. 证明:

$$4f(x,y) = q(x+y) - q(x-y) + \mathrm{i}q(x+\mathrm{i}y) - \mathrm{i}q(x-\mathrm{i}y).$$

37.42. 证明在一个 n 维复向量空间 V 上的 Hermite 函数的实部和虚部分别是作为 $2n$ 维向量空间 V 上的对称和反称函数.

37.43. 证明如果 f 是复空间上的正定 Hermite 型, 那么

$$f(x,y)\overline{f(x,y)} \leqslant f(x,x) \cdot f(y,y).$$

37.44. 设 $\mathcal{A}$ 是复向量空间 V 上的线性变换, 并且 f 是 V 上的正定 Hermite 函数. 证明: 如果 $f(\mathcal{A}(x), x) = 0$ 对一切 $x \in V$, 那么 $\mathcal{A}$ 是零变换.

这个命题对于实空间 V 上的对称双线性函数成立吗?

37.45. 对于 n 的什么样的值, n 维向量空间上的非奇异的双线性函数有:

a) $n-1$ 维的全迷向子空间;

b) $n-2$ 维的全迷向子空间?

推导全迷向子空间的最大可能的维数的公式.

37.46. 设 $A = (a_{ij}) \in \mathbf{M}_n(\mathbb{R})$ 是对称矩阵, 并且

$$L(f) = \sum_{i,j=1}^n a_{ij} \frac{\partial^2 f}{\partial x_i \partial x_j}$$

是 $\mathbb{R}[x_1, \cdots, x_n]$ 上的微分算子. 证明:

a) 如果
$$C\begin{pmatrix}x_1\\ \vdots\\ x_n\end{pmatrix}=\begin{pmatrix}y_1\\ \vdots\\ y_n\end{pmatrix},\quad C\in\mathbf{GL}_n(\mathbb{R})$$
是变量的替换, 那么
$$L(f)=\sum_{i,j=1}^n b_{ij}\frac{\partial^2 f}{\partial y_i\partial y_j},$$
其中 $(b_{ij})=CA^tC$;

b) 在 $\mathbb{R}[x_1,\cdots,x_n]$ 中存在非奇异变量的线性替换使得对于新的变量 $y_1,\cdots,y_k$, 其中 $0\leqslant k\leqslant s\leqslant n$, 有
$$L(f)=\frac{\partial^2 f}{\partial y_1^2}+\cdots+\frac{\partial^2 f}{\partial y_k^2}-\frac{\partial^2 f}{\partial y_{k+1}^2}-\cdots-\frac{\partial^2 f}{\partial y_s^2}.$$

§38. 对称双线性函数, Hermite 函数和二次函数

在这一节 Hermite 函数被考虑为复空间上的二元函数.

38.1. 在习题 37.1 中哪些双线性函数是对称的?

38.2. a) 在习题 37.5 中哪些半双线性函数是 Hermite 的?

b) 习题 37.18 b) 的函数 $f(x,y)$ 是 Hermite 的吗?

c) 习题 37.20 b) 的函数 $f(u,v)$ 是 Hermite 的吗?

38.3. 不用计算, 判断双线性函数是否等价:
$$f_1(x,y)=x_1y_1+2x_1y_2+3x_1y_3+4x_2y_1+5x_2y_2$$
$$+6x_2y_3+7x_3y_1+8x_3y_2+10x_3y_3,$$
$$f_2(x,y)=2x_1y_1-x_1y_3+x_2y_2-x_3y_1+5x_3y_3.$$

38.4. 不用计算, 判断对于哪个双线性函数 f 存在一个基使得 f 的矩阵是对角矩阵:

a) $-x_1y_1-2x_1y_2-2x_2y_1-3x_2y_2+x_3y_1-4x_3y_3$;

b) $-x_1y_2-x_2y_1+3x_2y_2+5x_2y_3+5x_3y_2-x_3y_3$.

38.5. 证明空间对于非奇异的对称 (Hermite) 函数满足性质:

a) $(U^\perp)^\perp=U$;

b) $(U_1+U_2)^\perp=U_1^\perp\cap U_2^\perp$;

c) $(U_1 \cap U_2)^\perp = U_1^\perp + U_2^\perp$.

38.6. 求线性子空间 $\langle f_1, f_2 \rangle$ 对于矩阵为 F 的双线性函数的正交补, 如果:

a) $F = \begin{pmatrix} 1 & -1 & 2 \\ -1 & 0 & -3 \\ 2 & -3 & 7 \end{pmatrix}$, $f_1 = (1,2,3)$, $f_2 = (4,5,6)$;

b) $F = \begin{pmatrix} -1 & 2 & 5 \\ 2 & 2 & 8 \\ 5 & 8 & 29 \end{pmatrix}$, $f_1 = (-3,-15,21)$, $f_2 = (2,10,-14)$.

38.7. 求线性子空间 $\langle e_1, e_2 \rangle$ 对于矩阵为 G 的 Hermite 函数的正交补, 如果:

a) $G = \begin{pmatrix} 1 & i & 1-i \\ -i & 0 & -2 \\ 1+i & -2 & -2 \end{pmatrix}$, $e_1 = (i,1,-1)$, $e_2 = (1-2i,-i,3)$;

b) $G = \begin{pmatrix} 0 & -2+i & -i \\ -2-i & 2 & -1+i \\ i & -1-i & -1 \end{pmatrix}$, $e_1 = (-i+1,2,0)$, $e_2 = (-1+3i,-3i,2)$.

38.8. 运用 Jacobi 方法求对称双线性函数的标准形:

a) $2x_1y_1 - x_1y_2 + x_1y_3 - x_2y_1 + x_3y_1 + 3x_3y_3$;

b) $2x_1y_2 + 3x_1y_3 + 2x_2y_1 - x_2y_3 + 3x_3y_1 - x_3y_2 + x_3y_3$.

38.9. 运用 Jacobi 方法求矩阵分别为

$$\begin{pmatrix} 1 & 2 & 3 \\ 2 & 0 & -1 \\ 3 & -1 & 3 \end{pmatrix}, \quad \begin{pmatrix} 1 & 3 & 0 \\ 3 & 1 & 1 \\ 0 & 1 & 5 \end{pmatrix}$$

的双线性函数是否等价:

a) 在实数域上;

b) 在有理数域上.

38.10. 在习题 37.1 中哪些对称双线性函数是正定的?

38.11. 对于 λ 的什么值下列二次函数是正定的:

a) $5x_1^2 + x_2^2 + \lambda x_3^2 + 4x_1x_2 - 2x_1x_3 - 2x_2x_3$;

b) $2x_1^2 + x_2^2 + 3x_3^2 + 2\lambda x_1x_2 + 2x_1x_3$;

c) $x_1^2 + x_2^2 + 5x_3^2 + 2\lambda x_1x_2 - 2x_1x_3 + 4x_2x_3$;

d) $x_1^2 + 4x_2^2 + x_3^2 + 2\lambda x_1x_2 + 10x_1x_3 + 6x_2x_3$;

e) $x_1\overline{x}_1 + ix_1\overline{x}_2 - ix_2\overline{x}_1 + \lambda x_2\overline{x}_2$;

f) $2x_1\overline{x}_1 - (1-i)x_1\overline{x}_3 - (1+i)\overline{x}_1x_3 + 2\lambda x_2\overline{x}_3 + 2\overline{\lambda}\overline{x}_2x_3 + x_2\overline{x}_2 + 5x_3\overline{x}_3$?

38.12. 证明对于任意正定的对称双线性 (Hermite) 函数 f, 不等式
$$\sqrt{f(x+y,x+y)} \leqslant \sqrt{f(x,x)} + \sqrt{f(y,y)}$$
成立, 并且等号出现当且仅当 $\alpha x = \beta y$, 其中 α, β 是非负实数且不全为 0.

38.13. 不运用 Sylvester 判别准则, 证明对于二次函数 $\sum_{i,j=1}^{n} a_{ij}x_ix_j$ 的正定性, 条件 $a_{ii} > 0$ $(i = 1, \cdots, n)$ 是必要的, 但不是充分的.

38.14. 在 λ 的什么值下, 下列二次函数是负定的:

a) $-x_1^2 + \lambda x_2^2 - x_3^2 + 4x_1x_2 + 8x_2x_3$;

b) $\lambda x_1^2 - 2x_2^2 - 3x_3^2 + 2x_1x_2 - 2x_1x_3 + 2x_2x_3$;

c) $\lambda x_1\overline{x}_1 + 3x_2\overline{x}_2 - \mathrm{i}x_1\overline{x}_2 + \mathrm{i}\overline{x}_1x_2$;

d) $4x_1\overline{x}_1 - 2x_2\overline{x}_2 - (\lambda + \mathrm{i})x_1\overline{x}_2 - (\overline{\lambda} - \mathrm{i})\overline{x}_1x_2$?

38.15. 求与下述二次函数伴随的对称双线性 (Hermite) 函数:

a) $x_1^2 + 2x_1x_2 + 2x_2^2 - 6x_1x_3 + 4x_2x_3 - x_3^2$;

b) $x_1x_2 + x_1x_3 + x_2x_3$;

c) $x_1\overline{x}_1 + \mathrm{i}x_1\overline{x}_2 - \mathrm{i}\overline{x}_1x_2 + 2x_2\overline{x}_2$;

d) $(5 - \mathrm{i})x_1\overline{x}_2 + (6 + \mathrm{i})\overline{x}_1x_2 + x_2\overline{x}_2$.

38.16. 求与二次函数 $q(x) = f(x, x)$ 伴随的对称双线性函数, 其中:

a) $f(x, y) = 2x_1y_1 - 3x_1y_2 - 4x_1y_3 + x_2y_1 - 5x_2y_3 + x_3y_3$;

b) $f(x, y) = -x_1y_2 + x_2y_1 - 2x_2y_2 + 3x_2y_3 - x_3y_1 + 2x_3y_3$.

38.17. 下述二次函数在有理数域上是等价的吗:

a) $x_1^2 - 2x_1x_2 + 2x_3^2 + 4x_2x_3 + 5x_3^2$ 和 $x_1^2 - 4x_1x_2 + 2x_1x_3 + 4x_2^2 + x_3^2$;

b) $2x_1^2 + 9x_2^2 + 3x_3^2 + 8x_1x_2 - 4x_1x_3 - 10x_2x_3$ 和 $2x_1^2 + 3x_2^2 + 6x_3^2 - 4x_1x_2 - 4x_1x_3 + 8x_2x_3$?

38.18. 运用 Lagrange 方法求二次函数的正规形

a) $x_1^2 + x_2^2 + 3x_3^2 + 4x_1x_2 + 2x_1x_3 + 2x_2x_3$;

b) $x_1^2 + 2x_2^2 + x_3^2 + 2x_1x_2 + 4x_1x_3 + 2x_2x_3$;

c) $x_1^2 - 3x_3^2 - 2x_1x_2 + 2x_1x_3 - 6x_2x_3$;

d) $x_1x_2 + x_1x_3 + x_1x_4 + x_2x_3 + x_2x_4 + x_3x_4$;

e) $x_1\overline{x}_1 - \mathrm{i}x_1\overline{x}_2 + \mathrm{i}\overline{x}_1x_2 + 2x_2\overline{x}_2$;

f) $(1 - \mathrm{i})x_1\overline{x}_2 + (1 + \mathrm{i})\overline{x}_1x_2 + (1 - 2\mathrm{i})x_1\overline{x}_3 + (1 + 2\mathrm{i})\overline{x}_1x_3 + x_2\overline{x}_3 + \overline{x}_2x_3$;

g) $\sum_{i,j=1}^{n} a_ia_jx_ix_j$, 其中 $a_1, \cdots, a_n$ 不全为 0;

h) $\sum_{i=1}^{n} x_i^2 + \sum_{1\leqslant i<j\leqslant n} x_ix_j$; i) $\sum_{1\leqslant i<j\leqslant n} x_ix_j$; j) $\sum_{i=1}^{n-1} x_ix_{i+1}$;

k) $\sum_{i=1}^{n} (x_i-s)^2, s=(x_1+\cdots+x_n)/n$;

l) $\sum_{1\leqslant i<j\leqslant n} |i-j|x_ix_j$; m) $\sum_{1\leqslant i<j\leqslant n} (i+j)x_ix_j$.

n) $\sum_{1\leqslant i,j\leqslant n} \min(i,j)x_ix_j$; o) $\sum_{1\leqslant i,j\leqslant n} \max(i,j)x_ix_j$.

38.19. 二次函数在复数域上是等价的吗:

a) $x_1^2 - 2x_1x_2 + 2x_1x_3 - 2x_1x_4 + x_2^2 + 2x_2x_3 - 4x_2x_4 + x_3^2 - 2x_4^2$ 和 $x_1^2 + x_1x_2 + x_3x_4$;

b) $x_1^2 + 4x_2^2 + x_3^2 + 4x_1x_2 - 2x_1x_3$ 和 $x_1^2 + 2x_2^2 - x_3^2 + 4x_1x_2 - 2x_1x_3 - 4x_2x_3$?

38.20. 设 q 是实向量空间 V 到域 $\mathbb{R}$ 的一个映射, 使得存在二次函数 a, b 和双线性函数 c, 有

$$q(\lambda x + \mu y) = \lambda^2 a(x) + \lambda\mu c(x,y) + \mu^2 b(y)$$

对于任意 $\lambda, \mu \in \mathbb{R}$ 和 $x, y \in V$. 证明 q 是二次函数.

38.21. 设 $f_1, \cdots, f_{r+s}$ 是线性函数. 证明函数

$$q(x) = |f_1(x)|^2 + \cdots + |f_r(x)|^2 - |f_{r+1}(x)|^2 - \cdots - |f_{r+s}(x)|^2$$

的正惯性指数不超过 r, 并且负惯性指数不超过 s.

38.22. 求正惯性指数和负惯性指数:

a) 空间 $\mathbf{M}_n(\mathbb{R})$ 上的二次函数 $q(x) = \operatorname{tr} x^2$;

b) 空间 $\mathbf{M}_n(\mathbb{C})$ 上的二次函数 $q(x) = \operatorname{tr}(x\overline{x})$.

38.23. 设 f 是维数大于或等于 3 的空间上的非奇异对称双线性 (Hermite) 函数. 证明如果 f 在一个 2 维子空间 U 上是非零函数, 那么存在一个 3 维子空间 $W \supseteq U$, f 在 U 上的限制是非奇异的.

38.24. 设 f 是负惯性指数等于 1 的非奇异对称双线性 (Hermite) 函数, 并且对于某个向量 v 有 $f(v,v) < 0$. 证明 f 到包含 v 的任一子空间上的限制是非奇异的.

38.25. 设 f 是维数大于或等于 3 的空间上的非奇异对称双线性 (Hermite) 函数. 证明任意一个属于 2 维子空间的迷向向量使得 f 在它们中的每一个限制是非奇异的.

§38. 对称双线性函数, Hermite 函数和二次函数

38.26. 证明对于一个非奇异的对称双线性 (Hermite) 函数是极大迷向子空间的维数等于它的正、负惯性指数中的最小者.

38.27. 求在一个有 n 维全迷向子空间的 $2n$ 维向量空间上的非奇异二次函数的正、负惯性指数.

38.28. 设 $2n$ 维空间 V 上的非奇异二次函数 q 在一个 n 维子空间上的限制是零函数. 证明:

a) 存在一个 n 维子空间 U', 使得
$$V = U \oplus U', \quad q(U') = 0;$$

b) 函数 q 在某个基下有形式
$$x_1 x_2 + x_3 x_4 + \cdots + x_{2n-1} x_{2n}.$$

38.29. 证明如果对称矩阵的某个 r 阶主子式不等于 0, 并且它的所有加边 $r+1$、$r+2$ 阶主子式都等于 0, 那么这个矩阵的秩等于 r.

38.30. 证明一个实对称 (复 Hermite) 矩阵 A 能分解成 $A = {}^t C \cdot C$ (分别地, $A = {}^t C \cdot \overline{C}$), 其中 C 是一个方阵, 当且仅当 A 的所有主子式都是非负的.

38.31. 求 n 个变量的对称双线性函数组成的空间的维数.

38.32. 伴随每一个顶点为 $v_1, \cdots, v_n$ 的 (无向) 图 Γ, 二次函数
$$q_\Gamma(x) = \sum_{i,j=1}^n a_{ij} x_i x_j$$

由下式确定
$$a_{ij} = \begin{cases} 2, & \text{当 } i = j, \\ -1, & \text{当 } v_i \text{ 与 } v_j \text{ 通过一条边连接}, \\ 0, & \text{当 } v_i \text{ 与 } v_j \text{ 没有边连接}. \end{cases}$$

考虑图

(图 Γ_n 的顶点的个数等于 n, 图 $\widetilde{\Gamma}_n$ 的顶点个数等于 $n+1$).

证明对于图 Γ_n 函数 q_Γ 是正定的, 并且对于图 $\widetilde{\Gamma}_n$ 函数 q_Γ 是半正定的, 即对一切 x 都有 $q_\Gamma(x) \geqslant 0$.

38.33. 设 q 是任一域 F 上的空间 V 上的非奇异二次函数. 证明如果存在一个非零向量 $x \in V$ 使得 $q(x) = 0$, 那么映射 $q : V \to F$ 是满射.

38.34. 设 $f(x,y)$ 是非负定的 Hermite 函数, 并且对于某个 $z \neq 0$ 有 $f(z,z) = 0$. 证明对所有 t 有 $f(z,t) = 0$.

38.35. 设 $f(x,y)$ 是正定的 Hermite 函数, 并且对于某对 $x, y \neq 0$ 有 $f(x,x) = f(y,y) = 1$. 证明 $|f(x,y)| \leqslant 1$.

第九章 线性变换

§39. 线性变换的定义. 像, 核, 线性变换的矩阵

39.1. 哪些映射是含适当的向量空间上的线性变换:

a) $x \mapsto a$ (a 是一个固定的向量);
b) $x \mapsto x + a$ (a 是一个固定的向量);
c) $x \mapsto \alpha x$ (α 是一个固定的纯量);
d) $x \mapsto (x, a)b$ (V 是 Euclid 空间, a, b 是固定的向量);
e) $x \mapsto (a, x)x$ (V 是 Euclid 空间, a 是一个固定的向量);
f) $f(x) \mapsto f(ax + b)$ ($f \in \mathbb{R}[x]_n; a, b$ 是固定的数);
g) $f(x) \mapsto f(x+1) - f(x)$ ($f \in \mathbb{R}[x]_n$);
h) $f(x) \mapsto f^{(k)}(x)$ ($f \in \mathbb{R}[x]_n$);
i) $(x_1, x_2, x_3) \mapsto (x_1 + 2, x_2 + 5, x_3)$;
j) $(x_1, x_2, x_3) \mapsto (x_1 + 3x_3, x_2^3, x_1 + x_3)$;
k) $(x_1, x_2, x_3) \mapsto (x_1, x_2, x_1 + x_2 + x_3)$?

39.2. 证明线性变换把线性相关的向量组映到线性相关的向量组.

39.3. 证明 n 维空间上对于任一线性无关的向量组 $a_1, \cdots, a_n$ 和任意一个向量组 $b_1, \cdots, b_n$, 存在唯一的线性变换把 a_i 映到 b_i ($i = 1, \cdots, n$).

39.4. 证明 1 维向量空间上的任一线性变换是形如 $x \mapsto \alpha x$ 的, 其中 α 是纯量.

39.5. 求习题 39.1 中的线性变换的像和核.

39.6. 证明微分变换：

a) 在次数 $\leqslant n$ 的多项式组成的空间上是奇异的;

b) 在具有基 $(\cos t, \sin t)$ 的函数空间上是非奇异的.

39.7. 证明向量空间的任一子空间是:

a) 某个线性变换的核;

b) 某个线性变换的像.

39.8. 证明如果秩为 1 的两个线性变换有相同的核和像, 那么它们是可交换的.

39.9. 设 $\mathcal{A}$ 是空间 V 的真子空间 L 上的 F-线性变换. 证明如果域 F 是无限的, 那么存在 V 上的无穷多个线性变换, 它们到 L 的限制与 $\mathcal{A}$ 一致.

39.10. 设 $\mathcal{A}$ 是空间 V 上的线性变换, L 是 V 的子空间. 证明:

a) 像 $\mathcal{A}(L)$ 和原像 $\mathcal{A}^{-1}(L)$ 都是 V 的子空间;

b) 如果 $\mathcal{A}$ 是非奇异的并且 V 是有限维的, 那么

$$\dim \mathcal{A}(L) = \dim \mathcal{A}^{-1}(L) = \dim L.$$

39.11. 设 $\mathcal{A}$ 是空间 V 上的线性变换, L 是 V 的子空间, 并且 $L \cap \operatorname{Ker} \mathcal{A} = 0$. 证明 L 中任一线性无关的向量组被 $\mathcal{A}$ 映成线性无关的向量组.

39.12. 证明关于线性变换 $\mathcal{A}, \mathcal{B}, \mathcal{C}$ 的 Frobenius 不等式

$$\operatorname{rk}(\mathcal{B}\mathcal{A}) + \operatorname{rk}(\mathcal{A}\mathcal{C}) \leqslant \operatorname{rk}\mathcal{A} + \operatorname{rk}(\mathcal{B}\mathcal{A}\mathcal{C}).$$

39.13. 一个线性变换 $\mathcal{A}$ 如果满足 $\operatorname{rk}(\mathcal{A} - \mathcal{E}) = 1$, 那么称 $\mathcal{A}$ 为**伪反射**.

证明 n 维空间上的任一线性变换是至多 n 个伪反射的乘积, 其中 $n \geqslant 2$.

39.14. 证明对于 n 维空间上的一个线性变换 $\mathcal{A}$, 使得 $\mathcal{A}\mathcal{X} = 0$ 的线性变换 $\mathcal{X}$ 的集合是一个向量空间. 求它的维数.

39.15. 求线性变换在指定基下的矩阵:

a) 空间 $\mathbb{R}^3$ 上的变换:

$$(x_1, x_2, x_3) \mapsto (x_1, x_1 + 2x_2, x_2 + 3x_3),$$

$\mathbb{R}^3$ 的一个基是由单位向量组成的;

b) 平面上转角为 α 的旋转, 平面上取一个标准正交基;

c) 3 维空间绕一条直线的转角为 $2\pi/3$ 的旋转, 这条直线在直角坐标系中的方程为 $x_1 = x_2 = x_3$, 坐标轴上的单位向量组成空间的一个基;

d) 具有基 (e_1, e_2, e_3) 的 3 维空间在向量 e_2 的轴 (平行于向量 e_1 和 e_3 构成的坐标平面) 上的投影;

e) 具有标准正交基 (e_1, e_2, e_3) 的 Euclid 空间上的变换: $x \mapsto (x, a)a$, 其中 $a = e_1 - 2e_3$;

f) 空间 $\mathbf{M}_2(\mathbb{R})$ 上的变换: $X \mapsto \begin{pmatrix} a & b \\ c & d \end{pmatrix} X$, 基由矩阵单位组成;

g) 空间 $\mathbf{M}_2(\mathbb{R})$ 上的变换: $X \mapsto X \begin{pmatrix} a & b \\ c & d \end{pmatrix}$, 基由矩阵单位组成;

h) 空间 $\mathbf{M}_2(\mathbb{R})$ 上的变换: $X \mapsto {}^t X$, 基由矩阵单位组成;

i) 空间 $\mathbf{M}_2(\mathbb{R})$ 上的变换: $X \mapsto AXB$ (A, B 是 $\mathbf{M}_2(\mathbb{R})$ 中的固定矩阵), 基由矩阵单位组成;

j) 空间 $\mathbf{M}_2(\mathbb{R})$ 上的变换: $X \mapsto AX + XB$ (A, B 是 $\mathbf{M}_2(\mathbb{R})$ 中的固定矩阵), 基由矩阵单位组成;

k) 空间 $\mathbb{R}[x]_n$ 上的微分, 基为 $(1, x, \cdots, x^n)$;

l) 空间 $\mathbb{R}[x]_n$ 上的微分, 基为 $(x^n, x^{n-1}, \cdots, 1)$;

m) 空间 $\mathbb{R}[x]_n$ 上的微分, 基为

$$\left(1, x-1, \frac{(x-1)^2}{2}, \cdots, \frac{(x-1)^n}{n!}\right).$$

39.16. 证明空间 $\mathbb{R}^3$ 有唯一的线性变换把向量 $(1,1,1), (0,1,0), (1,0,2)$ 分别映成向量 $(1,1,1), (0,1,0), (1,0,1)$. 求出它在单位向量组成的基下的矩阵.

39.17. 设向量空间 V 是子空间 L_1 和 L_2 的直和, L_1 和 L_2 的基分别是 $(a_1, \cdots, a_k)$ 和 $(a_{k+1}, \cdots, a_n)$. 证明平行于 L_2 在 L_1 上的投影是线性变换, 并且求它在基 $(a_1, \cdots, a_n)$ 下的矩阵.

39.18. 求具有基 $(a_1, \cdots, a_k, a_{k+1}, \cdots, a_n)$ 的 n 维空间上的线性变换的矩阵的一般形式, 它把所给的线性无关的向量 $a_1, \cdots, a_k$ ($k < n$) 映到给定的向量 $b_1, \cdots, b_k$.

39.19. 设空间 V 上的线性变换在基 $(e_1, \cdots, e_4)$ 下的矩阵为

$$\begin{pmatrix} 0 & 1 & 2 & 3 \\ 5 & 4 & 0 & -1 \\ 3 & 2 & 0 & 3 \\ 6 & 1 & -1 & 7 \end{pmatrix}.$$

求这个变换在下列基下的矩阵:

a) (e_2, e_1, e_3, e_4);

b) $(e_1, e_1+e_2, e_1+e_2+e_3, e_1+e_2+e_3+e_4)$.

39.20. 设空间 $\mathbb{R}[x]_2$ 上的线性变换在基 $(1, x, x^2)$ 下的矩阵为

$$\begin{pmatrix} 0 & 0 & 1 \\ 0 & 1 & 0 \\ 1 & 0 & 0 \end{pmatrix}.$$

求它在基 $(3x^2+2x+1, x^2+3x+2, 2x^2+x+3)$ 下的矩阵.

39.21. 设空间 $\mathbb{R}^3$ 上的线性变换在基

$$((8, -6, 7), (-16, 7, -13), (9, -3, 7))$$

下的矩阵为

$$\begin{pmatrix} 1 & -18 & 15 \\ -1 & -22 & 20 \\ 1 & -25 & 22 \end{pmatrix}.$$

求它在基 $((1, -2, 1), (3, -1, 2), (2, 1, 2))$ 下的矩阵.

39.22. 设 n 维向量空间 V 上的线性变换 $\mathcal{A}$ 把线性无关的向量 $a_1, \cdots, a_n$ 映到向量 $b_1, \cdots, b_n$. 证明 $\mathcal{A}$ 在某个基 $e = (e_1, \cdots, e_n)$ 下的矩阵等于 BA^{-1}, 其中矩阵 A 和 B 的列由所给的向量在基 e 下的坐标组成.

39.23. 求线性变换 $\mathcal{A}$ 在指定基下的矩阵的一般形式, 这个基的前 k 个向量形成:

a) $\mathcal{A}$ 的核的一个基;

b) $\mathcal{A}$ 的像的一个基.

39.24. 证明如果 $f(t) = f_1(t)f_2(t)$ 是多项式 $f(t)$ 分解成互素多项式的分解式, 并且线性变换 $\mathcal{A}$ 满足条件 $f(\mathcal{A}) = 0$, 那么 $\mathcal{A}$ 在某个基下的矩阵有形式

$$\begin{pmatrix} A_1 & 0 \\ 0 & A_2 \end{pmatrix},$$

其中 $f_1(A_1) = 0, f_2(A_2) = 0$.

§40. 特征向量, 不变子空间, 根子空间

40.1. 求下述线性变换的特征向量和特征值:

a) 空间 $\mathbb{R}[x]_n$ 上的微分变换;

b) 空间 $\mathbf{M}_n(\mathbb{R})$ 上的变换 $X \mapsto {}^t X$;

c) 空间 $\mathbb{R}[x]_n$ 上的变换 $x\dfrac{d}{dx}$;

d) 空间 $\mathbb{R}[x]_n$ 上的变换 $\dfrac{1}{x}\displaystyle\int_0^x f(t)dt$;

e) 线性生成的子空间 $\langle 1, \cos x, \sin x, \cdots, \cos mx, \sin mx \rangle$ 上的变换 $f \mapsto \dfrac{d^n f}{dx^n}$;

f) 线性生成的子空间 $\langle 1, \cos x, \sin x, \cdots, \cos mx, \sin mx \rangle$ 上的变换 $f \mapsto \displaystyle\int_{-x}^x f(t)dt$.

40.2. 证明空间 $\mathbb{R}[x]_n$ 上的线性变换 $f \mapsto f(ax+b)$ 有特征值 $1, a, \cdots, a^n$.

40.3. 证明线性变换 $\mathcal{A}$ 的属于特征值 λ 的特征向量是变换 $f(\mathcal{A})$ 的属于特征值 $f(\lambda)$ 的特征向量, 其中 $f(t)$ 是一个多项式.

40.4. 证明如果变换 $\mathcal{A}$ 是非奇异的, 那么变换 $\mathcal{A}$ 与 $\mathcal{A}^{-1}$ 有相同的特征向量.

40.5. 证明空间的所有非零向量是线性变换 $\mathcal{A}$ 的特征向量当且仅当 $\mathcal{A}$ 是一个位似 $x \mapsto \alpha x$, 其中 α 是某个固定的纯量.

40.6. 证明如果 n 维空间上的线性变换 $\mathcal{A}$ 有 n 个不同的特征值, 那么对于与 $\mathcal{A}$ 可交换的任意一个线性变换 $\mathcal{B}$, 空间有一个由 $\mathcal{B}$ 的特征向量组成的基.

40.7. 证明由变换 $\mathcal{A}$ 的属于特征值 λ 的所有特征向量和零向量组成的子空间 $V_\lambda(\mathcal{A})$ 是与 $\mathcal{A}$ 可交换的任一线性变换 $\mathcal{B}$ 的不变子空间.

40.8. 证明有限维复空间上的任意一个由可交换的线性变换组成的集合 (有可能是无限集):

a) 存在一个公共特征向量;

b) 存在一个基使得所有这些变换的矩阵是上三角矩阵.

40.9. 证明如果变换 $\mathcal{A}^2$ 有一个特征值 λ^2, 那么 λ 或 $-\lambda$ 是 $\mathcal{A}$ 的一个特征值.

40.10. 证明:

a) 多项式
$$|A - \lambda E| = (-\lambda)^n + c_1(-\lambda)^{n-1} + \cdots + c_n$$

的系数 $c_1, \cdots, c_n$ 是矩阵 A 的对应阶数的主子式的和;

b) 矩阵 A 的特征值的和与积分别等于它的迹和它的行列式.

40.11. 证明首项系数为 $(-1)^n$ 的任一 n 次多项式是某个 n 阶矩阵的特征多项式.

40.12. 证明如果 A 和 B 是同阶方阵, 那么矩阵 AB 与 BA 有相同的特征多项式.

40.13. 求矩阵 ${}^t A \cdot A$ 的特征值, 其中 A 是行 $(a_1, \cdots, a_n)$.

40.14. 证明一个矩阵的所有特征值都不是 0 当且仅当这个矩阵是非奇异的.

40.15. 求在某个基下由矩阵给出的线性变换的特征值和特征向量:

a) $\begin{pmatrix} 2 & -1 & 2 \\ 5 & -3 & 3 \\ -1 & 0 & -2 \end{pmatrix}$;   b) $\begin{pmatrix} 0 & 1 & 0 \\ -4 & 4 & 0 \\ -2 & 1 & 2 \end{pmatrix}$;

c) $\begin{pmatrix} 4 & -5 & 2 \\ 5 & -7 & 3 \\ 6 & -9 & 4 \end{pmatrix}$;   d) $\begin{pmatrix} 7 & -12 & 6 \\ 10 & -19 & 10 \\ 12 & -24 & 13 \end{pmatrix}$;

e) $\begin{pmatrix} 4 & -5 & 7 \\ 1 & -4 & 9 \\ -4 & 0 & 5 \end{pmatrix}$;   f) $\begin{pmatrix} 3 & -1 & 0 & 0 \\ 1 & 1 & 0 & 0 \\ 3 & 0 & 5 & -3 \\ 4 & -1 & 3 & -1 \end{pmatrix}$.

40.16. 判断下列矩阵能否通过在域 $\mathbb{R}$ 和域 $\mathbb{C}$ 上做基变换化简到对角矩阵:

a) $\begin{pmatrix} -1 & 3 & -1 \\ -3 & 5 & -1 \\ -3 & 3 & 1 \end{pmatrix}$;   b) $\begin{pmatrix} 4 & 7 & -5 \\ -4 & 5 & 0 \\ 1 & 9 & -4 \end{pmatrix}$;

c) $\begin{pmatrix} 4 & 2 & -5 \\ 6 & 4 & -9 \\ 5 & 3 & -7 \end{pmatrix}$;   d) $\begin{pmatrix} 1 & 1 & 1 & 1 \\ 1 & 1 & -1 & -1 \\ 1 & -1 & 1 & -1 \\ 1 & -1 & -1 & 1 \end{pmatrix}$.

求这个基和相应的对角矩阵.

40.17. 给定一个矩阵次对角线上的元素为 $\alpha_1, \cdots, \alpha_n$, 其余元素全为 0. 在什么条件下这个矩阵相似于对角矩阵?

40.18. 给定一个 n 阶矩阵 A, 它的次对角线上的元素都等于 1, 并且其余元素全为 0, 求一个矩阵 T 使得 $B = T^{-1}AT$ 是对角矩阵. 计算矩阵 B.

40.19. 证明线性变换 $\mathcal{A}$ 的属于特征值 λ 的线性无关特征向量的数目小于或等于 λ 作为 $\mathcal{A}$ 的特征多项式根的重数.

40.20. 设 $\lambda_1, \cdots, \lambda_n$ 是 n 维复空间上的线性变换 $\mathcal{A}$ 的特征值. 求 $\mathcal{A}$ 作为对应的 $2n$ 维实空间上的变换的特征值.

40.21. 设 $\lambda_1, \cdots, \lambda_n$ 是矩阵 A 的特征多项式的根. 求下述线性变换的特征值:

a) 空间 $\mathbf{M}_n(\mathbb{R})$ 上的线性变换 $X \mapsto AX^tA$;

b) 空间 $\mathbf{M}_n(\mathbb{R})$ 上的线性变换 $X \mapsto AXA^{-1}$ (矩阵 A 是非奇异的).

40.22. 求空间 $\mathbb{R}[x]_n$ 上的微分变换的所有不变子空间.

40.23. 证明线性变换 $\mathcal{A}$ 的任一特征向量组生成的线性子空间是 $\mathcal{A}$ 的不变子空间.

40.24. 证明:

a) 线性变换 $\mathcal{A}$ 的核和像是 $\mathcal{A}$ 的不变子空间;

b) 任一包含变换 $\mathcal{A}$ 的像的子空间是 $\mathcal{A}$ 的不变子空间;

c) 如果子空间 L 是 $\mathcal{A}$ 的不变子空间, 那么 $\mathcal{A}(L)$ 和 $\mathcal{A}^{-1}(L)$ 是 $\mathcal{A}$ 的不变子空间;

d) 如果线性变换 $\mathcal{A}$ 是非奇异的, 那么 $\mathcal{A}$ 的任一不变子空间是 $\mathcal{A}^{-1}$ 的不变子空间.

40.25. 证明 n 维复空间上的任一线性变换有一个 $n-1$ 维不变子空间.

40.26. 设域 K 上的向量空间的一个线性变换在某个基下的矩阵为

$$\begin{pmatrix} a_1 & 1 & 0 & \cdots & 0 \\ a_2 & 0 & 1 & \cdots & 0 \\ \cdots\cdots\cdots\cdots\cdots\cdots \\ a_{n-1} & 0 & 0 & \cdots & 1 \\ a_n & 0 & 0 & \cdots & 0 \end{pmatrix},$$

其中多项式 $x^n - a_1 x^{n-1} - \cdots - a_{n-1}x - a_n$ 是在 K 上不可约的. 证明这个变换没有非平凡的不变子空间.

40.27. 设 n 维空间上的一个线性变换 $\mathcal{A}$ 在某个基下的矩阵是主对角元两两不同的对角矩阵. 求 $\mathcal{A}$ 的所有不变子空间.

40.28. 求在某个基 $\{e_1, \cdots, e_n\}$ 下的矩阵是由 Jordan 块组成的线性变换的所有不变子空间.

40.29. 求 3 维向量空间 V 上的一个线性变换 $\mathcal{A}$ 的所有不变子空间, $\mathcal{A}$ 在 V 的某个基下的矩阵为

$$\begin{pmatrix} 4 & -2 & 2 \\ 2 & 0 & 2 \\ -1 & 1 & 1 \end{pmatrix}.$$

40.30. 求 3 维向量空间 V 中在两个线性变换 $\mathcal{A}, \mathcal{B}$ 下都不变的所有子空

间, $\mathcal{A}, \mathcal{B}$ 在 V 的某个基下的矩阵 A, B 分别为

$$A = \begin{pmatrix} 5 & -1 & -1 \\ -1 & 5 & -1 \\ -1 & -1 & 5 \end{pmatrix}, \quad B = \begin{pmatrix} -6 & 2 & 3 \\ 2 & -3 & 6 \\ 3 & 6 & 2 \end{pmatrix}.$$

40.31. 求在 $\mathbb{R}[x]_n$ 和 $\mathbb{C}[x]_n$ 中下述变换的所有不变子空间:

a) $\mathcal{A}(f) = x\dfrac{df}{dx}$; b) $\mathcal{A}(f) = \dfrac{1}{x}\displaystyle\int_0^x f(t)dt$.

40.32. 求在由函数生成的线性子空间

$$\langle \cos x, \sin x, \cdots, \cos nx, \sin nx \rangle$$

中下述变换的所有不变子空间:

a) $\mathcal{A}(f) = \dfrac{df}{dx}$; b) $\mathcal{A}(f) = \displaystyle\int_{-x}^x f(t)dt$.

40.33. 设 $\mathcal{A}, \mathcal{B}$ 是域 $\mathbb{C}$ 中有限维线性空间 V 上的线性变换, 使得 $\mathcal{A}^2 = \mathcal{B}^2 = \mathcal{E}$. 证明存在 V 的一个 1 维子空间或者 2 维子空间, 它在 $\mathcal{A}$ 和 $\mathcal{B}$ 下都不变.

40.34. 证明仅有一条直线在线性变换 $\mathcal{A}$ 下不变的复向量空间不能分解成 $\mathcal{A}$ 的非零不变子空间的直和.

40.35. 求在某个基下由矩阵给出的线性变换的特征值和根子空间.

a) $\begin{pmatrix} 4 & -5 & 2 \\ 5 & -7 & 3 \\ 6 & -9 & 4 \end{pmatrix}$; b) $\begin{pmatrix} 1 & -3 & 4 \\ 4 & -7 & 8 \\ 6 & -7 & 7 \end{pmatrix}$;

c) $\begin{pmatrix} 2 & 6 & -15 \\ 1 & 1 & -5 \\ 1 & 2 & -6 \end{pmatrix}$; d) $\begin{pmatrix} 0 & -2 & 3 & 2 \\ 1 & 1 & -1 & -1 \\ 0 & 0 & 2 & 0 \\ 1 & -1 & 0 & 1 \end{pmatrix}$.

40.36. 证明复向量空间上的一个线性变换在某个基下的矩阵是对角矩阵当且仅当它的所有根向量都是特征向量.

40.37. 证明如果复向量空间上的一个线性变换在某个基下的矩阵是对角矩阵, 那么它在任一不变子空间 L 上的限制在 L 的某个基下的矩阵也是对角矩阵.

40.38. 证明线性变换 $\mathcal{A}$ 的任一根子空间是与 $\mathcal{A}$ 可交换的任一线性变换 $\mathcal{B}$ 的不变子空间.

40.39. 证明如果线性变换 $\mathcal{A}$ 的矩阵能化简成 Jordan 形, 那么 $\mathcal{A}$ 的任一不变子空间 L 是 L 与 $\mathcal{A}$ 的根子空间的交的直和.

* * *

40.40. 设 $A \in \mathbf{M}_n(\mathbb{C})$. 考虑空间 $\mathbf{M}_{n \times m}(\mathbb{C})$ 上的一个变换 L_A, 其中 $L_A(X) = AX$. 求 L_A 的特征值. 当 A 是上三角矩阵时, 求 L_A 的根子空间.

40.41. 设 $A \in \mathbf{M}_n(\mathbb{C}), B \in \mathbf{M}_m(\mathbb{C})$, 并且 A, B 没有公共的特征值. 证明:
a) 如果 X 是 $n \times m$ 矩阵且 $AX - XB = 0$, 那么 $X = 0$;
b) 方程 $AX - XB = C$ 有唯一解, 其中 X, C 都是 $n \times m$ 矩阵.

40.42. 设 $\mathcal{A}$ 是有限维复向量空间 V 上的一个线性变换. 证明存在 V 的一个基使得 $\mathcal{A}$ 在此基下的矩阵是上三角矩阵.

40.43. 设 $\mathcal{A}$ 是有限维实空间 V 上的一个线性变换. 证明存在 V 的一个基使得 $\mathcal{A}$ 在此基下的矩阵是分块上三角矩阵.

$$\begin{pmatrix} \boxed{A_1} & & & * \\ & \boxed{A_2} & & \\ & & \ddots & \\ 0 & & & \boxed{A_n} \end{pmatrix},$$

其中 $A_1, \cdots, A_n$ 是至多 2 阶的方阵.

40.44. 设 $\mathcal{A}, \mathcal{B}$ 是有限维复向量空间上的线性变换, 并且设 $\mathcal{AB} - \mathcal{BA}$ 的秩不超过 1. 证明 $\mathcal{A}$ 与 $\mathcal{B}$ 有公共的特征向量.

§41. Jordan 标准形及其应用. 最小多项式

41.1. 求下列矩阵的 Jordan 形:

a) $\begin{pmatrix} 1 & -3 & 4 \\ 4 & -7 & 8 \\ 6 & -7 & 7 \end{pmatrix}$;   b) $\begin{pmatrix} 4 & -5 & 7 \\ 1 & -4 & 9 \\ -4 & 0 & 5 \end{pmatrix}$;   c) $\begin{pmatrix} 4 & 6 & 0 \\ -3 & -5 & 0 \\ -3 & -6 & 1 \end{pmatrix}$;

d) $\begin{pmatrix} 3 & 0 & 8 \\ 3 & -1 & 6 \\ -2 & 0 & -5 \end{pmatrix}$;   e) $\begin{pmatrix} -2 & 8 & 6 \\ -4 & 10 & 6 \\ 4 & -8 & -4 \end{pmatrix}$;   f) $\begin{pmatrix} 1 & -3 & 0 & 3 \\ -2 & -6 & 0 & 13 \\ 0 & -3 & 1 & 3 \\ -1 & -4 & 0 & 8 \end{pmatrix}$;

g) $\begin{pmatrix} 3 & -1 & 1 & -7 \\ 9 & -3 & -7 & -1 \\ 0 & 0 & 4 & -8 \\ 0 & 0 & 2 & -4 \end{pmatrix}$;   h) $\begin{pmatrix} 1 & -1 & 0 & 0 & \cdots & 0 & 0 \\ 0 & 1 & -1 & 0 & \cdots & 0 & 0 \\ 0 & 0 & 1 & -1 & \cdots & 0 & 0 \\ \multicolumn{7}{c}{\cdots\cdots\cdots\cdots\cdots\cdots\cdots\cdots} \\ 0 & 0 & 0 & 0 & \cdots & 1 & -1 \\ 0 & 0 & 0 & 0 & \cdots & 0 & 1 \end{pmatrix}$;

i) $\begin{pmatrix} 1 & 1 & 1 & \cdots & 1 \\ 0 & 1 & 1 & \cdots & 1 \\ \multicolumn{5}{c}{\cdots\cdots\cdots\cdots} \\ 0 & 0 & 0 & \cdots & 1 \end{pmatrix}$;   j) $\begin{pmatrix} n & m-1 & n-2 & \cdots & 1 \\ 0 & n & n-1 & \cdots & 2 \\ 0 & 0 & n & \cdots & 3 \\ \multicolumn{5}{c}{\cdots\cdots\cdots\cdots\cdots} \\ 0 & 0 & 0 & \cdots & n \end{pmatrix}$;

k) $\begin{pmatrix} 1 & 0 & 0 & \cdots & 0 \\ 1 & 2 & 0 & \cdots & 0 \\ 1 & 2 & 3 & \cdots & 0 \\ \multicolumn{5}{c}{\cdots\cdots\cdots\cdots} \\ 1 & 2 & 3 & \cdots & n \end{pmatrix}$;   l) $\begin{pmatrix} 0 & 1 & 0 & 0 & \cdots & 0 \\ 0 & 0 & 1 & 0 & \cdots & 0 \\ 0 & 0 & 0 & 1 & \cdots & 0 \\ \multicolumn{6}{c}{\cdots\cdots\cdots\cdots\cdots} \\ 0 & 0 & 0 & 0 & \cdots & 1 \\ 1 & 0 & 0 & 0 & \cdots & 0 \end{pmatrix}$;

m) $\begin{pmatrix} \alpha & a_{12} & a_{13} & \cdots & a_{1n} \\ 0 & \alpha & a_{23} & \cdots & a_{2n} \\ 0 & 0 & \alpha & \cdots & a_{3n} \\ \multicolumn{5}{c}{\cdots\cdots\cdots\cdots\cdots} \\ 0 & 0 & 0 & \cdots & \alpha \end{pmatrix}$, 其中 $a_{12}, a_{23}, \cdots, a_{n-1,n} \neq 0$.

41.2. 证明矩阵 $A + \alpha E$ 的 Jordan 形等于 $A_j + \alpha E$, 其中 A_j 是矩阵 A 的 Jordan 形.

41.3. 设 A 是主对角线上都是元素 α 的一个 n 阶 Jordan 块.

a) 求矩阵 $f(A)$, 其中 $f(x)$ 是一个多项式;

b) 求矩阵 A^2 的 Jordan 形.

41.4. 求下述矩阵的 Jordan 形:

$$\begin{pmatrix} \alpha & 0 & 1 & 0 & \cdots & 0 & 0 \\ 0 & \alpha & 0 & 1 & \cdots & 0 & 0 \\ 0 & 0 & \alpha & 0 & \cdots & 0 & 0 \\ 0 & 0 & 0 & \alpha & \cdots & 0 & 0 \\ \multicolumn{7}{c}{\cdots\cdots\cdots\cdots\cdots\cdots\cdots} \\ 0 & 0 & 0 & 0 & \cdots & \alpha & 0 \\ 0 & 0 & 0 & 0 & \cdots & 0 & \alpha \end{pmatrix}.$$

41.5. 如果矩阵 A 有 Jordan 形 A_j, 求下述矩阵的 Jordan 形:

a) A^2;

b) A^{-1} (A 是一个非奇异矩阵).

41.6. 求下述矩阵 A 的 Jordan 形, 并且指出对应的线性变换 $\mathcal{A}$ 的几何意义:

a) $A^2 = E$;   b) $A^2 = A$.

41.7. 证明任一周期复矩阵相似于一个对角矩阵. 求这个对角矩阵的形式.

41.8. 证明一个矩阵是幂零的当且仅当它的所有特征值等于 0.

41.9. 证明复向量空间上的秩为 1 的任一线性变换 $\mathcal{A}$, 存在一个复数 k 使得 $\mathcal{A}^2 = k\mathcal{A}$.

41.10. 设线性变换 $\mathcal{A}$ 在基 $(e_1, \cdots, e_n)$ 下的矩阵为下述矩阵, 求一个基 $(f_1, \cdots, f_n)$ 使得 $\mathcal{A}$ 在此基下的矩阵为 Jordan 形:

a) $\begin{pmatrix} 3 & 2 & -3 \\ 4 & 10 & -12 \\ 3 & 6 & -7 \end{pmatrix}$;   b) $\begin{pmatrix} 1 & 1 & -1 \\ -3 & -3 & 3 \\ -2 & -2 & 2 \end{pmatrix}$;

c) $\begin{pmatrix} 0 & 1 & -1 & 1 \\ -1 & 2 & -1 & 1 \\ -1 & 1 & 1 & 0 \\ -1 & 1 & 0 & 1 \end{pmatrix}$;   d) $\begin{pmatrix} 6 & -9 & 5 & 4 \\ 7 & -13 & 8 & 7 \\ 8 & -17 & 11 & 8 \\ 1 & -2 & 1 & 3 \end{pmatrix}$.

41.11. 求复向量空间上仅有一条不变直线的线性变换的矩阵的 Jordan 形.

41.12. 证明线性变换 $\mathcal{A}$ 的属于特征值 λ 的线性无关特征向量的最大数目等于 $\mathcal{A}$ 的矩阵的 Jordan 形中主对角元为 λ 的块数目.

41.13. 证明 n 维复向量空间上与给定线性变换 $\mathcal{A}$ 可交换的线性变换组成的集合是维数 $\geqslant n$ 的一个向量空间.

41.14. 证明如果复向量空间上的一个线性变换 $\mathcal{B}$ 与跟线性变换 $\mathcal{A}$ 可交换的任一线性变换可交换, 那么 $\mathcal{B}$ 是 $\mathcal{A}$ 的一个多项式.

41.15. 证明如果矩阵 A 与 B 满足关系 $AB - BA = B$, 那么矩阵 B 是幂零的.

41.16. 变换 $\mathcal{A}: f(x, y) \mapsto f(x+1, y+1)$ 作用在 x 和 y 的次数都至多为 2 的复系数多项式组成的空间上. 求 $\mathcal{A}$ 的 Jordan 形.

41.17. 变换 $\mathcal{A} = \dfrac{\partial}{\partial x} + \dfrac{\partial}{\partial y}$ 作用在次数至多为 n 的复系数多项式组成的空间上. 求 $\mathcal{A}$ 的 Jordan 形.

41.18. 证明任一矩阵与它的转置相似.

41.19. 考虑空间 $\mathbf{M}_2(\mathbb{C})$ 上的线性变换 $L_A(X) = AX$, 其中 $X \in \mathbf{M}_2(\mathbb{C})$ 并

且 A 是 $\mathbf{M}_2(\mathbb{C})$ 中的一个固定矩阵. 用 A 的 Jordan 形求 L_A 的 Jordan 形.

41.20. 证明对于任一非奇异的复方阵 A 和任一正整数 k, 方程 $X^k = A$ 有解.

41.21. 解方程:

a) $X^2 = \begin{pmatrix} 3 & 1 \\ -1 & 5 \end{pmatrix}$;   b) $X^2 = \begin{pmatrix} 6 & 2 \\ 3 & 7 \end{pmatrix}$.

41.22. 用 Jordan 形和习题 17.7—17.9 计算:

a) $\begin{pmatrix} 1 & 1 \\ -1 & 3 \end{pmatrix}^{50}$;   b) $\begin{pmatrix} 7 & -4 \\ 14 & -8 \end{pmatrix}^{64}$.

41.23. 求主对角线上的元素两两不同的对角矩阵的最小多项式.

41.24. 求主对角元为数 α 的 n 阶 Jordan 块的最小多项式.

41.25. 证明分块对角矩阵的最小多项式等于其块的最小多项式的最小公倍式.

41.26. 求下列变换的最小多项式:

a) 恒等变换;

b) 零变换;

c) n 维空间 V 在它的 k 维子空间 L ($0 < k < n$) 上的投影变换;

d) 反射变换;

e) 指数为 k 的幂零变换;

f) 习题 40.31, a) 中的变换;

g) 习题 40.31, b) 中的变换;

h) 习题 40.32, a) 中的变换;

i) 习题 40.32, b) 中的变换;

j) 习题 40.40 中的变换 L_A;

k) 习题 41.16 中的变换 $\mathcal{A}$.

41.27. 求下述矩阵的最小多项式:

a) $\begin{pmatrix} 3 & -1 & -1 \\ 0 & 2 & 0 \\ 1 & 1 & 1 \end{pmatrix}$;   b) $\begin{pmatrix} 4 & -2 & 2 \\ -5 & 7 & -5 \\ -6 & 6 & -4 \end{pmatrix}$.

41.28. 设空间 V 上的一个线性变换 $\mathcal{A}$ 在基 (e_1, e_2, e_3) 下的矩阵为

$$\begin{pmatrix} 1 & 0 & 0 \\ 1 & 2 & 1 \\ -1 & 0 & 1 \end{pmatrix}.$$

求 $\mathcal{A}$ 的最小多项式 $g(t)$, 并且按照最小多项式到互素因式的分解把空间 V 分

解成不变子空间的直和.

41.29. 证明秩为 1 的 n (≥ 2) 阶矩阵的最小多项式的次数为 2.

41.30. 复向量空间上的一个线性变换 $\mathcal{A}$ 如果满足 $\mathcal{A}^3 = \mathcal{A}^2$, 那么关于 $\mathcal{A}$ 的矩阵的 Jordan 形能说些什么?

41.31. 证明一个矩阵的最小多项式的某个方幂能被其特征多项式整除.

41.32. 证明两个矩阵有相同的特征多项式和最小多项式是它们相似的必要条件, 但不是充分条件.

41.33. 证明如果一个线性变换 $\mathcal{A}$ 的最小多项式的次数等于整个空间的维数, 那么任一与 $\mathcal{A}$ 可交换的线性变换是 $\mathcal{A}$ 的一个多项式.

41.34. 一个线性变换称为是半单的, 如果它的任一不变子空间有不变补空间. 证明:

a) 半单变换到一个不变子空间的限制也是半单变换;

b) 一个线性变换是半单的当且仅当这个空间是最小不变子空间的直和;

c) 一个线性变换 $\mathcal{A}$ 在全空间上是半单的, 如果存在这个空间到 $\mathcal{A}$ 的不变子空间的直和分解, 使得 $\mathcal{A}$ 在它们中的每个子空间上的限制是半单的.

41.35. 证明如果空间 V 上的一个线性变换 $\mathcal{A}$ 的最小多项式是互素多项式 $g_1(x)$ 和 $g_2(x)$ 的乘积, 那么 V 能够分解成两个不变子空间的直和, 使得 $\mathcal{A}$ 到这些子空间上的限制分别有最小多项式 $g_1(x)$ 和 $g_2(x)$.

41.36. 证明对于任一线性变换 $\mathcal{A}$ 存在这个空间到 $\mathcal{A}$ 的不变子空间的直和分解, 使得 $\mathcal{A}$ 到这些子空间的限制的最小多项式是不同的不可约多项式的方幂.

41.37. 证明如果线性变换 $\mathcal{A}$ 的最小多项式是 k 次不可约多项式, 那么对于任一 $x \neq 0$, 向量 $x, \mathcal{A}x, \cdots, \mathcal{A}^{k-1}x$ 形成最小不变子空间的一个基.

41.38. 证明一个线性变换是半单的当且仅当它的最小多项式没有重因式.

41.39. 证明特征为 0 的域 K 上的向量空间中的一个线性变换 $\mathcal{A}$ 是半单的当且仅当在 K 的某个扩域上的向量空间有由 $\mathcal{A}$ 的特征向量组成的一个基.

41.40. 证明在特征为 0 的域上的两个可交换的半单线性变换的和是半单变换.

41.41. 设 $\mathcal{A}$ 是特征为 0 的域 K 上的向量空间中的一个线性变换, $K[\mathcal{A}]$ 是 $\mathcal{A}$ 的多项式表示的线性变换组成的环. 证明如果 $\mathcal{A}$ 的最小多项式是一个不可约多项式 $p(x)$ 的方幂, 那么:

a) $K[\mathcal{A}]$ 中能够被 $p(\mathcal{A})$ 整除的元素形成一个理想 I, 它不等于 $K[\mathcal{A}]$;

b) 对于任一变换 $\mathcal{B} \in I$, 变换 $\mathcal{A} + \mathcal{B}$ 的最小多项式能被 $p(x)$ 整除;

c) 存在一个变换 $\mathcal{B} \in I$, 使得变换 $\mathcal{A} + \mathcal{B}$ 的最小多项式等于 $p(x)$.

41.42. 证明特征为 0 的域上的向量空间中的任一线性变换能够表示成半单幂零变换的和, 它们都是 $\mathcal{A}$ 的多项式.

41.43. 证明任一线性变换 $\mathcal{A}$ 能被唯一地表示成可交换的半单幂零变换的和.

41.44. 设 $\mathcal{A}$ 是域 K 上的向量空间 V 上的一个线性变换, 它的最小多项式为 $g(x)$. 假设 $g(x)$ 是 K 上一个不可约多项式的方幂并且 $g(x)$ 的次数等于 V 的维数. 证明:

a) V 不可能分解成 $\mathcal{A}$ 的两个不变子空间的直和;

b) V 是关于 $\mathcal{A}$ 的循环子空间.

41.45. 设 $\lambda_1, \cdots, \lambda_n$ 是矩阵 $A \in \mathbf{M}_n(\mathbb{C})$ 的特征值. 证明:

a) 对于任一自然数 k,
$$\operatorname{tr} A^k = \lambda_1^k + \cdots + \lambda_n^k;$$

b) A 的特征多项式的系数是 $\operatorname{tr} A, \cdots, \operatorname{tr} A^n$ 的多项式;

c) 如果 $\operatorname{tr} A = \operatorname{tr} A^2 = \cdots = \operatorname{tr} A^n = 0$, 那么矩阵 A 是幂零的.

$$* \quad * \quad *$$

41.46. 设
$$B = \begin{pmatrix} 0 & \cdots & 1 \\ \vdots & \ddots & \vdots \\ 1 & \cdots & 0 \end{pmatrix} \in \mathbf{M}_n(\mathbb{C}),$$

并且 $S = \dfrac{1}{\sqrt{2}}(E + \mathrm{i}B)$. 对于 Jordan 块 $J(n, \lambda) \in \mathbf{M}_n(\mathbb{C})$, 证明等式

$$SJ(n, \lambda)S^{-1} = \lambda E + \frac{1}{2}\sum_{k=1}^{n-1}[E_{k,k+1} + E_{k+1,k} + \mathrm{i}(E_{n-k+1,k+1} - E_{n-k,k})].$$

41.47. 证明每一个复矩阵相似于一个对称矩阵.

§42. 赋范向量空间和代数, 非负矩阵

42.1. 设 K 是一个赋范域, 具有范数 $|x|$. 证明 K^n 上的下述函数是范数:

a) $\|(a_1, \cdots, a_n)\| = |a_1| + \cdots + |a_n|$;

b) $\|(a_1, \cdots, a_n)\| = \max(|a_1|, \cdots, |a_n|)$;

c) $\|(a_1, \cdots, a_n)\| = \sqrt{|a_1|^2 + \cdots + |a_n|^2}$.

42.2. 设 K 是局部紧的赋范域, V 是 K 上的有限维向量空间. 证明 V 上的任意两个范数 $\|x\|_1, \|x\|_2$ 是等价的, 即对于一切 $x \in V$, 存在正实数 C_1, C_2 使得

$$C_1 \|x\|_1 \leqslant \|x\|_2 \leqslant C_2 \|x\|_1.$$

42.3. 设 K 是一个赋范域, V 是有限维向量空间, 有一个基 $(e_1, \cdots, e_m)$. 设 $x_n = x_{n1} e_1 + \cdots + x_{nm} e_m \in V, x_{ij} \in K, n \geqslant 1$. 证明向量 x_n 的序列收敛当且仅当序列 $x_{ni} (i = 1, \cdots, m)$ 收敛.

42.4. 设 K 是一个完备赋范域, V 是 K 上的有限维赋范线性空间. 证明 V 是完备赋范空间.

42.5. 设 K 是赋范域, V 是 K 上的赋范向量空间. 用 $L(V)$ 表示 V 上的使得当 $\|x\| = 1$ 时数 $\|A(x)\|$ 有界的所有线性变换 $\mathcal{A}$ 组成的集合. 证明:

a) $L(V)$ 是 V 上的所有线性变换组成的空间的一个子空间;

b) $L(V)$ 是赋范代数, 具有范数

$$\|\mathcal{A}\| = \sup_{\|x\|=1} \|A(x)\|;$$

c) 如果 V 是有限维的, 那么 $L(V)$ 是 V 上的所有变换组成的空间.

42.6. 设 K 是赋范域, 并且在 K^n 上给出习题 42.1 中的范数 a), b). 证明在 $\mathbf{M}_n(K) = L(V)$ 上的由习题 42.5 定义的对应的范数形如:

a) $\|A\| = \max\limits_{1 \leqslant j \leqslant n} \left(\sum\limits_{i=1}^{n} |a_{ij}| \right);$
b) $\|A\| = \max\limits_{1 \leqslant i \leqslant n} \left(\sum\limits_{j=1}^{n} |a_{ij}| \right).$

42.7. 设 K 是赋范域. 对于 $A = (a_{ij}) \in \mathbf{M}_n(K)$, 令

a) $\|A\|_1 = \sum\limits_{i,j=1}^{n} |a_{ij}|;$
b) $\|A\|_2 = \sqrt{\sum\limits_{i,j=1}^{n} |a_{ij}|^2};$

c) $\|A\|_3 = n \cdot \max\limits_{1 \leqslant i,j \leqslant n} |a_{ij}|.$

证明上述每一个函数在 $\mathbf{M}_n(K)$ 上诱导了赋范代数的结构.

42.8. 证明对于任一矩阵 $A \in \mathbf{M}_n(\mathbb{C})$, 矩阵 $e^A, \sin A, \cos A$ 是合理定义的.

42.9. 设 $A \in \mathbf{M}_n(\mathbb{C})$. 证明:

a) $\sin 2A = 2 \sin A \cos A;$
b) $e^{\mathrm{i}A} = \cos A + \mathrm{i} \sin A;$

c) $\sin A = \dfrac{1}{2}(e^{\mathrm{i}A} - e^{-\mathrm{i}A});$
d) $\cos A = \dfrac{1}{2}(e^{\mathrm{i}A} + e^{-\mathrm{i}A}).$

42.10. 如果 $A, B \in \mathbf{M}_n(\mathbb{C})$ 并且 $AB = BA$, 那么

$$e^{A+B} = e^A e^B.$$

42.11. 设 A 是完备赋范域 K 上的一个赋范代数. 证明如果 $x \in A$, 那么存在极限

$$\rho(x) = \lim_{n \to \infty} \|x^n\|^{1/n}.$$

* * *

42.12. 设 x 是完备赋范域 K 上的 Banach 代数 A 的一个元素. 证明级数 $\sum_{n \geqslant 0} t^n x^n \in A[[t]]$ 的收敛半径等于 $\rho(x)^{-1}$ (见习题 42.11).

42.13. 设 x 是完备赋范域 K 上的 Banach 代数 A 的一个元素. 谱 $\mathrm{Sp}(x)$ 是使得元素 $x - \lambda$ 在 A 中不可逆的所有 $\lambda \in K$ 组成的集合. 证明:

a) K 中以原点为中心包含 $\mathrm{Sp}(x)$ 的最小圆盘的半径等于 $\rho(x)$;

b) 集合 $\mathrm{Sp}(x)$ 在 K 中是紧的.

42.14. 设 $A \in \mathbf{M}_n(\mathbb{C})$ 并且 $\lambda_1, \cdots, \lambda_n$ 是 A 的所有特征值. 证明:

$$\max_{1 \leqslant i \leqslant n} |\lambda_i| = \rho(A) \leqslant \|A\|,$$

其中 $\|A\|$ 是代数 $\mathbf{M}_n(\mathbb{C})$ 上的凭借习题 42.5,b) 由 $\mathbb{C}^n$ 上的某个范数诱导的一个范数.

42.15. 设 x 是完备赋范域 K 上的 Banach 代数 A 的一个元素, 设 $f(t) \in K[[t]]$. 证明如果 $\rho(x)$ 小于 $f(t)$ 的收敛半径, 那么级数 $f(x)$ 收敛.

42.16. 设 x 是完备赋范域 K 上的 Banach 代数 A 的一个元素, 并且设 g 是 A 中的一个可逆元, $f(t) \in K[[t]]$. 证明级数 $f(x)$ 收敛当且仅当 $f(gxg^{-1})$ 收敛且 $f(gxg^{-1}) = gf(x)g^{-1}$.

42.17. 设 a 是完备赋范域 K 上的 Banach 代数的一个元素. 假设 $f(t) \in K[[t]]$ 且级数 $f(a)$ 收敛. 设 a 有 n 次零化多项式. 证明 $f(a) \in \langle 1, a, a^2, \cdots, a^{n-1} \rangle$.

42.18. 设 $A \in \mathbf{M}_n(\mathbb{C})$ 并且 $\lambda_0, \cdots, \lambda_m$ 是 A 的特征多项式的所有根, 它们的重数分别为 $k_0, \cdots, k_m$. 假设 $\lambda_0, \cdots, \lambda_m$ 处在级数 $u(t) \in \mathbb{C}[[t]]$ 的收敛圆盘内. 证明:

$$u(A) = \sum_{i=0}^{m} G_i(A) \sum_{k=0}^{k_i} \sum_{l=0}^{k} \frac{1}{l!} \left[\frac{d^l u}{dx^l}(\lambda_i) \cdot \frac{d^l}{dx^l} G_i(x)^{-1} \bigg|_{x = \lambda_i} (A - \lambda_i E)^k \right],$$

其中 $G_i(t) = \prod_{j \neq i} (t - \lambda_j)^{k_j}$.

42.19. 计算:

a) $\exp\begin{pmatrix} 3 & -1 \\ 1 & 1 \end{pmatrix}$;   b) $\exp\begin{pmatrix} 4 & -2 \\ 6 & -3 \end{pmatrix}$;   c) $\exp\begin{pmatrix} 4 & 2 & -5 \\ 6 & 4 & -9 \\ 5 & 3 & -7 \end{pmatrix}$;

d) $\ln\begin{pmatrix} 4 & -15 & 6 \\ 1 & -4 & 2 \\ 1 & -5 & 3 \end{pmatrix}$;   e) $\begin{pmatrix} \pi-1 & 1 \\ -1 & \pi+1 \end{pmatrix}$.

42.20. 求矩阵 e^A 的行列式, 其中 A 是 n 阶方阵.

42.21. 设 $A \in \mathbf{M}_n(\mathbb{C})$ 并且

$$x(t) = \begin{pmatrix} x_1(t) \\ \vdots \\ x_n(t) \end{pmatrix}$$

是连续可微向量函数. 证明具有初始条件 $x(t_0)$ 的常系数微分方程组

$$\frac{d}{dt}x(t) = Ax(t)$$

的解是向量函数 $x(t) = e^{At}x(t_0)$.

42.22. 设 A 是非负矩阵, 并且对于某个自然数 k, A^k 是正矩阵. 证明 $\rho(A) > 0$.

42.23. 找出一个 2×2 非负矩阵的例子, 使得 A^2 是正矩阵.

42.24. 设非负矩阵 A 有正的特征向量. 则 A 相似于一个每行元素的和都相等的非负矩阵.

42.25. 设 A, B 是正矩阵且假设矩阵 $A - B$ 也是正矩阵, 证明 $\rho(A) > \rho(B)$.

42.26. 设 A 是非奇异的非负矩阵, 并且假设逆矩阵 A^{-1} 也是非负的. 则 $A = DP$, 其中 D 是非负可逆的对角矩阵, P 是一个置换矩阵.

42.27. 设 A 是非负矩阵, x 是非零复向量, 使得对于某个实数 α, $Ax - \alpha x$ 是非负向量. 证明 $\rho(A) > \alpha$.

42.28. 设 A 是非负矩阵并且 ${}^tA$ 有一个正的特征向量, 如果 $Ax - \rho(A)x$ 对某个非零向量 x 是非负向量, 那么 $Ax = \rho(A)x$.

42.29. 设 A 是非负矩阵并且假设对某个自然数 k 矩阵 A^k 是正矩阵. 证明:

a) A 有正的特征向量;

b) $\rho(A)$ 是 A 的重数为 1 的特征值.

42.30. 设非负矩阵 A 有一个特征向量 $x = (x_1, \cdots, x_n)$, 其中 $x_1, \cdots, x_r >$

$0, x_{r+1} = \cdots = x_n = 0$. 则存在一个置换矩阵 P 使得
$$P^{-1}AP = \begin{pmatrix} B & C \\ 0 & D \end{pmatrix},$$
其中 $B \in \mathbf{M}_r(\mathbb{R}), D \in \mathbf{M}_{n-r}(\mathbb{R})$, 并且 B 有正的特征向量.

42.31. 设 A 是非负矩阵. 证明存在一个与 A 可交换的正矩阵 B 当且仅当存在矩阵 A 和 ${}^tA$ 的正的特征向量.

42.32. 设 A 是非负三角矩阵. 证明 A 的所有特征值是实数.

42.33. 设 A 是非负矩阵. 证明 $\rho(E+A) = 1 + \rho(A)$.

42.34. 对于非负矩阵 A, 求 $\rho(A)$ 和非负特征向量 x:

a) $\begin{pmatrix} 2 & 1 \\ 1 & 2 \end{pmatrix}$;

b) $\begin{pmatrix} 3 & 4 \\ 5 & 2 \end{pmatrix}$;

c) $\begin{pmatrix} 1 & 4 & 8 \\ 0 & 2 & 6 \\ 1 & 0 & 0 \end{pmatrix}$;

d) $\begin{pmatrix} 3 & 2 & 3 & 1 \\ 0 & 2 & 0 & 5 \\ 5 & 7 & 1 & 6 \\ 0 & 1 & 0 & 4 \end{pmatrix}$.

第十章 度量向量空间

§43. 度量空间的几何

43.1. 在习题 37.1 的具有双线性型的向量空间中哪些是度量空间?

43.2. 证明复向量空间 V 上的 Hermite 函数的实部 $f(x,y)$ 和虚部 $g(x,y)$ 在用 i 的乘法下是不变的; 即对于任意向量 $x, y \in V$

$$f(\mathrm{i}x, \mathrm{i}y) = f(x,y), \quad g(\mathrm{i}x, \mathrm{i}y) = g(x,y).$$

43.3. 证明度量向量空间是子空间 L 和它的正交补 $L^\perp$ 的直和当且仅当 L 上的内积是非退化的, 并且在这个情形下 $L^\perp$ 上的内积也是非退化的.

43.4. 设 $\mathbf{M}_n(\mathbb{C})$ 是具有 Hermite 内积

$$(X,Y) = \mathrm{tr}\,(X^t \overline{Y})$$

的空间. 求下述子空间的正交补:

a) 迹为 0 的所有矩阵组成的子空间;

b) 所有 Hermite 矩阵组成的子空间;

c) 所有反 Hermite 矩阵组成的子空间;

d) 所有上三角矩阵组成的子空间.

43.5. 证明 Hermite 空间 (即, 酉空间) 和 Euclid 空间是赋范空间.

43.6. 习题 42.1 中, 空间 $\mathbb{R}^n, \mathbb{C}^n$ 上的哪个范数是由 Euclid 度量或 Hermite 度量诱导的?

43.7. 把 Euclid 空间或 Hermite 空间的下述向量组扩充成正交基:

a) $((1,-2,2,-3),(2,-3,2,4))$;

b) $((1,1,1,2),(1,2,3,-3))$;

c) $\left(\left(\frac{2}{3},\frac{1}{3},\frac{2}{3}\right),\left(\frac{1}{3},\frac{2}{3},-\frac{2}{3}\right)\right)$;

d) $\left(\left(\frac{1}{2},\frac{1}{2},\frac{1}{2},\frac{1}{2}\right),\left(\frac{1}{2},\frac{1}{2},-\frac{1}{2},-\frac{1}{2}\right)\right)$;

e) $((1,1,-i,2),(-2,-1+3i,3-i))$;

f) $((-i,2,-4+i),(4-i,-1,i))$.

43.8. 求 Euclid (Hermite) 空间中的一个向量 x 在正交单位向量组 $(e_1,\cdots,e_k)$ 生成的子空间上的正交投影.

43.9. 证明对于 Euclid (Hermite) 空间的任意两个子空间, 能够分别选择一个标准正交基 $(e_1,\cdots,e_k)$ 和 $(f_1,\cdots,f_l)$ 使得当 $i\neq j$ 时 $(e_i,f_j)=0$ 并且 $(e_i,f_i)\geqslant 0$.

43.10. 设 $(e_1,\cdots,e_k)$ 和 $(f_1,\cdots,f_l)$ 分别是 Euclid (Hermite) 空间的子空间 L 和 M 的一个标准正交基, $A=((e_i,f_j))$ 是 $k\times l$ 矩阵. 证明矩阵 ${}^tA\cdot A$ 的所有特征值都属于区间 $[0,1]$, 并且不依赖于子空间 L 和 M 的标准正交基的选择.

43.11. 证明任一秩小于或等于 n 的主子式全非负 (全大于 0) 的实对称矩阵是 n 维 Euclid 空间的某个向量组 (线性无关的向量组) 的 Gram 矩阵.

证明对于 Hermite 矩阵和 Hermite 空间的类似的命题.

43.12. 证明 Euclid (Hermite) 空间的任一标准正交基的向量到 k 维子空间的投影的长度的平方和等于 k.

43.13. 设 G 是 Euclid 空间 V 的一个基 $(e_1,\cdots,e_n)$ 的内积的矩阵 (即, 基 $(e_1,\cdots,e_n)$ 的度量矩阵). 求这个基到对偶基 $(f_1,\cdots,f_n)$ 的过渡矩阵, 并且求这个对偶基的内积的矩阵. (基 $(e_1,\cdots,e_n)$ 的对偶基 $(f_1,\cdots,f_n)$ 满足 $(f_i,e_j)=\delta_{ij}$.)

43.14. 设 S 是基 **e** 到基 **e'** 的过渡矩阵. 求 **e** 的对偶基 **f** 到 **e'** 的对偶基 **f'** 的过渡矩阵:

a) 在 Euclid 空间中;

b) 在 Hermite 空间中.

43.15. 利用正交规范化过程, 构造 Euclid (Hermite) 空间中下述向量组生成的子空间的一个正交基:

a) $((1,2,2,-1),(1,1,-5,3),(3,2,8,-7))$;

b) $((1,1,-1,-2),(5,8,-2,-3),(3,9,3,8))$;

c) $((2,1,3,-1),(7,4,3,-3),(1,1,-6,0),(5,7,7,8))$;

d) $((2,1,-i),(1-i,2,0),(-i,0,1-i))$;

e) $((0,1,-i,2),(-i,2,+3i,i),(0,0,2i))$.

43.16. 求 Euclid (Hermite) 空间中向量组生成的子空间的正交补的一个基:

a) $((1,0,2,1),(2,1,2,3),(0,1,-2,1))$;

b) $((1,1,1,1),(-1,1,-1,1),(2,0,2,0))$;

c) $((0,1+2i,-i),(1,-1,2-i))$.

43.17. 证明在 $\mathbb{R}^n$ 中, 一个齐次线性方程组确定的一个线性子空间 (即它的解空间) 与它的正交补的联系如下: 确定其中一个子空间的线性无关的齐次线性方程组 (即它的系数向量组线性无关) 的系数向量是另一个子空间的一个基的向量的坐标.

43.18. 求确定由下述方程组给定的子空间的正交补的方程组:

a) $\begin{cases} 2x_1 + x_2 + 3x_3 - x_4 = 0, \\ 3x_1 + 2x_2 - 2x_4 = 0, \\ 3x_1 + x_2 + 4x_3 - x_4 = 0; \end{cases}$

b) $\begin{cases} 2x_1 - 3x_2 + 4x_3 - 3x_4 = 0, \\ 3x_1 - x_2 + 11x_3 - 13x_4 = 0, \\ 4x_1 + x_2 + 18x_3 - 23x_4 = 0; \end{cases}$

c) $\begin{cases} x_1 + (1-i)x_2 - ix_3 = 0, \\ -ix_1 + 4x_2 = 3. \end{cases}$

43.19. 求向量 x 在子空间 L 上的投影, 以及 x 的正交分量, 其中:

a) $L = \langle (1,1,1,1),(1,2,2,-1),(1,0,0,3) \rangle$,

$x = (4,-1,-3,4)$;

b) $L = \langle (2,1,1,-1),(1,1,3,0),(1,2,8,1) \rangle$,

$x = (5,2,-2,2)$;

c) L 由方程组给出

$$\begin{cases} 2x_1 + x_2 + x_3 + 3x_4 = 0, \\ 3x_1 + 2x_2 + 2x_3 + x_4 = 0, \\ x_1 + 2x_2 + 2x_3 - 4x_4 = 0, \end{cases}$$

$x = (7,-4,-1,2)$;

d) $L = \langle (-i, 2+i, 0),(3,-i+1,i) \rangle$,

$x = (0, 1+i, -i)$;

e) L 由方程组给出

$$\begin{cases} (2+\mathrm{i})x_1 - & \mathrm{i}x_2 + 2x_3 + \mathrm{i}x_4 = 0, \\ (2+\mathrm{i})x_1 - & \mathrm{i}x_2 + 2x_3 + \mathrm{i}x_4 = 0, \\ 5x_1 + (-1+\mathrm{i})x_2 + & x_3 \phantom{+\mathrm{i}x_4} = 0, \end{cases}$$

$x = (\mathrm{i}, 2-\mathrm{i}, 0)$.

43.20. 设正交化过程把向量组 $a_1, \cdots, a_n$ 变成向量组 $b_1, \cdots, b_n$. 证明向量 b_k 是向量 a_k 对于向量组 $a_1, \cdots, a_{k-1}(k>1)$ 生成的子空间的正交分量.

43.21. 求向量 x 和由下述方程组给出的子空间的距离:

a) $x = (2, 4, 0, -1)$;

$$\begin{cases} 2x_1 + 2x_2 + x_3 + x_4 = 0, \\ 2x_1 + 4x_2 + 2x_3 + 4x_4 = 0; \end{cases}$$

b) $x = (3, 3, -4, 2)$;

$$\begin{cases} x_1 + 2x_2 + x_3 - x_4 = 0, \\ x_1 + 3x_2 + x_3 - 3x_4 = 0; \end{cases}$$

c) $x = (3, 3, -1, 1, -1)$;

$$2x_1 - 2x_2 + 3x_3 - 2x_4 + 2x_5 = 0;$$

d) $x = (3, 3, -1, 1, -1)$;

$$x_1 - 3x_2 + 2x_4 - x_5 = 0;$$

e) $x = (0, -\mathrm{i}, 1+\mathrm{i})$;

$$x_1 + \mathrm{i}x_2 - (2-\mathrm{i})x_3 = 0;$$

f) $x = (1, -1, \mathrm{i})$;

$$x_1 + (5+4\mathrm{i})x_2 - \mathrm{i}x_3 = 0.$$

43.22. Bessel 不等式.Parceval 等式. 设 $(e_1, \cdots, e_k)$ 是 n 维 Euclid(Hermite) 空间 V 的正交单位向量组. 证明对于任一向量 x, 下述不等式成立:

$$\sum_{i=1}^{k} |(x, e_i)|^2 \leqslant \|x\|^2.$$

证明等号成立当且仅当 $k = n$, 即给定的向量组是 V 的一个标准正交基 (Parceval 等式).

43.23. 运用 Cauchy 不等式证明对于任意复数 $a_1, \cdots, a_k, b_1, \cdots, b_k$, 有

$$\left| \sum_{i=1}^{k} a_i b_i \right|^2 \leqslant \sum_{i,j=1}^{k} |a_i|^2 |b_j|^2.$$

43.24. 证明 Euclid (Hermite) 空间中一个向量 x 与具有基 $(e_1,\cdots,e_k)$ 的子空间的距离的平方等于向量组 $(e_1,\cdots,e_k,x)$ 的 Gram 行列式 $(e_1,\cdots,e_k)$ 的 Gram 行列式的比.

43.25. 证明任一向量组的 Gram 行列式:

a) 在正交化过程中不改变;

b) 是非负的;

c) 等于 0 当且仅当这个向量组是线性相关的;

d) 不超过这个向量组中向量的长度的平方之积, 并且等号成立当且仅当这个向量组中的向量两两正交或者有一个向量是零向量.

43.26. 证明正定二次型的矩阵的行列式不超过它的主对角线上元素的乘积.

43.27. Hadamard 不等式. 证明对于任意 n 阶实方阵 $A=(a_{ij})$, 不等式

$$(\det A)^2 \leqslant \prod_{i=1}^{n}\left(\sum_{j=1}^{n} a_{ij}^2\right)$$

成立并且等号成立当且仅当或者

$$\sum_{k=1}^{n} a_{ik}a_{jk}=0 \quad (i,j=1,\cdots,n; i\neq j),$$

或者矩阵 A 有零行.

给出复矩阵 A 的类似命题并且证明它.

43.28. 求空间 $\mathbb{R}^5$ 中三角形 ABC 的边长和内角:

a) $A=(2,4,2,4,2)$,

$B=(6,4,4,4,6)$,

$C=(5,7,5,7,2)$;

b) $A=(1,2,3,2,1)$,

$B=(3,4,0,4,3)$,

$C=\left(1+\dfrac{5}{26}\sqrt{78}, 2+\dfrac{5}{13}\sqrt{78}, 3+\dfrac{10}{13}\sqrt{78}, 2+\dfrac{5}{13}\sqrt{78}, 1+\dfrac{5}{26}\sqrt{78}\right).$

43.29. 利用向量的内积证明:

a) 平行四边形的对角线长度的平方和等于它的边长的平方和;

b) 三角形一条边长的平方等于其他两条边长的平方和减去这两条边长与它们的夹角的余弦的乘积的 2 倍.

43.30. 用最小二乘法解线性方程组:

a) $\begin{cases} x_1+ & x_2- 3x_3 = -1, \\ 2x_1+ & x_2- 2x_3 = 1, \\ x_1+ & x_2+ x_3 = 3, \\ x_1+ & 2x_2- 3x_3 = 1; \end{cases}$ \quad b) $\begin{cases} 2x_1- 5x_2+ 3x_3+ & x_4 = 5, \\ 3x_1- 7x_2+ 3x_3- & x_4 = -1, \\ 5x_1- 9x_2+ 6x_3+ 2x_4 = 7, \\ 4x_1- 6x_2+ 3x_3+ & x_4 = 8. \end{cases}$

43.31. n 维毕达哥拉斯定理. n 维长方体的一条对角线长度的平方等于从一个顶点引出的边长的平方和.

43.32. 求 n 维正方体的与一条给定的对角线正交的对角线的数目.

43.33. 求边长为 a 的 n 维正方体中一条对角线的长度, 以及两条对角线的夹角.

43.34. 求边长为 a 的 n 维正方体的外接球面的半径 R, 并求解不等式 $R < a$.

43.35. 证明 n 维正方体的一条边到任一条对角线的正交投影的长度等于这条对角线长度的 $\dfrac{1}{n}$.

43.36. 计算 n 维平行六面体的体积, 它的边为:

a) $(1,-1,1,-1),(1,1,1,1),(1,0,-1,0),(0,1,0,-1)$;

b) $(1,1,1,1),(1,-1,-1,1),(2,1,1,3),(0,1,-1,0)$;

c) $(1,1,1,2,1),(1,0,0,1,-2),(2,1,-1,0,2),(0,7,3,-4,-2)$,
   $(39,-37,51,-29,5)$;

d) $(1,0,0,2,5),(0,1,0,3,4),(0,0,1,4,7),(2,-3,4,11,12),(0,0,0,0,1)$.

43.37. 证明: 对于平行六面体的体积有不等式

$$V(a_1,\cdots,a_k,b_1,\cdots,b_l) \leqslant V(a_1,\cdots,a_k) \cdot V(b_1,\cdots,b_l),$$

并且证明等号成立当且仅当对一切 i,j 有 $(a_i,b_j) = 0$.

43.38. 求向量 x 与子空间 L 所成的角:

a) $L = \langle(3,4,-4,1),(0,1,-1,2)\rangle$, \quad $x = (2,2,1,1)$;

b) $L = \langle(5,3,4,-3),(1,1,4,5),(2,-1,1,2)\rangle$, \quad $x = (1,0,3,0)$;

c) $L = \langle(1,1,1,1),(1,2,0,0),(1,3,1,1)\rangle$, \quad $x = (1,1,0,0)$;

d) $L = \langle(0,0,0,1),(1,-1,-1,1),(-3,3,3,0)\rangle$, \quad $x = (1,2,3,0)$.

43.39. 证明在 Euclid 空间 V 中如果 k 个不同向量中任意两个的夹角都等于 $\dfrac{\pi}{3}$, 那么 $k \leqslant \dim V$.

43.40. 证明在 Euclid 空间 V 中如果 k 个不同向量中任意两个的夹角是钝角, 那么 $k \leqslant 1 + \dim V$.

43.41. 求 n 维正方体的一条对角线与它的 k 维面所成的角.

43.42. 求正则 4 维单纯形 $a_0a_1a_2a_3a_4$ 中 2 维边 $a_0a_1a_2$ 和 $a_0a_3a_4$ 所成的角.

43.43. 求子空间所成的角:

$$\langle(1,0,0,0),(0,1,0,0)\rangle \text{ 和 } \langle(1,1,1,1),(1,-1,1,-1)\rangle.$$

43.44. 形如

$$P_0(x) = 1, \quad P_k(x) = \frac{1}{2^k k!}\frac{d^k}{dx^k}[(x^2-1)^k] \quad (k=1,2,\cdots,n)$$

的多项式称为 Legendre 多项式.

a) 证明 Legendre 多项式形成具有内积 $\int_{-1}^{1} f(x)g(x)dx$ 的 Euclid 空间 $\mathbb{R}[x]_n$ 的一个正交基.

b) 求 $k \leqslant 4$ 时多项式 $P_k(x)$ 的清晰形式.

c) 证明 $\deg P_k(x) = k$, 并且对一切 k 求 $P_k(x)$ 的展开式.

d) 计算 Legendre 多项式 $P_k(x)$ 的长度.

e) 计算 $P_k(1)$ 的值.

f) 证明把空间 $\mathbb{R}[x]_n$ 的基 $(1,x,x^2,\cdots,x^n)$ 正交化得到的基与适当的 Legendre 多项式仅相差一个常数倍. 求这些倍数.

g) 证明积分 $\int_{-1}^{1} f(x)^2 dx$, 其中 $f(x)$ 是首项系数为 1 的实系数 n 次多项式, 当 $f(x) = \dfrac{2^n}{\binom{2n}{n}} P_n(x)$ 时达到最小值

$$\frac{2^{2n+1}}{(2n+1)\binom{2n}{n}^2}.$$

43.45. 在指定内积 $\int_0^1 f(x)g(x)dx$ 的空间 $\mathbb{R}[x_n]$ 中求:

a) 平行六面体 $P(1,x,\cdots,x^n)$ 的体积;

b) 向量 x^n 与子空间 $\mathbb{R}[x]_{n-1}$ 的距离.

43.46. 设 L 是区间 $[-\pi,\pi]$ 上的连续函数组成的空间, 指定内积

$$(f,g) = \frac{1}{\pi}\int_{-\pi}^{\pi} f(t)g(t)dt.$$

求函数 t^m 到子空间

$$V = \langle 1, \cos t, \sin t, \cdots, \cos nt, \sin nt\rangle$$

的投影.

43.47. 设 V 是伪 Euclid 空间, 其符号为 (p,q) (即其内积的度量矩阵的正惯性指数为 p, 负惯性指数为 q). 设 W 是 V 的一个子空间. 证明:

a) 如果内积在 W 中的限制是正定的, 那么 $\dim W \leqslant p$;

b) 如果对任意 $x \in W$ 有 $(x,x) = 0$, 那么

$$\dim W \leqslant \min(p,q).$$

43.48. 设在一个向量空间中给定了一个符号为 (p,q) 的非退化的内积, 使得它到子空间 W 的限制是符号为 (p',q') 的非退化的内积. 证明这个内积到 $W^\perp$ 的限制是非退化的并且有符号 $(p-p', q-q')$.

43.49. 证明符号为 (p,q) 的伪 Euclid 空间有一个由迷向向量组成的基, 其中 p 和 q 都不等于 0.

§44. 伴随变换和正规变换

44.1. 证明度量空间上通过伴随变换的运算的下述性质:

a) $\mathcal{A}^{**} = \mathcal{A}$;

b) $(\mathcal{A} + \mathcal{B})^* = \mathcal{A}^* + \mathcal{B}^*$;

c) $(\mathcal{A}\mathcal{B})^* = \mathcal{B}^*\mathcal{A}^*$;

d) $(\lambda\mathcal{A})^* = \overline{\lambda}\mathcal{A}^*$;

e) $\mathcal{A}^*\mathcal{A}$ 和 $\mathcal{A}\mathcal{A}^*$ 是自伴随变换;

f) 如果变换 $\mathcal{A}$ 是非奇异的, 那么 $(\mathcal{A}^{-1})^* = (\mathcal{A}^*)^{-1}$.

44.2. 如果度量向量空间 V 上的变换 $\mathcal{A}$ 在基 $\mathbf{e}$ 下的矩阵是 A, 并且内积的度量矩阵是 G, 求变换 $\mathcal{A}^*$ 在这个基下的矩阵.

44.3. 设 (e_1, e_2) 是度量向量空间的一个标准正交基, 并且一个变换 $\mathcal{A}$ 在基 $(e_1, e_1 + e_2)$ 下的矩阵为 $\begin{pmatrix} 1 & 2 \\ 1 & -1 \end{pmatrix}$. 求变换 $\mathcal{A}^*$ 在这个基下的矩阵.

44.4. 求坐标平面上平行于第一与第三象限的平分线在横轴上的投影的伴随变换.

44.5. 设 $\mathcal{A}$ 是度量向量空间 V 在平行于子空间 V_2 在子空间 V_1 上的投影. 证明:

a) $V = V_1^\perp \oplus V_2^\perp$;

b) $\mathcal{A}^*$ 是空间 V 在平行于 $V_1^\perp$ 在 $V_2^\perp$ 上的投影.

44.6. 证明如果度量向量空间的一个子空间是线性变换 $\mathcal{A}$ 的不变子空间,那么它的正交补是 $\mathcal{A}^*$ 的不变子空间.

44.7. 证明伴随变换 $\mathcal{A}^*$ 的核和像分别是变换 $\mathcal{A}$ 的像和核的正交补.

44.8. 证明如果 x 分别是属于度量向量空间上的变换 $\mathcal{A}$ 和 $\mathcal{A}^*$ 的特征值 λ 和 μ 的特征向量,那么 $\mu = \overline{\lambda}$.

44.9. 设 V 是由周期为 $h > 0$ 的无限可微实值周期函数组成的空间,指定内积为 $\int_{-h}^{h} f(x)g(x)dx$.

a) 求微分变换 $\mathcal{D}$ 的伴随变换.

b) 证明由下述法则给出的映射 $\mathcal{A}$ 和 $\mathcal{B}$ 是 V 上的线性变换,并且 $\mathcal{B} = \mathcal{A}^*$:

$$\mathcal{A}(f) = \sum_{i=0}^{n} u_i \mathcal{D}^i(f), \quad \mathcal{B}(f) = \sum_{i=0}^{n} (-1)^i \mathcal{D}^i(u_i f),$$

其中 $u_0, u_1, \cdots, u_n \in V$ 是固定的函数.

c) 证明由下述法则给出的映射 $\mathcal{A}$ 是自伴随变换:

$$\mathcal{A}(f) = \sin^2 \frac{2\pi}{h} x \mathcal{D}^2(f) + \frac{2\pi}{h} \sin \frac{4\pi}{h} x \mathcal{D}(f).$$

44.10. 设 V 是由区间 $[a,b]$ 上的无限可微实值函数组成的空间,指定内积为 $\int_a^b f(x)g(x)$. 证明:

a) 如果函数 $u_0, \cdots, u_n \in V$ 满足条件

$$\mathcal{D}^i(u_j)(a) = \mathcal{D}^i(u_j)(b) = 0 \quad (j = 1, \cdots, n; i = 0, 1, \cdots, j-1),$$

那么由下述法则给出的映射 $\mathcal{A}$ 和 $\mathcal{B}$ 是 V 上的线性变换,并且 $\mathcal{B} = \mathcal{A}^*$:

$$\mathcal{A}(f) = \sum_{i=0}^{n} u_i \mathcal{D}^i(f), \quad \mathcal{B}(f) = \sum_{i=0}^{n} (-1)^i \mathcal{D}^i(u_i f),$$

b) 由下述法则给出的线性变换 $\mathcal{A}$ 是自伴随的:

$$\mathcal{A}(f) = (x-a)^2(x-b)^2 \mathcal{D}^2(f) + 2(x-a)(x-b)(2x-a-b)\mathcal{D}(f).$$

44.11. 设指定内积为 $\int_a^b f(x)g(x)dx$ 的空间 $\mathbb{R}[x]$ 上的线性变换 $\mathcal{A}$ 和 $\mathcal{B}$ 由下述法则给出:

$$\mathcal{A}(f) = \int_a^b P(x,y)f(y)dx, \quad \mathcal{B}(f) = \int_a^b P(x,y)f(y)dy,$$

其中 $P(x,y) \in \mathbb{R}[x,y]$. 证明 $\mathcal{B} = \mathcal{A}^*$.

44.12. 证明如果 $\mathcal{A}$ 是自伴随变换, 那么函数 $f(x,y) = (\mathcal{A}x, y)$ 是 Hermite 函数.

44.13. 证明如果 $\mathcal{A}$ 和 $\mathcal{B}$ 是度量向量空间 V 上的自伴随变换并且对一切 $x \in V$ 有 $(\mathcal{A}x, x) = (\mathcal{B}x, x)$, 那么 $\mathcal{A} = \mathcal{B}$.

44.14. 证明 Euclid 空间或 Hermite 空间 V 上的变换 $\mathcal{A}$ 是正规变换当且仅当对一切 $x \in V$ 有 $|\mathcal{A}x| = |\mathcal{A}^*x|$.

44.15. 证明如果 x 是 Euclid 或 Hermite 空间上的正规变换 $\mathcal{A}$ 的属于特征值 λ 的一个特征向量, 那么 x 是变换 $\mathcal{A}^*$ 的属于特征值 $\overline{\lambda}$ 的一个特征向量.

44.16. 证明度量向量空间上的正规变换的属于不同特征值的特征向量是正交的.

44.17. 证明:

a) 度量向量空间上的正规变换 $\mathcal{A}$ 的一个特征向量生成的子空间的正交补是 $\mathcal{A}$ 的不变子空间;

b) Hermite 空间上的一个变换是正规变换当且仅当它有一个标准正交特征基 (即空间有一个由它的特征向量组成的标准正交基);

c) Euclid 或度量空间上的一个变换是正规变换当且仅当它的每一个特征向量是它的伴随变换的特征向量.

44.18. 证明 Hermite 空间上任一可交换的正规变换组成的集合有一个公共的标准正交特征基.

44.19. 证明如果 Hermite 空间上的一个正规变换 $\mathcal{A}$ 与一个变换 $\mathcal{B}$ 可交换, 那么 $\mathcal{A}$ 与 $\mathcal{B}^*$ 可交换.

44.20. 设 $\mathcal{A}, \mathcal{B}$ 是 Hermite 空间上的正规变换并且它们的特征多项式相等, 证明 $\mathcal{A}$ 和 $\mathcal{B}$ 在任意一个基下的矩阵是相似的.

44.21. 设 $\mathcal{A}$ 是 Hermite 空间上的正规幂零变换, 证明 $\mathcal{A} = 0$.

44.22. 证明 Hermite 空间上的变换 $\mathcal{A}$ 是正规变换当且仅当对某个多项式 $p(t)$ 有 $\mathcal{A}^* = p(\mathcal{A})$.

44.23. 对于任一多项式 $f(x) = \sum_{i=0}^{n} a_i x^i \in K[x]$, 令 $\overline{f}(x) = \sum_{i=0}^{n} \overline{a}_i x^i$. 设 $\mathcal{A}$ 是度量向量空间上的一个变换. 证明:

a) $f(\mathcal{A})^* = \overline{f}(\mathcal{A}^*)$;

b) 如果 $f(\mathcal{A}) = 0$, 那么 $\overline{f}(\mathcal{A}^*) = 0$.

44.24. 设 $\mathcal{A}$ 是度量向量空间 V 上的正规变换, 并且 $f(x) \in K[x]$. 证明:

a) $f(\mathcal{A})$ 的核 $\operatorname{Ker} f(\mathcal{A})$ 是 $\mathcal{A}^*$ 的不变子空间；

b) $\operatorname{Ker} \overline{f}(\mathcal{A}^*) = \operatorname{Ker} f(\mathcal{A})$；

c) 如果 $f(x) = f_1(x) f_2(x)$，其中 $f_1(x)$ 与 $f_2(x)$ 互素，那么 $\operatorname{Ker} f(\mathcal{A})$ 是子空间 $\operatorname{Ker} f_1(\mathcal{A})$ 与 $\operatorname{Ker} f_2(\mathcal{A})$ 的正交直和；

d) 如果 $(f(\mathcal{A}))^n = 0$，那么 $f(\mathcal{A}) = 0$.

44.25. 设 $\mathcal{A}$ 是 Euclid 空间 V 上的正规变换并且 $\mathcal{A}^2 = -\mathcal{E}$. 证明 $\mathcal{A}^* = -\mathcal{A}$.

44.26. 设 $p(t) = t^2 + at + b$ 是实系数不可约多项式. 假设 $\mathcal{A}$ 是 Euclid 空间上的正规变换并且 $p(\mathcal{A}) = 0$. 证明 $\mathcal{A}^* = -\mathcal{A} - a\mathcal{E}$.

44.27. 设 $\mathcal{A}$ 是 Euclid 空间 V 上的正规线性变换，并且 U 是 $\mathcal{A}$ 的 2 维不变子空间. 假设 $\mathcal{A}$ 在 U 中没有特征向量. 证明:

a) U 是 $\mathcal{A}^*$ 的不变子空间；

b) $U^\perp$ 是 $\mathcal{A}$ 和 $\mathcal{A}^*$ 的不变子空间.

44.28. 设 $\mathcal{A}$ 是 2 维 Euclid 空间 V 上的正规线性变换，使得 $\mathcal{A}$ 没有特征向量. 设 $\mathbf{e} = (e_1, e_2)$ 是一个标准正交基. 证明 $\mathcal{A}$ 在这个基 $\mathbf{e}$ 下的矩阵有形式

$$\begin{pmatrix} a & -b \\ b & a \end{pmatrix}.$$

44.29. 设 $\mathcal{A}$ 是 Euclid 空间 V 上的正规变换. 证明存在 V 的一个标准正交基使得 $\mathcal{A}$ 在此基下的矩阵是分块对角矩阵

$$\begin{pmatrix} A_1 & & 0 \\ & \ddots & \\ 0 & & A_s \end{pmatrix},$$

其中 A_i 是至多 2 阶矩阵，并且 2 阶矩阵 A_i 形如

$$\begin{pmatrix} a_i & -b_i \\ b_i & a_i \end{pmatrix}.$$

44.30. 证明 Euclid (Hermite) 空间上的任一变换是对称和反称 (Hermite 和反 Hermite) 变换的和.

44.31. 证明 Euclid 空间 V 上的变换是反称的当且仅当对一切 $x \in V$ 有 x 和 $\mathcal{A}x$ 是正交的.

44.32. 证明对于 Euclid 空间上的任一反称变换，存在一个标准正交基使得它在此基下的矩阵是分块对角矩阵，并且主对角线上的子矩阵或者是零矩阵，或者是

形如下述的矩阵

$$\begin{pmatrix} 0 & -\alpha \\ \alpha & 0 \end{pmatrix}, \quad \alpha \in \mathbb{R}.$$

§45. 自伴随变换. 二次型化简到主轴上

45.1. 证明度量向量空间上的两个自伴随变换的乘积是自伴随变换当且仅当它们可交换.

45.2. 设 $\mathcal{A}$ 和 $\mathcal{B}$ 是度量向量空间上的自伴随变换. 证明:

a) 变换 $\mathcal{AB} + \mathcal{BA}$ 是自伴随的;

b) 如果 $\overline{\lambda} = -\lambda$, 那么变换 $\lambda(\mathcal{AB} - \mathcal{BA})$ 是自伴随的.

45.3. 证明度量空间 $L_1 \oplus L_2$ 上平行于子空间 L_2 在 L_1 上的投影是自伴随变换当且仅当 L_1 和 L_2 是正交的.

45.4. 设线性变换在某个标准正交基下的矩阵如下述, 求这个线性变换的标准正交特征基, 以及它在这个基下的矩阵:

a) $\begin{pmatrix} 2 & 1 \\ 1 & 2 \end{pmatrix}$;

b) $\begin{pmatrix} 11 & 2 & -8 \\ 2 & 2 & 10 \\ -8 & 10 & 5 \end{pmatrix}$;

c) $\begin{pmatrix} 17 & -8 & 4 \\ -8 & 17 & -4 \\ 4 & -4 & 11 \end{pmatrix}$;

d) $\begin{pmatrix} 5 & 1 & -1 \\ -1 & 5 & -1 \\ -1 & -1 & 5 \end{pmatrix}$;

e) $\begin{pmatrix} 0 & 0 & 1 \\ 0 & 1 & 0 \\ 1 & 0 & 0 \end{pmatrix}$;

f) $\begin{pmatrix} 0 & 0 & 0 & 1 \\ 0 & 0 & 1 & 0 \\ 0 & 1 & 0 & 0 \\ 1 & 0 & 0 & 0 \end{pmatrix}$;

g) $\begin{pmatrix} 1 & 1 & 1 & 1 \\ 1 & 1 & -1 & -1 \\ 1 & -1 & 1 & -1 \\ 1 & -1 & -1 & 1 \end{pmatrix}$.

45.5. 证明函数

$$\frac{1}{\sqrt{2}}, \cos x, \sin x, \cdots, \cos nx, \sin nx$$

构成指定内积为 $\dfrac{1}{\pi}\displaystyle\int_{-\pi}^{\pi} f(x)g(x)dx$ 的空间

$$V_n = \{a_0 + a_1\cos x + b_1\sin x + \cdots + a_n\cos nx + b_n\sin nx | a_i, b_i \in \mathbb{R}\}$$

上的对称变换 $\dfrac{d^2}{dx^2}$ 的一个标准正交特征基.

45.6. 证明 **Legendre 多项式** (见习题 43.44) 构成指定内积为 $\displaystyle\int_{-1}^{1} f(x)g(x)dx$ 的由次数 $\leqslant n$ 的多项式组成的空间上由下述法则给出的自伴随变换的一个特征基:

$$(\mathcal{A}(f))(x) = (x^2 - 1)f''(x) + 2xf'(x).$$

45.7. 求在某个标准正交基下的矩阵为下述矩阵的 Hermite 变换的标准正交特征基, 以及它在这个基下的矩阵:

a) $\begin{pmatrix} 3 & 2+2\mathrm{i} \\ 2-2\mathrm{i} & 1 \end{pmatrix}$; b) $\begin{pmatrix} 3 & -\mathrm{i} \\ \mathrm{i} & 3 \end{pmatrix}$; c) $\begin{pmatrix} 3 & 2-\mathrm{i} \\ 2+\mathrm{i} & 7 \end{pmatrix}$.

45.8. 在矩阵空间 $\mathbf{M}_n(\mathbb{C})$ 中, 设

$$(A, B) = \mathrm{tr}\,(A \cdot {}^t\overline{B}).$$

证明:

a) $\mathbf{M}_n(\mathbb{C})$ 是 Hermite 空间;

b) 这个空间中任一酉矩阵的长度为 $\sqrt{n}$;

c) 在 $\mathbf{M}_n(\mathbb{C})$ 上的变换 $X \mapsto AX$ 和 $X \mapsto {}^t\overline{A}X$ 是伴随的;

d) 若 A 是酉矩阵, 则变换 $X \mapsto AX$ 是酉变换.

45.9. 证明 Euclid 或 Hermite 空间上的自伴随变换可交换当且仅当它们有公共的标准正交特征基.

45.10. 证明 Euclid 或 Hermite 空间上的自伴随线性变换:

a) 是非负的当且仅当它的所有特征值是非负数;

b) 是正定的当且仅当它的所有特征值是正数.

45.11. 设 $\mathcal{A}$ 是 Euclid 或 Hermite 空间上的一个线性变换. 证明 $\mathcal{A}^*\mathcal{A}$ 是非负的自伴随变换. 证明 $\mathcal{A}^*\mathcal{A}$ 是正定的当且仅当 $\mathcal{A}$ 是可逆的.

45.12. 证明如果 Euclid 或 Hermite 空间上的两个非负的自伴随变换可交换, 那么它们的乘积是非负的自伴随变换.

45.13. 证明对于 Euclid 或 Hermite 空间上的任一非负的 (或正定的) 自伴随变换 $\mathcal{A}$, 存在一个非负的 (或正定的) 变换 $\mathcal{B}$ 使得 $\mathcal{B}^2 = \mathcal{A}$.

45.14. 设 3 维 Euclid 空间上的一个变换 $\mathcal{A}$ 在某个标准正交基下的矩阵为

$$\begin{pmatrix} 13 & 14 & 4 \\ 14 & 24 & 18 \\ 4 & 18 & 29 \end{pmatrix}.$$

求一个使得 $\mathcal{B}^2 = \mathcal{A}$ 的正定的自伴随变换 $\mathcal{B}$ 在这个基下的矩阵.

45.15. 证明 Euclid 或 Hermite 空间上两个非负的自伴随变换, 其中一个是可逆的, 它们的乘积的特征值是实数并且是非负数.

45.16. 证明 Euclid 或 Hermite 空间上的秩为 r 的非负的自伴随变换是 r 个秩为 1 的非负自伴随变换的和.

45.17. 证明 Hermite 空间上任一线性变换 $\mathcal{A}$ 可以唯一地分解为 $\mathcal{A} = \mathcal{A}_1 + \mathrm{i}\mathcal{A}_2$, 其中 $\mathcal{A}_1$ 和 $\mathcal{A}_2$ 是 Hermite 变换.

45.18. 设 A 是实数域上 Jacobi 矩阵, 即形如

$$\begin{pmatrix} \alpha_1 & \beta_1 & 0 & \cdots & 0 \\ \beta_1 & \alpha_2 & \beta_2 & \cdots & 0 \\ 0 & \beta_2 & \alpha_3 & \cdots & 0 \\ \vdots & \vdots & \vdots & \ddots & \vdots \\ 0 & 0 & 0 & \cdots & \beta_{n-1} \\ 0 & 0 & 0 & \cdots & \alpha_n \end{pmatrix}.$$

其中 $\beta_1 \times \cdots \times \beta_{n-1} \neq 0$. 证明 A 的特征值都是单根.

45.19. 求正交替换把二次型化简到主轴上:

a) $6x_1^2 + 5x_2^2 + 7x_3^2 - 4x_1x_2 + 4x_1x_3$;

b) $11x_1^2 + 5x_2^2 + 2x_3^2 + 16x_1x_2 + 4x_1x_3 - 20x_2x_3$;

c) $x_1^2 + x_2^2 + 5x_3^2 - 6x_1x_2 - 2x_1x_3 + 2x_2x_3$;

d) $x_1^2 + x_2^2 + x_3^2 + 4x_1x_2 + 4x_1x_3 + 4x_2x_3$;

e) $x_1^2 - 5x_2^2 + x_3^2 + 4x_1x_2 + 2x_1x_3 + 4x_2x_3$;

f) $2x_1x_2 - 6x_1x_3 - 6x_2x_4 + 2x_3x_4$;

g) $3x_1^2 + 8x_1x_2 - 3x_2^2 + 4x_3^2 - 4x_3x_4 + x_4^2$;

h) $x_1^2 + 2x_1x_2 + x_2^2 - 2x_3^2 - 4x_3x_4 - 2x_4^2$;

i) $9x_1^2 + 5x_2^2 + 5x_3^2 + 8x_4^2 + 8x_2x_3 - 4x_2x_4 + 4x_3x_4$;

j) $4x_1^2 - 4x_2^2 - 8x_2x_3 + 2x_3^2 - 5x_4^2 + 6x_4x_5 + 3x_5^2$.

45.20. 证明如果 $f(x) = \sum_{i=1}^{r} \lambda_i x^2$, 那么
$$\max(|\lambda_1|, \cdots, |\lambda_r|) = \max_{|x|=1} |f(x)|.$$

45.21. 把 Hermite 二次函数化简到主轴上:
a) $5|x_1|^2 + i\sqrt{3}x_1\overline{x}_2 - i\sqrt{3}\overline{x}_1 x_2 + 6|x_2|^2$;
b) $2|x_1|^2 + |x_2|^2 + 2ix_1\overline{x}_2 - 2i\overline{x}_1 x_2 + 2i\overline{x}_2 x_3 - 2ix_2\overline{x}_3$;
c) $|x_1|^2 + 2|x_2|^2 + 3|x_3|^2 - 2\overline{x}_1 x_2 + 2ix_1\overline{x}_2 + 2i\overline{x}_2 x_3 - 2ix_2\overline{x}_3$.

§46. 正交变换和酉变换. 极分解

46.1. 证明正交变换 (酉变换) 对于乘法形成一个群.

46.2. 证明如果 Euclid 空间 (或 Hermite 空间) 上的一个线性变换保持向量的长度不变, 那么它是正交变换 (或酉变换).

46.3. 证明如果 Euclid (或 Hermite) 空间中的向量 x 和 y 有相同的长度, 那么存在一个正交变换 (或酉变换) 把 x 映到 y.

46.4. 设 $x_1, \cdots, x_k$ 和 $y_1, \cdots, y_k$ 是 Euclid (或 Hermite) 空间中的两个向量组. 证明存在正交变换 (或酉变换) 把 x_i 映到 $y_i (i = 1, \cdots, k)$, 当且仅当对于从 1 到 k 的所有 i 和 j 有 $(x_i, x_j) = (y_i, y_j)$.

46.5. a) 设 w 是 Euclid (Hermite) 空间中的非零向量. 对于任一向量 x, 令 $U_w(x) = x - 2\dfrac{(x,w)}{(w,w)}w$. 证明 $U_w(w) = -w$ 并且当 $y \in \langle w \rangle^{\perp}$ 有 $U_w(y) = y$.

b) 设 x, y 是 Euclid (Hermite) 空间中的非零向量, 并且 $y \notin \langle x \rangle$. 证明存在一个向量 w 使得 $U_w(x) = \dfrac{\|x\|}{\|y\|}y$.

46.6. 设正交变换在某个标准正交基下的矩阵如下, 求这个正交变换的标准形, 以及相应的标准正交基.

a) $\dfrac{1}{3}\begin{pmatrix} 2 & 2 & -1 \\ 2 & -1 & 2 \\ -1 & 2 & 2 \end{pmatrix}$; b) $\dfrac{1}{2}\begin{pmatrix} 1 & 1 & -\sqrt{2} \\ 1 & 1 & \sqrt{2} \\ \sqrt{2} & -\sqrt{2} & 0 \end{pmatrix}$;

c) $\dfrac{1}{3}\begin{pmatrix} 2 & -1 & 2 \\ 2 & 2 & -1 \\ -1 & 2 & 2 \end{pmatrix}$; d) $\dfrac{1}{4}\begin{pmatrix} 3 & 1 & -\sqrt{6} \\ 1 & 3 & \sqrt{6} \\ \sqrt{6} & -\sqrt{6} & 2 \end{pmatrix}$;

e) $\dfrac{1}{2}\begin{pmatrix} 1 & -\sqrt{2} & -1 \\ 1 & \sqrt{2} & -1 \\ \sqrt{2} & 0 & \sqrt{2} \end{pmatrix}$;

f) $\dfrac{1}{2}\begin{pmatrix} 1 & 1 & 1 & 1 \\ 1 & 1 & -1 & -1 \\ 1 & -1 & 1 & -1 \\ 1 & -1 & -1 & 1 \end{pmatrix}$;

g) $\dfrac{1}{2}\begin{pmatrix} 1 & 1 & 1 & 1 \\ 1 & 1 & -1 & -1 \\ -1 & 1 & -1 & 1 \\ -1 & 1 & 1 & -1 \end{pmatrix}$;

h) $\dfrac{1}{3}\begin{pmatrix} 2 & 2 & -1 \\ -1 & 2 & 2 \\ 2 & -1 & 2 \end{pmatrix}$;

i) $\dfrac{1}{9}\begin{pmatrix} 1 & -8 & 4 \\ 4 & 4 & 7 \\ -8 & 1 & 4 \end{pmatrix}$;

j) $\dfrac{1}{7}\begin{pmatrix} 3 & -2 & 6 \\ 6 & 3 & -2 \\ -2 & 6 & 3 \end{pmatrix}$;

k) $\begin{pmatrix} \dfrac{1}{\sqrt{2}} & 0 & -\dfrac{1}{\sqrt{2}} \\ \dfrac{1}{3\sqrt{2}} & \dfrac{4}{3\sqrt{2}} & \dfrac{1}{3\sqrt{2}} \\ \dfrac{2}{3} & -\dfrac{1}{3} & \dfrac{2}{3} \end{pmatrix}$;

l) $\begin{pmatrix} \dfrac{3}{4} & \dfrac{1}{4} & \dfrac{\sqrt{6}}{4} \\ \dfrac{1}{4} & \dfrac{3}{4} & -\dfrac{\sqrt{6}}{4} \\ -\dfrac{\sqrt{6}}{4} & \dfrac{\sqrt{6}}{4} & \dfrac{1}{2} \end{pmatrix}$.

46.7. 设酉变换在某个标准正交基下的矩阵如下，求由这个酉变换的特征向量组成的标准正交基，以及这个酉变换在这个基下的矩阵：

a) $\begin{pmatrix} \cos\alpha & -\sin\alpha \\ \sin\alpha & \cos\alpha \end{pmatrix}$ $(\alpha \neq k\pi)$;

b) $\dfrac{1}{\sqrt{3}}\begin{pmatrix} 1+i & 1 \\ -1 & 1-i \end{pmatrix}$;

c) $\dfrac{1}{9}\begin{pmatrix} 4+3i & 4i & -6-2i \\ -4i & 4-3i & -2-6i \\ 6+2i & -2-6i & 1 \end{pmatrix}$;

d) $\dfrac{1}{4}\begin{pmatrix} 2+3i & -\sqrt{3} \\ \sqrt{3} & 2-3i \end{pmatrix}$;

e) $\dfrac{1}{\sqrt{2}}\begin{pmatrix} i & 1 \\ -1 & -i \end{pmatrix}$.

46.8. 证明行列式为 1 的 2 阶酉矩阵相似于一个实正交矩阵.

46.9. 设 $\mathcal{A}$ 是 Hermite 空间上的酉变换，并且变换 $\mathcal{A} - \mathcal{E}$ 是可逆的. 证明变换 $i(\mathcal{A} - \mathcal{E})^{-1}(\mathcal{A} + \mathcal{E})$ 是 Hermite 变换.

46.10. 设 $\mathcal{A}$ 是 Hermite 变换. 证明：

a) 变换 $\mathcal{A} - i\mathcal{E}$ 是可逆的;

b) 变换 $\mathcal{B} = (\mathcal{A} - i\mathcal{E})^{-1}(\mathcal{A} + i\mathcal{E})$ 是酉变换;

c) 变换 $\mathcal{B} - \mathcal{E}$ 是可逆的;

d) $\mathcal{A} = \mathrm{i}(\mathcal{B} - \mathcal{E})^{-1}(\mathcal{B} + \mathcal{E})$.

46.11. 证明对于任一 Hermite 变换 $\mathcal{A}$, 变换 $e^{\mathrm{i}\mathcal{A}}$ 是酉变换; 反之, 任一酉变换可以表示成 $e^{\mathrm{i}\mathcal{A}}$, 其中 $\mathcal{A}$ 是某个 Hermite 变换.

46.12. 设 V 是 Euclid 空间, 具有一个标准正交基 (e_1, e_2, e_3), 并且 $\mathcal{A}$ 是 V 上的一个正交变换, 它的行列式为 1. 证明 $\mathcal{A} = \mathcal{A}_\varphi \mathcal{B}_\theta \mathcal{A}_\psi$, 其中 $\mathcal{A}_\varphi$ 和 $\mathcal{A}_\psi$ 是平面 $\langle e_1, e_2 \rangle$ 上的旋转, 转角分别为 φ 和 ψ; $\mathcal{B}_\theta$ 是平面 $\langle e_2, e_3 \rangle$ 上转角为 θ 的旋转.

46.13. 设 V 是实数域 $\mathbb{R}$ 上的迹为 0 的 2 阶 Hermite 矩阵组成的空间, 并且 $(A, B) = \mathrm{tr}\,(AB)(A, B \in V)$. 证明:

a) V 是 Euclid 空间, 具有标准正交基
$$e_1 = \frac{1}{\sqrt{2}} \begin{pmatrix} 1 & 0 \\ 0 & -1 \end{pmatrix}, \quad e_2 = \frac{1}{\sqrt{2}} \begin{pmatrix} 0 & 1 \\ 1 & 0 \end{pmatrix}, \quad e_3 = \frac{1}{\sqrt{2}} \begin{pmatrix} 0 & \mathrm{i} \\ -\mathrm{i} & 0 \end{pmatrix};$$

b) 由对应法则 $X \mapsto AX^t\overline{A}(X \in V)$ 给出的变换, 其中 A 是一个酉矩阵, 是正交变换;

c) 对于 V 上的任一正交变换 $\mathcal{A}$, 存在行列式为 1 的 2 阶酉矩阵 A 使得对于一切 $X \in V$ 有 $\mathcal{A}(X) = AX^t\overline{A}$.

46.14. 证明 Euclid 空间上的任一正交变换 $\mathcal{A}$ 是一些关于超平面的反射的乘积, 并且这些反射的最小数目等于子空间 $\mathrm{Ker}\,(\mathcal{A} - \mathcal{E})$ 的余维数.

46.15. 证明如果 $\mathcal{A}, \mathcal{B}$ 是正定的自伴随变换, $\mathcal{A} = \mathcal{BC}$ 且 $\mathcal{C}$ 是正交 (酉) 变换, 那么 $\mathcal{C} = \mathcal{E}$.

46.16. 把在某个标准正交基下的矩阵为下述矩阵的变换分解成正定自伴随变换与正交变换的乘积:

a) $\begin{pmatrix} 2 & -1 \\ 2 & 1 \end{pmatrix}$; b) $\begin{pmatrix} 1 & -4 \\ 1 & 4 \end{pmatrix}$; c) $\begin{pmatrix} 4 & -2 & 2 \\ 4 & 4 & -1 \\ -2 & 4 & 2 \end{pmatrix}$.

46.17. 证明 Euclid (酉) 空间上的一个变换 $\mathcal{A}$ 的分解式 $\mathcal{A} = \mathcal{BC}$, 其中 $\mathcal{B}$ 是非负的自伴随对称 (或 Hermite) 变换, $\mathcal{C}$ 是正交变换 (或酉变换), 是唯一的.

46.18. 证明对于任一酉变换 $\mathcal{A}$ 和任一正整数 k, 存在一个酉变换 $\mathcal{B}$, 它是 $\mathcal{A}$ 的一个多项式, 使得 $\mathcal{B}^k = \mathcal{A}$.

* * *

46.19. 证明一个自伴随变换 $\mathcal{A}$ 是正定的, 当它的特征多项式 $t^n + c_1 t^{n-1} + \cdots + c_n$ 的系数 $c_1, \cdots, c_n$ 都不等于 0 并且有交错的符号 (即 $c_1 < 0, c_2 > 0, c_3 < 0, \cdots$).

46.20. 设 $\mathcal{A}, \mathcal{B}$ 是自伴随变换并且 $\mathcal{A}$ 是正定的. 证明变换 $\mathcal{AB}$ 的特征值是实数.

46.21. 设 $\mathcal{A}, \mathcal{B}$ 是自伴随变换并且 $\mathcal{A}$ 是正定的, $\mathcal{B}$ 是非负的. 证明 $\mathcal{AB}$ 的特征值是实数并且非负.

46.22. 设 $\mathcal{A}$ 是自伴随变换. 证明下列条件等价:

a) $\mathcal{A}$ 的所有特征值属于区间 $[a, b]$;

b) 变换 $\mathcal{A} - \lambda \mathcal{E}$ 当 $\lambda > b$ 时是负定的, 当 $\lambda < a$ 时是正定的.

46.23. 设 $\mathcal{A}, \mathcal{B}$ 是自伴随变换, 它们的特征值分别属于区间 $[a, b]$ 和 $[c, d]$. 证明 $\mathcal{A} + \mathcal{B}$ 的特征值属于区间 $[a+c, b+d]$.

46.24. 设 $\mathcal{A}$ 是自伴随变换. 证明变换 $e^{\mathcal{A}}$ 是正定的和自伴随的.

46.25. 设 $\mathcal{A} = \mathcal{BU}$ 是线性变换 $\mathcal{A}$ 的极分解, 其中 $\mathcal{B}$ 是非负的自伴随变换, $\mathcal{U}$ 是酉变换. 证明 $\mathcal{A}$ 是正规的当且仅当 $\mathcal{BU} = \mathcal{UB}$.

46.26. 设 $\mathcal{A} = \mathcal{BU}$ 是线性变换 $\mathcal{A}$ 的极分解, 其中 $\mathcal{B}$ 是非负的自伴随变换, $\mathcal{U}$ 是酉变换. 设 $\lambda_1 \geqslant \cdots \geqslant \lambda_n \geqslant 0$ 是 $\mathcal{B}$ 的特征值. 考虑由习题 42.5 b) 给出的由线性变换组成的空间的范数, 它对应于 Hermite 空间上的范数. 证明:

a) $\|\mathcal{A}\| = \lambda_1$;

b) 如果线性变换 $\mathcal{A}$ 是可逆的, 那么 $\lambda_n > 0$ 并且 $\|\mathcal{A}^{-1}\| = \dfrac{1}{\lambda_n}$.

46.27. 设 A 是非奇异的 n 阶复方阵. 考虑线性方程组 $AX = b$. 设 X_0 是它的解并且 X_1 是它的近似, $r = b - AX_1$ 是边际错误向量. 证明:

$$\frac{\|X_0 - X_1\|}{\|X_0\|} \leqslant \|A\| \cdot \|A^{-1}\| \cdot \frac{\|r\|}{\|b\|}.$$

46.28. 设 A 是复方阵. 证明 $A = U_1 D U_2$, 其中 U_1, U_2 是酉矩阵, D 是对角矩阵. 证明 D 的主对角线上的元素是矩阵 $A \cdot {}^t \overline{A}$ 的特征值的平方根.

46.29. 设 $A = (a_{ij})$ 是 n 阶复方阵. 证明:

a) $\det(A \cdot {}^t \overline{A}) \leqslant \left(\sum\limits_{i=1}^{n} |a_{1i}|^2 \right) \times \cdots \times \left(\sum\limits_{i=1}^{n} |a_{ni}|^2 \right)$;

b) $|\det A| \leqslant n^{\frac{n}{2}} \cdot (\max_{i,j} |a_{ij}|)^n$;

c) 在 b) 中指出的估计是精确的.

46.30. 设 $A \in \mathbf{M}_n(\mathbb{C})$. 证明 $A = UR$, 其中 U 是酉矩阵, R 是上三角矩阵. 如果 $A \in \mathbf{M}_n(\mathbb{R})$, 那么 $A = QR$, 其中 Q 是正交矩阵, R 是上三角实矩阵.

46.31. 设 $A \in \mathbf{M}_n(\mathbb{C})$. 证明 ${}^t \overline{A} A = {}^t \overline{R} R$, 其中 R 是上三角矩阵. 如果 $A \in \mathbf{M}_n(\mathbb{R})$, 那么 R 能在 $\mathbf{M}_n(\mathbb{R})$ 中选择.

46.32. 证明任一酉矩阵是一个实正交矩阵和一个复对称矩阵的乘积.

46.33. 设 V 是具有数量积的复向量空间 (我们取域 $\mathbb{C}$ 的单位自同构). 证明对于 V 上的任一对称变换 $\mathcal{A}$, 存在一个 Jordan 基, 数量积在这个基下的矩阵是分块对角矩阵, 它的块与 $\mathcal{A}$ 的矩阵的 Jordan 块有相同的大小, 并且这些块形如

$$\begin{pmatrix} 0 & 0 & \cdots & 0 & 1 \\ 0 & 0 & \cdots & 1 & 0 \\ \cdots & \cdots & \cdots & \cdots & \cdots \\ 0 & 1 & \cdots & 0 & 0 \\ 1 & 0 & \cdots & 0 & 0 \end{pmatrix}.$$

第十一章 张量

§47. 基本概念

在这一节 V 是 n 维向量空间，$n \geqslant 2$，$(e_1, \cdots, e_n)$ 是 V 的一个基，并且 $(e^1, \cdots, e^n)$ 是空间 V^* 的对偶基.

47.1. 下列用它们的坐标给出的张量哪些是可分解的:

a) $t_{ij} = ij$;

b) $t^i_j = \delta_{1i} j$;

c) $t^{ij} = i + j$;

d) $t^k_{ij} = 2^{i+j+k^2}$;

e) $t^{ij}_k = \delta_{ij} \delta_{jk}$;

f) $t_{ijk} = \delta_{ij} \delta_{jk} \delta_{k1}$?

47.2. 求张量
$$F = e^1 \otimes e_2 + e^2 \otimes (e_1 + 3e_3) \in \mathbf{T}^1_1(V)$$
的值 $F(v, f)$，其中 $v = e_1 + 5e_2 + 4e_3$，$f = e^1 + e^2 + e^3$.

47.3. 求张量 $A \otimes B - B \otimes A \in \mathbf{T}^0_5(V)$ 在 5 元组 $(v_1, \cdots, v_5)$ 上的值:

a) $A = e^1 \otimes e^2 + e^2 \otimes e^3 + e^2 \otimes e^2 \in \mathbf{T}^0_2(V)$,
$B = e^1 \otimes e^1 \otimes (e^1 - e^3) \in \mathbf{T}^0_3(V)$,
$v_1 = e_1$, $v_2 = e_1 + e_2$, $v_3 = e_2 + e_3$, $v_4 = v_5 = e_2$;

b) $A = e^1 \otimes e^2 + e^2 \otimes e^3 + e^3 \otimes e^1 \in \mathbf{T}_2^0(V)$,

$B \in \mathbf{T}_3^0(V)$, 张量 B 的所有坐标都等于 1, 并且

$$v_1 = e_1 + e_2, \quad v_2 = e_2 + e_3, \quad v_3 = e_3 + e_1, \quad v_4 = v_5 = e_2.$$

47.4. 求张量 $F \in \mathbf{T}_2^2(V)$ 的值 $F(v,v,v,f,f)$, 当 F 的所有坐标都等于 3, 并且 $v = e_1 + 2e_2 + 3e_3 + 4e_4, f = e^1 - e^4$.

47.5. 设张量 $T \in \mathbf{T}_3^2(V)$ 对于 V 的一个基 (e_1, e_2, e_3), 它的所有坐标都等于 2, 求 T 对于 V 的另一个基

$$(\widetilde{e}_1, \widetilde{e}_2, \widetilde{e}_3) = (e_1, e_2, e_3) \begin{pmatrix} 1 & 2 & 3 \\ 0 & 1 & 2 \\ 0 & 0 & 1 \end{pmatrix}$$

的坐标 $\widetilde{t}_{123}^{12}$.

47.6. 设张量

$$A = e^1 \otimes e^2 + e^3 \otimes e^3 \in \mathbf{T}_2^0(V),$$
$$B \in \mathbf{T}_3^0(V),$$

并且 $B(v_1, v_2, v_3)$ 表示 V 中向量 v_1, v_2, v_3 在基 e_1, e_2, e_3 下的坐标组成的行列式. 求张量积 $A \otimes B$ 和 $B \otimes A$ 具有指数为 $1, 2, 3, 3, 3$ 的坐标.

47.7. 求坐标:

a) 张量 $e^1 \otimes e^2 \otimes (e_1 + e_2) \in \mathbf{T}_2^1(V)$ 对于 V 的基

$$(\widetilde{e}_1, \widetilde{e}_2) = (e_1, e_2) \begin{pmatrix} 1 & 1 \\ 2 & 3 \end{pmatrix}$$

的坐标 $\widetilde{t}_{21}^{1}$;

b) 设张量 $T \in \mathbf{T}_1^2(V)$ 对于 V 的基 (e_1, e_2), 它的所有坐标都等于 1, 求 T 对于 V 的另一个基

$$(\widetilde{e}_1, \widetilde{e}_2) = (e_1, e_2) \begin{pmatrix} 1 & 2 \\ 2 & 5 \end{pmatrix}$$

的坐标 $\widetilde{t}_1^{12}$;

c) 张量 $e^2 \otimes e^1 \otimes e_3 \otimes e_1 + e^3 \otimes e^3 \otimes e_1 \otimes e_2 \in \mathbf{T}_2^2(V)$ 对于 V 的基

$$(\widetilde{e}_1, \widetilde{e}_2, \widetilde{e}_3) = (e_1, e_2, e_3) \begin{pmatrix} 1 & 0 & 0 \\ 2 & 1 & 0 \\ 3 & 2 & 1 \end{pmatrix}$$

的坐标 $\widetilde{t}^{12}_{31}$.

47.8. 求张量的坐标：

a) $(e_1 + e_2) \otimes (e_1 - e_2)$;

b) $(e_1 + e_2) \otimes (e_1 + e_2)$;

c) $(e_1 + 2e_2) \otimes (e_1 + e_2) - (e_1 + e_2) \otimes (e_1 + 2e_2)$;

d) $(e_1 + 2e_2) \otimes (e_3 + e_4) - (e_1 - 2e_2) \otimes (e_3 - e_4)$.

47.9. 设 $n = 4, T = e^1 \otimes e_2 + e^2 \otimes e_3 + e^3 \otimes e_4 \in \mathbf{T}^1_1(V)$. 求所有的

a) $f \in V^*$ 使得对任意 $v \in V, T(v, f) = 0$ ；

b) $v \in V$ 使得对任意 $f \in V^*, T(v, f) = 0$.

47.10. 设 $n = 3$, 域 $K = \mathbf{Z}_p$，并且 $T = e^1 \otimes e_2 + e^2 \otimes e_3 \in \mathbf{T}^1_1(V)$. 求使得 $T(v, f) = 0$ 的二元组 $(v, f) \in V \times V^*$ 的数目.

47.11. 求下列双线性函数的秩：

a) $(e^1 + e^2) \otimes (e^1 + e^3) - e^1 \otimes e^1 - e^2 \otimes e^2$;

b) $(e^1 - 2e^3) \otimes (e^1 + 3e^2 - e^4) + (e^1 - 2e^3) \otimes e^4$;

c) $(e^1 + e^3) \otimes (e^2 + e^4) - (e^2 - e^4) \otimes (e^1 - e^3)$.

47.12. 证明：

a) 如果 $u, v \in V^*$ 都不为 0，那么双线性函数 $u \otimes v$ 的秩等于 1；

b) 如果 $u_1, \cdots, u_k, v_1, \cdots, v_k \in V^*$，那么双线性函数 $\sum_{i=1}^{k} u_i \otimes v_i$ 的秩不超过 k.

47.13. 求张量的全缩并 (total contraction)：

a) $(e_1 + 3e_2 - e_3) \otimes (e^1 - 2e^3 + 3e^4) - (e_1 - e_3) \otimes (e^1 - 3e^3 + e^4)$;

b) $(e_1 + 2e_2 + 3e_3) \otimes (e^1 + e^2 - 2e^3) - (e_1 - e_2 + e_3) \otimes (e^2 - 2e^3 - 3e^4)$;

c) $e_1 \otimes (e^1 + e^2 + e^3 + e^4) + e_2 \otimes (e^1 + 2e^2 + 2e^3 + 4e^4) + 2e_3 \otimes (e^1 - e^2 - e^4)$.

47.14. 设 $\alpha : V^* \otimes V \to L(V)$ 是标准同构. 对于 $n = 4$，计算 $\alpha(t)v$，其中

a) $t = e^1 \otimes e_3$, $v = e_1 + e_2 + e_3 + e_4$;

b) $t = (e^1 + e^2) \otimes (e_3 + e_4)$, $v = 2e_1 + 3e_2 + 2e_3 + 3e_4$.

47.15. 求 $x \in V^* \otimes V$，使得 $\alpha(x) = (\alpha(t))^2$ 对于 t 等于

a) $(2e^1 - e^3) \otimes (e_1 + e_2)$;

b) $e^1 \otimes e_2 + (e^1 + 2e^2) \otimes e_3$.

47.16. 设在向量空间 V 上存在一个数量积，它的矩阵为

$$\begin{pmatrix} 2 & 1 & 0 & 0 \\ 1 & 1 & 0 & 0 \\ 0 & 0 & 1 & 1 \\ 0 & 0 & 1 & 2 \end{pmatrix}.$$

做出下述张量的指标的下降和提升:

a) $e^1 \otimes e_3 + e^2 \otimes e_4$;

b) $(e^1 + e^2) \otimes (e_3 + e_4) - (e^1 + e^3) \otimes e_3$;

c) $t_j^i = \delta_{2i} + \delta_{4j}$;

d) $t_j^i = i\delta_{ij}$.

47.17. 证明如果线性变换 $\mathcal{A}$ 是可对角化的，那么线性变换 $\mathcal{A}^{\otimes k}$ 也是可对角化的.

47.18. 设 a 是线性变换 $\mathcal{A}$ 的迹，并且 d 是它的行列式，求:

a) $\mathrm{tr}(\mathcal{A} \otimes \mathcal{A})$;   b) $\mathrm{tr}(\mathcal{A}^{\otimes k})$;   c) $\det(\mathcal{A} \otimes \mathcal{A})$.

47.19. 求线性变换 $\mathcal{A} \otimes \mathcal{B}$ 的矩阵的 Jordan 标准形，如果 $\mathcal{A}$ 和 $\mathcal{B}$ 的矩阵分别有 Jordan 标准形:

a) $\begin{pmatrix} 1 & 1 \\ 0 & 1 \end{pmatrix}$, $\begin{pmatrix} 1 & 0 & 0 \\ 0 & 2 & 0 \\ 0 & 0 & 3 \end{pmatrix}$;

b) $\begin{pmatrix} 1 & 1 \\ 0 & 1 \end{pmatrix}$, $\begin{pmatrix} 2 & 1 \\ 0 & 2 \end{pmatrix}$;

c) $\begin{pmatrix} 1 & 1 \\ 0 & 1 \end{pmatrix}$, $\begin{pmatrix} 0 & 1 & 0 \\ 0 & 0 & 1 \\ 0 & 0 & 0 \end{pmatrix}$.

§48. 对称张量和斜称张量

48.1. 在空间 $(\mathbf{T}_q^p(V))^*$ 和 $\mathbf{T}_p^q(V)$ 之间建立一个同构.

48.2. 证明空间 $\mathbf{T}_0^q(V)$ 上的对称化变换 Sym 和交错化变换 Alt 的下述性质:

a) 核 Ker Sym 和 Ker Alt 的交当 $q=2$ 时等于 0，当 $q>2$ 时不等于 0;

b) $\mathrm{Sym} \cdot \mathrm{Alt} = \mathrm{Alt} \cdot \mathrm{Sym} = 0$;

c) 变换 $\mathcal{P} = (\mathcal{E} - \mathrm{Sym})(\mathcal{E} - \mathrm{Alt})$ 是投影.

对于 $q = 3$, 求变换 $\mathcal{P}$ 的秩.

48.3. 证明如果基域的特征为 0, 那么形如 v^k $(v \in V)$ 的张量生成的子空间与 $S^k(V)$ 一致.

48.4. a) 在 $S^q(V_1 \oplus V_2)$ 与 $\bigoplus_{i=1}^{q} S^i(V_1) \otimes S^{q-i}(V_2)$ 之间建立一个同构;

b) 在 $\wedge^q(V_1 \oplus V_2)$ 与 $\bigoplus_{i=1}^{q} \wedge^i(V_1) \otimes \wedge^{q-i}(V_2)$ 之间建立一个同构.

48.5. 证明如果 $\dim V > 2$, 那么空间 $\wedge^2(\wedge^2(V))$ 与 $\wedge^4(V)$ 是不一致的.

48.6. 证明对于空间 V 上的任一非奇异双线性函数 f, 存在空间 $\wedge^2 V$ 中的一个非奇异双线性张量 F 使得

$$F(v_1 \wedge v_2, v_3 \wedge v_4) = \det \begin{pmatrix} f(v_1, v_3) & f(v_1, v_4) \\ f(v_2, v_3) & f(v_2, v_4) \end{pmatrix}.$$

48.7. 求线性变换 $\wedge^q(\mathcal{A})$ 的迹, 其中线性变换 $\mathcal{A}$ 由下述矩阵给出:

a) $\begin{pmatrix} 1 & 1 & 0 \\ 0 & 2 & 2 \\ 0 & 0 & 3 \end{pmatrix}$ $(q=2)$; b) $\begin{pmatrix} 1 & -2 & 0 & 0 \\ 1 & 4 & 0 & 0 \\ 0 & 0 & -4 & 4 \\ 0 & 0 & -3 & 1 \end{pmatrix}$ $(q=4)$;

c) $\begin{pmatrix} 1 & 0 & 1 & 2 \\ 0 & 2 & 1 & 0 \\ 1 & 0 & 1 & 0 \\ 0 & 0 & 1 & 3 \end{pmatrix}$ $(q = 2, 3)$.

48.8. 求线性变换 $\wedge^2(\mathcal{A})$ 的矩阵的 Jordan 形, 如果线性变换 $\mathcal{A}$ 的矩阵有 Jordan 形:

a) $\begin{pmatrix} 1 & 1 & 0 & 0 \\ 0 & 1 & 1 & 0 \\ 0 & 0 & 1 & 1 \\ 0 & 0 & 0 & 1 \end{pmatrix}$; b) $\begin{pmatrix} 2 & 1 & 0 & 0 \\ 0 & 2 & 0 & 0 \\ 0 & 0 & 3 & 1 \\ 0 & 0 & 0 & 3 \end{pmatrix}$; c) $\begin{pmatrix} 2 & 0 & 0 & 0 & 0 \\ 0 & -2 & 0 & 0 & 0 \\ 0 & 0 & -2 & 0 & 0 \\ 0 & 0 & 0 & 1 & 1 \\ 0 & 0 & 0 & 0 & 1 \end{pmatrix}$.

48.9. 证明如果对一切 $q > 0$ 有 $\mathrm{tr} \wedge^q(\mathcal{A}) = 0$, 那么线性变换 $\mathcal{A}$ 是幂零的.

48.10. 设 $\mathcal{A}$ 是 n 维空间 V 上的非零线性变换. 证明 $\wedge^{n-1}(V)$ 上的非零线性变换 $\wedge^{n-1}(\mathcal{A})$ 或者是非奇异的, 或者有秩 1.

48.11. 证明 k 维子空间 $W \subseteq V$ 是在线性变换 $\mathcal{A}$ 下不变的当且仅当 $\wedge^k W$ 在 $\wedge^k(\mathcal{A})$ 下是不变的.

48.12. 证明对于任一双向量 $\xi \in \wedge^2(V)$ 存在 V 的一个基 $(e_1, \cdots, e_n)$ 使得

对于某个偶数 k,

$$\xi = e_1 \wedge e_2 + e_3 \wedge e_4 + \cdots + e_{k-1} \wedge e_k.$$

48.13. Cartan 引理. 设空间 V 的向量组 $v_1, \cdots, v_k$ 是线性无关的, 并且 $t_1, \cdots, t_k \in V$. 证明 $v_1 \wedge t_1 + \cdots + v_k \wedge t_k = 0$ 当且仅当 $t_1, \cdots, t_k \in \langle v_1, \cdots, v_k \rangle$ 并且由使得 $t_i = \sum_{j=1}^{k} \alpha_{ij} v_j$ 的元素 α_{ij} 组成的矩阵是对称的.

48.14. 证明双向量 ξ 是可分解的当且仅当 $\xi \wedge \xi = 0$.

48.15. 证明对于 $\xi \in \wedge^p(V), x \in V, x \neq 0$, 等式 $\xi \wedge x = 0$ 成立当且仅当 $\xi = x \wedge \vartheta$ 对于某个 $\vartheta \in \wedge^{p-1}(V)$.

48.16. 设 $\xi \in \wedge^p(V)$ 是一个非零 p-向量, 并且

$$W = \{x \in V | \xi \wedge x = 0\}.$$

证明:

a) $\dim W \leqslant p$;

b) $\dim W = p$ 当且仅当 ξ 是可分解的;

c) 它的 p 次幂包含 p-向量 ξ 的最小子空间等于

$$U = \{\xi(v_1, \cdots, v_{p-1}) | v_i \in V^*\};$$

d) $\dim U \geqslant p$, 并且 $\dim U = p$ 当且仅当 ξ 是可分解的.

48.17. 证明内乘运算 $i(v^*)$, 其中 $v^* \in V^*$ 是代数 $S(V)$ 的**微分**.

48.18. 证明内乘运算 $i(v_1^*)$ 和 $i(v_2^*)$ $(v_1^*, v_2^* \in V^*)$ 在代数 $S(V)$ 中可交换, 并且在代数 $\wedge(V)$ 中反交换.

第十二章 仿射几何, Euclid 几何和射影几何

§49. 仿射空间

49.1. 证明对于仿射空间的任意点 a, b, c, 都有 $\overline{ab} + \overline{bc} = \overline{ac}$.

49.2. 证明如果 $\sum_{i=1}^{k} \lambda_i = 0$, 那么对于仿射空间的任意点 $a_1, \cdots, a_k$, 向量 $\sum_{i=1}^{k} \lambda_i \overline{aa_i}$ 不依赖于点 a.

49.3. 证明如果 $\sum_{i=1}^{k} \lambda_i = 1$, 那么对于仿射空间的任意点 $a_1, \cdots, a_k$, 点 $a + \sum_{i=1}^{k} \lambda_i \overline{aa_i}$ (表示成 $\sum_{i=1}^{k} \lambda_i a_i$) 不依赖于点 a.

49.4. 设 (P, U) 是仿射空间的一个仿射子空间 (一个平面). 证明:

a) $U = \{\overline{pq} | p, q \in P\}$;

b) $P = p + U$ 对任意点 $p \in P$.

49.5. 证明仿射空间的任意一族平面的交或者是空集或者是一个平面.

49.6. 设 S 是仿射空间 A 的一个非空子集. 证明:

a) 子集 $\langle S \rangle = a + \langle \overline{ax} | x \in S \rangle$, 其中 $a \in S$, 不依赖于 a 并且它是包含 S 的

最小平面；

b) $\langle S \rangle = \left\{ \sum_{i=1}^{k} \lambda_i a_i \Big| \sum_{i=1}^{k} \lambda_i = 1, a_i \in S, k \in \mathbb{N} \right\}.$

49.7. 证明一个仿射无关集的子集是仿射无关的.

49.8. 证明仿射空间中一个集合 S 的任一极大仿射无关子集包含 $k+1$ 个点, 其中 $k = \dim \langle S \rangle$.

49.9. 设在仿射空间 (A, V) 中给了两个仿射坐标系: $(a, e_1, \cdots, e_n), (a', e_1', \cdots, e_n')$. 设 $(a_1, \cdots, a_n)$ 是点 a' 在第一个仿射坐标系中的坐标, $B = (b_{ij})$ 是向量空间 V 中基 $(e_1, \cdots, e_n)$ 到基 $(e_1', \cdots, e_n')$ 的过渡矩阵. 用点 $x \in A$ 在第二个坐标系中的坐标 $(x_1', \cdots, x_n')$ 表示 x 在第一个坐标系中的坐标 $(x_1, \cdots, x_n)$; 反过来, 用 x 在第一个坐标系中的坐标表示它在第二个坐标系中的坐标.

49.10. 求决定下述集合的仿射包的方程组和参数方程:

a) $(-1, 1, 0, 1), (0, 0, 2, 0), (-3, -1, 5, 4), (2, 2, -3, -3)$;

b) $(1, 1, 1, -1), (0, 0, 6, -7), (2, 3, 6, -7), (3, 4, 1, -1)$.

49.11. 设 $a_i = (a_{i1}, \cdots, a_{in})(i = 1, \cdots, s)$ 是 n 维仿射空间的点. 证明不等式

$$\operatorname{rk}(a_{ij}) - 1 \leqslant \dim \langle a_1, \cdots, a_s \rangle \leqslant \operatorname{rk}(a_{ij}).$$

在什么条件下每个不等式变成等式.

49.12. 证明仿射空间中任意两条线被包含在一个 3 维平面中.

49.13. 设 $P_1 = a_1 + L_1, P_2 = a_2 + L_2$ 是仿射空间的两个平面. 证明:

a) $P_1 \cap P_2 = \varnothing$ 当且仅当 $\overline{a_1 a_2} \notin L_1 + L_2$;

b) 若 $P_1 \cap P_2 \neq \varnothing$, 则

$$\dim \langle P_1 \cup P_2 \rangle = \dim P_1 + \dim P_2 - \dim(P_1 \cap P_2);$$

c) 若 $P_1 \cap P_2 = \varnothing$, 则

$$\dim \langle P_1 \cup P_2 \rangle = \dim P_1 + \dim P_2 - \dim(L_1 \cap L_2) + 1.$$

49.14. 证明对于仿射空间的任意平面 $P_1, \cdots, P_s$,

$$\dim \langle P_1 \cup \cdots \cup P_s \rangle \leqslant \dim P_1 + \cdots + \dim P_s + s - 1.$$

49.15. 证明两个不相交平面 P_1, P_2 的**平行次数**等于

a) 存在 k 维平行平面 $Q_1 \subseteq P_1$ 和 $Q_2 \subseteq P_2$ 的最大数目 k;

b) 包含于 P_1 并且与 P_2 平行的平面的最大维数, 当 $\dim P_1 \leqslant \dim P_2$.

49.16. 求平面 P_1 和 P_2 的并集的仿射包的维数,以及 P_1 与 P_2 的交的维数或者它们的平行次数,如果

a) $P_1 : \begin{cases} 3x_1 + 2x_2 + 2x_3 + 2x_4 = 2, \\ 2x_1 + 3x_2 + 2x_3 + 5x_4 = 3, \end{cases}$ $P_2 : \begin{cases} 2x_1 + 2x_2 + 3x_3 + 4x_4 = 5, \\ 5x_1 - x_2 + 3x_3 - 5x_4 = 2; \end{cases}$

b) $P_1 : \begin{cases} 2x_1 + 3x_2 + 4x_3 + 5x_4 = 6, \\ 4x_1 + 5x_2 + 4x_3 + 3x_4 = 2, \end{cases}$ $P_2 : \begin{cases} x_1 = 1 - t_1, \\ x_2 = 1 + 2t_1 + t_2, \\ x_3 = 1 - 2t_1 + 2t_2, \\ x_4 = 1 + t_1 + t_2; \end{cases}$

c) $P_1 : \begin{cases} 3x_1 = 1 + 2t_1, \\ x_2 = 3 + 2t_2, \\ x_3 = 5 + 4t_2, \\ x_4 = 4 + 3t_1 + 2t_2, \\ x_5 = 2 + t_1 + 2t_2, \end{cases}$ $P_2 : \begin{cases} x_1 = -6 + 4t, \\ x_2 = 2 + 3t, \\ x_3 = 2 + 7t, \\ x_4 = -2 + 5t, \\ x_5 = -3 + 3t. \end{cases}$

49.17. 设 $P_1 = a_1 + L_1$ 和 $P_2 = a_2 + L_2$ 是两个不相交的平面. 证明包含 P_1 并且与 P_2 平行的平面的最小维数等于
$$\dim P_1 + \dim P_2 - \dim(L_1 \cap L_2).$$

49.18. 设 P_1, P_2 是域 K 上仿射空间 A 的两个平面,$\langle P_1 \cup P_2 \rangle = A$, $P_1 \cap P_2 = \varnothing$,设 λ 是 K 的一个固定元素,$\lambda \neq 0, 1$. 求所有点 $\lambda a_1 + (1 - \lambda) a_2$ 的轨迹,其中 a_1 和 a_2 分别遍历 P_1 和 P_2.

49.19. 设 $P_1 = a_1 + L_1$ 和 $P_2 = a_2 + L_2$ 是仿射空间的斜平面. 证明对于任一点 $b \notin P_1 \cup P_2$ 存在至多一条线经过 b 且 P_1 和 P_2 相交. 这条线存在当且仅当 $b \in \langle P_1 \cup P_2 \rangle$,但是 $\overline{a_1 b} \notin L_1 + L_2$ 且 $\overline{a_2 b} \notin L_1 + L_2$.

49.20. 求经过点 b 并且与平面 P_1 和 P_2 相交的线:

a) $b = (6, 5, 1, -1)$,

$P_1 : \begin{cases} -x_1 + 2x_2 + x_3 = 1, \\ x_1 + x_4 = 1, \end{cases}$ $P_2 : \begin{cases} x_1 = 4 + t, \\ x_2 = 4 + 2t, \\ x_3 = 5 + 3t, \\ x_4 = 4 + 4t; \end{cases}$

b) $b = (5, 9, 2, 10, 10)$,

$P_1 : \begin{cases} x_1 - x_2 - x_4 + x_5 = 2, \\ x_1 - x_3 - x_4 + x_5 = 1, \\ 5x_1 + 3x_2 - 2x_3 - x_5 = 0, \end{cases}$ $P_2 : \begin{cases} x_1 = 3, \\ x_2 = 2 + 6t_1 + 5t_2, \\ x_3 = 0, \\ x_4 = 5 + 4t_1 + 3t_2, \\ x_5 = 6 + t_1 + 2t_2; \end{cases}$

c) $b = (6, -1, -5, 1)$,

$$P_1 : \begin{cases} x_1 = 3 + 2t, \\ x_2 = 5 - t, \\ x_3 = 3 - t, \\ x_4 = 6 + t, \end{cases} \quad P_2 : \begin{cases} -6x_1 + 2x_2 - 5x_3 + 4x_4 = 1, \\ 9x_1 - x_2 + 6x_3 - 6x_4 = 5. \end{cases}$$

49.21. 设 $a_0, a_1, \cdots, a_n$ 是 n 维仿射空间 A 中仿射无关的点. 证明每一个点 $a \in A$ 有唯一的分解 $a = \sum_{i=0}^{n} \lambda_i a_i$, 其中 $\sum_{i=0}^{n} \lambda_i = 1$.

49.22. 设 $(a_0, e_1, \cdots, e_n)$ 是仿射空间 (A, V) 的仿射坐标系, $a_i = a_0 + e_i$ ($i = 1, \cdots, n$). 求点 $x = (x_1, \cdots, x_n)$ 对于点组 $a_0, a_1, \cdots, a_n$ 的**重心坐标**.

49.23. 设 (A, V) 是域 K 上的仿射空间, $|K| \geqslant 3, P$ 是 A 的一个非空子集. 证明 P 是平面当且仅当对于任意两个不同的点 $a, b \in P$, P 包含一条线 $\langle a, b \rangle$. 这个命题对于二元域 K 成立吗?

49.24. 证明如果 1 不是仿射变换的线性部分的特征值, 那么它有一个不动点.

49.25. 证明对于仿射空间 (A, V) 中任意两点 a, b 和 V 上的任一非奇异线性变换 $\mathcal{A}$, 存在 (A, V) 的唯一的仿射变换 f 使得 $f(a) = b$ 并且 $Df = \mathcal{A}$, 其中 Df 是 f 的微分.

49.26. 证明对于任意仿射变换 f 和 g
$$D(fg) = Df \cdot Dg,$$
其中 Df 是 f 的微分.

49.27. 设 f 是域 K 上的仿射空间 A 到仿射空间 B 的一个仿射映射, 并且 $a_1, \cdots, a_s \in A, \alpha_1, \cdots, \alpha_s \in K$. 证明:

a) 如果 $\sum_{i=1}^{s} \alpha_i = 1$, 那么 $f\left(\sum_{i=1}^{s} \alpha_i a_i\right) = \sum_{i=1}^{s} \alpha_i f(a_i)$;

b) 如果 $\sum_{i=1}^{s} \alpha_i = 0$, 那么 $Df\left(\sum_{i=1}^{s} \alpha_i a_i\right) = \sum_{i=1}^{s} \alpha_i f(a_i)$.

49.28. 设 f 是域 K 上的仿射空间 (A, V) 的有限阶 n 的仿射变换. 证明如果 $\mathrm{char}\, K \nmid n$, 那么 f 有一个不动点. 当 $\mathrm{char}\, K | n$ 时这个命题成立吗?

49.29. 证明如果 G 是域 K 上的仿射变换的有限群并且 $\mathrm{char}\, K \nmid |G|$, 那么 G 中的变换有一个公共的不动点.

49.30. 设 $a_0, a_1, \cdots, a_n$ 和 $b_0, b_1, \cdots, b_n$ 是 n 维仿射空间 A 中两组仿射无关的点. 证明存在唯一的仿射变换 $f : A \to A$ 使得 $f(a_i) = b_i$ ($i = 0, 1, \cdots, n$).

49.31. 求 3 维仿射空间中在把点 a_0, a_1, a_2, a_3 分别映到点 b_0, b_1, b_2, b_3 的仿

射变换下不变的所有点、线和平面:

a) $a_0 = (1,3,4)$, $a_1 = (2,3,4)$, $a_2 = (1,4,4)$, $a_3 = (1,3,5)$,
   $b_0 = (3,4,3)$, $b_1 = (8,9,9)$, $b_2 = (-2,-2,-6)$, $b_3 = (5,7,8)$;
b) $a_0 = (3,2,3)$, $a_1 = (4,2,3)$, $a_2 = (3,3,3)$, $a_3 = (3,2,4)$,
   $b_0 = (2,4,6)$, $b_1 = (1,8,12)$, $b_2 = (-1,-5,-1)$, $b_3 = (6,12,11)$;
c) $a_0 = (2,5,1)$, $a_1 = (3,5,1)$, $a_2 = (2,6,1)$, $a_3 = (2,5,2)$,
   $b_0 = (3,7,3)$, $b_1 = (6,11,6)$, $b_2 = (5,17,9)$, $b_3 = (0,-5,-4)$;
d) $a_0 = (2,5,4)$, $a_1 = (3,5,4)$, $a_2 = (2,6,4)$, $a_3 = (2,5,5)$,
   $b_0 = (1,6,6)$, $b_1 = (8,16,18)$, $b_2 = (-11,-13,-18)$, $b_3 = (7,16,19)$.

49.32. 证明仿射空间中两个构形 $\{P_1, P_2\}$ 和 $\{Q_1, Q_2\}$ 是仿射等价的当且仅当

$$\dim P_1 = \dim Q_1, \quad \dim P_2 = \dim Q_2, \quad \dim \langle P_1 \cup P_2 \rangle = \dim \langle Q_1 \cup Q_2 \rangle,$$

并且这两对同时有交集是空集或非空集。

49.33. 是否存在一个仿射变换把点 a, b, c 分别映成点 a_1, b_1, c_1, 并且把线 l 映成线 l_1, 如果

a) $a = (1,1,1,1)$, $a_1 = (-1,1,-1,1)$,
   $b = (2,3,2,3)$, $b_1 = (0,4,0,4)$,
   $c = (3,2,3,2)$, $c_1 = (2,2,2,2)$,
   $l = (1,2,2,2) + (0,1,0,1)t$, $l_1 = (-1,2,0,3) + (1,-5,1,-5)t$;
b) $a = (2,-1,3,-2)$, $a_1 = (1,-2,3,5)$,
   $b = (3,1,6,-1)$, $b_1 = (2,1,8,7)$,
   $c = (5,1,4,1)$, $c_1 = (3,2,10,-6)$,
   $l = (2,0,4,-1) + (0,1,2,0)t$, $l_1 = (1,-1,5,-2) + (0,2,3,-3)t$;
c) $a = (2,-1,2,2,)$, $a_1 = (1,3,2,-2)$,
   $b = (5,-4,0,3)$, $b_1 = (4,-2,0,0)$,
   $c = (4,4,6,8)$, $c_1 = (-3,10,6,2)$,
   $l = (7,4,10,9) + (4,4,5,6)t$, $l_1 = (5,-6,-1,5) + (2,-6,-3,2)t$?

49.34. 是否存在一个仿射变换把点 a, b, c, d 分别映成点 a_1, b_1, c_1, d_1, 并且把线 l 映成线 l_1, 如果

a) $a = (1,2,3,4)$, $a_1 = (1,-1,4,2)$,
   $b = (1,3,3,4)$, $b_1 = (2,-2,5,3)$,
   $c = (1,2,2,4)$, $c_1 = (2,0,3,3)$,
   $d = (1,2,3,3)$, $d_1 = (2,0,5,1)$

$$l = (-3, 2, 4, 1) + (2, 1, -1, -2)t, \quad l_1 = (1, -5, 2, -12) + (1, 1, 1, 1)t;$$

b) $a = (-3, 0, 2, 4),\quad a_1 = (-1, 1, 2, 3),$

$\quad b = (-3, 1, 3, 5),\quad b_1 = (1, -4, 3, 5),$

$\quad c = (-2, 0, 3, 5),\quad c_1 = (-4, 8, 1, 7),$

$\quad d = (-2, 1, 2, 5),\quad d_1 = (4, -8, 4, 10),$

$$l = (-1, 5, 5, 6) + (1, 1, 1, 0)t, \quad l_1 = (4, 5, -1, 1) + (4, -6, 1, 2)t?$$

49.35. 设仿射空间 A 等于 $\langle P_1 \cup P_2 \rangle$, 其中 P_1 和 P_2 是斜平面; 设 G 是空间 A 的仿射群的子群, 它由使得 P_1 和 P_2 不变的变换组成. 求 G 在 A 上的作用的轨道.

49.36. 设 (A, V) 是域 K 上的仿射空间. 一个双射 $f : A \to A$ 称为**直射变换**如果对于任意共线三点 $a, b, c \in A$, 点 $f(a), f(b), f(c)$ 也是共线的. 证明如果 $|K| \geqslant 3$, 那么一个平面 $P \subseteq A$ 在直射变换 $f : A \to A$ 下的像和原像是与 P 有相同维数的平面. 对于 $|K| = 2$, 这个命题成立吗?

49.37. 设 V 是域 K 上的向量空间. 映射 $\varphi : V \to V$ 称为对于 K 的某个自同构 σ 是**半线性**的, 如果

$$\varphi(x + y) = \varphi(x) + \varphi(y), \quad \varphi(\alpha x) = \sigma(\alpha)\varphi(x), \quad 其中\ x, y \in V, \alpha \in K.$$

仿射空间 (A, V) 的一个**半仿射变换**是一对 (f, Df), 其中 $f : A \to A, Df : V \to V$ 满足下列条件:

(1) Df 是对于 K 的某个自同构的双射半线性映射;

(2) 对于每一个 $a \in A, v \in V, f(a + v) = f(a) + Df(v)$. 证明:

a) 半仿射变换是直射变换;

b) 如果 (A, V) 是 K 上的仿射空间且 $|K| \geqslant 3$, 那么任一直射变换 $f : A \to A$ 是半仿射变换.

49.38. 设 (B, U) 是仿射空间 (A, V) 的一个平面, W 是 U 在空间 V 中的补空间. 证明任一点 $a \in A$ 有唯一的分解 $a = b + w$, 其中 $b \in B, w \in W$, 并且平行于 W 在 B 上的**投影** $a \mapsto b$ 是空间 (A, V) 到空间 (B, U) 的一个仿射映射.

§50. 凸集

50.1. 证明仿射空间中任一平面是有限多个半空间的交.

50.2. 证明仿射空间 A 中平面 P 的一个子集是 P 中的**凸多面体**当且仅当它是 A 中的凸多面体.

§50. 凸 集

50.3. 设仿射空间中的一个凸多面体 M 由线性不等式组给出:

$$f_i(x) \geqslant 0 \quad (i = 1, \cdots, k; f_i \neq \text{常值函数}).$$

对于任一非空子集 $J \subseteq \{1, \cdots, k\}$, 设 M^J 表示由下述条件给出的非空集合: 当 $i \in J$ 时 $f_i(x) = 0$, 当 $i \notin J$ 时 $f_i(x) \geqslant 0$. 证明非空集合 M^J 是多面体 M 的边; 反之, 对于某个集合 $J \subseteq \{1, \cdots, k\}$, 多面体 M 的任意一条边与 M^J 一致.

50.4. 设 $a_0, a_1, \cdots, a_n$ 是 n 维仿射空间中**一般位置**的点, 设 H_i ($i = 0, 1, \cdots, n$) 是通过所有这些点除了 a_i 外的超平面, H_i^+ 是包含 a_i 并且以这个超平面为边界的半空间. 证明:

$$\text{conv}\{a_0, a_1, \cdots, a_n\} = \bigcap_{i=0}^{n} H_i^+.$$

50.5. 证明 n 维单纯形 $\text{conv}\{a_0, a_1, \cdots, a_n\}$ 的边是集合 $\{a_0, a_1, \cdots, a_n\}$ 的所有可能的真子集的凸包.

50.6. 求在某个仿射坐标系中由不等式组 $0 \leqslant x_i \leqslant 1$ ($i = 1, 2, \cdots, n$) 给出的 n 维平行六面体的边.

50.7. 求 3 维仿射空间中由不等式组

$$x_1 \leqslant 1, \quad x_2 \leqslant 1, \quad x_3 \leqslant 1,$$
$$x_1 + x_2 \geqslant -1, \quad x_1 + x_3 \geqslant -1, \quad x_2 + x_3 \geqslant -1$$

给出的凸多面体的顶点, 并且描述它的形状.

50.8. 设一个 4 维平行六面体由不等式组 $0 \leqslant x_i \leqslant 1$ ($i = 1, 2, 3, 4$) 给出. 求它的顶点并且描述它被下述平面所截截口的形状:

a) $x_1 + x_2 + x_3 + x_4 = 1$;

b) $x_1 + x_2 + x_3 + x_4 = 2$;

c) $x_1 + x_2 + x_3 = 1$;

d) $x_1 + x_2 = x_3 + x_4 = 1$.

50.9. 证明凸集的闭包是凸集.

50.10. 证明一个**实凸集** M 的开核 M^0 是凸集, 并且它的闭包包含 M.

50.11. 证明一个凸集在仿射映射下的像和原像是凸集.

50.12. 证明在满仿射映射下

a) 超平面的原像是超平面;

b) 半空间的原像是半空间.

50.13. 证明集合 S 的凸包由所有可能的组合 $\sum_{i=1}^{k} \lambda_i a_i$ 组成，其中

$$a_i \in S, \quad \lambda_i \geqslant 0 \quad (i = 1, \cdots, k), \quad \sum_{i=1}^{k} \lambda_i = 1.$$

50.14. 设 M 是一个凸集并且 $a \notin M$. 证明：

$$\operatorname{conv}(M \cup \{a\}) = \bigcup_{b \in M} \overline{ab}.$$

50.15. 设 S 是 n 维仿射空间 A 的一个子集. 证明如果 $\langle S \rangle = A$，那么 $\operatorname{conv} S$ 是顶点属于 S 的 n 维单纯形的并集.

50.16. 证明一个紧集的凸包是紧的.

50.17. 设 M 是 2 维仿射空间的一个凸子集，$a \notin M^0$ (见习题 50.10). 证明可以画一条经过 a 的线使得 M 属于伴随这条线的一个半平面.

50.18. 设 M 是 n 维仿射空间 A 的一个凸子集，a 是不属于 M^0 (见习题 50.10) 的一个点. 证明可以画一个经过 a 的超平面使得 M 属于伴随这个超平面的一个半空间.

50.19. 证明经过一个闭凸集的任一不属于它的开核的点可以画一个**支撑超平面**.

50.20. 证明任一闭凸集 M 等于 (一般是无穷多个) 半空间的交.

50.21. 证明在向量空间中任一闭**凸锥**等于 (一般是无穷多个) 其边界包含原点的半空间的交.

50.22. 设 f_i $(i = 1, \cdots, k)$ 是仿射空间 A 的仿射线性函数. 证明不等式组 $f_i(x) \leqslant 0$ $(i = 1, \cdots, k)$ 是不相容的当且仅当存在数 $\lambda_i \geqslant 0$ 使得 $\sum_{i=1}^{k} \lambda_i f_i$ 是一个正常数.

50.23. 设 M 是包含看作仿射空间的向量空间 V 中原点的一个邻域的紧凸集，设

$$M^* = \{f \in V^* | f(x) \leqslant 1 \text{ 对任意 } x \in M\}.$$

证明：

a) M^* 是空间 V^* 中包含原点的一个邻域的紧凸集；

b) 在空间 V^{**} 和 V 的标准等同下，$M^{**} = M$.

50.24. 证明任一紧凸集与它的**极点**组成的集合的凸包一致.

50.25. 证明一个仿射线性函数在紧凸集上的极大值在某个极点上达到,但是也可能在某些其他点上达到.

50.26. 证明凸多面体的极点是它的顶点.

50.27. 证明任一有界凸多面体与它的顶点集的凸包一致.

50.28. 证明有限多个点的凸包是凸多面体.

50.29. 写出在 4 维仿射空间里定义下述给定点的凸包的线性不等式组,并且求这个凸多面体的 3 维边:

a) $O = (0,0,0,0),\quad a = (1,0,0,0),\quad b = (0,1,0,0),\quad c = (1,1,0,0),$
$d = (0,0,1,0),\quad e = (0,0,0,1),\quad f = (0,0,1,1);$

b) $O = (0,0,0,0),\quad a = (1,0,0,0),\quad b = (0,1,0,0),\quad c = (0,0,1,0),$
$d = (1,1,0,0),\quad e = (1,0,1,0),\quad f = (0,1,1,0),\quad g = (1,1,1,0),$
$h = (0,0,0,1).$

50.30. 设 M 和 N 是仿射空间 (A, V) 的凸集. 证明:

a) 连接 M 的点和 N 的点的区间的中点形成 A 中的一个凸集;

b) 连接 M 的点和 N 的点的向量形成 V 中的一个凸集.

50.31. 设 M 和 N 是仿射空间 A 中不相交的闭凸集,其中一个是有界的. 证明存在空间 A 上的一个仿射线性函数 f 使得对一切 $x \in M$ 有 $f(x) < 0$,并且对一切 $y \in N$ 有 $f(y) > 0$.

50.32. 设 M 是仿射空间 A 的一个紧凸集,N 是 A 上的所有仿射线性函数组成的向量空间的一个紧凸集. 设对于每个点 $a \in M$ 存在一个函数 $f \in N$ 使得 $f(a) \geqslant 0$. 证明存在一个函数 $f_0 \in N$ 使得对所有的 $x \in M$ 有 $f_0(x) \geqslant 0$.

50.33. 线性规划的对偶定理. 设 F 是仿射空间 A 和 B 的直积上的一个仿射线性函数. 设 M 和 N 分别是 A 和 B 的紧凸子集. 证明:

a) $\max\limits_{x \in M} \min\limits_{y \in N} F(x, y) = \min\limits_{y \in N} \max\limits_{x \in M} F(x, y);$

b) 存在点 $x_0 \in M, y_0 \in N$ 使得对一切 $x \in M, y \in N$,
$$F(x, y_0) \leqslant F(x_0, y_0) \leqslant F(x_0, y).$$

50.34. 证明:

a) 使得 n 维实仿射空间能用 k 个超平面分解的剖分 (凸多面体) 的最大数目等于

$$\binom{k+1}{n} + \binom{k+1}{n-2} + \binom{k+1}{n-4} + \cdots;$$

b) 这些剖分的数目是最大的当且仅当任意给定的 m 个超平面的交是一个 $(n-m)$ 维平面 (若 $m>n$ 为空集);

c) 如果这些剖分的数目是最大的, 那么有界剖分的数目等于 $\binom{k-1}{n}$.

50.35. 判别由下列不等式给出的多面体是否为有界的:

a) $-3x_1+5x_2 \leqslant 10,\quad 5x_1+2x_2 \leqslant 35,\quad x_1 \geqslant 0,\quad x_2 \geqslant 0$;

b) $-x_1+x_2 \leqslant 2,\quad 5x_1-x_2 \leqslant 10$;

c) $3x_1-x_2 \geqslant 4,\quad -x_1+3x_2 \geqslant 4$;

d) $-3x_1+4x_2 \leqslant 17,\quad 3x_1+4x_2 \leqslant 47,\quad x_1-x_2 \leqslant 4,\quad x_1+x_2 \geqslant 0$;

e) $-x_1+2x_2 \leqslant 6,\quad 5x_1-2x_2 \leqslant 26,\quad x_1+2x_2 \geqslant 10$;

f) $5x_1-2x_2 \geqslant 6,\quad 5x_1-2x_2 \leqslant 36,\quad 2 \leqslant x_1 \leqslant 7$.

50.36. 求多面体的顶点:

a) $x_1+2x_2+x_3+3x_4+x_5=5,$
$x_1+x_3-2x_4=3,$
$x_1 \geqslant 0,\quad x_2 \geqslant 0,\quad x_3 \geqslant 0,\quad x_4 \geqslant 0,\quad x_5 \geqslant 0$;

b) $x_1+x_2-x_3=10,$
$x_1-x_2+7x_3=7,$
$x_1 \geqslant 0,\quad x_2 \geqslant 0,\quad x_3 \geqslant 0$;

c) $4x_1+5x_2+x_3+x_4=29,$
$6x_1-x_2-x_3+x_4=11,$
$x_1 \geqslant 0,\quad x_2 \geqslant 0,\quad x_3 \geqslant 0,\quad x_4 \geqslant 0$;

d) $x_1+2x_2+x_3=4,$
$2x_1+2x_2+5x_3=5,$
$x_1 \geqslant 0,\quad x_2 \geqslant 0,\quad x_3 \geqslant 0$.

50.37. 求有界多面体上的线性函数 z 的最大值和最小值:

a) $x_1+2x_2+x_3+3x_4+x_5=5,$
$2x_1+x_3-2x_4=3.$
$x_1 \geqslant 0,\quad x_2 \geqslant 0,\quad x_3 \geqslant 0,\quad x_4 \geqslant 0,\quad x_5 \geqslant 0,$
$z=x_1-2x_2+x_3+3x_5$;

b) $3x_1 - x_2 + 2x_3 + x_4 + x_5 = 12$,
$x_1 - 5x_2 - x_4 + x_5 = -4$,
$x_1 \geqslant 0, \quad x_2 \geqslant 0, \quad x_3 \geqslant 0, \quad x_4 \geqslant 0, \quad x_5 \geqslant 0$,
$z = 4x_1 - x_2 + 2x_3 + x_5$;

c) $5x_1 + 2x_2 - x_3 + x_4 + x_5 = 42$,
$4x_1 - 4x_2 + x_3 + x_4 = 16$,
$x_1 \geqslant 0, \quad x_2 \geqslant 0, \quad x_3 \geqslant 0, \quad x_4 \geqslant 0, \quad x_5 \geqslant 0$,
$z = x_1 - 2x_2 + 4x_4 - x_5$;

d) $x_1 - 3x_2 + x_3 + 2x_5 = 8$,
$4x_2 - 3x_4 - x_5 = 3$,
$x_1 \geqslant 0, \quad x_2 \geqslant 0, \quad x_3 \geqslant 0, \quad x_4 \geqslant 0, \quad x_5 \geqslant 0$,
$z = x_1 - 2x_2 + x_3 - x_5$.

§51. Euclid 空间

51.1. 求给定的 $\binom{n}{2}$ 个非负实数的集合是下列 n 个点之间的距离的集合的充分必要条件:

a) Euclid 空间中的 n 个**仿射无关点**;

b) Euclid 空间中的 n 个任意点.

51.2. 在 Euclid 空间中是否存在点集 $\{a_1, a_2, a_3, a_4, a_5\}$ 使得 A 是距离的矩阵 $(\rho(a_i, a_j))$? 使得这个点集存在的空间的最小维数是多少?

a) $A = \begin{pmatrix} 0 & 1 & 2 & 2 & 2\sqrt{2} \\ 1 & 0 & \sqrt{5} & \sqrt{5} & 3 \\ 2 & \sqrt{5} & 0 & 2\sqrt{2} & 2 \\ 2 & \sqrt{5} & 2\sqrt{2} & 0 & 2\sqrt{3} \\ 2\sqrt{2} & 3 & 2 & 2\sqrt{3} & 0 \end{pmatrix}$;

b) $A = \begin{pmatrix} 0 & 3 & \sqrt{5} & \sqrt{5} & 2\sqrt{2} \\ 3 & 0 & \sqrt{14} & \sqrt{14} & \sqrt{17} \\ \sqrt{5} & \sqrt{14} & 0 & \sqrt{2} & \sqrt{17} \\ \sqrt{5} & \sqrt{14} & \sqrt{2} & 0 & 3 \\ 2\sqrt{2} & \sqrt{17} & \sqrt{17} & 3 & 0 \end{pmatrix}$;

c) $A = \begin{pmatrix} 0 & 1 & 2 & \sqrt{5} & 1 \\ 1 & 0 & \sqrt{5} & 2 & \sqrt{2} \\ 2 & \sqrt{5} & 0 & \sqrt{17} & 1 \\ \sqrt{5} & 2 & \sqrt{17} & 0 & \sqrt{10} \\ 1 & \sqrt{2} & 1 & \sqrt{10} & 0 \end{pmatrix}$;

d) $A = \begin{pmatrix} 0 & \sqrt{5} & \sqrt{5} & \sqrt{5} & \sqrt{5} \\ \sqrt{5} & 0 & 2\sqrt{5} & 2\sqrt{2} & 2 \\ \sqrt{5} & 2\sqrt{5} & 0 & 2 & 2\sqrt{2} \\ \sqrt{5} & 2\sqrt{2} & 2 & 0 & 2\sqrt{5} \\ \sqrt{5} & 2 & 2\sqrt{2} & 2\sqrt{5} & 0 \end{pmatrix}$.

51.3. 证明 Euclid 空间中一对平面 $\{P, Q\}$ 的下列两条性质是等价的:

a) 属于这些平面之一的任一条线垂直于属于另一个平面的任一条线；

b) 平面 P, Q 是垂直的并且或者它们是斜的或者它们仅有一个公共点.

51.4. 设 $Q \subset P$ 是 n 维 Euclid 空间 E 的两个平面. 证明任一平面 $P' \subset E$, 它垂直于 P 且 $P \cap P' = Q$, 有维数 $\leq n - \dim P + \dim Q$. 存在唯一的维数为 $n - \dim P + \dim Q$ 的平面具有这个性质.

51.5. 设 P 是 Euclid 空间的一个平面且 $a \notin P$. 证明:

a) 存在唯一的一条线经过 a, 与 P 相交且垂直于 P；

b) 如果 c 是 P 上的点, 并且 z 是向量 $\overline{ac}$ 对于平面 P 的方向子空间的正交分量, 那么 $a + \langle z \rangle$ 是 a) 中指出的这条线, 并且 $a + z$ 是这条线与 P 的交点；

c) $\rho(a, P) = |z|$.

51.6. 求 Euclid 空间中经过点 a, 与平面 P 相交且垂直的线, 如果

a) $a = (5, -4, 4, 0)$, $P = (2, -1, 2, 3) + \langle (1, 1, 1, 2), (2, 2, 1, 1) \rangle$；

b) $a = (5, 0, 2, 11)$, $P : \begin{cases} x_1 + 5x_2 + x_4 = 10, \\ 5x_1 + x_2 + 3x_3 + 8x_4 = -1. \end{cases}$

51.7. 求 Euclid 空间中点 a 与平面 P 的距离, 如果

a) $a = (4, 1, -4, 5)$, $\quad P = (3, -2, 1, 5) + \langle (2, 3, -2, -2), (4, 1, 3, 2) \rangle$；

b) $a = (4, 8, -3, 8, 2)$, $\quad P = (3, 7, -5, 4, 1) + \langle (1, 1, 2, 0, 1), (2, 2, 1, 3, 1) \rangle$；

c) $a = (2, 1, -3, 4)$, $\quad P : \begin{cases} 2x_1 - 4x_2 - 8x_3 + 13x_4 = -19, \\ x_1 + x_2 - x_3 + 2x_4 = 1; \end{cases}$

d) $a = (1, -3, -2, 9, -4)$, $P : \begin{cases} x_1 - 2x_2 - 3x_3 + 3x_4 + 2x_5 = -2, \\ x_1 - 2x_2 - 7x_3 + 5x_4 + 3x_5 = 1. \end{cases}$

§51. Euclid 空间

51.8. 求 n 维 Euclid 空间中点 $(b_1, \cdots, b_n)$ 和超平面 $\sum_{i=1}^{n} a_i x_i = c$ 的距离.

51.9. 在多项式组成的空间中具有内积
$$(f, g) = \int_{-1}^{1} f(x)g(x)dx,$$
求多项式 x^n 和次数小于 n 的多项式组成的子空间的距离.

51.10. 在三角多项式组成的空间中具有内积
$$(f, g) = \int_{-\pi}^{\pi} f(x)g(x)dx,$$
求函数 $\cos^{n+1} x$ 和子空间
$$\langle 1, \cos x, \sin x, \cdots, \cos nx, \sin nx \rangle$$
的距离.

51.11. 设 P 是 n 维 Euclid 空间 E 的一个平面. 证明存在唯一的维数为 $n - \dim P$ 的平面 Q, 它经过点 $a \in E$, 垂直于 P 并且与 P 仅相交于一个点.

51.12. 求 Euclid 空间中维数最大的平面, 它经过点 a, 垂直于平面 P 且与它仅相交于一个点, 如果

    a) $a = (2, -1, 3, 5)$, $P = (7, 2, -3, 4) + \langle (-1, 3, 2, 1), (1, 2, 3, -1) \rangle$;

    b) $a = (3, -2, 1, 4)$, $P : \begin{cases} 2x_1 + 3x_2 - x_3 - 2x_4 = 4, \\ 3x_1 + 2x_2 - 5x_3 + x_4 = 5. \end{cases}$

51.13. 设 $P_1 = c_1 + L_1$ 和 $P_2 = c_2 + L_2$ 是 Euclid 空间中两个不相交的平面, y 和 z 分别是向量 $\overline{c_1 c_2}$ 对于子空间 $L_1 + L_2$ 的正交投影和正交分量, 并且设 $y = y_1 + y_2$, 其中 $y_1 \in L_1, y_2 \in L_2$.

    a) 证明线 $c_1 + y_1 + \langle z \rangle$ 垂直于平面 P_1, P_2 并且与 P_1 交于点 $c_1 + y_1$, 与 P_2 交于点 $c_2 - y_2$.

    b) 求距离 $\rho(P_1, P_2)$.

    c) 建立 $L_1 \cap L_2$ 与由所有垂直于 P_1 和 P_2 且与这两个平面都相交的线组成的集合之间的双射.

    d) 证明在 c) 中描述的所有线是平行的, 并且它们的并是一个维数为 $\dim(L_1 \cap L_2) + 1$ 的平面.

51.14. 求 Euclid 空间中平面 P_1 和 P_2 的距离, 如果

    a) $P_1 : \begin{cases} x_1 + 3x_2 + x_3 + x_4 = 3, \\ x_1 + 3x_2 - x_3 + 2x_4 = 6, \end{cases}$
    $P_2 = (0, 2, 6, -5) + \langle (-7, 1, 1, 1), (-10, 1, 2, 3) \rangle$;

b) $P_1 : \begin{cases} -x_1 + x_2 + x_3 + x_4 = 3, \\ -3x_2 + 2x_3 - 4x_4 = 4, \end{cases}$
$P_2 = (1, 3, -3, -1) + \langle (1, 0, 1, 1) \rangle;$

c) $P_1 : \begin{cases} x_1 + x_3 + x_4 - 2x_5 = 2, \\ x_2 + x_3 - x_4 - x_5 = 3, \\ x_1 - x_2 + 2x_3 - x_5 = 3, \end{cases}$
$P_2 = (1, -2, 5, 8, 2) + \langle (0, 1, 2, 1, 2), (2, 1, 2, -1, 1) \rangle;$

d) $P_1 : \begin{cases} x_1 - 2x_2 + x_3 - x_4 + 3x_5 = 6, \\ x_1 - x_3 - x_4 + 3x_5 = 0, \end{cases}$
$P_2 = (-4, 3, -3, 2, 4) + \langle (2, 0, 1, 1, 1), (-5, 1, 0, 1, 1) \rangle.$

51.15. 在 Euclid 空间中, 点 $a_0, a_1, \cdots, a_n$ 中任意两点的距离等于 d. 求平面 $\langle a_0, a_1, \cdots, a_k \rangle$ 和平面 $\langle a_{k+1}, \cdots, a_n \rangle$ 的距离.

51.16. 证明 Euclid 空间中两个平面的构形

$$\{a_1 + L_1, a_2 + L_2\} \quad \text{和} \quad \{a_1' + L_1', a_2' + L_2'\}$$

是度量等价的当且仅当 $\rho(a_1 + L_1, a_2 + L_2) = \rho(a_1' + L_1', a_2' + L_2')$, 并且子空间 L_1, L_2, L_1', L_2' 的构形在相应的 Euclid 向量空间中是正交等价的.

51.17. 判别在 Euclid 空间中所给的平面对是否度量等价:

a) $P_1 = (0, 9, 8, -12, 11) + \langle (0, 2, 2, 2, 1), (3, 1, 1, 1, -1) \rangle,$
$P_2 = (-3, -4, -5, 11, -12) + \langle (7, 5, -5, -1, -5), (3, 5, -1, 11, 13) \rangle;$

b) $Q_1 = (2, -5, -11, -8, -10) + \langle (2, -1, 1, -1, 1), (2, -2, 1, 0, 1) \rangle,$
$Q_2 = (8, 8, 10, 9, 11) + \langle (0, 3, 4, -4, -3), (14, -2, -5, 3, 4) \rangle;$

c) $R_1 = (7, -3, -9, -14, 5) + \langle (0, 0, 0, 1, 2), (2, -1, 2, 0, -6) \rangle,$
$R_2 = (0, 10, 9, 14, -5) + \langle (1, 7, 2, 0, 6), (4, -1, 0, 2, -2) \rangle.$

51.18. 求 Euclid 空间中这些点的轨迹使得存在一条线通过这些点并且与平面 P_1 和 P_2 相交且垂直:

a) $P_1 = (1, 2, -1, -9, -13) + \langle (2, 3, 7, 10, 13), (3, 5, 11, 16, 21) \rangle,$
$P_2 : \begin{cases} 3x_1 - 5x_2 + 2x_3 - x_4 + x_5 = -22, \\ 2x_1 + 4x_2 + 3x_3 - x_4 - 3x_5 = -4, \\ 9x_1 + 3x_2 + x_3 - 2x_4 - 2x_5 = -138; \end{cases}$

b) $P_1 = (3, 7, 2, 4, -3) + \langle (2, 5, 4, 5, 3), (4, 5, 6, 3, 3) \rangle,$
$P_2 : \begin{cases} -3x_1 + 2x_2 + x_3 - 2x_4 + x_5 = -14, \\ 6x_1 - x_2 - 4x_3 + 2x_4 - x_5 = 16, \\ 2x_1 - x_2 + 2x_4 - 3x_5 = 26. \end{cases}$

51.19. 证明:

a) 如果 Euclid 空间的一个保距变换有两个斜不变平面，那么它有一个不动点；

b) n 维 Euclid 空间的有一个不动点的保距变换 f，如果 f 是正常的且 $n \geqslant 5$ 是奇数或者 f 是反常的且 $n \geqslant 4$ 是偶数，那么 f 有两个正维数的斜不变平面．

51.20. 设 $a_0, a_1, \cdots, a_s$ 和 $b_0, b_1, \cdots, b_s$ 是 Euclid 空间中的两组点．证明存在一个把 a_i 映成 b_i $(i = 0, 1, \cdots, s)$ 的保距变换当且仅当

$$\rho(a_i, a_j) = \rho(b_i, b_j) \quad (i, j = 0, 1, \cdots, s).$$

51.21. 证明：对于 Euclid 空间的任一保距变换 f，使得距离 $\rho(a, f(a))$ 最小的点 a 组成的集合形成一个在 f 下不变的平面，并且 f 到这个平面的限制是平移．

51.22. 证明 3 维 Euclid 空间中的两个四面体如果对应的二面角都相等，那么这两个四面体是相似的．

51.23. 找出 Euclid 空间的正常保距变换 f 的几何描述，如果

a) $Df = \begin{pmatrix} 0 & 1 \\ -1 & 0 \end{pmatrix}$, $f(O) = (-2, 4)$；

b) $Df = \dfrac{1}{\sqrt{2}} \begin{pmatrix} 1 & -1 \\ 1 & 1 \end{pmatrix}$, $f(O) = (1, 1)$；

c) $Df = \dfrac{1}{3} \begin{pmatrix} 2 & -1 & 2 \\ 2 & 2 & -1 \\ -1 & 2 & 2 \end{pmatrix}$, $f(O) = (1, 0, -1)$；

d) $Df = \dfrac{1}{9} \begin{pmatrix} 4 & 1 & 8 \\ 7 & 4 & 4 \\ 4 & -8 & 1 \end{pmatrix}$, $f(O) = (-1, -7, 2)$；

e) $Df = \dfrac{1}{7} \begin{pmatrix} -2 & 3 & 6 \\ 6 & -2 & 3 \\ 3 & 6 & -2 \end{pmatrix}$, $f(O) = (-2, 4, 1)$．

51.24. 找出 Euclid 空间的反常保距变换 f 的几何描述，如果

a) $Df = \begin{pmatrix} 0 & 1 \\ 1 & 0 \end{pmatrix}$, $f(O) = (1, 0)$；

b) $Df = \dfrac{1}{2} \begin{pmatrix} 1 & \sqrt{3} \\ \sqrt{3} & -1 \end{pmatrix}$, $f(O) = (1, -\sqrt{3})$；

c) $Df = -\dfrac{1}{9} \begin{pmatrix} 4 & 1 & -8 \\ 7 & 4 & 4 \\ 4 & -8 & 1 \end{pmatrix}$, $f(O) = (1, 1, -2)$；

d) $Df = \dfrac{1}{3}\begin{pmatrix} 2 & 2 & -1 \\ 2 & -1 & 2 \\ -1 & 2 & 2 \end{pmatrix}$, $\quad f(O) = (4,0,2)$;

e) $Df = \dfrac{1}{3}\begin{pmatrix} -1 & 2 & 2 \\ -2 & 1 & -2 \\ 2 & 2 & -1 \end{pmatrix}$, $\quad f(O) = (2,0,0)$;

f) $Df = \dfrac{1}{7}\begin{pmatrix} -2 & 3 & 6 \\ 3 & 6 & -2 \\ 6 & -2 & 3 \end{pmatrix}$, $\quad f(O) = (-3,1,2)$.

§52. 二次超曲面

这一节的习题中用到的记号和概念可以在理论知识 II 中找到。

52.1. 证明对于任意的 $x,y \in V$，等式
$$Q(a_0 + x + y) = q(y) + 2f(x,y) + l(y) + Q(a_0 + x)$$
成立。

52.2. 证明如果 $b = a_0 + v \ (v \in V)$ 是二次函数 Q 的一个中心点，那么对一切 $x \in V, Q(b+x) = Q(b-x)$，并且线性函数 $y \mapsto 2f(v,y) + l(y)$ 是零函数。

52.3. 证明二次函数 Q 的中心点组成的集合 (**中心**) 由方程组
$$\frac{\partial Q}{\partial x_i} = 0 \quad (i = 1, \cdots, n)$$
给出。

52.4. 设从仿射坐标系 $(a_0, e_1, \cdots, e_n)$ 到仿射坐标系 $(a_0', e_1', \cdots, e_n')$ 的坐标变换公式为
$$\begin{pmatrix} x_1 \\ \vdots \\ x_n \end{pmatrix} = T \begin{pmatrix} x_1' \\ \vdots \\ x_n' \end{pmatrix} + \begin{pmatrix} t_1 \\ \vdots \\ t_n \end{pmatrix}.$$
证明二次型 Q 和 q 在新的坐标系下的矩阵与它们在旧的坐标系下的矩阵用下述公式联系：
$$A_Q' = {}^t\widetilde{T} A_Q \widetilde{T}, \quad A_q' = {}^t T A_q T,$$

其中
$$\widetilde{T} = \left(\begin{array}{c|c} T & \begin{array}{c} t_1 \\ \vdots \\ t_n \end{array} \\ \hline 0 \cdots 0 & 1 \end{array} \right)$$
是仿射坐标变换的矩阵.

52.5. 证明仿射直线 $x_k = x_k^0 + r_k t$ $(k=1,\cdots,n)$ 与二次曲面 $Q(x_1,\cdots,x_n)=0$ 的交点由满足方程
$$At^2 + 2Bt + C = 0$$
的 t 值决定, 其中
$$A = q(r) = \sum_{i,j=1}^n a_{ij} r_i r_j, \quad C = Q(x_1^0,\cdots,x_n^0),$$
$$B = \sum_{i=1}^n \frac{\partial Q}{\partial x_i}(x_1^0,\cdots,x_n^0) r_i = \sum_{i,j=1}^n (a_{ij} x_j^0 + b_i) r_i.$$

52.6. 求域 $\mathbb{R}$ 上在某个仿射坐标系下由下述式子给出的二次函数的中心:

a) $2 \sum_{1 \leqslant i < j \leqslant n} x_i x_j + 2 \sum_{i=1}^n x_i + 1 = 0$;

b) $\sum_{i=1}^n x_i^2 + 2 \sum_{1 \leqslant i < j \leqslant n} x_i x_j + 2 \sum_{i=1}^n x_i + 1 = 0$;

c) $\sum_{i=1}^{n-1} x_i x_{i+1} + x_1 + x_n + 1 = 0$;

d) $\sum_{i=1}^n x_i^2 + 2 \sum_{1 \leqslant i < j \leqslant n} x_i x_j + x_1 = 0$.

52.7. 两个二次函数 $Q_i : A \to K$ ($i=1,2$) 是**等价的**如果存在一个仿射变换 $f : A \to A$, 使得对某个 $\lambda \in K^*$ 及所有 $x \in A$ 有 $Q_2(x) = \lambda Q_1(f(x))$. 求域 $\mathbb{Z}_3$ 上的二次函数的等价类的数目, 如果

a) A 的维数等于 2;

b) A 的维数等于 3.

52.8. 求 n 维仿射空间上的二次函数的等价类的数目:

a) 域 $\mathbb{C}$ 上;

b) 域 $\mathbb{R}$ 上.

52.9. 设仿射空间 (A,V) 的点 a_0 属于二次曲面 X 并且向量 $u \in V$ 确定一个渐近方向. 证明线 $x = a_0 + tu$ 或者整条位于曲面 X 上, 或者与二次曲面仅相交于一个点.

52.10. 设 $u \in V$ 是二次曲面 X_Q 的一个非渐近向量, 即 $q(u) \neq 0$. 证明 X_Q 的平行于 u 的弦的中点属于同一个超平面. 求它的方程.

52.11. 证明方向 u 不是由仿射坐标的方程给出的二次曲面 X 的渐近方向. 求共轭于这个方向的超平面的方程:

a) $u = (1,1,1,1)$, $\quad X: x_1x_2 + x_2x_3 + x_3x_4 - x_1 - x_4 = 0$;

b) $u = (1,0,\cdots,0,1)$, $\quad \sum_{1 \leqslant i < j \leqslant n} x_i x_j + x_1 + x_n = 1$.

52.12. 证明如果二次曲面的中心是非空集, 那么它被包含在共轭于任一非渐近方向的超平面里.

52.13. 证明二次曲面的奇点的集合等于这个二次曲面与它的中心的交集.

52.14. 证明二次曲面的奇点, 如果它们存在, 形成一个平面. 写出它的方程.

52.15. 求二次曲面与直线的交点:

a) $x_3^2 + x_1x_2 - x_2x_3 + x_1 = 0$,

$$x_1 = \frac{x_2 - 5}{3} = \frac{x_3 - 10}{7};$$

b) $5x_1^2 + 9x_2^2 + 9x_3^2 - 12x_1x_2 - 6x_1x_3 + 12x_1 - 36x_3 = 0$,

$$\frac{x_1}{3} = \frac{x_2}{2} = x_3 - 4;$$

c) $x_1^2 - 2x_2^2 + x_3^2 - 2x_1x_2 - x_2x_3 + 4x_1x_3 + 3x_1 - 5x_3 = 0$,

$$\frac{x_1 + 3}{2} = x_2, \quad x_3 = 0.$$

52.16. 求属于二次曲面

$$x_1^2 + x_2^2 + 5x_3^2 - 6x_1x_2 + 2x_2x_3 - 2x_1x_3 - 12 = 0$$

并且平行于直线

$$\frac{x_1 - 1}{2} = \frac{x_2 + 3}{1} = -x_3.$$

的所有直线.

52.17. 求经过原点并且位于复二次曲面

$$x_1^2 + 3x_1x_2 + 2x_2x_3 - x_1x_3 + 3x_1 + 2x_3 = 0.$$

上的所有直线.

52.18. 求把原点移到点 O' 后二次曲面 Q 的方程:

a) $Q : x_1^2 + 5x_2^2 + 4x_3^2 + 4x_1x_2 - 2x_2x_3 - 4x_1x_3 - 2x_1 - 10x_2 + 4x_3 = 0$,
$O' = (3, 0, 1)$;

b) $Q : x_1^2 + 2x_2^2 + x_3^2 - 4x_1x_2 + 6x_2x_3 - 2x_1x_3 + 10x_1 - 5 = 0$,
$O' = (-1, 1, 2)$.

52.19. 求与二次曲面和平面相交的曲线的仿射类型.

a) $3x_2^2 + 4x_3^2 + 24x_1 + 12x_2 - 72x_3 + 360 = 0$,
$x_1 - x_2 + x_3 = 1$;

b) $x_1^2 + 5x_2^2 + x_3^2 + 2x_1x_2 + 2x_2x_3 + 6x_1x_3 - 2x_1 + 6x_2 + 2x_3 = 0$,
$2x_1 - x_2 + x_3 = 0$;

c) $x_1^2 - 3x_2^2 + x_3^2 - 6x_1x_2 + 2x_2x_3 - 3x_2 + x_3 - 1 = 0$,
$2x_1 - 3x_2 - x_3 + 2 = 0$;

d) $x_1^2 + x_2^2 + x_3^2 - 6x_1 - 2x_2 + 9 = 0$,
$x_1 + x_2 - 2x_3 - 1 = 0$.

52.20. 求在 Euclid 空间 $\mathbb{R}^{n+1}$ 中由下述方程给出的二次曲面的仿射类型和度量类型:

a) $\sum_{i=1}^{n} x_i^2 + \sum_{1 \leqslant i < j \leqslant n} x_i x_j + x_1 + x_{n+1} = 0$;

b) $\sum_{1 \leqslant i < j \leqslant n} x_i x_j + x_1 + x_2 + \cdots + x_n = 0$.

52.21. 通过变换二次曲面方程的左半边确定这个二次曲面的仿射类型和它关于初始坐标系的位置. 求它的中心.

a) $4x_1^2 + 2x_2^2 + 12x_3^2 - 4x_1x_2 + 8x_2x_3 + 12x_1x_3 + 14x_1 - 10x_2 + 7 = 0$;

b) $5x_1^2 + 9x_2^2 + 9x_3^2 - 12x_1x_2 - 6x_1x_3 + 12x_1 - 36x_3 = 0$;

c) $5x_1^2 + 2x_2^2 + 2x_3^2 - 2x_1x_2 - 4x_2x_3 + 2x_1x_3 - 4x_2 - 4x_3 + 4 = 0$;

d) $x_1^2 - 2x_2^2 + x_3^2 + 6x_2x_3 - 4x_1x_3 - 8x_1 + 10x_2 = 0$;

e) $x_1^2 + 2x_1x_2 + x_2^2 - x_3^2 + 2x_3 - 1 = 0$;

f) $3x_1^2 + 3x_2^2 + 3x_3^2 - 6x_1 + 4x_2 - 1 = 0$;

g) $3x_1^2 + 3x_2^2 - 6x_1 + 4x_2 - 1 = 0$;

h) $3x_1^2 + 3x_2^2 - 3x_3^2 - 6x_1 + 4x_2 + 4x_3 + 3 = 0$;

i) $4x_1^2 + x_2^2 - 4x_1x_2 - 36 = 0$;

j) $x_1^2 + 4x_2^2 + 9x_3^2 - 6x_1 + 8x_2 - 36x_3 = 0$;

k) $4x_1^2 - x_2^2 - x_3^2 + 32x_1 - 12x_3 + 44 = 0$;

l) $3x_1^2 - x_2^2 + 3x_3^2 - 18x_1 + 10x_2 + 12x_3 + 14 = 0$;

m) $6x_2^2 + 6x_3^2 + 5x_1 + 6x_2 + 30x_3 - 11 = 0$.

52.22. 确定 Euclid 空间中下列曲面的度量类型和它关于初始坐标系的位置. 判断曲面是否为旋转面.

a) $x_3^2 = 2x_1x_2$;

b) $x_3 = x_1x_2$;

c) $x_3^2 = 3x_1 + 4x_2$;

d) $x_3^2 = 3x_1^2 + 4x_1x_2$;

e) $x_3^2 = x_1^2 + 2x_1x_2 + x_2^2 + 1$;

f) $x_1^2 + 4x_2^2 + 5x_3^2 + 4x_1x_2 + 4x_3 = 0$;

g) $x_1^2 + 2x_1 + 3x_2 + 4x_3 + 5 = 0$;

h) $x_3 = x_1^2 + 2x_1x_2 + x_2^2 + 1$;

i) $x_1^2 + 2x_2^2 + x_3^2 + 4x_1x_2 - 8x_1x_3 - 4x_2x_3 - 14x_1 - 14x_2 + 14x_3 + 18 = 0$;

j) $5x_1^2 + 8x_2^2 + 5x_3^2 - 4x_1x_2 + 8x_1x_3 + 4x_2x_3 - 6x_1 + 6x_2 + 6x_3 + 10 = 0$;

k) $2x_1x_2 + 2x_1x_3 + 2x_2x_3 + 2x_1 + 2x_2 + 2x_3 + 1 = 0$;

l) $3x_1^2 + 3x_2^2 + 3x_3^2 - 2x_1x_2 - 2x_1x_3 - 2x_2x_3 - 2x_1 - 2x_2 - 2x_3 - 1 = 0$;

m) $2x_1^2 + 6x_2^2 + 2x_3^2 + 8x_1x_3 - 4x_1 - 8x_2 + 3 = 0$;

n) $4x_1^2 + x_2^2 + 4x_3^2 - 4x_1x_2 - 8x_1x_3 + 4x_2x_3 - 28x_1 + 2x_2 + 16x_3 + 45 = 0$;

o) $2x_1^2 + 5x_2^2 + 2x_3^2 - 2x_1x_2 - 4x_1x_3 + 2x_2x_3 + 2x_1 - 10x_2 - 2x_3 - 1 = 0$;

p) $7x_1^2 + 7x_2^2 + 16x_3^2 - 10x_1x_2 - 8x_1x_3 - 8x_2x_3 - 16x_1 - 16x_2 - 8x_3 + 72 = 0$;

q) $4x_1^2 + 4x_2^2 - 8x_3^2 - 10x_1x_2 + 4x_1x_3 + 4x_2x_3 - 16x_1 - 16x_2 + 10x_3 - 2 = 0$;

r) $2x_1^2 - 7x_2^2 - 4x_3^2 + 4x_1x_2 - 16x_1x_3 + 20x_2x_3 + 60x_1 - 12x_2 + 12x_3 - 90 = 0$;

s) $2x_1x_2 + 2x_1x_3 - 2x_1x_4 - 2x_2x_3 + 2x_2x_4 + 2x_3x_4 - 2x_2 - 4x_3 - 6x_4 + 5 = 0$;

t) $3x_1^2 + 3x_2^2 + 3x_3^2 + 3x_4^2 - 2x_1x_2 - 2x_1x_3 - 2x_1x_4 - 2x_2x_3 - 2x_2x_4 - 2x_3x_4 = 36$.

52.23. 对于参数 a 的什么值二次曲面

$$x_1^2 + x_2^2 + x_3^2 + 2ax_1x_2 + 2ax_1x_3 + 2ax_2x_3 = 4a$$

是椭球面?

52.24. 两个双曲面有公共的渐近锥面的充分必要条件是什么?

52.25. 求在 Euclid 空间 $\mathbb{R}^{n+1}$ 中由方程

$$a\sum_{i=1}^{n} x_i^2 + 2b\sum_{1\leqslant i<j\leqslant n} x_ix_j + 2c\sum_{i=1}^{n+1} x_i = 0$$

§52. 二次超曲面

给出的二次曲面的依赖于参数 a, b 和 c 的值的仿射类型和度量类型.

52.26. 二次曲面是 k-**平面的** 如果对于它的任一点存在一个 k 维平面经过这个点并且整个属于这个二次曲面, 但是每一个 $(k+1)$ 维平面不被包含在二次曲面里. 证明:

a) $\mathbb{R}$ 上 $\mathrm{I}'_{n,s}$ 型的二次曲面是 k-平面的, 其中 $k = \min(s, n-s)$;

b) $\mathbb{R}$ 上 $\mathrm{I}_{n,s}$ 型的非奇异二次曲面当 $0 \leqslant s \leqslant n/2$ 时是 $(s-1)$-平面的, 当 $s > n/2$ 时是 $(n-s)$-平面的;

c) $\mathbb{R}$ 上 $\mathrm{II}_{n,s}$ 型非奇异二次曲面当 $0 \leqslant s \leqslant n/2$ 时是 s-平面的, 当 $s > n/2$ 时是 $(n-1-s)$-平面的.

52.27. 对于参数 $a, b, c \neq 0$ 的什么值, 空间 $\mathbb{R}^{n+1}$ 中最大维数的平面位于二次曲面

$$a \sum_{i=1}^{n} x_i^2 + 2b \sum_{1 \leqslant i < j \leqslant n} x_i x_j + 2c \sum_{i=1}^{n+1} x_i = 0$$

上? 求这个平面的维数.

* * *

52.28. 设 $(e_1, \cdots, e_n)$ 是特征不等于 2 的域 K 上向量空间 V 的一个基.

a) 证明如果 $n = 4$, 那么在 $\wedge^2 V$ 中所有可分解元素 $v_1 \wedge v_2$ 满足一个非奇异齐次二次方程

$$Q(x_0, \cdots, x_5) = 0$$

(Plücker 二次曲面).

b) 证明在空间 $\wedge^r V$ 中, $2 \leqslant r \leqslant n-2$, 所有可分解的向量满足齐次二次方程组

$$Q_i \left(x_1, \cdots, x_{\binom{n}{r}} \right) = 0.$$

c) 设 Q 是空间 V 中的一个非退化二次型. 则可以在空间 $\wedge^p V$ 中用公式

$$Q^{(0)} = 1,$$
$$Q^{(p)}(v_1 \wedge \cdots \wedge v_p) = \det \begin{pmatrix} Q(v_1, v_1) & \cdots & Q(v_1, v_p) \\ \cdots\cdots\cdots\cdots\cdots\cdots\cdots \\ Q(v_p, v_1) & \cdots & Q(v_p, v_p) \end{pmatrix}.$$

引进一个二次型 $Q^{(p)}$. 证明所得到的 Q 到代数 $\wedge(V)$ 的扩充是 $\wedge(V)$ 中的非奇异二次型.

d) 具有非奇异二次型 Q 的 n 维向量空间的一个**定向**是元素 $d \in \wedge^n V$, 对于它有 $Q^{(n)}(d) = 1$. 证明如果 $\det Q$ 是域 K 中的平方元, 那么在 V 中存在恰好两个定向并且对于它们中的任何一个, 譬如说 d, 可以定义向量空间的一个同构

$$\lambda_d : V \to \wedge^{n-1} V$$

满足关系式

$$v \wedge x = Q(v, \lambda_d^{-1} x)d = Q^{n-1}(\lambda_d v, x)d, \quad v \in \wedge^{n-1} V, \quad x \in V.$$

e) 运用来自 d) 的同构 λ_d, 设在 $\dim V = 3$ 的情形用公式

$$[x, y] = \lambda_d^{-1}(x \wedge y) \quad (x, y \in V)$$

定义了一个双线性映射 $V \times V \to V$. 证明这个乘法在 V 中诱导了域 K 上的 Lie 代数结构.

§53. 射影空间

53.1. 求平面的射影变换, 它把第一对直线映成第二对直线:

a) $x = 0 \mapsto x = 0, \quad y = 0 \mapsto x = 1$;

b) $x + y = 1 \mapsto x = 1, x + y = 0 \mapsto y = 0$.

53.2. 求平面的射影变换, 它把所给的曲线映成为一条曲线:

a) $x^2 + y^2 = 1 \mapsto y = x^2$;

b) $x^2 - y^2 = 1 \mapsto x^2 + y^2 = 1$.

53.3. 求平面的射影变换, 它把图 $x^2 + y^2 = 1$ 映成它自身, 并且

a) 把点 $(0, 0)$ 映成点 $\left(\dfrac{1}{2}, 0\right)$;

b) 把直线 $x = 2$ 映成无穷远直线.

53.4. 求空间的射影变换, 它把所给的二次曲面映成为另一个:

a) $x^2 + y^2 + z^2 = 1 \mapsto xy - z^2 = 1$;

b) $xy = z \mapsto x^2 + y^2 - z^2 = 1$;

c) $xy = z^2 \mapsto y = x^2$.

53.5. 求被包含在下述二次曲面里的平面的最大维数:

a) $x_1^2 + \cdots + x_k^2 - x_{k+1}^2 - \cdots - x_n^2 = 1$;

b) $x_1^2 + \cdots + x_k^2 - x_{k+1}^2 - \cdots - x_n^2 = x_n$.

§53. 射影空间

53.6. 证明在复数域上任一射影变换有至少一个不动点.

53.7. 证明在偶数维的实射影空间中任一射影变换有一个不动点.

53.8. 证明如果在一个无限域上的 n 维射影空间中的射影变换有有限多个不动点, 那么这些点的数目不超过 $n+1$.

53.9. 证明对于无限域上的射影空间里的任一有限点集 A, 存在一个包含 A 的仿射图.

53.10. 证明 $\mathbb{P}^n$ 的任一 $(k-1)$ 维子空间能够被 k 个仿射图覆盖, 并且它不能被较小数目的仿射图覆盖.

53.11. 求 q 元域上 n 维射影空间的点的数目.

53.12. 求 q 元域上 n 维射影空间的 k 维子空间的数目.

53.13. 求 q 元域上 n 维射影空间的射影变换的数目.

53.14. 设 M_1 和 M_2 是 $\mathbb{P}^n$ 的不相交的平面, 并且 L_1 和 L_2 是分别与 M_1 和 M_2 有相同维数的不相交平面. 证明存在一个射影变换把 M_1 映成 L_1 并且把 M_2 映成 L_2.

53.15. 证明如果一个射影变换把某个仿射图映到自身, 那么它诱导这个图的一个仿射变换.

53.16. 证明 2 维射影平面的任一双射变换是射影变换, 如果它把直线映成直线并且保持每条直线上的点的交比不变.

53.17. 证明射影平面上的任意 4 条线 (其中任意 3 条没有公共点) 能够借助一个适当的射影变换映成具有同样性质的任意 4 条线.

53.18. 证明存在平面的一个射影变换, 它保持一个给定的三角形不变并且把一个给定的内点映成任一给定的其他内点.

53.19. 证明存在平面的一个射影变换, 它保持一个圆不变并且把一个给定的内点映成另一给定的内点.

53.20. 证明不可能借助直尺作出一个给定圆的中心.

53.21. 借助射影变换证明连接三角形顶点与对边上的点 A, B, C 的线段有一个公共点当且仅当 A, B, C 是内接于这个三角形的椭圆的切点.

53.22. 树的一条道路在一个图上被表示. 设 l 表示从第一棵树沿着这条道路的直线到水平线的距离, 并且 a_k 表示第 k 棵树和第 $k+1$ 棵树的距离.

a) 用 a_1 和 a_2 表示 a_3;

b) 用 l 和 a_1 表示 a_2.

53.23. 平面的一个射影变换是**透射**, 如果它保持某条直线 (**透视轴**) 的所有点不变, 并且保持过某个点 (**透视中心**) 的所有直线不变. 证明:

a) 存在唯一的透射, 它具有给定的轴 l 和给定的中心 O, 它把给定的点 $A \neq O, A \notin l$ 映成给定的点 $A' \neq O, A' \notin l, A'$ 在直线 OA 上;

b) 平面的任一射影变换是两个透射的乘积.

53.24. 证明存在平面的唯一的射影变换, 它保持圆 $x^2 + y^2 = 1$ 不变并且把这个圆上给定的 3 个点映成这个圆上的 3 个其他给定的点.

53.25. (**Desargues 定理**) 证明如果直线 AA', BB', CC' 有一个公共点, 那么直线 AB 和 $A'B', BC$ 和 $B'C', AC$ 和 $A'C'$ 的交点共线.

53.26. (**Pascal 定理**) 证明内接于一个圆的六边形的对应边的交点共线.

53.27. (**Pappus 定理**) 证明顶点属于两条给定的直线的六边形, 其对应边的交点共线.

53.28. 设 a_1, a_2, a_3, a_4 是平面上经过点 O 的直线, l 是不经过点 O 的直线. 证明直线 a_1, a_2, a_3, a_4 与直线 l 的交点的交比不依赖于 l (**直线 a_1, a_2, a_3, a_4 的交比**).

53.29. 设 f 是 $n+1$ 维向量空间 V 上的非奇异的双线性函数. 与每一个 $(k+1)$ 维子空间 $U \subset V$, 指定一个 $(n-k)$ 维子空间

$$U^\perp = \{y \in V | f(x, y) = 0 \text{ 对每个 } x \in U\}.$$

这个对应在射影空间 $\mathbb{P}(V)$ 中诱导了一个映射 K_f, 它对于每个 k 维平面指定了一个 $(n-k-1)$ 平面 (关于函数 f 的**对射变换**). 证明:

a) 对射变换保持关联性:

$$U_1 \subset U_2 \leftrightarrow K_f(U_1) \supset K_f(U_2);$$

b) 如果函数 f 是对称或反称的, 那么对射变换 K_f 是对合:

$$K_f(K_f(U)) = U;$$

c) 一个对射变换与一个射影变换的乘积是对射变换;

d) 任一对射变换是一个固定的对射变换和某个射影变换的乘积.

53.30. 证明射影直线的任一对射变换作用在它的点上与某个射影变换一样.

53.31. 证明射影平面的对射变换保持交比.

53.32. 证明射影平面的关于对称双线性函数 f 的对射变换把曲线 $f(x, x) = 0$ 上的每个点映到这条曲线在这个点的切线上.

53.33. 从 Pascal 定理 (见习题 53.26) 应用对射变换提出 Brianchon 定理.

53.34. 设一个圆被给出. 对于经过一个固定内点的任意条弦, 考虑经过这条弦的端点产生的这个圆的切线交点. 借助对射变换的概念, 证明所有这些交点位于一条直线上.

第三部分

基本代数结构

第十三章　群

§54. 代数运算. 半群

54.1. 判别集合 M 上的运算 $*$ 是否满足结合律:

a) $M = \mathbb{N}$, $\quad x * y = x^y$;

b) $M = \mathbb{N}$, $\quad x * y = \gcd(x, y)$;

c) $M = \mathbb{N}$, $\quad x * y = 2xy$;

d) $M = \mathbb{Z}$, $\quad x * y = x - y$;

e) $M = \mathbb{Z}$, $\quad x * y = x^2 + y^2$;

f) $M = \mathbb{R}$, $\quad x * y = \sin x \cdot \sin y$;

g) $M = \mathbb{R}^*$, $\quad x * y = x \cdot y^{x/|x|}$?

54.2. 设 S 是矩阵 $\begin{pmatrix} x & y \\ 0 & 0 \end{pmatrix}$ 组成的半群, 其中 $x, y \in \mathbb{R}$, 具有乘法运算. 求这个半群的左零元和右零元, 求对于这些零元的左可逆元和右可逆元.

54.3. 在集合 M 上用 $x \circ y = x$ 定义运算 $\circ$. 证明 $(M, \circ)$ 是一个半群. 关于这个半群的零元和可逆元有什么可以说的? 在什么情形下它是一个群?

54.4. 设 M 是一个集合. 用法则 $(x, y) \circ (z, t) = (x, t)$ 定义 M^2 上的一个运算 $\circ$. 关于这个运算 M^2 是不是半群? M^2 里是否存在零元?

54.5. 由矩阵

$$\begin{pmatrix} -1 & 0 & 0 \\ 0 & 0 & 1 \\ 0 & 0 & 0 \end{pmatrix}$$

的所有方幂组成的半群有多少个元素? 判别这个半群是不是群.

54.6. 证明半群 $(2^M, \cup)$ 和 $(2^M, \cap)$ 是同构的.

54.7. 有多少个不同构的 2 阶半群?

54.8. 证明在任一有限半群里存在一个**幂等元**.

54.9. 一个半群是**单演的** (monogenic), 如果它由它的一些元素 (这些元素称为**生成元**) 的正的方幂组成. 证明:

a) 单演半群是有限的当且仅当它包含一个幂等元;

b) 有限单演半群或者是群或者仅有一个生成元;

c) 任何两个无限单演半群是同构的;

d) 任一有限单演半群同构于半群 $S(n,k)$, 它在集合 $\{a_1, \cdots, a_n\}$ 上如下定义:

$$a_i + a_j = \begin{cases} a_{i+j}, & \text{当 } i+j \leqslant n, \\ a_{k+l+1}, & \text{当 } i+j > n, \end{cases}$$

其中 l 是数 $i+j-n-1$ 被 $n-k$ 除的余数.

§55. 群的概念. 群的同构

55.1. 判断下列数集对于所给的运算是否为群:

a) $(A, +)$, 其中 A 是集合 $\mathbb{N}, \mathbb{Z}, \mathbb{Q}, \mathbb{R}, \mathbb{C}$ 之一;

b) $(A, \cdot)$, 其中 A 是集合 $\mathbb{N}, \mathbb{Z}, \mathbb{Q}, \mathbb{R}, \mathbb{C}$ 之一;

c) $(A_0, \cdot)$, 其中 A 是集合 $\mathbb{N}, \mathbb{Z}, \mathbb{Q}, \mathbb{R}, \mathbb{C}$ 之一, 并且 $A_0 = A\backslash\{0\}$;

d) $(n\mathbb{Z}, +)$, 其中 n 是一个自然数;

e) $(\{-1, 1\}, \cdot)$;

f) 给定的实数 $a \neq 0$ 的整数指数幂组成的集合对于乘法运算;

g) 1 的 n 次复根组成的集合对于乘法运算;

h) 1 的所有次复根组成的集合对于乘法运算;

i) 模为 r 的复数组成的集合对于乘法运算;

j) 模小于或等于 r 的非零复数组成的集合对于乘法运算;

k) 位于从原点出发的射线并且与射线 OX 形成角 $\varphi_1, \varphi_2, \cdots, \varphi_n$ 的非零复数组成的集合对于乘法运算？

l) 满足 $\varphi(0) = 0, \varphi(1) = 1$ 和 $x < y \Rightarrow \varphi(x) < \varphi(y)$ 的所有连续映射 $\varphi : [0,1] \to [0,1]$ 的集合对于叠加运算.

55.2. 证明半区间 $[0,1)$ 对于运算 $\oplus$，其中 $\alpha \oplus \beta$ 是 $\alpha + \beta$ 的分数部分，是一个群. 它同构于习题 55.1 的哪个群？证明它的任一有限子群是循环群.

55.3. 证明：非空集 M 的所有子集的集合 2^M 对于对称差运算

$$A \Delta B = [A \cap (M \setminus B)] \cup [B \cap (M \setminus A)]$$

是一个群.

55.4. 设 G 对于乘法是一个群. 在 G 中取固定元素 a 并给出运算 $x \circ y = x \cdot a \cdot y$. 证明 G 对于新运算 $\circ$ 是一个与 $(G, \cdot)$ 同构的群.

55.5. 判断从集合 $M = \{1, 2, \cdots, n\}$ 到自身的下列映射对于乘法是否形成一个群：

a) 所有映射的集合；

b) 所有单射的集合；

c) 所有满射的集合；

d) 所有双射的集合；

e) 所有偶置换的集合；

f) 所有奇置换的集合；

g) 所有对换的集合；

h) 固定某个子集 $S \subseteq M$ 的元素的所有置换的集合；

i) 使得某个子集 $S \subseteq M$ 的所有元素的像属于这个子集的所有置换的集合；

j) 集合 $\{E, (12)(34), (13)(24), (14)(23)\}$；

k) 集合 $\{E, (13), (24), (12)(34), (13)(24), (14)(23), (1234), (1432)\}$？

55.6. 判断下列具有固定大小的实方阵的集合是否形成一个群：

a) 对称 (反称) 矩阵的集合对于加法；

b) 对称 (反称) 矩阵的集合对于乘法；

c) 非奇异矩阵的集合对于加法；

d) 非奇异矩阵的集合对于乘法；

e) 具有固定行列式 d 的矩阵的集合对于乘法；

f) 对角矩阵的集合对于加法；

g) 对角矩阵的集合对于乘法;

h) 具有非零对角元的对角矩阵的集合对于乘法;

i) **上三角矩阵**的集合对于加法;

j) **上三角幂零矩阵**的集合对于乘法;

k) 上三角幂零矩阵的集合对于加法;

l) **上三角单位矩阵**矩阵的集合对于乘法;

m) 所有正交矩阵的集合对于乘法;

n) 所有形如 $f(A)$ 的矩阵的集合, 其中 A 是一个固定的幂零矩阵, 并且 $f(t)$ 是有非零常数项的任一多项式, 对于乘法;

o) 上三角幂零矩阵的集合对于运算 $X \circ Y = X + Y - XY$;

p) 非零矩阵 $\begin{pmatrix} x & y \\ -y & x \end{pmatrix}$ $(x, y \in \mathbb{R})$ 的集合对于乘法;

q) 非零矩阵 $\begin{pmatrix} x & y \\ \lambda y & x \end{pmatrix}$ $(x, y \in \mathbb{R})$ 的集合, 其中 λ 是固定的实数, 对于乘法;

r) 矩阵的集合

$$\left\{ \pm \begin{pmatrix} 1 & 0 \\ 0 & 1 \end{pmatrix}, \pm \begin{pmatrix} i & 0 \\ 0 & -i \end{pmatrix}, \pm \begin{pmatrix} 0 & 1 \\ -1 & 0 \end{pmatrix}, \pm \begin{pmatrix} 0 & i \\ i & 0 \end{pmatrix} \right\}$$

对于乘法.

55.7. 证明: 所有的以整数为元素的 n 阶正交矩阵的集合 $\mathbf{O}_n(\mathbb{Z})$ 对于乘法组成一个群. 求这个群的阶.

55.8. 证明 3 阶上三角幂零矩阵的集合对于运算

$$X \circ Y = X + Y + \frac{1}{2}[X, Y]$$

是一个群.

55.9. 设 X 是曲线 $y = x^3$ 的点的集合, l 是经过点 $a, b \in X$ 的直线 (当 $a = b$ 时是 X 的切线), 并且 c 是它和 X 的第三个交点. 设 m 是经过原点 O 和点 c 的直线 (当 $c = 0$ 时是 X 的切线).

令 $a \oplus b = d$, 其中 d 是 m 和 X 的第三个交点或者当 m 在点 O 与 X 相切时为点 O. 证明 $(X, \oplus)$ 是交换群.

55.10. 证明函数 $y(x) = (ax+b)/(cx+d)$ 的集合, 其中 $a, b, c, d \in \mathbb{R}$ 且 $ad - bc \neq 0$, 对于函数的复合运算是一个群.

55.11. 证明群 G 的元素 x, y 的换位子 $[x, y] = xyx^{-1}y^{-1}$ 有下列性质:

a) $[x,y]^{-1} = [y,x]$;

b) $[xy,z] = x[y,z]x^{-1}[x,z]$;

c) $[z,xy] = [z,x]x[z,y]x^{-1}$.

55.12. 设置换 σ 被分解为不相交轮换的乘积:

$$\sigma = (i_1, \cdots, i_k)(j_1, \cdots, j_m)\cdots.$$

把置换 σ^{-1} 分解为不相交轮换的乘积.

55.13. 在群 $\mathbf{S}_3$ 中下列方程是否为恒等式:

a) $x^6 = 1$;   b) $[[x,y],z] = 1$;   c) $[x^2, y^2] = 1$?

55.14. 证明 3 阶上三角单位矩阵满足恒等式

$$(xy)^n = x^n y^n [x,y]^{-n(n-1)/2} \quad (n \in \mathbb{N}).$$

55.15. 证明如果群 G 满足恒等式 $[[x,y],z] = 1$, 那么 G 满足恒等式:

$$[x, yz] = [x,y][x,z], \quad [xy, z] = [x,z][y,z].$$

55.16. 证明如果群 G 满足恒等式 $x^2 = 1$, 那么 G 是交换群.

55.17. 判断群的下列映射 $f: \mathbb{C}^* \mapsto \mathbb{R}^*$ 是否为同态:

a) $f(z) = |z|$;   b) $f(z) = 2|z|$;   c) $f(z) = \dfrac{1}{|z|}$;

d) $f(z) = 1 + |z|$;   e) $f(z) = |z|^2$;   f) $f(z) = 1$;

g) $f(z) = 2$?

55.18. 对于群 G, 判断用下述法则定义的映射 $f: G \mapsto G$:

a) $f(x) = x^2$,   b) $f(x) = x^{-1}$

是否为同态? 在什么条件下这个映射是同构?

55.19. 伴随每个矩阵 $\begin{pmatrix} a & b \\ c & d \end{pmatrix} \in \mathbf{GL}(2, \mathbb{C})$ 以一个函数 $y = \dfrac{ax+b}{cx+d}$ (见习题 55.10). 这个映射是同态吗?

55.20. 把下列群划分成同构群类:

$$\mathbb{Z}, \quad n\mathbb{Z}, \quad \mathbb{Q}, \quad \mathbb{R}, \quad \mathbb{Q}^*, \quad \mathbb{R}^*, \quad \mathbb{C}^*, \quad \mathbf{UT}_2(A),$$

其中 A 是环 $\mathbb{Z}, \mathbb{Q}, \mathbb{R}, \mathbb{C}$ 之一.

55.21. 求解 $(\mathbf{Z}_4, +)$ 和 $(\mathbf{Z}_5^*, \cdot)$ 之间的所有同构.

55.22. 证明 6 阶群或者是交换群或者同构于 $\mathbf{S}_3$.

55.23. 证明如果 $a \neq 0$ 是有理数,那么映射 $\varphi: x \mapsto ax$ 是群 $\mathbb{Q}$ 的一个自同构. 求群 $\mathbb{Q}$ 的所有自同构.

55.24. 设 G 是由实数组成的加法群使得每个有界区间仅包含 G 的有限多个元素. 证明 $G \simeq \mathbb{Z}$.

55.25. 找出平面几何图形的例子,它的对称群同构于:

a) $\mathbf{Z}_2$;   b) $\mathbf{Z}_3$;   c) $\mathbf{S}_3$;   d) $\mathbf{V}_4$.

55.26. 判断下列群中哪些是同构的:

— 正方形的对称性群 $\mathbf{D}_4$;

— 四元数群 $\mathbf{Q}_8$;

— 习题 55.5 k) 的群;

— 习题 55.6 r) 的群.

55.27. 证明四面体、正方体和八面体的正常对称群分别同构于 $\mathbf{A}_4, \mathbf{S}_4, \mathbf{S}_4$.

55.28. 证明群 $\mathbf{U}$ 与 $\mathbf{SO}_2(\mathbb{R})$ 同构.

55.29. 设 G 是定义了运算 $(a,b) \circ (c,d) = (ac, ad+b)$ 的域 k 中的所有序偶 $(a,b)(a \neq 0)$ 的集合. 证明 G 是一个群,并且同构于所有线性函数 $x \mapsto ax+b$ 对于叠加运算所构成的群.

55.30. 设 G 是所有不等于 -1 的实数的集合. 证明 G 对于乘法 $x \cdot y = x+y+xy$ 是一个群.

55.31. 证明:

a) 任一群的所有自同构对于映射的乘法是一个群;

b) 映射 $\sigma: x \mapsto axa^{-1}$,其中 a 是群 G 的一个固定元素,是 G 的一个 (**内**) 自同构;

c) 任一群的所有内自同构的集合对于映射的乘法是一个群.

55.32. 求下列群的自同构群;

a) $\mathbb{Z}$;   b) $\mathbf{Z}_p$;   c) $\mathbf{S}_3$;   d) $\mathbf{V}_4$;   e) $\mathbf{D}_4$;   f) $\mathbf{Q}_8$.

55.33. 证明映射 $a \mapsto \sigma$,它把群 G 的每个元素 a 对应到集合 G 的置换 $\sigma: x \mapsto ax$,是群 G 到群 S_G 的一个单同态.

55.34. 求群 $\mathbf{S}_n$ 的同构于下列群的子群:

a) $\mathbf{Z}_3$;   b) $\mathbf{D}_4$;   c) $\mathbf{Q}_8$.

55.35. 对于任一 n 次置换 σ,设 $A_\sigma = (\delta_{i\sigma(j)})$ 表示 n 阶方阵. 证明如果 G 是 n 次置换群,那么矩阵 A_σ 的集合,其中 $\sigma \in G$,形成一个与 G 同构的群.

55.36. 求矩阵群 $\mathbf{GL}_n(\mathbb{C})$ 的同构于下述群的子群：

a) $\mathbf{Z}_3$;   b) $\mathbf{D}_4$;   c) $\mathbf{Q}_8$.

55.37. 求 4 阶实矩阵群的同构于 $\mathbf{Q}_8$ 的子群.

55.38. 证明群 $\mathbf{U}_{p^\infty}$ 不可能被同态地映到非平凡的有限群上.

55.39. 下列群是同构的吗：

a) $\mathbf{SL}_2(3)$;   b) $\mathbf{S}_4$;   c) $\mathbf{A}_5$?

§56. 子群. 群的元素的阶. 陪集

56.1. 证明在任一群中:

a) 任意一族子群的交是一个子群;

b) 两个子群的并集是子群当且仅当这些子群的一个被包含在另一个里;

c) 如果子群 C 被包含在子群 A 和 B 的并集里，那么或者 $C \subseteq A$ 或者 $C \subseteq B$.

56.2. 证明任一群的有限子半群是子群. 这个命题对于无限子半群成立吗?

56.3. 求群的元素的阶:

a) $\begin{pmatrix} 1 & 2 & 3 & 4 & 5 \\ 2 & 3 & 1 & 5 & 4 \end{pmatrix} \in \mathbf{S}_5$;   b) $\begin{pmatrix} 1 & 2 & 3 & 4 & 5 & 6 \\ 2 & 3 & 4 & 5 & 1 & 6 \end{pmatrix} \in \mathbf{S}_6$;

c) $\dfrac{-\sqrt{3}}{2} + \dfrac{1}{2}i \in \mathbb{C}^*$;   d) $\dfrac{1}{\sqrt{2}} - \dfrac{1}{\sqrt{2}}i \in \mathbb{C}^*$;

e) $\begin{pmatrix} 0 & 1 & 0 & 0 \\ 0 & 0 & 1 & 0 \\ 0 & 0 & 0 & 1 \\ 1 & 0 & 0 & 0 \end{pmatrix} \in \mathbf{GL}_4(\mathbb{R})$;   f) $\begin{pmatrix} 0 & i \\ 1 & 0 \end{pmatrix} \in \mathbf{GL}_2(\mathbb{C})$;

g) $\begin{pmatrix} -1 & a \\ 0 & 1 \end{pmatrix} \in \mathbf{GL}_2(\mathbb{C})$;   h) $\begin{pmatrix} 0 & -1 \\ 1 & -1 \end{pmatrix} \in \mathbf{GL}_2(\mathbb{C})$;

i) $\begin{pmatrix} \lambda_1 & * & \cdots & * \\ 0 & \lambda_2 & * & \cdots \\ \cdots & \cdots & \cdots & \cdots \\ 0 & \cdots & 0 & \lambda_n \end{pmatrix} \in \mathbf{GL}_n(\mathbb{C})$,

其中 $\lambda_1, \cdots, \lambda_n$ 是 1 的不同的 k 次根.

56.4. 设 p 是奇素数, X 是 n 阶整数方阵, 并且矩阵 $E + pX$ 属于 $\mathbf{SL}_n(\mathbb{Z})$, 它有有限阶. 证明 $X = 0$.

56.5. 证明:

a) 群 $\mathbb{C}^*$ 的元素 $\frac{3}{5} + \frac{4}{5}i$ 有无限阶;

b) 数 $\frac{1}{\pi}\arctan\frac{4}{3}$ 是无理数.

56.6. 下列群里有多少个 6 阶元:

a) $\mathbb{C}^*$;   b) $\mathbf{D}_2(\mathbb{C}^*)$;   c) $\mathbf{S}_5$;   d) $\mathbf{A}_5$?

56.7. 证明在任一群中

a) 元素 x 与 yxy^{-1} 有相同的阶;

b) 元素 ab 与 ba 有相同的阶;

c) 元素 xyz 和 zyx 可以有不同的阶.

56.8. 设群 G 的元素 x 和 y 有有限阶且 $xy = yx$. 证明:

a) 如果元素 x 和 y 的阶互素, 那么乘积 xy 的阶等于它们的阶的乘积.

b) 存在指数 k 和 l 使得乘积 $x^k y^l$ 的阶等于 x 和 y 的阶的最小公倍数.

c) 这些命题对于非交换的元素 x 和 y 成立吗?

56.9. 证明:

a) 如果群 G 的元素 x 有无限阶, 那么 $x^k = x^l$ 当且仅当 $k = l$;

b) 如果群 G 的元素 x 的阶为 n, 那么 $x^k = x^l$ 当且仅当 $n|(k-l)$;

c) 如果群 G 的元素 x 的阶为 n, 那么 $x^k = e$ 当且仅当 $n|k$.

56.10. 证明在群 $\mathbf{S}_n$ 中:

a) 奇置换的阶是偶数;

b) 任一置换的阶等于出现在它的轮换分解式中不相交轮换的长度的最小公倍数.

56.11. 如果元素 x 的阶等于 n, 求 x^k 的阶.

56.12. 设 G 是有限群, $a \in G$. 证明 $G = \langle a \rangle$ 当且仅当 a 的阶等于 $|G|$.

56.13. 求循环群 $\mathbf{Z}_{p^n}$ 中 p^m 阶元素的数目, 其中 p 是一个素数, $0 < m \leqslant n$.

56.14. 设 $G = \langle a \rangle$ 是 n 阶循环群. 证明:

a) 元素 a^k 和 a^l 有相同的阶当且仅当 GCD (k, n) =GCD (l, n);

b) 元素 a^k 是 G 的生成元当且仅当 k 和 n 互素;

c) 任一子群 $H \subseteq G$ 由元素 a^d 生成, 其中 $d|n$;

d) 对于 n 的任一因数 d 存在唯一的 d 阶子群 $H \subseteq G$.

56.15. 在 n 阶循环群 $\langle a \rangle$ 中, 求满足条件 $g^k = e$ 的所有元素 g 和所有 k 阶元如果:

a) $n=24, k=6$;　　b) $n=24, k=4$;　　c) $n=100, k=20$;

d) $n=100, k=5$;　　e) $n=360, k=30$;　　f) $n=360, k=12$;

g) $n=360, k=7$.

56.16. 求阶为下列正整数的循环群的所有子群:

a) 24;　　b) 100;　　c) 360;　　d) 125;　　e) p^n (p 是素数).

56.17. 假设在某个非单位群中所有非单位元素都具有相同的阶 p. 证明 p 是素数.

56.18. 设 G 是有限群, 并且 $d(G)$ 是使得对于任一元素 $g \in G$ 都有 $g^s = e$ 的最小自然数 (群 G 的**周期**).

证明:

a) 周期 $d(G)$ 整除 $|G|$, 并且它等于 G 的元素的阶的最小公倍数;

b) 如果 G 是交换群, 那么存在一个 $d(G)$ 阶元素 $g \in G$;

c) 有限交换群是循环群当且仅当 $d(G) = |G|$.

命题 b) 和 c) 对于非交换群成立吗?

56.19. 是否存在一个无限群, 它的所有元素都有有限阶?

56.20. 群 G 的**周期部分**是它的所有有限阶元素组成的集合.

a) 证明交换群的周期部分是一个子群.

b) 命题 a) 对于非交换群成立吗?

c) 求群 $\mathbb{C}^*$ 和 $\mathbf{D}_n(\mathbb{C}^*)$ 的周期部分.

d) 证明如果交换群 G 有无限阶元素并且它们都被包含在一个子群 H 里, 那么 H 与 G 一致.

56.21. 证明在一个交换群里由阶整除一个固定数 n 的元素组成集合是一个子群. 这个命题对于非交换群成立吗?

56.22. 求所有有最大真子群的有限群.

56.23. 环 $\mathbb{Z}/15\mathbb{Z}$ 的可逆元素群 $(\mathbb{Z}/15\mathbb{Z})^*$ 是否是循环群?

56.24. 群 G 的所有子群组成的集合形成一个链, 如果对于它的任意两个子群其中的一个被包含在另一个里.

a) 证明 p^n 阶循环群的子群形成一个链, 其中 p 是素数.

b) 求所有有限群, 它的子群形成一个链.

c) 求所有群, 它的子群形成一个链.

56.25. 把群 $\mathbb{Q}$ 表示成循环子群的升链的并.

56.26. 建立由 1 的 n 次复根组成的群 $\mathbf{U}_n$ 与模 n 的剩余类群 $\mathbf{Z}_n$ 之间的一

个同构映射.

56.27. 判断由元素 $g \in G$ 生成的子群 $\langle g \rangle$ 哪些是同构的:

a) $G = \mathbb{C}^*$, $\quad g = -\dfrac{1}{\sqrt{2}} + \dfrac{1}{\sqrt{2}}\mathrm{i}$;

b) $G = \mathbf{GL}_2(\mathbb{C})$, $\quad g = \begin{pmatrix} 0 & 1 \\ \mathrm{i} & 0 \end{pmatrix}$;

c) $G = \mathbf{S}_6$, $\quad g = (3\ 2\ 6\ 5\ 1)$;

d) $G = \mathbb{C}^*$, $\quad g = 2 - \mathrm{i}$;

e) $G = \mathbb{R}^*$, $\quad g = 10$;

f) $G = \mathbb{C}^*$, $\quad g = \cos\dfrac{6\pi}{5} + \mathrm{i}\sin\dfrac{6\pi}{5}$;

g) $G = \mathbb{Z}$, $\quad g = 3$?

56.28. 证明: a) 任一 2 阶群包含一个 2 阶元素; b) 如果一个群的所有非平凡的元素都是 2 阶元素, 那么它是交换群.

56.29. 证明群 $\mathbb{C}^*$ 的任一有限子群是循环群.

56.30. 证明群 $\mathbf{U}_{p^\infty}$ 的任一真子群是有限循环群.

56.31. 证明:

a) 在域的乘法群中对于任一自然数 n 存在至多一个 n 阶子群;

b) 域的乘法群的任一有限子群是循环群;

c) 有限域的乘法群是循环群.

56.32. 求下列群的所有子群:

a) $\mathbf{S}_3$; b) $\mathbf{D}_4$; c) $\mathbf{Q}_8$; d) $\mathbf{A}_4$.

56.33. 证明 $\mathbf{SO}_2(\mathbb{R})$ 中的任一有限子群是循环群.

56.34. 证明如果群 $\mathbf{S}_n$ 的子群 H 包含下列集合之一:

$$\{(1\ 2), (1\ 3), \cdots, (1\ n)\}, \quad \{(1\ 2), (1\ 2\ 3\cdots n)\},$$

那么 $H = \mathbf{S}_n$.

56.35. 求群 G 中与给定的元素 $g \in G$ 可交换的所有元素 (g 的 **中心化子**), 如果:

a) $G = \mathbf{S}_4$, $\quad g = (1\ 2)(3\ 4)$;

b) $G = \mathbf{SL}_2(\mathbb{R})$, $\quad g = \begin{pmatrix} a & 0 \\ 0 & b \end{pmatrix}$;

c) $G = \mathbf{S}_n$, $\quad g = (1\ 2\ 3 \cdots n)$.

56.36. 对变量 x_1, x_2, x_3, x_4 的多项式 f,令

$$G_f = \{\sigma \in \mathbf{S}_4 | f(x_{\sigma(1)}, x_{\sigma(2)}, x_{\sigma(3)}, x_{\sigma(4)}) = f(x_1, x_2, x_3, x_4)\}.$$

证明 G_f 是 S_4 的一个子群,并且求对于下述多项式的这个子群:

a) $f = x_1 x_2 + x_3 x_4$; b) $f = x_1 x_2 x_3$;

c) $f = x_1 + x_2$; d) $f = x_1 x_2 x_3 x_4$;

e) $f = \displaystyle\prod_{1 \leqslant j < i \leqslant 4} (x_i - x_j)$.

56.37. 求陪集:

a) 加法群 $\mathbb{Z}$ 对于子群 $n\mathbb{Z}$,其中 n 是自然数;

b) 加法群 $\mathbb{C}$ 对于由 Gauss 整数组成的子群 $\mathbb{Z}[i]$,它的元素是数 $a + bi$,其中 a, b 是整数;

c) 加法群 $\mathbb{R}$ 对于子群 $\mathbb{Z}$;

d) 加法群 $\mathbb{C}$ 对于子群 $\mathbb{R}$;

e) 乘法群 $\mathbb{C}^*$ 对于模为 1 的复数组成的子群 $\mathbf{U}$;

f) 乘法群 $\mathbb{C}^*$ 对于 $\mathbb{R}^*$;

g) 乘法群 $\mathbb{C}^*$ 对于正实数组成的子群;

h) 置换群 $\mathbf{S}_n$ 对于元素 n 的稳定子群;

i) (3×2) 实矩阵的加法群对于使得 $a_{31} = a_{32} = a_{22} = 0$ 的所有矩阵 (a_{ij}) 组成的子群;

j) 次数至多为 5 的所有复系数多项式组成的加法群对于次数至多为 3 的多项式组成的子群;

k) 循环群 $\langle a \rangle_6$ 对于子群 $\langle a^4 \rangle$.

56.38. 设 g 是 $\mathbf{GL}_n(\mathbb{C})$ 的一个非奇异矩阵,并且 $H = \mathbf{SL}_n(\mathbb{C})$,证明陪集 gH 由使得它的行列式等于 g 的行列式的所有矩阵 $a \in \mathbf{GL}_n(\mathbb{C})$ 组成.

56.39. 设 H 是群 G 的一个子群. 证明映射 $xH \mapsto Hx^{-1}$ 诱导了 G 对于 H 的左陪集组成的集合与右陪集组成的集合之间的一个双射.

56.40. 设 g_1, g_2 是群 G 的元素,并且 H_1, H_2 是 G 的子群. 证明下列性质是等价的:

a) $g_1 H_1 \subseteq g_2 H_2$;

b) $H_1 \subseteq H_2$ 且 $g_2^{-1} g_1 \in H_2$.

56.41. 设 g_1, g_2 是群 G 的元素,并且 H_1, H_2 是 G 的子群. 证明非空集

合 $g_1H_1 \cap g_2H_2$ 是 G 对于子群 $H_1 \cap H_2$ 的一个左陪集.

56.42. 设 K 是群 G 对于子群 H 的右陪集. 证明: 如果 $x,y,z \in K$, 那么 $xy^{-1}z \in K$.

56.43. 设 K 是群 G 的非空子集, 并且若 $x,y,z \in K$, 则 $xy^{-1}z \in K$. 证明 K 是群 G 对于某子群 H 的右陪集.

56.44. 设 H_1, H_2 是群 G 的子群, 并且 $H_1 \subseteq H_2$. 如果 H_1 在 H_2 中的指数等于 n, 并且 H_2 在 G 中的指数等于 m, 那么 H_1 在 G 中的指数等于 mn.

56.45. 证明在二面体群中所有轴对称形成对于旋转组成的子群的一个陪集.

§57. 群在集合上的作用. 共轭关系

57.1. 求非奇异线性算子的群 G 作用在 n 维空间 V 上的所有轨道, 如果:

a) G 是所有非奇异线性算子的群;

b) G 是所有正交算子的群;

c) G 是算子的群, 它在基 $(e_1, \cdots, e_n)$ 下的矩阵是对角矩阵;

d) G 是算子的群, 它在基 $(e_1, \cdots, e_n)$ 下的矩阵是上三角矩阵.

57.2. 求向量 $a = e_1 + e_2 + \cdots + e_n$ 的稳定子群 G_a, 如果:

a) G 是习题 57.1 c) 中的群;

b) G 是习题 57.1 d) 中的群.

57.3. 求任意一个向量 x 的稳定子群 G_x 和轨道, 如果:

a) G 是 3 维 Euclid 空间上所有正交算子组成的群;

b) G 是 3 维 Euclid 空间上所有正常正交算子组成的群.

57.4. 设 G 是 n 维向量空间 V 上的所有非奇异线性算子组成的群, 并且 X 是 V 的所有 k 维子空间组成的集合.

a) 求 G 作用在 X 上的轨道.

b) 设 $e_1, \cdots, e_n$ 是 V 的一个基使得 $e_1, \cdots, e_k$ 是某个子空间 U 的一个基. 求稳定子群 G_U 里的算子在基 $e_1, \cdots, e_n$ 下的矩阵.

57.5. 设 G 是 n 维向量空间 V 上的所有非奇异线性算子组成的群, 并且 F 是 V 里的旗组成的集合, 旗是 V 的子空间组成的集合 $f = (V_0, V_1, \cdots, V_n)$, 其中 $0 = V_0 \subset V_1 \subset \cdots \subset V_n = V$.

a) 求 G 作用在 F 上的轨道.

b) 设 $e_i \in V_i \backslash V_{i-1}, i = 1, \cdots, n$. 证明 $e_1, \cdots, e_n$ 是 V 的一个基.

c) 求稳定子群 G_f 里的算子在基 $e_1, \cdots, e_n$ 下的矩阵.

57.6. 设 G 是 n 维向量空间 V 上的所有非奇异线性算子组成的群, 并且 X, Y 分别是 $\wedge^q(V), S^q(V)$ 的所有非零可分解 q-向量组成的集合.

a) 求 G 在 X 和 Y 上作用的轨道.

b) 求一个可分解 q-向量 a ($S^q(V)$ 里的向量) 的稳定子群 G_a.

57.7. 设 G 是 n 维实 (复) 向量空间 V 上的所有非奇异线性算子组成的群, 并且 B 是 V 上所有对称 (Hermite) 双线性函数. 令 $g(b)(x,y) = b(g^{-1}x, g^{-1}y)$ 对于 $g \in G$ 和 $b \in B$.

a) 证明 G 作用在 B 上.

b) 决定 G 作用在 B 上的轨道. 求它们的数目.

c) 决定一个正定函数 b 的稳定子群 G_b.

57.8. 设 G 是 n 维复向量空间 V 上的所有非奇异线性算子组成的群, 并且 $L(V)$ 是 V 上的所有线性算子组成的集合. 令 $g(f) = gfg^{-1}$, 当 $g \in G$ 且 $f \in L(V)$.

a) 证明 G 作用在 $L(V)$ 上.

b) 决定 G 作用在 $L(V)$ 上的轨道.

57.9. 求群 G 作用在集合 $\{1, 2, \cdots, 10\}$ 上的所有轨道和所有稳定子群, 如果 G 由下述置换生成:

a) $g = \begin{pmatrix} 1 & 2 & 3 & 4 & 5 & 6 & 7 & 8 & 9 & 10 \\ 5 & 8 & 3 & 9 & 4 & 10 & 6 & 2 & 1 & 7 \end{pmatrix} \in \mathbf{S}_{10}$;

b) $g = \begin{pmatrix} 1 & 2 & 3 & 4 & 5 & 6 & 7 & 8 & 9 & 10 \\ 7 & 4 & 6 & 1 & 8 & 3 & 2 & 9 & 5 & 10 \end{pmatrix} \in \mathbf{S}_{10}$;

c) $g = (1\ 6\ 9)(2\ 10)(3\ 4\ 5\ 7\ 8) \in \mathbf{S}_{10}$.

57.10. 考虑一个菱形, 在直角坐标系中, 它的顶点为
$$A = (0, 1), \quad B = (2, 0), \quad C = (0, -1), \quad D = (-2, 0).$$

a) 求平面上把这个菱形映成它自身的正交变换的矩阵.

b) 证明这些矩阵对于乘法形成一个群 G, 它同构于群 $\mathbf{V}_4$.

c) 求 G 在这个菱形的顶点集上作用的轨道, 并且求它们的稳定子群.

57.11. 求二面体群 $\mathbf{D}_n$ 的阶.

57.12. 求阶:

a) 正方体的旋转群;

b) 四面体的旋转群;

c) 十二面体的旋转群.

57.13. 证明:

a) 正方体的旋转群同构于群 $\mathbf{S}_4$.

b) 四面体的旋转群同构于群 $\mathbf{A}_4$;

c) 四面体的对称群同构于 $\mathbf{S}_4$.

57.14. 求下列旋转群的一个顶点的稳定子群的阶:

a) 八面体的旋转群;

b) 二十面体的旋转群;

c) 四面体的旋转群;

d) 正方体的旋转群;

e) 二面体的旋转群.

57.15. 设 G 是 n 维仿射空间 X 的仿射变换的群. 设 Y 是一族所有一般位置的 $n+1$ 个点组成的集合 $(A_0, \cdots, A_n)$.

a) 求 G 作用在 Y 上的轨道;

b) 求集合 $a \in Y$ 的稳定子群 G_a.

57.16. 设 G 是 n 维仿射实 (复) 空间 X 的仿射变换的群. 用 Q 表示 X 上的所有双线性函数的集合. 令 $[g(h)](x) = h(g^{-1}x)$ 对于 $g \in G, h \in Q$ 且 $x \in X$.

a) 证明 G 作用在 Q 上.

b) 决定 G 作用在 Q 上的轨道.

c) 决定一个非奇异函数 $h \in Q$ 的稳定子群 G_h.

57.17. 设 G 是习题 24.25 的中心为 O 的单位圆盘的分式线性变换的群. 求:

a) 点 O 的稳定子群;

b) 点 O 的轨道;

c) 单位圆盘上两个不同点的稳定子群的交.

57.18. 设群 G 作用在集合 X 上, 并且 x, y 是 X 中一条 G 轨道的两个元素. 证明使得 $g(x) = y$ 的所有 $g \in G$ 对于稳定子群 G_x 形成 G 中的一个左陪集, 对于稳定子群 G_y 形成一个右陪集.

57.19. 设交换群 G 作用在集合 M 上. 证明如果 $gm_0 = m_0$ 对于某个 $g \in G$ 和 $m_0 \in M$, 那么对于属于点 m_0 的轨道的任一点 m 有 $gm = m$.

57.20. 设 H 是群 G 的子群, $a \in G$. 证明:

a) 映射 $\sigma_a : gH \mapsto agH$ 是 G 对于 H 的所有左陪集组成的集合 M 上的一个置换;

b) 映射 $f: a \mapsto \sigma_a$ 定义了 G 在 M 上的一个作用;

c) σ_a 是恒等置换当且仅当 a 属于 H 在 G 中的所有共轭子群的交.

57.21. 给群 G 对于子群 H 的左陪集编号, 求所有置换 σ_a (见习题 57.20), 如果:

a) $G = \mathbf{Z}_4$, H 是单位子群;

b) $G = \mathbf{D}_4$, H 是由恒等变换和正方形的某个轴对称组成的子群.

57.22. 证明对于任一群 G,

a) 共轭诱导 G 在集合 G 上的一个作用

$$m \mapsto g \cdot m = gmg^{-1} \quad (g, m \in G);$$

b) 点 m 的稳定子群 (元素 m 的中心化子) 和由 G 中与 m 可交换的所有元素组成的集合一致.

57.23. 求中心化子:

a) 群 $\mathbf{S}_4$ 中的置换 $(1\ 2)(3\ 4)$;

b) 群 $\mathbf{S}_n$ 中的置换 $(1\ 2\ 3 \cdots n)$.

57.24. 在群 $\mathbf{GL}_2(\mathbb{R})$ 中求下述矩阵的中心化子:

a) $\begin{pmatrix} 1 & 0 \\ 0 & -1 \end{pmatrix}$; b) $\begin{pmatrix} 2 & 0 \\ 0 & 2 \end{pmatrix}$; c) $\begin{pmatrix} 1 & 2 \\ 3 & 4 \end{pmatrix}$; d) $\begin{pmatrix} 1 & 1 \\ 0 & 1 \end{pmatrix}$.

57.25. 在群 $\mathbf{GL}_n(\mathbb{R})$ 中求矩阵 $\operatorname{diag}(\lambda_1, \cdots, \lambda_n)$ 的中心化子, 如果

a) 所有主对角元是不同的;

b) $\lambda_1 = \cdots = \lambda_k = a, \lambda_{k+1} = \cdots = \lambda_n = b$ 且 $a \neq b$.

57.26. 确定下列三个矩阵的哪些在群 $\mathbf{GL}_2(\mathbb{C})$ 中共轭.

$$A_1 = \begin{pmatrix} 1 & 1 \\ 0 & 1 \end{pmatrix}, \quad A_2 = \begin{pmatrix} \frac{1}{2} & 0 \\ 0 & 2 \end{pmatrix}, \quad A_3 = \begin{pmatrix} 1 & 0 \\ 2 & 1 \end{pmatrix}?$$

57.27. 设 F 是域. 在群 $\mathbf{SL}_n(F)$ 中求

a) 初等矩阵 $E + E_{ij}$ 的中心化子 C_{ij}, 其中 $1 \leqslant i \neq j \leqslant n$;

b) 对所有 i, j, C_{ij} 的交, 其中 $1 \leqslant i \neq j \leqslant n$;

c) 包含 $E + E_{ij}$ 的共轭元素类.

证明任意两个初等矩阵 $E + \alpha E_{ij}$ 和 $E + \beta E_{pq}$, 其中 $1 \leqslant i \neq j, p \neq q \leqslant n$ 且 $\alpha, \beta \in F^*$, 是共轭的.

57.28. 在正交算子的群 $\mathbf{O}_2(\mathbb{R})$ 中求

a) 转角 $q \neq k\pi$ 的旋转算子的中心化子;

b) 关于轴 OX 的对称的中心化子.

57.29. 证明在群 $\mathbf{O}_2(\mathbb{R})$ 中任意两个对称是共轭的.

57.30. 求下列群中的共轭元素类:

a) $\mathbf{S}_3$;   b) $\mathbf{A}_4$;   c) $\mathbf{D}_4$

57.31. 求共轭元素类的数目分别等于下列数的所有有限群:

a) 1;   b) 2;   c) 3.

57.32. 在群 $\mathbf{S}_4$ 中求下列元素的共轭元素类:

a) 置换 (1 2) (3 4);

b) 置换 (1 2 4).

57.33. 在群 $\mathbf{S}_5, \mathbf{S}_6$ 中是否存在同一阶的非共轭元素?

57.34. 证明群 $\mathbf{S}_n$ 里两个置换是共轭的当且仅当它们有相同的轮换结构, 即它们到不相交轮换的分解式中对于任意正整数 k 包含相同数目的长为 k 的轮换.

57.35. 求下列群的共轭元素类的数目:

a) $\mathbf{S}_4$;   b) $\mathbf{S}_5$;   c) $\mathbf{S}_6$;   d) $\mathbf{D}_n$.

57.36. 一个矩阵 $A \in \mathbf{SO}_3(\mathbb{R})$ 的**标准形**是与 A 共轭的矩阵

$$\begin{pmatrix} 1 & 0 & 0 \\ 0 & \cos\varphi & -\sin\varphi \\ 0 & \sin\varphi & \cos\varphi \end{pmatrix}.$$

证明矩阵 A_1 与 A_2 在 $\mathbf{SO}_3(\mathbb{R})$ 中共轭当且仅当对某个整数 k, 它的标准形由关系式 $\varphi_1 + \varphi_2 = 2\pi k$ 或 $\varphi_1 - \varphi_2 = 2\pi k$ 联系.

57.37. 证明:

a) 如果 H 和 K 是有限群的共轭子群且 $K \subseteq H$, 那么 $K = H$;

b) 子群

$$H = \left\{ \begin{pmatrix} 1 & n \\ 0 & 1 \end{pmatrix} \quad (n \in \mathbb{Z}) \right\}, \quad K = \left\{ \begin{pmatrix} 1 & 2n \\ 0 & 1 \end{pmatrix} \quad (n \in \mathbb{Z}) \right\}$$

在群 $\mathbf{GL}_2(\mathbb{R})$ 中是共轭的, 并且 $K \subset H$.

57.38. 求子群 H 在群 G 中的正规化子 $N(H)$, 如果

a) $G = \mathbf{GL}_2(\mathbb{R})$ 并且 H 是对角矩阵的子群;

b) $G = \mathbf{GL}_2(\mathbb{R})$ 并且 H 是矩阵
$$\begin{pmatrix} 1 & a \\ 0 & 1 \end{pmatrix} \quad (a \in \mathbb{R})$$
组成的子群;

c) $G = \mathbf{S}_4, H = \langle (1\ 2\ 3\ 4) \rangle$.

57.39. 求下列群的自同构群:

a) 群 $\mathbf{Z}_5$;

b) 群 $\mathbf{Z}_6$.

57.40. 证明:

a) $\mathrm{Aut}\,\mathbf{S}_3 \simeq \mathbf{S}_3$ 并且群 $\mathbf{S}_3$ 的所有自同构是内自同构;

b) $\mathrm{Aut}\,\mathbf{V}_4 \simeq \mathbf{S}_3$ 并且只有恒等自同构是 $\mathbf{V}_4$ 的内自同构.

57.41. 判断下列群的自同构群是否为循环群:

a) 群 $\mathbf{Z}_9$;

b) 群 $\mathbf{Z}_8$.

57.42. 求群 $\mathrm{Aut}\,\mathrm{Aut}\,\mathrm{Aut}\,\mathbf{Z}_9$ 的阶.

57.43. 构造群 $\mathbf{S}_6$ 的一个外自同构.

57.44. 证明群 $\mathbf{S}_n (n \neq 6)$ 的所有自同构是内自同构.

57.45. 证明 $\mathbf{D}_4$ 的自同构群同构于 $\mathbf{D}_4$. 求 $\mathbf{D}_4$ 的内自同构子群.

57.46. 求 $\mathbf{D}_n$ 的自同构群和它的内自同构子群.

§58. 同态和正规子群. 商群, 中心

58.1. 证明群 G 的子群 H 是正规子群, 如果

a) G 是交换群并且 H 是任一子群;

b) $G = \mathbf{GL}_n(\mathbb{R})$, 并且 H 是行列式等于 1 的矩阵的子群;

c) $G = \mathbf{S}_n, H = \mathbf{A}_n$;

d) $G = \mathbf{S}_4, H = \mathbf{V}_4$;

e) G 是非奇异复上三角矩阵的群, 并且 H 是矩阵
$$E + \sum_{\substack{1 \leqslant i < j \leqslant n \\ j - i \geqslant k}} \alpha_{ij} E_{ij}, \quad \alpha_{ij} \in \mathbb{C}$$
组成的群.

58.2. 由所有形如 $\begin{pmatrix} a & b \\ c & d \end{pmatrix}$ 的矩阵组成的群,其中 a, d 是奇数,b, c 是偶数,是否是群 $\mathbf{GL}_n(\mathbb{Z})$ 的正规子群?

58.3. 证明任一指数为 2 的子群是正规子群.

58.4. 求下列群的所有非平凡的正规子群:

a) $\mathbf{S}_3$;　　b) $\mathbf{A}_4$;　　c) $\mathbf{S}_4$.

58.5. 用群 $\mathbf{A}_4$ 的例子,说明群 G 的正规子群 H 的正规子群 K 不一定是 G 的正规子群.

58.6. 设 A 和 B 是群 G 的正规子群,并且 $A \cap B$ 是单位子群. 证明对于任意 $x \in A, y \in B$ 有 $xy = yx$.

58.7. 设 H 是 G 的指数为 2 的子群,C 是 G 里的共轭元素类并且 $C \subset H$. 证明 C 或者是 H 里的一个共轭元素类,或者是 H 里的元素数目相同的两个共轭元素类的并集.

58.8. 证明商群 $\mathbb{R}^*/\mathbb{Q}^*$ 不是循环群.

58.9. 求群 $\mathbf{A}_5$ 的共轭元素类的数目,并且求每一类里的元素数目.

58.10. 证明群 $\mathbf{A}_5$ 是单群.

58.11. a) 证明四元数群 $\mathbf{Q}_8$ 的每一个子群是正规子群.

b) 求 $\mathbf{Q}_8$ 的中心和所有共轭元素类.

c) 证明复矩阵

$$\pm E = \pm \begin{pmatrix} 1 & 0 \\ 0 & 1 \end{pmatrix}, \quad \pm I = \pm \begin{pmatrix} i & 0 \\ 0 & -i \end{pmatrix},$$
$$\pm J = \pm \begin{pmatrix} 0 & 1 \\ -1 & 0 \end{pmatrix}, \quad \pm K = \pm \begin{pmatrix} 0 & i \\ i & 0 \end{pmatrix}$$

对于矩阵的乘法形成一个群. 这个群同构于 $\mathbf{Q}_8$.

58.12. 求二面体群 $\mathbf{D}_n$ 的所有正规子群.

58.13. 证明 $\mathbf{O}_2(\mathbb{R})$ 中不包含于 $\mathbf{SO}_2(\mathbb{R})$ 的任一有限子群是二面体群 $\mathbf{D}_n$,$n \geqslant 2$.

58.14. 设 F 是一个域,并且 G 是 $\mathbf{GL}_n(F)$ 的一个子群,G 包含 $\mathbf{SL}_n(F)$. 证明 G 是 $\mathbf{GL}_n(F)$ 的正规子群.

58.15. 让每个矩阵 $\begin{pmatrix} a & c \\ b & d \end{pmatrix} \in \mathbf{GL}_2(\mathbb{C})$ 对应一个分式线性变换

$$f(z) = \frac{az + b}{cz + d}.$$

求这个同态的核.

58.16. 证明群 $\mathbb{C}^*$ 到加法群 $\mathbb{R}$ 任何同态的核是无限群.

58.17. 设 $n, m \geq 2$ 是自然数, 并且 $\mathbf{SL}_n(\mathbb{Z}; m\mathbb{Z})$ 是 $\mathbf{SL}_n(\mathbb{Z})$ 的由矩阵 $E + Xm$ 组成的子集, 其中 X 是 n 阶整数方阵. 证明:

a) $\mathbf{SL}_n(\mathbb{Z}; m\mathbb{Z})$ 是 $\mathbf{SL}_n(\mathbb{Z})$ 的一个正规子群;

b) 如果 $m = p$ 是素数, 那么 $\mathbf{SL}_n(\mathbb{Z})/\mathbf{SL}_n(\mathbb{Z}; p\mathbb{Z}) \simeq \mathbf{SL}_n(\mathbb{Z}_p)$;

c) 如果 $m \geq 3$, 那么群 $\mathbf{SL}_n(\mathbb{Z}; m\mathbb{Z})$ 不包含有限阶非单位元素;

d) 如果 G 是 $\mathbf{SL}_n(\mathbb{Z})$ 的有限子群, 那么 G 的阶整除
$$\frac{1}{2}(3^n - 1)(3^n - 3) \times \cdots \times (3^n - 3^{n-1}).$$

58.18. 证明对于任一群 G, 它的所有内自同构组成的集合是 G 的所有自同构组成的群 $\operatorname{Aut} G$ 的正规子群.

58.19. 证明包含群的换位子群的任一子群是正规子群.

58.20. 求群的中心:

a) $\mathbf{S}_n$;   b) $\mathbf{A}_n$;   c) $\mathbf{D}_n$.

58.21. 设群 G 由元素 a, b 生成, 并且 $a^2 = b^2 = (ab)^4 = 1$. 证明元素 $(ab)^2$ 位于群 G 的中心.

58.22. 证明 p^n 阶群的中心包含多于一个的元素, 其中 p 是素数 $(n \in \mathbb{N})$.

58.23. 设 G 是域 $\mathbb{Z}_p$ 上的主对角元为单位元的所有 3 阶上三角矩阵组成的集合.

a) 证明 G 对于乘法是 p^3 阶非交换群.

b) 求 G 的中心.

c) 求 G 的所有共轭元素类.

58.24. 求群的中心:

a) $\mathbf{GL}_n(\mathbb{R})$;   b) $\mathbf{O}_2(\mathbb{R})$;   c) $\mathbf{SO}_2(\mathbb{R})$;   d) $\mathbf{SO}_3(\mathbb{R})$;

e) $\mathbf{SU}_2(\mathbb{C})$;   f) $\mathbf{SU}_n(\mathbb{C})$;   g) 主对角元为单位元的上三角矩阵的群.

58.25. 求中心:

a) 复平面的所有分式线性变换组成的群;

b) 习题 24.25 中单位圆盘的所有变换组成的群.

58.26. 证明群 H 是有限循环群 G 的同态像当且仅当 H 是循环群并且它的阶整除 G 的阶.

58.27. 证明如果群 G 同态地映到群 H 上并且 $a \mapsto a'$, 那么

a) a 的阶能被 a' 的阶整除；

b) G 的阶被 H 的阶整除.

58.28. 求所有的同态：

a) $\mathbf{Z}_6 \to \mathbf{Z}_6$; b) $\mathbf{Z}_n \to \mathbf{Z}_{18}$; c) $\mathbf{Z}_{18} \to \mathbf{Z}_6$;

d) $\mathbf{Z}_{12} \to \mathbf{Z}_{15}$; e) $\mathbf{Z}_6 \to \mathbf{Z}_{25}$.

58.29. 证明有理数的加法群不可能被同态地映到整数的加法群上.

58.30. 求商群：

a) $\mathbb{Z}/n\mathbb{Z}$; b) $\mathbf{U}_{12}/\mathbf{U}_3$; c) $4\mathbb{Z}/12\mathbb{Z}$; d) $\mathbb{R}^*/\mathbb{R}_+$.

58.31. 设 F^n 是域 F 上 n 维线性空间的加法群，并且 H 是 k 维子空间的向量的群. 证明商群 F^n/H 同构于 F^{n-k}.

58.32. 设 H_n 是幅角为 $2\pi k/n$ $(k \in \mathbb{Z})$ 的复数的集合. 证明：

a) $\mathbb{R}/\mathbb{Z} \simeq \mathbf{U}$; b) $\mathbb{C}^*/\mathbb{R}_+ \simeq \mathbf{U}$; c) $\mathbb{C}^*/\mathbf{U} \simeq \mathbb{R}_+$;

d) $\mathbf{U}/\mathbf{U}_n \simeq \mathbf{U}$; e) $\mathbb{C}^*/\mathbf{U}_n \simeq \mathbb{C}^*$; f) $\mathbb{C}^*/H_n \simeq \mathbf{U}$;

g) $H_n/\mathbb{R}_+ \simeq \mathbf{U}_n$; h) $H_n/\mathbf{U}_n \simeq \mathbb{R}_+$.

58.33. 设 $G = \mathbf{GL}_n(\mathbb{R}), H = \mathbf{GL}_n(\mathbb{C}), P = \mathbf{SL}_n(\mathbb{R}), Q = \mathbf{SL}_n(\mathbb{C})$,

$$A = \{X \in G | |\det X| = 1\}, \quad B = \{x \in H | |\det X| = 1\},$$
$$M = \{X \in G | \det X > 0\}, \quad N = \{X \in H | \det X > 0\}.$$

证明：

a) $G/P \simeq \mathbb{R}^*$; b) $H/Q \simeq \mathbb{C}^*$; c) $G/(N \cap G) \simeq \mathbf{Z}_2$;

d) $H/N \simeq \mathbf{U}$; e) $G/A \simeq \mathbb{R}_+$; f) $H/B \simeq \mathbb{R}_+$.

58.34. 设 G 是 n 维空间的仿射变换群，H 是平移的子群，并且 K 是固定给定点 O 的变换的子群. 证明：

a) H 是 G 的正规子群；

b) $G/H \simeq K$.

58.35. 证明群 $\mathbf{S}_4$ 对于正规子群 $\{e, (12)(34), (13)(24), (14)(23)\}$ 的商群同构于群 $\mathbf{S}_3$.

58.36. 证明如果 H 是群 G 的指数为 k 的子群，那么 H 包含 G 的一个正规子群，且它在 G 中的指数整除 $k!$.

58.37. 证明如果子群的指数是群的阶的最小素因子，那么这个子群是正规子群.

58.38. 证明群 $\mathbf{GL}_2(\mathbf{Z}_3)$ 对于它的中心的商群同构于群 $\mathbf{S}_4$.

58.39. 证明在群 $\mathbb{Q}/\mathbb{Z}$ 里:

a) 每个元素有有限阶;

b) 对于任一自然数 n 存在恰好一个 n 阶子群.

58.40. 证明群 G 的内自同构群同构于 G 对于它的中心的商群.

58.41. 证明非交换群对于它的中心的商群不可能是循环群.

58.42. 证明 p^2 阶解是交换群, 其中 p 是素数.

58.43. 证明非交换的所有自同构组成的群不可能是循环群.

* * *

58.44. 对于 p^3 阶非交换群, 其中 p 是素数, 求它的共轭元素类的数目和每一类里的元素数目.

58.45. 群 G 的一个子群 H 是**极大的**, 如果 $H \neq G$ 并且包含 H 的任一子群与 H 或者 G 一致. 证明:

a) 任意两个不同的极大交换子群的交被包含在群的中心里;

b) 任一有限非交换单群有两个不同的极大子群, 它们的交包含多于一个的元素;

c) 任一有限非交换单群有一个非交换真子群.

58.46. 证明 $\mathbf{SL}_2(\mathbf{Z}_5)$ 对于它的中心的商群同构于 $\mathbf{A}_5$.

58.47. 设 F 是一个域, $n \geqslant 3$ 并且 G 是 $\mathbf{GL}_n(F)$ 的一个正规子群. 证明或者 $G \supseteq \mathbf{SL}_n(F)$, 或者 G 由数量矩阵组成.

58.48. 设 F 是包含至少 4 个元素的域, 并且 G 是 $\mathbf{GL}_2(F)$ 的一个正规子群. 证明或者 $G \supseteq \mathbf{SL}_2(F)$, 或者 G 由数量矩阵组成.

58.49. 证明 $\mathbf{GL}_2(\mathbf{Z}_2) \simeq \mathbf{S}_3$.

58.50. 求 $\mathbf{SL}_2(\mathbf{Z}_3)$ 的所有正规子群.

58.51. 设 G 是 $\mathbf{SL}_n(\mathbb{Z})$ 的指数有限的正规子群, $n \geqslant 3$. 证明存在一个自然数 m 使得 $G \subseteq \mathbf{SL}_n(\mathbb{Z}, m\mathbb{Z})$.

58.52. 设 F 是一个域, $n \geqslant 3$ 并且 φ 是群 $\mathbf{GL}_n(F)$ 的一个自同构. 证明存在一个群同态 $n: \mathbf{GL}_n(F) \to F^*$ 和 F 的一个自同构 τ, 使得或者 $\varphi(x) = n(x)g\tau(x)g^{-1}$, 或者 $\varphi(x) = n(x)g^t\tau(x)^{-1}g^{-1}$, 其中 $g \in \mathbf{GL}_n(F)$.

§59. Sylow 子群. 小阶群

59.1. 求群的阶:

a) $\mathbf{GL}_n(\mathbb{F}_q)$;

b) $\mathbf{SL}_n(\mathbb{F}_q)$;

c) q 元有限域上所有 n 阶非奇异上三角矩阵组成的群.

59.2. 下列群同构吗?

a) $\mathbf{Q}_8$ 和 $\mathbf{D}_4$;

b) $\mathbf{S}_4$ 和 $\mathbf{SL}_2(\mathbf{Z}_3)$?

59.3. 求下列群的所有 Sylow 2-子群和 3-子群:

a) $\mathbf{S}_3$;　　b) $\mathbf{A}_4$.

59.4. 指出在下列群里使得 Sylow 2-子群共轭和 Sylow 3-子群共轭的元素:

a) $\mathbf{S}_3$;　　b) $\mathbf{A}_4$.

59.5. 证明群 $\mathbf{S}_4$ 的任一 Sylow 2-子群同构于二面体群 $\mathbf{D}_4$.

59.6. 群 $\mathbf{S}_4$ 的哪个 Sylow 2-子群包含置换:

a) (1 3 2 4);　　b) (1 3);　　c) (1 2)(3 4)?

59.7. 证明存在恰好两个非交换的不同构的 8 阶群, 即四元数群 $\mathbf{Q}_8$ 和二面体群 $\mathbf{D}_4$.

59.8. 证明群 $\mathbf{SL}_2(\mathbf{Z}_3)$ 的 Sylow 2-子群

a) 同构于四元数群;

b) 是 $\mathbf{SL}_2(\mathbf{Z}_3)$ 的正规子群.

59.9. 群 $\mathbf{A}_5$ 有多少个不同的 Sylow p-子群, 如果

a) $p = 2$;　　b) $p = 3$;　　c) $p = 5$?

59.10. 求群 $\mathbf{S}_n$ 的 Sylow p-子群的阶.

59.11. 群 $\mathbf{S}_p$ 有多少个不同的 Sylow p-子群, 其中 p 是素数?

59.12. 证明群 G 的 Sylow p-子群是唯一的当且仅当它是 G 的正规子群.

59.13. 设

$$P = \left\{ \begin{pmatrix} 1 & a \\ 0 & 1 \end{pmatrix} \Big| a \in \mathbf{Z}_p, p \text{ 是素数} \right\}.$$

a) 证明 P 是群 $\mathbf{SL}_2(\mathbf{Z}_p)$ 的一个 Sylow p-子群.

b) 求 P 在 $\mathbf{SL}_2(\mathbf{Z}_p)$ 里的正规化子.

c) 求 $\mathbf{SL}_2(\mathbf{Z}_p)$ 的不同的 Sylow p-子群的数目.

d) 证明 P 是 $\mathbf{GL}_2(\mathbf{Z}_p)$ 的一个 Sylow p-子群.

e) 求 P 在 $\mathbf{GL}_2(\mathbf{Z}_p)$ 里的正规化子.

f) 求 $\mathbf{GL}_2(\mathbf{Z}_p)$ 的不同的 Sylow p-子群的数目.

59.14. 证明 $\mathrm{GL}_n(\mathbf{Z}_p)$ 的主对角元都为 1 的上三角矩阵组成的子群是 $\mathrm{GL}_n(\mathbf{Z}_p)$ 的一个 Sylow p-子群.

59.15. 在二面体群 $\mathbf{D}_n$ 中, 对于数 $2n$ 的每个素因子 p, 求:

a) 所有 Sylow p-子群;

b) 使得 Sylow p-子群共轭的元素.

59.16. 证明有限群 G 的 Sylow p-子群在 G 到群 H 的满同态下的像是 H 的 Sylow p-子群.

59.17. 证明有限群 A 和 B 的直积的任一 Sylow p-子群是 A 和 B 的 Sylow p-子群的直积.

59.18. 设 P 是有限群 G 的一个 Sylow p-子群, H 是 G 的一个正规子群.

a) 证明 $P \cap H$ 是 H 的一个 Sylow p-子群.

b) 找出一个例子说明对于非正规子群 H, 命题 a) 不成立.

59.19. 证明 100 阶群的所有 Sylow 子群都是交换群.

59.20. 证明下述阶的任意一个群是交换群:

a) 15;   b) 35;   c) 185;   d) 255.

59.21. 在 20 阶非交换群里有多少个不同的 Sylow 2-子群和 Sylow 5-子群?

59.22. 证明不存在阶为下述的单群

a) 36;   b) 80;   c) 56;   d) 196;   e) 200.

59.23. 设 p 和 q 是素数, $p < q$. 证明:

a) 如果 $q - 1$ 不能被 p 整除, 那么任一 pq 阶群是交换群;

b) 如果 $q - 1$ 被 p 整除, 那么在非奇异矩阵 $\begin{pmatrix} a & b \\ 0 & 1 \end{pmatrix}$ $(a, b \in \mathbf{Z}_q)$ 组成的群里存在一个 pq 阶非交换子群.

59.24. 168 阶单群有多少个 7 阶元?

*   *   *

59.25. 设 K 是 p-群 G 的正规子群, 且 $K \neq 1$. 证明 $K \cap Z(G) \neq 1$.

59.26. 设 V 是特征为 p 的域上的有限维向量空间, G 是 V 上的非奇异线性算子的 p-群. 证明存在一个非零向量 $x \in V$ 使得对一切 $g \in G, gx = x$.

59.27. 设 P 是有限群 G 的一个 Sylow p-子群, H 是 G 的一个子群, 且 H 包含正规化子 $N_G(P)$. 证明 $N_G(H) = H$.

59.28. 设 G 是有限群, N 是 G 中的正规子群, P 是 N 中的 Sylow 子群. 证

明 $G = N \cdot N_G(P)$ (Fitting 引理).

59.29. 假设有限群 G 中的元素 a 满足以下条件: $\dfrac{|G|}{|K(a)|} = p$ 是素数, 其中 $K(a)$ 是元素 a 在 G 中的共轭元素类. 证明:

a) 群 G 的阶不能被 p^2 整除;

b) 如果 $p = 2$, 则在群 G 中有指数为 2 的奇数阶 Abel 群 H, 并且对于任何 $h \in H, aha^{-1} = h^{-1}$.

§60. 直积与直和. Abel 群

60.1. 证明群 $\mathbb{Z}$ 和 $\mathbb{Q}$ 不能分解成非零子群的直和.

60.2. 下列群

a) $\mathbf{S}_3$;   b) $\mathbf{A}_4$;   c) $\mathbf{S}_4$;   d) $\mathbf{Q}_8$

有非平凡的直积分解吗?

60.3. 证明有限循环群是素数幂阶循环子群的直和.

60.4. 证明循环群的直和 $\mathbf{Z}_m \oplus \mathbf{Z}_n$ 是循环群当且仅当 m 和 n 互素.

60.5. 把下列群分解成直和:

a) $\mathbf{Z}_6$;   b) $\mathbf{Z}_{12}$;   c) $\mathbf{Z}_{60}$.

60.6. 证明复数乘法群是正实数群与模为 1 的所有复数形成的群的直积.

60.7. 证明如果 $n \geqslant 3$, 那么剩余类环 $\mathbf{Z}_{2^n}$ 的乘法群①是子群 $\{\pm 1\}$ 与 2^{n-2} 阶循环群的直积.

60.8. 求:

a) 有限群的直积的阶;

b) 有限群的直积的一个元素的阶.

60.9. 证明如果一个 Abel 群的子群 $A_1, A_2, \cdots, A_k$ 的阶两两互素, 那么它们的和是直和.

60.10. 设 D 是阶互素的群 A 和 B 的直积 $A \times B$ 的一个子群. 证明 $D \simeq (D \cap A) \times (D \cap B)$.

60.11. 设 k 是有限 Abel 群 G 的元素的阶的最大者. 证明 G 的任一元素的阶整除 k. 这个命题对于非交换群 G 成立吗?

60.12. 求由形如 $\pm 2^n$ 的数组成的群的所有直积分解.

---

① 即可逆元组成的乘法群. —— 译者注

§60. 直积与直和. Abel 群

60.13. 设 A 是有限 Abel 群. 求群 $\mathbb{Z} \oplus A$ 的所有直和分解,使得直和项之一是无限循环群.

60.14. 群 $A \times B$ 的共轭元素类与群 A 和 B 的共轭元素类之间有什么关系?

60.15. a) 证明直积 $A \times B$ 的中心等于 A 的中心与 B 的中心的直积.

b) 设 N 是 $A \times B$ 的一个正规子群,并且 $N \cap A = N \cap B = 1$. 证明 N 包含于 $A \times B$ 的中心.

60.16. 证明如果一个 Abel 群 A 对于子群 B 的商群 A/B 是自由 Abel 群,那么 $A = B \oplus C$, 其中 C 是自由 Abel 群.

60.17. 证明 Abel 群 G 的一个子群 A 是 G 的一个直和项当且仅当存在一个满同态 $\pi : G \to A$ 使得 $\pi^2 = \pi$.

60.18. 设 φ_1, φ_2 分别是群 A_1, A_2 到 Abel 群 B 的同态. 证明存在唯一的同态 $\varphi : A_1 \times A_2 \to B$, 它到 A_1, A_2 的限制分别与 φ_1, φ_2 一致. 在这个命题里 B 的可交换性是本质的吗?

60.19. 从 Abel 群 A 到 Abel 群 B 的所有同态组成的集合里,通过下述法则定义加法运算:
$$(\alpha + \beta)(x) = \alpha(x) + \beta(x).$$
证明同态 $A \to B$ 组成的集合对于这个加法形成一个 Abel 群 $\text{Hom}\,(A, B)$.

60.20. 求同态形成的群:

a) $\text{Hom}\,(\mathbf{Z}_{12}, \mathbf{Z}_6)$; b) $\text{Hom}\,(\mathbf{Z}_{12}, \mathbf{Z}_{18})$;
c) $\text{Hom}\,(\mathbf{Z}_6, \mathbf{Z}_{12})$; d) $\text{Hom}\,(A_1 \oplus A_2, B)$;
e) $\text{Hom}\,(A, B_1 \oplus B_2)$; f) $\text{Hom}\,(\mathbf{Z}_n, \mathbf{Z}_k)$;
g) $\text{Hom}\,(\mathbb{Z}, \mathbf{Z}_n)$; h) $\text{Hom}\,(\mathbf{Z}_n, \mathbb{Z})$;
i) $\text{Hom}\,(\mathbb{Z}, \mathbb{Z})$; j) $\text{Hom}\,(\mathbf{Z}_2 \oplus \mathbf{Z}_2, \mathbf{Z}_8)$;
k) $\text{Hom}\,(\mathbf{Z}_2 \oplus \mathbf{Z}_3, \mathbf{Z}_{30})$.

60.21. 证明 $\text{Hom}\,(\mathbb{Z}, A) \simeq A$.

60.22. 设 A 是 Abel 群. 证明它的所有自同态组成的集合对于加法和通常的映射的乘法形成有单位元的环 $\text{End}\,A$.

60.23. 证明一个 Abel 群的自同构群与它的自同态环的可逆元素组成群一致.

60.24. 求下列群的自同态环:

a) $\mathbb{Z}$; b) $\mathbf{Z}_n$; c) $\mathbb{Q}$.

60.25. 证明在一个 Abel 群中映射 $x \mapsto nx$ $(n \in \mathbb{Z})$ 是一个自同态. 对于什么样的群它是 a) 单射; b) 满射?

60.26. 证明秩 n 的自由 Abel 群的自同态环同构于环 $\mathbf{M}_n(\mathbb{Z})$.

60.27. 求下列群的自同构群:

a) $\mathbb{Z}$;   b) $\mathbb{Q}$;   c) $\mathbb{Z}_{2^n}$;

d) 秩 n 的自由 Abel 群.

60.28. 证明:

a) $\operatorname{Aut} \mathbb{Z}_{30} \simeq \operatorname{Aut} \mathbb{Z}_{15}$;   b) $\operatorname{Aut}(\mathbb{Z} \oplus \mathbb{Z}_2) \simeq \mathbb{Z}_2 \oplus \mathbb{Z}_2$.

60.29. 证明环 $\operatorname{End}(\mathbb{Z} \oplus \mathbb{Z}_2)$ 是无限的且是非交换的.

60.30. 证明有限 Abel 群的自同态环是它的素成分的自同态环的直和.

60.31. 证明有限生成的 Abel 群的子群也是有限生成的.

60.32. 证明从有限生成的 Abel 群到它自身的任一满同态是一个自同构. 类似的命题对于多项式环的加法群成立吗?

60.33. 证明秩 m 和 n 的自由 Abel 群是同构的当且仅当 $m = n$.

60.34. 设 A, B, C 都是有限生成的 Abel 群, 且 $A \oplus C \simeq B \oplus C$. 证明 $A \simeq B$.

60.35. 有限 Abel 群 G 的阶能被 m 整除. 证明 G 中存在一个 m 阶子群.

60.36. 设 A 和 B 是有限 Abel 群. 假设对于任意自然数 m, 在 A 和 B 里的 m 阶元的数目相同. 证明 $A \simeq B$.

60.37. 设 A 和 B 是有限生成的 Abel 群使得它们中的每一个同构于另一个的子群. 证明 $A \simeq B$.

60.38. 证明自由 Abel 群 A 的子群 B 是自由 Abel 群并且 B 的秩不超过 A 的秩.

60.39. 运用有限生成的 Abel 群的主要定理, 找出下列阶的 Abel 群的所有同构类:

a) 2;   b) 6;   c) 8;   d) 12;

e) 16;   f) 24;   g) 36;   h) 48.

60.40. 我们称一个 Abel 群是型 $(n_1, n_2, \cdots, n_k)$ 的, 如果它是阶为 $n_1, n_2, \cdots, n_k$ 的循环群的直和. 型 $(2, 16)$ 的 Abel 群包含下列型

a) $(2, 8)$;   b) $(4, 4)$;   c) $(2, 2, 2)$

的子群吗?

60.41. 求群 $(\langle a \rangle_9 \oplus \langle b \rangle_{27})/\langle 3a + 9b \rangle$ 的型.

60.42. 下列每一对群是同构的吗?

a) $(\langle a \rangle_2 \oplus \langle b \rangle_4)/\langle 2b \rangle$ 和 $(\langle a \rangle_2 \oplus \langle b \rangle_4)/\langle a + 2b \rangle$;

b) $\mathbb{Z}_6 \oplus \mathbb{Z}_{36}$ 和 $\mathbb{Z}_{12} \oplus \mathbb{Z}_{18}$;

c) $\mathbb{Z}_6 \oplus \mathbb{Z}_{36}$ 和 $\mathbb{Z}_9 \oplus \mathbb{Z}_{24}$;

d) $\mathbf{Z}_6 \oplus \mathbf{Z}_{10} \oplus \mathbf{Z}_{10}$ 和 $\mathbf{Z}_{60} \oplus \mathbf{Z}_{10}$?

60.43. 下列群中有多少个指定阶的子群:

a) 12 阶非循环的 Abel 群中的 2 阶和 6 阶子群;

b) 18 阶非循环的 Abel 群中的 3 阶和 6 阶子群;

c) 75 阶非循环的 Abel 群中的 5 阶和 15 阶子群?

60.44. 求下列群的所有直和分解:

a) $\langle a \rangle_2 \oplus \langle b \rangle_2$;　　b) $\langle a \rangle_p \oplus \langle b \rangle_p$;　　c) $\langle a \rangle_2 \oplus \langle b \rangle_4$.

60.45. a) 在群 $\mathbf{Z}_2 \oplus \mathbf{Z}_4 \oplus \mathbf{Z}_3$ 中有多少个 2, 4, 6 阶元?

b) 在群 $\mathbf{Z}_2 \oplus \mathbf{Z}_4 \oplus \mathbf{Z}_4 \oplus \mathbf{Z}_5$ 中有多少个 2, 4, 5 阶元?

60.46. 用主分解证明一个域的乘法群的有限子群是循环群.

60.47. 设 F 是一个域, 它的乘法群 F^* 是有限生成的. 证明 F 是有限的.

60.48. 证明复数域的乘法群的有限生成的子群是自由 Abel 群与有限循环群的直积.

60.49. 设 A 是有一个基 $e_1, \cdots, e_n$ 的自由 Abel 群, 并且 $x = m_1 e_1 + \cdots + m_n e_n \in A \backslash 0$. 其中 $m_i \in \mathbb{Z}$. 证明循环群 $\langle x \rangle$ 是 A 的直和项当且仅当数 $m_1, \cdots, m_n$ 互素.

60.50. 设 A 是有一个基 $x_1, \cdots, x_n$ 的自由 Abel 群. 证明元素

$$y_j = \sum_{i=1}^n a_{ij} x_i, \quad j = 1, \cdots, n, \quad a_{ij} \in \mathbb{Z}$$

形成群 A 的一个基当且仅当 $\det(a_{ij}) = \pm 1$.

60.51. 设 A 是有一个基 $x_1, \cdots, x_n$ 的自由 Abel 群, 并且 B 是它的元素

$$y_j = \sum_{i=1}^n a_{ij} x_i, \quad j = 1, \cdots, n, a_{ij} \in \mathbb{Z}$$

生成的子群. 证明商群 A/B 是有限的当且仅当 $\det(a_{ij}) \neq 0$, 并且在这个情形 $|A/B| = |\det(a_{ij})|$.

60.52. 把商群 A/B 分解成循环群的直和, 其中 A 是有一个基 x_1, x_2, x_3 的自由 Abel 群, 并且 B 是 A 的由 y_1, y_2, y_3 生成的子群:

a) $\begin{cases} y_1 = 7x_1 + 2x_2 + 3x_3, \\ y_2 = 21x_1 + 8x_2 + 9x_3, \\ y_3 = 5x_1 - 4x_2 + 3x_3; \end{cases}$　　b) $\begin{cases} y_1 = 5x_1 + 5x_2 + 3x_3, \\ y_2 = 5x_1 + 6x_2 + 5x_3, \\ y_3 = 8x_1 + 7x_2 + 9x_3; \end{cases}$

c) $\begin{cases} y_1 = 5x_1 + 5x_2 + 2x_3, \\ y_2 = 11x_1 + 8x_2 + 5x_3, \\ y_3 = 17x_1 + 5x_2 + 8x_3; \end{cases}$
d) $\begin{cases} y_1 = 6x_1 + 5x_2 + 7x_3, \\ y_2 = 8x_1 + 7x_2 + 11x_3, \\ y_3 = 6x_1 + 5x_2 + 11x_3; \end{cases}$

e) $\begin{cases} y_1 = 4x_1 + 5x_2 + x_3, \\ y_2 = 8x_1 + 9x_2 + x_3, \\ y_3 = 4x_1 + 6x_2 + 2x_3; \end{cases}$
f) $\begin{cases} y_1 = 2x_1 + 6x_2 - 2x_3, \\ y_2 = 2x_1 + 8x_2 - 4x_3, \\ y_3 = 4x_1 + 12x_2 - 2x_3; \end{cases}$

g) $\begin{cases} y_1 = 6x_1 + 5x_2 + 4x_3, \\ y_2 = 7x_1 + 6x_2 + 9x_3, \\ y_3 = 5x_1 + 4x_2 - 4x_3; \end{cases}$
h) $\begin{cases} y_1 = x_1 + 2x_2 + 3x_3, \\ y_2 = 2y_1, \\ y_3 = 3y_1; \end{cases}$

i) $\begin{cases} y_1 = 4x_1 + 7x_2 + 3x_3, \\ y_2 = 2x_1 + 3x_2 + 2x_3, \\ y_3 = 6x_1 + 10x_2 + 5x_3; \end{cases}$
j) $\begin{cases} y_1 = 2x_1 + 3x_2 + 4x_3, \\ y_2 = 5x_1 + 5x_2 + 6x_3, \\ y_3 = 2x_1 + 6x_2 + 9x_3; \end{cases}$

k) $\begin{cases} y_1 = 4x_1 + 5x_2 + 3x_3, \\ y_2 = 5x_1 + 6x_2 + 5x_3, \\ y_3 = 8x_1 + 7x_2 + 9x_3; \end{cases}$
l) $\begin{cases} y_1 = 3x_1 + 3x_2, \\ y_2 = 9x_1 + 3x_2 - 6x_3, \\ y_3 = -3x_1 + 3x_2 + 6x_3. \end{cases}$

60.53. 在有基 x_1, x_2, x_3 的自由 Abel 群 A 对于由 $x_1 + x_2 + 4x_3$ 和 $2x_1 - x_2 + 2x_3$ 生成的子群 B 的商群中, 求陪集 $(x_1 + 2x_3) + B$ 的阶.

60.54. 在有基 x_1, x_2, x_3 的自由 Abel 群 A 对于由 $2x_1 + x_2 - 50x_3$ 和 $4x_1 + 5x_2 + 60x_3$ 生成的子群 B 的商群中, 求陪集 $32x_1 + 31x_2 + B$ 的阶.

60.55. 证明有限 Abel 群的自同态环是交换环当且仅当它的每一个素成分是循环群.

* * *

60.56. n 维实空间 $\mathbb{R}^n$ 的一个加法子群 H 是离散的, 如果存在原点的一个邻域 U 使得 $U \cap H = 0$. 证明 $\mathbb{R}^n$ 的离散子群是自由 Abel 群并且它的秩不超过 n.

60.57. 求 $\mathbb{R}^n/\mathbb{Z}^n$ 里的所有有限阶元.

60.58. 设 $H = \mathbb{Z}[i]$ 是复数域 $\mathbb{C}$ 的加法群的 Gauss 整数子群. 设 $z = x + iy \in \mathbb{C} \setminus H$, 其中 $x, y \in \mathbb{R}^*$, 并且设 xy^{-1} 是无理数. 证明 $\langle z \rangle + H$ 在 $\mathbb{C}$ 里是稠密的.

60.59. 设 H 是 $\mathbb{R}^n$ 的一个加法闭子群. 证明 $H = L + H_1$, 其中 L 是 $\mathbb{R}^n$ 的一个子空间, 并且 H_1 是 $\mathbb{R}^n$ 的一个离散子群.

60.60. 证明如果 Abel 群 A 的一个元素 a 的阶与 n 互素, 那么方程 $nx = a$ 在 A 中有解.

60.61. Abel 群 A 是**可除的**, 如果对于任意 $a \in A$ 和任一整数 $n \neq 0$, 方

程 $nx = a$ 有解.

证明一个群是可除的当且仅当对任意 a 和任一素数 p 方程 $px = a$ 有解.

60.62. 证明直和是可除的当且仅当它的所有直和项是可除的.

60.63. 证明群 $\mathbb{Q}$ 和 $\mathbf{U}_{p^\infty}$ (p 是素数) 是可除的.

60.64. 证明在一个无扭群里可以定义域 Q 上的线性空间的结构当且仅当这个群是可除的.

60.65. 设 A 是群 G 的可除子群, 并且设 B 是 G 的极大子群使得 $A \cap B = \{0\}$ (这个子群总是存在). 证明 $G = A \oplus B$.

60.66. 证明任一 Abel 群有一个可除子群使得对于这个子群的商群没有可除子群.

60.67. 设 A 是有限生成的 Abel 群, B 是 A 的一个子群. 假设 A/B 是无扭的. 则 $A = B \oplus C$, 其中 C 是自由 Abel 群.

60.68. 设 A, B 是自由 Abel 群, 并且设 $\varphi: A \to B$ 是群同态. 证明 $\operatorname{Ker}\varphi$ 是 A 的一个直和项.

60.69. 设 A 是有一个基 $e_1, \cdots, e_n$ 的自由 Abel 群, 并且设 C 是 n 阶整数方阵. 用 B 表示向量 $x_1 e_1 + \cdots + x_n e_n \in A$ 的集合使得

$$C \begin{pmatrix} x_1 \\ \vdots \\ x_n \end{pmatrix} = 0.$$

证明 B 是 A 的子群并且是 A 的一个直和项. 反之, A 的任一直和项是一个齐次线性整系数方程组的解集.

§61. 生成元和定义关系

61.1. 证明:

a) 群 $\mathbf{S}_n$ 是由对换 (12) 和轮换 $(12\cdots n)$ 生成的;

b) 群 $\mathbf{A}_n$ 是由 3-轮换生成的.

61.2. 证明:

a) 域 K 上的群 $\mathbf{GL}_n(K)$ 是由矩阵 $E + aE_{ij}$, 其中 $a \in K, 1 \leqslant i \neq j \leqslant n$, 与矩阵 $E + bE_{11}$, 其中 $b \in K, b \neq -1$, 生成的;

b) 群 $\mathbf{UT}_n(K)$ 是由矩阵 $E + aE_{ij}$, 其中 $a \in K, 1 \leqslant i < j \leqslant n$, 生成的.

61.3. 证明域 K 上的特殊线性群 $\mathbf{SL}_n(K)$ 是由初等矩阵 $E + \alpha E_{ij}$ $(i \neq j)$ 生成的.

61.4. 证明:

a) 行列式为 1 的任一整数矩阵能通过把一行的 ± 1 倍加到另一行上的初等行变换化简成单位矩阵;

b) 群 $\mathbf{SL}_n(\mathbb{Z})$ 是有限生成的.

* * *

61.5. 设 $\mathbb{F}_q$ 是有 $q \neq 9$ 个元素的域, 并且 a 是循环群 $\mathbb{F}_q^*$ 的一个生成元. 证明 $\mathbf{SL}_2(\mathbb{F}_q)$ 是由下述两个矩阵生成的:

$$\begin{pmatrix} 1 & 1 \\ 0 & 1 \end{pmatrix}, \quad \begin{pmatrix} 1 & 0 \\ a & 1 \end{pmatrix}.$$

61.6. a) 证明 $\mathbf{A}_5$ 是由两个置换 $(2\ 5\ 4)$ 和 $(1\ 2\ 3\ 4\ 5)$ 生成的.

b) 证明对于偶次数 $n \geqslant 4$, $\mathbf{A}_n$ 是由两个元素

$$a = (1,2)(n-1,n), \quad b = (1, 2, \cdots, n-1)$$

生成的.

c) 证明对于奇次数 $n \geqslant 5$, $\mathbf{A}_n$ 是由两个元素

$$a = (1,n)(2,n-1), \quad b = (1, 2, \cdots, n-2)$$

生成的.

61.7. 求生成下列群的所有 2 元集:

a) $\mathbf{Z}_6$;   b) $\mathbf{S}_3$;   c) $\mathbf{Q}_8$;   d) $\mathbf{D}_4$;   e) $\langle a \rangle_2 \oplus \langle b \rangle_2$

61.8. 证明如果 d 是一个有限 Abel 群 A 的生成元的最小数目, 那么对于群 $A \oplus A$ 类似的数目等于 $2d$.

61.9. 证明群 $\mathbf{S}_2 \times \mathbf{S}_3$ 是由两个元素生成的.

61.10. 证明如果一个群有一个有限生成元系, 那么任一生成元系包含一个生成整个群的有限子集.

61.11. 判断矩阵 $A = \begin{pmatrix} 1 & 1 \\ 0 & 1 \end{pmatrix}$ 在由 A 和 $B = \begin{pmatrix} 2 & 0 \\ 0 & 1 \end{pmatrix}$ 生成的群 G 里的**正规闭**是不是有限生成的.

61.12. 证明:

a) 在一个自由群里的每个字等价于唯一的一个不可约字;

b) "自由群" 事实上是一个群.

61.13. 设 F 是有自由生成元 $x_1, \cdots, x_n$ 的自由群, 并且设 G 是任意一个群. 证明对于任意元素 $g_1, \cdots, g_n \in G$ 存在唯一的同态 $\varphi : F \to G$ 使得 $\varphi(x_1) = g_1, \cdots, \varphi(x_n) = g_n$. 从这个命题推导出任一有限生成的群同构于一个适当有限秩的自由群的商群.

61.14. 证明自由群是无扭的.

61.15. 证明自由群的任意两个可交换的元素属于一个循环子群.

61.16. 证明一个字 w 属于有自由生成元系 $x_1, \cdots, x_n$ 的自由群的**换位子群**, 当且仅当对每个 $i = 1, \cdots, n$ 在 w 中出现的所有 x_i 的指数的和等于 0.

61.17. 决定在自由群里与给定的字 w 共轭的所有字.

61.18. 证明自由群对于它的换位子群的商群是一个自由阿贝群.

61.19. 证明秩 m 和秩 n 的自由群是同构的当且仅当 $m = n$.

61.20. 秩 2 的自由群里有多少个指数为 2 的子群?

61.21. 设 F 是秩 k 的自由群.

a) 证明每个变量的所有指数的和能被 n 整除的所有字形成一个正规子群 N.

b) 证明 $F/N \simeq \overbrace{\mathbf{Z}_n \oplus \cdots \oplus \mathbf{Z}_n}^{k \text{ 个}}$.

61.22. 证明秩 2 的自由群到群 $\mathbf{Z}_n \oplus \mathbf{Z}_n$ 的所有满同态有相同的核.

61.23. 从秩 2 的自由群到下列群有多少个同态:

a) $\mathbf{Z}_2 \oplus \mathbf{Z}_2$;   b) $\mathbf{S}_3$?

61.24. 证明在 $\mathbf{SL}_2(\mathbb{Z})$ 里矩阵

$$\begin{pmatrix} a & b \\ c & d \end{pmatrix}, \text{ 其中 } a \equiv d \equiv 1 \pmod{4}, \quad b \equiv c \equiv 0 \pmod{2}$$

组成的集合形成有两个生成元

$$\begin{pmatrix} 1 & 2 \\ 0 & 1 \end{pmatrix}, \quad \begin{pmatrix} 1 & 0 \\ 2 & 1 \end{pmatrix}$$

的群.

61.25. 证明如果有生成元 $x_1, \cdots, x_n$ 的群 G 由定义关系 $R_i(x_1, \cdots, x_n) = 1$ $(i \in I)$ 给出, 并且在任一群 H 里对于元素 $h_1, \cdots, h_n \in H$, 我们有 $R_i(h_1, \cdots, h_n) = 1$, 那么存在唯一的同态 $\varphi : G \to H$ 使得 $\varphi(x_1) = h_1, \cdots, \varphi(x_n) = h_n$.

61.26. 证明如果某个群的元素 a 和 b 满足关系

$$a^5 = b^3 = 1, \quad b^{-1}ab = a^2,$$

那么 $a = 1$.

61.27. 证明由元素 a, b 生成且有关系 $a^2 = b^7 = 1, a^{-1}ba = b^{-1}$ 的群是有限群.

61.28. 证明由生成元 x_1, x_2 和下述定义关系给出的群同构于 $\mathbf{S}_3$:

a) $x_1^2 = x_2^3 = (x_1 x_2)^2 = 1$,

b) $x_1^2 = x_2^3 = 1, x_1^{-1} x_2 x_1 = x_2^2$.

61.29. 证明由生成元 x_1, x_2 和定义关系

$$x_1^2 = x_2^n = 1, \quad x_1^{-1} x_2 x_1 = x_2^{-1}$$

给出的群同构于二面体群 $\mathbf{D}_n$.

61.30. 证明由生成元 x_1, x_2 和定义关系

$$x_1^4 = 1, \quad x_1^2 = x_2^2, \quad x_2^{-1} x_1 x_2 = x_1^3$$

给出的群同构于四元数群 $\mathbf{Q}_8$.

61.31. 证明由生成元 x_1, x_2 和定义关系 $x_1^2 = x_2^2 = 1$ 给出的群同构于矩阵群

$$\left\{ \begin{pmatrix} \pm 1 & n \\ 0 & 1 \end{pmatrix} \middle| n \in \mathbb{Z} \right\}.$$

61.32. 证明由生成元 x_1, x_2 和定义关系 $x_1^2 = x_2^2 = (x_1 x_2)^n = 1$ 给出的群同构于矩阵群

$$\left\{ \begin{pmatrix} \pm 1 & k \\ 0 & 1 \end{pmatrix} \middle| k \in \mathbf{Z}_n \right\}.$$

61.33. 求由生成元 a, b 和下列定义关系给出的群的阶:

a) $a^3 = b^2 = (ab)^3 = 1$;

b) $a^4 = b^2 = 1, ab^2 = b^3 a, ba^3 = a^2 b$.

61.34. 设 G 是由元素 $x_{ij}, 1 \leqslant i < j \leqslant n$ 生成的群, 具有定义关系

$$x_{ij} x_{kl} = x_{kl} x_{ij}, \quad 1 \leqslant i < j \neq k < l \neq i \leqslant n;$$

$$x_{ij} x_{jl} x_{ij}^{-1} x_{jl}^{-1} = x_{il}, \quad 1 \leqslant i < j < l \leqslant n.$$

证明:

a) G 的每个元素有形式
$$x_{12}^{m_{12}}x_{13}^{m_{13}}\cdots x_{1n}^{m_{1n}}x_{23}^{m_{23}}\cdots x_{2n}^{m_{2n}}\cdots x_{n-1,n}^{m_{n-1,n}},$$
其中 $m_{ij} \in \mathbb{Z}$;

b) $G \simeq \mathbf{UT}_n(\mathbb{Z})$.

61.35. 证明如果 $G/H = \langle gH \rangle$ 是无限循环群，那么 $G = \langle g \rangle H, \langle g \rangle \cap H = \{e\}$.

61.36. 用生成元和定义关系的术语决定所有的群，它们有一个无限循环正规子群使得对于这个子群的商群是无限循环群.

61.37. 设群 G 由生成元 x_1, x_2 和定义关系 $x_1 x_2 x_1^{-1} = x_2^2$ 给出. 求在 G 里由 x_2 生成的最小的子群. 这个子群是正规子群吗？

61.38. 设群 G 由元素 a, b, c 和定义关系 $a^2 = b^3 = c^5 = abc$ 给出. 证明 abc 是 2 阶中心元素.

§62. 可解群

62.1. 求下列每对元素的换位子:

a) 非奇异矩阵 $\begin{pmatrix} 0 & 1 \\ 1 & 0 \end{pmatrix}$ 和 $\begin{pmatrix} a & 0 \\ 0 & 1 \end{pmatrix}$;

b) $\begin{pmatrix} a & b \\ 0 & c \end{pmatrix}$ 和 $\begin{pmatrix} x & y \\ 0 & z \end{pmatrix}$;

c) 对称群 $\mathbf{S}_n$ 的两个对换;

d) $\begin{pmatrix} \beta & 0 \\ 0 & \beta^{-1} \end{pmatrix}$ 和 $\begin{pmatrix} 1 & \lambda \\ 0 & 1 \end{pmatrix}$.

62.2. 证明群的**换位子群** G' 的下列性质:

a) G' 是 G 的正规子群;

b) 商群 G/G' 是交换群;

c) 如果 N 是 G 的正规子群且 G/H 是交换群，那么 $G' \subseteq N$.

62.3. 证明在满同态 $\varphi : G \to H$ 下, $\varphi(G') = H'$.

62.4. 求群 G 到交换群 A 的同态与商群 G/G' 到 A 的同态之间的一一对应.

62.5. 证明群 $\mathbf{GL}_n(K)$ 的换位子群包含在 $\mathbf{SL}_n(K)$ 里.

62.6. 证明直积的换位子群是因子的换位子群的直积.

62.7. 对于下列群求换位子群以及对于换位子群的商群的阶:

a) $\mathbf{S}_3$;　　b) $\mathbf{A}_4$;　　c) $\mathbf{S}_4$;　　d) $\mathbf{Q}_8$.

62.8. 求下列群的换位子群:

a) $\mathbf{S}_n$;　　b) $\mathbf{D}_n$.

62.9. 证明正规子群的换位子群是整个群的正规子群.

62.10. 群 G 的**换位子群列** (或**导群列**) 是子群列

$$G = G^0 \supseteq G' \supseteq G'' \supseteq \cdots,$$

其中 $G^{(i+1)} = (G^{(i)})'$. 证明:

a) 换位子群列的所有成员都是 G 的正规子群;

b) 对于从 G 到群 H 的任一满同态 φ 有 $\varphi(G^{(i)}) = H^{(i)}$.

62.11. 证明

a) 可解群的任一子群是可解群;

b) 可解群的任一商群是可解群;

c) 如果 A 和 B 是可解群, 那么群 $A \times B$ 是可解群;

d) 如果 $G/A \simeq B$ 且 A, B 是可解群, 那么 G 是可解群.

62.12. 证明下列群是可解群:

a) $\mathbf{S}_3$;　　b) $\mathbf{A}_4$;　　c) $\mathbf{S}_4$;　　d) $\mathbf{Q}_8$;　　e) $\mathbf{D}_n$.

62.13. 设 $\mathbf{UT}_n(K)$ 是单位上三角矩阵的群. 证明:

a) $\mathbf{UT}_n^m(K)$ ($\mathbf{UT}_n(K)$ 中在主对角线上方有 $m-1$ 个零对角线的矩阵组成的集合) 是 $\mathbf{UT}_n(K)$ 的一个子群;

b) 如果 $A \in \mathbf{UT}_n^i(K)$, 且 $B \in \mathbf{UT}_n^j(K)$, 那么 $[A, B] \in \mathbf{UT}_n^{i+j}(K)$;

c) 群 $\mathbf{UT}_n(K)$ 是可解群.

62.14. 证明非奇异上三角矩阵的群是可解群.

62.15. 证明有限群 G 是可解群当且仅当它有一个子群列

$$G = H_0 \supseteq H_1 \supseteq \cdots \supseteq H_k = \{e\}$$

使得 H_{i+1} 是 H_i 的正规子群, 并且 H_i/H_{i+1} 是素数阶循环群.

62.16. 证明有限 p-群是可解群.

62.17. 证明 pq 阶群是可解群, 其中 p, q 是不同的素数.

62.18. 证明下列阶群是可解群:

a) 20;

b) 12;

c) p^2q, 其中 p,q 是不同的素数;

d) 42;

e) 100;

f) $n < 60$.

62.19. 对于横截矩阵 $t_{ij}(\alpha) = E + \alpha E_{ij}$ 证明公式 $[t_{ik}(\alpha), t_{kj}(\beta)] = t_{ij}(\alpha\beta)$, 其中 i,j,k 是不同的.

62.20. 设 F 是域并且 $n \geqslant 3$. 证明:

a) $\mathbf{SL}'_n(F) = \mathbf{GL}'_n(F) = \mathbf{SL}_n(F)$;

b) 群 $\mathbf{SL}_n(F)$ 和 $\mathbf{GL}_n(F)$ 不是可解群.

62.21. 设 F 是包含至少 4 个元素的域. 证明:

a) $\mathbf{SL}'_2(F) = \mathbf{GL}'_2(F) = \mathbf{SL}_2(F)$;

b) 群 $\mathbf{SL}_2(F)$ 和 $\mathbf{GL}_2(F)$ 不是可解群.

* * *

62.22. 设 p,q,r 是不同的素数. 证明任一 pqr 阶群是可解群.

62.23. 设 p,q,r 是不同的素数. 证明任一 p^2qr 阶不可解群同构于 $\mathbf{A}_5$.

62.24. 如果一个有限群 G 的阶没有平方因子, 那么 G 是可解群, 它有一个循环正规子群 N 使得 G/N 是循环群.

62.25. 设 G 是有限群, 使得 $G = G'$ 并且 G 的中心的阶为 2. 假设对于中心的商群同构于 $\mathbf{A}_5$. 证明 $G \simeq \mathbf{SL}_2(\mathbf{Z}_5)$.

62.26. 设 F 是一个域, V 是 F 上的 n 维向量空间, 并且设 G 是 V 上的非奇异线性算子的群, 使得如果 $g \in G$, 那么 $g = 1 + h$, 其中 $h^n = 0$. 证明:

a) V 中存在一个向量 $x \neq 0$ 使得 $gx = x$ 对所有 $g \in G$;

b) V 中存在一个基 $e_1, \cdots, e_n$ 使得所有算子 $g, g \in G$ 在这个基下的矩阵是上三角矩阵;

c) 群 G 是可解群.

62.27. 设 p,q 是素数且 p 整除 $q-1$. 证明:

a) 存在一个整数 $r \not\equiv (\bmod\, q)$ 使得 $r^p \equiv 1\,(\bmod\, q)$;

b) 存在唯一的 (在同构的意义上) pq 阶非交换群.

62.28. 证明:

a) 如果一个交换群的元素 a,b 满足关系 $a^3 = b^5 = (ab)^7 = e$, 那么 $a = b = e$;

b) 由置换 (1 2 3) 和 (1 4 5 6 7) 生成的 $\mathbf{S}_7$ 的子群不是可解群;

c) 由 x_1, x_2 生成且有定义关系 $x_1^3 = x_2^5 = (x_1x_2)^7 = e$ 的群不是可解群.

62.29. 在什么情形一个自由群是可解群?

第十四章 环

§63. 环和代数

63.1. 下列哪些数集对于通常的加法和乘法运算形成一个环？

a) 集合 $\mathbb{Z}$；

b) 集合 $n\mathbb{Z}$ $(n > 1)$；

c) 所有非负整数的集合；

d) 集合 $\mathbb{Q}$；

e) 分母整除一个固定整数 $n \in \mathbb{N}$ 的有理数的集合；

f) 分母不能被一个固定素数 p 整除的有理数的集合；

g) 分母是一个固定素数 p 的方幂的有理数的集合；

h) 形如 $x + y\sqrt{2}$ 的实数的集合，其中 $x, y \in \mathbb{Q}$；

i) 形如 $x + y\sqrt[3]{2}$ 的实数的集合，其中 $x, y \in \mathbb{Q}$；

j) 形如 $x + y\sqrt[3]{2} + z\sqrt[3]{4}$ 的实数的集合，其中 $x, y, z \in \mathbb{Q}$；

k) 形如 $x + yi$ 的复数的集合，其中 $x, y \in \mathbb{Z}$；

l) 形如 $x + yi$ 的复数的集合，其中 $x, y \in \mathbb{Q}$；

m) 形如 $a_1 z_1 + a_2 z_2 + \cdots + a_n z_n$ 的所有可能的和的集合，其中 $a_1, a_2, \cdots, a_n$ 是实数，$z_1, z_2, \cdots, z_n$ 是复数单位根；

n) 形如 $\dfrac{x + y\sqrt{D}}{2}$ 的复数组成的集合，其中 D 是一个固定的**无平方因子** (即不能被一个素数的平方整除), 并且 x,y 是具有相同奇偶性的整数.

63.2. 下面所列出的矩阵的集合对于矩阵的加法和乘法哪些形成一个环?

a) n 阶实对称矩阵的集合;

b) n 阶实正交矩阵的集合;

c) n 阶 $(n \geqslant 2)$ 上三角矩阵的集合;

d) n 阶 $(n \geqslant 2)$ 矩阵的集合, 其最后两行由零组成;

e) 形如 $\begin{pmatrix} x & y \\ Dy & x \end{pmatrix}$ 的矩阵的集合, 其中 D 是一个固定的整数, 且 $x, y \in \mathbb{Z}$;

f) 形如 $\begin{pmatrix} x & y \\ Dy & x \end{pmatrix}$ 的矩阵的集合, 其中 D 是一个环 K 的固定元素, $x, y \in K$;

g) 形如 $\dfrac{1}{2}\begin{pmatrix} x & y \\ Dy & x \end{pmatrix}$ 的矩阵的集合, 其中 D 是一个固定的无平方因子的整数, 且 x 和 y 是有相同奇偶性的整数;

h) 形如 $\begin{pmatrix} z & w \\ -\overline{w} & \overline{z} \end{pmatrix}$ 的复矩阵的集合;

i) 形如
$$\begin{pmatrix} x & -y & -z & -t \\ y & x & -t & z \\ z & t & x & -y \\ t & -z & y & x \end{pmatrix}$$
的实矩阵的集合.

63.3. 下列函数的集合对于通常的函数的加法和乘法运算哪些形成一个环?

a) 区间 $[a,b]$ 上的实值连续函数的集合;

b) 区间 (a,b) 上的有 2 阶导数的函数的集合;

c) 一个实变量的**整**有理函数的集合;

d) 一个实变量的有理函数的集合;

e) 一个实变量的函数的集合, 它在子集 $D \subseteq \mathbb{R}$ 上的值为 0;

f) 实系数的三角多项式

$$a_0 + \sum_{k=1}^{n}(a_k \cos kx + b_k \sin kx)$$

的集合, 其中 n 是任意一个自然数;

g) 形如 $a_0 + \sum_{k=1}^{n} \cos kx$ 的实系数三角多项式的集合, 其中 n 是任意一个自然数;

h) 形如 $a_0 + \sum_{k=1}^{n} a_k \sin kx$ 的实系数三角多项式的集合, 其中 n 是任意一个自然数;

i) 定义在某个子集 D 上的函数的集合, 函数值在一个环 R 里;

j) 一个或几个变量的所有幂级数;

k) 所有一元 Laurent 级数.

63.4. 在一个变量 t 的多项式集合里考虑由法则
$$(f \circ g)t = f(g(t))$$
给出的乘法运算. 这个集合对于这个乘法和原来的加法形成一个环吗?

63.5. 某个集合的所有子集组成的集合对于对称差和交, 分别看成加法和乘法, 形成一个环吗?

63.6. 证明在下列习题里的每一对环是同构的.

a) 63.1, n) 和 63.2, g).

b) 63.2, h) 和 63.2, i).

63.7. 在习题 63.1—63.5 指出的环哪些包含零因子?

63.8. 从习题 63.1—63.5 的有单位元的环中找出可逆元.

63.9. 证明习题 63.3 e) 和 63.3 f) 的一个环同构于多项式环 $\mathbb{R}[x]$, 而另一个不同构于 $\mathbb{R}[x]$.

63.10. 证明有单位元的环的所有可逆元对于乘法形成一个群.

63.11. 求下列环的所有可逆元, 所有零因子和所有幂零元:

a) $\mathbb{Z}_n$;

b) $\mathbb{Z}_{p^n}$, 其中 p 是素数;

c) $K[x]/(fK[x])$, 其中 K 是域;

d) 域上的上三角矩阵的环;

e) $\mathbf{M}_2(\mathbb{R})$;

f) 定义在某个集合 S 上的所有函数, 它的函数值在域 K 里;

g) 所有一元幂级数.

h) $\mathbb{Z}$;

i) $\mathbb{Z}[i]$.

63.12. 证明可逆元素群 $\mathbb{Z}[\sqrt{3}]^*$ 是无限群.

63.13. 设 R 是有限环. 证明:

a) 如果 R 不包含零因子, 那么它有单位元并且它的所有非零元都是可逆元;

b) 如果 R 有单位元, 那么一个元素若有单边的逆则它是可逆元;

c) 如果 R 有单位元, 那么任一左零因子是右零因子.

命题 b) 和 c) 对于没有单位元的环成立吗?

63.14. 证明在有单位元且没有零因子的环里, 每一个单边可逆元是可逆元.

63.15. 设 R 是有单位元的环且 $x, y \in R$. 证明:

a) 如果乘积 xy 和 yx 是可逆的, 那么元素 x 和 y 也是可逆的;

b) 如果 R 没有零因子且乘积 xy 是可逆的, 那么 x 和 y 是可逆的;

c) 在没有附加假设的环 R 里, 乘积 xy 的可逆性不蕴含 x 和 y 的可逆性.

63.16. 设 R 是环 $R_1, \cdots, R_k$ 的**直和**.

a) 在什么条件下, 环 R 是交换的? 有单位元? 没有零因子?

b) 求 R 的所有可逆元、所有零因子和所有幂零元.

63.17. 证明:

a) 如果数 k 和 l 互素, 那么

$$\mathbb{Z}_{kl} = \mathbb{Z}_k \oplus \mathbb{Z}_l;$$

b) 如果 $n = p_1^{k_1} \cdots p_s^{k_s}$, 其中 $p_1, \cdots, p_s$ 是不同的素数, 那么

$$\mathbb{Z}_n = \mathbb{Z}_{p_1^{k_1}} \oplus \cdots \oplus \mathbb{Z}_{p_s^{k_s}};$$

c) 如果数 k 和 l 互素, 那么

$$\varphi(kl) = \varphi(k)\varphi(l),$$

其中 φ 是 Euler 函数.

63.18. 求 $\mathbb{C} \oplus \mathbb{C}$ 的所有零因子.

63.19. 证明:

a) 在任一 (结合) 代数里, 零因子不是可逆元;

b) 在有单位元的有限维代数里, 任一非零因子是可逆元;

c) 没有零因子的有限维代数是一个除环 (可除代数).

63.20. 证明:

a) 在域 $\mathbb{C}$ 上有单位元且没有零因子的有限维代数同构于 $\mathbb{C}$;

b) 在域 $\mathbb{C}$ 上任一有限维可除代数同构于 $\mathbb{C}$.

63.21. 在同构的意义上决定 $\mathbb{C}$ 上的所有 2 维交换代数:

a) 有单位元;

b) 不必有单位元.

63.22. 在同构的意义上决定 $\mathbb{R}$ 上的所有 2 维交换代数:

a) 有单位元;

b) 不必有单位元.

63.23. 设 $\mathbb{H}$ 是 4 元数除环:

a) $\mathbb{H}$ 在下述定义上是 $\mathbb{C}$ 上的代数吗? 用 $\alpha \in \mathbb{C}$ 的数乘是用 $\alpha \in \mathbb{H}$ 的左乘.

b) 证明映射

$$1 \mapsto \begin{pmatrix} 1 & 0 \\ 0 & 1 \end{pmatrix}, \quad i \mapsto \begin{pmatrix} i & 0 \\ 0 & -i \end{pmatrix}, \quad j \mapsto \begin{pmatrix} 0 & 1 \\ -1 & 0 \end{pmatrix}, \quad k \mapsto \begin{pmatrix} 0 & i \\ i & 0 \end{pmatrix}$$

是 $\mathbb{R}$ 上的代数 $\mathbb{H}$ 与 $\mathbb{R}$ 上的矩阵代数 $\mathbf{M}_2(\mathbb{C})$ 的一个子代数的同构.

c) 证明映射 $z \mapsto \begin{pmatrix} z & 0 \\ 0 & \overline{z} \end{pmatrix}$ 是域 $\mathbb{C}$ 到看成 $\mathbb{R}$ 上的代数 $\mathbf{M}_2(\mathbb{C})$ 的子代数的 $\mathbb{H}$ 的同构嵌入.

d) 在 $\mathbb{H}$ 里解方程 $x^2 = -1$.

63.24. 域 K 上向量空间 V 的 **张量代数** $\mathbb{T}(V)$ 是一个 (无限维) 向量空间

$$\mathbb{T}(V) = \bigoplus_{k=0}^{\infty} \mathbb{T}_k(V),$$

其中 $\mathbb{T}_0(V) = K, \mathbb{T}_k(V) = \underbrace{V \otimes \cdots \otimes V}_{k \text{ 次}}$ 对于 $k, m > 0$, 具有乘法 $f \cdot g = f \otimes g$,

其中 $f \in \mathbb{T}_k(V), g \in \mathbb{T}_m(V)$. 证明:

a) $\mathbb{T}(V)$ 是域 K 上有单位元的结合代数;

b) $\mathbb{T}(V)$ 没有零因子.

63.25. 域 K 上向量空间 V 的 **Grassmann 代数** $\Lambda(V)$ 是向量空间

$$\Lambda(V) = \bigoplus_{k=0}^{\infty} \Lambda^k(V),$$

其中 $\Lambda^0(V) = K$, 具有乘法

$$f \cdot g = f \wedge g, \quad \text{其中 } f \in \Lambda^k(V), \quad g \in \Lambda^m(V)$$

对一切 $k, m > 0$. 证明:

a) $\Lambda(V)$ 是 K 上有单位元的结合代数;

b) $I = \bigoplus\limits_{k \geqslant 1} \Lambda^k(V)$ 的每个元素是幂零元;

c) $\Lambda(V) \backslash I$ 的每个元素是可逆元.

63.26. 域 K 上向量空间 V 的**对称代数** $S(V)$ 是向量空间

$$S(V) = \bigoplus_{k=0}^{\infty} S^k(V),$$

其中 $S^0(V) = k$, 具有乘法 $f \cdot g = \mathrm{Sym}\,(f \otimes g)$, 其中 $f \in S^k(V), g \in S^m(V)$ 对于一切 $k, m > 0$. 证明:

a) $S(V)$ 是 K 上结合的交换代数;

b) 如果 $x_1, \cdots, x_n$ 是空间 V 的一个基, 那么 $S(V)$ 同构于 $x_1, \cdots, x_n$ 的多项式代数.

63.27. 设 A 和 B 是域 K 上的代数. 代数的**张量积** $C = A \otimes_K B$ 是域 K 上的向量空间 A 和 B 的张量积, 具有乘法

$$(a' \otimes b') \cdot (a'' \otimes b'') = a'a'' \otimes b'b''.$$

证明存在 K 上的一个代数同构:

a) $\mathbb{C} \otimes_K \mathbb{C} \simeq \mathbb{C} \oplus \mathbb{C}\ (K = \mathbb{R})$;

b) $\mathbf{M}_n(K) \otimes_K \mathbf{M}_m(K) \simeq \mathbf{M}_{mn}(K)$;

c) $\mathbf{M}_n(K) \otimes_K A \simeq \mathbf{M}_n(A)$, 其中 A 是 K 上任意一个结合代数;

d) $K[X_1, \cdots, X_n] \otimes_K K[Y_1, \cdots, Y_m] \simeq K[X_1, \cdots, X_n, Y_1, \cdots, Y_m]$;

e) $\mathbb{H} \otimes_{\mathbb{R}} \mathbb{C} \simeq \mathbf{M}_2(\mathbb{C})$;

f) $S(V) \otimes_K \Lambda(V) \simeq T(V)$ 当 $\dim V = 2$;

g) $\mathbb{Q}(\sqrt{p}) \otimes_{\mathbb{Q}} \mathbb{Q}(\sqrt{q}) \simeq \mathbb{Q}(\sqrt{p} + \sqrt{q})$, 其中 p 和 q 是不同的素数.

63.28. 设 K 是特征为 0 的域并且设 $R = K[x_1, \cdots, x_n]$ 是多项式环. 设 p_i, q_i 是作为 K 上向量空间的 R 上的线性算子使得对于 $f \in R$

$$p_i(f) = x_i f, \quad q_i(f) = \frac{\partial}{\partial x_i} f.$$

用 $A_n(K)$ 表示由 $p_1, \cdots, p_n, q_1, \cdots, q_n$ 生成的 R 上的线性算子代数的子代数. 这个子代数称为 **Weyl 代数**或**微分算子代数**. 证明:

a) $q_j p_i - p_i q_j = \delta_{ij}, p_i p_j = p_j p_i, q_i q_j = q_j q_i$;

b) 单项式
$$p_1^{l_1}\cdots p_n^{l_n}q_1^{t_1}\cdots q_n^{t_n}, \quad l_i, t_j \geqslant 0$$
形成 $A_n(K)$ 作为 K 上向量空间的一个基.

63.29. 设 $f = f(p_1, \cdots, p_n, q_1, \cdots, q_n)$ 是 Weyl 代数 $A_n(K)$ 的一个元素 (见习题 63.28). 证明:
$$p_i f = f p_i + \frac{\partial f}{\partial q_i}, \quad q_i f = f q_i - \frac{\partial f}{\partial p_i}.$$

63.30. 证明 n 阶幂零上三角矩阵的代数是指数为 n 的幂零代数.

63.31. 证明:

a) 区间 $[0,1]$ 上的所有函数的环里零因子恰好是在某个点上的值为 0 的函数;

b) 在区间 $[0,1]$ 上的连续函数的环里零因子恰好是在某个区间 $[a,b]$ 上的值为 0 的函数, 其中 $0 \leqslant a < b \leqslant 1$.

§64. 理想, 同态, 商环

64.1. 求下列环的理想:

a) $\mathbb{Z}$;

b) $K[x]$, 其中 K 是一个域.

64.2. 证明:

a) $\mathbb{Z}[x]$,

b) $K[x, y]$, 其中 K 是域,

不是主理想环.

64.3. 证明在域上的矩阵环里, 任一双边理想或者是零理想, 或者与整个环一致.

64.4. 证明元素在任意一个环 R 里的矩阵环 $\mathbf{M}_n(R)$ 里的理想恰好是元素属于 R 的一个固定理想的矩阵组成的集合.

64.5. 求 2 阶整数上三角矩阵环的所有理想.

64.6. 设 I 和 J 是形如
$$\begin{pmatrix} 0 & g & h \\ 0 & 0 & 2k \\ 0 & 0 & 0 \end{pmatrix} \quad \text{和} \quad \begin{pmatrix} 0 & l & 2m \\ 0 & 0 & 2n \\ 0 & 0 & 0 \end{pmatrix}$$

的矩阵的集合, g, h, k, l, m, n 都是整数. 证明 I 是 $\mathbb{Z}$ 上的上三角矩阵环 R 的一个理想, 并且 J 是 I 的一个理想, 但是 J 不是 R 的一个理想.

64.7. 求代数 $\mathbf{M}_2(\mathbf{Z}_2)$ 的所有左理想.

64.8. 求 $\mathbb{R}$ 上的有基 $(1, e)$ 的 2 维代数 L 里的所有理想, 其中 1 是 L 的单位元, 并且

a) $e^2 = 0$;

b) $e^2 = 1$.

64.9. 证明包含一个可逆元的环的理想与整个环一致.

64.10. 判断下列环的不可逆元是否形成一个理想:

a) $\mathbb{Z}$;   b) $\mathbb{C}[x]$;   c) $\mathbb{R}[x]$;   d) $\mathbf{Z}_n$.

64.11. 证明整数环没有极小理想.

64.12. 求下列环的极大理想:

a) $\mathbb{Z}$;   b) $\mathbb{C}[x]$;   c) $\mathbb{R}[x]$;   d) $\mathbf{Z}_n$.

64.13. 证明在一个固定子集 $S \subseteq [a, b]$ 的值为 0 的连续函数的集合 I_s 是 $[a, b]$ 上的连续函数环的一个理想.

这个环的任一理想对于某个 $S \subseteq [a, b]$ 是否有形式 I_S?

64.14. 设 R 是区间 $[0, 1]$ 上的连续函数的环, 设 $0 \leqslant c \leqslant 1$, 并且 $I_c = \{f(x) \in R | f(c) = 0\}$. 证明:

a) I_c 是 R 的一个极大理想;

b) 对于某个 c, R 的任一极大理想与 I_c 一致.

64.15. 证明有单位元 (不同于零元) 的交换环是域如果它只有两个理想: 零理想和整个环. 这个命题对于没有单位元的环成立吗?

64.16. 证明一个有非零乘法且没有真单边理想的环是一个除环.

64.17. 证明有单位元且没有零因子的环是除环如果它的左理想的任一降链是有限的.

64.18. 设 K 是没有零因子的交换环. 设 $\delta : K \backslash \{0\} \to \mathbb{N}$ 是一个映射使得对于任意元素 $a, b \in K$, 其中 $b \neq 0$, 存在元素 $q, r \in K$ 对于它们有 $a = bq + r$ 且 $\delta(r) < \delta(b)$ 或者 $r = 0$.

证明存在一个映射 $\delta_1 : K \backslash \{0\} \to \mathbb{N}$ 满足前面的条件和下述性质: $\delta_1(ab) \geqslant \delta(b)$ 对于任意 $a, b \in K$, 其中 $ab \neq 0$.

64.19. 证明:

a) Gauss 整数 $x + iy$ $(x, y \in \mathbb{Z})$ 的环是 Euclid 环;

§64. 理想，同态，商环

b) 复数 $x + iy\sqrt{3}$ $(x, y \in \mathbb{Z})$ 的环不是 Euclid 环；

c) 形如 $\dfrac{x + iy\sqrt{3}}{2}$ 的复数的环，其中 x 和 y 是有相同奇偶性的整数，是 Euclid 环。

64.20. 在环 $\mathbb{Z}[i]$ 中用 $b = 3 - i$ 除 $a = 40 + i$，相对于习题 64.18 中的函数 $\delta(x + iy) = x^2 + y^2$ 取余数。

64.21. 在环 $\mathbb{Z}[i]$ 中求数 $20 + 9i$ 和 $11 + 2i$ 的最大公因数。

64.22. 证明元素在一个 Euclid 环里的长方形矩阵通过初等行和列变换，能够被化简成形式

$$\begin{pmatrix} e_1 & 0 & \cdots & 0 & 0 & \cdots & 0 \\ 0 & e_2 & \cdots & 0 & 0 & \cdots & 0 \\ \vdots & & & & & & \vdots \\ 0 & 0 & \cdots & e_r & 0 & \cdots & 0 \\ 0 & 0 & \cdots & 0 & 0 & \cdots & 0 \\ \vdots & & & & & & \vdots \\ 0 & 0 & \cdots & 0 & 0 & \cdots & 0 \end{pmatrix}$$

其中 $e_1 | e_2 | \cdots | e_r, e_i \neq 0$ $(i = 1, 2, \cdots, r)$.

64.23. 证明在习题 64.22 里乘积 $e_1 \cdots e_i$ 对于 $i = 1, \cdots, r$ 与原来矩阵的所有 i 阶子式的最大公因子一致。

64.24. 证明包含一个主理想环 R 的环，且它被包含在它的分式域 Q 里，这个环是主理想环。

64.25. 证明在有单位元且没有零因子的交换环 R 上的多项式环 $R[x]$ 是主理想环当且仅当 R 是域。

64.26. 求代数 $\mathbb{C}[[x]]$ 的所有理想。

64.27. 证明 Weyl 代数 $A_n(K)$（见习题 63.28）是单代数如果 K 是特征为 0 的域。

64.28. 中国剩余定理. 设 A 是有单位元的交换环. 证明：

a) 如果 I_1 和 I_2 是 A 的理想且 $I_1 + I_2 = A$，那么对于任意元素 $x_1, x_2 \in A$ 存在 $x \in A$ 使得 $x - x_1 \in I_1, x - x_2 \in I_2$；

b) 如果 $I_1, \cdots, I_n$ 是 A 的理想且 $I_i + I_j = A$ 对所有 $i \neq j$，那么对于任意元素 $x_1, \cdots, x_n \in A$ 存在 $x \in A$ 使得 $x - x_k \in I_k$ $(k = 1, \cdots, n)$.

64.29. 设 R 和 S 是有单位元的环且 $\varphi : R \to S$ 是一个同态。

a) 判断 $\mathbb{R}$ 的单位元的像是不是 S 的单位元？

b) 命题 a) 对于满同态 φ 是真的吗？

64.30. 设 K 是一个域, $K[x_1,\cdots,x_n]$ 是多项式代数. 设 $f_1,\cdots,f_n \in K[x_1,\cdots,x_n]$. 证明:

a) 使得
$$\varphi(g(x_1,\cdots,x_n)) = g(f_1,\cdots,f_n)$$
的映射 φ 是 K-代数 $K[x_1,\cdots,x_n]$ 的一个满同态;

b) 如果 φ 是 $K[x_1,\cdots,x_n]$ 的一个自同构, 那么 Jacobi 行列式
$$J = \det\left(\frac{\partial f_i}{\partial x_j}\right)$$
不等于 0;

c) 如果 $h = h(x_2,\cdots,x_n)$, 那么使得
$$\Psi(g(x_1,\cdots,x_n)) = g(x_1+h,x_2,\cdots,x_n)$$
的映射 Ψ 是 $K[x_1,\cdots,x_n]$ 的一个自同构.

64.31. 设 K 是一个域, $K[[x_1,\cdots,x_n]]$ 是 $x_1,\cdots,x_n$ 的幂级数的代数. 假设 $f_1,\cdots,f_n \in K[[x_1,\cdots,x_n]]$ 的常数项为零. 证明:

a) 满足 $\varphi(g(x_1,\cdots,x_n)) = g(f_1,\cdots,f_n)$ 的映射 φ 是 $K[[x_1,\cdots,x_n]]$ 的一个满同态;

b) 映射 φ 是自同构的充要条件是 Jacobi 行列式 $J = \det\left(\frac{\partial f_i}{\partial x_j}\right)$ 有非零常数项.

64.32. 设 K 是特征为 0 的域, 并且 $h = h(q_1) \in A_n(K)$. 证明使得
$$\varphi(f(p_1,\cdots,p_n,q_1,\cdots,q_n)) = f(p_1+h,p_2,\cdots,p_n,q_1,\cdots,q_n)$$
的映射 φ 是 K-代数 $A_n(K)$ 的一个自同构.

64.33. 设 φ 是 $\mathbb{C}$-代数 $\mathbf{M}_n(\mathbb{C})$ 的一个自同构. 证明:

a) 矩阵 $\varphi(E_{nn})$ 的左零化子的维数为 $n(n-1)$;

b) 矩阵 $\varphi(E_{nn})$ 的 Jordan 标准形等于 E_{11};

c) 存在一个可逆矩阵 Y 使得 $Y^{-1}\varphi(E_{nn})y = E_{nn}$;

d) 映射 $A \mapsto Y^{-1}\varphi(A)Y$ 是 $\mathbf{M}_n(\mathbb{C})$ 的一个自同构, 它把 $\mathbf{M}_{n-1}(\mathbb{C})$ 映到自身;

e) 对于一切矩阵 $A \in \mathbf{M}_n(\mathbb{C})$, 存在一个可逆矩阵 X 使得 $\varphi(A) = XAX^{-1}$.

64.34. 设 K 是一个域.

a) 证明线性映射
$$\varphi: \mathbf{M}_n(K) \otimes_K \mathbf{M}_m(K) \to \mathbf{M}_{nm}(K),$$

其中 $1 \leqslant i,j \leqslant n, 1 \leqslant r,s \leqslant m$ 并且
$$\varphi(E_{ij} \otimes E_{rs}) = E_{i+n(r-1), j+n(s-1)}$$
是 K-代数的一个自同构.

b) 证明线性映射
$$\Psi : \mathbf{M}_n(K) \to \mathbf{M}_n(K) \otimes_K \mathbf{M}_n(K),$$
其中
$$\Psi(E_{ij}) = E_{ij} \otimes E_{ij}$$
是 K-代数的一个同态. 求 $\mathrm{Ker}\,\psi$.

64.35. 证明交换环在同态下的像是交换环.

64.36. 证明映射 $\varphi : f(x) \mapsto f(c)$ $(c \in \mathbb{R})$ 是定义域为 $\mathbb{R}$ 的实值函数环到 $\mathbb{R}$ 的一个同态.

64.37. 求下列环的所有同态:

a) $\mathbb{Z} \mapsto 2\mathbb{Z}$; b) $2\mathbb{Z} \mapsto 2\mathbb{Z}$; c) $2\mathbb{Z} \mapsto 3\mathbb{Z}$; d) $\mathbb{Z} \mapsto \mathbf{M}_2(\mathbf{Z}_2)$.

64.38. 求所有同态:

a) 从群 $\mathbb{Z}$ 到群 $\mathbb{Q}$;

b) 从环 $\mathbb{Z}$ 到域 $\mathbb{Q}$.

64.39. 证明从一个域到一个环的任一同态或者是零同态, 或者是映到这个环的某个子域上的一个同构.

64.40. 设 K 是一个域并且 $R = K[x_1, \cdots, x_n]$ 是 K 上 $x_1, \cdots, x_n$ 的多项式代数. 构造在行空间 K^n 与所有 K-代数同态 $R \to K$ 组成的集合之间的双射.

64.41. 证明:

a) $F[x]/\langle x - \alpha \rangle \simeq F$ (F 是一个域);

b) $\mathbb{R}[x]/\langle x^2 + 1 \rangle \simeq \mathbb{C}$;

c) $\mathbb{R}[x]/\langle x^2 + x + 1 \rangle \simeq \mathbb{C}$.

64.42. 求所有元素 a 和 b 使得商环
$$\mathbf{Z}_2[x]/\langle x^2 + ax + b \rangle$$

a) 是同构的;

b) 是域.

64.43. 判断下述商环是否同构:
$$\mathbb{Z}[x]/\langle x^3 + 1 \rangle, \quad \mathbb{Z}[x]/\langle x^3 + 2x^2 + x + 1 \rangle?$$

64.44. 判断下述商环是否同构:

$$\mathbb{Z}[x]/\langle x^2 - 2\rangle, \quad \mathbb{Z}[x]/\langle x^2 - 3\rangle?$$

64.45. 设 a 和 b 是域 F 的不同元素. 证明 $F[x]$-模 $F[x]/\langle x-a\rangle$ 和 $F[x]/\langle x-b\rangle \simeq F$ 是不同构的, 但是商环 $F[x]/\langle x-a\rangle$ 和 $F[x]/\langle x-b\rangle$ 是同构的.

64.46. 设 $a \neq b$ 且 $c \neq d$ 是域 F 的元素. 证明商环 $F[x]/\langle (x-a)(x-b)\rangle$ 和 $F[x]/\langle (x-c)(x-d)\rangle$ 是同构的.

64.47. 下列 $\mathbb{C}$ 上的代数哪些是同构的:

$$A_1 = \mathbb{C}[x,y]/\langle x-y, xy-1\rangle, \quad A_2 = \mathbb{C}[x]/\langle (x-1)^2\rangle,$$

$$A_3 = \mathbb{C} \oplus \mathbb{C}, \quad A_4 = \mathbb{C}[x,y], \quad A_5 = \mathbb{C}[x]/\langle x^2\rangle?$$

64.48. 判断 $\mathbb{C}$ 上的代数 A 和 B 是否同构:

a) $A = \mathbb{C}[x,y]/\langle x^n - y\rangle, B = \mathbb{C}[x,y]/\langle x - y^n\rangle$;

b) $A = \mathbb{C}[x,y]/\langle x^2 - y^2\rangle, B = \mathbb{C}[x,y]/\langle (x-y)^2\rangle$?

64.49. 判断 $\mathbb{R}$ 上的下列代数是否同构:

a) $A = \mathbb{R}[x]/\langle x^2 + x + 1\rangle, B = \mathbb{R}[x]/\langle 2x^2 - 3x + 3\rangle$;

b) $A = \mathbb{R}[x]/\langle x^2 + 2x + 1\rangle, B = \mathbb{R}[x]\langle x^2 - 3x + 2\rangle$?

64.50. 证明代数 $K[x]/\langle x^{n+1}\rangle$ (K 是一个域) 的元素 f 是可逆的当且仅当 $f(0) \neq 0$.

64.51. 设 K 是一个域, $f \in K[x]$ 的次数为 n. 证明 K-代数 $K[x]/fK[x]$ 的维数等于 n.

64.52. 设 K 是一个域. 证明:

a) 若多项式 $f, g \in K[x]$ 是互素的, 则

$$K[x]/fgK[x] \simeq K[x]/fK[x] \oplus K[x]/gK[x];$$

b) 若 $f = p_1^{k_1} \cdots p_s^{k_s}$, 其中 $p_1, \cdots, p_s$ 是互素的不可约多项式, 则

$$K[x]/fK[x] \simeq K[x]/p_1^{k_1}K[x] \oplus \cdots \oplus K[x]/p_s^{k_s}K[x].$$

64.53. 证明有单位元的交换环的商环 R/I 是域当且仅当 I 是 R 的极大理想.

64.54. 证明交换环 R 的理想 I 是素理想当且仅当 I 是从 R 到一个域的同态的核.

64.55. 证明:

§64. 理想，同态，商环

a) 商环 $\mathbb{Z}[i]/\langle 2 \rangle$ 不是域；

b) 商环 $\mathbb{Z}[i]/\langle 3 \rangle$ 是有 9 个元素的域；

c) $\mathbb{Z}[i]/\langle n \rangle$ 是域当且仅当 n 是素数，它不是两个整数的平方和.

64.56. 商环 $\mathbb{F}_7[x]/\langle x^2 + a \rangle$ 对于哪些 $a \in \mathbb{F}_7$ 是一个域?

64.57. 证明对于任意整数 $n > 1$，商环 $\mathbb{Z}[x]/\langle n \rangle$ 同构于 $\mathbf{Z}_n[x]$.

64.58. 设 $f(x)$ 是环 $\mathbf{Z}_p[x]$ 的 n 次不可约多项式，证明商环 $\mathbf{Z}_p[x]/\langle f(x) \rangle$ 是有限域. 求它的元素数目.

64.59. 证明：

a) 任一环同构于一个有单位元的环的子环；

b) 域 F 上有单位元的 n 维代数同构于一个有单位元的 $n+1$ 维代数的子代数；

c) 域 K 上的有单位元的 n 维代数同构于代数 $\mathbf{M}_n(K)$ 的一个子代数；

d) 域 K 上的 n 维代数同构于代数 $\mathbf{M}_{n+1}(K)$ 的一个子代数.

64.60. 设 $I_1, \cdots, I_s$ 是有单位元的代数 A 的理想，当 $i \neq j$ 时 $I_i + I_j = A$. 证明由下述公式给出的映射 $f: A/\bigcap_{k=1}^{s} I_k \to A/I_1 \oplus \cdots \oplus A/I_s$:

$$f\left(a + \bigcap_{k=1}^{s} I_k\right) = (a + I_1, \cdots, a + I_s)$$

是一个代数同构.

64.61. 建立同构
$$\mathbb{Q}[x]/\langle x^2 - 1 \rangle \simeq \mathbb{Q} \oplus \mathbb{Q}.$$

64.62. 证明 $\mathbb{Q}[x]/\langle x^2 - 2 \rangle \simeq \mathbb{Q}[\sqrt{2}]$.

64.63. 设 I 是 $\mathbb{Z}[x]$ 的一个极大理想. 证明 $\mathbb{Z}[x]/I$ 是有限域.

64.64. 设 V 是特征为 0 的域 K 上的向量空间. 证明 $S(V) \simeq \mathbb{T}(V)/I$，其中 I 是 $\mathbb{T}(V)$ 的理想，它由所有元素 $x \otimes y - y \otimes x$ 生成，其中 $x, y \in V$.

64.65. 设 V 是特征为 0 的域 K 上的向量空间. 证明 $\Lambda(V) \simeq \mathbb{T}(V)/I$，其中 I 是 $\mathbb{T}(V)$ 的理想，它由所有元素 $x \otimes y + y \otimes x$ 生成，其中 $x, y \in V$.

64.66. 设 V 是特征为 0 的域 K 上的 $2n$ 维向量空间，有一个基 $p_1, \cdots, p_n$, $q_1, \cdots, q_n$. 证明 $A_n(K) \simeq \mathbb{T}(V)/I$，其中 I 是 $\mathbb{T}(V)$ 的理想，它由所有元素 $p_i \otimes q_j - q_j \otimes p_i - \delta_{ij}, p_i \otimes p_j - p_j \otimes p_i, q_i \otimes q_j - q_j \otimes q_i$ 生成.

64.67. 设 $(e_1, \cdots, e_n)$ 是特征不为 2 的域 K 上的向量空间 V 的一个基，并且设 $\Lambda(V)$ 是 V 上的外代数 (或 Grassmann 代数). 证明：

a) $\dim \Lambda(V) = 2^n$;

b) 如果 $x_1, \cdots, x_{n+1} \in \Lambda^1(V) \oplus \cdots \oplus \Lambda^n(V)$, 那么 $x_1 \cdots x_{n+1} = 0$;

c) 公式

$$\varphi(e_i) = \sum_{j=1}^{n} a_{ij} e_j + \omega_i, \quad i = 1, \cdots, n,$$

其中 $\omega_i \in \Lambda^1(V) \oplus \cdots \oplus \Lambda^n(V)$, 定义了 $\Lambda(V)$ 的一个自同构当且仅当 $\det(a_{ij}) \neq 0$.

64.68. 设 R 是有单位元的环. 一个子集 $M \subseteq R$ 的**左零化子**是集合

$$\{x \in R | xm = 0 \text{ 对于任意 } m \in M\}.$$

证明:

a) 任一子集的左零化子是 R 的一个左理想;

b) R 的由一个幂等元生成的右理想的左零化子 (作为左理想) 也是由某个幂等元生成的.

64.69. 证明由正交幂等元生成的有限多个左理想的和是由一个幂等元生成的.

64.70. 设 I_k $(k = 1, \cdots, n)$ 是域 K 上的 n 阶矩阵的集合, 它由除了第 k 列外其余所有列都等于 0 的矩阵组成. 证明:

a) I_k 是 $\mathbf{M}_n(K)$ 的左理想;

b) I_k 是 $\mathbf{M}_n(K)$ 看成自身上的左模的极小子模;

c) $\mathbf{M}_n(K) = I_1 \oplus \cdots \oplus I_n$;

d) 模 $\mathbf{M}_2(K)$ 有一个不同于 c) 的到极小子模的直和分解;

e) 在模 $\mathbf{M}_2(K)$ 的这两种分解之间存在一个模同构.

64.71. 设 R 是有限维向量空间 V 中的所有线性算子的代数, J_L 是 R 中的使像包含于子空间 L 的所有算子的集合. 证明 J_L 是 R 中的右理想.

相反, 设 J 是 R 中的左理想. 证明: 在 V 中存在唯一的子空间 L, 使 $J = J_L$.

64.72. 设 R 是有限维向量空间 V 中的所有线性算子的代数, I_L 是 R 中的使核包含子空间 L 的所有算子的集合. 证明 I_L 是 R 中的左理想.

相反, 设 I 是 R 中的左理想. 证明: 在 V 中存在唯一的子空间 L, 使 $I = I_L$.

64.73. 证明矩阵的集合:

a) $I = \left\{ \begin{pmatrix} x & 2x \\ y & 2y \end{pmatrix} (x, y \in K) \right\}, J = \left\{ \begin{pmatrix} x & 0 \\ y & 0 \end{pmatrix} (x, y \in K) \right\}$,

b) $I = \left\{ \begin{pmatrix} -x & 3x \\ -y & 3y \end{pmatrix} (x, y \in K) \right\}, J = \left\{ \begin{pmatrix} 0 & x \\ 0 & y \end{pmatrix} (x, y \in K) \right\}$

是环 $\mathbf{M}_2(K)$ 看成自身上的左模的子模,并且 $\mathbf{M}_2(K)/I \simeq J$.

64.74. 设 $R = I_1 \oplus I_2$ 是有单位元 e 的环到双边理想 I_1, I_2 的直和分解,并且 $e = e_1 + e_2$,其中 $e_1 \in I_1, e_2 \in I_2$. 证明 e_1 和 e_2 分别是环 I_1 和 I_2 的单位元.

64.75. 证明环 $\mathbf{Z}_{mn}$ 和 $\mathbf{Z}_m \oplus \mathbf{Z}_n$ 是同构的当且仅当 m 和 n 互素.

64.76. 一个环是**完全右 (左) 可约**的如果它是右 (左) 理想的直和,它们是这个环上的单模. 对于什么样的整数 n,剩余类环 $\mathbf{Z}_n$ 是完全右 (左) 可约的?

64.77. 证明域上的所有 n 阶 ($n \geq 2$) 上三角矩阵形成的代数不是完全可约的.

64.78. 证明在一个有单位元的完全可约的交换环里,幂等元的数目和理想的数目是有限的.

64.79. 证明在任一完全右可约代数里,所有极大理想的交等于 0.

64.80. 证明任一有单位元的完全可约交换环同构于域的直和.

64.81. 一个模是完全可约的如果它是**极小子模**的直和. 什么样的循环群作为 $\mathbb{Z}$-模是完全可约的?

64.82. 证明如果一个环 R 是完全左可约的并且 I 是 R 的一个左理想,那么 $R = I \oplus J$ 对于 R 的某个左理想 J.

64.83. 证明一个完全左可约环 R 的任一左理想

a) 作为左 R-模是完全可约的;

b) 由一个幂等元生成.

64.84. 设 R 是有单位元的完全左可约环. 证明:

a) 如果 R 没有不同于 0 和 1 的幂等元,那么 R 是一个除环;

b) 如果 R 没有零因子,那么 R 是除环.

这些命题对于单位元的存在性不被假设的环成立吗?

64.85. 证明如果对于有单位元的完全左可约环 R 的一个左理想 I 的任意两个元素 x, y 有 $xy = 0$,那么 $I = \{0\}$.

64.86. 证明如果 I 是单位元的环 R 的一个理想,那么商环 R/I 有单位元.

64.87. 证明交换 **Noether** 环的商环也是 Noether 环.

64.88. 证明剩余类环 $\mathbf{Z}_{p_1 \cdots p_m}$ 是域的直和,其中 $p_1, \cdots, p_m$ 是不同的素数.

64.89. 设 V 是有基 $(e_1, \cdots, e_n)$ 的向量空间,它作为所有对角矩阵组成的环上的模,其中

$$\operatorname{diag}(\lambda_1, \cdots, \lambda_n) \circ (\alpha_1 e_1 + \cdots + \alpha_n e_n) = \lambda_1 \alpha_1 e_1 + \cdots + \lambda_n \alpha_n e_n,$$

求 V 的所有子模.

64.90. 设 R 是有单位元且没有零因子的交换环. 把 R 看成自身上的模. 证明 R 同构于它的任一非零子模当且仅当 R 是主理想环.

64.91. 证明法则 $h(x) \circ f = h(x^r)f$, 其中 $h(x)$ 是一个固定的多项式, 把域 F 上的多项式环 $F[x]$ 变换成 $F[x]$ 上的秩 r 的自由模.

64.92. 设在环 R 中没有零因子, M 是自由 R-模. 证明: 如果 $r \in R\backslash 0, m \in M\backslash 0$, 则 $rm \neq 0$.

64.93. 设 R 是有单位元的环, 并且所有 R-模都是自由模. 证明 R 是体.

* * *

64.94. 设 K 是特征为 0 的域. 证明多项式代数 $K[x_1,\cdots,x_n]$ 是 Weyl 代数 $A_n(K)$ 上的单模 (见习题 63.28).

64.95. 设 K 是特征为 0 的域. 证明 Weyl 代数 $A_n(K)$ 上的每一个非零模在 K 上有无限维.

64.96. 设 K 是闭区间 $[-\pi,\pi]$ 上的实函数的代数, 并且这些实函数是 $\cos x, \sin x$ 的实系数多项式. 证明:

a) K 是一个整环;

b) $K \simeq \mathbb{R}[X,Y]/(X^2+Y^2-1)$;

c) K 的商域与有理函数域 $\mathbb{R}(X)$ 同构.

§65. 特殊代数类

65.1. 证明有单位元的交换 Noether 环上的一元多项式环是 Noether 环.

65.2. 证明域上的有限多个变量的多项式代数是 Noether 代数.

65.3. 特征不为 2 的域 F 上的**广义四元数代数** $A(\alpha,\beta)$, 其中 $\alpha,\beta \in F^*$ 被定义成有基 $(1,i,j,k)$ 的向量空间并且有乘法表

$$1 \cdot 1 = 1, \quad 1 \cdot i = i \cdot 1 = i,$$
$$1 \cdot j = j \cdot 1 = j, \quad 1 \cdot k = k \cdot 1 = k,$$
$$i^2 = -\alpha, \quad j^2 = -\beta, \quad ij = -ji = k.$$

证明下列命题:

a) $A(\alpha,\beta)$ 是域 F 上的 (结合) **中心单代数**;

b) 映射

$$x = x_0 + x_1 i + x_2 j + x_3 k \longmapsto x_0 - x_1 i - x_2 j - x_3 k = \overline{x}$$

是一个**对合** (即对一切 $x, y \in A(\alpha, \beta), \overline{x+y} = \overline{x} + \overline{y}, \overline{xy} = \overline{y}\,\overline{x}, \overline{\overline{x}} = x$);

c) 对任一 $x \in A(\alpha, \beta)$,
$$x^2 - (\operatorname{tr} x)x + N(x) = 0,$$
其中 $\operatorname{tr} x = x + \overline{x}$ 且 $N(x) = x\overline{x}$ 是 F 的元素;

d) 代数 $A(\alpha, \beta)$ 是除环当且仅当范数方程 $N(x) = 0$ 只有零解;

e) 代数 $A(\alpha, \beta)$ 或者是除环 (如果它没有零因子), 或者同构于矩阵代数 $\mathbf{M}_2(F)$ (如果它有零因子);

f) 如果范数方程在 $A(\alpha, \beta)$ 中有非零解, 那么它在非零**纯**四元数的集合中也有解;

g) $A(\alpha, \beta)$ 的由一个元素 a 生成的子代数 $F(a)$ 是 F 上维数 ≤ 2 的交换代数, 并且如果 a 不是零因子, 那么 $F(a)$ 是一个域, 它同构于多项式 $x^2 - (\operatorname{tr} a)x + N(a)$ 的分裂域;

h) **Witt 定理**. 范数 $N(x)$ 是纯四元数空间上的秩 3 二次型; 反之, F 上的 3 维向量空间 W 上的每一个秩 3 二次型对应于一个广义四元数代数, 它是在向量空间 $F \oplus W$ 上通过下述乘法来定义
$$1 \cdot w = w \cdot 1,$$
$$w_1 \cdot w_2 = -Q(w_1, w_2) \cdot 1 + [w_1, w_2],$$
其中 Q 是与给定的二次型对应的 W 上的双线性型, $[w_1, w_2]$ 是 W 的元素的向量积;

i) 上面的构造方法建立了在 F 上的四元数代数 (在同构的意义上) 与 F 上的 3 维向量空间里的秩 3 二次型的等价类之间的双射对应. (注: 型 $Q: W \times W \to F$ 和 $Q': W' \times W' \to F$ 是等价的如果存在一个同构 $\alpha: W \to W'$ 和一个元素 $\lambda \in F^*$ 使得 $Q'(\alpha(x), \alpha(y)) = \lambda Q(x, y)$ 对一切 $x, y \in W$.)

65.4. 一个有限维代数是**半单的**如果它不包含非零的幂零理想. 证明:

a) 商代数 $\mathbb{C}[x]/\langle f(x) \rangle$ 是半单的当且仅当多项式 $f(x)$ 没有重根;

b) 在代数 $\mathbf{M}_n(\mathbb{C})$ 里由域 $\mathbb{C}$ 和矩阵 A 生成的代数是半单的当且仅当 A 的极小多项式没有重根;

c) 域上的有限维代数是半单的当且仅当它是完全左可约的;

d) 有单位元的交换半单代数同构于域的直和;

e) 如果一个半单代数的所有幂等元是中心的, 那么这个代数是除环的直和.

65.5. 设 $H = (h_{ij})$ 是域 F 上的对称 $n \times n$ 矩阵. 一个 **Clifford 代数**是 F

上的 $2n$ 维向量空间 $C(F,H)$ 具有由下列符号组成的基

$$e_{i_1\cdots i_k} \quad (1 \leqslant i_1 < i_2 < \cdots < i_k \leqslant n) \quad 且 \quad e_0 = 1,$$

并且有通过下述法则确定的乘法

$$e_i e_i = h_{ii}, \quad e_0 e_i = e_i e_0 = e_i, \quad e_i e_j + e_j e_i = h_{ij},$$
$$e_{i_1\cdots i_k} = e_{i_1}\cdots e_{i_k} \quad (1 \leqslant i_1 < \cdots < i_k \leqslant n).$$

设 V 是 n 维向量空间有基 $(e_1,\cdots,e_n)$ 并且 Q 是 V 上的二次型. 二次型 Q 的 Clifford 代数 $C_Q(F)$ 定义成代数 $C(F,H)$, 其中 $h_{ij} = Q(e_i,e_j)$.

a) 证明如果 $H = 0$, 那么 $C(F,H) \simeq \Lambda(V)$.

b) **偶 Clifford 代数** $C^+(F,H)$ (或者 $C_Q^+(F)$) 是由元素 $e_{i_1},\cdots,e_{i_{2m}}$ $\left(m = 0,1,\cdots,\left[\dfrac{n}{2}\right]\right)$ 生成的 Clifford 代数的子代数. 证明不是 F 上的线性因子的乘积的二次型

$$Q(x_1,x_2,x_3) = h_{11}x_1^2 + h_{12}x_1 x_2 + h_{22}x_2^2$$

的偶 Clifford 代数是 F 的二次扩张. 这个扩张同构于二次型 Q 的分裂域 $F(\sqrt{h_{12}^2 - 4h_{11}h_{22}})$.

c) 证明如果 $\operatorname{char} F \neq 2$, 那么 3 维向量空间 V 上的二次型 Q 的偶 Clifford 代数同构于 3 维向量空间 $W = \Lambda^2 V$ 上的型 $Q^{(2)}$ 的广义四元数代数 (见习题 65.3).

d) 证明在 c) 的假设下, 纯四元数空间上的二次型 $N(x) = x\overline{x}$ 等价于型 λQ $(\lambda \in F^*)$.

65.6. 设 $A = A_0 \oplus A_1$ 是域 K 上的 2-分次结合代数, 即 $A_i A_j \subset A_{i+j}$ (下标模 2 加法). 在 A 上定义一个新的运算, 令 $[x,y] = xy - (-1)^{ij}yx$, 其中 $x \in A_i, y \in A_j$.

a) 证明对于所有齐次元素 $x \in A_i, y \in A_j, z \in A$, 有

$$[x,y] = (-1)^{ij}[y,x],$$

$$[x,[y,z]] + [y,[z,x]] + (-1)^{ij+1}[z,[x,y]] = 0.$$

具有 2-级配它的齐次元素满足给定的关系的代数称为 **Lie 超代数**.

b) 设 V 是特征不等于 2 的域 K 上的 n 维向量空间, 它有基 $(e_1,\cdots,e_n)$, 并且 $\Lambda(V)$ 是 V 上的外代数. 设 I 是 V 上的恒等算子, $L_0 = K \cdot I$ 并且 L_1 是算

子 φ_i 和 ψ_i 生成的线性子空间, 其中

$$\varphi_i(w) = w \wedge e_i,$$
$$\psi_i(e_{i_1} \wedge \cdots \wedge e_{i_p}) = \begin{cases} (-1)^{p-k} e_{i_1} \wedge \cdots \wedge \widehat{e}_{i_k} \wedge \cdots \wedge e_{i_p}, & \text{当 } i_k = i, \\ 0, & \text{当 } i_k \neq i \text{ 对于一切 } k = 1, \cdots, p. \end{cases}$$

证明 $L = L_0 \oplus L_1$ 对于 a) 中引入的运算是一个 Lie 超代数.

65.7. 设 K 是域 $\mathbb{Q}$ 的 n 次扩张. 证明:

a) 对于任一 n 次多项式 $f(x) \in \mathbb{Q}[x]$, 存在一个 n 阶矩阵 A 使得 $f(A) = 0$;

b) 代数 $\mathbf{M}_n(\mathbb{Q})$ 包含一个子代数, 它同构于 K;

c) 如果 L 是 $\mathbf{M}_n(\mathbb{Q})$ 的子代数且它是域, 那么 $[L : \mathbb{Q}] \leqslant n$.

65.8. 定义在区域 $U \subseteq \mathbb{C}$ 上的解析函数的 $\mathbb{C}$-代数有零因子吗?

65.9. 一个复变函数是**整**函数如果它在复平面上是解析的. 证明整函数代数的任一有限生成的理想是主理想.

65.10. 环 R 的**微分**是映射 $D : R \to R$, 并满足条件:

(1) $D(x + y) = D(x) + D(y)$;

(2) $D(xy) = D(x)y + xD(y)$, $x, y \in R$.

求下列环的所有微分:

a) $\mathbb{Z}$;

b) $\mathbb{Z}[x]$;

c) $\mathbb{Z}[x_1, x_2, \cdots, x_n]$.

65.11. 设 L 是有加法和乘法运算的集合. 假设 L 对于加法是交换群, 并且乘法 $\circ$ 与加法通过分配律联系, L 是一个 **Lie 环**, 如果对于任意 $x, y, z \in L$, 我们有:

(1) $x \circ x = 0$;

(2) $(x \circ y) \circ z + (y \circ z) \circ x + (z \circ x) \circ y = 0$ (Jacobi 等式).

证明:

a) Lie 环满足等式 $x \circ y = -y \circ x$;

b) 3 维空间中的向量对于加法和向量乘法形成一个 Lie 环;

c) 任一环 R 对于加法和乘法 $x \circ y = xy - yx$ 是一个 Lie 环;

d) 一个环 R 的所有微分的集合对于加法和乘法 $D_1 \circ D_2 = D_1 D_2 - D_2 D_1$ 是一个 Lie 环.

65.12. 设 K 是一个域, D 是矩阵 K-代数 $\mathbf{M}_n(K)$ 的微分. 证明存在一个矩

阵 $A \in \mathbf{M}_n(K)$ 使得对于一切 X 都有
$$D(X) = AX - XA.$$

65.13. 设 K 是特征为 0 的域，并且设 D 是 Weyl 代数 $A_n(K)$ 的微分. 证明存在一个元素 $f \in A_n(K)$ 使得对于一切 $g \in A_n(K)$ 都有 $D(g) = fg - gf$.

65.14. 证明有序半群 S 的半群环 $R[S]$ 没有零因子当且仅当 R 没有零因子.

65.15. 设 p 是素数，$\mathbb{Z}_p$ 是 p 进整数环，即所有形式幂级数 $\sum_{i \geq 0} a_i p^i$ 组成的集合，其中 $a_i \in \mathbb{Z}$ 且 $0 \leq a_i < p$. 令
$$\sum_{i \geq 0} a_i p^i + \sum_{i \geq 0} b_i p^i = \sum_{i \geq 0} c_i p^i,$$
$$\left(\sum_{i \geq 0} a_i p^i\right)\left(\sum_{i \geq 0} b_i p^i\right) = \sum_{i \geq 0} d_i p^i,$$
如果对于任意 $n \geq 0$ 在 $\mathbf{Z}_{p^n}$ 里
$$\sum_{i=0}^{n-1} a_i p^i + \sum_{i=0}^{n-1} b_i p^i = \sum_{i=0}^{n-1} c_i p^i,$$
$$\left(\sum_{i=0}^{n-1} a_i p^i\right)\left(\sum_{i=0}^{n-1} b_i p^i\right) = \sum_{i=0}^{n-1} d_i p^i.$$
证明：

a) $\mathbb{Z}_p$ 是包含 $\mathbb{Z}$ 的一个整环;

b) 一个元素 $\sum_{i \geq 0} a_i p^i$ 是 $\mathbb{Z}_p$ 的可逆元当且仅当 $a_0 = 1, 2, \cdots, p-1$;

c) 可逆元素群的自然同态 $\mathbb{Z}_p^* \to \mathbf{Z}_{p^n}^*$ 是满射, 对于一切 n;

d) $\mathbb{Z}_p$ 的每一个理想是主理想，并且它形如 $(p^n), n \geq 0$.

e) 求 $\mathbb{Z}_p$ 的所有素元.

65.16. a) 证明 p 进数域 $\mathbb{Q}_p$，即 $\mathbb{Z}_p$ 的分式域，它由形如 $p^m h$ 的元素组成，其中 $m \in \mathbb{Z}, h \in \mathbb{Z}_p$.

b) 证明 $\mathbb{Q}$ 是 $\mathbb{Q}_p$ 的一个子域.

c) 证明 $\mathbb{Q}_p$ 的元素 $p^m \left(\sum_{i \geq 0} a_i p^i\right)$，其中 $0 \leq a_i \leq p-1$，属于 $\mathbb{Q}$ 当且仅当从某个 N 开始的元素 $a_i (i \geq N)$ 形成一个周期序列.

d) 在 $\mathbb{Q}_5$ 里求 $\dfrac{2}{7}$ 和 $\dfrac{1}{3}$ 的像.

65.17. 设 K 是域, 且 p 是系数在 K 里的一个变量 X 的不可约多项式. 通过类似于习题 65.15 的方法构造环 $K[X]_p$ 和它的分式域 $K(X)_p$. 证明如果 p 有次数 1, 那么 $K[X]_p \simeq K[[X]]$.

65.18. 求有理数域 $\mathbb{Q}$ 的所有包含单位元的子环.

§66. 域

66.1. 习题 63.1—63.3 中哪些环是域?

66.2. 下列矩阵的集合哪些对于通常的矩阵运算形成一个域:

a) $\left\{ \begin{pmatrix} x & y \\ ny & x \end{pmatrix}; x, y \in \mathbb{Q} \right\}$, 其中 n 是固定的整数;

b) $\left\{ \begin{pmatrix} x & y \\ ny & x \end{pmatrix}; x, y \in \mathbb{R} \right\}$, 其中 n 是固定的整数;

c) $\left\{ \begin{pmatrix} x & y \\ ny & x \end{pmatrix}; x, y \in \mathbb{Z}_p \right\}$, 其中 $p = 2, 3, 5, 7$?

66.3. 设 K 是域, F 是 $K[[x]]$ 的分式域. 证明 F 的每一个元素是乘积 $x^{-s}h$, 其中 $s \geqslant 0$ 且 $h \in K[[x]]$.

66.4. 证明一个域的单位元在它的加法群里的阶或者是无限阶, 或者是一个素数.

66.5. 对于数 $n = 2, 3, 4, 5, 6, 7$ 中的哪些数存在有 n 个元素的域?

66.6. 证明含有 p^2 个元素的域, 其中 p 是素数, 有唯一的真子域.

66.7. 证明域 $\mathbb{Q}$ 和 $\mathbb{R}$ 只有恒等自同构.

66.8. 求域 $\mathbb{C}$ 的固定每一个实数的所有自同构.

66.9. 域 $\mathbb{Q}(\sqrt{2})$ 有非恒等自同构吗?

66.10. 证明在特征为 p 的域 F 里

a) $(x+y)^{p^m} = x^{p^m} + y^{p^m}$ (m 是自然数);

b) 如果 F 是有限域, 那么映射 $x \mapsto x^p$ 是一个自同构.

66.11. 证明如果一个复数 z 不是实数, 那么环 $\mathbb{R}[z]$ 与 $\mathbb{C}$ 一致.

66.12. 对于什么样的 $m, n \in \mathbb{Z} \setminus \{0\}$, 域 $\mathbb{Q}(\sqrt{m})$ 和 $\mathbb{Q}(\sqrt{n})$ 是同构的?

66.13. 证明域 K 的被一个自同构 φ 固定的元素组成的集合是一个子域.

66.14. 证明任意两个 4 元域是同构的.

66.15. 是否存在一个真包含复数域的域?

66.16. 证明任一有限域的特征为正数.

66.17. 是否存在特征为正数的无限域?

66.18. 在域 $\mathbb{Q}(\sqrt{2})$ 中解方程:

a) $x^2 + (4 - 2\sqrt{2})x + 3 - 2\sqrt{2} = 0$;

b) $x^2 - x - 3 = 0$;

c) $x^2 + x - 7 + 6\sqrt{2} = 0$;

d) $x^2 - 2x + 1 - \sqrt{2} = 0$.

66.19. 解方程组

$$x + 2z = 1, \quad y + 2z = 2, \quad 2x + z = 1:$$

a) 在域 $\mathbb{Z}_3$ 中;

b) 在域 $\mathbb{Z}_5$ 中.

66.20. 分别在模 5 和模 7 的剩余类域中解方程组

$$3x + y + 2z = 1, \quad x + 2y + 3z = 1, \quad 4x + 3y + 2z = 1.$$

66.21. 求系数在 $\mathbb{Z}_5$ 中的至多 3 次多项式 $f(x)$ 使得

$$f(0) = 3, \quad f(1) = 3, \quad f(2) = 5, \quad f(4) = 4.$$

66.22. 求系数在 $\mathbb{Z}_5$ 中的所有多项式使得 $f(0) = f(1) = f(4) = 1, f(2) = f(3) = 3$.

66.23. 下列方程

a) $x^2 = 5$, b) $x^7 = 7$, c) $x^3 = a$

中哪一个在域 $\mathbb{Z}_{11}$ 中有解?

66.24. 在模 11 剩余类域中解方程

a) $x^2 + 3x + 7 = 0$;

b) $x^2 + 5x + 1 = 0$;

c) $x^2 + 2x + 3 = 0$;

d) $x^2 + 3x + 5 = 0$.

66.25. 证明 n 元域满足等式 $x^n = x$.

66.26. 在域 $\mathbb{Z}_p$ 中解方程 $x^p = a$.

66.27. 证明如果对于域 K 的所有元素 x 有 $x^n = x$,那么 K 是有限域并且它的特征整除 n.

66.28. 求下列域的乘法群的所有生成元:

a) $\mathbf{Z}_7$; b) $\mathbf{Z}_{11}$; c) $\mathbf{Z}_{17}$.

66.29. 设 a, b 是 2^n 元域的元素,其中 n 是奇数. 证明如果 $a^2 + ab + b^2 = 0$,那么 $a = b = 0$.

66.30. 设 F 是域使得群 F^* 是循环群. 证明 F 是有限域.

66.31. 在实系数的有理函数域中解方程:

a) $f^4 = 1$; b) $f^2 - f - x = 0$.

66.32. 证明在域 $\mathbf{Z}_p$ 中:

a) $\displaystyle\sum_{k=1}^{p-1} k^{-1} = 0 \quad (p > 2)$;

b) $\displaystyle\sum_{k=1}^{(p-1)/2} k^{-2} = 0 \quad (p > 3)$.

66.33. 设 $n \geqslant 2$ 并且 $\zeta_1, \cdots, \zeta_m$ 是域 K 的 n 次单位根. 证明:

a) $\{\zeta_1, \cdots, \zeta_m\}$ 是乘法群;

b) $\zeta_1 \cdots \zeta_m$ 是 m 次单位根;

c) m 整除 n;

d) 如果 $k \in \mathbb{Z}$,那么

$$\zeta_1^k + \cdots + \zeta_m^k = \begin{cases} 0, & \text{当 } m \text{ 不整除 } k, \\ m, & \text{当 } m \text{ 整除 } k. \end{cases}$$

66.34. 设 $m_k m_{k-1} \cdots m_0$ 和 $n_k n_{k-1} \cdots n_0$ 是自然数 m 和 n 在基数为 s 的数系里的记数,其中 s 是素数. 证明:

a) 数 $\binom{m}{n}$ 与 $\binom{m_0}{n_0}\binom{m_1}{n_1}\cdots\binom{m_k}{n_k}$ 被 s 除后有相同的余数;

b) $\binom{m}{n}$ 被 s 整除当且仅当对于某个 $i, m_i < n_i$.

66.35. 域 K 的一个**绝对值**是一个函数 $\|x\|, x \in K$,取非负实数值使得

(1) $\|x\| = 0$ 当且仅当 $x = 0$;

(2) $\|xy\| = \|x\|\|y\|$;

(3) $\|x + y\| \leqslant \|x\| + \|y\|$.

证明 $\mathbb{Q}$ 上的下列函数是绝对值:

a) $\|x\| = \begin{cases} 1, & x \neq 0, \\ 0, & x = 0; \end{cases}$

b) $\|x\| = |x|^s$, 其中 s 是一个固定的数, $0 < s \leqslant 1$;

c) $\|x\| = |x|_p^s$, 其中 p 是素数且 $s < 1$ 是一个固定的正数; 这里 $|x|_p = p^{-r}$ 当 $x = p^r m n^{-1}$, 其中 m, n 是不能被 p 整除的整数.

66.36. 设 $\|x\|$ 是 $\mathbb{Q}$ 上的一个赋值, 并且 y 是一个元素使得 $\|y\| \neq 0, 1$. 则 $\|x\|$ 是习题 66.35 的 b) 的形式, 或者是 c) 的形式.

* * *

66.37. 设 K 是一个域并且 $K(x)$ 是一个变量 x 的有理函数域. 证明在 $K(x)$ 上的下列函数是赋值:

a) $\|f\| = \begin{cases} 1, & \text{当 } f \neq 0, \\ 0, & \text{当 } f = 0; \end{cases}$

b) $\|hg^{-1}\| = c^{\deg h - \deg g}$, 其中 $h, g \in K[x]$ 且 $0 < c < 1$;

c) 如果 $p(x)$ 是不可约多项式, $h = p^r(x) u(x) v^{-1}(x)$, 其中 $u(x), v(x)$ 是与 $p(x)$ 互素的多项式, 那么 $\|h\| = c^r$, 其中 $0 < c < 1$.

66.38. 证明:

a) $\mathbb{Q}$ 对于习题 66.35 b) 的赋值的完备化等于 $\mathbb{R}$;

b) $\mathbb{Q}$ 对于习题 66.35 c) 的赋值的完备化等于 $\mathbb{Q}_p$;

c) $\mathbb{Z}$ 对于习题 66.35 b) 的赋值的完备化等于 $\mathbb{Z}_p$;

d) $\mathbb{C}(x)$ 对于习题 66.37 c) 的 $p = x$ 的赋值的完备化等于 $\mathbb{C}[[x]]$.

66.39. $\mathbb{Q}_p$ 的元素序列 $x_n, n \geqslant 1$ 按照 66.35 c) 的度量 $\|f\|$ 收敛当且仅当 $\lim\limits_{n \to \infty} \|x_n - x_{n+1}\|_p = 0$.

66.40. 对于什么样的 $t \in \mathbb{Q}_p$ 下述序列收敛:

a) $e^t = \sum \dfrac{t^n}{n!}$;

b) $\ln(1+t) = \sum\limits_{n \geqslant 1} \dfrac{1}{n}(-1)^n t^n$;

c) $\sum\limits_{n \geqslant 0} t^n$?

66.41. 设 $a \in \mathbb{Q}_p$ 且 $x_n = a^{p^n}$. 极限 $\lim\limits_{n \to \infty} x_n$ 存在吗?

66.42. 设 $f(x) \in \mathbb{Z}_p[x], a_0 \in \mathbb{Z}_p$, 且 $\|f(a_0)/f'(a_0)^2\|_p < 1$. 令
$$a_{n+1} = a_n - \frac{f(a_n)}{f'(a_n)}.$$
证明 $a = \lim a_n$ 存在, $\|a - a_0\|_p < 1$ 且 $f(a) = 0$.

66.43. 证明 $\mathbb{Q}_p$ 的任一自同构是恒等自同构.

66.44. 设 $f(x) \in \mathbb{Z}_p[x]$ 的次数为 n 且 $f(x)$ 的首项系数等于 1. 设 $f(x)$ 在 $\mathbb{Z}/p\mathbb{Z}[x]$ 中的像 $\overline{f(x)}$ 被分解, $\overline{f(x)} = g(x)h(x)$, 其中 $g(x)$ 与 $h(x)$ 互素并且首项系数为 1. 假设 $\deg g(x) = r, \deg h(x) = n - r$. 则 $f(x) = u(x)v(x)$, 其中 $\deg u(x) = r, \deg h(x) = n - r, u(x), v(x)$ 的首项系数等于 1, 并且 $u(x), v(x)$ 在 $\mathbb{Z}/p\mathbb{Z}[x]$ 中的像分别等于 $g(x), h(x)$.

66.45. 设 $f(x) \in \mathbb{Z}_p[x], a \in \mathbf{Z}_p$, 且在 $\mathbf{Z}_p$ 中
$$f(a) = 0, \quad f'(a) \neq 0.$$
则存在一个元素 $b \in \mathbb{Z}_p$ 使得 $f(b) = 0$ 且它在 $\mathbf{Z}_p$ 中的像等于 a.

66.46. 设 m 是自然数, 它不能被 p 整除, $a \in 1 + p\mathbf{Z}_p$. 则存在 $b \in \mathbb{Z}_p$ 使得 $b^m = a$.

66.47. 设域 $\mathbb{Q}_p$ 和 $\mathbb{Q}_{p'}$ 同构. 证明 $p = p'$.

66.48. 证明环 $\mathbb{Z}_p$ 在 $\mathbb{Q}_p$ 中对于 p 进拓扑是紧的.

§67. 域扩张. Galois 理论

在这一节中, 所有环和代数被假设为交换的且有单位元.

67.1. 设 A 是域 K 上的代数, 并且设
$$K = K_0 \subset K_1 \subset K_2 \subset \cdots \subset K_s$$
是 A 的子域塔. 证明:
$$(A : K) = (A : K_s)(K_s : K_{s-1}) \times \cdots \times (K_1 : K_0).$$

67.2. 设 A 是域 K 上的一个代数且 $a \in A$. 证明:

a) 如果 a 不是 K 上的代数元, 那么子域 $K[a]$ 同构于多项式环 $K[x]$;

b) 如果 a 是 K 上的代数元, 那么 $K[a] \simeq K[x]/\langle \mu_a(x) \rangle$, 其中 $\mu_a(x)$ 是唯一确定的 K 上的酉多项式 (a 的**极小多项式**);

c) 如果 A 是一个域并且 a 是 K 上的代数元，那么 $\mu_a(x)$ 是 $K[x]$ 中的不可约多项式；

d) 如果 A 的所有元素是 K 上的代数元，并且对于任一 $a \in A$，多项式 $\mu_a(x)$ 是不可约的，那么 A 是域.

67.3. 求下列元素的极小多项式：

a) $\sqrt{2}$ 在 $\mathbb{Q}$ 上；

b) $\sqrt[7]{5}$ 在 $\mathbb{Q}$ 上；

c) $\sqrt[105]{9}$ 在 $\mathbb{Q}$ 上；

d) $2-3i$ 在 $\mathbb{R}$ 上；

e) $2-3i$ 在 $\mathbb{C}$ 上；

f) $\sqrt{2}+\sqrt{3}$ 在 $\mathbb{Q}$ 上；

g) $1+\sqrt{2}$ 在 $\mathbb{Q}(\sqrt{2}+\sqrt{3})$ 上.

67.4. 证明：

a) 如果 A 是 K 上的有限维代数，那么 A 的任一元素是 K 上的代数元；

b) 如果 $a_1, \cdots, a_s \in A$ 是 K 上的代数元，那么子代数 $K[a_1, \cdots, a_s]$ 在 K 上是有限维的.

67.5. 证明如果 A 是域且 $a_1, \cdots, a_s \in A$ 是 K 上的代数元，那么扩域 $K(a_1, \cdots, a_s)$ 与代数 $K[a_1, \cdots, a_s]$ 一致.

67.6. 证明 K-代数 A 的所有 K 上的代数元组成的集合是 A 的一个子代数. 如果 A 是域，那么这个子代数是子域.

67.7. 证明如果在域的塔 $K = K_0 \subset K_1 \subset K_2 \subset \cdots \subset K_s = L$ 中每一级 $K_{i-1} \subset K_i$ $(i = 1, \cdots, s)$ 是代数扩张，那么 L/K 是代数扩张.

67.8. 证明系数在域 K 里的任一多项式在某个扩张 L/K 中有根.

* * *

67.9. 设 K 是域. 证明：

a) 对于 $K[x]$ 中的任意一个多项式，存在这个多项式在 K 上的一个**分裂域**；

b) 对于 $K[x]$ 中的多项式的任一有限集合，存在 K 上的一个分裂域.

67.10. 设 K 是域，$g(x) \in K[x], h(x) \in K[x], f(x) = g(h(x))$，并且 α 是 $g(x)$ 在某个扩张 L/K 中的一个根. 证明 f 在 K 上不可约当且仅当 $g(x)$ 在 K 上不可约并且 $h(x) - \alpha$ 在 $K[\alpha]$ 上不可约.

67.11. 设 K 是域，$a \in K$. 证明：

a) 如果 p 是素数, 那么多项式 $x^p - a$ 或者是不可约的, 或者在 K 中有一个根;

b) 如果多项式 $x^n - 1$ 在 $K[x]$ 中能被分解成线性因子, 那么或者多项式 $x^n - a \in K[x]$ 是不可约的, 或者对于 n 的某个因子 $d \neq 1$, 多项式 $x^d - a$ 在 K 中有根;

c) 关于 $x^n - 1$ 分解成线性因子的假设对于命题 b) 的成立是本质的.

67.12. 证明多项式 $f(x) = x^p - x - a$ 或者在特征 $p \neq 0$ 的域 K 上是不可约的, 或者它能在 K 上分解成线性因子的乘积. 如果 $f(x)$ 有一个根 x_0, 写出这个分解式.

67.13. 对于下列多项式, 求它在 $\mathbb{Q}$ 上的分裂域的次数:

a) $ax + b$ $(a, b \in \mathbb{Q}, a \neq 0)$;

b) $x^2 - 2$;

c) $x^3 - 1$;

d) $x^3 - 2$;

e) $x^4 - 2$;

f) $x^p - 1$ (p 是素数);

g) $x^n - 1$ ($n \in \mathbb{N}$);

h) $x^p - a$ ($a \in \mathbb{Q}$ 不是 $\mathbb{Q}$ 里的 p 次幂, p 是素数);

i) $(x^2 - a_1) \times \cdots \times (x^2 - a_n)$ ($a_1, \cdots, a_n \in \mathbb{Q}^*$ 是不同的).

67.14. 证明有限域扩张 L/K 是单扩张当且仅当 K 与 L 的中间域组成的集合是有限的. 举一个有限扩张不是单扩张的例子.

67.15. 设 L/K 是域的代数扩张. 证明扩张 $L(x)/K(x)$ 也是代数扩张并且 $(L(x) : K(x)) = (L : K)$.

67.16. 设 L/K 是域扩张. 元素 $a_1, \cdots, a_s \in L$ 称为在 K 上**代数无关的**, 如果对于任一非零多项式 $f(x_1, \cdots, x_s) \in K[x_1, \cdots, x_s]$ 都有 $f(a_1, \cdots, a_s) \neq 0$. 证明: $a_1, \cdots, a_s \in L$ 是在 K 上代数无关的当且仅当扩域 $K(a_1, \cdots, a_s)$ 是 K-同构于有理函数域 $K(x_1, \cdots, x_s)$.

67.17. 设 L/K 是域扩张, 并且 $a_1, \cdots, a_m; b_1, \cdots, b_n$ 是 L 在 K 上的两个极大代数无关组. 证明: $m = n$ (L 在 K 上的**超越次数**).

67.18. 证明:

a) 在有限维交换 K-代数 A 中存在有限多个极大理想, 并且它们的交与 A 的所有幂零元的集合 $N(A)$ 一致 (A 的**幂零根**);

b) 零元是 A^{red} 的唯一的幂零元 (代数 $A^{\mathrm{red}} = A/N(A)$ 称为**约化的**);

c) 代数 $A/N(A)$ 同构于 K 的扩域 $K_1,\cdots,K_s$ 的直积;

d) $s \leqslant (A:K)$;

e) 扩张 K_i 的集合对于代数 A 在同构的意义上被确定 [1];

f) 如果 B 是 A 的子代数, 那么 B 的任一分支是 A 的一个或 n 个分支的扩张;

g) 如果 I 是 A 的一个理想, 那么代数 A/I 的分支被包含在 A 的分支之间.

67.19. 设 K 是域, $f(x) \in K[x]$, $p_1(x)^{k_1} \times \cdots \times p_s(x)^{k_s}$ 是 $f(x)$ 到 K 上不同的不可约多项式的方幂乘积的分解式, $A = K[x]/\langle f(x) \rangle$. 证明 $A^{\mathrm{red}} = A/N(A) \simeq \prod_{i=1}^{s} K[x]/\langle p_i(x) \rangle$.

67.20. 设 A 是 K-代数并且 L 是域 K 的一个扩张. 证明:

a) 如果 $f_1,\cdots,f_n$ 是不同的 K-同态 $A \to L$, 那么 $f_1,\cdots,f_n$ 作为所有 K-线性映射 $A \to L$ 组成的 L-向量空间的元素是线性无关的;

b) 不同的 K-同态 $A \to L$ 的数目不超过 $(A:L)$.

求域 $\mathbb{Q}(\sqrt{2}), \mathbb{Q}(\sqrt{2}+\sqrt{3}), \mathbb{Q}(\sqrt[3]{2})$ 的所有自同构.

67.21. 设 A 是有限维 K-代数并且 L 是域 K 的一个扩张. 设 $A_L = L \otimes_K A$. 设 $(e_1,\cdots,e_n)$ 是 A 在 K 上的一个基. 证明:

a) $(1 \otimes e_1, \cdots, 1 \otimes e_n)$ 是 A_L 在 L 上的一个基;

b) 在 A 到 A_L 的自然嵌入下, A 的像是 A_L 的一个 K-子代数.

67.22. 设 A 是有限维 K-代数, L/K 是有限扩张. 证明:

a) 如果 B 是 A 的一个子代数, 那么 B_L 是 A_L 的子代数;

b) 如果 I 是 A 的一个理想并且 I_L 是 A_L 的对应的理想, 那么 $(A/I)_L \simeq A_L/I_L$;

c) 如果 $A = \prod_{i=1}^{s} A_i$, 那么 $A_L \simeq \prod_{i=1}^{s} (A_i)_L$;

d) 如果 $K_1,\cdots,K_s$ 是 A 的分支组, 那么 A_L 的分支与代数 $(K_1)_L,\cdots,(K_s)_L$ 的分支集的并一致;

e) 如果 F/L 是域扩张, 那么 $(A_L)_F \simeq A_F$.

67.23. 设 A 是有限维 K-代数并且 L/K 是域扩张. 假设 B 是 L-代数. 证明:

a) 每一个 K-同态 $A \to B$ 有唯一的到 L-同态的扩张 $A_L \to B_L$;

b) K-同态 $A \to L$ 的集合与 A_L 的同构于 L 的分支的集合有一个双射对应;

---

[1] 扩域 $K_1,\cdots,K_s$ 连同标准同态 $A \to K_i$ 称为 A 的**分支**.

c) 不同的 K-同态 $A \to L$ 的数目不超过 $(A:K)$ (见习题 67.18 d) 和 67.21 a)).

67.24. 设 F/K 和 L/K 是域扩张, 并且假设 F/K 是有限的. 证明存在一个扩张 E/K 具有 F 和 L 到 E 的嵌入使得 K 的所有元素被固定.

67.25. 设 A 是有限维 K-代数并且 $A = K[a_1, \cdots, a_s]$. 证明域扩张 L/K 的下列性质是等价的:

a) A_L 的所有分支同构于 L;

b) L 是任一 $a \in A$ 的极小多项式的**分裂域** (K-代数 A 的**分裂域**).

67.26. 证明如果 L 是 K-代数 A 的分裂域, 并且 B 是 A 的一个子代数, 那么任一 K-同态 $B \to L$ 能够扩充成 K-同态 $A \to L$.

67.27. 有限维 K-代数 A 的分裂域 L 是 A 的**分解域**, 如果它的任一包含 K 的真子域都不是 A 的分裂域. 证明:

a) 如果 $A = K[a_1, \cdots, a_s]$, 那么 L 是 A 的分解域当且仅当 L 是对于元素 $a_1, \cdots, a_s$ 的极小多项式的分解域;

b) A 的任意两个分解域是 K-同构的;

c) 存在 A 的分解域到 A 的任一分裂域的 K-嵌入.

67.28. 设 A 是有限维 K-代数, 并且设 L 是 A 的分解域. 证明 L-代数 A_L 的分支的数目对于 A 的所有分裂域是相同的 (A 在 K 上的**可分次数** $(A:K)_s$).

67.29. 设 A 是 K-代数并且 L/K 是域扩张. 证明:

a) A_L 的分支的数目不超过 $(A:K)_s$;

b) 不同的 K-同态 $A \to L$ 的数目不超过 $(A:K)_s$ 并且等号成立当且仅当 L 是 A 的分裂域.

67.30. 证明有限域扩张 L/K 的下列性质是等价的:

a) 代数 L_L 的所有分支同构于 L;

b) L 有 $(L:K)$ 个 K-自同构;

c) 对于 L 到任一扩张 L'/K 的 K-嵌入 $\varphi_i : L \to L'$ ($i = 1, 2$), 我们有 $\varphi_1(L) = \varphi_2(L)$;

d) $K[x]$ 中任一在 L 里有根的不可约多项式能够在 L 上分解成线性因子的乘积;

e) L 是 $K[x]$ 里的一个多项式的分解域. (满足这些条件的扩张 L/K 称为**正规的**).

67.31. 设 $K \subset L \subset F$ 是域 K 的有限扩张塔. 证明:

a) 如果扩张 F/K 是正规的, 那么扩张 F/L 也是正规的;

b) 如果扩张 L/K 和 F/L 是正规的, 那么扩张 F/K 不必是正规的;

c) 任一 2 次扩张是正规的.

67.32. 设 A 是有限维 K-代数并且 $a \in A$. A 上的线性算子 $t \mapsto at$ 的特征多项式, 行列式和迹分别用 $\chi_{A/K}(a,x), N_{A/K}(a), \operatorname{tr}_{A/K}(a)$ 表示, 并且分别称为 $a \in A$ 在 K 上的**特征多项式**、**范数**和**迹**.

证明如果 $K \subset L \subset F$ 是有限域扩张的塔且 $a \in F$, 那么

a) $\chi_{F/K}(a,x) = N_{L(x)/K(x)}(\chi_{F/L}(a,x))$, 其中, $\chi_{F/L}(a,x)$ 被看成有理函数域 $L(x)$ 的一个元素;

b) $N_{F/K}(a) = N_{L/K}(N_{F/L}(a))$;

c) $\operatorname{tr}_{F/K}(a) = \operatorname{tr}_{L/K}(\operatorname{tr}_{F/L}(a))$.

67.33. 设 L/K 是有限扩张并且 $a \in L$. 证明:

a) a 的极小多项式等于 $\pm\chi_{K(a)/K}(a,x)$;

b) $\chi_{L/K}(a,x)$ 是 a 的极小多项式的方幂 (可以相差一个符号).

67.34. 设 L/K 是有限域扩张. 证明 L 上的 K-双线性型

$$(x,y) \longmapsto \operatorname{tr}_{L/K}(xy)$$

或者是非奇异的, 或者对一切 $x \in L$ 有 $\operatorname{tr}_{L/K}(x) = 0$.

67.35. 证明有限维 K-代数 A 的下列性质是等价的:

a) 对于任一域扩张 L/K, 代数 A_L 是约化的 (见习题 67.18);

b) $(A:K)_s = (A:K)$ (见习题 67.28);

c) 对于某个域扩张 L/K, 存在 $(A:K)$ 个 K-同态 $A \to L$;

d) A 上的双线性型 $(x,y) \mapsto \operatorname{tr}_{A/K}(x,y)$ 是非奇异的. (满足这些条件的代数称为**可分的**.)

67.36. 设 L/K 是一个域扩张. 证明有限维 K-代数 A 是可分的当且仅当 A_L 是可分 L-代数.

67.37. 证明可分 K-代数的任一子代数和任一商代数是可分 K-代数.

67.38. 设 A 是可分 K-代数, $(A:K) = n, \varphi_1, \cdots, \varphi_n$ 是 A 到它的某个分裂域 L 的不同的 K-同态. 证明对于任意 $a \in A$

$$\operatorname{tr}_{A/K}(a) = \sum_{i=1}^n \varphi_i(a), \quad N_{A/K}(a) = \prod_{i=1}^n \varphi_i(a),$$

$$\chi_{A/K}(a,x) = \prod_{i=1}^n (\varphi_i(a) - x).$$

§67. 域扩张. Galois 理论

67.39. 有限域扩张 L/K 称为**可分的**如果 L 是可分 K-代数.

a) 证明一个域的可分扩张是单扩张.

b) 判断 $a = -\frac{1}{2} + i\frac{\sqrt{2}}{2}$ 和 $b = \sqrt{2} + i$ 是不是扩张 $\mathbb{Q}(\sqrt{2}, i)/\mathbb{Q}$ 的本原元素?

67.40. 证明有限维 K-代数是可分的当且仅当它是域 K 的可分扩张的直积.

67.41. 设 $K = K_0 \subset K_1 \subset \cdots \subset K_s = L$ 是有限域扩张的塔. 证明 L/K 是可分的当且仅当每个扩张 K_i/K_{i-1} $(i = 1, \cdots, s)$ 是可分的.

67.42. 设 K 是一个域. 多项式 $f(x) \in K[x]$ 是**可分的**如果它在 K 的任一扩张中没有重根. 证明:

a) 如果 K 的特征为 0, 那么 $K[x]$ 中的任一不可约多项式是可分的;

b) 如果 K 的特征为 $p \neq 0$, 那么不可约多项式 $f(x) \in K[x]$ 是可分的当且仅当它不能表示成形式 $g(x^p)$, 其中 $g(x) \in K[x]$.

举一个不可分的不可约多项式的例子.

67.43. 设 A 是有限维 K-代数. 一个元素 $a \in A$ 在 K 上是**可分的**如果 $K[a]$ 是可分 K-代数. 证明一个元素是可分的当且仅当它的极小多项式是可分的.

67.44. 设 $K \subset L \subset F$ 是有限域扩张的塔. 证明:

a) 如果元素 $a \in F$ 在 K 上是可分的, 那么 a 在 L 上是可分的;

b) 如果扩张 L/K 是可分的, 那么 a) 的逆命题成立.

67.45. 设 A 是可分 K-代数且 $f(x) \in K[x]$ 是可分多项式. 证明代数 $B = A[x]/\langle f(x) \rangle$ 是可分的.

67.46. 设 $A = K[a_1, \cdots, a_s]$ 是有限维 K-代数. 证明下列条件是等价的:

a) A 是可分 K-代数;

b) 任一元素 $a \in A$ 是可分的;

c) 元素 $a_1, \cdots, a_s$ 是可分的;

67.47. 证明:

a) 有限域扩张 K/F 是可分的当且仅当或者 K 的特征为 0, 或者 K 的特征为 $p > 0$ 且 $K^p = K$;

b) 有限域的任一有限扩张是可分的.

67.48. 特征 $p > 0$ 的有限域扩张 L/K 是**纯不可分的**, 如果 L/K 没有在 K 上的可分元素. 证明: L/K 是纯不可分的当且仅当 $L^{p^k} \subseteq K$ 对于某个 $k \geqslant 1$.

67.49. 设 $K \subset K_0 \subset K_1 \subset \cdots \subset K_s = L$ 是有限域扩张的塔. 证明扩张 L/K 是纯不可分的当且仅当每个扩张 K_i/K_{i-1} $(i = 1, \cdots, s)$ 是纯不可分的.

67.50. 证明特征 $p > 0$ 的域的纯不可分扩张的次数是 p 的方幂，并且它的可分次数等于 1.

67.51. 设 L/K 是有限域扩张. 证明:

a) L 的所有在 K 上可分的元素组成的集合 K_s 是一个子域，它在 K 上是可分的;

b) L/K_s 是纯不可分的;

c) $(K_s : K) = (L : K)_s$;

d) $(L : K) = (L : K)_s \cdot (L : K)_i$，其中 $(L : K)_i = (L : K_s)$，L/K 的**纯不可分次数**.

67.52. 设 $K \subset L \subset F$ 是有限域扩张的塔. 证明:

a) $(F : K)_s = (F : L)_s \cdot (L : K)_s$;

b) $(F : K)_i = (F : L)_i \cdot (L : K)_i$.

67.53. 设 L/K 是有限域扩张，$n = (L : K)_s$，并且 $\varphi_1, \cdots, \varphi_n$ 是 L 到 L/K 的某个分裂域的所有 K-嵌入的集合. 证明对于任一 $a \in L$:

a) $\operatorname{tr}_{L/K}(a) = (L : K)_i \sum_{j=1}^{n} \varphi_j(a)$;

b) $N_{L/K}(a) = \left(\prod_{j=1}^{n} \varphi_i(a) \right)^{(L:K)_i}$;

c) $\chi_{L/K}(a, x) = \left(\prod_{j=1}^{n} (\varphi_j(a) - x) \right)^{(L:K)_i}$.

67.54. 一个正规可分域扩张 L/K 称为 **Galois 扩张**，这个扩张的 K-自同构群称为 **Galois 群**并且记作 $G(L/K)$. 证明:

a) $G(L/K)$ 传递地作用在 L 的任一元素的极小多项式在 L 中的根组成的集合上;

b) 群 $G(L/K)$ 的阶等于 L/K 的次数.

67.55. 求扩张的 Galois 群.

a) $\mathbb{C}/\mathbb{R}$;

b) $\mathbb{Q}(\sqrt{2})/\mathbb{Q}$;

c) L/K，其中 $(L : K) = 2$;

d) $\mathbb{Q}(\sqrt{2} + \sqrt{3})/\mathbb{Q}$.

67.56. 域 K 上的可分多项式 $f(x) \in K[x]$ 的 **Galois 群**是 $f(x)$ 在 K 上的

分解域的 Galois 群. 它是 $f(x)$ 的根的集合上的置换群. 求习题 67.13 中的多项式在 $\mathbb{Q}$ 上的 Galois 群.

67.57. 设 G 是域 L 的有限自同构群, 并且 $K = L^G$ 是它的不动元素组成的子域. 证明 L/K 是 Galois 扩张并且 $G(L/K) = G$.

67.58. 证明如果元素 $a_1, \cdots, a_n$ 在域 K 上是代数无关的, 那么在有理函数域 $K(a_1, \cdots, a_n)$ 上的多项式 $x^n + a_1 x^{n-1} + \cdots + a_n$ 的 Galois 群等于 $\mathbf{S}_n$.

67.59. 证明任一有限群是某个域扩张的 Galois 群.

67.60. Galois 理论的基本定理. 设 L/K 是域扩张并且 G 是它的 Galois 群. 证明子群 $H \subset G$ 与它的不动域 L^H 的对应确定了在 G 的所有子群与 L/K 的所有中间域之间的一个双射对应. 在这个双射下, 一个中间域 F 对应于子群 $H = G(L/F)$. 扩张 F/K 是正规的当且仅当 H 是 G 的正规子群, 并且在这个情形标准映射 $G \to G(F/K)$ 诱导了一个同构 $G(F/K) \simeq G/H$.

67.61. 利用 Galois 理论的基本定理和任一奇次实系数多项式的实根的存在性, 证明复数域是代数封闭的.

67.62. 证明任一有限域扩张 $L/\mathbb{F}_p$ 的 Galois 群是循环群, 并且它是由自同构 $x \mapsto x^p$ ($x \in L$) 生成的.

67.63. 证明一个可分多项式 $f(x) \in K[x]$ 在域 K 上的 Galois 群作为 $\mathbf{S}_n$ 的子群被包含在交错群里当且仅当 $f(x)$ 的判别式 $D = \prod_{i>j}(x_i - x_j)^2$ 是 K 中的平方元, 其中 $x_1, \cdots, x_n$ 是 $f(x)$ 在它的分解域中的根.

67.64. 设 L/K 是有循环 Galois 群 $\langle \varphi \rangle_n$ 的 Galois 扩张. 证明存在 $a \in L$ 使得元素 $a, \varphi(a), \cdots, \varphi^{n-1}(a)$ 形成 L 在 K 上的一个基.

67.65. 设 L/K 是 n 次可分扩张, 并且 $\varphi_1, \cdots, \varphi_n$ 是 L 到 L 的某个分裂域的不同的 K-嵌入. 证明 $a \in L$ 是在 L/K 中本原的当且仅当像 $\varphi_1(a), \cdots, \varphi_n(a)$ 是不同的.

67.66. 求 K-代数 A 的自同构群, A 是同构于 K 的域的 n 个拷贝的直积.

67.67. 设 L/K 是有 Galois 群 G 的 Galois 扩张, $L = \prod L_\sigma$, 其中 L_σ 是代数 L_L 的分支使得从 L 到 L_σ 的投影诱导了 L_σ 的一个自同构 σ. 设 e_σ 是 L_σ 的单位元. 证明从 G 到 L_L 的 L-自同构的自同构扩张满足性质 $\tau(e_\sigma) = e_{\sigma\tau^{-1}}$ ($\sigma, \tau \in G$).

67.68. 设 L 是可分 K-代数 A 的分裂域, 并且 $\varphi_1, \cdots, \varphi_n$ 是所有 K-同态 $A \to L$ 的集合. 证明 $y_1, \cdots, y_n \in A$ 形成 A 在 K 上的一个基当且仅当 $\det(\varphi_i(y_j)) \neq 0$.

67.69. 正规基定理. 证明有 Galois 群 G 的 Galois 扩张 L/K 有一个元

素 $a \in L$ 使得集合 $\{\sigma(a)|\sigma \in G\}$ 是 L 在 K 上的一个基.

67.70. 求群 $\mathbf{A}_n$ 通过变量置换作用在有理函数域上的不动域 $K(x_1,\cdots,x_n)^{A_n}$.

67.71. 设 ε 是本原 n 次复单位根并且群 $G = \langle \sigma \rangle_n$ 通过法则 $\sigma(x_i) = \varepsilon^i x_i$ $(i=1,\cdots,n)$ 作用在域 $\mathbb{C}(x_1,\cdots,x_n)$ 上. 求不动域 $\mathbb{C}(x_1,\cdots,x_n)^G$.

67.72. 求习题 67.71 的群 G 通过变量的循环置换作用在域 $\mathbb{C}(x_1,\cdots,x_n)$ 上的不动域.

67.73. 设域 K 包含所有 n 次单位根. 假设一个元素 $a \in K$ 不是 n 的任一因子 $d > 1$ 的 d 次幂. 求 K 上的多项式 $x^n - a$ 的 Galois 群.

67.74. 设域 K 包含所有 n 次单位根, 并且 L/K 是有 n 阶循环 Galois 群的 Galois 扩张. 证明 $L = K(\sqrt[n]{a})$ 对于某个元素 $a \in K$.

67.75. 设域 K 包含所有 n 次单位根. 证明有限域扩张 L/K 是有**周期** n 的 Abel-Galois 群的 Galois 扩张当且仅当 $L = K(\theta_1,\cdots,\theta_s)$, 其中 $\theta_i^n = a_i \in K$ $(i=1,\cdots,s)$ (即 L 是多项式 $\prod_{i=1}^{s}(x_i^n - a_i)^s$ 在 K 上的分解域).

67.76. 设域 K 包含所有 n 次单位根并且 $L = K(\theta_1,\cdots,\theta_s)$, 其中 $\theta_i^n = a_i \in K^*$ $(i=1,\cdots,s)$. 证明:

$$G(L/K) \simeq \langle (K^*)^n, a_1,\cdots,a_s \rangle/(K^*)^n.$$

67.77. 设域 K 包含所有 n 次单位根. 在具有周期 n 的 Abel-Galois 群的所有 Galois 扩张 (在同构的意义上) 组成的集合与群 $K^*/(K^*)^n$ 的所有有限子群组成的集合之间建立一个双射对应.

67.78. 证明特征 $p > 0$ 的域 K 的任一 p 次 Galois 扩张 L/K 有形式 $L = K(\theta)$, 其中 θ 是多项式 $x^p - x - a$ $(a \in K)$ 的一个根, 反之, 任一这种形式的扩张是次数为 1 或 p 的 Galois 扩张.

67.79. 设 K 是特征 $p > 0$ 的域. 证明有限域扩张 L/K 是周期 p 的 Galois 扩张当且仅当 $L = K(\theta_1,\cdots,\theta_s)$, 其中 θ_i 是多项式 $x^p - x - a_i (a_i \in K, i=1,\cdots,s)$ 的一个根.

67.80. 设 K 是特征 $p > 0$ 的域并且 $L = K(\theta_1,\cdots,\theta_s)$, 其中 θ_i 是多项式 $x^p - x - a_i (a_i \in K, i=1,\cdots,s)$ 的一个根. 证明:

$$G(L/K) \simeq \langle \rho(K), a_1,\cdots,a_s \rangle/K,$$

其中 $\rho : L \to K$ 是加法同态 $x \mapsto x^p - x$.

67.81. 设 K 是特征 $p > 0$ 的域. 在具有周期 p 的 Abel-Galois 群的所有 Galois 扩张 L/K (在同构的意义上) 组成的集合与群 $K/\rho(K)$ 的所有有限子群组

成的集合之间建立一个双射对应.

§68. 有限域

68.1. 证明有限域的任一有限扩张是单扩张.

68.2. 证明:

a) 有限域的有限扩张是正规扩张;

b) 有限域 F 的次数相同的两个有限扩张是 F-同构的.

68.3. 证明:

a) 对于任一素数幂 q 存在唯一的 q 元域 $\mathbb{F}_q$ (在同构的意义上);

b) 存在域 $\mathbb{F}_q$ 到域 $\mathbb{F}_{q'}$ 的嵌入当且仅当 q' 是 q 的方幂;

c) 如果 K 和 L 是有限域 F 的有限扩张, 那么存在 K 到 L 的 F-嵌入当且仅当 $(K:F)|(L:F)$;

d) 如果有限域 F 上的一个多项式 $f(x)$ 能被分解成次数 $n_1, \cdots, n_s$ 的不可约因式的乘积. 那么 $f(x)$ 在 F 上的分解域的次数等于 $n_1, \cdots, n_s$ 的最小公倍数.

68.4. 设 F 是奇数 q 阶有限域. 一个元素 $a \in F^*$ 是 F 中的**二次剩余**如果 $x^2 - a$ 在 F 中有根. 证明:

a) 二次剩余的数目等于 $(q-1)/2$;

b) 若 $a^{(q-1)/2} = 1$, 则 a 是二次剩余; 若 $a^{(q-1)/2} = -1$, 则 a 不是二次剩余.

68.5. 分解为不可约因式的乘积:

a) 在 $\mathbb{F}_2[x]$ 中分解 $x^5 + x^3 + x^2 + 1$;

b) 在 $\mathbb{F}_5[x]$ 中分解 $x^3 + 2x^2 + 4x + 1$;

c) 在 $\mathbb{F}_3[x]$ 中分解 $x^4 + x^3 + x + 2$;

d) 在 $\mathbb{F}_5[x]$ 中分解 $x^4 + 3x^3 + 2x^2 + x + 4$.

* * *

68.6. 设 F 是有限域, 对于元素 $a \in F^*$, 令 $\left(\dfrac{a}{F}\right)$ 等于 1 如果 a 是二次剩余, 否则等于 -1. 证明:

a) 使得 $a \mapsto \left(\dfrac{a}{F}\right)$ 的映射 $F^* \to \{-1, 1\}$ 是一个群同态;

b) $\left(\dfrac{a}{F}\right) = \operatorname{sgn} \sigma_a$, 其中 $\sigma_a : x \mapsto ax$ 是集合 F 上的一个置换.

68.7. 设 a 和 b 是互素的整数, 并且 $\sigma : x \mapsto ax$ 是模 b 剩余类集合上的一个

置换. 证明:

a) 若 b 是偶数, 则

$$\operatorname{sgn}\sigma = \begin{cases} 1, & \text{当 } b \equiv 2 \pmod 4, \\ (-1)^{(a-1)/2}, & \text{当 } b \equiv 0 \pmod 4; \end{cases}$$

b) 若 b 是奇数, 并且 $b = \prod_{i=1}^{s} p_i$ ($p_1, \cdots, p_s$ 是素数), 则

$$\operatorname{sgn}\sigma = \prod_{i=1}^{s} \left(\frac{a}{p_i}\right),$$

其中 $\left(\dfrac{a}{p_i}\right) = \left(\dfrac{a}{\mathbf{Z}_{p_i}}\right)$ 是 **Legendre 符号** (在这个情形 $\operatorname{sgn}\sigma$ 用 $\left(\dfrac{a}{b}\right)$ 表示, 并且 $\left(\dfrac{a}{b}\right)$ 称为 **Jacobi 符号**);

c) $\left(\dfrac{a}{b_1 b_2}\right) = \left(\dfrac{a}{b_1}\right)\left(\dfrac{a}{b_2}\right)$, $\left(\dfrac{a_1 a_2}{b}\right) = \left(\dfrac{a_1}{b}\right)\left(\dfrac{a_2}{b}\right)$;

d) $\left(\dfrac{-1}{b}\right) = (-1)^{(b-1)/2}$.

68.8. 设 G 是奇数阶有限 Abel 加法群, 并且 σ 是 G 的一个自同构, $\left(\dfrac{\sigma}{G}\right) = \operatorname{sgn}\sigma$, 其中 σ 被看成集合 G 上的一个置换. 证明如果 G 是不相交的并集 $\{0\} \cup S \cup \{-S\}$, 那么 $\left(\dfrac{\sigma}{G}\right) = (-1)^{|\sigma(S) \cap \sigma(-S)|}$.

68.9. 设 σ 是习题 68.8 的群 G 的一个自同构, G_1 是 G 的一个子群, 它在 σ 下不变, $G_2 = G/G_1$, 并且 σ_1, σ_2 是由 σ 诱导的 G_1 和 G_2 的自同构. 证明:

$$\left(\frac{\sigma}{G}\right) = \left(\frac{\sigma_1}{G_1}\right)\left(\frac{\sigma_2}{G_2}\right),$$

并且由此推导命题 68.7 b).

68.10. Gauss 引理. 证明: 如果 N 是区间 $1 \leqslant x \leqslant (b-1)/2$ 上满足 $ax \equiv r \pmod b$, $-(b-1)/2 \leqslant r \leqslant 1$ 的整数 x 的数目, 则

$$\left(\frac{a}{b}\right) = (-1)^N.$$

68.11. 证明 $\left(\dfrac{2}{b}\right) = (-1)^{(b^2-1)/8}$.

§68. 有 限 域

68.12. 二次互反律. 证明对于任意互素的奇整数 a 和 b, 有

$$\left(\frac{a}{b}\right)\left(\frac{b}{a}\right) = (-1)^{\frac{a-1}{2}\cdot\frac{b-1}{2}}.$$

68.13. 设 V 是奇数阶有限域 F 上的有限维空间, 并且 $\mathcal{A}$ 是 V 上的非奇异线性算子. 证明:

$$\left(\frac{\mathcal{A}}{V}\right) = \left(\frac{\det \mathcal{A}}{F}\right).$$

68.14. 设 $F/\mathbb{F}_q$ 是 n 次有限域扩张. 证明对于某个 $x \in F$, 存在 $\mathbb{F}_q$-向量空间 F 的一个基形如 $x, x^q, \cdots, x^{q^{m-1}}$.

68.15. 证明元素 $x_1, \cdots, x_n \in \mathbb{F}_{q^n}$ 形成 $\mathbb{F}_q$ 上的向量空间 $\mathbb{F}_{q^n}$ 的一个基当且仅当

$$\det \begin{pmatrix} x_1 & x_2 & \cdots & x_n \\ x_1^q & x_2^q & \cdots & x_n^q \\ \vdots & \vdots & & \vdots \\ x_1^{q^{n-1}} & x_2^{q^{n-1}} & \cdots & x_n^{q^{n-1}} \end{pmatrix} \neq 0.$$

68.16. 设 $a \in \mathbb{F}_{q^n}$. 元素 $a, a^q, \cdots, a^{q^{n-1}}$ 形成 $\mathbb{F}_q$ 上的向量空间 $\mathbb{F}_{q^n}$ 的一个基当且仅当多项式 $x^n - 1$ 与

$$ax^{n-1} + a^q x^{n-2} + \cdots + a^{q^{n-2}} x + a^{q^{n-1}}$$

在 $\mathbb{F}_{q^n}[x]$ 中互素.

第十五章　表示论初步

§69. 群的表示. 基本概念

69.1. 证明映射 $\rho : \mathbb{Z} \to \mathbf{GL}_2(\mathbb{C})$

$$\rho(n) = \begin{pmatrix} 1 & n \\ 0 & 1 \end{pmatrix} \quad (n \in \mathbb{Z})$$

是群 $\mathbb{Z}$ 的可约 2 维复表示. 它不等价于两个 1 维表示的直和.

69.2. 证明映射 $\rho : \langle a \rangle_p \to \mathbf{GL}_2(\mathbb{F}_p)$ (p 是素数)

$$\rho(a^k) = \begin{pmatrix} 1 & k \cdot 1 \\ 0 & 1 \end{pmatrix}$$

是循环群 $\langle a \rangle_p$ 的可约 2 维表示. 它不等价于两个 1 维表示的直和.

69.3. 设 $A = \mathbf{GL}_n(\mathbb{C})$. 证明映射 $\rho_A : \mathbb{Z} \to \mathbf{GL}_n(\mathbb{C})$ 使得 $\rho_A(n) = A^n$ 是群 $\mathbb{Z}$ 的一个表示. 表示 ρ_A 和 ρ_B 是等价的当且仅当矩阵 A 和 B 的 Jordan 标准形一致 (除了 Jordan 块的排列次序外).

69.4. 判断由下列公式给出的映射 L 是否定义了加法群 $\mathbb{R}$ 在定义域为实轴的连续函数空间 $C(\mathbb{R})$ 中的线性表示:

a) $(L(t)f)(x) = f(x - t)$;

b) $(L(t)f)(x) = f(tx)$;

c) $(L(t)f)(x) = f(e^t x)$;

d) $(L(t)f)(x) = e^t f(x)$;

e) $(L(t)f)(x) = f(x) + t$;

f) $(L(t)f)(x) = e^t f(x+t)$?

69.5. 在习题 69.4 a) 的线性表示 L 下, $C(\mathbb{R})$ 的下述子空间中哪些是不变的:

a) 无穷次可微函数子空间;

b) 多项式子空间;

c) 次数 $\leqslant n$ 的多项式子空间;

d) 偶函数子空间;

e) 奇函数子空间;

f) 函数 $\sin x$ 和 $\cos x$ 生成的线性子空间;

g) $\cos x$ 和 $\sin x$ 的多项式子空间;

h) 函数 $\cos x, \cos 2x, \cdots, \cos nx$ 生成的线性子空间;

i) 函数 $e^{c_1 t}, e^{c_2 t}, \cdots, e^{c_n t}$ 生成的线性子空间, 其中 $c_1, \cdots, c_n$ 是不同的固定实数?

69.6. 求在习题 69.4 a) 的表示下, 多项式空间的不变子空间.

69.7. 求习题 69.5 的线性表示 L 在次数 $\leqslant 2$ 的多项式子空间上的限制 (在某个基下) 的矩阵.

69.8. 求习题 69.5 的线性表示 L 在函数 $\sin x$ 和 $\cos x$ 生成的子空间上的限制 (在某个基下) 的矩阵.

69.9. 证明下列公式的每一个都定义了群 $\mathbf{GL}_n(F)$ 在空间 $\mathbf{M}_n(F)$ 中的线性表示:

a) $\Lambda(A) \cdot X = AX$;

b) $Ad(A) \cdot X = AXA^{-1}$;

c) $\Phi(A) \cdot X = AX^t A$.

69.10. 证明线性表示 Λ (见习题 69.9 a)) 是完全可约的并且它的不变子空间与代数 $\mathbf{M}_n(K)$ 的左理想一致.

69.11. 证明如果域 F 的特征不能整除 n, 那么线性表示 Ad (见习题 69.9 b)) 是完全可约的, 并且它仅有的非平凡不变子空间是迹为 0 的矩阵的空间和纯量矩阵的空间.

69.12. 证明如果 $\operatorname{char} F \neq 2$, 那么线性表示 Φ (见习题 69.9 c)) 是完全可约的, 并且它的仅有的非平凡不变子空间是对称矩阵的空间和反称矩阵的空间.

69.13. 设 V 是域 F 上的 2 维向量空间. 证明有群 $\mathbf{S}_3$ 在 V 中的表示 ρ_1

和 ρ_2，它们在空间 V 的某个基下，

$$\rho_1((1\ 2)) = \begin{pmatrix} 0 & 1 \\ 1 & 0 \end{pmatrix}, \quad \rho_1((1\ 2\ 3)) = \begin{pmatrix} 0 & -1 \\ 1 & -1 \end{pmatrix},$$

$$\rho_2((1\ 2)) = \begin{pmatrix} 0 & 1 \\ 1 & 0 \end{pmatrix}, \quad \rho_2((1\ 2\ 3)) = \begin{pmatrix} 0 & 1 \\ -1 & -1 \end{pmatrix}.$$

证明这些表示是同构的当且仅当 $\operatorname{char} F \neq 3$.

69.14. 设 V 是域 F 上的 2 维向量空间. 证明有群 $\mathbf{D}_4 = \langle a, b | a^4 = b^2 = (ab)^2 = 1 \rangle$ 在 V 中的两个表示 ρ_1, ρ_2，它们在空间 V 的某个基下，

$$\rho_1((a)) = \begin{pmatrix} 0 & 1 \\ -1 & 0 \end{pmatrix}, \quad \rho_1((b)) = \begin{pmatrix} 0 & 1 \\ 1 & 0 \end{pmatrix},$$

$$\rho_2((a)) = \begin{pmatrix} 0 & 1 \\ -1 & 0 \end{pmatrix}, \quad \rho_2((b)) = \begin{pmatrix} 1 & 0 \\ 0 & -1 \end{pmatrix}.$$

这些表示等价吗？

69.15. 设 ρ_1 和 ρ_2 是习题 69.13 和 69.14 的群 $\mathbf{S}_3$ 和 $\mathbf{D}_4$ 的表示. 这些表示是不可约的吗？

69.16. 设 V 是域 F 上的向量空间，有一个基 $(e_1, \cdots, e_n)$. 定义一个映射 $\psi : \mathbf{S}_n \to \mathbf{GL}(V)$

$$\psi_\sigma(e_i) = e_{\sigma(i)},$$

其中 $\sigma \in \mathbf{S}_n, i = 1, \cdots, n$. 证明：

a) ψ 是 $\mathbf{S}_n$ 的一个表示；

b) 在基 $(e_1, \cdots, e_n)$ 下的坐标分量之和等于 0 的向量组成的子空间 W，坐标分量相等的向量组成的子空间 U 都是 ψ 的不变子空间；

c) 如果 $\operatorname{char} F$ 不能整除 n，那么 ψ 在 W 上的限制是 $\mathbf{S}_n$ 的一个 $(n-1)$ 维不可约表示.

69.17. 设 $P_{n,m}$ 是代数 $F[x_1, \cdots, x_n]$ 里的 m 次齐次多项式的子空间且 $\operatorname{char} F = 0$. 通过下述方式定义映射 $\Theta : \mathbf{GL}_n(F) \to \mathbf{GL}(P_{n,m})$:

$$(\Theta_A f)(x_1, \cdots, x_n) = f\left(\sum_{i=1}^n x_i a_{i1}, \cdots, \sum_{i=1}^n x_i a_{in}\right)$$

对于 $f \in P_{n,m}$ 且 $A = (a_{ij}) \in \mathbf{GL}_n(F)$. 证明 Θ 是 $\mathbf{GL}_n(F)$ 在 $P_{n,m}$ 中的一个不可约表示.

69.18. 设 V 是特征为 0 的域 F 上的 n 维向量空间. 通过下述方式定义映射 $\Theta : \mathbf{GL}(V) \to \mathbf{GL}(\Lambda^m V)$:

$$\Theta(f)(x_1 \wedge \cdots \wedge x_m) = (fx_1) \wedge \cdots \wedge (fx_m),$$

其中 $x_1, \cdots, x_m \in V$ 且 $f \in \mathbf{GL}(V)$. 证明 Θ 是 $\mathbf{GL}(V)$ 的一个不可约表示.

69.19. 证明:

a) 对于群 G 的任一表示 ρ 存在 G 在空间 V 上的 m 秩反变张量空间

$$V^{\otimes m} = \underbrace{V \otimes \cdots \otimes V}_{m}$$

中的一个表示 $\rho^{\otimes m}$, 使得

$$\rho^{\otimes m}(g)(v_1 \otimes \cdots \otimes v_m) = (\rho(g)v_1) \otimes \cdots \otimes (\rho(g)v_m)$$

对于一切 $v_1, \cdots, v_m \in V, g \in G$;

b) 对称张量的子空间和斜称张量的子空间是 $\rho^{\otimes m}$ 的不变子空间. 当 $\dim V = n$ 时求这些子空间的维数.

69.20. 设 $\Phi : G \to \mathbf{GL}(V)$ 是域 F 上的一个表示, 并且设 $\xi : G \to F^*$ 是一个群同态. 考虑由法则

$$\Phi_\xi(g) = \xi(g)\Phi(g), \quad g \in G$$

给出的映射 $\Phi_\xi : G \to \mathbf{GL}(V)$. 证明 Φ_ξ 是 G 的一个表示. 证明它是不可约的当且仅当 Φ 是不可约的.

69.21. 设 Φ 是有限群 G 的一个复表示. 证明每一个算子 Φ_g $(g \in G)$ 是可对角化的.

69.22. 设 $\rho : G \to \mathbf{GL}(V)$ 是群 G 在域 F 上的一个有限维表示. 证明对于任一 $g \in G$ 存在 V 的一个基使得在这个基下的矩阵 $\rho(g)$ 是分块上三角矩阵

$$\rho(g) = \begin{pmatrix} \rho_1(g) & & * \\ & \ddots & \\ 0 & & \rho_m(g) \end{pmatrix},$$

其中 ρ_i 是 G 的不可约表示.

69.23. 设 $\rho : G \to \mathbf{GL}(V)$ 是群 G 的有限维表示, 并且设 $(e_1, \cdots, e_n)$ 是 V 的一个基使得对于任一 $g \in G$ 矩阵 $\rho(g)$ 是如同习题 69.22 中的分块上三角矩阵, 其中方阵 $\rho_i(g)$ 的阶数 d_i 不依赖于 g. 证明:

a) 向量 $e_{d_1+\cdots+d_{i-1}+1},\cdots,e_{d_1+\cdots+d_i}$ 生成的子空间 V_i 是 G-不变子空间 ($1 \leqslant i \leqslant m$);

b) 映射 $g \mapsto \rho_i(g)$ 是 G 的矩阵表示;

c) G 的与这个矩阵表示对应的线性表示同构于出现在商空间 V_i/V_{i-1} 中的表示 (根据定义 $V_0 = 0$).

69.24. 设 $\rho: G \to \mathbf{GL}(V)$ 是群 G 的一个表示. 证明:

a) 对于任一 $v \in V$, 线性子空间 $\langle \rho(g)v | g \in G\rangle$ 是 ρ 的不变子空间;

b) V 的任一向量属于维数 $\leqslant |G|$ 的某个不变子空间;

c) 包含向量 $v \in V$ 的最小不变子空间与 $\langle \rho(g)v|g \in G\rangle$ 一致.

69.25. 设 $\rho: G \to \mathbf{GL}(V)$ 是群 G 的表示, 并且设 H 是 G 的子群, $[G:H] = k < \infty$. 证明如果子空间 U 是 ρ 在 H 上的限制的不变子空间, 那么表示 ρ 的包含 U 的最小不变子空间的维数不超过 $k \cdot \dim U$.

69.26. 设 V 是域 $\mathbb{C}$ 上的向量空间, 有一个基 $(e_1, \cdots, e_n)$. 通过下述方式定义循环群 $\langle a \rangle_n$ 在 V 中的一个表示 Φ: 令 $\Phi(a)(e_i) = e_{i+1}$ 当 $i < n$ 并且 $\Phi(a)(e_n) = e_1$. 设 $n = 2m$. 求包含下述向量的最小不变子空间的维数:

a) $e_1 + e_{m+1}$;

b) $e_1 + e_3 + \cdots + e_{2m-1}$;

c) $e_1 - e_2 + e_3 - \cdots - e_{2m}$;

d) $e_1 + e_2 + \cdots + e_m$.

69.27. 证明有限维复向量空间上的可交换算子的任一集合有公共的特征向量.

69.28. 证明 Abel 群在域 $\mathbb{C}$ 上有限维向量空间中的任一不可约表示是 1 维的.

69.29. 设 $G = \langle a \rangle_p \times \langle b \rangle_p$, 其中 p 是素数并且 K 是特征 p 的域. 设 V 是 K 上的向量空间, 有一个基 $x_0, x_1, \cdots, x_n, y_1, \cdots, y_n$. 通过下述方式定义映射 $\rho: G \to \mathbf{GL}(V)$, 令

$$\rho(a)x_i = \rho(b)x_i = x_i, \quad 0 \leqslant i \leqslant n;$$
$$\rho(a)y_i = x_i + y_i, \quad 1 \leqslant i \leqslant n;$$
$$\rho(b)y_i = y_i + x_{i-1}, \quad 1 \leqslant i \leqslant n.$$

证明 ρ 能够扩充成 G 的一个表示. 检查这个表示是否不可分解.

69.30. 证明群 $\mathbf{U}_{p^\infty}$ 的不可约复表示与使得

$$0 \leqslant a_n \leqslant p^n - 1 \quad \text{且} \quad a_n \equiv a_{n+1} \pmod{p^n} \text{ 对一切 } n$$

的自然数序列 (a_n) 有一个一一对应.

69.31. 证明群 $\mathbb{Q}/\mathbb{Z}$ 的不可约复表示与使得

$$0 \leqslant a_n \leqslant n-1 \quad \text{且} \quad a_n \equiv a_m \pmod n \quad \text{当 } n \text{ 整除 } m$$

的自然数序列 (a_n) 有一个一一对应.

§70. 有限群的表示

70.1. 设 $\mathcal{A}$ 和 $\mathcal{B}$ 是 $\mathbb{C}$ 上有限维向量空间 V 上的两个可交换的算子,并且 $\mathcal{A}^m = \mathcal{B}^n = \mathcal{E}$ 对于某个自然数 m 和 n. 证明 V 是 $\mathcal{A}$ 和 $\mathcal{B}$ 的 1 维不变子空间的直和.

70.2. 列出下列群的所有不可约复表示:

a) $\langle a \rangle_2$;   b) $\langle a \rangle_4$;   c) $\langle a \rangle_2 \times \langle b \rangle_2$;
d) $\langle a \rangle_6$;   e) $\langle a \rangle_8$;   f) $\langle a \rangle_4 \times \langle b \rangle_2$;
g) $\langle a \rangle_2 \times \langle b \rangle_2 \times \langle c \rangle_2$;   h) $\langle a \rangle_6 \times \langle b \rangle_3$;   i) $\langle a \rangle_9 \times \langle b \rangle_{27}$.

70.3. 设 V 是域 F 上的向量空间, $\mathcal{A} \in \mathbf{GL}(V)$ 并且 $\mathcal{A}^n = \mathcal{E}$.
a) 证明对应 $a^k \mapsto \mathcal{A}^k$ 诱导了循环群 $\langle a \rangle_n$ 在 V 中的一个表示.
b) 求在下列情形下这个表示的所有不变子空间:

$$n = 4, \quad \mathcal{A} = \begin{pmatrix} 0 & 1 \\ -1 & 0 \end{pmatrix}; \quad n = 6, \quad \mathcal{A} = \begin{pmatrix} 0 & -1 \\ 1 & -1 \end{pmatrix}.$$

c) 设 $F = \mathbb{C}$ 并且 $e_0, e_1, \cdots, e_{n-1}$ 是 V 的一个基使得

$$\mathcal{A}(e_i) = \begin{cases} e_{i+1}, & \text{当 } i < n-1, \\ e_0, & \text{当 } i = n-1. \end{cases}$$

把这个表示分解成不可约表示的直和.

d) 证明 c) 中的表示同构于群 $\langle a \rangle_n$ 的正则表示.

70.4. 把下列群的正则表示分解成 1 维表示的直和:

a) $\langle a \rangle_2 \times \langle b \rangle_2$;   b) $\langle a \rangle_2 \times \langle b \rangle_3$;   c) $\langle a \rangle_2 \times \langle b \rangle_4$.

70.5. 设 $H = \langle a \rangle_3$ 是群 G 的一个循环子群. 设 Φ 是 G 的正则表示并且 Ψ 是它到 H 的限制. 求 H 的每一个不可约表示在 ψ 到不可约表示的直和分解式中的重数.

a) $G = \langle b \rangle_6, a = b^2$;   b) $G = \mathbf{S}_3, a = (1,2,3)$.

70.6. 求群 $\langle a \rangle_n$ 的所有不同构的 1 维实表示.

70.7. 证明循环群的不可约实表示的维数至多是 2.

70.8. 设 $\rho_k : \langle a \rangle_n \to \mathbf{GL}_2(\mathbb{R})$ 是一个表示, 对于它有

$$\rho_k(a) = \begin{pmatrix} \cos\dfrac{2\pi k}{n} & -\sin\dfrac{2\pi k}{n} \\ \sin\dfrac{2\pi k}{n} & \cos\dfrac{2\pi k}{n} \end{pmatrix} \quad (0 < k < n).$$

证明:

a) 当 $k \neq n/2$ 时, 表示 ρ_k 是不可约的;

b) 表示 ρ_k 和 $\rho_{k'}$ 是等价的当且仅当 $k = k'$ 或者 $k + k' = n$;

c) $\langle a \rangle_n$ 的任一 2 维不可约实表示等价于 ρ_k 对于某个 k.

70.9. 求下列群的不等价的不可约实表示的数目:

a) 群 $\mathbf{Z}_n$;

b) 所有 8 阶 Abel 群.

70.10. 求下列群的不等价的 2 维复表示的数目:

a) $\mathbf{Z}_2$;   b) $\mathbf{Z}_4$;   c) $\mathbf{Z}_2 \oplus \mathbf{Z}_2$.

70.11. 设 G 是 n 阶 Abel 群. 证明 G 的不等价的 k 维复表示的数目等于级数 $(1-t)^{-n}$ 在 t^k 处的系数. 求这个系数.

70.12. 证明群 G 的任一 1 维表示的核包含 G 的换位子群.

70.13. 设 ρ 是群 G 在空间 V 中的一个表示. 假设 V 中存在一个基使得所有算子 $\rho(g)(g \in G)$ 可对角化. 证明 $\operatorname{Ker}\rho \supseteq G'$.

70.14. 证明有限群的所有不可约复表示是 1 维的当且仅当群是交换群.

70.15. 求群 $\mathbf{S}_3$ 和 $\mathbf{A}_3$ 的所有不同构的 1 维复表示.

70.16. 求群 $\mathbf{S}_n$ 和 $\mathbf{D}_n$ 的所有 1 维复表示.

70.17. 构造群 $\mathbf{S}_3$ 的不可约 2 维复表示.

70.18. 利用群 $\mathbf{S}_4$ 到群 $\mathbf{S}_3$ 上的同态构造 $\mathbf{S}_4$ 的不可约 2 维复表示.

70.19. 利用置换群和正方体的对称群的同构, 以及置换群和四面体的对称群的同构 (见习题 57.13), 构造:

a) $\mathbf{S}_4$ 的两个不可约 3 维复矩阵表示;

b) $\mathbf{A}_4$ 的一个不可约 3 维表示.

70.20. 证明如果 ε 是 n 次单位根, 那么映射

$$a \mapsto \begin{pmatrix} \varepsilon & 0 \\ 0 & \varepsilon^{-1} \end{pmatrix}, \quad b = \begin{pmatrix} 0 & 1 \\ 1 & 0 \end{pmatrix}$$

能被扩充成群 $\mathbf{D}_n$ 的一个表示 ρ_ε. 若 $\varepsilon \neq \pm 1$, 它是不可约的吗?

70.21. 设 ρ_ε 和 $\rho_{\varepsilon'}$ 是习题 70.20 中群 $\mathbf{D}_n$ 的不可约 2 维复表示. 证明 ρ_ε 和 $\rho_{\varepsilon'}$ 是同构的当且仅当 $\varepsilon' = \varepsilon^{\pm 1}$.

70.22. 设 ρ 是群 $\mathbf{D}_n$ 的一个不可约复表示. 证明对于某个 ε, ρ 同构于 ρ_ε.

70.23. 设 ρ 是 $\mathbf{D}_n$ 的由正 n 边形的对称变换给出的自然 2 维实表示. 求 ε 使得 ρ 同构于 ρ_ε.

70.24. 利用四元数通过 2 阶复矩阵的实现 (见习题 58.11 c)) 构造群 $\mathbf{Q}_8$ 的一个 2 维复表示.

70.25. 设群 G 有一个严格可约的 2 维表示. 证明:

a) 群 G' 的换位子群是 Abel 群;

b) 如果 G 是有限群并且基域的特征为 0, 那么 G 是交换群.

70.26. 证明有限非交换群的严格 2 维复表示是不可约的.

70.27. 设 G 是有限群, 并且设 ρ 是 G 的有限维复表示使得在某个基下所有算子 $\rho(g)(g \in G)$ 的矩阵是上三角矩阵. 证明 $\operatorname{Ker}(\rho) \supseteq G'$.

70.28. 证明如果习题 69.22 和 69.23 的基域是复数域, 并且群 G 是有限群, 那么表示 ρ 等价于表示 $\rho_1, \cdots, \rho_m$ 的直和.

70.29. 证明如果习题 69.22 的基域是复数域并且 G 是有限群, 那么存在一个非奇异矩阵 C 使得对于一切 $g \in G$

$$C^{-1}\rho(g)C = \begin{pmatrix} \rho_1(g) & & 0 \\ & \ddots & \\ 0 & & \rho_m(g) \end{pmatrix}.$$

70.30. 设 G 是 n 阶有限群, 并且 ρ 是它的正则表示. 证明:

$$\operatorname{tr} \rho(g) = \begin{cases} 0, & g \neq 1, \\ n, & g = 1. \end{cases}$$

70.31. 证明对于有限群的任一非单位元存在一个不可约复表示, 它把这个元素映到非恒等算子.

70.32. 设 $\mathcal{A}, \mathcal{B}$ 是特征为 0 的域 F 上有限维向量空间 V 上的线性算子, 并且 $\mathcal{A}^3 = \mathcal{B}^2 = \mathcal{E}, \mathcal{AB} = \mathcal{BA}^2$.

§70. 有限群的表示

证明对于 $\mathcal{A}$ 和 $\mathcal{B}$ 的任一不变子空间 U, 存在 $\mathcal{A}, \mathcal{B}$ 的一个不变子空间 W, 使得 $V = U \oplus W$.

70.33. 求下列群的所有不等价的 2 维复表示:

a) $\mathbf{A}_4$, b) $\mathbf{S}_3$.

70.34. 求下列群的不可约复表示的数目和维数:

a) $\mathbf{S}_3$; b) $\mathbf{A}_4$; c) $\mathbf{S}_4$; d) $\mathbf{Q}_8$; e) $\mathbf{D}_n$; f) $\mathbf{A}_5$.

70.35. 有多少个不可约成分被下列群的正则表示包含:

a) $\mathbf{Z}_3$; b) $\mathbf{S}_3$; c) $\mathbf{Q}_8$; d) $\mathbf{A}_4$?

70.36. 借助表示论证明 24 阶群不可能与它的换位子群重合.

70.37. 有限群仅有下列维数的不可约复表示是可能的吗:

a) 3 个 1 维表示和 4 个 2 维表示;

b) 2 个 1 维表示和 2 个 5 维表示;

c) 5 个 1 维表示和 1 个 5 维表示?

70.38. 证明群 $\mathbf{GL}_2(\mathbb{C})$ 没有同构于 $\mathbf{S}_4$ 的子群.

70.39. 证明群 $\mathbf{S}_4$ 的任一 8 维复表示包含一个 2 维不变子空间.

70.40. 证明群 $\mathbf{A}_4$ 的任一 5 维表示包含一个 1 维不变子空间.

70.41. 证明群 G 的不可约表示的数目大于它的任意一个对于非平凡正规子群的商群的不可约表示的数目.

70.42. 什么样的有限群在域 $\mathbb{C}$ 上的正则表示包含有限多个子表示?

70.43. 证明有限 p-群在特征 p 的域上的任一不可约表示是单位表示.

70.44. 设 G 是有限 p-群, 并且 ρ 是它在特征 p 的域上的有限维空间 V 中的表示. 证明存在 V 的一个基使得对于任意 $g \in G$ 算子 $\rho(g)$ 的矩阵是上三角单位矩阵.

70.45. 设 H 是有限群 G 的正规子群. 证明 G 在域 F 上的任一不可约表示的维数不超过 $[G:H]m$, 其中 m 是 H 在 F 上的不可约表示的最大维数.

70.46. 证明在 $\mathbf{GL}_n(\mathbb{C})$ 中仅存在有限多个固定有限阶的不共轭的子群.

70.47. 设 $\rho: G \to \mathbf{GL}_3(\mathbb{R})$ 是有限群 G 的一个不可约 3 维实表示, 并且设表示 $\tilde{\rho}: G \to \mathbf{GL}_3(\mathbb{C})$ 是映射 ρ 与标准嵌入 $\mathbf{GL}_3(\mathbb{R}) \to \mathbf{GL}_3(\mathbb{C})$ 的合成. 证明表示 $\tilde{\rho}$ 是不可约的.

70.48. 证明 p^3 阶群的维数至少是 2 的任一不可约复表示是严格的.

70.49. 求非交换的 p^3 阶群的不可约复表示的数目和维数.

70.50. 把 4 阶循环群 $\langle a \rangle$ 的实表示 Φ 分解成不可约表示的直和, 对于它

$$\Phi(a) = \begin{pmatrix} 0 & 0 & -1 \\ 0 & 1 & 0 \\ 1 & 0 & 0 \end{pmatrix}.$$

70.51. 考虑群 $G = \langle a \rangle_2 \times \langle b \rangle_2$ 的 3 维实表示 Φ, 其中

$$\Phi(a) = \begin{pmatrix} 5 & -4 & 0 \\ 6 & -5 & 0 \\ 0 & 0 & 1 \end{pmatrix}, \quad \Phi(b) = -E.$$

把 Φ 分解成不可约表示的直和.

70.52. 考虑群 $G = \langle a \rangle_2 \times \langle b \rangle_2$ 的 2 维复表示 Φ, 其中

$$\Phi(a) = \begin{pmatrix} 0 & 1 \\ 1 & 0 \end{pmatrix}, \quad \Phi(b) = \begin{pmatrix} 0 & -1 \\ -1 & 0 \end{pmatrix}.$$

把 Φ 分解成不可约表示的直和.

70.53. 证明: 群 $\mathbf{GL}(2, \mathbb{C})$ 中的任一有限子群与 2 阶酉矩阵群中的一个子群共轭 (相应地, 群 $\mathbf{GL}(2, \mathbb{R})$ 中的任何有限子群与 2 阶正交矩阵群中的一个子群共轭).

70.54. 证明: $\mathbf{SL}_2(\mathbb{Q})$ 中的任一有限子群是 $\mathbf{D}_3, \mathbf{D}_4, \mathbf{D}_6$ 中的一个群的子群.

70.55. 证明: $\mathbf{SL}_2(\mathbb{R})$ 中的每个有限子群都与 $\mathbf{SO}_2(\mathbb{R})$ 中的子群共轭, 从而是循环群.

70.56. 证明: $\mathbf{GL}_2(\mathbb{R})$ 中的每个有限子群都与 $\mathbf{O}_2(\mathbb{R})$ 中的子群共轭, 从而或者是循环群, 或者是多面体群 $\mathbf{D}_n, n \geq 2$.

70.57. 设 G 是有限非 Abel 单群. 证明任何不可约非平凡复表示或实表示的维数大于 2.

§71. 群代数和它们的模

71.1. 判断四元数代数是不是下列群的实群代数:

a) 四元数群;

b) 某个群?

71.2. 设 V 是域 F 上的向量空间, 有一个基 $(e_1, e_2, e_3), \varphi : F[\mathbf{S}_3] \to \mathrm{End}\, V$ 是一个同态, 其中 $\varphi(\sigma)(e_i) = e_{\sigma(i)}$ 对于一切 $\sigma \in \mathbf{S}_3$ ($i = 1, 2, 3$). 求 φ 的核和像的维数.

§71. 群代数和它们的模

71.3. 求同态 $\varphi: \mathbb{C}(\langle a \rangle_n) \to \mathbb{C}$ 的核的一个基, φ 使得 $\varphi(a) = \varepsilon$, 其中 ε 是一个 n 次单位根.

71.4. 设群 H 同构于群 G 的一个商群. 证明 $F[H]$ 同构于代数 $F[G]$ 的商代数.

71.5. 设 $G = G_1 \times G_2$. 证明 $F[G] \simeq F[G_1] \otimes F[G_2]$.

71.6. 设 G 是有限群, 并且 R 是从 G 到域 F 的映射的集合. 在 R 中令

$$(\alpha f_1 + \beta f_2)(g) = \alpha f_1(g) + \beta f_2(g),$$
$$(f_1 f_2)(g) = \sum_{h \in G} f_1(h) f_2(h^{-1} g),$$

其中 $f_1, f_2 \in R$. 证明 R 是 F 上的一个代数, 并且从 R 到 $F[G]$ 的映射 $f \mapsto \sum_{g \in G} f(g) g$ 是一个代数同构.

71.7. 证明如果群 G 包含有限阶元素, 那么群代数 $F[G]$ 有零因子.

71.8. 证明任一不可约 $F[G]$-模同构于正则 $F[G]$-模的一个商模.

71.9. 求群代数 $\mathbb{C}[G]$ 的所有可交换的双边理想, 其中

a) $G = \mathbf{S}_3$; b) $G = \mathbf{Q}_8$; c) $G = \mathbf{D}_5$.

71.10. 求群代数 $F[G]$ 的使得对于一切 $g \in G$ 有 $xg = x$ 的所有元素 x.

71.11. 求下列群的群代数的中心的一个基:

a) $\mathbf{S}_3$; b) $\mathbf{Q}_8$; c) $\mathbf{A}_4$.

71.12. 证明秩 r 的自由 Abel 群的群代数 A 没有零因子. 证明 A 的分式域同构于 r 个变量的有理函数域.

71.13. 设 A 是一个环, 并且 A-模 V 有一个分解 $V = U \oplus W$, 其中 U 是不可约模, W 没有子模同构于 U. 证明如果 α 是 V 的一个自同构, 那么 $\alpha(U) = U$.

71.14. 设 A 是环, 并且设 A-模 V 有一个直和分解 $V = U \oplus W$. 设 $\varphi: U \to W$ 是 A-模同态. 证明 $U_1 = \{x + \varphi(x) | x \in U\}$ 是 V 的同构于 U 的 A-子模, 并且 $V = U_1 \oplus W$.

71.15. 设 A 是 $\mathbb{C}$ 上的半单有限维代数. 假设 A-模 V 是不同构的不可约 A-模的直和 $V = V_1 \oplus \cdots \oplus V_k$. 求模 V 的自同构群.

71.16. 设 A 是 $\mathbb{C}$ 上的半单有限维代数. 假设 A-模 V 是两个同构的不可约 A-模的直和. 证明 A-模 V 的自同构群同构于 $\mathbf{GL}_2(\mathbb{C})$.

71.17. 设 A 是 $\mathbb{C}$ 上的半单有限维代数, 并且设 V 是 $\mathbb{C}$ 上的有限维 A-模. 证明 V 有有限多个 A-子模当且仅当 V 是不同构的不可约 A-模的直和.

71.18. 设 G 是有限群并且 F 是特征为 0 的域. 考虑群代数 $A = F[G]$ 作

为 A 上的左模. 设 U 是 A 的子模. 证明对于任一 A-模同态 $\varphi: U \to A$ 存在一个元素 $a \in A$ 使得 $\varphi(u) = ua$ 对于一切 $u \in U$.

71.19. 对于什么样的有限群, 复群代数是半单的?

71.20. 设 $A = F[G]$ (F 是一个域), 其中 G 是 $n > 1$ 阶有限群. 令
$$e_1 = (n \cdot 1)^{-1} \sum_{g \in G} g, \quad e_2 = 1 - e_1,$$
对于 $n \cdot 1 \neq 0$. 证明 Ae_1 和 Ae_2 是真双边理想, 并且 $A = Ae_1 \oplus Ae_2$.

71.21. 证明等式
$$xy = f(x,y) \cdot 1 + \sum_{g \in G \setminus \{1\}} \alpha_g \cdot g \quad (\alpha_g \in F)$$
定义了群代数 $F[G]$ 上的一个对称双线性函数, 并且 f 的核是双边理想.

71.22. 设 G 是有限群, 并且 f 是习题 71.21 中 $\mathbb{R}[G]$ 上的一个双线性函数. 证明 f 是非退化的. 求对于下列群 f 的符号差:

a) $\mathbb{Z}_2$; b) $\mathbb{Z}_3$; c) $\mathbb{Z}_4$; d) $\mathbb{Z}_2 \oplus \mathbb{Z}_2$.

71.23. 设 H 是群 G 的子群, 并且 $\omega(H)$ 是 $F[G]$ 的包含 $\{h-1 | h \in H\}$ 的极小左理想. 证明如果 H 是正规子群, 那么理想 $\omega(H)$ 是双边理想.

71.24. 把群 $\langle a \rangle_3$ 在实数域和复数域上的群代数分解成域的直和.

71.25. 证明 $\mathbb{Q}[\langle a \rangle_p]$ (p 是素数) 是两个双边理想的直和, 其中一个同构于 $\mathbb{Q}$ 并且另一个同构于 $\mathbb{Q}(\varepsilon)$, 这里 ε 是本原 p 次单位根.

71.26. 设 G 是有限群, 并且 $\operatorname{char} F$ 不能整除 $|G|$. 设 I 是 $F[G]$ 的一个理想. 证明 $I^2 = I$.

71.27. 求下列环的幂等元的极小理想:

a) $\mathbb{F}_3[\langle a \rangle_2]$; b) $\mathbb{F}_2[\langle a \rangle_2]$; c) $\mathbb{C}[\langle a \rangle_2]$; d) $\mathbb{R}[\langle a \rangle_3]$.

71.28. 设 G 是有限群. 证明对于任一 $a \in \mathbb{C}[G]$, 方程 $a = axa$ 在 $\mathbb{C}[G]$ 中有解.

71.29. 在下列代数里有多少个双边理想:

a) $\mathbb{C}[\mathbf{S}_3]$; b) $\mathbb{C}[\mathbf{Q}_8]$?

71.30. 对于什么样的有限群 G, 群代数 $\mathbb{C}[G]$ 是 $n = 1, 2, 3$ 个矩阵代数的直和?

71.31. 设 G 是群, 并且 A 是域 F 上有单位元的代数. 假设 $\varphi: G \to A^*$ 是一个群同态. 证明存在唯一的代数同态 $F[G] \to A$, 它到 G 的限制与 φ 一致.

71.32. 证明如果 $\operatorname{char} F$ 不能整除有限群 G 的阶, 那么群代数 $F[G]$ 的任一双边理想是有单位元的环. 这个命题对于任意有单位元的代数成立吗?

§71. 群代数和它们的模

71.33. 设 F 是特征 $p > 0$ 的域, 其中 p 整除有限群 G 的阶, 并且 $u = \sum_{g \in G} g \in F[G]$. 证明 $F[G]u$ 是左正则模的子模, 并且它不是 $F[G]$ 的直和项.

71.34. 设 $G = \langle a \rangle_p$, 并且 F 是特征为 p 的域. 设 $\Phi : G \to \mathbf{GL}_2(F)$ 是 G 的一个表示, 其中
$$\Phi(a^s) = \begin{pmatrix} 1 & s \cdot 1 \\ 0 & 1 \end{pmatrix}.$$
求正则表示 $V = F[G]$ 的一个 $F[G]$-子模 U, 使得 G 在 V/U 中的表示同构于 Φ. 对于哪个 p, 表示 Φ 同构于正则表示?

71.35. 证明代数 $\mathbb{F}_2[\langle a \rangle_2]$ 不是极小左理想的直和.

71.36. 设 H 是 p-群, 它是有限群 G 的一个正规子群, 并且 F 是特征为 p 的域.

a) 证明理想 $\omega(H)$ (见习题 71.23) 是幂零的.

b) 当 $G = \langle a \rangle_2, H = \langle a \rangle_2$ 且 $F = \mathbb{F}_2$ 时求 $\omega(H)$ 的幂零指数.

71.37. 证明无限循环群的群代数的所有理想是主理想.

71.38. 证明代数 $F[\langle a \rangle_\infty]$ 上的循环模或者是 F 上有限维的, 或者同构于左正则 $F[\langle a \rangle_\infty]$-模.

71.39. 设 $A = \mathbb{C}[\langle g \rangle_\infty]$, 并且 $P = Ax_1 \oplus Ax_2$ 是有基 (x_1, x_2) 的自由 A-模. 假设 H 是由元素 h_1, h_2 生成的 P 的子模. 当 h_1, h_2 分别如下述时, 把 P/H 分解成循环 A-模的直和并且求它们的维数:

a) $h_1 = gx_1 + x_2$, $\quad h_2 = x_1 - (g+1)x_2$;

b) $h_1 = g^2 x_1 + g^{-2} x_2$, $\quad h_2 = g^4 x_1 + (1-g)x_2$;

c) $h_1 = gx_1 + 2g^{-1} x_2$, $\quad h_2 = (1+g)x_1 + 2(g^{-2} + g^{-1})x_2$.

71.40. 设 $\mathcal{A}, \mathcal{B}$ 是 $V = F[x]$ 上的线性算子, $\mathcal{A}(f(x)) = f'(x), \mathcal{B}(f(x)) = xf(x)$. 证明映射 $\varphi : g \mapsto \mathcal{AB}$ 能被扩充成同态 $F[\langle g \rangle_\infty] \to \mathrm{End}\, V$. 求 $\mathrm{Ker}\, \varphi$.

71.41. 设 M 是代数 $A = F[\langle a \rangle_\infty]$ 的极大理想, 并且 $r = \dim_F(A/M)$. 证明:

a) 若 $F = \mathbb{C}$, 则 $r = 1$;

b) 若 $F = \mathbb{R}$, 则 $r = 1$ 或者 $r = 2$;

c) 若 $F = \mathbb{F}_2$, 则 r 不是有界的.

71.42. 证明有限秩的自由 Abel 群的群代数是 Noether 代数.

71.43. 证明有限秩的自由 Abel 群的群代数是唯一分解整环.

71.44. 在有基 (g_1, g_2) 的自由 Abel 群 G 的群代数 $A = \mathbb{C}[G]$ 中, 求下列元

素的素分解:

a) $g_1 g_2 + g_1^{-1} g_2^{-1}$;

b) $1 + g_1^{-1} g_2 - g_1 g_2^{-1} - g_1^{-2} g_2^2$.

71.45. 设 G 是自由 Abel 群, 它有一个基 (g_1, g_2). 求群代数 $A = F[G]$ 对于由下列元素生成的理想 I 的商代数:

a) $g_1 g_2^{-1}$;

b) $g_1 - g_2$;

c) $g_1 - 1$ 和 $g_2 - 2$.

71.46. 证明如果 G 是有限群并且群代数 $\mathbb{C}[G]$ 没有幂零元, 那么 G 是交换群.

71.47. 设 H 是群 G 的正规子群, 并且 V 是某个 $F[G]$-模. 用 $(H-1)V$ 表示元素 $(h-1)v$ 生成的线性子空间, 其中 $h \in H, v \in V$. 证明:

a) $(H-1)V$ 是 V 的 $F[G]$-子模;

b) 如果 H 是 G 的 Sylow (正规) p-子群, 并且 $\operatorname{char} F = p, (H-1)V = V$, 那么 $V = 0$.

71.48. 证明群 $\mathbf{D}_4$ 和 $\mathbf{Q}_8$ 的复群代数是同构的.

71.49. 求维数为 12 的不同构的复群代数的数目.

71.50. 证明对称群 $\mathbf{S}_n$ 在域 $\mathbb{C}$ 上的群代数分解成矩阵代数的直和里项的数目等于 n 的划分 $n = n_1 + n_2 + \cdots + n_k$ 的数目, 其中 $n_1 \geqslant n_2 \geqslant \cdots \geqslant n_k > 0$.

§72. 表示的特征标

72.1. 设群 G 的元素 g 的阶为 k, 并且 χ 是 G 的 n 维特征标. 证明 $\chi(g)$ 是 n 个 k 次单位根 (不必是不同的) 的和.

72.2. 设 Φ 是群 $\langle a \rangle_3$ 的 3 维复表示, 并且对于某个 $g \in \mathbf{Z}_3, \chi_\Phi(g) = 0$. 证明 Φ 等价于正则表示.

72.3. 设 χ 是群 $G = \langle a \rangle_3 \times \langle b \rangle_3$ 的 2 维复特征标. 证明对于一切 $g \in G$ 有 $\chi(g) \neq 0$.

72.4. 设 χ 是奇阶群的 2 维复特征标. 证明对于一切 $g \in G$ 有 $\chi(g) \neq 0$.

72.5. 设 Φ 是有限群 G 的 n 维复表示. 证明 $\chi_\varphi(g) = n$ 当且仅当 g 属于 Φ 的核.

72.6. 设 A 是域 $\mathbb{F}_p$ 上 n 维向量空间 V 的加法群, 并且 χ 是 A 不可约非平凡复特征标. 证明 $\{a \in A | \chi(a) = 1\}$ 是 V 的 $n-1$ 维子空间.

§72. 表示的特征标

72.7. 设 χ 是有限群 G 的复特征标,并且设

$$m = \max\{|\chi(g)| \mid g \in G\}.$$

证明:

$$H = \{g \in G \mid \chi(g) = m\} \quad \text{和} \quad K = \{g \in G \mid |\chi(g)| = m\}$$

是 G 的正规子群.

72.8. 证明群 $\mathbf{S}_3$ 的 2 维复特征标 χ 是不可约的当且仅当 $\chi((123)) = -1$.

72.9. 设 χ 是有限群 G 的 2 维复特征标,并且 $g \in G'$. 证明如果 $\chi(g) \neq 2$,那么 χ 是不可约的.

72.10. 求非单位有限群 G 的不可约特征标的 "平均值"

$$\frac{1}{|G|} \sum_{g \in G} \chi(g).$$

72.11. 证明对于非单位有限群 G 的任一元素 g,存在 G 的一个非平凡不可约复特征标 χ 使得 $\chi(g) \neq 0$.

72.12. 证明群 G 到 $\mathbb{C}$ 的一个映射是 G 的 1 维特征标当且仅当这个映射是 G 到群 $\mathbb{C}^*$ 的一个同态.

72.13. 证明等于群 G 的两个 1 维特征标乘积的中心函数①是 G 的 1 维特征标.

72.14. 证明函数的乘法运算诱导了群 G 的 1 维特征标集合上一个 Abel 群 $\widehat{G}$ 的结构,$\widehat{G}$ 称为 G 的**对偶群**.

72.15. 证明对于有限循环群 A,群 $\widehat{A}$ 是同阶的有限循环群.

72.16. 设有限 Abel 群 A 有直积分解 $A = A_1 \times A_2$,并且设 $\alpha_1 \in \widehat{A}_1, \alpha_2 \in \widehat{A}_2$. 证明把 (a_1, a_2) 映到 $\alpha_1(a_1) \cdot \alpha_2(a_2)$ 的映射 $A \to \mathbb{C}^*$ 是 A 的 1 维特征标,并且 $\widehat{A} \simeq \widehat{A}_1 \times \widehat{A}_2$.

72.17. 设 B 是有限 Abel 群 A 的一个子群,并且设 $B^0 = \{\alpha \in \widehat{A} \mid \alpha(b) = 1$ 对于一切 $b \in B\}$. 证明:

a) B^0 是 $\widehat{A}$ 的一个子群,并且对于某个 B,$\widehat{A}$ 的每一个子群与 B^0 一致;

b) $\widehat{B} \simeq \widehat{A}/B^0$;

c) $B_1 \subset B_2$ 当且仅当 $B_1^0 \supset B_2^0$;

d) $(B_1 \cap B_2)^0 = B_1^0 \cdot B_2^0$;

e) $(B_1 B_2)^0 = B_1^0 \cap B_2^0$.

---

① 中心函数即类函数,它在同一个共轭元素类上的函数值相等.

72.18. 设 Φ 是群 G 到 $\mathbf{GL}_n(\mathbb{C})$ 的一个同态. 证明:

a) 映射 $\Phi^* : g \mapsto (\Phi(g^{-1}))^t$ 是 G 的一个表示;

b) $\chi_\Phi(g) = \overline{\chi}_{\Phi^*}(g)$ 对于一切 $g \in G$;

c) 表示 Φ 和 Φ^* 是等价的当且仅当特征标 χ 是实值的.

72.19. 设 Φ 是群 $\mathbf{S}_n$ 的一个不可约复表示, 并且设 $\Phi'(\sigma) = \Phi(\sigma)\operatorname{sgn}\sigma$ ($\sigma \in \mathbf{S}_n$). 证明 Φ' 是 $\mathbf{S}_n$ 的一个表示, 并且下列命题是等价的:

a) $\Phi \sim \Phi'$;

b) Φ 到 $\mathbf{A}_n$ 的限制是不可约的;

c) 对于任一奇置换 $\sigma \in \mathbf{S}_n$ 有 $\chi_\Phi(\sigma) = 0$.

72.20. 在习题 58.11 中同构于四元数群 $\mathbf{Q}_8$ 的来自 $\mathbf{M}_2(\mathbb{C})$ 的矩阵群被给出. 证明诱导的 $\mathbf{Q}_8$ 的 2 维表示是不可约的. 求它的特征标.

72.21. 求群 $\mathbf{S}_n$ 在有基 $(e_1, \cdots, e_n)$ 的空间中的表示 Φ 的特征标, 其中

$$\Phi(\sigma)e_i = e_{\sigma(i)} \quad \text{对于} \quad \sigma \in \mathbf{S}_n.$$

72.22. 求由 $\mathbf{D}_n$ 与一个固定的正 n 边形的对称群的同构诱导的群 $\mathbf{D}_n$ 的 2 维表示的特征标.

72.23. 求由 $\mathbf{S}_4$ 与一个固定的正四面体的对称群的同构诱导的群 $\mathbf{S}_4$ 的 3 维表示的特征标.

72.24. 求由 $\mathbf{S}_4$ 与正方体的旋转群的同构诱导的群 $\mathbf{S}_4$ 的表示的特征标.

72.25. 构成下列群的不可约特征标表:

a) $\langle a \rangle_2$; b) $\langle a \rangle_3$; c) $\langle a \rangle_4$; d) $\langle a \rangle_2 \times \langle b \rangle_2$; e) $\langle a \rangle_2 \times \langle b \rangle_2 \times \langle c \rangle_2$.

72.26. 构成下列群的 1 维表示的特征标表, 并且计算 1 维特征标群 (习题 72.14):

a) $\mathbf{S}_3$; b) $\mathbf{A}_4$; c) $\mathbf{Q}_8$; d) $\mathbf{S}_n$; e) $\mathbf{D}_n$.

72.27. 求它的行与 n 阶 Abel 群的特征标表的行一致的矩阵的行列式的绝对值.

72.28. 构成下列群的不可约特征标表:

a) $\mathbf{S}_3$; b) $\mathbf{S}_4$; c) $\mathbf{Q}_8$; d) $\mathbf{D}_4$; e) $\mathbf{D}_5$; f) $\mathbf{A}_4$.

72.29. 判断某个 8 阶群的表示的特征标能否取值 $(1, -1, 2, 0, 0, -2, 0, 0)$?

72.30. 把 $\mathbf{Q}_8$ 上的中心函数

$$(1, -1, i, -i, j, -j, k, -k) \mapsto (5, -3, 0, 0, -1, -1, 0, 0)$$

对于不可约特征标组成的基分解. 这个函数是某个表示的特征标吗?

72.31. 确定 S_3 上的下列中心函数的哪一个是特征标, 求对应的表示:

$$f_1 : (e, (12), (13), (23), (123), (132)) \mapsto (6, -4, -4, -4, 0, 0),$$

$$f_2 : (e, (12), (13), (23), (123), (132)) \mapsto (6, -4, -4, -4, 3, 3).$$

72.32. 设 A 是域 $\mathbb{F}_p$ 上有限维向量空间 V 的加法群, 并且 Ψ 是 $\mathbb{F}_p$ 的加法群的一个非平凡不可约 (复) 特征标.

a) 证明 A 的任一不可约特征标 χ 对于某个线性函数 $l \in V^*$ 形如 $\chi(a) = \Psi(l(a))$.

b) 建立在对偶群 $\widehat{A}$ (见习题 72.14) 与空间 V^* 的加法群之间的一个同构.

c) 构造在 A 和 $\widehat{\widehat{A}}$ 之间的一个同构.

72.33. 采用前面一个习题的假设. 设 f 是 A 上的一个复值函数. 通过令

$$\widehat{f}(\chi) = \frac{1}{|A|} \sum_{a \in A} f(a)\chi(a) = (f, \chi)_A,$$

对于 $\chi \in \widehat{A}$, 定义 $\widehat{A}$ 上的函数 $\widehat{f}$.

a) 证明:

$$f = \sum_{\chi \in \widehat{A}} \widehat{f}(\chi) \cdot \chi.$$

b) 证明:

$$\widehat{fg}(\chi) = \sum_{\varphi \in \widehat{A}} \widehat{f}(\varphi)\widehat{g}(\varphi^{-1} \cdot \chi).$$

c) 用习题 72.32 c) 的同构比较 A 上的函数 f 和 $\widehat{\widehat{A}}$ 上的函数 $\widehat{\widehat{f}}$.

72.34. 设 A 是域 $\mathbb{F}_p$ 的加法群. 考虑 A 上的函数 f, 其中

$$f(a) = \begin{cases} 0, & \text{当 } a = 0, \\ 1, & \text{当 } a = x^2 \text{ 对于某个 } x \in \mathbb{F}_p^*, \\ -1, & \text{其他情形}. \end{cases}$$

证明如果 χ 是 A 的一个不可约复特征标, 那么 $|(f, \chi)_A| = p^{-1/2}$.

72.35. 设 G 是有限群, 并且 H 是一个子群. 证明 H 的中心函数如果是 G 的一个特征标到 H 的限制, 那么它是 H 的一个特征标.

72.36. 设 Φ 是群 G 的 n 维矩阵表示. 通过下述方式构造 G 在 n 阶方阵的空间上的一个表示 Ψ: 令

$$\Psi_g(A) = \Phi_g A^t \Phi_g,$$

对于 $A \in \mathbf{M}_n(K)$. 用 χ_Φ 的术语表示 χ_Ψ.

72.37. 当 Φ 是下列表示时，求习题 72.36 中表示 Ψ 的不可约成分，并且求它们的重数：

a) Φ 是 $\mathbf{S}_3$ 的 2 维不可约表示；

b) Φ 是习题 72.23 的表示；

c) Φ 是习题 72.20 中 $\mathbf{Q}_8$ 的 2 维表示.

72.38. 设 Φ 是群 G 的 n 维矩阵表示. 通过令
$$\Psi_g(A) = \Phi_g \cdot A$$
构造 G 在方阵的空间 $\mathbf{M}_n(K)$ 中的表示 Ψ. 用 χ_Φ 的术语表示 χ_Ψ.

72.39. 设 $\rho: G \to \mathbf{GL}(V)$ 是群 $G = \langle a \rangle_n$ 的正则复表示. 求 G 的单位表示作为 $\rho^{\otimes m}$ 的一个不可约成分的重数 (见习题 69.19).

72.40. 设 ρ 是群 $\mathbf{S}_3$ 的 2 维不可约复表示. 把 $\rho^{\otimes 2}$ 和 $\rho^{\otimes 3}$ 分解成不可约表示的直和.

72.41. 设 $\rho: G \to \mathbf{GL}(V)$ 是群 $G = \langle a \rangle_n$ 的正则复表示. 求 G 的单位表示作为 V 上的 m-反变张量空间上诱导的表示 $\overline{\rho}$ 的不可约成分的重数 (见习题 69.19.)

* * *

72.42. 设 χ 是群 G 的特征标，并且 f 是 G 上的中心函数，
$$f(g) = \frac{1}{2}(\chi(g)^2 - \chi(g^2)).$$
证明 f 是 G 的一个特征标.

72.43. 设 Φ 是群 $G = \mathbf{S}_3$ 在 G 上的所有复值函数空间 $\mathbb{C}(G)$ 中的一个表示：
$$(\Phi_\sigma f)(x) = f(\sigma^{-1} x) \quad (f \in \mathbb{C}(G), x \in G, \sigma \in G),$$
并且设 $f_0 \in \mathbb{C}(G)$. 用 V_0 表示所有元素 $\Phi_\sigma f_0$ 生成的线性子空间，其中 $\sigma \in G$. 在下列情形求 Φ 到 V_0 的限制的特征标：

a) $f_0(\sigma) = \operatorname{sgn} \sigma$；

b) $f_0(\sigma) = \begin{cases} 1, & \text{当 } \sigma \in \{e, (12)\}, \\ 0, & \text{否则}; \end{cases}$

c) $f_0(\sigma) = \begin{cases} 1, & \text{当 } \sigma \in \{e, (123), (132)\}, \\ 0, & \text{否则}; \end{cases}$

d) $f_0(\sigma) = \begin{cases} 1, & \text{当 } \sigma \in \{e, (13), (23)\}, \\ -1, & \text{当 } \sigma \in \{(12), (123), (132)\}. \end{cases}$

72.44. 设 Φ 是有限群 G 在空间 V 上的复表示, 并且 Ψ 是 G 在空间 W 上的表示. 用 $T(\Phi, \Psi)$ 表示从 V 到 W 的所有线性映射 S 的空间使得 $S \circ \Phi_g = \Psi_g \circ S$ 对于一切 $g \in G$. 证明:

$$\dim T(\Phi, W) = (\chi_\Phi, \chi_\Psi)_G.$$

§73. 连续群的表示的初始知识

如果没有特别声明在这一节里的所有表示都假设为有限维的.

* * *

73.1. 设 F 是域 $\mathbb{R}$ 或域 $\mathbb{C}$. 证明:

a) 对于任一矩阵 $A \in \mathbf{M}_n(F)$, 映射 $P_A: t \mapsto e^{tA}$ ($t \in F$) 是 F 的加法群的可微矩阵表示;

b) F 的加法群的任一可微矩阵表示 P 有形式 P_A, 其中 $A = P'(0)$;

c) 表示 P_A 与 P_B 是等价的当且仅当矩阵 A 与 B 是相似的.

73.2. 证明 P 是域 $\mathbb{R}$ 的加法群的矩阵表示, 并且求矩阵 A 使得 $P = P_A$, 当 P 是下列情形:

a) $P(t) = \begin{pmatrix} \cos t & -\sin t \\ \sin t & \cos t \end{pmatrix}$; b) $P(t) = \begin{pmatrix} \operatorname{ch} t & \operatorname{sh} t \\ \operatorname{sh} t & \operatorname{ch} t \end{pmatrix}$;

c) $P(t) = \begin{pmatrix} e^t & 0 \\ 0 & 1 \end{pmatrix}$; d) $P(t) = \begin{pmatrix} e^t & 0 \\ 0 & e^{-t} \end{pmatrix}$;

e) $P(t) = \begin{pmatrix} 1 & t \\ 0 & 1 \end{pmatrix}$; f) $P(t) = \begin{pmatrix} 1 & e^t - 1 \\ 0 & e^t \end{pmatrix}$.

73.3. 习题 73.2 中群 $\mathbb{R}$ 的哪些矩阵表示是等价的?

73.4. 当 $F = \mathbb{C}$ 时在什么情形下表示 P_A 和 P_{-A} 是等价的?

73.5. 求下列群的所有可微复矩阵表示:

a) $\mathbb{R}_+^*$;

b) $\mathbb{R}^*$;

c) $\mathbb{C}^*$;

d) **U** (在这个情形我们假设表示是对于复数 z 的幅角可微的).

73.6. 群 $\mathbb{Z}$ 的任一复线性表示能够通过群 $\mathbb{C}$ 的某个表示限制到 $\mathbb{Z}$ 上得到吗?

73.7. 在 A 的特征多项式没有重根的情形, 求空间 $\mathbb{C}^n$ 在矩阵表示 P_A (见习题 73.1) 下的所有不变子空间.

73.8. 证明矩阵表示 P_A (见习题 73.1) 是完全可约的当且仅当矩阵 A 是可对角化的.

73.9. 设 R_n 是 x 和 y 的复系数 n 次齐次多项式的空间. 令

$$(\Phi_n(A)f)(x,y) = f(ax+cy, bx+dy),$$

对于 $A = \begin{pmatrix} a & b \\ c & d \end{pmatrix} \in \mathbf{SL}_2(\mathbb{C})$ 和 $f \in R_n$. 证明 Φ_n 到子群 $\mathbf{SU}_2(\mathbb{C})$ 的限制是不可约的.

73.10. 设 $G = \mathbf{GL}_2(\mathbb{C})$. G 上的复函数称为**多项式的**如果它是矩阵元素的多项式.

a) 设 $t(A) = \operatorname{tr} A$, $d(A) = \det(A)$. 证明 t 和 d 是 G 上的中心多项式函数.

b) 证明 G 上的任一中心多项式函数是 t 和 d 的多项式.

c) 设 $A = (a_{ij}) \in G$ 并且 $R = \mathbb{C}[x,y]$. 用 $\Psi(A)$ 表示同态 $R \to R$, 对于这个同态有

$$\Psi(A): x \mapsto a_{11}x + a_{12}y,$$
$$\Psi(A): y \mapsto a_{21}x + a_{22}y.$$

证明 Ψ 是 G 在空间 R 中的一个表示, 并且 n 次齐次多项式的子空间是 Ψ 的不变子空间.

d) 证明对于 $A \in \mathbf{SL}_2(\mathbb{C}), \Psi(A)$ 到子空间 R_n 的限制与习题 73.9 的算子 $\Phi_n(A)$ 一致.

e) 设 χ_n 是限制 $\Psi|_{R_n}$ 的特征标. 证明 $\chi_n = t\chi_{n-1} - d\chi_{n-2}$.

73.11. 设 $\mathbb{H}$ 是所有复矩阵

$$X = \begin{pmatrix} z & \omega \\ -\overline{\omega} & \overline{z} \end{pmatrix}$$

的空间, 它具有 4 维 Euclid 空间 $(X,X) = \det X$ 的结构, 并且设 $\mathbb{H}_0 = \{X \in \mathbb{H} | \operatorname{tr} X = 0\}$. 证明:

a) 由公式 $P(A): X \mapsto AXA^{-1}$ 定义的映射 $P: \mathbf{SU}_2 \to \mathbf{GL}(\mathbb{H}_0)$ 是 $\mathbf{SU}_2$ 的

一个 (实) 线性表示使得 $\operatorname{Ker} P = \{\pm E\}$ 并且 $\operatorname{Im} P$ 由 $\mathbb{H}_0$ 的所有正常正交变换组成;

b) 由公式 $R(A,B) : X \mapsto AXB^{-1}$ 定义的映射 $R : \mathbf{SU}_2 \times \mathbf{SU}_2 \to \mathbf{GL}(\mathbb{H})$ 是 $\mathbf{SU}_2 \times \mathbf{SU}_2$ 的一个 (实) 线性表示, 使得 $\operatorname{Ker} R = \{(E,E),(-E,-E)\}$ 并且 $\operatorname{Im} R$ 由 $\mathbb{H}_0$ 的所有正常正交变换组成;

c) 线性表示 P 的复化同构于习题 73.9 中的 $\mathbf{SL}_2$ 的表示 Φ_2 到 $\mathbf{SU}_2$ 的限制.

73.12. 设 G 是拓扑连通可解群, 并且 ρ 是从 G 到有限维复空间 V 上的非奇导线性算子群的连续同态. 证明:

a) V 中存在所有算子 $\rho(g)$ $(g \in G)$ 的一个非零公共特征向量;

b) 存在 V 的一个基 $e_1, \cdots, e_n$ 使得在这个基下所有矩阵 $\rho(g)$ $(g \in G)$ 是上三角矩阵.

73.13. 设 F 是代数闭域, 并且 G 是 F 上有限维向量空间 V 上的非奇异线性算子的可解群. 证明存在 V 的一个基 $e_1, \cdots, e_n$ 和 G 的有限指数 (仅依赖于 n) 的正规子群 N, 使得 N 由上三角矩阵组成.

答案和提示

1.3. 提示. 在 $|\bigcup_{i=1}^{r} A_i|$ 上作归纳法.

1.4. 提示. 对 n 作归纳法.

先证 $\varphi(p^m) = p^{m-1}(p-1)$, 其中 p 是系数, m 是正整数; 再证若正整数 n_1 与 n_2 互素, 则 $\varphi(n_1 n_2) = \varphi(n_1)\varphi(n_2)$. 由此得出: 设 $n = p_1^{t_1} p_2^{t_2} \cdots p_r^{t_r}$, 则

$$\varphi(n) = \varphi(p_1^{t_1})\varphi(p_2^{t_2})\cdots\varphi(p_r^{t_r}) = n\left(1 - \frac{1}{p_1}\right)\left(1 - \frac{1}{p_2}\right)\cdots\left(1 - \frac{1}{p_r}\right).$$

1.5. 2^{2^n}. **提示**. 设 $X_1, \cdots, X_n$ 是给定的子集, 并且设 $X_i^{\varepsilon_i}$ 表示 X_i 或者 $\overline{X}_i$. 则 $\{X_i\}$ 形成的任一子集能够被写成形式

$$\bigcup_{(\varepsilon_1,\cdots,\varepsilon_n)\in\varepsilon}(X_1^{\varepsilon_1} \cap X_2^{\varepsilon_2} \cap \cdots \cap X_n^{\varepsilon_n}),$$

其中 ε 是所有序列 $(\varepsilon_1, \cdots \varepsilon_n)$ 组成的集合的一个子集, 设 X 是 n 元集的所有子集组成的集合. 构造 X 的 n 个子集 X_i 使得 X 的任一元素能够被表示成形式

$$X_1^{\varepsilon_1} \cap \cdots \cap X_n^{\varepsilon_n}.$$

2.2. 提示. 把 X 表示成形式 $(Y \cup A) \cup (X \setminus (Y \cup A))$, 其中 A 是一个可数子集且 $A \cap Y = \emptyset$, $X \setminus Y$ 可表示成形式 $A \cup (X \setminus (Y \cup A))$, 并且利用双射 $Y \cup A \to A$.

2.4. 2^n.

2.5. a) $|Y^X| = n^m$.

b) $n(n-1)\cdots(n-m+1)$.

c) $n!$ 当 $m = n$; 0 当 $m \neq n$.

d) $n^m - n(n-1)^m + \cdots + (-1)^i \binom{n}{i}(n-i)^m + \cdots + (-1)^{n-1} \binom{n}{n-1}$.

提示. 运用习题 1.3.

2.6. $n(n-1)\cdots(n-m+1)/m!$.

2.7. 2^{n-1}.

2.9. $n!/(m_1!\cdots m_k!)$.

2.11. h), i), j). **提示**. 对 n 作归纳法.

2.12. 提示. 对 m 作归纳法.

2.13. $\binom{n+k-1}{k-1}$.

提示. 在所给的划分的集合与 $n+k-1$ 个事物一次取出 $k-1$ 个的组合的集合之间建立一个双射. 应用习题 2.6.

3.1. a) $\begin{pmatrix} 1 & 2 & 3 & 4 & 5 \\ 2 & 1 & 3 & 4 & 5 \end{pmatrix}, \begin{pmatrix} 1 & 2 & 3 & 4 & 5 \\ 1 & 2 & 5 & 4 & 3 \end{pmatrix}$.

b) $\begin{pmatrix} 1 & 2 & 3 & 4 & 5 & 6 \\ 6 & 5 & 3 & 2 & 1 & 4 \end{pmatrix}, \begin{pmatrix} 1 & 2 & 3 & 4 & 5 & 6 \\ 1 & 3 & 5 & 6 & 4 & 2 \end{pmatrix}$.

c) $\begin{pmatrix} 1 & 2 & 3 & 4 & 5 \\ 5 & 4 & 3 & 1 & 2 \end{pmatrix}, \begin{pmatrix} 1 & 2 & 3 & 4 & 5 \\ 5 & 4 & 3 & 1 & 2 \end{pmatrix}$.

d) $\begin{pmatrix} 1 & 2 & 3 & 4 & 5 & 6 \\ 4 & 1 & 6 & 5 & 3 & 2 \end{pmatrix}, \begin{pmatrix} 1 & 2 & 3 & 4 & 5 & 6 \\ 4 & 1 & 6 & 5 & 3 & 2 \end{pmatrix}$.

3.2. a) $(1\ 5\ 3)(2\ 4\ 7)$.

b) $(1\ 3\ 6\ 2)(4\ 7)$.

c) $(1\ 3\ 6\ 2\ 7\ 4\ 5)$.

d) $(1\ 4\ 7\ 2\ 3\ 6\ 5)$.

e) $(1\ 2)(3\ 4)\cdots(2n-1, 2n)$.

f) $(1\ \ n+1)(2\ \ n+2)\cdots(n\ \ 2n)$.

3.3. a) $\begin{pmatrix} 1 & 2 & 3 & 4 & 5 & 6 & 7 \\ 3 & 4 & 6 & 7 & 5 & 1 & 2 \end{pmatrix}$.

b) $\begin{pmatrix} 1 & 2 & 3 & 4 & 5 & 6 & 7 \\ 6 & 3 & 7 & 2 & 4 & 5 & 1 \end{pmatrix}$.

c) $\begin{pmatrix} 1 & 2 & 3 & 4 & \cdots & 2n-1 & 2n \\ 3 & 4 & 5 & 6 & \cdots & 1 & 2 \end{pmatrix}$.

3.4. a) (1 6 4 2 5 7 3).

b) (2 6 5 3 7).

3.5. a) 5. b) 8. c) 13.

d) 18. e) $\dfrac{n(n-1)}{2}$. f) $\dfrac{n(n+1)}{2}$.

g) $(n-k+1)(k-1)$. h) $(k-1)(n-k+1) + \dfrac{(k-1)(k-2)}{2}$.

3.6. a) -1. b) 1. c) 1.

d) -1. e) $(-1)^{\lfloor \frac{n+2}{4} \rfloor}$. f) $(-1)^{\lfloor \frac{n+1}{4} \rfloor}$.

g) $(-1)^{\lfloor \frac{n}{2} \rfloor}$. h) $(-1)^{\lfloor \frac{n}{2} \rfloor \lfloor \frac{n+1}{2} \rfloor}$.

3.7. a),b) -1 如果 k 是偶数.

c) 1.

d) 1 如果 k 是偶数.

e) 1 如果 $p+q+r+s$ 是偶数.

3.8. $\binom{n}{2} - k$.

3.9. a) $\begin{pmatrix} 1 & 2 & \cdots & n \\ n & n-1 & \cdots & 1 \end{pmatrix}$.

b) $k-1$.

c) $n-k$.

3.10. 提示. 如果数对不同于 $(q, q+1)$ 和 $(q+1, q)$, 那么它在两个序列中同时形成逆序. (还需要考虑位于数 q 与 $q+1$ 之间的数 p, 在第一个序列中, 若 (q,p) 是逆序, 则 $(p, q+1)$ 是顺序; 此时在第二个序列中, $(q+1, p)$ 是逆序, (p, q) 是顺序. 因此在两个序列中, p 分别与 $q, q+1$ 构成的数对的逆序数没有变. 若 (q, p) 是顺序, 有同样的结论.)

3.11. 提示. 运用习题 3.10.

3.12. 提示. 说明如果 $\sigma = (i_1, \cdots, i_k)$, 那么 $\pi \sigma \pi^{-1} = (\pi(i_1), \cdots, \pi(i_k))$.

3.13. 如果 i, j 出现在不相交的轮换里, 那么这两个轮换合并成一个; 如果 i, j 出现在一个轮换里, 那么这个轮换被分解成两个轮换并且其他轮换不变; 减量增加或减少 1.

3.17. 提示. 若 g 是相同类型的另一个多项式 (对于二项式的另一种选择) 则

$\sigma_f/\sigma_g = f/g$; 然后利用 $\prod_{i<j}(x_j - x_i)$.

3.18. 提示. a) 如果图是连通的, 那么对换 $(12), \cdots, (1n)$ 提供了所述的性质; 如果图是不连通的, 那么仅有被包含在一个连通分支里的轮换具有那样的性质.

b) 利用命题 a).

3.19. 提示. 考虑出现 $1, 2, \cdots, n$ 的一组序列, 它们可以如下得到: 首先 1 被分别放在位置 $2, 3, \cdots, n$ 上; 然后 2 被放在所有位置上直到第 $n-1$ 个位置 (此时 1 在位置 n 上), 等等. 每一步逆序数增加 1, 最后一个序列 $n, n-1, \cdots, 1$ 的逆序数达到 $\binom{n}{2}$.

3.20. $\dfrac{n!}{2}\binom{n}{2}$. 运用习题 3.8.

3.21. a) $\operatorname{sgn}\xi = (\operatorname{sgn}\sigma)^n(\operatorname{sgn}\tau)^m$. **提示**: 把 $X \times Y$ 按词典编辑法排序, 并且计算逆序数.

b) 轮换的长度等于 (k_i, l_j) 的最小公倍数, 它们中的每一个出现 $GCD(k_i, l_j)$ 次 $(i=1,\cdots,s; j=1,\cdots,t)$. **提示**. 首先考虑当 σ, τ 都是轮换的情形. 注意 ξ 的奇偶性与 $|X|+|Y|$ 的奇偶性一致.

3.22. c) **提示**. 利用习题 3.12.

3.23. 提示. 把 σ 分解成不相交轮换的乘积. 长度至少为 3 的每个轮换能被看成一个正 n 边形的旋转. 把旋转表示成两个对称的乘积.

4.2. a) $u(n) = 3 \cdot 2^n - 5$. b) $u(n) = (-1)^n(2n-1)$.

4.3. 提示. 对 n 作归纳法.

4.4. a) $\dfrac{4^{n+1}-1}{3} - n - 1$.

b) $-n^2 - 1$.

c) $2^{n+2}(n-2) + 6$.

4.5. $u(n) = \dfrac{1}{\sqrt{5}}\left(\dfrac{1+\sqrt{5}}{2}\right)^n - \dfrac{1}{\sqrt{5}}\left(\dfrac{1-\sqrt{5}}{2}\right)^n$.

4.6 — 4.10. 提示. 对 n 作归纳法.

4.11. 提示. a) — e) 对 n 作归纳法.

f) 从 e) 得出.

g) 从 e), f) 和 Euclid 算法得出.

4.12. 提示. 对 n 作归纳法.

4.13. 提示. 如果 m 是整数使得 $rm \in \mathbb{Z}$, 那么根据 4.12b) 得, $u_m(2\cos r\pi) =$

0. 于是根据 4.12b) 和 28.1 得,数 $2\cos r\pi$ 是整数. 由于 $|\cos r\pi| \leqslant 1$, 因此 $2\cos r\pi = 0, \pm 1, \pm 2$.

4.14. $\dfrac{n(n+1)}{2} + 1$. **提示**. 加第 n 条直线则区域的数目增加 n 个.

5.1. a) $n(n+1)(2n+1)/6$.

b) $n^2(n+1)^2/4$. **提示**. 考虑和 $(0+1)^3 + (1+1)^3 + \cdots + ((n-1)+1)^3$.

5.2. 见习题 5.1 的提示.

5.3. 提示. 设 $T = \{(\sigma, i) | \sigma \in \mathbf{S}_n, \sigma(i) = i\}$; 则 $\sum\limits_{\sigma \in \mathbf{S}_n} N(\sigma)^{s+1} = \sum\limits_{(\sigma,i) \in T} N(\sigma)^s$
$= \sum\limits_{i=1}^{N} \sum\limits_{\sigma' \in \mathbf{S}_{n-1}} (N(\sigma') + 1)^s$.

5.4. 提示. 利用习题 2.6 和 2.11a).

5.5. 提示. 把其中一个函数表示成另一个函数的这种值的和, 并且利用习题 5.4.

5.6. 提示. 利用习题 5.5.

6.1. $(1, 4, -7, 7)$.

6.2. a) $(0, 1, 2, -2)$.　b) $(1, 2, 3, 4)$.

6.3. a) 线性无关.　b) 线性相关.　c) 线性无关.　d) 线性无关.　e) 线性相关.　f) 线性无关.

6.7. a) 线性无关.　b) 线性相关.　c) 线性无关.　d) 线性无关.　e) 如果 k 是偶数, 那么组性相关.　f) 线性相关.

6.8. 否.

6.9. a) $\lambda = 15$.　b) λ 是任意数.
c) λ 是任意数.　d) $\lambda \neq 12$.　e) 不存在这种 λ.

6.10. a) $(a_1, a_2), (a_2, a_3)$.

b) $(a_1, a_3), (a_2, a_4), (a_1, a_4), (a_2, a_3)$.

c) 任何两个向量形成一个基.

d) $(a_1, a_2, a_4), (a_2, a_3, a_4)$.

e) $(a_1, a_2, a_4), (a_1, a_2, a_5), (a_2, a_3, a_4), (a_2, a_3, a_5)$.

6.11. 当向量组是线性无关的, 或者当它是从一个线性无关的向量组添加零向量得到.

6.12. a) $(a_1, a_2, a_4, a_5), a_3 = a_1 - a_2$.

b) $(a_1, a_2, a_3), a_4 = 17a_1 + 12a_2 - 26a_3$.

c) $(a_1, a_2, a_3), a_4 = 5a_1 + 2a_2 - 2a_3, a_5 = -a_1 + a_2 + a_3$.

d) $(a_1, a_2), a_3 = a_1 + 3a_2, a_4 = 2a_1 - a_2$.

e) (a_1, a_2, a_3).

f) $(a_1, a_2), a_3 = 2a_1 - a_2$.

g) $(a_1, a_2), a_3 = -a_1 + a_2, a_4 = -5a_1 + 4a_2$.

h) $(a_1, a_2, a_3), a_4 = a_1 + a_2 - a_3$.

i) $(a_1, a_2, a_4), a_3 = 2a_1 - a_2$.

j) $(a_1, a_2), a_3 = 3a_1 - a_2, a_4 = a_1 - a_2$.

k) $(a_1, a_2, a_3), a_4 = a_1 - a_2 - a_3$.

6.13. 任何 $k-1$ 个不同的向量形成一个基.

6.18. a),b) $p = 3$.

7.1. a) 2. b), c), d), e) 3. f), g), j) 4. i), h) 5. k) 当 n 是奇数时为 n, 当 n 是偶数时为 $n-1$.

7.2. a) 当 $\lambda = 1$ 时为 1, 当 $\lambda = -1$ 时为 2, 当 $\lambda \neq \pm 1$ 时为 3.

b) 当 $\lambda = 1$ 时为 2, 当 $\lambda = 2$ 或 $\lambda = 3$ 时为 3, 其他情形为 4.

c) 当 $\lambda = 0$ 时为 2, 当 $\lambda \neq 0$ 时为 3.

d) 当 $\lambda = 3$ 时为 2, 当 $\lambda \neq 3$ 时为 3.

e) 当 $\lambda = \pm 1, \pm 2$ 时为 3, 当 $\lambda \neq \pm 1, \pm 2$ 时为 4.

f) 当 $\lambda = 0, -2, -4$ 时为 3, 其他情形为 4.

g) 当 $\lambda = 1, 2, \cdots, n$ 时为 n, 对于 λ 的其他值为 $n+1$.

h) 当 $\lambda = \dfrac{1}{2}$ 时为 n, 当 $\lambda \neq \dfrac{1}{2}$ 时为 $n+1$.

7.4. 提示. 矩阵乘积的行向量组是第二个因子的行向量组的线性组合.

7.6. 提示. 矩阵的和的行向量组是这些矩阵的行向量组的并集的线性的组合.

7.7. 提示. 例如, 如果一个秩 2 的矩阵 A 的行向量组等于 $(a, b, \alpha a + \beta b, \gamma a + \delta b)$, 那么 A 是行向量组分别为 $(a, 0, \alpha a, \gamma a)$ 与 $(0, b, \beta b, \delta b)$ 的矩阵的和; 再应用习题 7.6.

7.9. 当 $r \leqslant n-2$ 时为 0, 当 $r = n-1$ 时为 1, 当 $r = n$ 时为 n.

7.10. 提示. 运用初等行、列变换.

7.15. 提示. 利用经过 II 型初等行变换化简成行阶梯形.

7.16. 提示. 对列的数目作归纳法.

7.19. 提示. 对行的数目作归纳法. 关于唯一性的证明考虑列向量组的具有最

答案和提示

小可能指标的基.

8.1. a) $x_3 = (x_1 - 9x_2 - 2)/11, x_4 = (-5x_1 + x_2 + 10)/11; (0, 1, -1, 1)$.

b) $x_3 = -\dfrac{11}{8}x_4, x_1 = \dfrac{2}{3}x_2 - \dfrac{1}{24}x_4 - \dfrac{1}{3}; \left(-\dfrac{1}{3}, 0, 0, 0\right)$.

c) 这个方程组无解.

d) $x_3 = 1 - 4x_1 - 3x_2, x_4 = 1, (1, -1, 0, 1)$.

e) $x_3 = 6 + 10x_1 - 15x_2, x_4 = -7 - 12x_1 + 18x_2, (1, 1, 1, -1)$.

f) $x_1 = 3, x_2 = 0, x_3 = -5, x_4 = 11$.

g) $x_1 = 3, x_2 = 2, x_3 = 1$.

h) $x_3 = 13, x_5 = -34, x_4 = 19 - 3x_1 - 2x_2, (0, 0, 13, 19, -34)$.

8.2. a) 若 $\lambda = 0$ 则方程组无解; 若 $\lambda \neq 0$ 则

$$x_1 = \dfrac{1}{\lambda}, \quad x_3 = \dfrac{9\lambda - 16}{5\lambda} - \dfrac{8}{5}x_2, \quad x_4 = \dfrac{4 - \lambda}{5\lambda} - \dfrac{3}{5}x_2.$$

b) 若 $\lambda \neq 0$ 则方程组无解; 若 $\lambda = 0$ 则

$$x_1 = -\dfrac{1}{2}(7 + 19x_3 + 7x_4), \quad x_2 = -\dfrac{1}{2}(3 + 13x_1 + 5x_4).$$

c) 若 $\lambda = 1$ 则方程组无解; 若 $\lambda \neq 1$ 则

$$x_1 = \dfrac{43 - 8\lambda}{8 - 8\lambda} - \dfrac{9}{8}x_3, \quad x_2 = \dfrac{5}{4 - 4\lambda} + \dfrac{x_3}{4}, \quad x_4 = \dfrac{5}{\lambda - 1}.$$

d) 若 $\lambda = 8$ 则 $x_2 = 4 + 2x_1 - 2x_4, x_3 = 3 - 2x_4$; 若 $\lambda \neq 8$ 则 $x_2 = 4 - 2x_4, x_3 = 3 - 2x_4, x_1 = 0$.

e) 若 $\lambda = 8$ 则 $x_3 = -1, x_4 = 2 - x_1 - \dfrac{3}{2}x_2$; 若 $\lambda \neq 8$ 则 $x_2 = \dfrac{4}{3} - \dfrac{2}{3}x_1, x_3 = -1, x_4 = 0$.

f) 若 $\lambda \neq 1, -2$ 则 $x_1 = x_2 = x_3 = 1/(\lambda + 2)$; 若 $\lambda = 1$ 则 $x_1 = 1 - x_2 - x_3$; 若 $\lambda = -2$ 则方程组无解.

g) 若 $\lambda \neq 1, -3$ 则 $x_1 = x_2 = x_3 = x_4 = 1/(\lambda + 3)$; 若 $\lambda = 1$ 则 $x_1 = 1 - x_2 - x_3 - x_4$; 若 $\lambda = -3$ 则方程组无解.

h) 若 $\lambda \neq 0, -3$ 则

$$x_1 = \dfrac{2 - \lambda^2}{\lambda(\lambda + 3)}, \quad x_2 = \dfrac{2\lambda - 1}{\lambda(\lambda + 3)}, \quad x_3 = \dfrac{\lambda^3 + 3\lambda^2 - \lambda - 1}{\lambda(\lambda + 3)};$$

若 $\lambda = 0$ 或 $\lambda = -3$ 则方程组无解.

i) 若 $\lambda \neq 0, -3$ 则 $x_1 = 2 - \lambda^2, x_2 = 2\lambda - 1, x_3 = \lambda^3 + 2\lambda^2 - \lambda - 1$; 若 $\lambda = 0$ 则 $x_1 = -x_2 - x_3$; 若 $\lambda = -3$ 则 $x_1 = x_2 = x_3$.

8.3. a) $^t(2, 3, 1)$[①].

b) 形如
$$^t(0, 0, 2, -1) + \alpha\, ^t(13, 0, 9, -1) + \beta\, ^t(0, 13, -27, 3)$$
的向量组.

c) 形如
$$^t(2, 1, -1, 0, 1) + \alpha\, ^t(1, 0, 4, 0, -1) + \beta\, ^t(0, 1, -8, 0, 2).$$
的向量组.

d) 形如 $^t(2, -2, 3, -1) + \alpha\, ^t(-13, 8, -6, 7)$ 的向量组.

e) $\varnothing$.

f) 形如下述的向量组
$$^t(1, 2, 22/5, 8/5) + \alpha\, ^t(5, 0, -17, -8) + \beta\, ^t(0, 5, 34, 16).$$

g) 形如下述的向量组
$$^t(-3, 1, 3/2, -1/2, -5/2) + \alpha\, ^t(1, 0, -2, -4, -4) + \beta\, ^t(0, 1, -1, -2, -2).$$

h) $^t(3, 0, -5, 11)$.

8.4. a) $x_1 = 8x_3 - 7x_4, x_2 = -6x_3 + 5x_4;$ $(^t(8, -6, 1, 0),\quad ^t(-7, 5, 0, 1))$.

b) 只有零解.

c) $x_1 = x_4 - x_5, x_2 = x_4 - x_6, x_3 = x_4;$
$$(^t(1, 1, 1, 1, 0, 0),\quad ^t(-1, 0, 0, 0, 1, 0),\quad ^t(0, -1, 0, 0, 0, 1)).$$

d) 若 $n = 3k$ 或 $n = 3k+1$ 则方程组只有零解; 若 $n = 3k+2$ 则通解为 $x_{3i} = 0, x_{3i+1} = -x_n, x_{3i+2} = x_n (i = 1, \cdots, k); (^t(-1, 1, 0, -1, 1, 0, \cdots, 0, -1, 1))$.

8.5. a) $(^t(7, -5, 0, 2), ^t(-7, 5, 1, 0))$.

b) $(^t(-9, 3, 4, 0, 0), ^t(-3, 1, 0, 2, 0), ^t(-2, 1, 0, 0, 1))$.

c) 核仅由零向量组成.

d) $(^t(-9, -3, 11, 0, 0), ^t(3, 1, 0, 11, 0), ^t(-10, 4, 0, 0, 11))$.

[①] 在答案中符号 ^tu 表示由行向量 u 转置得到的列向量.

e) $({}^t(0,1,3,0,0), {}^t(0,0,2,0,1))$.

f) $({}^t(-3,2,1,0,0), {}^t(-5,3,0,0,1))$.

8.6. a) $x_1 = x_2 = 1$.

b) $x_1 = 3, x_2 = -1$.

c) $x_1 = \cos(\alpha - \beta), x_2 = \sin(\alpha + \beta)$.

d) ${}^t\left(\dfrac{9}{4}, -\dfrac{3}{4}, -\dfrac{3}{4}\right)$.

e) $x_1 = 3, x_2 = 2, x_3 = 1$.

f) $x_1 = 3, x_2 = -2, x_3 = 2$.

8.7. $x^2 + 3x + 4$.

8.8. $x^3 + 3x^2 + 4x + 5$.

8.9. $-x^4 - x + 1$.

8.10. a) ${}^t(2,4,2)$. b) ${}^t(15,2,4)$.

8.11. 提示. 推导 Cramer 公式 $\Delta x_i = \Delta_i$ 并且用一个整数 u 乘这个公式的两边使得 $\Delta u + mv = 1$.

8.12. 提示. 如果 $d = a_{ij}$ 并且 $a_{ik} = dq + r(0 < r < |d|)$, 那么所给的矩阵能够经过初等行变换化简成有一个元素 $r < |d|$ 的矩阵; 因此第 i 行和第 j 列的所有元素能被 d 整除, 并且矩阵能化简成一个矩阵 B, 其中 $b_{11} = d, b_{1i} = b_{k1} = 0$; 如果 $b_{22} = dq + s(0 \leqslant s < |d|)$, 那么在从第一行减去第二行然后用 q 乘第一列加到第二列上后, 我们得到一个矩阵有元素 $-s$, 即 $s = 0$.

8.13. 提示. 利用习题 8.12 和它的证明.

8.14. 提示. 运用 Cramer 定理. 逆命题是不正确的: 一个方程 $2x = 2$ 组成的方程组在整数环上是确定的, 但是模 2 后是不确定的.

8.15. 提示. 一个方程 $4x = 2$ 组成的方程组没有整数解, 但是模任一素数它是相容的 (即有解).

8.16. a) 模 $p \neq 3$ 有唯一解; 若 $p = 3$ 则

$$x_1 = -1 + x_2 + x_3.$$

b) 模 $p \neq 3$ 有唯一解; 方程组模 3 无解.

c) 模 $p \neq 2$ 有唯一解; 模 $p = 2$ 方程组无解.

8.19. 提示. 利用前面习题的结果.

8.23. 运用习题 8.20 — 8.22.

8.24. a) $\{{}^t(1 - 3k - 2l, 2k, l) | k, l \in \mathbb{Z}\}$.

b) $\{{}^t(k, 0, 11(2k-1), -8(2k-1)) | k \in \mathbb{Z}\}$.

8.25. 提示. 利用习题 8.17.

8.26. 提示. 对于一列 X 用 $\|X\|$ 表示它的元素的模的最大值, 证明对于任意自然数 n, m 有
$$\|X_n - X_m\| < q\|X_{n-1} - X_{m-1}\|.$$
推导序列 X_n 收敛到 $AX = b$ 的解.

9.1. a) -16.   b) 0.   c) 1.   d) $\sin(\alpha-\beta)$.   e) 0.   f) 0.   g) $a^2+b^2+c^2+d^2$.

9.2. a) -8.   b) -50.   c) 16.   d) 0.   e) $3abc - a^3 - b^3 - c^3$.   f) 0.

g) $\sin(\beta - \gamma) + \sin(\gamma - \alpha) + \sin(\alpha - \beta)$.   h) -2.   i) 0.   j) $3\sqrt{3}i$.

10.1. a) 乘积带正号.

b) 乘积带负号.

c) 乘积不出现.

10.2. $i = 2, j = 3, k = 2$.

10.3. $2x^4 - 5x^3 + \cdots$

10.4. a) $a_{11}a_{22}\cdots a_{nn}$.   b) $(-1)^{n(n-1)/2}a_{1n}a_{2,n-1}\cdots a_{n1}$.

c) $abcd$.   d) $abcd$.   e) 0.

10.6. 1.

11.1. a) 行列式用 $(-1)^n$ 乘.

b) 不改变.

c) 不改变. 提示. 这个变换能够用关于水平中线和垂直中线的对称以及关于主对角线的对称代替.

d) 不改变.

e) 用 $(-1)^{n(n-1)/2}$ 乘.

11.2. a) 行列式用 $(-1)^{n-1}$ 乘.

b) 用 $(-1)^{n(n-1)/2}$ 乘.

11.3. a),b) 行列式不改变.

c) 变成 0.

d) 偶阶行列式变成 0, 奇阶行列式变成两倍.

11.4. 提示. 把行列式转置并且从每一行提出因子 -1.

11.5. 提示. 例如, 利用等式 $20604 = 2 \cdot 10^4 + 6 \cdot 10^2 + 4$.

11.6. 0. 提示. 第 4 行等于第 1 行和第 3 行的和的一半.

11.7. 0.

11.10. a) $a_1a_2\cdots a_n + (a_1a_2\cdots a_{n-1} + a_1\cdots a_{n-2}a_n + \cdots + a_2a_3\cdots a_n)x$.
提示. 按照最后一行元素把行列式分解成两个行列式的和.

b) $x^n + (a_1 + \cdots + a_n)x^{n-1}$.

c) 若 $n > 2$ 则 $D_n = 0, D_1 = 1 + x_1y_1, D_2 = (x_1 - x_2)(y_1 - y_2)$

d) 若 $n > 1$ 则为 0. **提示**. 按照每一列的元素把行列式分解成行列式的和.

e) $1 + \sum_{i=1}^{n}(a_i + b_i) + \sum_{1 \leqslant i < k \leqslant n}(a_i - a_k)(b_k - b_i)$. **提示**. 按照第一行的元素把行列式分解成两个行列式的和.

f) $1 + x_1y_1 + \cdots + x_ny_n$.

12.1. $8a + 15b + 12c - 19d$.

12.2. $2a - 8b + c + 5d$.

12.3. a) $x^n + (-1)^{n+1}y^n$. **提示**. 按照第 1 列元素分解行列式.

b) $a_0x_1x_2x_3\cdots x_n + a_1y_1x_2x_3\cdots x_n + a_2y_1y_2x_3\cdots x_n + \cdots + a_ny_1y_2y_3\cdots y_n$.
提示. 按照第 1 行的元素分解行列式, 并且运用下 (上) 三角形行列式的定理, 或者按照最后一列的元素分解行列式并且结合递推关系.

c) $a_0x^n + a_1x^{n-1} + \cdots + a_n$. **提示**. 按照第 1 列的元素分解行列式.

d) $n!(a_0x^n + a_1x^{n-1} + \cdots + a_n)$.

e) $\dfrac{x^{n+1}-1}{(x-1)^2} - \dfrac{n+1}{x-1}$. f) $\dfrac{nx^n}{x-1} - \dfrac{x^n-1}{(x-1)^2}$.

g) $a_1a_2\cdots a_n - a_1a_2\cdots a_{n-1} + a_1a_2\cdots a_{n-2} - \cdots + (-1)^{n-1}a_1 + (-1)^n$.
提示. 按照第 1 列的元素分解行列式, 或者按照最后一列的元素分解行列式, 然后在第一个行列式中转移最后一行到第一行的位置并且结合递推关系.

h) $\prod_{i=1}^{n}(a_ia_{2n+1-i} - b_ib_{2n+1-i})$.

i) $a_1a_2\cdots a_n\left(a_0 - \dfrac{1}{a_1} - \dfrac{1}{a_2} - \cdots - \dfrac{1}{a_n}\right)$.

12.4. 提示. 证明 $D_n = D_{n-1} + D_{n-2}$.

13.1. a) 301.   b) –153.   c) 1932.

d) –336.   e) –7497. **提示**. 得到上三角形行列式.

f) 10.   g) –18016.   h) 1.   i) –2639.

j) $\dfrac{28}{81}$.   k) 1.   l) –21.   m) 60.

n) 78.   o) –924.   p) 800.   q) 301.

13.2. a) $n!$

b) $(-1)^{n-1}n!$. **提示**. 从所有其他行 (或列) 减去最后一行 (或最后一列).

c) $(-1)^{\frac{n(n-1)}{2}}b_1b_2\cdots b_n$.

d) $x_1(x_2-a_{12})(x_3-a_{23})\cdots(x_n-a_{n-1,n})$. **提示**. 从最后一行开始, 每行减去前一行.

e) $(-1)^{n(n-1)/2}n$. **提示**. 从最后一列开始, 每列减去前一列.

f) $\prod_{k=1}^{n}(1-a_{kk}x)$.

g) $(-1)^{\frac{n(n+1)}{2}}(n+1)^{n-1}$. **提示**. 把所有列加到第 1 列.

h) $[(a+(n-1)b)](a-b)^{n-1}$.

i) $b_1b_2\cdots b_n$.

13.3. $(-nh)^{n-1}\left[a+\dfrac{n-1}{2}h\right]$. **提示**. 从前 $n-1$ 行的每一行减去下一行, 然后把所有这些 $n-1$ 行加起来.

14.1. a) $n+1$.

b) $2^{n+1}-1$.

c) $9-2^{n+1}$.

d) $5\cdot 2^{n-1}-4\cdot 3^{n-1}$.

e) $2^{n+1}-1$.

f) 当 $\alpha\neq\beta$ 时为 $\dfrac{\alpha^{n+1}-\beta^{n+1}}{\alpha-\beta}$; 当 $\alpha=\beta$ 时为 $(n+1)\alpha^n$.

g),h) $\prod_{k=1}^{n}k!$.

i) $\prod_{n\geqslant i>k\geqslant 1}(x_i-x_k)$.

j) $\prod_{1\leqslant i<k\leqslant n+1}(a_ib_k-a_kb_i)$.

k) $\left(\sum x_{\alpha_1}x_{\alpha_2}\cdots x_{\alpha_{n-s}}\right)\prod_{n\geqslant i>k\geqslant 1}(x_i-x_k)$, 其中和遍历从 n 个事物中同时取出 $n-s$ 个的组合 $\alpha_1,\cdots,\alpha_{n-s}$.

提示. 添加一行 $1,z,z^2,\cdots,z^{s-1},z^s,z^{s+1},\cdots,z^n$ 和一列 ${}^t(z^s,x_1^s,\cdots,x_n^s)$. 用两种方式计算得到的行列式: 按照添加的行元素分解行列式, 作为 Vandermonde 行列式; 比较 z^s 的系数.

l) $[2x_1x_2\cdots x_n-(x_1-1)(x_2-1)\cdots(x_{n-1})]\prod_{n\geqslant i>k\geqslant 1}(x_i-x_k)$.

提示. 添加第 1 行 $1,0,0,\cdots,0$ 和第 1 列其元素全为 1, 从其他列减去第 1

列, 然后把左上角元素 1 表示成 $2-1$, 把第 1 列的其余元素写成 $0-1$, 从而按照第 1 行元素把行列式表示成两个行列式的差.

m) $(-1)^{n-1}(n-1)x^{n-2}$.

n) $\dfrac{x(a-y)^n - y(a-x)^n}{x-y}$.

15.1. $(a^2+b^2+c^2+d^2)^2$. **提示**. 用它的转置乘这个矩阵. 在行列式的展开式中求出 a^4 的系数.

15.2. a) 当 $n>2$ 时为 0, 当 $n=2$ 时为 $\sin(\alpha_1-\alpha_2)\sin(\beta_1-\beta_2)$.

b) $\prod\limits_{n\geqslant i>k\geqslant 1}(a_i-a_k)(b_i-b_k)$.

c) $\binom{n}{1}\binom{n}{2}\cdots\binom{n}{n}\prod\limits_{n\geqslant i>k\geqslant 0}(a_k-a_i)(b_i-b_k)$.

d) $\prod\limits_{n\geqslant i>k\geqslant 1}(x_i-x_k)^2$.

15.3. 提示. 用 Vandermonde 行列式去乘.

15.4. a) $(a+b+c+d)(a-b+c-d)(a+bi-c-di)(a-bi-c+di) = a^4-b^4+c^4-d^4-2a^2c^2+2b^2d^2-4a^2bd+4b^2ac-4c^2bd+4d^2ac$.

提示. 利用习题 15.3.

b) $(1-\alpha^n)^{n-1}$. **提示**. 利用习题 15.3 和等式

$$(1-\alpha\varepsilon_1)(1-\alpha\varepsilon_2)\cdots(1-\alpha\varepsilon_n)=1-\alpha^n.$$

16.1. a) 2. **提示**. 说明在行列式的展开式中带正号的所有三项不可能都等于 1; 考虑主对角线上的元素都是 0 且其余元素都是 1 的行列式.

b) 4. **提示**. 考虑在行列式的展开式中带正号的项的乘积和带负号的项的乘积; 计算行列式, 它的主对角线上的元素都等于 -1 且其他所有元素是 1.

16.2. 提示. 利用行列式的展开式.

16.4. 提示. 把关于行列式的乘积的定理应用到乘积 $A\widehat{A}$.

16.5. 提示. 把 $\det C$ 按照列的元素分解成 n^m 个行列式的和. 在每一个行列式中从第 j 列提出因子 b_{jk_j}. 说明 $\det C = \sum\limits_{k_1,\cdots,k_m=1}^{n} b_{1k_1}\times\cdots\times b_{mk_m}A_{k_1,\cdots,k_m}$. 注意如果 $m>n$, 那么在 $k_1,\cdots,k_m$ 中间存在相等的数, 因此 $A_{k_1,\cdots,k_m}=0$. 第二种方法: 如果 $m>n$, 那么把 A 和 B 添上 $m-n$ 个零列成为方阵并且运用行列式的乘积定理.

16.6 和 16.7. 利用习题 16.5.

16.8. 提示. 按照最后一行的元素分解.

16.9. 提示. 首先证明

$$\begin{vmatrix} a_{11}+x & \cdots & a_{1n}+x \\ \vdots & \ddots & \vdots \\ a_{n1}+x & \cdots & a_{nn}+x \end{vmatrix} = \begin{vmatrix} a_{11} & \cdots & a_{1n} \\ \vdots & \ddots & \vdots \\ a_{n1} & \cdots & a_{nn} \end{vmatrix} + x\sum_{i,j}A_{ij},$$

然后在等式的左半边和右半边的第一项从所有其他行减去第 1 行, 并且令 $x=1$.

16.11. 提示. 在 D 的 k 个行组 (每组 n 行) 上实行交换把行列式 A 化简成三角形; 按照行指标为 $n, 2n, \cdots, kn$ 的元素用 Laplace 定理分解所得到的行列式.

16.12. a) $a_1, \cdots, a_n$ 的所有可能的乘积之和, 其中一个包含所有元素, 其余项从它通过消去一个或几个有相邻指标的因子得到 (如果所有因子被消去, 那么这个数目假设等于 1). **提示**. 运用递推关系

$$(a_1 \cdots a_n) = a_n(a_1 \cdots a_{n-1}) + (a_1 \cdots a_{n-2}).$$

b) $(a_1 a_2 \cdots a_n) = (a_1 a_2 \cdots a_k)(a_{k+1} a_{k+2} \cdots a_n)$

$\qquad + (a_1 a_2 \cdots a_{k-1})(a_{k+2} a_{k+3} \cdots a_n).$

c) **提示**. 用归纳法.

16.13. 提示. 在矩阵 $(C|D)$ 的行向量组线性相关的情形, 经过初等行变换把它化简成有零行的矩阵. 运用这些初等变换到 ^tD 和 ^tC 的列上; 得到的矩阵不同于 $A \cdot {}^tD - B \cdot {}^tC$, 它们相差一个非奇异矩阵因子.

在子式

$$\begin{vmatrix} c_{1i_1} & \cdots & c_{1i_k} & d_{1j_1} & \cdots & d_{1j_l} \\ \vdots & \ddots & \vdots & \vdots & \ddots & \vdots \\ c_{ni_1} & \cdots & c_{ni_k} & d_{nj_1} & \cdots & d_{nj_l} \end{vmatrix} \neq 0$$

$(k+l=n, i_s \neq j_t)$ 的情形, 考虑乘积 $\begin{pmatrix} A & B \\ C & D \end{pmatrix} \cdot \begin{pmatrix} {}^tD & K \\ -{}^tC & L \end{pmatrix}$, 其中

$$(K|L) = \begin{pmatrix} 0 & \cdots & c'_{1i_1} & \cdots & c'_{1i_k} & \cdots & 0 & \cdots & d'_{1j_1} & \cdots & 0 & \cdots & d'_{1j_l} & \cdots & 0 \\ \vdots & \ddots & \vdots & \ddots & \vdots & \ddots & \vdots & \ddots & \vdots & \ddots & \vdots & \ddots & \vdots & \ddots & \vdots \\ 0 & \cdots & c'_{ni_1} & \cdots & c'_{ni_k} & \cdots & 0 & \cdots & d'_{nj_1} & \cdots & 0 & \cdots & d'_{nj_l} & \cdots & 0 \end{pmatrix},$$

$\begin{pmatrix} c'_{1i_1} & \cdots & c'_{ni_1} \\ \vdots & \ddots & \vdots \\ d'_{1j_l} & \cdots & d'_{nj_l} \end{pmatrix}$ 是 $\begin{pmatrix} c_{1i_1} & \cdots & d_{1j_l} \\ \vdots & \ddots & \vdots \\ c_{ni_1} & \cdots & d_{nj_l} \end{pmatrix}$ 的逆.

16.14. 提示. 考虑乘积 $\begin{pmatrix} A & B \\ C & D \end{pmatrix} \cdot \begin{pmatrix} C^{-1} & D \\ 0 & -C \end{pmatrix}$ 或者乘积 $\begin{pmatrix} A & B \\ C & D \end{pmatrix} \cdot \begin{pmatrix} D & 0 \\ -C & D^{-1} \end{pmatrix}$.

16.15. $\left[(c-a)^n - \binom{n-1}{1}(c-a)^{n-2} + \binom{n-2}{2}(c-a)^{n-4} + \cdots\right]$

$\times \left[(c+a)^n - \binom{n-1}{1}(c+a)^{n-2} + \binom{n-2}{2}(c+a)^{n-4} - \cdots\right].$

提示. 利用等式

$$\begin{vmatrix} cE & A \\ A & cE \end{vmatrix} = |c^2 E - A^2| = |cE - A||cE + A|.$$

16.16. 提示. 在从初始矩阵通过在下面添加一行 $1, x, \cdots, x^{n+1}$ 得到的行列式 D_{n+2} 中，从每一列减去前一列. 证明 $D_{n+2} = (x-1)D_n$. 按照最后一行的元素分解 D_{n+2}.

16.17. 提示. 按照最后一列的元素分解行列式 D_{2k+1}, 并且说明 $-D_1, D_2, -D_3, D_4 \cdots$ 是同一个线性方程组的解，其系数是分解式 $x/(e^x - 1) = 1 + b_1 x + b_2 x^2 + b_3 x^3 + \cdots$ 的系数. 运用恒等式

$$1 = (1 + b_1 x + b_2 x^2 + b_3 x^3 + \cdots)\left(1 + \frac{x}{2!} + \frac{x^2}{3!} + \frac{x^3}{4!} + \cdots\right).$$

注意 $b_1 = -\frac{1}{2}$ 并且 $x/(e^x - 1) - 1 + \frac{1}{2}x$ 是偶函数.

16.18. 提示. 把每个行列式平方.

16.19. a),b) $P_n = Q_n = 1$. 提示. 证明 $Q_n = P_n^2$.

16.20. 提示. 应用 Gauss 公式 $n = \sum_{d|n} \varphi(d)$ 并且证明

$$d_{ij} = \sum_{k=1}^{n} p_{ki} \cdot p_{kj} \cdot \varphi(k),$$

其中当 i 整除 j 时 $p_{ij} = 1$, 当 i 不能整除 j 时 $p_{ij} = 0$; 分解行列式成为 n^n 个行列式的和.

16.21. 提示. 检验

$$A = \det\left(\frac{1}{1 - x_i y_j}\right)_{i,j=1,\cdots,n} \prod_{i,j=1}^{n}(1 - x_i y_i)$$

是 $x_1,\cdots,x_n,y_1,\cdots,y_n$ 的整系数多项式, 它是 $x_1,\cdots,x_n$ 和 $y_1,\cdots,y_n$ 的反对称多项式. 因此

$$A = b\Delta(x_1,\cdots,x_n)\Delta(y_1,\cdots,y_n),$$

其中 b 是 $x_1,\cdots,y_n$ 的一个多项式. 比较 A 和 $\Delta(x_1,\cdots,x_n)\Delta(y_1,\cdots,y_n)$ 的次数, 并且证明 $b = 1$.

17.1. a) $\begin{pmatrix} 1 & n+m \\ 0 & 1 \end{pmatrix}$. b) $\begin{pmatrix} \cos(\alpha+\beta) & -\sin(\alpha+\beta) \\ \sin(\alpha+\beta) & \cos(\alpha+\beta) \end{pmatrix}$. c) $\begin{pmatrix} 1 & 0 \\ 0 & 1 \\ -1 & 0 \end{pmatrix}$.

d) $\begin{pmatrix} 6 & 14 & -2 \\ 10 & -19 & 17 \end{pmatrix}$. e) $\begin{pmatrix} 6 & 8 & 6 \\ 8 & 19 & 8 \\ 6 & 8 & 6 \end{pmatrix}$. f) $\begin{pmatrix} 7 & 5 & 0 \\ -7 & -5 & 0 \\ 14 & 10 & 0 \end{pmatrix}$.

g) $\begin{pmatrix} 3 & 3 & 0 & 0 \\ 3 & 3 & 0 & 0 \\ 0 & 0 & -2 & 2 \\ 0 & 0 & 2 & -2 \end{pmatrix}$. h) $\begin{pmatrix} 2 & 4 & 0 & 0 \\ 3 & 7 & 0 & 0 \\ 0 & 0 & 0 & 7 \\ 0 & 0 & -2 & 3 \end{pmatrix}$.

17.2. a) $\begin{pmatrix} -1 & -4 & -1 \\ 2 & 9 & -7 \\ 13 & -9 & 15 \end{pmatrix}$. b) $\begin{pmatrix} 7 & 4 & 5 & 11 \\ 6 & 4 & -1 & 6 \\ 0 & 0 & 6 & 12 \\ -1 & 2 & 1 & 3 \end{pmatrix}$.

17.3. a) $\begin{pmatrix} 9 & 0 & 0 \\ 0 & 9 & 0 \\ 0 & 0 & 9 \end{pmatrix}$. b) $\begin{pmatrix} 0 & 0 & 1 & 0 \\ 0 & 0 & 0 & 1 \\ 0 & 0 & 0 & 0 \\ 0 & 0 & 0 & 0 \end{pmatrix}$. c) $\begin{pmatrix} 4 & 0 & 0 & 0 \\ 0 & 4 & 0 & 0 \\ 0 & 0 & 4 & 0 \\ 0 & 0 & 0 & 4 \end{pmatrix}$. d) $\begin{pmatrix} 0 & 0 & 2 & 0 \\ 0 & 0 & 0 & 6 \\ 0 & 0 & 0 & 0 \\ 0 & 0 & 0 & 0 \end{pmatrix}$.

17.4. a) $\begin{pmatrix} \cos n\alpha & \sin n\alpha \\ -\sin n\alpha & \cos n\alpha \end{pmatrix}$. 提示. 运用归纳法.

b) $\begin{pmatrix} \lambda^n & n\lambda^{n-1} \\ 0 & \lambda^n \end{pmatrix}$.

c) $\begin{pmatrix} 3n+1 & -n \\ 9n & -3n+1 \end{pmatrix}$. 提示. 注意第一个和第三个矩阵互为逆矩阵, 因此方幂是 n 个因子矩阵的乘积.

17.5. a) $\begin{pmatrix} 1 & 4 & 0 \\ 0 & 1 & 0 \\ 1 & 4 & 0 \end{pmatrix}$. b) $\begin{pmatrix} 18 & 18 & 18 \\ 18 & 18 & 18 \\ 18 & 18 & 18 \end{pmatrix}$.

17.7. 如果 $k \leqslant n-1$, 那么 $H^k = \begin{pmatrix} 0 & E \\ 0 & 0 \end{pmatrix}$, 其中 E 是 $n-k$ 阶单位矩阵; 如果 $k \geqslant n$, 那么 $H^k = 0$.

17.8. 提示. 把 $f(x)$ 表示成下述形式
$$f(x) = \sum_{k=0}^{n} \frac{f^{(k)}(\lambda)}{k!}(x-\lambda)^k$$
并且把 J 表示成 $J = \lambda E + H$, 其中 H 是习题 17.7 中的 n 阶方阵. 利用习题 17.7.

17.10. a) $\begin{pmatrix} 3 & 1 \\ -4 & -1 \end{pmatrix}$. b) $\begin{pmatrix} 1 & 1 & 5 \\ 0 & 1 & 6 \\ 0 & 0 & 1 \end{pmatrix}$.

17.11. a) $\begin{pmatrix} 2 & 1 \\ -4 & -2 \end{pmatrix}$. b) $\begin{pmatrix} 0 & 1 & -\frac{1}{2} & \frac{1}{3} & -\frac{1}{4} & \cdots & \frac{(-1)^n}{n-1} \\ 0 & 0 & 1 & -\frac{1}{2} & \frac{1}{3} & \cdots & \frac{(-1)^n}{n-2} \\ 0 & 0 & 0 & 1 & -\frac{1}{2} & \cdots & \frac{(-1)^n}{n-3} \\ \cdots\cdots\cdots\cdots\cdots\cdots\cdots\cdots \\ 0 & 0 & 0 & 0 & 0 & \cdots & 1 \\ 0 & 0 & 0 & 0 & 0 & \cdots & 0 \end{pmatrix}$.

17.14. $\sum_{k} a_{jk} E_{ik}$.

17.15. $\sum_{k} a_{ki} E_{kj}$.

17.16 和 17.17. 提示. 利用习题 17.14 和 17.15.

17.18. 提示. 证明 A 与 $E+E_{ij}(i \neq j)$ 可交换当且仅当 A 与 E_{ij} 可交换. 运用习题 17.16.

17.19. $A = 0$. **提示**. 在用 E_{ji} 右乘 A 之后得到的矩阵的主对角线上仅有的非零元是 a_{ij}.

17.21. 提示. 利用习题 17.20.

17.22. 当 $\lambda = 0$. **提示**. 利用习题 17.20.

17.24. 提示. $\mathrm{tr}[A,B] = 0$. 计算迹为 0 的矩阵的平方.

17.25. $\begin{pmatrix} AA_1 + BC_1 & AB_1 + BD_1 \\ CA_1 + DC_1 & CB_1 + DD_1 \end{pmatrix}$.

17.26. 提示. 求 $A^t A$ 与 ${}^t A A$ 的主对角元.

17.27. 提示. 设 $B = (b_{ij})$. 根据假设当 $i > j$ 时 $b_{ij} = 0$, 对一切 i 有 $b_{ii} \neq 0$.

因此当 $j \geqslant i+k$ 时有 $b_{1i}b_{1j} + \cdots + b_{ii}b_{ij} = 0$. 对 i 用归纳法证明 $b_{ij} = 0$.

17.28. 提示. 注意当 $i \neq j$ 时 $E_{ij} = [E_{ij}, E_{jj}]$, 并且迹为 0 的矩阵 $\mathrm{diag}(\alpha_1, \cdots, \alpha_n)$ 等于 $\sum_{i=2}^{n} \alpha_i(E_{ii} - E_{11}) = \sum_{i=2}^{n} \alpha_i[E_{i1}, E_{1i}]$.

17.29. $A = \mathrm{diag}(h_1, \cdots, h_n)$,

$$B = \begin{pmatrix} 0 & 0 & 0 & \cdots & 0 & 0 \\ h_1 & 0 & 0 & \cdots & 0 & 0 \\ 0 & h_1+h_2 & 0 & \cdots & 0 & 0 \\ 0 & 0 & h_1+h_2+h_3 & \cdots & 0 & 0 \\ \multicolumn{6}{c}{\dotfill} \\ 0 & 0 & 0 & \cdots & 0 & 0 \\ 0 & 0 & 0 & \cdots & \sum_{k=1}^{n-1} h_k & 0 \end{pmatrix},$$

其中 $h_k = (n - 2k + 1)/2$.

18.1. a) $X = \begin{pmatrix} 2 & 3 \\ 0 & 2 \end{pmatrix}, Y = \begin{pmatrix} -1 & -2 \\ 0 & -1 \end{pmatrix}$.

b) $Y = 2X + \begin{pmatrix} 0 & -1 \\ 1 & 0 \end{pmatrix}$, 其中 X 是任一 2 阶矩阵.

18.3. a) $\begin{pmatrix} 1 & 1 \\ 0 & 0 \end{pmatrix}$. b) $\begin{pmatrix} 11 & 3 \\ -24 & -7 \end{pmatrix}$. c) $\begin{pmatrix} a & b \\ 2a-1 & 2b-3 \end{pmatrix} (a, b \in \mathbb{R})$.

d) $\varnothing$.

e) $\begin{pmatrix} -1 & 2 \\ 0 & 0 \end{pmatrix}$. f) $\begin{pmatrix} 6 & 4 & 5 \\ 2 & 1 & 2 \\ 3 & 3 & 3 \end{pmatrix}$. g) $\begin{pmatrix} 1 & 2 & 3 \\ 4 & 5 & 6 \\ 7 & 8 & 9 \end{pmatrix}$. h) $\begin{pmatrix} 1 & 1 & \cdots & 1 \\ 0 & 1 & \cdots & 1 \\ \multicolumn{4}{c}{\dotfill} \\ 0 & 0 & \cdots & 1 \end{pmatrix}$.

i) $\begin{pmatrix} -3 & 2 & 0 \\ -4 & 5 & -2 \\ -5 & 3 & 0 \end{pmatrix}$. j) $\frac{1}{6}\begin{pmatrix} 9 & -1 & 5 \\ 6 & 2 & -4 \\ -9 & 3 & 3 \end{pmatrix}$. k) $\frac{1}{3}\begin{pmatrix} 0 & 2 & -1 \\ 0 & -1 & 2 \\ 0 & 0 & 0 \end{pmatrix}$.

l) $\begin{pmatrix} 0 & 1 & 0 \\ 0 & 2 & 0 \\ 0 & 3 & 0 \end{pmatrix}$. m) $\frac{1}{18}\begin{pmatrix} 1 & 7 & -5 \\ 7 & -5 & 1 \\ -5 & 1 & 7 \end{pmatrix}$. n) $\begin{pmatrix} 1 & 1 & -2 \\ 4 & -2 & 4 \\ -6 & 2 & 3 \end{pmatrix}$.

18.4. 提示. 运用 Kroneker-Capelli 定理.

18.5. 提示. 对增广矩阵 $(A|B)$ 施行初等行变换把 A 化简成行阶梯形.

18.6. 提示. 假设矩阵 A 是行阶梯形矩阵, 指出一个矩阵 B.

18.8. a) $\begin{pmatrix} 1 & -3 \\ 0 & 1 \end{pmatrix}$. b) $\begin{pmatrix} 1 & 0 \\ -\frac{3}{2} & \frac{1}{2} \end{pmatrix}$. c) $\begin{pmatrix} -5 & 2 \\ 3 & -1 \end{pmatrix}$. d) $\begin{pmatrix} 7 & -3 \\ -2 & 1 \end{pmatrix}$.

e) $\begin{pmatrix} \frac{1}{5} & 0 & 0 \\ 0 & \frac{1}{3} & 0 \\ 0 & 0 & -\frac{1}{2} \end{pmatrix}$. f) $\begin{pmatrix} 1 & 0 & 0 \\ 0 & 1 & 0 \\ -3 & 0 & 1 \end{pmatrix}$. g) $\begin{pmatrix} \frac{1}{6} & 0 & 0 \\ 0 & -5 & 2 \\ 0 & 3 & -1 \end{pmatrix}$.

h) $\begin{pmatrix} 7 & -3 & 0 \\ -2 & 1 & 0 \\ 0 & 0 & \frac{1}{7} \end{pmatrix}$. i) $\begin{pmatrix} 1 & -1 & 0 \\ 0 & 1 & 0 \\ 0 & -1 & \frac{1}{3} \end{pmatrix}$. j) $\begin{pmatrix} \frac{1}{2} & 0 & 0 \\ -\frac{3}{2} & 1 & -\frac{1}{2} \\ 0 & 0 & \frac{1}{2} \end{pmatrix}$.

k) $\begin{pmatrix} \cos\alpha & \sin\alpha \\ -\sin\alpha & \cos\alpha \end{pmatrix}$.

18.9. a) $\begin{pmatrix} 1 & 0 & 0 & 0 \\ 0 & 0 & 0 & 1 \\ 0 & 1 & 0 & 0 \\ 0 & 0 & 1 & 0 \end{pmatrix}$. b) $\begin{pmatrix} 0 & 1 & 0 & 0 \\ 0 & 0 & 0 & 1 \\ 1 & 0 & 0 & 0 \\ 0 & 0 & 1 & 0 \end{pmatrix}$. c) $\begin{pmatrix} \frac{1}{2} & 0 & 0 & 0 \\ 0 & 0 & \frac{1}{2} & 0 \\ 0 & 0 & 0 & 1 \\ 0 & 1 & 0 & 0 \end{pmatrix}$.

d) $\begin{pmatrix} 0 & 0 & 1 & 0 \\ 0 & 0 & 0 & \frac{1}{3} \\ 0 & \frac{1}{2} & 0 & 0 \\ -1 & 0 & 0 & 0 \end{pmatrix}$. e) $\begin{pmatrix} 1 & -1 & 0 & \cdots & 0 & 0 \\ 0 & 1 & -1 & \cdots & 0 & 0 \\ \cdots & \cdots & \cdots & \cdots & \cdots & \cdots \\ 0 & 0 & 0 & \cdots & 1 & -1 \\ 0 & 0 & 0 & \cdots & 0 & 1 \end{pmatrix}$.

f) $\begin{pmatrix} 1 & 0 & 0 & 0 & \cdots & 0 & 0 & 0 \\ -1 & 1 & 0 & 0 & \cdots & 0 & 0 & 0 \\ 1 & -1 & 1 & 0 & \cdots & 0 & 0 & 0 \\ -1 & 1 & -1 & 1 & \cdots & 0 & 0 & 0 \\ \cdots & \cdots & \cdots & \cdots & \cdots & \cdots & \cdots & \cdots \\ \cdots & \cdots & \cdots & \cdots & 1 & 0 & 0 \\ \cdots & \cdots & \cdots & \cdots & -1 & 1 & 0 \\ \cdots & \cdots & \cdots & \cdots & 1 & -1 & 1 \end{pmatrix}$.

g) $\begin{pmatrix} 1 & -1 & 1 \\ -38 & 41 & 34 \\ 27 & -29 & 24 \end{pmatrix}$. h) $\begin{pmatrix} -8 & 29 & -11 \\ -5 & 18 & -7 \\ 1 & -3 & 1 \end{pmatrix}$.

i) $\begin{pmatrix} \frac{7}{3} & 2 & -\frac{1}{3} \\ \frac{5}{3} & -1 & -\frac{1}{3} \\ -2 & 1 & 1 \end{pmatrix}$. j) $\frac{1}{9}\begin{pmatrix} 1 & 2 & 2 \\ 2 & 1 & -2 \\ 2 & -2 & 1 \end{pmatrix}$.

k) $\begin{pmatrix} 22 & -6 & -26 & 17 \\ -17 & 5 & 20 & -13 \\ -1 & 0 & 2 & -1 \\ 4 & -1 & -5 & 3 \end{pmatrix}$.

18.10. a) $\begin{pmatrix} A^{-1} & 0 \\ -C^{-1}BA^{-1} & C^{-1} \end{pmatrix}$. b) $\begin{pmatrix} A^{-1} & -A^{-1}BC^{-1} \\ 0 & C^{-1} \end{pmatrix}$.

18.11. a) $\begin{pmatrix} -3 & 2 & 0 & 0 \\ 2 & -1 & 0 & 0 \\ 8 & -\frac{9}{2} & 1 & -\frac{3}{2} \\ -1 & \frac{1}{2} & 0 & \frac{1}{2} \end{pmatrix}$. b) $\begin{pmatrix} -1 & 3 & -8 & 3 \\ 1 & -2 & 4 & -1 \\ 0 & 0 & 2 & -1 \\ 0 & 0 & 1 & -1 \end{pmatrix}$.

18.13. a) ± 1. b) 酉矩阵的行列式的值是模为 1 的复数.

18.14. ± 1.

18.15. 提示. 利用伴随矩阵 $\widehat{A}$.

a) $\begin{pmatrix} t^3 & -1-t \\ -1-t^2 & 1-t \end{pmatrix}$. b) $\begin{pmatrix} -1+t & 0 & 1-t \\ 0 & 2t^2 & -2t \\ -1+t & -2t & 1+t \end{pmatrix}$.

18.16. b) 提示. 注意如果 $\det A = 0$, 那么线性方程组 $\sum_{j=1}^{n} a_{ij}x_j = 0$ 有非零解.

18.17. 提示. 令 $C = (E+AB)^{-1}$, 去证明

$$(E - BCA)(E + BA) = E.$$

18.18. 提示. 比较 AB 和 BA 的秩与 A 和 B 的秩.

18.19. 提示. 运用习题 18.4.

18.20. 提示. 利用初等矩阵的乘法与初等变换之间的对应.

18.22. 提示. 设 $A = (a_{ij}), B = (b_{ij})$ 是 n 阶矩阵. 利用习题 16.6 可以证明 $\widehat{(AB)}$ 的 (i,j) 元等于 $(\widehat{B}\widehat{A})$ 的 (i,j) 元, 从而得到第一个等式. 利用 $A\widehat{A} = (\det A)E$ 可证明第二个等式. 利用 ${}^tA$ 的 (j,i) 元的代数余子式等于 A 的 (i,j) 元的代数余子式可证明第三个等式.

18.23. 提示. 应用习题 11.10 f).

18.24. 提示. 设 B_i 是从 B 去掉第 i 个分量得到的长为 $n-1$ 的行. 证明对某个 $i, C_i \cdot {}^tB_i \neq -1$. 应用习题 18.23 指出一个 $n-1$ 阶非零子式.

19.2. a) $\begin{pmatrix} 1 & 0 \\ 4 & 1 \end{pmatrix} \cdot \begin{pmatrix} 1 & 0 \\ 0 & -3 \end{pmatrix} \cdot \begin{pmatrix} 1 & 2 \\ 0 & 1 \end{pmatrix}$.

b) $(E-E_{12})(E+E_{21})(E-2E_{22})(E+E_{12})(E+E_{31})(E+E_{32})(E-3E_{33})(E+E_{13})(E+2E_{33})$. 提示. 利用习题 17.13.

19.3. a) $\begin{pmatrix} 1 & 4 & 9 & 16 \\ 1 & 6 & 15 & 28 \\ 1 & 4 & 12 & 32 \\ 1 & 2 & 3 & 4 \end{pmatrix}$. b) $\begin{pmatrix} 1 & 2 & 3 & 4 \\ 2 & 6 & 10 & 14 \\ 3 & 6 & 12 & 24 \\ 4 & 4 & 4 & 4 \end{pmatrix}$.

c) $\begin{pmatrix} -5 & 2 & 3 & 4 \\ -10 & 3 & 5 & 7 \\ -15 & 2 & 4 & 8 \\ 0 & 1 & 1 & 1 \end{pmatrix}$. d) $\begin{pmatrix} 1 & 2 & 3 & 4 \\ 2 & 5 & 8 & 11 \\ 3 & 6 & 10 & 16 \\ -2 & -5 & -8 & 11 \end{pmatrix}$.

19.6. 提示. 利用习题 19.4.

19.8. 在可交换矩阵的情形.

19.9. 提示. 对于 Y 的构造利用矩阵 U, V 使得 $UXV = E_{11} + \cdots + E_{rr}$.

19.12. 是的, 如果 $n \geqslant 3$.

19.14. $\{\alpha E_{1,n-1} | \alpha \in K\}$.

19.15. 提示. 运用习题 17.6 的二项式定理. 对于非交换的幂零矩阵这个命题是不对的.

19.17. 提示. 如果 $A^n = 0$ 那么 $\det A = 0$. 利用习题 18.2.

19.19. 提示. 运用无限几何级数的和的公式.

19.20. 提示. 利用习题 19.19.

19.22. 提示. 看习题 19.17 和 19.19.

19.23. 对于非交换的周期矩阵这个命题是不对的.

19.27. 提示. 利用初等变换计算逆矩阵.

19.28. 如果 $\det(CD) \neq 0$, 那么

$$\det\begin{pmatrix} A & B \\ C & D \end{pmatrix} \det\begin{pmatrix} D & 0 \\ 0 & C \end{pmatrix} = \det\begin{pmatrix} AD & BC \\ CD & DC \end{pmatrix}$$

$$= \det\begin{pmatrix} AD - BC & BC \\ 0 & CD \end{pmatrix} = \det(AD - BC)\det(CD).$$

20.1. a) $1 + 18i$.   b) $4i$.   c) $7 + 17i$.   d) $10 - 11i$.

e) $14 - 5i$.   f) $5 + i$.   g) $\dfrac{13}{2} - \dfrac{1}{2}i$.   h) $\dfrac{11}{5} - \dfrac{27}{5}i$.

i) 4.   j) $52i$.   k) 2.   l) 1.

20.2. 当 $n = 4k$ 则 $i^n = 1$; 当 $n = 4k + 1$ 则 $i^n = i$; 当 $n = 4k + 2$ 则 $i^n = -1$; 当 $n = 4k + 3$ 则 $i^n = -i$, 其中 k 是整数; $i^{77} = i$; $i^{98} = -1$; $i^{-57} = -i$.

20.4. a) $z_1 = i, z_2 = 1 + i$.

b) $z_1 = 2, z_2 = 1 - i$.

c) $\varnothing$.

d) $z_1 = \dfrac{(2 + i)z_2 - i}{2}$.

e) $x = 3 - 11i, y = -3 - 9i, z = 1 - 7i$.

20.5. a) $x = 2, y = -3$.

b) $x = 3, y = -5$.

20.8. a) $0, 1, -\dfrac{1}{2} \pm i\dfrac{\sqrt{3}}{2}$.

b) $0, \pm 1, \pm i$.

20.9. 提示. 对运算的数目作归纳法.

20.10. 提示. 运用前面一个习题.

20.11. a) $\pm\dfrac{\sqrt{2}}{2}(1 + i)$.

b) $\pm(2 - i)$.

c) $\pm(3 - 2i)$.

d) $z_1 = 1 - 2i, z_2 = 3i$.

e) $z_1 = 5 - 2i, z_2 = 2i$.

f) $z_1 = 5 - 3i, z_2 = 2 + i$.

21.1. a) $5(\cos 0 + i\sin 0)$.

b) $\cos\dfrac{\pi}{2} + i\sin\dfrac{\pi}{2}$.

c) $2(\cos\pi + i\sin\pi)$.

d) $3\left(\cos\left(-\frac{\pi}{2}\right) + i\sin\left(-\frac{\pi}{2}\right)\right)$.

e) $\sqrt{2}\left(\cos\frac{\pi}{4} + i\sin\frac{\pi}{4}\right)$.

f) $\sqrt{2}\left(\cos\left(-\frac{\pi}{4}\right) + i\sin\left(-\frac{\pi}{4}\right)\right)$.

g) $2\left(\cos\frac{\pi}{3} + i\sin\frac{\pi}{3}\right)$.

h) $2\left(\cos\frac{2\pi}{3} + i\sin\frac{2\pi}{3}\right)$.

i) $2\left(\cos\left(-\frac{2\pi}{3}\right) + i\sin\left(-\frac{2\pi}{3}\right)\right)$.

j) $2\left(\cos\left(-\frac{\pi}{3}\right) + i\sin\left(-\frac{\pi}{3}\right)\right)$.

k) $2\left(\cos\frac{\pi}{6} + i\sin\frac{\pi}{6}\right)$.

l) $2\left(\cos\frac{5\pi}{6} + i\sin\frac{5\pi}{6}\right)$.

m) $2\left(\cos\left(-\frac{5\pi}{6}\right) + i\sin\left(-\frac{5\pi}{6}\right)\right)$.

n) $2\left(\cos\left(-\frac{\pi}{6}\right) + i\sin\left(-\frac{\pi}{6}\right)\right)$.

o) $\frac{2}{\sqrt{3}}\left(\cos\frac{\pi}{6} + i\sin\frac{\pi}{6}\right)$.

p) $2\sqrt{2+\sqrt{3}}\left(\cos\frac{\pi}{12} + i\sin\frac{\pi}{12}\right)$ 或 $(\sqrt{6}+\sqrt{2})\left(\cos\frac{\pi}{12} + i\sin\frac{\pi}{12}\right)$.

提示. 为了得到关于模的第二个表达式, 运用公式

$$\sqrt{a \pm \sqrt{b}} = \sqrt{\frac{a+\sqrt{a^2-b}}{2}} \pm \sqrt{\frac{a-\sqrt{a^2-b}}{2}}.$$

q) $2(\sqrt{2+\sqrt{3}})\left(\cos\left(-\frac{5\pi}{12}\right) + i\sin\left(-\frac{5\pi}{12}\right)\right)$.

r) $\cos(-\alpha) + i\sin(-\alpha)$.

s) $\cos\left(\frac{\pi}{2} - \alpha\right) + i\sin\left(\frac{\pi}{2} - \alpha\right)$.

t) $\cos 2\alpha + i\sin 2\alpha$.

u) $2\cos\frac{\varphi}{2}\left(\cos\frac{\varphi}{2} + i\sin\frac{\varphi}{2}\right)$.

v) $\cos(\varphi - \psi) + i\sin(\varphi - \psi)$.

21.2. a) 2^{50}. b) 2^{150}. c) -2^{30}. d) $(2+\sqrt{3})^{12}$.
e) $-2^{12}(2-\sqrt{3})^6$. f) -2^6. g) $2^{15}i$. h) -64.

21.3. a) $3 + 4i$. b) $5 - 12i$.

21.5. 提示. 利用习题 21.4.

21.6. 等式成立仅当 $\arg z_1 = \arg z_2$ 或者所给的数至少有一个等于 0; 利用数 $\min\{|z_1|, |z_2|\}|\arg z_1 - \arg z_2|$ 的几何意义.

21.7. 提示. 把习题归结到平行四边形的对角线长度的平方和定理.

21.10. 提示. 证明 $z = \cos\varphi \pm i\sin\varphi$.

21.11. a) $4\cos^3 x \sin x - 4\cos x \sin^3 x$. 提示. 用 Moivre 公式和二项式公式计算 $(\cos x + i\sin x)^4$.

b) $\cos^4 x - 6\cos^2 x \sin^2 x + \sin^4 x$.

c) $5\cos^4 x \sin x - 10\cos^2 x \sin^3 x + \sin^5 x$.

d) $\cos^5 x - 10\cos^3 x \sin^2 x + 5\cos x \sin^4 x$.

21.13. a) $\dfrac{1}{8}(\cos 4x - 4\cos 2x + 3)$; 如果 $z = \cos x + i\sin x$, 那么 $\sin x = (z - z^{-1})/2i$, $z^k + z^{-k} = 2\cos kx$.

b) $\dfrac{1}{8}(\cos 4x + 4\cos 2x + 3)$.

c) $\dfrac{1}{16}(\sin 5x - 5\sin 3x + 10\sin x)$.

d) $\dfrac{1}{16}(\cos 5x + 5\cos 3x + 10\cos x)$.

21.14. a) 提示. 运用习题 21.13 的提示.

22.6. 它是不成立的; 这些集合有不同的基数.

22.7. a) $\cos\dfrac{(4k+1)\pi}{12} + i\sin\dfrac{(4k+1)\pi}{12}$ $(0 \leqslant k \leqslant 5)$.

b) $2\left[\cos\dfrac{(6k-1)\pi}{30} + i\sin\dfrac{(6k-1)\pi}{30}\right]$ $(0 \leqslant k \leqslant 9)$.

c) $\sqrt[4]{2}\left[\cos\dfrac{(8k-1)\pi}{31} + i\sin\dfrac{(8k-1)\pi}{32}\right]$ $(0 \leqslant k \leqslant 7)$.

d) $\left\{1, -\dfrac{1}{2} \pm i\dfrac{\sqrt{3}}{2}\right\}$.

e) $\{\pm 1, \pm i\}$.

f) $\left\{\pm 1, \pm\dfrac{1+i\sqrt{3}}{2}, \pm\dfrac{1-i\sqrt{3}}{2}\right\}$.

g) $\left\{\dfrac{\sqrt{3}}{2} + \dfrac{1}{2}i, -\dfrac{\sqrt{3}}{2} + \dfrac{1}{2}i, -i\right\}$.

h) $\{1 \pm i, -1 \pm i\}$.

i) $2\sqrt{1}$.

j) $\{\pm\sqrt{2}, \pm\sqrt{2}\mathrm{i}, \pm(1+\mathrm{i}), \pm(1-\mathrm{i})\}$.

k) $\left\{\pm\mathrm{i}\sqrt{3}, \pm\dfrac{\sqrt{3}}{2}(\sqrt{3}+\mathrm{i}), \pm\dfrac{\sqrt{3}}{2}(\sqrt{3}-\mathrm{i})\right\}$.

l) $\{\sqrt{3}+\mathrm{i}, -1+\mathrm{i}\sqrt{3}, -\sqrt{3}-\mathrm{i}, 1-\mathrm{i}\sqrt{3}\}$.

m) $\{3+\mathrm{i}\sqrt{3}, \sqrt{3}-3\mathrm{i}, -3-\mathrm{i}\sqrt{3}, -\sqrt{3}+3\mathrm{i}\}$.

n) $\left\{\dfrac{1}{2}\sqrt[3]{4}(\mathrm{i}-1), \dfrac{\sqrt[3]{4}}{4}(1-\sqrt{3}-\mathrm{i}(\sqrt{3}+1)), \dfrac{\sqrt[3]{4}}{4}(1+\sqrt{3}-\mathrm{i}(\sqrt{3}-1))\right\}$.

o) $\left\{\dfrac{1}{2}\sqrt{2}(\sqrt{2+\sqrt{3}}-\mathrm{i}\sqrt{2-\sqrt{3}}), -\dfrac{1}{2}\sqrt{2}(\sqrt{2-\sqrt{3}}-\mathrm{i}\sqrt{2+\sqrt{3}}), 1-\mathrm{i}\right\}$.

p) $\left\{\pm\left(\dfrac{3}{2}+\mathrm{i}\dfrac{\sqrt{3}}{2}\right), \pm\left(\dfrac{\sqrt{3}}{2}-\dfrac{3}{2}\mathrm{i}\right)\right\}$.

q) $\left\{\pm\dfrac{\sqrt{2}}{2}\pm\mathrm{i}\dfrac{\sqrt{2}}{2}\right\}$.

r) $\{+2\mathrm{i}, -\sqrt{3}-\mathrm{i}, \sqrt{3}-\mathrm{i}\}$.

s) $\sqrt[4]{2}\left(\cos\dfrac{\pi+6k\pi}{12}+\mathrm{i}\sin\dfrac{\pi+6k\pi}{12}\right), k=0,1,2,3$.

22.8. a) $\dfrac{1}{4}(\sqrt{5}-1)$. b) $\dfrac{1}{4}\sqrt{10+2\sqrt{5}}$.

22.10. $\{\pm 1\}$; $\left\{1, \dfrac{1}{2}\pm\mathrm{i}\dfrac{\sqrt{3}}{2}\right\}$; $\{\pm 1, \pm\mathrm{i}\}$; $\left\{\pm 1, \pm\dfrac{1}{2}(1+\mathrm{i}\sqrt{3}), \pm\dfrac{1}{2}(1-\mathrm{i}\sqrt{3})\right\}$;

$\left\{\pm 1, \pm\mathrm{i}, \pm\dfrac{\sqrt{2}}{2}(1+\mathrm{i}), \pm\dfrac{\sqrt{2}}{2}(1-\mathrm{i})\right\}$;

$\left\{\pm\mathrm{i}; \pm\dfrac{1}{2}(1+\mathrm{i}\sqrt{3}), \pm\dfrac{1}{2}(\sqrt{3}+\mathrm{i}), \pm\dfrac{1}{2}(\sqrt{3}-\mathrm{i})\right\}$.

22.11. $(-1)^{n-1}$. **提示**. 除了 1 和 −1 外, 把每个根与它的逆相乘.

22.13. 提示. 整数 r 与 s 的最大公因子能写成形式 $ru+sv$.

c) 若 $\alpha\in\mathbf{U}_r, \beta\in\mathbf{U}_s$, 则 $(\alpha\beta)^{rs}=1$, 即 $\alpha\beta\in\mathbf{U}_{rs}$ 并且 $\mathbf{U}_r\mathbf{U}_s\subseteq\mathbf{U}_{rs}$; 若 $\alpha_1\neq\alpha_2$ 是 $\mathbf{U}_r$ 的元素, $\beta_1\neq\beta_2$ 是 $\mathbf{U}_s$ 的元素, 则 $\alpha_1\beta_1\neq\alpha_2\beta_2$, 否则 $\alpha_1\alpha_2^{-1}=\beta_2\beta_1^{-1}\in\mathbf{U}_r\cap\mathbf{U}_s$, 然而 $\alpha_1\alpha_2^{-1}\neq 1, \mathbf{U}_r\cap\mathbf{U}_s=\{1\}$(见 b)); 因此 $|\mathbf{U}_r\mathbf{U}_s|=rs=|\mathbf{U}_{rs}|$, 从而 $\mathbf{U}_{rs}=\mathbf{U}_r\mathbf{U}_s$.

22.15. ε 和 $\bar{\varepsilon}$ 有相同的阶.

22.16. 见习题 22.13.

22.17. a) 当 $z\neq 1$ 时为 $-n(1-z)^{-1}$, 当 $z=1$ 时为 $\dfrac{n(n+1)}{2}$.

b) $2(1-z)^{-1}$.

c) 数 z 是 1 的 6 次方根，且 $z \neq \pm 1$，而 (n,m) 是下列序偶之一: $(2+6N, 1+6M), (1+6M, 2+6N), (5+6N, 4+6M), (4+6M, 5+6N), (2+6N, 4+6M), (4+6M, 2+6N), (1+6N, 5+6M), (5+6M, 1+6N)$. 其中 N, M 是任意非负整数.

22.18. 提示. a) 见习题 22.14.

b) 见习题 22.16.

22.19. 提示. 见习题 22.16.

22.20. 提示. b) 任取 1 的一个 n 次方根，它仅对于 n 的一个正因子 d 是 d 次本原根，于是所给的和等于 1 的所有 n 次方根的和.

c),d) 从 b) 得出.

e) 见习题 22.16.

f) 考虑 n 的准素分解.

22.22. 提示. 把给的数表示成三角式.

22.23. a) $x-1$. b) $x+1$. c) x^2+x+1. d) x^2+1.

e) x^2-x+1. f) x^4-x^2+1. g) $x^{p-1}+x^{p-2}+\cdots+1$. h) $(x^{p^k}-1)/(x^{p^{k-1}}-1)$.

22.24. 提示. a) 见习题 22.20 b) 的提示.

b) 见习题 22.19: ε 是 1 的 n 次本原根当且仅当 $-\varepsilon$ 是 $2n$ 次本原根 (n 是奇数).

c) 从 a) 和反演公式 (见习题 5.5 b)) 得到.

d) 若 $\{\varepsilon_i\}$ 是 1 的所有 d 次本原根，并且 $\{\varepsilon_{ik} | 1 \leqslant k \leqslant d\}$ 是 ε_i 的 d 次方根的所有值，则
$$\{\varepsilon_{ik} | i = 1, \cdots, \varphi(k); k = 1, \cdots, d\}$$
是 n 次本原根.

e) 见习题 22.18 a),b); 对于 $m = n/p$ 的任一因子 d，有
$$\mu\left(\frac{n}{d}\right) = \mu\left(\frac{m}{d}p\right) = \mu\left(\frac{m}{d}\right)\mu(p) = -\mu\left(\frac{m}{d}\right),$$
并且 n 的所有因子可以如下得到: 把 m 的所有因子与 p 的乘积添加到 m 的所有因子上; 因此
$$\Phi_n(x) = \prod_{d|n}(x^d-1)^{\mu\left(\frac{n}{d}\right)} = \prod_{d|m}(x^d-1)^{\mu\left(\frac{n}{d}\right)} \prod_{d|m}(x^{pd}-1)^{\mu\left(\frac{m}{d}\right)}$$
$$= \prod_{d|m}(x^d-1)^{-\mu\left(\frac{m}{d}\right)} \cdot \prod_{d|m}(x^{pd}-1)^{\mu\left(\frac{m}{d}\right)} = \frac{\Phi_m(x^p)}{\Phi_m(x)}.$$

22.25. a) $\Phi_{10}(x) = \Phi_5(-x) = x^4 - x^3 + x^2 - x + 1$.

b) $\Phi_{14}(x) = x^6 - x^5 + x^4 - x^3 + x^2 - x + 1$.

c) $\Phi_{15}(x) = \Phi_3(x^5)/\Phi_3(x) = \dfrac{x^{10} + x^5 + 1}{x^2 + x + 1} = x^8 - x^7 + x^5 - x^4 + x^3 - x + 1$.

d) $\Phi_{30}(x) = \Phi_{15}(-x) = x^8 + x^7 - x^5 - x^4 - x^3 - x + 1$.

e) $\Phi_{36}(x) = \Phi_6(x^6) = x^{12} - x^6 + 1$.

f) $\Phi_{100}(x) = \Phi_{10}(x^{10}) = x^{40} - x^{30} + x^{20} - x^{10} + 1$.

g) $\Phi_{216}(x) = \Phi_6(x^{36}) = x^{72} - x^{36} + 1$.

h) $\Phi_{288}(x) = \Phi_6(x^{48}) = x^{96} - x^{48} + 1$.

i) $\Phi_{1000}(x) = \Phi_{10}(x^{100}) = x^{400} - x^{300} + x^{200} - x^{100} + 1$.

22.26. 提示. a), b) 从 22.24 c) 得到;$\Phi_n(0)$ 等于 1 的所有 n 次本原根与 -1 相乘后的乘积.

22.27. $\Phi_1(1) = 1, \Phi_{p^k}(1) = p$ (p 是素数), 对所有其他的 n 有 $\Phi_n(1) = 1$. 提示. 利用习题 22.24 d), e), 有

$$\Phi_{p_1^{k_1}\cdots p_s^{k_s}}(1) = \Phi_{p_1\cdots p_s}(1) = \Phi_{p_2\cdots p_s}(1)/\Phi_{p_2\cdots p_s}(1) = 1;$$

最后见习题 22.23 g).

23.1. a) $2^{n/2}\cos\dfrac{n\pi}{4}$. 提示. 分别用二项式公式和 Moivre 公式计算 $(1+i)^n$.

b) $2^{n/2}\sin\dfrac{n\pi}{4}$.

c) $\dfrac{1}{2}\left(2^{n-1} + 2^{n/2}\cos\dfrac{n\pi}{4}\right)$. 提示. 利用 a) 和等式

$$\sum_{k=0}^{n}\binom{n}{k} = 2^n; \sum_{k=0}^{n}(-1)^k\binom{n}{k} = 0.$$

d) $\dfrac{1}{2}\left(2^{n-1} + 2^{n/2}\sin\dfrac{n\pi}{4}\right)$.

e) 若 $\varepsilon \neq 1$ 则为 $-\dfrac{n}{1-\varepsilon}$; 若 $\varepsilon = 1$ 则为 $\dfrac{n(n+1)}{2}$. 提示. 若 $\varepsilon \neq 1$, 则用 $1-\varepsilon$ 乘以给定的和.

23.2. 提示. 等式 a) 和 b) 的左半边和右半边等于和 $z + \cdots + z^n = z\dfrac{z^n-1}{z-1}$ 的实部和虚部, 其中 $z = \cos x + i\sin x$. c),d) 类似于 a),b).

f) 把左半边分解成 $(x-1)(x-\varepsilon_1)\cdots(x-\varepsilon_{2n})$, 并且组合因子 $x-\varepsilon_i$ 和 $x - \varepsilon_{(2n+1)-i} = x - \bar{\varepsilon}_i$.

h),i) 分别用 x^2-1 和 $x-1$ 去除 g),f) 的等式; 在所得等式中令 $x=1$.

23.3. $x_k = -\left[\sin\dfrac{(2k+1)\pi - 2\varphi}{2n}\right]\left[\sin\dfrac{(2k+1)\pi - 2\varphi - 2n\alpha}{2n}\right]^{-1}, k = 0, 1, \cdots, n-1.$

提示. 如果 $z = \cos\varphi + i\sin\varphi, t = \cos\alpha + i\sin\alpha$, 那么 $2\cos\varphi = z + z^{-1}; 2\cos(\varphi + k\alpha) = zt^k + z^{-1}t^{-k}$, 因此 $t(1+zx)^n + t^{-1}(1+z^{-1}x)^n = 0$.

23.4. d) 利用习题 4.12.

23.5. a) $2^n \cos^n \dfrac{x}{2} \cos \dfrac{n+2}{2} x.$

b) $2^n \cos^n \dfrac{x}{2} \sin \dfrac{n+2}{2} x.$

c) $\dfrac{n}{2} - \dfrac{\sin 4nx}{4\sin 2x}.$

d) $\dfrac{(n+1)\sin nx - n\cos(n+1)x - 1}{4\sin^2 \dfrac{x}{2}}.$

e) $\dfrac{(n+1)\sin nx - n\sin(n+1)x}{4\sin^2 \dfrac{x}{2}}.$

23.7. **提示**. 按照习题 4.12 和 23.4 d), $\sin mx/\sin x$ 是 $\sin^2 x$ 的 $(m-1)/2$ 次多项式, 它的首项系数为 $(-4)^{\frac{m-1}{2}}$, 它的根是 $\sin^2\left(\dfrac{2\pi j}{m}\right)$, 其中 $j = 1, 2, \cdots, \dfrac{m-1}{2}.$

24.2. a) $\pm\dfrac{1}{2} \pm \dfrac{1}{2}i.$

b) $-1, \dfrac{1}{2} \pm i\dfrac{\sqrt{3}}{2}.$

c) $4 + i\sqrt{3}, 3 + 2i\sqrt{3}, 1 + 2i\sqrt{3}, i\sqrt{3}, 1, 3.$

24.3. 对应于给定数的两点间距离.

24.5. a) 中心在原点的正三角形的顶点.

b) 中心在原点的菱形的顶点.

24.6. a) 中心在原点半径为 1 的圆.

b) 从原点引出的与正实半轴形成角 $\pi/3$ 的射线.

c) 中心在原点半径为 2 的圆盘包括边界.

d) 中心在点 $1 + i$ 的单位圆盘内部.

e) 中心在点 $-3 - 4i$ 半径为 5 的圆盘包括边界.

f) 位于中心在原点半径分别为 2 和 3 的两个圆之间的环的内部.

g) 位于中心在点 $2i$ 半径分别为 1 和 2 的两个圆之间的环, 包括半径为 1 的圆, 不包括半径为 2 的圆.

h) 包含正实半轴的角的内部, 这个角由从原点引出并且与正实半轴形成角 $-\pi/6$ 和 $\pi/6$ 的两条射线形成.

i) 在直线 $x = \pm 1$ 之间的带状区域包括边界.

j) 在直线 $y = 1$ 与实轴之间的带状区域的内部.

k) 两条直线 $y = \pm 1$.

l) 在直线 $x + y = \pm 1$ 之间的带状区域的内部.

m) 椭圆 $\dfrac{4x^2}{9} + \dfrac{4y^2}{5} = 1$.

n) 双曲线 $\dfrac{4x^2}{9} - \dfrac{4y^2}{7} = 1$.

o) 抛物线 $y^2 = 8x$.

p) 一个角的内部, 这个角的顶点为 z_0, 它的两条射线分别与正实半轴所成的角为 α 和 β.

24.7. 提示. 平行四边形的对角线的平方和等于它的边的平方和. 令 $z_1 = x_1 + y_1 \mathrm{i}, z_2 = x_2 + y_2 \mathrm{i}$, 并且解释复数的模的平方如何对应于这个数的向量的长度的平方.

24.8. $z_4 = z_1 - z_2 + z_3$.

24.9. $\dfrac{z+w}{2} \pm \mathrm{i} \dfrac{z-w}{2}$.

24.10. $z_k = c + (z_0 - c)\left(\cos\dfrac{2\pi k}{n} + \mathrm{i}\sin\dfrac{2\pi k}{n}\right)$ $(k = 0, 1, 2, \cdots, n-1)$, 其中 $c = \dfrac{1}{2}(z_0 + z_1) + \dfrac{1}{2}\mathrm{i}\cot\dfrac{\pi}{n}(z_1 - z_0)$ 是正 n 边形的中心.

24.11. 中心在原点半径为 1 的圆, 除了点 $z = -1$ 外.

提示. 令 $t = \tan\dfrac{\varphi}{2}, -\pi < \varphi < \pi$.

24.12. 提示. a) 必要性的证明检查向量 $z_3 - z_1$ 与 $z_3 - z_2$ 是共线的; 充分性的证明从所给的等式减去 $(\lambda_1 + \lambda_2 + \lambda_3)z_1 = 0$.

b) 利用前面一个习题.

24.13. 当 $\lambda \neq 1$ 时, 这是直径的两个端点为 $\dfrac{z_1 + \lambda z_2}{1 + \lambda}, \dfrac{z_1 - \lambda z_2}{1 - \lambda}$ 的圆; 当 $\lambda = 1$ 时, 这是经过端点为 z_1, z_2 的线段的中点并且垂直于这条线段的直线.

24.14. $\sqrt{13} - 1$.

24.15. $1 + 3\sqrt{5}$.

24.16. 所求曲线由这些点组成, 使得这个点与点 $z = \pm 1$ 的距离的乘积等于 λ, 这条曲线是**双纽线**. 当 $\lambda = 1$ 时, 我们得到 **Bernoulli 双纽线**, 它的极坐标方程为 $r^2 = 2\cos 2\varphi$. **提示**. 证明当 $\lambda \leqslant 1$ 时这条曲线没有点在虚轴上.

24.26. $a = 0$. 提示. 考虑圆盘 U 在映射 $z \to 1 + az$ 下的像.

25.1. a) $2x^2 + 3x + 11, 25x - 5$.   b) $\frac{1}{9}(3x - 7), -\frac{1}{9}(26x + 2)$.

25.2. a) $x + 1$.   b) $x^3 - x + 1$.   c) $x^3 + x^2 + 2$.   d) 1.
e) $x^2 + 1$.   f) $x^3 + 1$.   g) $x^2 - 2x + 2$.   h) $x + 3$.
i) $x^2 + x + 1$.   j) $x^2 - 2\sqrt{2}x - 1$.   k) 1.

25.3. a) $d = x^2 - 2 = -(x+1)f + (x+2)g$.
b) $d = 1 = xf - (3x^2 + x - 1)g$.

25.4. 提示. 通过从 f 和 g 过渡到 fd^{-1} 和 gd^{-1}, 我们可以假设 $d = 1$. 若 $1 = fw + gh$, 则取 w 被 g 除的余式代替 w.
b) 比较 gv 与 $d - fu$ 的次数.
c) 利用 u 和 v 互素的事实.

25.5. a) $u(x) = \frac{1}{3}(-16x^2 + 37x + 26), v(x) = \frac{1}{3}(16x^3 - 53x^2 - 37x + 23)$.
b) $u(x) = 4 - 3x, v(x) = 1 + 2x + 3x^2$.
c) $u(x) = 35 - 84x + 70x^2 - 20x^3, v(x) = 1 + 4x + 10x^2 + 20x^3$.

25.6. 设

$$P_{r,s}(x) = 1 + \frac{r}{1!}x + \frac{r(r+1)}{2!}x^2 + \cdots + \frac{r(r+1)\cdots(r+s-1)}{s!}x^s.$$

则 $u(x) = P_{m,n-1}(1-x); v(x) = P_{n,m-1}(x)$.

25.7. a) $x^2 + x + 1 = (x+1)f + x^2 g$.   b) $x + 1 = xf + (x^2 + 1)g$.
c) $1 = (x+1)f + x^2 g$.   d) $1 = (x^3 + x)f + (x^4 + x + 1)g$.

25.8. a) $(x-1)^3(x+3)^2(x-3)$.   b) $(x-2)(x^2 - 2x + 2)^2$.   c) $(x+1)^4(x-4)$.
d) $(x+1)^4(x-2)^2$.   e) $(x^3 - x^2 - x - 2)^2$.   f) $(x^2 + 1)^2(x-1)^3$.
g) $(x^4 + x^3 + 2x^2 + x + 1)^2$.

26.1. a) $f(x) = (x-1)(x^3 - x^2 + 3x - 3) + 5, f(x_0) = 5$.
b) $f(x) = (x+3)(2x^4 - 6x^3 + 13x^2 - 39x + 109) - 327, f(x_0) = -327$.
c) $f(x) = (x-2)(3x^4 + 7x^3 + 14x^2 + 9x + 5), f(x_0) = 0$.
d) $f(x) = (x+2)(x^3 - 5x^2 + 2) + 1, f(x_0) = 1$.
e) $f(x) = (x-1)^5 + 5(x-1)^4 + 10(x-1)^3 + 10(x-1)^2 + 5(x-1) + 1, f(x_0) = 1$.
f) $f(x) = (x+1)^4 - 2(x+1)^3 - 3(x+1)^3 - 3(x+1)^2 + 4(x+1) + 1, f(x_0) = 1$.
g) $f(x) = (x-2)^4 - 18(x-2) + 38, f(x_0) = 38$.
h) $f(x) = (x+i)^4 - 2i(x+i)^3 - (1+i)(x+i)^2 - 5(x+i) + 7 + 5i, f(x_0) = 7 + 5i$.

i) $f(x) = (x+1-2\mathrm{i})^4 - (x+1-2\mathrm{i})^3 + 2(x+1-2\mathrm{i}) + 1, f(x_0) = 1$.

26.2. a) $f(2) = 18; f'(2) = 48; f''(2) = 124; f'''(2) = 216; f^{IV}(2) = 240; f^V(2) = 120$.

b) $f(1+2\mathrm{i}) = -12 - 2\mathrm{i}; f'(1+2\mathrm{i}) = -16 + 8\mathrm{i}; f''(1+2\mathrm{i}) = -8 + 30\mathrm{i}; f'''(1+2\mathrm{i}) = 24 + 30\mathrm{i}; f^{IV}(1+2\mathrm{i}) = 24$.

c) $f(-2) = 8; f'(-2) = 2; f''(-2) = 12; f'''(-2) = -24; f^{IV}(-2) = 24$.

26.3. a) 3.　b) 4.　c) 2.　d) 3.

26.4. -5.

26.5. $a = n, b = -(n+1)$.

26.6. $3125b^2 + 108a^5 = 0, a \neq 0$.

26.8. 提示. 计算导数.

26.9. 提示. 对 k 作归纳法.

26.10. 如果 k 是 a 作为 $f'''(x)$ 的根的重数, 那么这个重数等于 $k+3$.

26.11. 提示. 对多项式的次数作归纳法.

26.12. 提示. 证明如果 x_0 是 k 重根, 那么 $f(x_0) \neq 0$ 并且 x_0 是次数至多为 n 的多项式 $f(x)f'(x_0) - f(x_0)f'(x)$ 的 $k+1$ 重根.

26.13. 提示. 对 r 作归纳法. 考虑多项式 $xf'(x)$.

26.14. 提示. a) 运用习题 26.13.

b) 证明对于任意数 $b_0, \cdots, b_{k-1}$, 存在至多 $s_i - 1$ 次的多项式 $g_i(n)$ 使得
$$b_n = \sum_{i=1}^{m} g_i(n) a_i^n, \quad n = 0, \cdots, k-1.$$

27.1. a) $(x-1)(x-2)(x-3)$.

b) $(x-1-\mathrm{i})(x-1+\mathrm{i})(x+1-\mathrm{i})(x+1+\mathrm{i})$.

c) $(x - \mathrm{i}\sqrt{3})(x + \mathrm{i}\sqrt{3})\left(x - \frac{3}{2} - \frac{\sqrt{3}}{2}\mathrm{i}\right)\left(x - \frac{3}{2} + \frac{\sqrt{3}}{2}\mathrm{i}\right)\left(x + \frac{3}{2} - \frac{\sqrt{3}}{2}\mathrm{i}\right)$
$\times \left(x + \frac{3}{2} + \frac{\sqrt{3}}{2}\mathrm{i}\right)$.

d) $\prod\limits_{\substack{k=1 \\ (k,3)=1}}^{3n-1} \left(x - \cos\frac{2\pi k}{3n} - \mathrm{i}\sin\frac{2\pi k}{3n}\right)$.

e) $2^{n-1} \prod\limits_{k=1}^{n} \left(x - \cos\frac{(2k-1)\pi}{2n}\right)$.

27.2. a) $(x^2+3)(x^2+3x+3)(x^2-3x+3)$.

b) $\left(x^2 + 2x + 1 + \sqrt{2} + 2(x+1)\sqrt{\dfrac{\sqrt{2}+1}{2}}\right)$

$\times \left(x^2 + 2x + 1 + \sqrt{2} - 2(x+1)\sqrt{\dfrac{\sqrt{2}+1}{2}}\right).$

c) $(x^2 - x\sqrt{a+2} + 1)(x^2 + x\sqrt{a+2} + 1).$

d) $\displaystyle\prod_{k=0}^{n-1}\left(x^2 - 2x\cos\dfrac{(3k+1)2\pi}{3n} + 1\right).$

e) $\left(x^2 - 2x\cos\dfrac{\pi}{9} + 1\right)\left(x^2 + 2x\cos\dfrac{2\pi}{9} + 1\right)\left(x^2 + 2x\cos\dfrac{4\pi}{9} + 1\right).$

f) $\left(x^2 + x\sqrt{2} + 1\right)\left(x^2 - x\sqrt{2} + 1\right)\left(x^2 + x\sqrt{2+\sqrt{2}} + 1\right)$

$\times \left(x^2 - x\sqrt{2+\sqrt{2}} + 1\right)\left(x^2 + x\sqrt{2-\sqrt{2}} + 1\right)\left(x^2 - x\sqrt{2-\sqrt{2}} + 1\right).$

27.3. a) $(x-1)^2(x-2)(x-3)(x-1-\mathrm{i}).$

b) $(x-\mathrm{i})^2(x+1+\mathrm{i}).$

27.4. a) $(x-1)^2(x-2)(x-3)(x^2-2x+2).$

b) $(x^2+1)^2(x^2+2x+2).$

27.5. 提示. x^2+x+1 的根, 即 1 的 3 次方根, 它不同于 1, 也是 $x^{3m}+x^{3n+1}+x^{3p+2}$ 的根.

27.6. 数 m, n, p 应当有相同的奇偶性.

27.7. $m = 6k+1$. 提示. 写出 x^2+x+1 的根是 $(x+1)^m - x^m - 1$ 的重根的条件.

27.8. a) $(x-1)^2(x+2).$

b) $(x+1)^2(x^2+1).$

c) $x^{(m,n)} - 1.$

d) 当 $\dfrac{m}{(m,n)}$ 和 $\dfrac{n}{(m,n)}$ 是奇数时为 $x^{(m,n)}+1$; 其他情形为 1.

27.9. 提示. 证明 $f(1) = 0.$

27.10. 提示. 对 $f(x)$ 的次数作归纳法. 考虑 $\dfrac{d}{dx}f(x^n).$

27.11. 提示. 用 x^2+x+1 对 $f_1(x^3)$ 和 $f_2(x^3)$ 作带余除法.

27.12. 提示. 注意 $f(x) = g(x)^2 h(x)$, 其中 $h(x)$ 没有实根. 证明如果 $x^2 + px + q$ 没有实根, 那么

$$[u(x)^2 + v(x)^2](x^2 + px + q)$$

是平方和.

27.13 和 27.14. 提示. 见 Lang. S. Bull. Amer. Math. Soc. 1990; 23(1): 38–39.

28.1. c) 提示. 用 $y - m$ 代换变量 x, 并且归结命题到 b).

28.2. a) 2.

b) –3.

c) –3, 1/2.

d) 5/2, –3/4.

e) $\dfrac{1}{2}, -\dfrac{2}{3}, \dfrac{3}{4}$.

f) 多项式没有有理根.

g) 2 重根 $-\dfrac{1}{2}$.

h) $\dfrac{1}{2}$.

28.3. 提示. 设 m 是 $f(x)$ 的整数根. 则 $f(x) = (x - m)g(x)$. 因此 $f(0) = -mg(0)$, 即 m 是整数. 类似地, $f(1) = (1 - m)g(1)$, 即 $1 - m$ 是整数, m 与 $1 - m$ 必有一个是偶数, 矛盾.

28.4. 提示. 如果多项式 $f \in \mathbb{Q}[x]$ 在 $\mathbb{Q}$ 上是不可约的, 那么 $(f, f') = 1$.

28.7. 我们指出, 多项式 $f(x)$ 是本原多项式. 如果 $f(x)$ 具有有理根 r, 则根据习题 28.6, 在 $\mathbb{Z}[x]$ 中得到 $f(x) = (ax - b)g(x)$, 其中 $a, b \in \mathbb{Z}, (a, b) = 1, r = a^{-1}b, g(x) \in \mathbb{Z}[x]$. 按照条件, $ax_1 - b, ax_2 - b = \pm 1$, 从而 $a(x_1 - x_2) = \pm 2$. 在所有情况下, $x_i - a^{-1}b = \pm a^{-1}$.

28.9. 提示. a),b) 运用习题 28.8.

c) 设 $x^{105} - 9 = f(x)g(x)$, 其中 $f(x), g(x) \in \mathbb{Q}[x]$, 并且 $a = \sqrt[105]{9}$; 则

$$f(x) = (x - \alpha_1 a) \cdots (x - \alpha_k a) \quad (\alpha_i^{105} = 1),$$

并且

$$|f(0)| = a^k |\alpha_1 \cdots \alpha_k| = a^k \in \mathbb{Q},$$

当 $k < 105$ 时这是不可能的.

d) 用 $x - 1$ 代换变量 y.

e) 如果 $f = gh$, 其中 $g, h \in \mathbb{Z}[x]$, 那么对于 $i = 1, \cdots, n$ 我们有 $g(a_i)h(a_i) = -1$; 由此得出 $g(a_i) + h(a_i) = 0$, 并且如果 g 和 h 的次数都小于 n, 那么 $g + h = 0$, 从而 $f = -g^2$.

f) 设 $f(x) = g(x)h(x)$, 其中 $g(x), h(x) \in \mathbb{Z}[x]$. 不妨假设 $g(x), h(x)$ 仅有正

整数值. 则 $\forall i$ 有 $g(a_i) = h(a_i) = 1$. 于是可以假设 $g(x)$ 和 $h(x)$ 的次数都等于 n, 即

$$g(x) = 1 + b(x - a_1)\cdots(x - a_n), \quad h(x) = 1 + c(x - a_1)\cdots(x - a_n),$$

其中 $b = c = \pm 1$. 在这种情形 $g(x)h(x) \neq f(x)$.

28.14. 提示. 如果这些素数 p 的集合是有限的; 那么 $a_0 \neq 0$. 设 c 是一个数, 它能被所有这些素数整除, 则 $f(a_0 c) = a_0 r$, 其中 $r \equiv 1 \pmod{c}$ 并且 (对于适当选择的 c) $r \neq \pm 1$; 于是 $f(x)$ 在模 c 的任一素因子的域中有根, 这与 c 的选择矛盾.

28.15. 提示. $\mathbb{F}_q$ 的所有元素是 $x^q - x$ 的根.

28.16. 提示. 首先考虑这样的情形: 映射 h 在 F^n 的一个点处的值为 1, 并且在所有其他的点处的值为 0.

28.22. a) $x, x+1, x^2+x+1, x^3+x^2+1, x^3+x+1, x^4+x^3+1, x^4+x+1, x^4+x^3+x^2+x+1$.

b) x^2+1, x^2+x+2, x^2+2x+2.

提示. 一个 4 次多项式是不可约的当且仅当它在给定的域中没有根并且它不是两个 2 次不可约多项式的乘积.

c) 6.

d) 8 和 18.

28.23. $\dfrac{q(q-1)}{2}$ 和 $\dfrac{q(q-1)(q+1)}{3}$.

28.24. 提示. 群 $\mathbf{Z}_p^*$ 是 $p-1$ 阶循环群. 因此 $\mathbf{Z}_p^*$ 有 d 阶子群. 这个子群的所有生成元是 $\Phi_d(x)$ 的根.

28.25. 提示. 设对某个 $1 \leqslant k \leqslant p-1$ 有 $f(x) = f(x+k)$. 则对一切 $l \in \mathbf{Z}$ 有 $f(x) = f(x+kl)$. 但是元素 kl 跑遍整个域 $\mathbf{Z}_p$.

28.26. 提示. 设 $H(x) = x^p - x - a = f(x)g(x)$, 其中 $f(x) \in \mathbf{Z}_p[x]$ 是不可约的. 注意 $H(x) = H(x+k)$ 对一切 $k \in \mathbf{Z}_p$ 成立. 因此 $f(x)g(x) = f(x+k)g(x+k)$. 注意 $\mathbf{Z}_p[x]$ 是唯一因子分解整环. 运用习题 28.25.

28.27. 提示. 见 Lang S. Algebra, Addison-Wesley, Reading, 1965, p. 245.

28.28. $x = -b(a-1)^{-1}$.

28.29 和 28.30. 提示. 见 R. Lidl, H. Niederreiter, Finite Fields, Addison-Wesley, Reading, 1983, ch. 3, §5.

28.31. $a = 0, a = 36$. 提示. 展开成 $x - a$ 的方幂.

28.32 — 28.34. 提示. 见 E. R. Berlekamp, Algebraic Coding Theory, McGraw-Hill, New York, 1968, ch. 3, §3.

29.1. a) $\dfrac{1}{12(x-1)} - \dfrac{4}{3(x+2)} + \dfrac{9}{4(x+3)}.$

b) $-\dfrac{1}{16}\left(\dfrac{1+\mathrm{i}}{x-1-\mathrm{i}} + \dfrac{1-\mathrm{i}}{x-1+\mathrm{i}} + \dfrac{-1+\mathrm{i}}{x+1-\mathrm{i}} + \dfrac{-1+\mathrm{i}}{x+1+\mathrm{i}}\right).$

c) $\dfrac{1}{4(x-1)^2} - \dfrac{1}{4(x+1)^2}.$

d) $\dfrac{3}{(x-1)^3} - \dfrac{4}{(x-1)^2} + \dfrac{1}{x-1} - \dfrac{1}{(x+1)^2} - \dfrac{2}{x+1} + \dfrac{1}{x-2}.$

e) $-\dfrac{1}{6(x-1)} + \dfrac{1}{2(x-2)} - \dfrac{1}{2(x-3)} + \dfrac{1}{6(x-4)}.$

f) $\dfrac{2}{(x-1)} + \dfrac{-2+\mathrm{i}}{2(x-\mathrm{i})} - \dfrac{2+\mathrm{i}}{2(x+\mathrm{i})}.$

g) $-\dfrac{1}{4(x-1)} - \dfrac{1}{4(x+1)} - \dfrac{\mathrm{i}}{4(x-\mathrm{i})} + \dfrac{\mathrm{i}}{4(x+\mathrm{i})}.$

h) $\dfrac{1}{3}\left(-\dfrac{1}{(x-1)} + \dfrac{\varepsilon}{x-\varepsilon} + \dfrac{\varepsilon^2}{x-\varepsilon^2}\right), \varepsilon = -\dfrac{1}{2} + \dfrac{\mathrm{i}\sqrt{3}}{2}.$

i) $\displaystyle\sum_{k=-n}^{n} \dfrac{(-1)^{n-k}\dbinom{n}{k}}{x-k}.$

j) $\dfrac{1}{4(x+1)} - \dfrac{1}{4(x-1)} + \dfrac{1}{4(x-1)^2} + \dfrac{1}{4(x+1)^2}.$

k) $\dfrac{1}{n}\displaystyle\sum_{k=0}^{n-1} \dfrac{\varepsilon_k}{x-\varepsilon_k}, \varepsilon_k = \cos\dfrac{2\pi k}{n} + \mathrm{i}\sin\dfrac{2\pi k}{n}.$

29.2. a) $-\dfrac{1}{8(x-2)} - \dfrac{1}{8(x+2)} + \dfrac{1}{2(x^2+4)}.$

b) $\dfrac{1}{8}\left(-\dfrac{x+2}{x^2+2x+2} - \dfrac{x-2}{x^2-2x+2}\right).$

c) $-\dfrac{1}{4(x+1)} + \dfrac{x-1}{4(x^2+1)} + \dfrac{x+1}{2(x^2+1)^2}.$

d) $\dfrac{1}{16(x-1)^2} - \dfrac{3}{16(x-1)} + \dfrac{1}{16(x+1)^2} + \dfrac{3}{16(x+1)} + \dfrac{1}{4(x^2+1)} + \dfrac{1}{4(x^2+1)^2}.$

e) $\dfrac{1}{n}\displaystyle\sum_{k=1}^{n}(-1)^{k-1}\dfrac{\sin\dfrac{2k-1}{2n}\pi}{x-\cos\dfrac{2k-1}{2n}\pi}.$

f) $\displaystyle\sum_{i=1}^{n}\dfrac{1}{f'(x_i)(x-x_i)}$ ($x_1, \cdots, x_n$ 是 $f(x)$ 的根).

g) $\dfrac{1}{3(x-1)} - \dfrac{x+2}{3(x^2+x+1)}.$

h) $\dfrac{1}{18}\left(\dfrac{1}{x^2+3x+3} + \dfrac{1}{x^2-3x+3} - \dfrac{2}{x^2+3}\right).$

i) $-\dfrac{1}{x} + \dfrac{7}{x+1} + \dfrac{3}{(x+1)^2} - \dfrac{6x+2}{x^2+x+1} - \dfrac{3x+2}{(x^2+x+1)^2}.$

j) $\dfrac{1}{16(x-1)^2} - \dfrac{3}{16(x-1)} + \dfrac{3}{16(x+1)} + \dfrac{1}{4(x^2+1)} + \dfrac{1}{4(x^2+1)^2} + \dfrac{1}{16(x+1)^2}.$

k) $\dfrac{1}{n}\displaystyle\sum_{k=1}^{n} \dfrac{\cos\dfrac{(2k-1)m\pi}{n} - x\cos\dfrac{(2k-1)(2m+1)}{2n}\pi}{x^2 - 2x\cos\dfrac{(2k-1)}{2n}\pi + 1}.$

29.3. $-\displaystyle\sum_{a=0}^{p-1} \dfrac{1}{x-a}.$

29.5. 提示. 利用习题 29.4.

30.1. a) $-x^4 + 4x^3 - x^2 - 7x + 5.$

b) $x^3 - 9x^2 + 21x - 8.$

30.5. $f(0) = \dfrac{1}{n}(y_1 + \cdots + y_n).$

30.6. 提示. 通过变量代换把习题归结到当 $x_1, \cdots, x_n$ 是 1 的 n 次方根并且 $x_0 = 0$ 的情形; 然后利用习题 30.5.

30.7. 提示. a) 归结到习题 30.5 对于多项式 x^{s+1} 的情形.

b) 归结到习题 30.5 对于多项式 $x^n - f(x)$ 的情形.

30.8. $f(x) = 1 - \dfrac{2x}{1} + \dfrac{2x(2x-2)}{2!} + \cdots + \dfrac{2x(2x-2)\cdots(2x-4n+2)}{(2n)!}(-1)^n.$

30.9. $f(x) = x^{p-2}.$

30.11 和 30.12. 提示. R. Lidl, H. Niederreiter, Finite Fields, Addison-Wesley, Reading, 1983, ch. 7, §3.

31.1. a) $x^4 + 4x^3 - 7x^2 - 22x + 24.$

b) $x^4 + (3-\mathrm{i})x^3 + (3-3\mathrm{i})x^2 + (1-3\mathrm{i})x - \mathrm{i}.$

c) $x^4 - 3x^3 + 2x^2 + 2x - 4.$

d) $x^4 - 19x^2 - 6x + 72.$

31.2. a) $\dfrac{4}{9}$ 和 $\dfrac{1}{3}.$

b) 2 和 $-1.$

31.3. a) 0. b) $-1.$

31.4. 若 $i < n$ 则 $\sigma_i = 0$; 且 $\sigma_n = (-1)^{n+1}$.

31.5. $\lambda = \pm 6$.

31.6. $\lambda = -3$.

31.7. $q^3 + pq + q = 0$.

31.8. 提示. 用 Vieta 公式计算模 p 剩余类域上的多项式 $x^{p-1} - 1$ 的所有根的乘积.

31.9. a) $\sigma_1\sigma_2 - 3\sigma_3$.

b) $\sigma_1^4 - 4\sigma_1^2\sigma_2 + 8\sigma_1\sigma_3$.

c) $\sigma_1^2\sigma_4 + \sigma_3^2 - 4\sigma_2\sigma_4$.

d) $\sigma_1^3 - 4\sigma_1\sigma_2 + 8\sigma_3$.

e) $\sigma_1\sigma_2 - \sigma_3 + \sigma_1^2 + \sigma_2 + 2\sigma_1 + 1$.

f) $\sigma_3^2 + \sigma_1^2\sigma_3 - 2\sigma_2\sigma_3 + \sigma_2^2 - 2\sigma_1\sigma_3 + \sigma_3$.

g) $3\sigma_1^3 - 9\sigma_1\sigma_2 + 27\sigma_3$.

h) $\sigma_1\sigma_2\sigma_3 - \sigma_1^2\sigma_4 - \sigma_3^2$.

i) $\sigma_1^3\sigma_2^2 - 2\sigma_1^4\sigma_3 - 3\sigma_1\sigma_2^3 + 6\sigma_1^2\sigma_2\sigma_3 + 3\sigma_2^2\sigma_3 - 7\sigma_1\sigma_3^2$.

j) $\sigma_1^3 - 4\sigma_1\sigma_2 + 8\sigma_3$.

k) $\sigma_1^2 - 2\sigma_2$.

l) $\sigma_1^3 - 3\sigma_1\sigma_2 + 3\sigma_3$.

m) $\sigma_1\sigma_3 - 4\sigma_4$.

n) $\sigma_2^2 - 2\sigma_1\sigma_3 + 2\sigma_4$.

o) $\sigma_1^2\sigma_3 - 2\sigma_2\sigma_3 - \sigma_1\sigma_4 + 5\sigma_5$.

p) $\sigma_1\sigma_2^2 - 2\sigma_1^2\sigma_3 - \sigma_2\sigma_3 + 5\sigma_1\sigma_4 - 5\sigma_5$.

31.10. a) -35.   b) 16.   c) $a_1^2a_2^2 - 4a_1^3 - 4a_2^3 + 18a_1a_2a_3 - 27a_3^2$.

d) $\dfrac{25}{27}$.   e) $\dfrac{35}{27}$.   f) $-\dfrac{1679}{625}$.

31.12. 提示. 利用等式 $\sigma_{ki} = \sigma_k - x_i\sigma_{k-1,i}$.

31.14. $\dfrac{d}{dt}(\ln \lambda_t) = \sum_i \dfrac{x_i}{1 + x_it} = \sum_i (1 - x_it + x_i^2t^2 + \cdots)$

$\qquad\qquad = s_1 - s_2t + \cdots$

31.15. 提示. $\dfrac{d}{dt}(\ln \lambda_t) = \dfrac{\lambda_t'}{\lambda_t} = \dfrac{\sigma_1 + 2\sigma_2 t + \cdots + n\sigma_n t^{n-1}}{1 + \sigma_1 t + \sigma_2 t^2 + \cdots + \sigma_n t^n}$.

从习题 31.14 得出

$$(1 + \sigma_1 t + \cdots + \sigma_n t^n)(s_1 - s_2 t + \cdots) = \sigma_1 + 2\sigma_2 t + \cdots + n\sigma_n t^{n-1}.$$

比较 t 的同次幂的系数.

31.16. 提示. 利用习题 31.15.

31.18. $\dfrac{\varphi(n)}{\varphi\left(\frac{n}{d}\right)}\mu\left(\dfrac{n}{d}\right)$, 其中 $d=(m,n)$.

31.19. $s_1=-1, s_2=\cdots=s_n=0$.

31.20. $s_1=\cdots=s_{n-1}=0, s_n=n$.

31.21. a) $x_1=2, x_2=-1+\mathrm{i}\sqrt{3}, x_3=-1-\mathrm{i}\sqrt{3}$, 排列次序可以变.

b) $x_1=1, x_2=1, x_3=-2$, 排列次序可以变.

31.24. 提示. 把 $f(x)$ 分解成线性因子并且运用习题 31.23.

31.25. a) x^3-3x^2+2x-1.

31.26. a) $x^4-4x^3+10x^2-x+9$.

31.27. 提示. a) 检验 $f(x_1,\cdots,x_n)$ 能被 x_i-x_j 整除对一切 $1\leqslant i<j\leqslant n$ 成立.

b) 从 a) 得出.

31.28. 提示. b) 考虑乘积

$$\left[\sum_{r\geqslant 0}h_r t^r(-1)^r\right](1+x_1 t)\times\cdots\times(1+x_n t),$$

并且利用 a).

c) 利用 b).

31.31. 提示. 见 I. G. Macdonald. Symmetric Functions and Hall Polynomials. Clarendon Press, Oxford, 1979, ch. 1, §3.

31.32. 提示. Ibid. ch. 1, §4.

31.33. 提示. Ibid. ch. 1, §5.

32.1. a) -7.   b) 243.   c) 0.   d) -59.   e) 4854.

32.2. a) 3 与 -1.

b) $\pm\mathrm{i}\sqrt{2}$ 与 $\pm 2\mathrm{i}\sqrt{2}$.

c) $\lambda=1, \lambda=\pm\sqrt{2}$.

32.3. a) $y^6-4y^4+3y^2-12y+12=0$.

b) $5y^5-7y^4+6y^3-2y^2-y-1=0$.

c) $x_1=1, x_2=2, x_3=0, x_4=-2; y_1=2, y_2=3, y_3=-1, y_4=1$.

d) $x_1=0, x_2=3, x_3=2, x_4=2; y_1=1, y_2=0, y_3=2, y_4=-1$.

e) $x_1 = x_2 = 1, x_3 = -1, x_4 = 2; y_1 = y_2 = -1, y_3 = 1, y_4 = 2.$

32.4. 提示. 如要 $f = a_0(x-x_1)\cdots(x-x_n)$ 并且 g_1, g_2 有次数 m 和 k, 那么 $R(f, g_1g_2) = a_0^{m+k} g_1(x_1)g_2(x_1)\cdots g_1(x_n)g_2(x_1)g_2(x_2)\cdots g_2(x_n) = R(f, g_1)R(f, g_2).$

32.5. 提示. 考虑 $n > 2$ 并且 m 不能被 n 整除的情形. 则当 $n_1 = \dfrac{n}{d} = p^\lambda$ 时 $R(\Phi_n, x^m - 1) = p^{\varphi(n)/\varphi(n_1)}$, 否则结果等于 1.

32.6. 当 $m = n$ 时 $R(\Phi_m, \Phi_n) = 0$; 当 $m \geqslant n$ 时, 若 $m = np^\lambda$, 则 $R(\Phi_m, \Phi_n) = p^{\varphi(n)}$, 否则 $R(\Phi_m, \Phi_n) = 1$.

32.7. a) $b^2 - 4ac$.

b) $-27q^2 - 4p^3$.

c) $-27a_3^2 + 18a_1a_2a_3 - 4a_1^3a_3 - 4a_2^3 + a_1^2a_2^2$.

d) 2777.

e) 725.

32.8. a) ± 2.

b) $\left\{3, 3\left(-\dfrac{1}{2} \pm i\dfrac{\sqrt{3}}{2}\right)\right\}$.

c) $\lambda_1 = 0, \lambda_2 = -3, \lambda_3 = 125$.

d) $\lambda_1 = -1, \lambda_2 = -\dfrac{3}{2}, \lambda_{3,4} = \dfrac{7}{2} \pm \dfrac{9}{2}i\sqrt{3}$.

32.9. 提示. 利用分解式 $f = a_0(x-x_1)\cdots(x-x_n)$.

32.10. $(-1)^{(n-1)(n-2)/2} n^{n-2}$.

32.11. $(-1)^{\varphi(n)/2} n^{\varphi(n)} \left[\displaystyle\prod_{p|n} p^{\varphi(n)/(1-p)}\right]$.

32.12. $(-1)^{\frac{n(n-1)}{2}} (n!)^{-n}$.

32.13. 提示. 利用习题 32.9.

32.14. 提示. 利用习题 32.1, 32.4 和 31.23.

32.15. 提示. 见 E. R. Berlekamp, Algebraic Coding Theory, McGraw-Hill, New york, 1971, p.143.

32.16. $(-1)^{n(n-1)/2} n^n a^{n-1}$.

32.17. a) $1 \cdot 2^2 \cdot 3^3 \cdots (n-1)^{n-1} n^n$.

b) $1 \cdot 2^3 \cdot 3^5 \cdots n^{2n-1}$. c) $2^{n-1} n^n$.

33.1. a) 有 3 个实根分别在区间 $(-2, -1), (-1, 0), (1, 2)$.

b) 有 3 个实根分别在区间 $(-2,-1), (-1,0), (1,2)$.

c) 有 3 个实根分别在区间 $(-4,-3), (1,3/2), (3/2,2)$.

d) 仅有 1 个实根, 它在区间 $(-2,-1)$.

e) 仅有 1 个实根, 它在区间 $(1,2)$.

f) 有 4 个实根分别在区间 $(-3,-2), (-2,-1), (-1,0), (4,5)$.

g) 有 2 个实根分别在区间 $(-1,0), (1,2)$.

h) 有 4 个实根分别在区间 $(-1,0), (0,1)(1,2), (2,3)$.

i) 有 2 个实根分别在区间 $(-1,0), (0,1)$.

j) 没有实根.

33.2. 若 $a^5 - b^2 > 0$, 则所有根都是实数; 若 $a^5 - b^2 < 0$, 则这个多项式仅有 1 个实根.

33.3. 若 n 是奇数且 $d > 0$, 则有 3 个实根. 若 n 是奇数且 $d < 0$, 则仅有 1 个实根. 若 n 是偶数且 $d > 0$, 则有 2 个实根. 若 n 是偶数且 $d < 0$, 则没有实根.

33.4. 若 n 是偶数, 则 $E_n(x)$ 没有实根; 若 n 是奇数, 则 $E_n(x)$ 有一个实根.

33.5. 提示. 检查导数在区间 $(0,1)$ 内没有根.

33.6. 提示. a) 数 $a_1,\cdots,a_m$ 是导数 $f'(x)$ 的分别具有重数 $k_1-1,\cdots,k_m-1$ 的根, 而且在每个区间 (a_i, a_{i+1}) 内导数 $f'(x)$ 有一个根.

b) 从 a) 得出.

c) 若 $c_k = c_{k+1} = 0$, 则 $x = 0$ 是 k 阶导数 $f^{(k)}(x)$ 的重根, 即根据 b), $x = 0$ 是 $f(x)$ 的重数至少为 $k+1$ 的根.

33.7. 提示. 从习题 33.6c) 得出.

33.8. 提示. 用 $x - 1$ 去乘, 并且运用习题 33.7.

33.9. 提示. 用 x^{-n} 去乘.

33.10. 提示. 证明若 $x \geqslant (1/n!)$, 则 $f(x) > 0$.

33.12. 一个根在第一象限内, 一个根在第四象限内. 在第二和第三象限内每个象限有 2 个根.

33.14. 提示. 证明根 z 满足方程 $z^n = (1-az)/(a-z)$. 检查对于实数 a 有 $|1 - az| = |a - z|$.

33.15. 提示. 证明当 $|z| < 1/(k+1)$ 有 $1 - |a_1 z + \cdots + a_n z^n| > 1/(k+1)^n$.

33.16. 提示. 按照习题 29.5, $f'/f = (x - a_1)^{-1} + \cdots + (x - a_n)^{-1}$, 其中 a_i

是 f 的根. 设 $x = a - bi$, 其中 $b > 0$. 则
$$\text{Im}\left(\frac{f'(a-bi)}{f(a-bi)}\right) = \sum_{j=1}^{n} \frac{b + \text{Im}\, a_j}{|a - b_i - a_j|^2} > 0.$$
于是 $f'(a - b_i) \neq 0$.

33.17. 提示. 任一凸区域是半平面的交. 利用习题 33.16.

33.18. 提示. 运用 Sturm 定理. S. Lang, Algebra, Addison-Wesley, Reading, 1965, ch. IX, §2.

33.19. 提示. 利用习题 33.18.

33.20. $x^3 + x^2 - x - 1$, $x^2 \pm x - 1$, $x \pm 1$.

34.2. a) $\lambda \neq \pm 1$. b) $\lambda \neq (-1)^n$.

34.3. 提示. 在情形 c), d), e) 求导数两遍并且运用归纳法. 在情形 f), g) 用 Vandermonde 行列式.

34.4. 提示. a), b) 利用 Vandermonde 行列式.

c) 求导数并且利用 Vandermonde 行列式.

34.5. 提示. 若 $f_1, \cdots, f_n$ 线性无关, 则存在一个点 a_1 使得 $f_1(a_1) \neq 0$; 检查函数组 $f_i - \dfrac{f_i(a_1)}{f_1(a_1)} f_1 (i = 2, \cdots, n)$ 是线性无关的, 并且通过对 n 作归纳法完成.

34.7. 提示. a) 若 $\text{char}\, P \neq 2$, 则 $1 + 1 = 2$ 是 P 的可逆元. 因此对于 P 上的任一向量空间 L 和任一 $x \in L$, 存在一个向量 $y \in L$ 使得 $y = \dfrac{1}{2} x$. 于是 $y + y = x$. 若 P 的特征等于 2, 则对于任意 $x \in L$ 有 $x + x = 2x = 0$. 但是在整数的加法群中 $1 + 1 \neq 0$ 并且对于任一整数 y 有 $2y \neq 1$.

b) 在特征 p 的域上的向量空间中, 对于任意向量 x 我们有 $px = 0$.

c) 对于必要性的证明见习题 34.7b) 的提示; 为了证明充分性, 令
$$[k]a = \underbrace{a + a + \cdots + a}_{k\text{个}}.$$

d) 为了证明充分性, 当 b 是方程 $qx = pa$ 的解时, 对于任一有理数 $\dfrac{p}{q} (p, q \in \mathbb{Z})$ 令 $\dfrac{p}{q} a = b$; 检查若 $\dfrac{p}{q} = \dfrac{m}{n}$, 则方程 $qx = pa$ 与 $nx = ma$ 的解一致.

34.8. 提示. e), f) 对 n 作归纳法.

34.9. a) 集合 M 的所有一元子集组成一个基, 维数等于 n.

b) **提示**. 对 k 作归纳法.

34.10. a) $(1, 2, 3)$.

b) (1, 1, 1).

c) (0, 2, 1, 2).

34.11. a) $x_1 = -27x_1' - 71x_2' - 41x_3', x_2 = 9x_1' + 20x_2' + 9x_3', x_3 = 4x_1' + 12x_2' + 8x_3'$.

b) $x_1 = 2x_1' + x_3' - x_4', x_2 = -3x_1' + x_2' + x_4', x_3 = x_1' - 2x_2' + 2x_3' - x_4', x_4 = x_1' - x_2' + x_3' - x_4'$.

34.12. $a_0, a_1, \cdots, a_n; f(a), f'(a), f''(a)/2!, \cdots, f^{(n)}(a)/n!$;

$$\begin{pmatrix} 1 & -a & a^2 & -a^3 & \cdots & (-1)^n a^n \\ 0 & 1 & -2a & 3a^2 & \cdots & (-1)^{n-1} n a^{n-1} \\ 0 & 0 & 1 & -3a & \cdots & (-1)^{n-2} \dfrac{n(n-1)}{2} a^{n-2} \\ \vdots & \vdots & \vdots & \vdots & & \vdots \\ 0 & 0 & 0 & 0 & \cdots & -n \\ 0 & 0 & 0 & 0 & \cdots & 1 \end{pmatrix}$$

34.13. a) 两行将互换.

b) 两列将互换.

c) 矩阵将被对于它的中心对称的矩阵代替.

35.1. 在下列情形这些集合是子空间: b) 如果这条直线经过原点 O; g), h), i), j) 当 $a = 0$; k) 仅当 f 是零序列; 并且也有 m).

35.2. a) $((1, 0, 0, \cdots, 0, 1), (0, 1, 0, \cdots, 0, 0), (0, 0, 1, \cdots, 0, 0), \cdots, (0, 0, 0, \cdots, 1, 0)); n-1$.

b) $((1, 0, 0, 0, 0, \cdots, 0), (0, 0, 1, 0, 0, \cdots, 0), (0, 0, 0, 0, 1, \cdots, 0), \cdots); \left[\dfrac{n+1}{2}\right]$.

c) 添加向量 $(1, 1, 1, \cdots, 1, 1)$ 到 b) 的基向量; $1 + \left[\dfrac{n+1}{2}\right]$ 当 $n > 1$.

d) $((1, 0, 1, 0, 1, \cdots), (0, 1, 0, 1, 0, \cdots)); 2$(当 $n > 1$).

e) 基础解系形成一个基.

35.3. a) $\{E_{ij} | i, j = 1, 2, \cdots, n\}; n^2$.

b) 矩阵 $\{E_{ij} + E_{ji} | 1 \leqslant i \leqslant j \leqslant n\}$ 形成一个基; $n(n+1)/2$.

c) 若 $\text{char } F \neq 2$, 则 $\{E_{ij} - E_{ji} | 1 \leqslant i < j \leqslant n\}; \dfrac{n(n-1)}{2}$; 若 $\text{char } F = 2$, 则答案与 b) 相同.

f) $\{E_{11} - E_{ii} | i = 2, 3, \cdots, n\} \cup \{E_{ij} | i, j = 1, 2, \cdots; n; i \neq j\}; n^2 - 1$.

g) $\{E_{ii} | i = 1, 2, \cdots, n\}; n$.

35.4. 在下列情形集合形成子空间: a) 和 b) 当 $a = 0$; c) 当 $|S| = 1$; e).

35.5. 在下列情形集合形成子空间: a), b).

35.7. a) $\{f(x)(x-\alpha) | f(x) \in \mathbb{R}[x]_{n-1}\}$.

b) $\{f(x)(x-\alpha)(x-\overline{\alpha}) | f(x) \in \mathbb{R}[x]_{n-2}\}$.

c) 维数等于 $n - k + 1$.

35.9. a) 维数等于 $\binom{m+k-1}{m-1}$. **提示**. 取一个由单项式组成的基并且运用习题 2.13.

b) $\binom{k+m}{m}$. **提示**. 令 $x_i = \dfrac{y_i}{y_{m+1}}$ 并且运用 a).

35.10. a) q^n.

b), c) $(q^n - 1)(q^n - q) \cdots (q^n - q^{n-1})$.

d) $q^{n^2} - (q^n - 1)(q^n - q) \cdots (q^n - q^{n-1})$.

e) $\dfrac{(q^n - 1)(q^n - q) \cdots (q^n - q^{n-k+1})}{(q^k - 1)(q^k - q) \cdots (q^k - q^{k-1})}$. **提示**. 分母等于 k 维子空间的不同基的个数.

f) q^{n-r}.

35.11. a) $(a_1, a_2, a_4); 3$.　b) $(a_1, a_2, a_5); 3$.

35.12. b), c) **提示**. 利用公式

$$\dim L_1 + \dim L_2 = \dim(L_1 + L_2) + \dim(L_1 \cap L_2).$$

35.13. a) 不, 它是不可能的. **提示**. 取 $U = \langle a+b \rangle, V = \langle a \rangle, W = \langle b \rangle$, 其中 a 和 b 是线性无关的向量.

b) **提示**. 若 $x \in U \cap (V+W)$, 则 $x = v + w, w = x - v \in U$(因为 $v, x \in U$), 即 $w \in U \cap W$, 因此

$$x \in (U \cap V) + (U \cap W).$$

反过来的包含关系从下述事实得到: $U \cap V$ 和 $U \cap W$ 被包含在 U 和 $V+W$ 中.

35.14. a) 3, 1.　b) 3, 2.　c) 4, 2.

35.15. a) $(a_1, a_2, b_1); (3, 5, 1)$.

b) $(a_1, a_2, a_3, b_1); (1, 1, 1, 1, 1), (0, 2, 3, 1, -1)$.

c) $(a_1, a_2, a_3, b_1); (1, 1, 1, 1, 0), (1, 0, 0, 1, -1)$.

d) $(a_1, a_2, b_1); (5, -2, -3, -4)$.

e) $(a_1, a_2, a_3, b_1); b_2$ 是交的一个基.

35.16. a) $x_1 + x_2 - 2x_4 = 0, x_2 + x_3 - x_4 = 0.$

b) $x_1 - x_2 - 2x_3 = 0, x_1 - x_2 + 2x_4 = 0, 2x_1 + x_2 - x_5 = 0.$

35.17. 提示. b) 考虑 $\langle x \rangle, \langle y \rangle, \langle z \rangle$, 其中的向量是两两线性无关的.

35.18. 提示. 向量 e_i 在平行于 V 在 U 上的投影其第 i 个坐标为 $(n-1)/n$ 并且所有其他坐标为 $(-1/n)$; e_i 在平行于 U 在 V 上的投影其所有坐标都等于 $1/n$.

35.19. $(-1, -3, 1, 3).$

35.21. $A = \dfrac{1}{2}(A + {}^t A) + \dfrac{1}{2}(A - {}^t A).$

35.22. b) 当 $i \leqslant j$ 时为 0 和 E_{ij}; 当 $i > j$ 时为 $E_{ij} - E_{ji}$ 和 E_{ji}.

35.23. b) 当 $i < j$ 时为 0 和 E_{ij}; 当 $i = j$ 时为 E_{ii} 和 0 $\left(\text{当 } i = j \text{ 时答案不唯一, 既可以是 } E_{ii} \text{ 和 } 0, \text{也可以是 } 0 \text{ 和 } E_{ii}, \text{还可以是 } \dfrac{1}{2}E_{ii} \text{ 和 } \dfrac{1}{2}E_{ii}, \text{等等}\right)$; 当 $i > j$ 时为 $E_{ij} + E_{ji}$ 和 $-E_{ji}$.

35.24. $\dfrac{(q^n - q^m)(q^n - q^{m+1}) \cdots (q^n - q^{n-1})}{(q^{n-m} - 1) \cdots (q^{n-m} - q^{n-m-1})}.$

36.1. 提示. 对 m 作归纳法.

36.2. a) $q^{nk}.$

b) $(q^k - 1)(q^k - q) \cdots (q^k - q^{n-1})$, 其中 $n \leqslant k$.

36.3. $\begin{pmatrix} -3 & -6 & -9 \\ 3 & 7 & 12 \end{pmatrix}.$

36.4. $\begin{pmatrix} 1 & a \\ 0 & b \\ 0 & c \\ 1 & d \end{pmatrix}.$

36.5. 提示. 选择 V 的一个基 $e_1, \cdots, e_n$ 使得 $\mathcal{A}(e_1), \cdots, \mathcal{A}(e_k)$ 是 $\mathrm{Im}\mathcal{A}$ 的一个基并且 $e_{k+1}, \cdots, e_n \in \mathrm{Ker}\mathcal{A}$. 定义 $\mathcal{C}$ 在 $e_{k+1}, \cdots, e_n$ 上的作用, 以及 $\mathcal{D}$ 在 $\mathcal{A}(e_1), \cdots, \mathcal{A}(e_k)$ 上的作用.

36.6. 提示. 选择 V 的基 $e_1, \cdots, e_n$ 如同习题 36.5. 定义 $\mathcal{C}$ 在 $\mathcal{A}(e_1), \cdots, \mathcal{A}(e_k)$ 上的作用.

36.7. 提示. 利用习题 36.5.

36.8. 提示. 选择 V 的基 $e_1, \cdots, e_n$ 如同习题 36.5.

36.9. 提示. a) 运用 Lagrange 多项式 f_i 使得 $f_i(i) = 1, f_i(j) = 0, (i, j = 0, \cdots, n; i \neq j).$

b) 考虑多项式 $1, x, \cdots, x^n$.

c) 考虑矩阵 $(\gamma^i(x^j))(i,j = 0, 1, \cdots, n)$.

36.10. a) 提示. 在 V 中选取任意一个基, 然后用方程组的形式写出这个题的论断.

b) f_i 是 Lagrange 多项式:
$$f_i(x) = \frac{(x-0)(x-1)\cdots(x-i+1)(x-i-1)\cdots(x-n)}{i(i-1)\cdots 1\cdot(-1)\cdots(i-n)}.$$

c) $f_i(x) = x^i/i! (i = 0, 1, \cdots, n)$.

36.11. 提示. 求一个基 $(e_1, \cdots, e_n)$, 对于它有 $f(e_1) = 1, f(e_2) = \cdots = f(e_n) = 0$.

36.12. 提示. 利用线性方程组.

36.13. 提示. 证明
$$y = x - \frac{f(x)}{f(a)}a \in U.$$

36.14. 提示. 应用习题 36.13b).

36.15. 提示. V^* 中取一个基, 用齐次线性方程组确定核的交, 参考习题 36.12.

36.16. 提示. 如果向量组 $e_1, \cdots, e_k$ 是线性无关的, 那么把它扩充成一个基, 并且考虑在 V^* 中的对偶基.

36.17. 提示. a) 把 U 的基 $(e_1, \cdots, e_k)$ 扩充成 V 的基 $(e_1, \cdots, e_n)$. 如果 $(e^1, \cdots, e^n)$ 是对偶基, 那么去证明 $U^\perp = \langle e^{k+1}, \cdots, e^n \rangle$.

b) 利用 a).

c) 利用 b).

36.18. 提示. 证明 $\mathbb{Q}[x]$ 是可数集, 并且指出在 $\mathbb{Q}[x]^*$ 中一个由无关的线性函数组成的不可数集. 例如, 对于自然数集的每一个子集 I, 用公式 $f_I(u) = \sum_{i \in I} u_i$ 定义函数 f_I, 其中 $u = \sum_j u_j x^j$.

36.19. 提示. 利用习题 35.26, 其中 $U = \mathrm{Ker}\, l_1, W = \mathrm{Ker}\, l_2$.

36.20. 提示. 利用习题 35.25.

36.21. 见 S. Lang, Algebra, Addison-Wesley, Reading, 1965, ch. VIII, §4–6.

37.1. a), b), c), f), g), h), i), j), l), m), n), p), q), s).

37.2. a) 在标准基下的矩阵是单位矩阵 E.

b) 在矩阵单位 E_{ij} 组成的基下, 函数 f 的矩阵元素 $a_{ij,kl}$ 有形式 $a_{ij,ji} = 1$, 其他情形为 0.

c) 0. f), g) $a_{ij,ij} = 1$ 并且其他情形为 0(见 b)).

i) 在基 1, i 下的矩阵为 $\begin{pmatrix} 1 & 0 \\ 0 & -1 \end{pmatrix}$.　　j) E.　　l) $\begin{pmatrix} 0 & -1 \\ 1 & 0 \end{pmatrix}$.

m), n) 空间是无限维的.

q) 空间是无限维的.

s) 在 $\mathbb{R}^3$ 的标准正交基下的矩阵是

$$\begin{pmatrix} 0 & 1 & -1 \\ -1 & 0 & 1 \\ 1 & -1 & 0 \end{pmatrix}.$$

37.5. a), b), d) f), g), h).

37.6. a) $\begin{pmatrix} 0 & -6 & -9 \\ -2 & 20 & 30 \\ -3 & 30 & 45 \end{pmatrix}$.　　b) $\begin{pmatrix} 11 & 8 & 15 \\ 6 & 5 & 12 \\ 11 & 10 & 29 \end{pmatrix}$.

37.7. a) $\begin{pmatrix} 1+i & 1-i \\ -3+i & 1-i \end{pmatrix}$.　　b) $\begin{pmatrix} 4-2i & -2-i \\ 1+i & -i \end{pmatrix}$.

37.8. a) -43.　b) $1 - 19i$.

37.9. a) $-3 + 7i$.　b) $22 + 40i$.

37.10. a) $\begin{pmatrix} 2 & 5 & -1 \\ -4 & 6 & 8 \\ -10 & -23 & -4 \end{pmatrix}$.　　b) $\begin{pmatrix} -2 & 3 & 0 \\ -5 & -10 & 15 \\ 29 & -26 & 3 \end{pmatrix}$.

37.11. a) $\begin{pmatrix} 5+5i & 2i \\ 7+2i & -1+4i \end{pmatrix}$.　　b) $\begin{pmatrix} 13-i & 7-5i \\ 4 & 3-i \end{pmatrix}$.

37.12. a) $\langle(-1,-1,1)\rangle, \langle(10,7,1)\rangle$.

b) $\langle(-1,-5,3)\rangle, \langle(1,-2,1)\rangle$.

37.14. a) $\langle(-1,1,1)\rangle, \langle(-17,-13,7)\rangle$.

b) $\langle(2,-3,1)\rangle, \langle(-4,-5,1)\rangle$.

37.16. a) $\langle(1,-2,1)\rangle, \langle(-1,-5,3)\rangle$.

b) $\langle(-1,1,1)\rangle, \langle(4,0,-9)\rangle$.

37.18. c) **提示**. 利用习题 36.21 并且证明左核和右核是 K 的理想.

d) $(a - a^q | a \in K)$.

37.19. c) $\begin{pmatrix} 1 & 0 \\ 0 & 2 \end{pmatrix}$.

d) **提示**. 从 c) 得出.

e) $F\sqrt{2}$.

37.21. a) 当 $\lambda = \pm 1$ 时, c).

37.22. $F = {}^t A G \overline{B}$.

37.23. 如果 f 是对称的, 那么它的矩阵能被化简成 aE_{11}; 如果 f 不是对称的, 那么它的矩阵能被化简成 E_{12}.

37.24. $F' = {}^t C F \overline{C}$.

37.26. 提示. 不一致的例子: $\mathbb{R}^2$ 上在某个基下的矩阵为 $\begin{pmatrix} 0 & 1 \\ 0 & 0 \end{pmatrix}$ 的函数.

37.28. b) **提示**. 例子: $\mathbb{R}^2$ 上在某个基下的矩阵为 $\begin{pmatrix} 1 & 0 \\ 0 & -1 \end{pmatrix}$ 的函数.

37.29. d) **提示**. 若 $\varepsilon = 1$, 则 f_1 和 f_2 在合适的基下的矩阵有形式

$$\begin{pmatrix} 0 & A \\ {}^t A & 0 \end{pmatrix}, \quad \begin{pmatrix} 0 & B \\ {}^t B & 0 \end{pmatrix},$$

其中 A 和 B 是非奇异矩阵. 直接求出基变换的矩阵.

37.30. 提示. 利用习题 37.29.

37.31. 提示. 证明类似于对称双线性型化简成正规形的定理. 运用类似于 Lagrange 算法的方法是可能的: 首先把具有因子 y_1 和 x_1 的单项式组合在一起, 然后运用归纳法.

37.32. a), b) 函数不等价.

37.33. a) $x'_1 y'_2 - x'_2 y'_1$, 其中

$$x'_1 = x_1 - 2x_3, \quad x'_2 = x_2 - x_3, \quad x'_3 = x_3.$$

b) $x'_1 y'_2 - x'_2 y'_1$, 其中

$$x'_1 = x_1 - \frac{3}{2} x_3, \quad x'_2 = 2x_2 + x_3, \quad x'_3 = x_3.$$

c) $x'_1 y'_2 - x'_2 y'_1 + x'_3 y'_4 - x'_4 y'_3$, 其中

$$x'_1 = x_1 - 2x_3, \quad x'_2 = x_2 - x_4, \quad x'_3 = x_3, \quad x'_4 = x_4.$$

d) $x'_1 y'_2 - x'_2 y'_1$, 其中

$$x'_1 = x_1 + x_3, \quad x'_2 = x_2 + x_3 + x_4, \quad x'_3 = x_3, \quad x'_4 = x_4.$$

37.35. $60x(1-x), x^2(1-x), x(1-x)(x^2-x-1)$.

37.36. 提示. 利用习题 37.31b).

37.37. 提示. 奇数阶反称矩阵的行列式等于 0.

37.45. a) 1, 2.   b) 2, 3, 4. 极大维数是 $\binom{n}{2}$.

38.1. a), c), f), g), i), j), m), p), q).

38.3. 这两个函数是不等价的.

38.4. a) 不存在一个基; b) 存在一个基.

38.6. a) $\langle (2,1,0) \rangle$.   b) $\langle (-21,13,0), (-79,0,13) \rangle$.

38.8. a) $2x_1'y_1' - \frac{1}{2}x_2'y_2' + 3x_3'y_3'$.

b) $x_1'y_1' - x_2'y_2' + 16x_3'y_3'$.

38.9. a) 函数是等价的.

b) 函数是不等价的.

38.10. a), j).

38.11. a) $\lambda > 2$

b) $|\lambda| < \sqrt{5/3}$.

c) $-0.8 < \lambda < 0$.

d) λ 取任何值, 都不正定.

38.13. 提示. 考虑函数 $x_1^2 + 4x_1x_2 + x_2^2$.

38.14. a) $\lambda < -20$.   b) $\lambda < -0.6$.

38.15. a) $x_1y_1 + x_1y_2 + x_2y_1 + 2x_2y_2 - 3x_1y_3 - 3x_3y_1 + 2x_2y_3 + 2x_3y_2 - x_3y_3$.

b) $\frac{1}{2}(x_1y_2 + x_2y_1 + x_1y_3 + x_3y_1 + x_2y_3 + x_3y_2)$.

38.16. a) $2x_1y_1 - x_1y_2 - x_2y_1 - 2x_1y_3 - 2x_3y_1 - \frac{5}{2}x_2y_3 - \frac{5}{2}x_3y_2 + x_3y_3$.

b) $-2x_2y_2 + \frac{3}{2}x_2y_3 + \frac{3}{2}x_3y_2 - \frac{1}{2}x_1y_3 - \frac{1}{2}x_3y_1 + 2x_3y_3$.

38.17. a) 函数是不等价的.

b) 函数是等价的.

38.18. a) $y_1^2 + y_2^2 - y_3^2$.

b) $y_1^2 + y_2^2 - y_3^2$.

c) $y_1^2 - y_2^2$.

d) $y_1^2 - y_2^2 - y_3^2 - y_4^2$.

h) $y_1^2 + \cdots + y_n^2$. 证明函数具有以下形式：$(x_1 + \cdots + x_n)^2 + (x_2 + \cdots + x_n)^2 + \cdots + (x_{n-1} + x_n)^2 + x_n^2$.

i) $y_1^2 - \cdots - y_n^2$. 证明函数具有以下形式：$\dfrac{n-1}{2}(x_1 + \cdots + x_n)^2 - \dfrac{1}{2}(x_1 - x_2 - \cdots - x_n)^2 - \dfrac{1}{2}(x_1 + x_2 - x_3 - \cdots - x_n)^2 - \cdots - \dfrac{1}{2}(x_1 + x_2 + \cdots + x_{n-1} - x_n)^2$.

j) $y_1^2 + y_2^2 + \cdots + y_m^2 - y_{m+1}^2 - \cdots - y_{2m}^2$，其中 $n = 2m$ 或 $n = 2m+1$.

k) $y_1^2 + y_2^2 + \cdots + y_{n-1}^2$.

38.19. a) 函数是不等价的.

b) 函数是等价的.

38.22. $n(n+1)/2, n(n-1)/2$.

38.23. 提示. 如果 $U = \langle e_1, e_2 \rangle$ 并且 $f(e_1, e_2) = f(e_2, e_2)$，情形 $1.f(e_2, e_2) = 0$，则 $f(e_1, e_1) \neq 0$. 在 $\langle e_1 \rangle^\perp$ 中选一个向量 $e_3 \neq e_2$ 使得 $f(e_2, e_3) \neq 0$.

38.26. 提示. 把函数化简到正规形并且运用类似于在惯性定律中的证明的议论.

38.27. n, n.

38.29. 提示. 考虑适当的二次函数.

38.31. $n(n+1)/2$.

38.32. 提示. 考虑在形如 $\lambda x + y$ 的点上的值，其中 $\lambda \in F$.

39.1. 下列映射是线性变换: a) 当 $a = 0$; b) 当 $a = 0$; c), d), e) 当 $a = 0$; f), g), h), k).

39.5. a) $\{0\}, V$.

b) $V, \{0\}$.

c) $V, \{0\}$(当 $\alpha \neq 0$);$\{0\}V$(当 $\alpha = 0$).

d) $\langle b \rangle, \langle a \rangle^\perp$(当 $a, b \neq 0$);$\{0\}, V$(当 $a = 0$ 或 $b = 0$).

e) $V, \{0\}$.

f) $\mathbb{R}[x]_n, \{0\}$.

g) $\mathbb{R}[x]_{n-1}, \mathbb{R}$.

h) $\mathbb{R}[x]_{n-k}, \mathbb{R}[x]_{k-1}$.

k) $\mathbb{R}^3, \{0\}$.

39.7. 提示. 把子空间的基 $(e_1, \cdots, e_k)$ 扩充成整个空间的基 $(e_1, \cdots, e_n)$，并且考虑在 $\langle e_1, \cdots, e_k \rangle$ 上的投影和在 $\langle e_{k+1}, \cdots, e_n \rangle$ 上的投影 (见习题 39.17).

39.9. 提示. 把子空间的基扩充成空间的基.

39.12. 提示. 首先证明 $\operatorname{rk}\mathcal{A} = \operatorname{rk}\mathcal{BA} + \dim(\operatorname{Im}\mathcal{A} \cap \ker\mathcal{B})$.

39.14. $n(n-r)$, 其中 $r = \operatorname{rk}\mathcal{A}$.

39.15. a) $\begin{pmatrix} 1 & 0 & 0 \\ 1 & 2 & 0 \\ 0 & 1 & 3 \end{pmatrix}$.

b) $\begin{pmatrix} \cos\alpha & -\sin\alpha \\ \sin\alpha & \cos\alpha \end{pmatrix}$, 当观察角的正向与把第一个基本角映到第二个基本角的最短旋转方向一致.

c) $\begin{pmatrix} 0 & 0 & 1 \\ 1 & 0 & 0 \\ 0 & 1 & 0 \end{pmatrix}$. 和 $\begin{pmatrix} 0 & 1 & 0 \\ 0 & 0 & 1 \\ 1 & 0 & 0 \end{pmatrix}$ d) $\begin{pmatrix} 0 & 0 & 0 \\ 0 & 1 & 0 \\ 0 & 0 & 0 \end{pmatrix}$. e) $\begin{pmatrix} 1 & 0 & -2 \\ 0 & 0 & 0 \\ -2 & 0 & 4 \end{pmatrix}$.

f) $\begin{pmatrix} a & 0 & b & 0 \\ 0 & a & 0 & b \\ c & 0 & d & 0 \\ 0 & c & 0 & d \end{pmatrix}$. g) $\begin{pmatrix} a & c & 0 & 0 \\ b & d & 0 & 0 \\ 0 & 0 & a & c \\ 0 & 0 & b & d \end{pmatrix}$. h) $\begin{pmatrix} 1 & 0 & 0 & 0 \\ 0 & 0 & 1 & 0 \\ 0 & 1 & 0 & 0 \\ 0 & 0 & 0 & 1 \end{pmatrix}$.

i) $\begin{pmatrix} a_1b_1 & a_1b_3 & a_2b_1 & a_2b_3 \\ a_1b_2 & a_1b_4 & a_2b_2 & a_2b_4 \\ a_3b_1 & a_3b_3 & a_4b_1 & a_4b_3 \\ a_3b_2 & a_3b_4 & a_4b_2 & a_4b_4 \end{pmatrix}$, 其中 $A = \begin{pmatrix} a_1 & a_2 \\ a_3 & a_4 \end{pmatrix}, B = \begin{pmatrix} b_1 & b_2 \\ b_3 & b_4 \end{pmatrix}$.

j) $\begin{pmatrix} a_1+b_1 & b_3 & a_2 & 0 \\ b_2 & a_1+b_4 & 0 & a_2 \\ a_3 & 0 & a_4+b_1 & b_3 \\ 0 & a_3 & b_2 & a_4+b_4 \end{pmatrix}$. k) $\begin{pmatrix} 0 & 1 & 0 & 0 & \cdots & 0 \\ 0 & 0 & 2 & 0 & \cdots & 0 \\ 0 & 0 & 0 & 3 & \cdots & 0 \\ \cdots\cdots\cdots\cdots\cdots\cdots \\ 0 & 0 & 0 & 0 & \cdots & n \\ 0 & 0 & 0 & 0 & \cdots & 0 \end{pmatrix}$.

l) $\begin{pmatrix} 0 & 0 & 0 & \cdots & 0 & 0 \\ n & 0 & 0 & \cdots & 0 & 0 \\ 0 & n-1 & 0 & \cdots & 0 & 0 \\ 0 & 0 & n-2 & \cdots & 0 & 0 \\ \vdots & \vdots & \vdots & & \vdots & \vdots \\ 0 & 0 & 0 & \cdots & 1 & 0 \end{pmatrix}$. m) $\begin{pmatrix} 0 & 1 & 0 & 0 & \cdots & 0 \\ 0 & 0 & 1 & 0 & \cdots & 0 \\ 0 & 0 & 0 & 1 & \cdots & 0 \\ \cdots\cdots\cdots\cdots\cdots\cdots \\ 0 & 0 & 0 & 0 & \cdots & 1 \\ 0 & 0 & 0 & 0 & \cdots & 0 \end{pmatrix}$.

39.17. 提示. 这个变换的矩阵的主对角线上的前 k 个元素等于 1, 而所有其他元素等于 0.

39.18. 矩阵的前 k 列由向量 $b_1,\cdots,b_k$ (由 $a_1,\cdots,a_n$ 线性表出) 的系数组成; 其他列是任意的.

39.19. a) $\begin{pmatrix} 4 & 5 & 0 & -1 \\ 1 & 0 & 2 & 3 \\ 2 & 3 & 0 & 3 \\ 1 & 6 & -1 & 7 \end{pmatrix}$. b) $\begin{pmatrix} -5 & -8 & -6 & -2 \\ 2 & 4 & 4 & 0 \\ -3 & -2 & -1 & -5 \\ 6 & 7 & 6 & 13 \end{pmatrix}$.

39.20. $\begin{pmatrix} -\frac{1}{3} & \frac{2}{3} & \frac{2}{3} \\ \frac{2}{3} & \frac{2}{3} & -\frac{1}{3} \\ \frac{2}{3} & -\frac{1}{3} & \frac{2}{3} \end{pmatrix}$.

39.21. $\begin{pmatrix} 1 & 2 & 2 \\ 3 & -1 & -2 \\ 2 & -3 & 1 \end{pmatrix}$.

39.23. a) 矩阵的前 k 列是零列; 其余 $n-k$ 列是线性无关的.

39.24. 提示. 考虑子空间 $V_i(i=1,2)$, 它由满足 $(f_i(\mathcal{A}))(x)=0$ 的所有向量 x 组成.

40.1. a) 零次多项式; $\{0\}$.

b) 非零的对称矩阵和反称矩阵; $\{1,-1\}$.

c) 单项式; $\{0,1,2,\cdots,n\}$.

d) 单项式; $\left\{1,\dfrac{1}{2},\cdots,1/(n+1)\right\}$.

40.2. 提示. 等式 $f(ax+b)=\lambda f(x)$ 蕴含 $\lambda=a^k$, 其中 k 是 $f(x)$ 的次数.

40.4. 提示. 如果 $\mathcal{A}(x)=\lambda x, \lambda\neq 0$, 那么 $\mathcal{A}^{-1}(x)=\dfrac{1}{\lambda}x$.

40.6. 提示. 利用变换的矩阵.

40.8. 提示. a) 利用习题 40.7. b) 考虑对于子空间 $\langle a\rangle$ 的商空间, 其中 a 是所有给定的变换的公共的特征向量.

40.9. 提示. 考虑 $\mathcal{A}^2-\lambda^2\mathcal{E}$.

40.11. 提示. 考虑矩阵

$$A=\begin{pmatrix} -a_{n-1} & -a_{n-2} & \cdots & -a_1 & -a_0 \\ 1 & 0 & \cdots & 0 & 0 \\ 0 & 1 & \cdots & 0 & 0 \\ \multicolumn{5}{c}{\cdots\cdots\cdots\cdots\cdots\cdots\cdots} \\ 0 & 0 & \cdots & 1 & 0 \end{pmatrix}.$$

40.13. $\lambda_1 = a_1^2 + \cdots + a_n^2, \lambda_2 = \cdots = \lambda_n = 0$.

40.15. a) $\lambda_1 = \lambda_2 = \lambda_3 = -1; c(1, 1, -1)(c \neq 0)$.

b) $\lambda_1 = \lambda_2 = \lambda_3 = 2; c_1(1, 2, 0) + c_2(0, 0, 1)(c_1$ 和 c_2 不全为 $0)$.

c) $\lambda_1 = 1, \lambda_2 = \lambda_3 = 0$; 对于 $\lambda_1 = 1$ 特征向量有形式 $c(1, 1, 1)$, 对于 $\lambda_{2,3} = 0$ 它们有形式 $c(1, 2, 3)(c \neq 0)$.

d) $\lambda_1 = \lambda_2 = 1$; 对于 $\lambda_{1,2} = 1$ 特征向量形如 $c_1(2, 1, 0) + c_2(1, 0, -1)(c_1$ 和 c_2 不全为 $0)$, 对于 $\lambda_3 = -1$ 它们形如 $c(3, 5, 6)(c \neq 0)$.

e) $\lambda_1 = 1, \lambda_2 = 2 + 3i, \lambda_3 = 2 - 3i$(在 $\mathbb{C}$ 上); 对于 $\lambda_1 = 1, c(1, 2, 1)$; 对于 $\lambda_2 = 2 + 3i, c(3 - 3i, 5 - 3i, 4)$; 对于 $\lambda_3 = 2 - 3i, c(3 + 3i, 5 + 3i, 4)$, 每个地方 $c \neq 0$.

f) $\lambda = 2; c_1(1, 1, 0, 1) + c_2(0, 0, 1, 1)(c_1$ 和 c_2 不全为 $0)$.

40.16. a) $((1, 1, 1), (1, 1, 0), (1, 0, -3)), \begin{pmatrix} 1 & 0 & 0 \\ 0 & 2 & 0 \\ 0 & 0 & 2 \end{pmatrix}$.

b) $((1, 1, 2), (3 - 3i, 4, 5 - 3i), (3 + 3i, 4, 5 + 3i)), \begin{pmatrix} 1 & 0 & 0 \\ 0 & 2 + 3i & 0 \\ 0 & 0 & 2 - 3i \end{pmatrix}$.

c) 它在 $\mathbb{R}$ 上和 $\mathbb{C}$ 上都不能对角化.

d) $((1, 1, 0, 0), (1, 0, 1, 0), (1, 0, 0, 1), (1, -1, -1, -1)), \begin{pmatrix} 2 & 0 & 0 & 0 \\ 0 & 2 & 0 & 0 \\ 0 & 0 & 2 & 0 \\ 0 & 0 & 0 & -2 \end{pmatrix}$.

40.17. 元素 α_k 与 α_{n-k+1} 全为 0 或者 $\lambda^2 - \alpha_k \alpha_{n-k+1}$ 在 $F[\lambda]$ 中能分解成不同的一次因式的乘积 $(k = 1, \cdots, n)$.

40.18. 提示. 可以取矩阵 T 是主对角线元和主对角线下方的次对角线上元素都是 1, 主对角线上方的次对角线上的元素都是 -1, 并且其余位置的元素都是 0. 则对角矩阵 B 的主对角线上开始 $\dfrac{n}{2}$ 个元素都是 1(当 n 是偶数), 而当 n 是奇数时开始 $(n + 1)/2$ 个元素都是 1; 主对角线的其余元素都等于 -1.

40.19. 考虑 A 在由属于特征值 λ 的线性无关的特征向量作为前面的向量的基下的矩阵.

40.20. $\lambda_1, \cdots, \lambda_n, \overline{\lambda}_1, \cdots, \overline{\lambda}_n$.

40.21. a) $\lambda_i \lambda_j (i, j = 1, \cdots, n)$.

b) $\lambda_i / \lambda_j (i, j = 1, \cdots, n)$.

40.22. $\{0\}$ 和 $\mathbb{R}[x]_k (k = 0, 1, 2, \cdots, n)$.

40.27. $\{0\}$ 和这个基的子集生成的线性子空间.

40.28. $V_i = \langle e_1, \cdots, e_i \rangle (i = 1, \cdots, n)$.

40.29. $\{0\}, V, \langle (2, 2, -1) \rangle, U = \langle (1, 1, 0), (1, 0, -1) \rangle, \langle (2, 2, -1), a \rangle, \langle a \rangle$, 其中 $a \in U$.

40.30. $V, \{0\}, \langle (1, -2, 1) \rangle, \langle (1, 1, 1), (1, 2, 3) \rangle$.

40.31. 次数至多是 n 的单项式的任一集合生成的线性子空间.

40.32. a) 某些子空间 $\langle \cos kx, \sin kx \rangle$ 之和.

b) 子空间 $\langle \cos x, \cos 2x, \cdots, \cos nx \rangle$ 与某些子空间 $\langle \sin kx \rangle$ 之和.

40.33. 提示. 考虑 $\mathcal{A}$ 的特征子空间 U_1, U_{-1} 和 $\mathcal{B}$ 的特征子空间 V_1, V_{-1}. 在 $U_i \cap V_j (i = 1, -1; j = 1, -1)$ 都是零子空间的情形, 求非零向量 $a \in U_1, a + \lambda b \in V_{-1}$ 使得 $a + b \in V_1, a + \lambda b \in V_{-1}$ (对某个 λ).

40.35. a) $\lambda_1 = 1, \lambda_{2,3} = 0; \langle (1, 1, 1) \rangle$ (对于 $\lambda_1 = 1$), $\langle (1, 1, 0), (1, 0, -3) \rangle$ (对于 $\lambda_{2,3} = 0$).

b) $\lambda_1 = 3, \lambda_{2,3} = -1; \langle (1, 2, 2) \rangle$ (对于 $\lambda_1 = 3$), $\langle (1, 1, 0), (1, 0, -1) \rangle$ (对于 $\lambda_{2,3} = -1$).

c) $\lambda_{1,2,3} = -1, V$.

d) $\lambda_{1,2} = 2, \lambda_{3,4} = 0; \langle (1, 0, 1, 0), (1, 0, 0, 1) \rangle$ (对于 $\lambda_{1,2} = 2$), $\langle (1, 0, 0, 0), (0, 1, 0, 1) \rangle$ (对于 $\lambda_{3,4} = 0$).

40.37. 提示. 利用习题 40.36.

40.40. L_A 的特征值是 A 的特征值.

40.41. 提示. a) 把 X 化简到行阶梯形.

b) 利用 a).

40.42. 提示. 对空间的维数作归纳法.

40.43. 提示. 对最小零化多项式的次数作归纳法.

41.1. a) $\begin{pmatrix} 3 & 0 & 0 \\ 0 & -1 & 1 \\ 0 & 0 & -1 \end{pmatrix}$. b) $\mathrm{diag}(1, 2 + 3i, 2 - 3i)$. c) $\begin{pmatrix} -2 & 0 & 0 \\ 0 & 1 & 0 \\ 0 & 0 & 1 \end{pmatrix}$.

d) $\begin{pmatrix} -1 & 1 & 0 \\ 0 & -1 & 0 \\ 0 & 0 & -1 \end{pmatrix}$. e) $\begin{pmatrix} 0 & 0 & 0 \\ 0 & 2 & 0 \\ 0 & 0 & 2 \end{pmatrix}$. f) $\begin{pmatrix} 1 & 0 & 0 & 0 \\ 0 & 1 & 1 & 0 \\ 0 & 0 & 1 & 1 \\ 0 & 0 & 0 & 1 \end{pmatrix}$.

g) 主对角线上都是 0 的两个 2 阶 Jordan 块.

h) 主对角线上都是 1 的一个 Jordan 块.

i) 主对角线上都是 1 的一个 Jordan 块.

j) 主对角线上都是 n 的一个 Jordan 块.

k) diag $(1, 2, \cdots, n)$.

l) diag $(\varepsilon_0, \varepsilon_1, \cdots, \varepsilon_{n-1})$, 其中 ε_i 是 1 的 n 次方根 $(i = 0, 1, \cdots, n)$.

m) 主对角线上都是 α 的一个 Jordan 块. **提示**. 矩阵 $A - \lambda E$ 的非零 $n-1$ 阶子式位于右上角; 求 $A - \lambda E$ 的初等因子.

41.3. a) $\begin{pmatrix} f(\alpha) & \dfrac{f'(\alpha)}{1!} & \dfrac{f''(\alpha)}{2!} & \cdots & \dfrac{f^{(n)}(\alpha)}{n!} \\ 0 & f(\alpha) & \dfrac{f'(\alpha)}{1!} & \cdots & \dfrac{f^{(n-1)}(\alpha)}{(n-1)!} \\ 0 & 0 & f(\alpha) & \cdots & \dfrac{f^{(n-2)}(\alpha)}{(n-2)!} \\ \cdots\cdots\cdots\cdots\cdots\cdots\cdots\cdots\cdots\cdots \\ 0 & 0 & 0 & \cdots & f(\alpha) \end{pmatrix}$.

b) 若 $\alpha \neq 0$, 则 A^2 的 Jordan 形为主对角线上都是 α^2 的一个 Jordan 块; 若 $\alpha = 0$, 且 n 是偶数, 则 A^2 的 Jordan 形是主对角线上都是 0 的两个 $n/2$ 阶 Jordan 块; 若 $\alpha = 0$ 且 n 是奇数, 则 A^2 的 Jordan 形是主对角线上都是 0 的两个 Jordan 块, 其中一个是 $(n-1)/2$ 阶, 另一个是 $(n+1)/2$ 阶.

41.4. 主对角线上都是 α 的两个 Jordan 块. 若 n 是偶数, 则两个 Jordan 块都是 $n/2$ 阶; 若 n 是奇数, 则一个 Jordan 块为 $(n-1)/2$ 阶, 另一个为 $(n+1)/2$ 阶. **提示**. 利用习题 41.2 和 41.3.

41.5. a) 在 A 的 Jordan 形中主对角元为 $\lambda \neq 0$ 的每个 Jordan 块用 λ^2 代替 λ; 如果 k 阶 Jordan 块的主对角元为 0 且 $k = 2l$, 那么这个 Jordan 块用两个 l 阶 Jordan 块代替, 若 $k = 2l + 1$, 则这个 Jordan 块用两个 Jordan 块代替, 其中一个为 $l+1$ 阶, 另一个为 l 阶.

b) 在 A 的 Jordan 形中, 主对角元用它们的逆代替.

41.6. a) 主对角线上的元素为 ± 1 的对角矩阵. A 是空间 V 对于某个子空间 L_1 的反射且平行于某个补空间 L_2.

b) 主对角线上元素等于 1 或 0 的对角矩阵. A 是 V 在平行于某个子空间 L_1 的补空间 L_2 在 L_1 上的投影.

41.7. 主对角线上的元素是 1 的根.

41.10. a) $\begin{pmatrix} 2 & 1 & 0 \\ 0 & 2 & 0 \\ 0 & 0 & 2 \end{pmatrix}$, $((1,4,3),(1,0,0),(3,0,1))$.

b) $\begin{pmatrix} 0 & 1 & 0 \\ 0 & 0 & 0 \\ 0 & 0 & 0 \end{pmatrix}$, $((1,-3,-2),(1,0,0),(1,0,1))$.

c) $\begin{pmatrix} 1 & 1 & 0 & 0 \\ 0 & 1 & 0 & 0 \\ 0 & 0 & 1 & 1 \\ 0 & 0 & 0 & 1 \end{pmatrix}$, $((1,1,1,1),(-1,0,0,0),(1,1,0,0),(0,0,-1,0))$.

d) $\begin{pmatrix} 2 & 1 & 0 & 0 \\ 0 & 2 & 0 & 0 \\ 0 & 0 & 2 & 0 \\ 0 & 0 & 0 & 1 \end{pmatrix}$, $((-1,-1,-1,0),(2,1,0,0),(1,0,0,-1),(3,6,7,1))$.

41.11. 一个 Jordan 块.

41.12. 提示. 利用 $\mathcal{A}$ 的矩阵的 Jordan 形.

41.13. 提示. 利用变换的矩阵的 Jordan 形.

41.14. 提示. 利用 $\mathcal{B}$ 的 Jordan 形.

41.16. 特征值等于 1, 有三个 Jordan 块, 分别为 1 阶, 3 阶, 5 阶的 Jordan 块.

41.17. 特征值等于 0, 有 $n+1$ 个 Jordan 块, 分别为 1 阶, 2 阶, $\cdots$, n 阶, $n+1$ 阶 Jordan 块.

41.18. 提示. 利用化简到 Jordan 形.

41.20. 提示. 利用 Jordan 块的 k 次幂的 Jordan 形 (见习题 41.3).

41.21. a) $\pm\dfrac{1}{4}\begin{pmatrix} 7 & 1 \\ -1 & 9 \end{pmatrix}$. b) $\pm\dfrac{1}{5}\begin{pmatrix} 12 & 2 \\ 3 & 13 \end{pmatrix}$, $\pm\begin{pmatrix} 0 & 2 \\ 3 & 1 \end{pmatrix}$.

41.22. a) $2^{50}\begin{pmatrix} -24 & 25 \\ -25 & 26 \end{pmatrix}$. b) $\begin{pmatrix} -7 & 4 \\ -14 & 8 \end{pmatrix}$.

41.23. $(t-\lambda_1)\times\cdots\times(t-\lambda_n)$.

41.24. $(t-\alpha)^n$.

41.26. a) $t-1$.

b) t.

c) t^2-t.

d) $t^2 - 1$.

e) t^k.

f) $t(t-1)\cdots(t-n)$.

g) $(t-1)\left(t-\dfrac{1}{2}\right)\cdots\left(t-\dfrac{1}{n+1}\right)$.

h) $(t^2+1)\cdots(t^2+n^2)$.

i) $(t^2+1)\cdots\left(t^2+\dfrac{1}{n^2}\right)$.

j) 与 $\mathcal{A}$ 的最小多项式一致.

k) $(t-1)^5$.

41.27. a) $(t-2)^3$.

b) $t^2 - 5t + 6$.

41.28. $(t-1)^2(t-2), V = L_1 \oplus L_2$, 其中 L_1 有一个基 $(e_1, e_2 - e_3)$ 并且 L_2 有一个基 (e_2).

41.30. Jordan 形中主对角元为 1 的 Jordan 块只有 1 阶的或者没有; 主对角元为 0 的 Jordan 块只有 1 阶或 2 阶的, 或者没有.

41.33. 提示. 比较 $\mathcal{A}$ 的多项式组成的空间的维数和与 $\mathcal{A}$ 可交换的矩阵组成空间的维数.

41.34. c) 提示. 利用 b).

41.38. 提示. 利用习题 41.34 和一个空间到循环子空间的直和分解.

41.42. c) 提示. 通过对 l 作归纳法证明在环 $K[\mathcal{A}]$ 中存在 $\mathcal{B}_i \in I$ 使得 $p(\mathcal{A} + \mathcal{B}_i)$ 能被 $p^l(\mathcal{A})$ 整除.

41.43. 提示. 从习题 41.36 和前面的习题进行推导, 首先证明 I 的所有元素是幂零的.

41.44. 提示. 利用习题 41.39, 41.42.

41.45. 提示. a) 利用 $\mathcal{A}$ 的 Jordan 形.

b) 利用习题 31.17.

41.47. 提示. 从习题 41.16 得出.

42.2. 提示. 见 A. I. Kostrikin, Yu. I. Manin. Linear Algebra and Geometry, Gordon and Breach, Reading, 1989, part 1, §10.

42.3. 提示. 利用习题 42.2 和 42.1.

42.4. 提示. 利用习题 42.3.

42.13. 提示. 见 N. Bourbaki, Théorie Spectrale, Hermann, 1972, ch. 1, §2, 5.

42.14. 提示. 见 R. Horn, C. R. Johnson, Matrix Analysis, Cambridge University Press, 1986, chs. 5,6.

42.19. a) $\begin{pmatrix} 2e^2 & -e^2 \\ e^2 & 0 \end{pmatrix}.$ b) $\begin{pmatrix} 4e-3 & 2-2e \\ 6e-6 & 4-3e \end{pmatrix}.$

c) $\begin{pmatrix} 3e-1 & e & -3e+1 \\ 3e & e+3 & -3e-3 \\ 3e-1 & e+1 & -3e \end{pmatrix}.$

d) $\begin{pmatrix} 3 & -15 & 6 \\ 1 & -5 & 2 \\ 1 & -5 & 2 \end{pmatrix} + 2\pi \in E$, 其中 $n \in \mathbb{Z}$.

e) $\begin{pmatrix} 1 & -1 \\ 1 & -1 \end{pmatrix}.$

42.20. $\det e^A = e^{\operatorname{tr} A}$.

42.22 — 42.33. 提示. 见 R. Horn, C. R. Johnson, Matrix Analysis, Cambrige University Press, 1986, Ch. 8, §81—84.

42.34. a) $x = (1,1), \rho(A) = 3.$ b) $x = (1,1), \rho(A) = 7.$
c) $x = (5,3,1), \rho(A) = 5.$ d) $x = (1,0,1,0), \rho(A) = 6.$

43.4. a) 数量矩阵组成的子空间.

b) 反称矩阵组成的子空间.

c) 对称矩阵组成的子空间.

d) 幂零下三角矩阵组成的子空间.

43.13. 两个矩阵都等于 G^{-1}.

43.14. a) $^t S^{-1}$.

b) $^t \overline{S}^{-1}$.

43.15. a) $((1,2,2,-1),(2,3,-3,2),(2,-1,-1,-2)).$

b) $((1,1,-1,-2),(2,5,1,3)).$

c) $((2,1,3,-1),(3,2,-3,-1),(1,5,1,10)).$

43.16. 例如:a) $((2,-2,-1,0),(1,1,0,-1)).$

b) $((0,1,0,-1),(1,0,-1,0)).$

43.18. a) $x_2 + x_4 = 0.$

b) $\begin{cases} x_1 + x_2 + x_3 + x_4 = 0, \\ -18x_1 + x_2 + 18x_3 + 11x_4 = 0. \end{cases}$

43.19. a) $(1,-1,-1,5), (3,0,-2,-1)$.

b) $(3,1,-1,-2), (2,1,-1,4)$.

c) $\left(0,-\dfrac{3}{2},\dfrac{3}{2},0\right), \left(7,-\dfrac{5}{2},-\dfrac{5}{2},2\right)$.

43.21. a) $\sqrt{14}$. b) 2. c) $1/5$. d) $\sqrt{3/5}$. e) $\sqrt{5/7}$.

43.26. 提示. 见习题 43.25d).

43.28. a) 6, 6, 6; $60°$.

43.32. 当 n 为奇数,0; 当 $n=2k$, $\dfrac{1}{2}\begin{pmatrix}n\\k\end{pmatrix}=\begin{pmatrix}2k-1\\k-1\end{pmatrix}$.

43.33. $a\sqrt{n}$; 当 n 为奇数时, $\arccos\dfrac{1}{n}$.

43.34. $R=\dfrac{a\sqrt{n}}{2}$; 当 $n<4$ 有 $R<a$, 当 $n=4$ 有 $R=a$, 当 $n>4$ 有 $R>a$.

43.36. a) 8. b) 4. c) 12714. d) 0.

43.38. a) $60°$. b) $30°$. c) $0°$.

43.41. $\arccos\sqrt{k/n}$.

43.42. $\arccos\left(\dfrac{2}{3}\right)$. 提示. 设 $a_i=\overrightarrow{A_0A_i}(i=1,2,3,4)$; 证明向量 $a_1t_1+a_2t_2$ 和 $a_3t_3+a_4t_4$ 的夹角的余弦的平方等于

$$\frac{(t_1+t_2)^2(t_3+t_4)^2}{4(t_1^2+t_1t_2+t_2^2)(t_3^2+t_3t_4+t_4^2)};$$

求函数 $(t_1+t_2)^2$ 在条件 $t_1^2+t_1t_2+t_2^2=1$ 下的最大值.

43.43. $45°$. 提示. 求第二个平面的向量与它们到第一个平面的正交投影的夹角的最小值.

43.44. b) $P_0(x)=1, P_1(x)=x, P_2(x)=\dfrac{1}{2}(3x^2-1), P_3(x)=\dfrac{1}{2}(5x^3-3x), P_4(x)=\dfrac{1}{8}(35x^4-30x^2+3)$.

c) $P_k(x)=\displaystyle\sum_{j=0, j\geqslant k/2}(-1)^{k-j}\dfrac{1\cdot 3\cdot 5\cdots(2j-1)}{(k-j)!(2j-k)!2^{k-j}}x^{2j-k}$

$=\dfrac{1}{2^k k!}\displaystyle\sum_{j=0, j\geqslant k/2}(-1)^{k-j}\begin{pmatrix}k\\j\end{pmatrix}\dfrac{(2j)!}{(2j-k)!}x^{2j-k}$.

d) $\sqrt{2/2k+1}$.

e) 1.

43.45. a) $\sqrt{\Delta}$, 其中

$$\Delta = \begin{vmatrix} 1 & \dfrac{1}{2} & \cdots & \dfrac{1}{n+1} \\ \dfrac{1}{2} & \dfrac{1}{3} & \cdots & \dfrac{1}{n+2} \\ \cdots\cdots\cdots\cdots\cdots\cdots\cdots \\ \dfrac{1}{n+1} & \dfrac{1}{n+2} & \cdots & \dfrac{1}{2n+1} \end{vmatrix} = \dfrac{(1!2!\cdots n!)^3}{(n+1)!(n+2)!\cdots(2n+1)!}.$$

b) $\dfrac{1}{\binom{2n}{n}\sqrt{4n+1}}$.

44.2. $(\overline{G}^{-1})^t \overline{A}\, \overline{G}$.

44.3. $\begin{pmatrix} 3 & 6 \\ -1 & -3 \end{pmatrix}$.

44.4. 平行于纵轴在第二和第四象限的平分线上的投影.

44.9. a) $D^* = -D$.

b) **提示**. 用分部积分法.

44.10. 提示. 见习题 44.9 的提示.

44.13. 提示. 利用习题 44.12 以及 Hermite 函数与二次函数的联系.

44.14. 提示. 这个习题的假设等价于对一切 $x \in V$ 有等式 $(\mathcal{A}\mathcal{A}^*x, x) = (\mathcal{A}^*\mathcal{A}x, x)$. 利用习题 44.1e) 和 44.13.

44.15. 提示. 如果 $\mathcal{A} = \mathcal{B} - \lambda\mathcal{E}$, 那么 $\mathcal{A}^* = \mathcal{B}^* - \overline{\lambda}\mathcal{E}$, 利用习题 44.14, 其中 x 是变换 $\mathcal{B}$ 的属于特征值 λ 的一个特征向量.

44.16. 提示. 利用习题 44.15.

44.17. 提示. a) 利用习题 44.15, 44.6 和 44.1a).

b) 利用 a) 和习题 44.2.

c) 如果 $\mathcal{A}$ 是正规变换, 那么命题从习题 44.15 得出. 为了证明逆命题, 如同 b) 那样去证明 $\mathcal{A}$ 有一个标准正交特征基.

44.19. 提示. 利用正规变换在某个标准正交基下的矩阵是对角矩阵.

44.20. 提示. 利用 $\mathcal{A}$ 的标准正交特征基和 $\mathcal{B}$ 的标准正交特征基.

44.21. 提示. 利用标准正交特征基.

44.22. 提示. 利用标准正交基和插值多项式.

44.23. 提示. 利用习题 44.1c, b, d.

44.24. 提示. a), b) 对于子空间 $\mathrm{Ker} f(\mathcal{A})$ 利用习题 44.23.

c) 存在多项式 $a(x), c(x)$ 使得 $a(x)f_1(x)+c(x)f_2(x) = 1$, 由此推出 $\mathrm{Ker} f(\mathcal{A}) = \mathrm{Ker} f_1(\mathcal{A}) \oplus \mathrm{Ker} f_2(\mathcal{A})$; 如果 $x \in \mathrm{Ker} f_1(\mathcal{A}), y \in \mathrm{Ker} f_2(\mathcal{A})$, 那么根据习题 44.23 和 44.24a), b), 我们有

$$(x,y) = (c(\mathcal{A})f_2(\mathcal{A})x, y) = (x, \overline{c}(\mathcal{A}^*)\overline{f}_2(\mathcal{A}^*)y) = 0.$$

d) 根据习题 44.7, 44.23 和 44.24a)-c), 我们有

$$\mathrm{Ker} f(\mathcal{A})^\perp = \mathrm{Im}\overline{f}(\mathcal{A}^*) \subseteq \mathrm{Ker}\overline{f}(\mathcal{A}^*)^{n-1} = \mathrm{Ker} f(\mathcal{A})^{n-1},$$

因此 $V = \mathrm{Ker} f(\mathcal{A}) + \mathrm{Ker} f(\mathcal{A})^{n-1}$, 即当 $n \geqslant 2$ 时 $f(x)^{n-1}$ 是 $\mathcal{A}$ 的零化多项式.

44.25. 提示. 利用习题 44.23.

44.26. 提示. 利用习题 44.25.

44.27. 提示. a) 利用习题 44.26.

b) 从习题 44.6 得出.

44.29. 提示. 利用习题 44.27 和 44.28, 对维数作归纳法.

45.4. a) $\begin{pmatrix} 1 & 0 \\ 0 & 3 \end{pmatrix}, \left(\frac{1}{\sqrt{2}}(1,-1), \frac{1}{\sqrt{2}}(1,1) \right).$

b) $\begin{pmatrix} 9 & 0 & 0 \\ 0 & 18 & 0 \\ 0 & 0 & -9 \end{pmatrix}, \left(\frac{1}{3}(2,2,1), \frac{1}{3}(2,-1,-2), \frac{1}{3}(1,-2,2) \right).$

c) $\begin{pmatrix} 9 & 0 & 0 \\ 0 & 9 & 0 \\ 0 & 0 & 27 \end{pmatrix}, \left(\frac{1}{\sqrt{2}}(1,1,0), \frac{1}{\sqrt{18}}(1,-1,-4), \frac{1}{3}(2,-1,1) \right).$

d) $\begin{pmatrix} 6 & 0 & 0 \\ 0 & 6 & 0 \\ 0 & 0 & 3 \end{pmatrix}, \left(\frac{1}{\sqrt{6}}(1,-2,1), \frac{1}{\sqrt{2}}(-1,0,1), \frac{1}{\sqrt{3}}(1,1,1) \right).$

e) $\begin{pmatrix} 1 & 0 & 0 \\ 0 & 1 & 0 \\ 0 & 0 & -1 \end{pmatrix}, \left(\frac{1}{\sqrt{2}}(1,0,1)(0,1,0), \frac{1}{\sqrt{2}}(1,0,-1) \right).$

f) $\begin{pmatrix} 1 & 0 & 0 & 0 \\ 0 & 1 & 0 & 0 \\ 0 & 0 & -1 & 0 \\ 0 & 0 & 0 & -1 \end{pmatrix},$

$\left(\frac{1}{\sqrt{2}}(1,0,0,1), \frac{1}{\sqrt{2}}(0,1,1,0), \frac{1}{\sqrt{2}}(1,0,0,-1), \frac{1}{\sqrt{2}}(0,1,-1,0)\right).$

g) $\begin{pmatrix} 2 & 0 & 0 & 0 \\ 0 & 2 & 0 & 0 \\ 0 & 0 & 2 & 0 \\ 0 & 0 & 0 & -2 \end{pmatrix},$

$\left(\frac{1}{\sqrt{2}}(1,1,0,0), \frac{1}{2}(1,-1,1,1), \frac{1}{\sqrt{2}}(0,0,1,-1), \frac{1}{2}(1,-1,-1,-1)\right).$

45.7. a) $\begin{pmatrix} 5 & 0 \\ 0 & -1 \end{pmatrix}, \left(\frac{1}{\sqrt{3}}(1+i,1), \frac{1}{\sqrt{6}}(1+i,-2)\right).$

b) $\begin{pmatrix} 2 & 0 \\ 0 & 4 \end{pmatrix}, \left(\frac{1}{\sqrt{2}}(1,-i), \frac{1}{\sqrt{2}}(1,i)\right).$

c) $\begin{pmatrix} 2 & 0 \\ 0 & 8 \end{pmatrix}, \left(\frac{1}{\sqrt{6}}(2-i,-1), \frac{1}{\sqrt{6}}(1,2+i)\right).$

45.9. 提示. 可交换的变换有公共的特征向量 x; 考虑 $\langle x \rangle$ 的正交补.

45.10. 提示. 运用 Vieta 公式和 Descartes 定理.

45.11. 提示. 运用习题 44.1e).

45.13. 提示. 利用 $\mathcal{A}$ 在某个正交基下的矩阵是对角矩阵, 并且运用习题 45.10.

45.14. $\begin{pmatrix} 3 & 2 & 0 \\ 2 & 4 & 2 \\ 0 & 2 & 5 \end{pmatrix}.$

45.15. 提示. 根据习题 45.13, 我们有 $\mathcal{A} = \mathcal{A}_1^2, \mathcal{B} = \mathcal{B}_1^2$, 其中 $\mathcal{A}_1, \mathcal{B}_1$ 是非负的自伴随变换; 如果 $\mathcal{A}$ 是正定的, 那么 $\mathcal{AB} = \mathcal{A}_1[(\mathcal{A}_1\mathcal{B}_1)(\mathcal{A}_1\mathcal{B}_1)^*]\mathcal{A}_1^{-1}$; 运用习题 45.11.

45.18. 提示. 证明对于任意实数 λ, 矩阵 $A - \lambda E$ 的秩不小于 $n-1$.

45.19. 在主轴上的函数和基变换的矩阵 $A({}^t x = A{}^t y)$ 给出如下:

a) $3y_1^2 + 6y_2^2 + 9y_3^2, \frac{1}{3}\begin{pmatrix} 2 & -1 & 2 \\ 2 & 2 & -1 \\ -1 & 2 & 2 \end{pmatrix}.$

b) $9y_1^2 + 18y_2^2 - 9y_3^2, \frac{1}{3}\begin{pmatrix} 2 & 2 & -1 \\ -1 & 2 & 2 \\ 2 & -1 & 2 \end{pmatrix}.$

c) $3y_1^2 + 6y_2^2 - 2y_3^2, \dfrac{1}{\sqrt{6}}\begin{pmatrix} \sqrt{2} & 1 & \sqrt{3} \\ -\sqrt{2} & 1 & \sqrt{3} \\ \sqrt{2} & -2 & 0 \end{pmatrix}$.

d) $5y_1^2 - y_2^2 - y_3^2, \dfrac{1}{\sqrt{6}}\begin{pmatrix} \sqrt{2} & 1 & \sqrt{3} \\ \sqrt{2} & 1 & -\sqrt{3} \\ \sqrt{2} & -2 & 0 \end{pmatrix}$.

e) $3y_1^2 - 6y_2^2, \dfrac{1}{6}\begin{pmatrix} 4 & \sqrt{2} & 3\sqrt{2} \\ 2 & -4\sqrt{2} & 0 \\ 4 & \sqrt{2} & -3\sqrt{2} \end{pmatrix}$.

f) $2y_1^2 + 4y_2^2 - 2y_3^2 - 4y_4^2, \dfrac{1}{2}\begin{pmatrix} 1 & 1 & 1 & 1 \\ -1 & 1 & 1 & -1 \\ -1 & -1 & 1 & 1 \\ 1 & -1 & 1 & -1 \end{pmatrix}$.

g) $5y_1^2 - 5y_2^2 + 5y_3^2, \dfrac{1}{\sqrt{5}}\begin{pmatrix} 2 & 1 & 0 & 0 \\ 1 & -2 & 0 & 0 \\ 0 & 0 & 2 & 1 \\ 0 & 0 & -1 & 2 \end{pmatrix}$.

h) $2y_1^2 - 4y_2^2, \dfrac{1}{\sqrt{2}}\begin{pmatrix} 1 & 0 & 1 & 0 \\ 1 & 0 & -1 & 0 \\ 0 & 1 & 0 & 1 \\ 0 & 1 & 0 & -1 \end{pmatrix}$.

i) $9y_1^2 + 9y_2^2 + 9y_3^2, \dfrac{1}{3}\begin{pmatrix} 3 & 0 & 0 & 0 \\ 0 & 1 & 2 & 2 \\ 0 & 2 & 1 & -2 \\ 0 & 2 & -2 & 1 \end{pmatrix}$.

j) $4y_1^2 + 4y_2^2 + 4y_3^2 - 6y_4^2 - 6y_5^2, \dfrac{1}{\sqrt{10}}\begin{pmatrix} \sqrt{10} & 0 & 0 & 0 & 0 \\ 0 & \sqrt{2} & 0 & 2\sqrt{2} & 0 \\ 0 & -2\sqrt{2} & 0 & \sqrt{2} & 0 \\ 0 & 0 & 1 & 0 & 3 \\ 0 & 0 & 3 & 0 & -1 \end{pmatrix}$.

46.4. 提示. 运用习题 46.3 和正交化.

46.5. 提示. b) 令 $w = x - \dfrac{\|x\|}{\|y\|}y$.

答案和提示

46.6. a) $\begin{pmatrix} 1 & 0 & 0 \\ 0 & 1 & 0 \\ 0 & 0 & -1 \end{pmatrix}$, $\left(\frac{1}{\sqrt{3}}(1,1,1), \frac{1}{\sqrt{2}}(1,0,-1), \frac{1}{\sqrt{6}}(1,-2,1) \right)$.

b) $\begin{pmatrix} 1 & 0 & 0 \\ 0 & 0 & 1 \\ 0 & -1 & 0 \end{pmatrix}$, $\left(\frac{1}{\sqrt{2}}(1,1,0), (0,0,1), \frac{1}{\sqrt{2}}(1,-1,0) \right)$.

c) $\begin{pmatrix} 1 & 0 & 0 \\ 0 & \frac{1}{2} & -\frac{\sqrt{3}}{2} \\ 0 & \frac{\sqrt{3}}{2} & \frac{1}{2} \end{pmatrix}$, $\left(\frac{1}{\sqrt{3}}(1,1,1), \frac{1}{\sqrt{6}}(2,-1,-1), \frac{1}{\sqrt{2}}(0,1,-1) \right)$.

d) $\begin{pmatrix} 1 & 0 & 0 \\ 0 & \frac{1}{2} & -\frac{\sqrt{3}}{2} \\ 0 & \frac{\sqrt{3}}{2} & \frac{1}{2} \end{pmatrix}$, $\left(\frac{1}{\sqrt{2}}(1,1,0), \frac{1}{\sqrt{2}}(1,-1,0), (0,0,1) \right)$.

e) $\begin{pmatrix} 1 & 0 & 0 \\ 0 & \frac{2\sqrt{2}-1}{4} & -\frac{\sqrt{7+4\sqrt{2}}}{4} \\ 0 & \frac{\sqrt{7+4\sqrt{2}}}{4} & \frac{2\sqrt{2}-1}{4} \end{pmatrix}$,

$\left(\frac{1}{\sqrt{5-2\sqrt{2}}}(1-\sqrt{2},1,-1), \frac{1}{\sqrt{2}}(0,1,1), \frac{1}{\sqrt{10-4\sqrt{2}}}(-2,1,-\sqrt{2}-1) \right)$.

f) $\begin{pmatrix} 1 & 0 & 0 & 0 \\ 0 & 1 & 0 & 0 \\ 0 & 0 & 1 & 0 \\ 0 & 0 & 0 & -1 \end{pmatrix}$,

$\left(\frac{1}{2}(1,1,1,-1), \frac{1}{2}(1,1,-1,1), \frac{1}{2}(1,-1,1,1), \frac{1}{2}(-1,1,1,1) \right)$.

g) $\begin{pmatrix} 1 & 0 & 0 & 0 \\ 0 & -1 & 0 & 0 \\ 0 & 0 & 0 & 1 \\ 0 & 0 & -1 & 0 \end{pmatrix}$,

$\left(\frac{1}{\sqrt{2}}2(1,1,0,0), \frac{1}{\sqrt{2}}(0,0,1,-1), \frac{1}{\sqrt{2}}(1,-1,0,0), \frac{1}{\sqrt{2}}(0,0,1,1) \right)$.

h) $\begin{pmatrix} 1 & 0 & 0 \\ 0 & \frac{1}{2} & \frac{\sqrt{3}}{2} \\ 0 & -\frac{\sqrt{3}}{2} & \frac{1}{2} \end{pmatrix}$, $\left(\frac{1}{\sqrt{3}}(1,1,1), \frac{1}{\sqrt{6}}(2,-1,-1), \frac{1}{\sqrt{2}}(2,-1,-1) \right)$.

i) $\begin{pmatrix} 1 & 0 & 0 \\ 0 & 0 & -1 \\ 0 & 1 & 0 \end{pmatrix}$, $\left(\frac{1}{3}(-1,2,2), \frac{1}{3}(2,2,-1), \frac{1}{3}(-2,1,-2) \right)$.

j) $\begin{pmatrix} 1 & 0 & 0 \\ 0 & \frac{1}{7} & -\frac{4\sqrt{3}}{7} \\ 0 & \frac{4\sqrt{3}}{7} & \frac{1}{7} \end{pmatrix}$, $\left(\frac{1}{\sqrt{3}}(1,1,1), \frac{1}{\sqrt{2}}(1,-1,0), \frac{1}{3\sqrt{10}}(3,5,-8) \right)$.

k) $\begin{pmatrix} 1 & 0 & 0 \\ 0 & \frac{1}{12}(-2+7\sqrt{2}) & -\frac{1}{12}\sqrt{42+28\sqrt{2}} \\ 0 & \frac{1}{12}\sqrt{42+28\sqrt{2}} & \frac{1}{12}(-2+7\sqrt{2}) \end{pmatrix}$,

$\left(\frac{1}{\sqrt{42+28\sqrt{2}}}(-2-\sqrt{2},-4-3\sqrt{2},\sqrt{2}), \frac{1}{84}(6\sqrt{2},-2-\sqrt{2},2-\sqrt{2}), \right.$
$\left. \frac{1}{84}\left(0, \sqrt{42-28\sqrt{2}}, \sqrt{42+28\sqrt{2}}\right) \right)$.

l) $\begin{pmatrix} 1 & 0 & 0 \\ 0 & \frac{1}{2} & \frac{\sqrt{3}}{2} \\ 0 & -\frac{1}{2}\sqrt{3} & \frac{1}{2} \end{pmatrix}$, $\left(\left(\frac{\sqrt{2}}{2}, \frac{\sqrt{2}}{2}, 0\right), \left(\frac{\sqrt{2}}{2}, -\frac{\sqrt{2}}{2}, 0\right), (0,0,-1) \right)$.

46.7. a) $\begin{pmatrix} e^{i\alpha} & 0 \\ 0 & e^{-i\alpha} \end{pmatrix}$, $\left(\frac{1}{\sqrt{2}}(1,i), \frac{1}{\sqrt{2}}(1,-i) \right)$.

b) $\frac{1}{\sqrt{3}} \begin{pmatrix} 1+i\sqrt{2} & 0 \\ 0 & 1-i\sqrt{2} \end{pmatrix}$,

$\left(\frac{1}{4-2\sqrt{2}}(1,-i(1-\sqrt{2})), \frac{1}{4-2\sqrt{2}}(i(1-\sqrt{2}),-1) \right)$.

c) $\begin{pmatrix} 1 & 0 & 0 \\ 0 & i & 0 \\ 0 & 0 & -i \end{pmatrix}$, $\left(\frac{1}{3}(2, -2i, i), \frac{1}{3}(2, i, -2i), \frac{1}{3}(-i, 2, 2) \right)$.

d) $\begin{pmatrix} \dfrac{1+i\sqrt{3}}{2} & 0 \\ 0 & \dfrac{1-i\sqrt{3}}{2} \end{pmatrix}$,

$\left(\dfrac{1}{\sqrt{23 - 4\sqrt{3}}}(4, (\sqrt{3}-2)i), \dfrac{1}{\sqrt{23 - 4\sqrt{3}}}((\sqrt{3}-2)i, 4) \right)$.

e) $\begin{pmatrix} i & 0 \\ 0 & -i \end{pmatrix}$, $\left(\dfrac{1}{\sqrt{2}}(1, -i), \dfrac{1}{\sqrt{2}}(-i, 1) \right)$.

46.8. 提示. 这个矩阵相似于对角矩阵 $\begin{pmatrix} e^{i\alpha} & 0 \\ 0 & e^{-i\alpha} \end{pmatrix}$, 根据习题 46.7a), 后者相似于矩阵 $\begin{pmatrix} \cos\alpha & -\sin\alpha \\ \sin\alpha & \cos\alpha \end{pmatrix}$.

46.11. b) **提示**. 利用酉变换和 Hermite 变换的对角矩阵.

46.12. 提示. V 中与 (e_1, e_2, e_3) 同定向的任一标准正交基通过形如 $\mathcal{A}_\varphi \mathcal{B}_\theta \mathcal{A}_\psi$ 的变换能变成 (e_1, e_2, e_3).

46.13. a) 直接验证 e_1, e_2, e_3 是 V 的一个标准正交基.

46.14. 提示. 2 维平面的旋转是两个反射的乘积; 对于第二个命题的证明注意到若 $\mathcal{A} = \mathcal{A}_1 \cdots \mathcal{A}_m$, 则 $\operatorname{Ker}(\mathcal{A} - \mathcal{E}) \supseteq \bigcap_{i=1}^{m} \operatorname{Ker}(\mathcal{A}_i - \mathcal{E})$.

46.15. 提示. 利用标准正交特征基.

46.16. a) $\dfrac{1}{\sqrt{2}} \begin{pmatrix} 3 & 1 \\ 1 & 3 \end{pmatrix} \cdot \dfrac{1}{\sqrt{2}} \begin{pmatrix} 1 & -1 \\ 1 & 1 \end{pmatrix}$.

b) $\dfrac{1}{\sqrt{2}} \begin{pmatrix} 5 & -3 \\ -3 & 5 \end{pmatrix} \cdot \dfrac{1}{\sqrt{2}} \begin{pmatrix} 1 & -1 \\ 1 & 1 \end{pmatrix}$.

c) $\dfrac{1}{3} \begin{pmatrix} 14 & 2 & -4 \\ 2 & 17 & 2 \\ -4 & 2 & 14 \end{pmatrix} \cdot \dfrac{1}{3} \begin{pmatrix} 2 & -1 & 2 \\ 2 & 2 & -1 \\ -1 & 2 & 2 \end{pmatrix}$.

46.17. 提示. 证明 $\mathcal{B}^2 = \mathcal{A}\mathcal{A}^*$.

46.18. 提示. 设 $e^{i\alpha_1}, \cdots, e^{i\alpha_n}$ 是 $\mathcal{A}$ 的所有不同的特征值, 求一个至多 $n-1$ 次的多项式 $f(t)$ 使得 $f(e^{i\alpha_j}) = e^{i\alpha_j/k}$ (对一切 $1 \leqslant j \leqslant n$). 验证 $f(\mathcal{A})^k = \mathcal{A}$.

46.19. 提示. 利用这个变换可对角化.

46.20. 提示. 把 $\mathcal{A}$ 表示成一个正定自伴随变换 C 的平方. 证明 $C^{-1}\mathcal{ABC}$ 是自伴随变换.

46.21. 提示. 运用习题 46.20 并且把 $\mathcal{A}$ 和 $\mathcal{B}$ 分别表示成正定和非负自伴随变换的平方.

46.23. 提示. 运用习题 46.22.

46.28. 提示. 利用 $\mathcal{A}$ 的极分解.

46.29. 提示. a) 运用习题 46.26 — 46.28.

b) 从 a) 得出.

c) 利用 Vandermonde 行列式 $W(1, \varepsilon, \varepsilon^2, \cdots, \varepsilon^{n-1})$, 其中 $\varepsilon = \cos\dfrac{2\pi}{n} + \mathrm{i}\sin\dfrac{\pi}{n}$.

46.30. 提示. 运用习题 46.4, 46.5.

46.31. 提示. 运用习题 46.30.

47.1. a), d).

47.2. 21.

47.3. a) $B(v_3, v_4, v_5) = 0$, $-B \otimes A(e_1, e_1 + e_2, e_2 + e_3, e_2, e_2) = 1$, $(A \otimes B - B \otimes A)(v_1, v_2, v_3, v_4, v_5) = 1$.

b) $A(e_1 + e_2, e_2 + e_3) = 2$, $B(e_3 + e_1, e_2, e_2) = 2$, $A(e_2, e_2) = 0$, $B(e_1 + e_2, e_2 + e_3, e_2 + e_1) = 8$, $(A \otimes B - B \otimes A)(v_1, v_2, v_3, v_4, v_5) = 4$.

47.4. 0.

47.5. 0.

47.6. $(A \otimes B)(e_1, e_2, e_3, e_3, e_3) = 0$, $(B \otimes A)(e_1, e_2, e_3, e_3, e_3) = 1$.

47.7. a) 4. b) -9. c) 3.

47.9. a) $T(v, f) = f(\mathcal{A}v)$, 其中 V 上的线性变换 $\mathcal{A}$ 在基 (e_1, e_2, e_3, e_4) 下的矩阵为

$$A = \begin{pmatrix} 0 & 0 & 0 & 0 \\ 1 & 0 & 0 & 0 \\ 0 & 1 & 0 & 0 \\ 0 & 0 & 1 & 0 \end{pmatrix} = \operatorname{Im}\mathcal{A} = \langle e_1 \rangle^\perp;$$

因此 $\{f \in V^* | T(v, f) = 0 \text{ 对任意 } v \in V\} = \{f \in V^* | f | \langle e_1 \rangle^\perp = 0\}$.

b) $\langle e_4 \rangle$.

47.10. $p^2(4p - 3)$.

47.11. a) 2. b) 1. c) 2.

47.13. a) 5. b) 1. c) 3.

47.14. a) e_3.

b) $5e_3 + 5e_4$.

47.15. a) $(2e^1 - e^3) \otimes (2e_1 + 2e_2)$.

b) $2e^1 \otimes e_3$.

47.16. a) $(e_1 - e_2) \otimes e_3 - (e_1 - 2e_2) \otimes e_4; e^1 \otimes (e^3 + e^4) + e^2 \otimes (e_3 + 2e_4)$.

b) $e_2 \otimes (e_3 + e_4) - (e_1 - e_2 + 2e_3 - e_4) \otimes e_3; (e^1 + e^2) \otimes (2e^3 + 3e^4) - (e^1 + e^3) \otimes (e^4 + e^3)$.

c) $e_1 \otimes (e_2 + e_3) + \sum_j e_j \otimes (-e_3 + e_4), \sum_i (e^1 + e^2) \otimes e^i + (3e^1 + 2e^2 + 2e^3 + 3e^4) \otimes e^4$.

d) $(e_1 - e_2) \otimes e_1 + 2(-e_1 + 2e_2) \otimes e_2 + 3(2e_3 - e_4) \otimes e_3 + 4(-e_3 + e_4) \otimes e_4$; $e^1 \otimes (2e^1 + e^2) + 2e^2 \otimes (e^1 + e^2) + 3e^3 \otimes (e^3 + e^4) + 4e^4 \otimes (e^3 + 2e^4)$.

47.17. 提示. 考虑特征基.

47.18. b) $(\operatorname{tr} \mathcal{A})^k$. c) d^{2n}.

47.19. a) 三个 2 阶 Jordan 块，其主对角元分别为 $1, 2, 3$.

b) 一个 1 阶 Jordan 块，一个 3 阶 Jordan 块，其主对角元为 2.

c) 两个 3 阶 Jordan 块，其主对角元为 0.

48.2. $\frac{2}{3}n(n+1)(n-1)$，其中 $n = \dim V$.

48.5. 提示. 计算维数.

48.7. 提示. 证明 $\Lambda^q(\mathcal{A})$ 的迹在相差一个符号的意义上与 $\mathcal{A}$ 的特征多项式的第 q 个系数一致.

48.8. a) 一个 5 阶 Jordan 块和一个 1 阶 Jordan 块，它们的主对角元都是 1.

b) 一个 3 阶 Jordan 块，其主对角元为 6; 还有三个 1 阶 Jordan 块，其主对角元分别为 $4, 6$ 和 9.

c) 两个 2 阶 Jordan 块，其主对角元为 2; 一个 2 阶 Jordan 块，其主对角元为 -2; 四个 1 阶 Jordan 块，其主对角元分别为 $1, 4, -4$ 和 -4.

48.9. 提示. 利用习题 48.7 的提示.

48.14. 提示. 运用习题 48.12.

48.15. 提示. 考虑包含 x 的一个基.

49.9. ${}^t x = Bx' + {}^t a, x' = B^{-1}x - B^{-1 t}a$.

49.10. a) $x_1 - 2x_2 - x_3 + x_4 = -2$, b) $3x_1 - 2x_2 - x_3 - x_4 = 1$,

$$2x_1 + 7x_2 + 3x_3 + x_4 = 6, \qquad 6x_3 + 5x_4 = 1,$$
$$x_1 = t_1 + 3t_2, \qquad x_1 = t_1 + 2t_2,$$
$$x_2 = -t_1 + t_2, \qquad x_2 = t_1 + 3t_2,$$
$$x_3 = 2 + 2t_1 - 3t_2, \qquad x_3 = 6 - 5t_1,$$
$$x_4 = -t_1 - 4t_2. \qquad x_4 = -7 + 6t_1.$$

49.11. 当 $\langle a_1, \cdots, a_s \rangle$ 包含原点时第二个等式成立，否则第一个等式成立.

49.14. 提示. 如果 $P_i = a_i + L_i\ (i = 1, \cdots, s)$，那么

$$\langle P_1 \cup \cdots \cup P_s \rangle = a_1 + (L_1 + \cdots + L_s + \langle \overline{a_1 a_2}, \cdots, \overline{a_1 a_s} \rangle).$$

49.16. a) $\dim \langle P_1 \cup P_2 \rangle = 3,\ \dim P_1 \cap P_2 = 1$.

b) $\dim \langle P_1 \cup P_2 \rangle = 4,\ P_1 \cap P_2 = \varnothing$，平行次数等于 1.

c) $\dim \langle P_1 \cup P_2 \rangle = 4$，平面 P_1 和 P_2 是交叉的.

49.18. 平行于 P_1 和 P_2 的超平面，它经过所指出的这种形式的一个点.

49.20. a) $x_1 = 3t, x_2 = -1 + 3t, x_3 = 3 - t, x_4 = 1 - t$.

b) $x_1 = 1 + 2t, x_2 = -3 + 6t, x_2 = -2 + 2t, x_4 = -2 + 4t, x_5 = 5t$.

c) 没有这样的线.

49.22. $(1 - x_1 - \cdots - x_n, x_1, \cdots, x_n)$.

49.23. 当 $|K| \geqslant 3$ 时这条线包含至少 3 个点；当 $|K| = 2$ 时这个命题不成立.

49.24. 对于任一点 a 存在一个向量 v 使得 $f(a+v) = a+v$.

49.28. 如果 $\operatorname{char} K \nmid n$，那么对于任一点 a，

$$\frac{1}{n}(a + f(a) + f^2(a) + \cdots + f^{n-1}(a))$$

是不动点.

49.29. 提示. 见习题 49.28.

49.31. a) $a + \langle e_1, e_2 \rangle$，其中 $a = (-1, 0, -1), e_1 = (1, 2, 3), e_2 = (1, 1, 1)$.

b) $a + \lambda e_1, a + \langle e_1 \rangle, a = a + \lambda e_1 + \langle e_2 \rangle, a + \langle e_1, e_2 \rangle, a + \lambda e_1 + \langle e_2, e_3 \rangle$，其中 $a = (3, 3, 4), e_1 = (1, 2, 2), e_2 = (-1, -2, -1), e_3 = (1, 1, 0), \lambda$ 是任意的.

c) $a, a + \langle \lambda e_1 + \mu e_3 \rangle, a + \langle e_1, e_2 \rangle, a = a + \langle e_1, e_2 + \lambda e_3 \rangle$，其中 $a = (0, -1, -4)$, $e_1 = (1, 4, 3), e_2 = (1, 0, 0), e_3 = (3, 0, 1), \lambda, \mu$ 是任意的.

d) $a + \lambda e_1 + \langle e_1, e_2 \rangle, a + \langle e_1, e_2 \rangle, a + \lambda e_1 + \langle e_1 + e_2, e_3 \rangle$，其中 $a = \left(\dfrac{7}{2}, \dfrac{15}{2}, 7 \right)$, $e_1 = (2, 1, 0), e_2 = (-1, 0, 1), e_3 = (3, 5, 6), \lambda$ 是任意的.

49.33. a) 变换存在.

b) 变换不存在.

c) 变换存在.

49.34. a) 变换存在.

b) 变换不存在.

49.35. $P_1; P_2; \Pi_i \backslash P_i$ $(i=1,2)$, 其中 Π_i 是包含 P_i 且平行于 P_j $(j \neq i)$ 的超平面; 同时平行于 P_1 和 P_2 的任意超平面.

49.36. 提示. 运用习题 49.23.

49.37. 提示. b) 借助习题 49.36 证明 f 保持线的平行性; 通过公式 $Df(\overline{ab}) = \overline{f(a)f(b)}$ 定义映射 $Df: V \to V$. 证明 $f(x+y) = f(x) + f(y)$. 设 v 是 V 中的某个向量. 利用关系 $Df(\alpha v) = \sigma(\alpha)Df(v)$ 定义一个映射 $\sigma: K \to K$. 证明它不依赖于 v 并且它是域 K 的一个自同构.

50.3. 提示. 如果 $M' \neq \varnothing$, 那么 $H = \{x | \sum_{i \in j} f_i(x) = 0\}$ 是 M 的支撑集的超平面, 并且 $M \cap H = M^J$. 反之, 设 Γ 是 M 的一条边, 它是与 H 的交. 设 a 是 Γ 的一个内点并且设 $J = \{i | f_i(a) = 0\}$. 则 M^J 是 M 的包含 Γ 的一条边, 并且 a 是它的内点. 由此得出 $M^J \subseteq H$, 因此 $M^J = \Gamma$.

50.4. 提示. 考虑伴随点 $a_0, a_1, \cdots, a_n$ 的重心坐标系.

50.7. 顶点是 $A=(1,1,1), B=(1,1,-2), C=(1,-2,1), D=(-2,1,1)$ 和 $E = \left(-\frac{1}{2}, -\frac{1}{2}, -\frac{1}{2}\right)$. 这个多面体是具有公共底面 BCD 的三棱锥的并集.

50.8. a) 截口为具有顶点

$$(1,0,0,0), \quad (0,1,0,0), \quad (0,0,1,0), \quad (0,0,0,1)$$

的四面体.

b) 截口是具有顶点

$$(1,1,0,0), \quad (1,0,1,0), \quad (1,0,0,1), \quad (0,1,1,0), \quad (0,1,0,1), \quad (0,0,1,1)$$

的八面体.

c) 截口是三棱柱, 它的一个底面的顶点是

$$(1,0,0,0), \quad (0,1,0,0), \quad (0,0,1,0),$$

另一个底面的顶点是

$$(1,0,0,1), \quad (0,1,0,1), \quad (0,0,1,1).$$

d) 截口是具有顶点

$$(1,0,1,0), \quad (1,0,0,1), \quad (0,1,1,0), \quad (0,1,0,1)$$

的平行四边形.

50.15. **提示**. 借助习题 50.14 把证明归结为下述情形: $S = M \cup \{a\}$, 其中 M 是 n 维单纯形并且 $a \notin M$. 运用习题 50.14 并且注意到任一线段 $\overline{ab}$(其中 $b \in M$) 与单纯形 M 的某个不包含点 b 的 $n-1$ 维边 Γ 相交; 因此它被包含在单纯形 M 和 $\operatorname{conv}(\Gamma \cup \{a\})$ 的并集里.

50.16. **提示**. 利用习题 50.15.

50.17. 从点 a 出发并且与 M^0 相交的射线扫出一个不超过 π 的角.

50.18. **提示**. 对 n 作归纳法. 考虑经过 a 的任意一个超平面 H. 证明如果 a 在 H 中的某个邻域被包含在 M 里, 那么 M 在 H 的一侧. 否则, 用归纳假设, 在 H 里存在一个超平面 $a+W$ (其中 W 是对应于 A 的向量空间 V 的 $(n-2)$ 维子空间), 使得 $M \cap H$ 在 H 的一侧. 设 U 是 W 的 2 维补空间. 考虑集合 M 的平行于 W 在 2 维平面 $P = a+U$ 上的投影 N (见习题 49.38). 证明 $a \notin N^0$ 并且运用习题 50.17, 50.12.

50.20. **提示**. 选择一个点 $b \in M$, 并且对于任一点 $a \notin M$, 引出一个经过线段 $\overline{ab}$ 上的一点的支撑超平面, 它与 a 最近.

50.21. **提示**. 证明一个闭凸锥的任一支撑超平面经过原点.

50.22. **提示**. 函数 $f_1, \cdots, f_k$ 的所有非负线性组合组成的集合 M 是 A 上所有仿射线性函数组成的向量空间 L 的一个闭凸锥. 如果 M 不包含正常数, 那么根据习题 50.21 存在 L 上的一个线性函数 φ 使得 $\varphi(1) = 1$ 并且 $\varphi(f) \leq 0$ (当 $f \in M$). 证明 L 上的任一线性函数 φ 若 $\varphi(1) = 1$, 则一定形如 $\varphi(f) = f(a)$, 其中 a 是 A 的某个点 (不依赖于 f).

50.23. **提示**. b) 借助习题 50.20 证明对于任一点 $a \notin M$ 存在一个线性函数 $f \in M^*$ 使得 $f(a) > 1$.

50.24. **提示**. 对空间的维数作归纳法. 首先证明任一非极点属于连接边界点的一个区间. 然后用归纳假设推导出任一边界点属于在经过这个点的支撑超平面上的极点集的凸包.

50.27. **提示**. 从习题 50.24 和 50.26 得到.

50.28. **提示**. 只要考虑所给的点的仿射包与整个空间一致的情形. 于是取所给点的凸包 M 的某个内点作为零点, 把仿射空间与一个向量空间等同. 证明在习题 50.23 里定义的凸集 M^* 是一个凸多面体. 运用习题 50.27 和 50.23b).

50.29. a) $x_1 \geq 0, x_2 \geq 0, x_3 \geq 0, x_4 \geq 0, x_1+x_2 \leq 1, x_1+x_3 \leq 1, x_1+$

$x_4 \leqslant 1, x_2 + x_3 \leqslant 1, x_2 + x_4 \leqslant 1$; 3 维边是分别具有顶点 d, e, a, b 的 4 个四角锥 $Oabcd, Odefa, Odefb, Oabce$; 以及 4 个四面体 $acdf, acef, bcdf, bcef$.

b) $x_1 \geqslant 0, x_2 \geqslant 0, x_3 \geqslant 0, x_4 \geqslant 0, x_1 + x_4 \leqslant 1, x_2 + x_4 \leqslant 1, x_3 + x_4 \leqslant 1$; 3 维边是平行六面体 $Oabcdefg$ 和具有公共顶点 h 的 6 个四角锥, 它们的底面分别是上述平行六面体的 2 锥边.

50.31. 提示. 考虑空间 V 中由连接 M 的点和 N 的点的向量组成的凸集 $N - M$. 证明它是闭的, 并且从习题 50.20 推导出存在 V 上的一个线性函数 φ 使得对一切 $x \in M, y \in N$ 有 $\varphi(\overline{xy}) \geqslant 1$. 取 f 为一个适当的仿射线性函数, 其线性部分与 φ 一致.

50.32. 提示. 在空间 L 中考虑由所有在 M 上是非负的仿射线性函数组成的闭凸锥 K. 假设 $K \cap N = \emptyset$, 从习题 50.31 推导出存在 L 上的一个线性函数 φ, 它满足: (i) 在 K 上是非负的, (ii) 在 N 上是负的, (iii) 满足条件 $\varphi(1) = 1$. 证明 $\varphi(f) = f(a)$, 其中 $a \in M$, 这与假设矛盾.

50.33. 提示. 显然 $\max\limits_{x \in M} \min\limits_{y \in N} F(x, y) \leqslant \min\limits_{y \in N} \max\limits_{x \in M} F(x, y)$, 设 $\max\limits_{x \in M} \min\limits_{y \in N} F(x, y) = c$. 则对于任一点 $x \in M$ 存在一个点 $y \in N$ 使得 $F(x, y) \leqslant c$. 借助习题 50.32 证明存在一个点 $y_0 \in N$ 使得 $F(x, y_0) \leqslant c$ 对一切 $x \in M$ 成立. 由此推出

$$\min_{y \in N} \max_{x \in M} F(x, y) = c.$$

类似地证明存在一个点 $x_0 \in M$ 使得 $F(x_0, y) \geqslant c$ 对一切 $y \leqslant N$ 成立.

50.34. 提示. 在 $n + m$ 上作归纳法证明所有命题.

50.35. a) 它是有界的.

b), c) 它不是有界的.

d), e), f) 它是有界的.

50.36. a) $(0, 0, 3, 0, 2), (0, 1, 3, 0, 0), \left(0, 0, \dfrac{19}{5}, \dfrac{2}{5}, 0\right), \left(\dfrac{3}{2}, 0, 0, 0, \dfrac{5}{2}\right), \left(\dfrac{17}{8}, 0, 0, \dfrac{5}{8}, 0\right), \left(\dfrac{3}{2}, \dfrac{5}{4}, 0, 0, 0\right)$.

b) $(6, 4, 0), (0, 12, 2)$.

c) $(0, 0, 9, 20), (0, 3, 0, 14), (4, 0, 13, 0)$.

50.37. a) $z_{\max} = 12, z_{\min} = -2$.

b) $z_{\min} = -4, z_{\max} = 116/7$.

c) 没有最大值和最小值.

d) $z_{\max} = 35/4, z_{\min} = -13\dfrac{4}{5}$.

51.1. 如果 $a_1, a_2, \cdots, a_{n-1}$ 是所要求的点，那么向量 $\overline{a_0a_1}, \overline{a_0a_2}, \cdots, \overline{a_0a_{n-1}}$ 的内积能够通过所给的点之间的距离来表示；从这 $n-1$ 个向量的内积作成的 Gram 矩阵应当是正定的 (在情形 a)) 或者是非负定的 (在情形 b)) (见习题 43.11).

51.2. a) 4.

b) 3.

c) 2.

d) 点集不存在.

51.6. a) $(5, -4, 4, 0) + \langle (3, -4, 3, -1) \rangle$.

b) $(5, 0, 2, 11) + \langle (3, -1, 2, 5) \rangle$.

51.7. a) 5. b) 2. c) 7. d) $\sqrt{(581/27)}$.

51.8. $\left| c - \sum_{i=1}^{n} a_i b_i \right| / \sqrt{\sum_{i=1}^{n} a_i^2}$.

51.9. $2^{n+\frac{1}{2}} / \sqrt{2n+1} \binom{2n}{n}$. **提示**. 利用由 Legendre 多项式组成的正交基 (见习题 43.44.)

51.10. $\pi/2^n$. **提示**. 利用 $\cos^{n+1} x$ 表示成三角多项式的式子.

51.11. $P \cap Q$ 由一个点组成.

51.12. a) $-x_1 + 3x_2 + 2x_3 + x_4 = 6, x_1 + 2x_2 + 3x_3 - x_4 = 4$.

b) $(3, -2, 1, 4) + \langle (2, 3, -1, -2), (3, 2, -5, 1) \rangle$.

51.14. a) 22/3. b) 5. c) 7. d) 6.

51.15. $d\sqrt{\dfrac{n+1}{2(k+1)(n-k)}}$.

51.17. 平面对 $\{P_1, P_2\}$ 和 $\{Q_1, Q_2\}$ 是度量等价的，但是它们与平面对 $\{R_1, R_2\}$ 不是度量等价的. 所有的距离都等于 36; 前面对平面所成角的余弦都等于 $-3/5$ 和 $4/5$, 第三对平面所成角的余弦等于 $-1/\sqrt{5}$ 和 $2/\sqrt{5}$.

51.18. a) $(2, -3, -4, 1, 0) + \langle (18, 0, -13, -1, 5) \rangle$.

b) $(5, 2, 2, -5, -6) + \langle (0, 3, -2, -2, 1), (1, 0, 1, -1, 0) \rangle$. **提示**. 利用习题 51.13d.

51.20. 提示. 利用习题 46.4.

51.22. 提示. 证明存在一个正交变换把与第一个四面体的面正交的单位基向量映成与第二个四面体的对应面正交的单位基向量.

51.23. a) 绕点 $(1, 3)$ 转角为 $-\dfrac{\pi}{2}$ 的旋转.

b) 绕点 $(-1/\sqrt{2}, 1+1/\sqrt{2})$ 转角为 $\dfrac{\pi}{4}$ 的旋转.

c) 绕经过点 $(1,2,0)$ 且方向向量 $a=(-2,-2,1)$ 的轴转角为 $\pi/3$ 的旋转.

d) 绕经过点 $(2,-1,2)$ 且方向向量 $a=(-2,-2,1)$ 的轴转角为 $\pi/2$ 的旋转与沿向量 $2a$ 的平移的乘积.

e) 绕经过点 $(-1,2,1)$ 且方向向量 $a=(1,1,1)$ 的轴转角为 $\pi - \arcsin(5/14)$ 的旋转与沿向量 a 的平移的乘积.

51.24. a) 关于经过点 $(1/2, 0)$ 且方向向量为 $a=(1,1)$ 的直线的反射与沿向量 $\dfrac{1}{2}a$ 的平移的乘积.

b) 关于经过点 $(2,0)$ 且方向向量为 $(\sqrt{3}, 1)$ 的直线的反射.

c) 绕经过点 $P=(0,1,-1)$ 且方向向量为 $(2,2,-1)$ 的轴转角为 $\pi/2$ 的旋转与关于经过点 P 的正交平面的反射的乘积.

d) 关于平面 $x-2y+z=3$ 的反射与沿向量 $(3,2,1)$ 的平移的乘积.

e) 绕经过点 $P=(1,-1,0)$ 且方向向量为 $(1,0,-1)$ 的轴转角为 $\arccos(1/3)$ 的旋转与关于经过点 P 的正交平面的反射的乘积.

f) 关于平面 $3x-y-2z+7=0$ 的反射.

52.2. 提示. 利用习题 52.1 的公式把原点移到点 b.

52.3. 提示. 利用习题 52.2.

52.4. 提示. 如果我们引进扩展的坐标列
$$\widetilde{X} = {}^t(x_1, \cdots, x_n, 1),$$
那么 $Q(a_0 + x) = {}^t\widetilde{X} A_Q \widetilde{X}$ 且 $\widetilde{X} = \widetilde{T}\widetilde{X}'$.

52.5. 提示. 利用多项式 $Q(x_1, \cdots, x_n)$ 在点 $(x_1^0, \cdots, x_n^0)$ 的 Taylor 展开:
$$Q(x_1, \cdots, x_n) = Q(x_1^0, \cdots, x_n^0) + \sum_{i=1}^n \dfrac{\partial Q}{\partial x_i}(x_1^0, \cdots, x_n^0)(x_i - x_i^0)$$
$$+ \dfrac{1}{2} \sum_{i,j=1}^n \dfrac{\partial^2 Q}{\partial x_i \partial x_j}(x_1^0, \cdots, x_n^0)(x_i - x_i^0)(x_j - x_j^0).$$

52.6. a) 点 $(-1/(n-1), \cdots, -1/(n-1))$.

b) 超平面 $x_1 + \cdots + x_n + 1 = 0$.

c) 若 n 是偶数, 则中心是点 $(x_1^0, \cdots, x_n^0)$, 其中
$$x_i^0 = \begin{cases} (-1)^{i/2} & \text{当 } i \text{ 是偶数}, \\ (-1)^{(n+1-i)/2} & \text{当 } i \text{ 是奇数}; \end{cases}$$

若 $n = 4k + 3$ 则中心是线

$$(0, -1, 0, 1, \cdots, -1, 0) + t(1, 0, -1, 0, \cdots, 0, -1);$$

若 $n = 4k + 1$ 则中心是空集.

d) 中心是空集.

52.7. a) 9. b) 17.

52.8. a) $3n - 1$.

b) $n^2 + 3n - 1$.

52.9. 提示. 运用习题 52.5.

52.10. 提示. 利用习题 52.1 和 52.5.

52.11. a) $x_1 + 2x_2 + 2x_3 + x_4 = 1$.

b) $x_1 + 2\sum_{i=2}^{n-1} x_i + x_n + 2 = 0$.

52.12. 提示. 利用习题 52.3 和 52.10.

52.13. 提示. 利用习题 52.3.

52.14. 提示. 利用习题 52.13.

52.15. a) $(-1, 2, 3)$ 和 $\left(-\dfrac{50}{31}, \dfrac{5}{31}, -\dfrac{40}{31}\right)$.

b) 这条直线整个位于二次曲面上.

c) 这条直线与二次曲面在点 $(-3, 0, 0)$ 相切.

52.16. $(x_1 + \sqrt{12})/2 = x_2 = -x_3$ 和 $(x_1 - \sqrt{12})/2 = x_2 = -x_3$.

提示. 所要求的直线能够被方程 $(x_1 - a)/2 = x_2 - b = -x_3$ 或者方程 $x_1 = a - 2x_3, x_2 = b - x_3$ 定义. 在把 x_1 和 x_2 的这些值代入二次曲面的方程后, 我们得到一个恒等式. 由于所得等式的所有系数为 0, 因此我们能够决定参数 a 和 b 的值.

52.17. 两条复共轭直线是:

$$t\left(1, i\sqrt{\dfrac{3}{2}}, -\dfrac{3}{2}\right) \text{ 和 } t\left(1, -i\sqrt{\dfrac{3}{2}}, -\dfrac{3}{2}\right).$$

52.18. a) $x_1^2 + 5x_2^2 + 4x_3^2 + 4x_1x_2 - 2x_2x_3 - 4x_1x_3 = 1$.

b) $x_1^2 + 2x_2^2 + x_3^2 - 4x_1x_2 + 6x_2x_3 - 2x_1x_3 + 20x_2 + 12x_3 + 12 = 0$.

52.19. a) 椭圆.

b) 双曲线.

c) 一对相交直线.

d) 空集.

52.20. a) 二次曲面的仿射类型由标准方程

$$y_1^2 + y_2^2 + \cdots + y_n^2 + 2y_{n+1} = 0$$

确定; 度量类型由方程

$$y_1^2 + y_2^2 + \cdots + y_{n-1}^2 + (n+1)y_n^2 + 2y_{n+1} = 0$$

确定.

b) 二次曲面的仿射类型由标准方程 $y_1^2 - y_2^2 - y_3^2 - \cdots - y_n^2 = -1$ 确定; 度量类型由方程 $(n-1)y_1^2 - y_2^2 - y_3^2 - \cdots - y_n^2 = 1$ 确定.

52.21. a) $\left(-1, \dfrac{3}{2}, 0\right)$, 单叶双曲面.

b) 由中心点组成的直线被方程 $x_1/3 = x_2/2 = (x_3 - 2)/1$ 定义, 椭圆柱面.

c) 中心是空集, 椭圆抛物面.

d) $\left(\dfrac{14}{3}, 3, \dfrac{1}{3}\right)$, 单叶双曲面.

e) 一对相交平面 $(x_1 + x_2 + x_3 - 1)(x_1 + x_2 - x_3 + 1) = 0$.

f) 球面 $(x_1 - 1)^2 + \left(x_2 + \dfrac{2}{3}\right)^2 + x_3^2 = \dfrac{16}{9}$.

g) 圆柱面 $(x_1 - 1)^2 + \left(x_2 + \dfrac{2}{3}\right)^2 = \dfrac{16}{9}$.

h) 圆锥面 $(x_1 - 1)^2 + \left(x_2 + \dfrac{2}{3}\right)^2 - \left(x_3 - \dfrac{2}{3}\right)^2 = 0$.

i) 一对平行平面 $(2x_1 - x_2 + 6)(2x_1 - x_2 - 6) = 0$.

j) 椭球面 $y_1^2/49 + 4y_2^2/49 + 9y_3^2/49 = 1$, 中心是 $(3, -1, 2)$; 长轴、中轴和短轴分别平行于坐标轴 Ox_1, Ox_2 和 Ox_3.

k) 旋转单叶双曲面 $y_1^2/4 - y_2^2/16 - y_3^2/16 = -1$; 中心是 $(-4, 0, -6)$, 转轴平行于 Ox_1.

l) 圆锥面 $y_1^2 - y_2^2/3 + y_3^2 = 0$; 顶点是 $(3, 5, -2)$, 转轴平行于 Ox_2.

m) 旋转抛物面, 顶点是 $\left(10, -\dfrac{1}{2}, -\dfrac{5}{2}\right)$; 转轴平行于 Ox_1.

52.22. a) 圆锥面 $-y_1^2 + y_2^2 + y_3^2 = 0$, 它的轴的方向向量是 $(1/\sqrt{2}, 1/\sqrt{2}, 0)$.

b) 双曲抛物面 $y_1^2 - y_2^2 = 2y_3$; 鞍点是 $(0,0,0)$, 标准坐标系的方向向量是: $e_1' = (1/\sqrt{2}, 1/\sqrt{2}, 0), e_2' = (-1/\sqrt{2}, 1/\sqrt{2}, 0), e_3' = (0,0,1)$.

c) 抛物柱面 $y_3^2 = 5y_1$, 标准坐标系的方向向量是

$$e_1' = \left(\frac{3}{5}, \frac{4}{5}, 0\right), \ e_2' = \left(-\frac{4}{5}, \frac{3}{5}, 0\right), \ e_3' = (0,0,1).$$

d) 圆锥面 $-4y_1^2 + y_2^2 + y_3^2 = 0$, 它的轴的方向向量是

$$-(2/\sqrt{5}, 1/\sqrt{5}, 0).$$

e) 双曲柱面 $y_3^2 - 2y_1^2 = 1$, 双曲线的轴的方向向量是 $-(1/\sqrt{2}, 1/\sqrt{2}, 0)$; 柱面的母线的方向向量是 $(-1/\sqrt{2}, 1/\sqrt{2}, 0)$.

f) 圆柱面 $y_1^2 + y_3^2 = 4/25$; 它的轴经过点 $(0, 0, -2/5)$, 并且有方向向量 $(-2/\sqrt{5}, 1/\sqrt{5}, 0)$.

g) 抛物柱面 $y_1^2 = 5y_2$, 抛物线的顶点是 $O' = \left(-1, -\frac{12}{25}, -\frac{16}{25}\right)$, 标准坐标系的方向向量是: $e_1' = \left(0, -\frac{3}{5}, -\frac{4}{5}\right)$ (抛物线的轴在凹侧方向向量), $e_2' = (1,0,0)$, $e_3' = \left(0, \frac{4}{5}, -\frac{3}{5}\right)$ (柱面的母线的方向向量).

h) 抛物柱面 $y_3 = 2y_1^2$, 抛物线的顶点是 $O' = (0,0,1)$, 它的轴在凹侧的方向向量是 $(0,0,1)$, 柱面的母线的方向向量是 $(-1/\sqrt{2}, 1/\sqrt{2}, 0)$.

i) 旋转单叶双曲面 $3y_1^2/2 + 3y_2^2/2 - 3y_3^2 = \frac{85}{4}$, 中心是 $O' = \left(\frac{14}{9}, -\frac{7}{18}, -\frac{14}{9}\right)$, 转轴的方向向量是 $\left(\frac{2}{3}, \frac{1}{3}, -\frac{2}{3}\right)$.

j) 旋转抛物面 $y_1^2 + y_2^2 = \frac{2}{3}y_3$, 顶点是 $O' = (1, 0, -1)$, 转轴的方向向量是 $\left(\frac{2}{3}, \frac{1}{3}, -\frac{2}{3}\right)$.

k) 旋转双叶双曲面 $2y_1^2 + 2y_2^2 - 4y_3^2 = -1$, 中心是 $O' = \left(-\frac{1}{2}, -\frac{1}{2}, -\frac{1}{2}\right)$, 转轴的方向向量是 $(1/\sqrt{3}, 1/\sqrt{3}, 1/\sqrt{3})$.

l) 旋转椭球面 $y_1^2 + y_2^2 + (y_3^2/4) = 1$, 中心是 $O' = (1,1,1)$, 转轴的方向向量是 $(1/\sqrt{3}, 1/\sqrt{3}, 1/\sqrt{3})$.

m) 旋转双叶双曲面 $6y_1^2 + 6y_2^2 - 2y_3^2 = -1$, 中心是 $O' = \left(-\frac{1}{3}, \frac{2}{3}, \frac{2}{3}\right)$, 转轴

的方向向量是 $(1/\sqrt{2}, 0, 1/\sqrt{2})$.

n) 抛物柱面 $y_2^2 = \frac{4}{3}y_1, O' = (2,1,-1), e_1' = \left(\frac{2}{3}, \frac{2}{3}, \frac{1}{3}\right), e_2' = \left(\frac{2}{3}, -\frac{1}{3}, -\frac{2}{3}\right)$, $e_3' = \left(\frac{1}{3}, -\frac{2}{3}, \frac{2}{3}\right)$.

o) 椭圆柱面 $(y_1^2/2) + y_2^2 = 1, O' = (0,1,0), e_1' = (1/\sqrt{3}, 1/\sqrt{3}, -1/\sqrt{3}), e_2' = (1/\sqrt{6}, -2/\sqrt{6}, -1/\sqrt{6}), e_3' = (1/\sqrt{2}, 0, -1/\sqrt{2})$.

p) 椭圆抛物面 $y_1^2 + (3y_2^2/2) = 2y_3, O' = (2,2,1), e_1' = (1/\sqrt{2}, -1/\sqrt{2}, 0), e_2' = (1/3\sqrt{2}, 1/3\sqrt{2}, -4/3\sqrt{2}), e_3' = \left(\frac{2}{3}, \frac{2}{3}, \frac{1}{3}\right)$.

q) 双曲抛物面 $y_1^2 - y_2^2 = 2y_3, O' = (0,0,1), e_1' = (1/\sqrt{2}, -1/\sqrt{2}, 0), e_2' = (1/3\sqrt{2}, 1/3\sqrt{2}, -4/3\sqrt{2}), e_3' = \left(\frac{2}{3}, \frac{2}{3}, \frac{1}{3}\right)$.

r) 双曲抛物面 $(y_1^2/2) - y_2^2 = 2y_3, O' = (1,2,3), e_1' = \left(-\frac{2}{3}, \frac{1}{3}, \frac{2}{3}\right), e_2' = \left(\frac{1}{3}, -\frac{2}{3}, \frac{2}{3}\right), e_3' = \left(-\frac{2}{3}, -\frac{2}{3}, -\frac{1}{3}\right)$.

s) $-(y_1^2/9) - (y_2^2/9) - (y_3^2/9) + (y_4^2/3) = 1; O' = (0,1,2,3), e_1' = (1/\sqrt{2}, 1/\sqrt{2}, 0, 0), e_2' = (1/\sqrt{6}, -1/\sqrt{6}, 2/\sqrt{6}, 0), e_3' = (1/2\sqrt{3}, -1/2\sqrt{3}, -1/2\sqrt{3}, -3/2\sqrt{3})$; $e_4' = \left(\frac{1}{2}, -\frac{1}{2}, -\frac{1}{2}, \frac{1}{2}\right)$.

t) $y_1^2 + y_2^2 + y_3^2 = 9, O' = (0,0,0,0), e_1' = \left(\frac{1}{2}, \frac{1}{2}, -\frac{1}{2}, -\frac{1}{2}\right), e_2' = \left(\frac{1}{2}, -\frac{1}{2}, \frac{1}{2}, -\frac{1}{2}\right)$, $e_3' = \left(\frac{1}{2}, -\frac{1}{2}, -\frac{1}{2}, \frac{1}{2}\right), e_4' = \left(\frac{1}{2}, \frac{1}{2}, \frac{1}{2}, \frac{1}{2}\right)$.

52.23. 当 $-\frac{1}{2} < a < 1$.

52.24. 它们的方程的所有对应的系数 (除了可能的常数项外) 都是成比例的.

52.25. 空间中二次曲面的标准方程是

$$(a-b)y_1^2 + \cdots + (a-b)y_{n-1}^2 + [a+(n-1)b]y_n^2 + 2cy_{n+1} = 0.$$

52.27. 当 $a = b$ (维数 $n-1$ 的平面).

52.28. 提示. a) 所要求的二次方程形如 $\omega \wedge \omega = 0$, 其中 $\omega = x_0 e_1 \wedge e_2 + x_1 e_1 \wedge e_3 + x_2 e_1 \wedge e_4 + x_3 e_2 \wedge e_3 + x_4 e_2 \wedge e_4 + x_5 e_3 \wedge e_4$.

b) 设 $U \subset \wedge^r V, W \subset V$ 是极小子空间使得 U 被包含在嵌入映射 $\wedge^r W \to$

$\wedge^r V$ 的像集里. 考虑子空间 $W' = \{\omega \in W : \omega \wedge U = 0\}$. 显然 U 的可分解性等价于等式 $W = W'$. 由于配对映射 $\wedge^k V \otimes \wedge^{n-k} V \to \wedge^n V \cong K$ 是非退化的, 因此可以定义一个配对映射 $\wedge^{r-1} V^* \otimes \wedge^r V \to V$. 设 $\Theta \otimes U$ 在 V 中的像集用 $i(\Theta)U$ 表示. 则 W 能被特征化为用 $\Theta \to i(\Theta)U$ 定义的映射 $\wedge^{r-1} V^* \to V$ 的像集. 现在条件 $W = W'$ 等价于条件 $(i(\Theta)U) \wedge U = 0$ (对一切 $\Theta \in \wedge^{r-1} V^*$). 这是所要求的二次方程组. 特别地, 如果 $r = 2$, 那么 $(i(v^*)U) \wedge U = \frac{1}{2} i(v^*)(U \wedge U)$ 对一切 $v^* \in V^*$ 成立并且因此 U 的可分解性等价于方程 $U \wedge U = 0$ 的有效性. 如果 $n = 4$, 那么条件 $U \wedge U = 0$ 给出唯一的二次方程.

53.1. a) $(x, y) \longmapsto \left(\dfrac{x}{x-y}, \dfrac{1}{x-y} \right)$.

b) $(x, y) \longmapsto \left(\dfrac{1-y}{x}, \dfrac{x+y}{x} \right)$.

53.2. a) $(x, y) \to \left(\dfrac{x}{1-y}, \dfrac{1+y}{1-y} \right)$.

b) $(x, y) \to \left(\dfrac{1}{x}, \dfrac{y}{x} \right)$.

53.3. a) $(x, y) \to \left(\dfrac{2x+1}{x+2}, \dfrac{y\sqrt{3}}{x+2} \right)$.

b) $(x, y) \to \left(\dfrac{2x-1}{x-2}, \dfrac{y\sqrt{3}}{x-2} \right)$.

53.4. a) $(x, y, z) \to \left(\dfrac{1+z}{y}, \dfrac{1-z}{y}, \dfrac{x}{y} \right)$.

b) $(x, y, z) \to \left(\dfrac{x+y}{z+1}, \dfrac{z-1}{z+1}, \dfrac{x-y}{z+1} \right)$.

c) $(x, y, z) \to \left(\dfrac{z}{x}, \dfrac{y}{x}, \dfrac{1}{x} \right)$.

53.5. a) $\min(k-1, n-k)$.

b) $\min(k, n-k-1)$.

53.10. 提示. 考虑仿射图的补.

53.11. $q^n + q^{n+1} + \cdots + 1$.

53.12. $\dfrac{(q^{n+1}-1)(q^{n+1}-q)\cdots(q^{n+1}-q^k)}{(q^{k+1}-1)(q^{k+1}-q)\cdots(q^{k+1}-q^k)}$.

答案和提示

53.13. $\dfrac{(q^{n+1}-1)(q^{n+1}-q)\cdots(q^{n+1}-q^n)}{q-1}$.

53.17. 提示. 考虑 $P(V)$ 和 $P(V^*)$ 两者.

53.20. 提示. 利用前面的习题.

53.22. a) $a_3 = \dfrac{(a_1+a_2)a_2}{3a_1-a_2}$.

b) $a_2 = \dfrac{a_1(l-a_1)}{l+a_1}$.

53.25. 提示. 选择一个仿射图, 在这个图中这条直线是无穷远直线.

53.26. 提示. 选择一个仿射图. 在这个图中六边形的两对对应边是一对平行直线.

53.34. 提示. 这条线通过运用对应于给定的圆到给定的点的对射变换得到.

54.1. a) 不满足. b) 满足. c) 不满足. d) 不满足. e) 不满足. f) 不满足. g) 满足.

54.2. 形如 $e_a = \begin{pmatrix} 1 & a \\ 0 & 0 \end{pmatrix}$ 的所有元素是左零元; 没有双边零元和右零元. 对于 e_a, 仅有的右可逆元是 $\begin{pmatrix} x & y \\ 0 & 0 \end{pmatrix}$ (当 $x \neq 0$); 仅有的左可逆元是 $\begin{pmatrix} x & ax \\ 0 & 0 \end{pmatrix}$ (当 $x \neq 0$).

54.3. 每一个元素是右零元; 每一个元素是对于任一零元 x 的左可逆元; 对于 x 的仅有的右可逆元是 x. 当 $|M|=1$ 时它是一个群.

54.4. 是半群. 当 $|M|>1$ 时没有零元.

54.5. a) 3.

b) 不是群.

54.6. 提示. 考虑映射 $A \to \overline{A}$.

55.1. 在 a) 中所有集合除了 $\mathbb{N}$ 外都是群. 在 c) 中所有集合除了 $\mathbb{N}_0, \mathbb{Z}_0$ 外都是群. 集合 d), e), f), g), h), i) 如果 $r=1$ 或 $r=0$, 并且 k) 如果 $\varphi_k = 2k\pi/n$ (假设 $\varphi_1 < \varphi_2 < \cdots < \varphi_n$), 都是群.

55.2. 它同构于群 i) 当 $r=1$.

55.5. 下列映射形成一个群: b), c), d), e), h), i), j), k).

55.6. 下列集合形成一个群: a), d), e) (当 $d=1$), f), h), i), k), l), m), n), o), p), q) (当 $\lambda < 0$), r).

55.13. a) 和 c) 成立.

55.16. 提示. 考虑元素 $(xy)^2$.

55.17. a), c), e), f) 是同态.

55.18. 对于交换群.

55.19. 它是同态.

55.20. $\{\mathbb{Z}, n\mathbb{Z}, \mathbf{UT}_2(\mathbb{Z})\}, \{\mathbb{Q}, \mathbf{UT}_2(\mathbb{Q})\}, \{\mathbb{R}, \mathbf{UT}_2(\mathbb{R})\}, \{\mathbb{C}, \mathbf{UT}_2(\mathbb{C})\}, \{\mathbb{Q}^*\}, \{\mathbb{R}^*\}, \{\mathbb{C}^*\}$.

55.21. $[k] \to [2^k]$ 和 $[k] \to [3^k]$.

55.22. 提示. 如果在这个群里 $x^2 = e$ 恒等成立, 那么见习题 55.16; 否则可找出非交换的元素 x 和 y, 对于它们 $x^2 = y^3 = 1$.

55.23. 没有其他的自同构.

55.25. a) 等腰不等边的三角形或者一对点.

b) $[KB] \cup [LC] \cup [MA]$, 其中 K, L, M 分别是等边三角形 ABC 的边 AB, BC, CA 的中点.

c) 等边三角形.

d) 菱形或矩形.

55.26. $\mathbf{D}_4$ 同构于习题 55.5 k) 的群, $\mathbf{Q}_8$ 同构于习题 55.6 r) 的群.

55.32. a) $\mathbf{Z}_2$. b) $\mathbf{Z}_{p-1}$. c) $\mathbf{S}_3$. d) $\mathbf{S}_3$. e) $\mathbf{D}_4$. f) $\mathbf{S}_4$.

55.34. a) $\{e, (123), (132)\}$.

b) 见习题 55.26.

55.36. 提示. 利用习题 55.26 和 55.35.

55.37. 提示. 利用习题 55.26 和 55.35.

55.39. 这些群不是两两同构的. 提示. 考虑这些群的中心.

56.1. 提示. b) 如果 $A \cup B$ 是一个子群, 并且 $x \in A \setminus B, y \in B \setminus A$, 那么考虑元素 xy.

c) 考虑 $x \in (C \setminus A) \cap (C \setminus B)$.

56.2. 提示. 对于子半群的任一元素 a 存在不同的整数 k 和 l 使得 $a^k = a^l$, 因此 $a \cdot a^{k-l-1} = a^{k-l} = e$. 从而元素 a 在子半群里是可逆的; 这个命题对于 $\mathbb{N} \subset \mathbb{Z}$ 不成立.

56.3. a) 6. b) 5. c) 12. d) 8. e) 4. f) 8. g) 2. h) 3.

56.4. 提示. 考虑当 $E + pX$ 有素数阶的情形.

56.6. a) 2. b) 4. c) 20. d) 0.

56.7. 提示. b) 运用 a).

c) 考虑轮换 (123), (12) 和 (13).

56.8. 提示. a) 对于互素的整数 p 和 q 存在整数 u 和 v 使得 $pu + qv = 1$.

b) 从 a) 得出.

c) 考虑 (12) 和 (123).

56.10. 提示. 利用一个轮换的阶等于它的长度的事实.

56.11. $n/\text{GCD}(n, k)$.

56.13. $p^m - p^{m-1}$.

56.14. 提示. a) 见习题 56.11.

b) 见习题 56.8 的提示.

c) 考虑最小的自然数 s, 它使得 $a^s \in H$.

d) 利用 c). 如果 d_1 和 d_2 是 n 的不同的因数, 那么对应的子群有不同的阶.

56.15. 提示. 如果 $x^k = e$ 且 $x = a^l$, 那么 $n|kl$, 从而 $\dfrac{n}{\text{GCD}(n,k)}|l$; 元素 a^l 有阶 $n/\text{GCD}(n,l)$ (见习题 56.11), 因此当 $\text{GCD}(n,l) = n/k$ 时它满足条件.

56.18. 提示. 设 $n = |G|$, $d = d(G)$, 并且 m 是 G 的元素的阶的最小公倍数.

a) 用 Lagrange 定理从 $x^d = 1$ 得出 $d|n$ 并且 d 被这个群的任一元素的阶整除, 即 $m|d$.

b) 设 $d = p_1^{k_1} \cdots p_s^{k_s}$ 是素数分解式; 根据 a) G 包含一个元素 x 其阶等于 $p_1^{k_1}l$, 其中 l 与 p_1 互素; 于是 x^l 的阶等于 $p_1^{k_1}$; 类似地我们得到元素 $x_2, \cdots, x_s$; 则乘积 $x_1 \cdots x_s$ 的阶为 d (见习题 56.8a)).

命题 b) 和 c) 对于 $\mathbf{S}_3$ 不成立.

56.19. $\mathbf{U}_{p^\infty}$.

56.20. b) 它不成立: 在平面到自身的双射组成的群里, 关于两条平行直线的对称的乘积是一个平移.

c) 1 的所有次复根组成的集合; 主对角线都是 1 的根的对角矩阵组成的集合.

56.21. 它不成立: 在 $\mathbf{GL}_2(\mathbb{R})$ 里 2 阶元不形成一个子群 (见习题 56.20b) 的答案).

56.22. $\mathbf{Z}_{p^k}$ (p 是素数).

56.24. a) **提示**. 详细写出所有子群 (见习题 56.14d)).

b) $\mathbf{Z}_{p^k}$ (p 是素数). **提示**. 注意这个群是它的循环子群的并; 如果它们形成一个链, 那么这个群是循环群, 其次利用习题 56.14d).

c) $\mathbf{Z}_{p^n}$, $\mathbf{U}_{p^\infty}$. **提示**. 设 p 是群的元素的最小阶, 则 p 是素数, 这是因为 $p = kl$ 蕴含子群 $\langle x \rangle$ 有 k 阶元; $\langle x \rangle_p$ 是包含在所有其他子群里的最小非单位子群, 于是

所有元素的阶被 p 整除，从而事实上是 p 的方幂.

56.25. $\cup_{n\in\mathbb{N}}\langle\frac{1}{n!}\rangle$.

56.26. $\cos\frac{2k\pi}{n}+\mathrm{i}\sin\frac{2k\pi}{n}\to[k]$.

56.27. a) $\cong$ b); c) $\cong$ f); d) $\cong$ e) $\cong$ g).

56.28. 提示. a) 如果群 G 没有 2 阶元，那么 $G=\{x,x^{-1}(x\neq e)\}\cup\{e\}$，从而 $|G|$ 是奇数.

b) 见习题 55.16.

56.29. 提示. 如果子群 H 的阶等于 n，那么对于任意 $x\in H$ 有 $x^n=e$，从而 $H\subset\mathbf{U}_n$，但是 $\mathbf{U}_n$ 是循环群，运用习题 56.14c.

56.30. 提示. 见习题 56.24c).

56.31. 提示. b) 证明如果有限 Abel 群包含至多一个任一给定阶的子群，那么它是循环群; 运用 a).

56.32. a) $E,\mathbf{S}_3,\langle(i,j)\rangle,\langle(123)\rangle$.

b) $E,\mathbf{D}_4,\langle(13)\rangle,\langle(24)\rangle,\langle(12)(34)\rangle,\langle(13)(24)\rangle,\langle(14)(23)\rangle,\langle(1234)\rangle,\mathbf{V}_4$.

c) $E,\mathbf{Q}_8,\langle-1\rangle,\langle i\rangle,\langle j\rangle,\langle k\rangle$.

d) $E,\mathbf{A}_4,\langle(12)(34)\rangle,\langle(13)(24)\rangle,\langle(14)(24)\rangle,\mathbf{V}_4,\langle(123)\rangle,\langle(124)\rangle,\langle(134)\rangle,\langle(234)\rangle$.

56.34. 提示. $(ij)=(1i)(1j)(1i)$.

56.35. a) $\mathbf{D}_4$.

b) $\mathbf{D}_2(\mathbb{R})$(当 $a\neq b$); $\mathbf{SL}_2(\mathbb{R})$(当 $a=b$).

c) $\langle g\rangle$.

56.36. a) $\mathbf{D}_4$.

b) $\mathbf{S}_3$ 作为 $\mathbf{S}_4$ 的子群，它由所有保持元素 4 不动的置换组成.

c) $\{e,(12),(34),(12)(34)\}$.

d) $\mathbf{S}_4$.

e) $\mathbf{A}_4$.

56.41. 提示. 利用习题 56.40.

57.1. a) 两条轨道: 第一条仅由一个零向量组成; 另一条由所有非零向量组成.

b) 每条轨道由所有长度相同的向量组成.

c) 对于任意 $I\subseteq\{1,2,\cdots,n\}$ 对应的轨道 O_I 由这样的向量 x 组成: 它的坐标 x_i 等于 0 当且仅当 $i\in I$. 有 2^n 个不同的轨道.

d) 有 $n+1$ 条不同的轨道 $O, O_1, \cdots, O_n$, 其中 O 仅由零向量组成, O_i $(i \geqslant 1)$ 由所有这样的向量 $x = \sum\limits_{i=1}^{n} x_i e_i$ 组成, 它使得 $x_i \neq 0$ 且 $x_j = 0$ (对一切 $j > i$).

57.2. a) G_a 仅包含恒等算子.

b) G_a 由这样的算子组成, 它的矩阵 $A = (a_{ij})$ 使得

$$\sum_{j=1}^{n} a_{ij} = 1 \text{ (对一切 } i = 1, 2, \cdots, n).$$

57.3. a) 平面 $\langle x \rangle^\perp$ 上所有正交算子组成的群.

b) 平面 $\langle x \rangle^\perp$ 上所有旋转组成的群.

57.4. a) G 的轨道等于 X.

b) G_U 由所有这样的算子组成, 它的矩阵形如

$$\begin{pmatrix} \overbrace{1 \cdots 0}^{k} & * \cdots * \\ \vdots \ddots \vdots & \vdots \ddots \vdots \\ 0 \cdots 1 & * \cdots * \\ 0 \cdots 0 & * \cdots * \\ \vdots \ddots \vdots & \vdots \ddots \vdots \\ 0 \cdots 0 & * \cdots * \end{pmatrix}$$

57.5. c) G_f 由所有这样的算子组成, 它在基 $e_1, \cdots, e_n$ 下的矩阵是上三角矩阵.

57.9. 轨道是 a) $\{1, 5, 4, 9\}, \{2, 8\}, \{3\}, \{6, 10, 7\}$.

b) $\{1, 7, 2, 4\}, \{3, 6\}, \{5, 8, 9\}, \{10\}$.

57.10. a) $\begin{pmatrix} \pm 1 & 0 \\ 0 & \pm 1 \end{pmatrix}$.

b) **提示**. 例如考虑映射

$$\begin{pmatrix} 1 & 0 \\ 0 & 1 \end{pmatrix} \mapsto e, \qquad \begin{pmatrix} 1 & 0 \\ 0 & -1 \end{pmatrix} \mapsto (12)(34),$$

$$\begin{pmatrix} -1 & 0 \\ 0 & -1 \end{pmatrix} \mapsto (13)(24), \qquad \begin{pmatrix} -1 & 0 \\ 0 & 1 \end{pmatrix} \mapsto (14)(23),$$

并且通过给菱形的边编号建立一个同构.

c) 两条轨道: $\{A, C\}$ 和 $\{B, D\}$,

$$G_A = G_C = \left\{\begin{pmatrix} 1 & 0 \\ 0 & 1 \end{pmatrix}, \begin{pmatrix} -1 & 0 \\ 0 & 1 \end{pmatrix}\right\};$$

$$G_B = G_D = \left\{\begin{pmatrix} 1 & 0 \\ 0 & 1 \end{pmatrix}, \begin{pmatrix} 1 & 0 \\ 0 & -1 \end{pmatrix}\right\}.$$

57.11. 这个群包含正 n 边形绕它的中心的 n 个不同的旋转和 n 个轴对称; $|\mathbf{D}_n| = 2n$.

57.12. a) 24.

b) 12.

c) 60. **提示**. 正多面体的所有顶点对于多面体的旋转群的作用形成一个轨道. 于是稳定子群的阶等于从一个顶点出发的棱的数目.

57.13. 提示. a) 把正方体的每个旋转对应到它的对角线集合的一个置换.

c) 把四面体的每个对称变换对应到它的顶点集的一个置换; 因为每个仿射变换被它在一般位置的 4 个点上的像唯一决定, 所以得到的到 $\mathbf{S}_4$ 的映射是单射; 从映射的像包含子群 $\mathbf{A}_4$ 和某个奇置换的事实推导出此映射是满射.

57.14. a) 4. b) 5.

57.15. a) G 的轨道等于 Y.

b) $G_a = 1$.

57.17. a) $\{az \mid |a| = 1\}$.

b) 原点的轨道是整个圆盘.

c) 恒等变换.

57.19. 根据假设 $m = hm_0$(对某个 $h \in G$). 由此得出 $gm = g(hm_0) = (gh)m_0 = (hg)m_0 = h(gm_0) = hm_0 = m$.

57.20. 提示. a) 注意 $ag_1H = ag_2H \Rightarrow g_1H = g_2H$; 并且 $xH = a(a^{-1}xH)$(对于每个 $x \in G$).

b) 验证 $\sigma_{ab} = \sigma_a \sigma_b$.

c) 证明条件 $gH = agH$ 与 $a \in gHg^{-1}$ 是等价的.

57.21. a) 陪集 $\{e\}, \{x\}, \{x^2\}, \{x^3\}$ 是单元素集, 用数 $1, 2, 3, 4$ 给它们编号. 则 $\sigma_x = (1234), \sigma_{x^2} = (13)(24), \sigma_{x^3} = (1432), \sigma_e$ 是恒等置换.

b) 设 x 是所给的对称并且 y 是正方形绕中心转角为 $90°$ 的旋转. 则 $G = H \cup yH \cup y^2H \cup y^3H$. 按这个顺序给这些陪集编号. 则 σ_e 是恒等变换, $\sigma_y = (1234), \sigma_{y^2} = (13)(24), \sigma_{y^3} = (1432), \sigma_x = (24), \sigma_{yx} = (12)(34), \sigma_{y^2x} =$

$(13), \sigma_{y^3x} = (14)(23)$. (**提示**. 运用关系 $xy = y^{-1}x$ 来计算).

57.23. a) 由 Klein 群和轮换 (12) 生成的子群.

b) 所给置换的所有方幂的集合.

57.24. a) 对角矩阵的子群.

b) 整个群.

c) 形如 $\begin{pmatrix} a+b & 2a \\ 3a & 4a+b \end{pmatrix}$ 的矩阵组成的集合, 其中 $a, b \in \mathbb{R}$ 且 $b^2 + 5ab - 2a^2 \neq 0$.

d) 形如 $\begin{pmatrix} a & b \\ 0 & a \end{pmatrix}$ 的矩阵组成的集合, 其中 $a, b \in \mathbb{R}, a \neq 0$.

57.25. a) 所有对角矩阵组成的子群.

b) 形如 $\begin{pmatrix} A & 0 \\ 0 & B \end{pmatrix}$ 的所有矩阵组成的子群, 其中 A 和 B 分别是 k 阶和 $n-k$ 阶非奇异矩阵.

57.26. A_1 和 A_3 是共轭的, 这是因为它们有相同的 Jordan 标准形; A_1 和 A_2 是不共轭的, 这是因为它们有不同的 Jordan 标准形.

57.27. a) C_{ij} 作为群由矩阵 $E + \lambda E_{pq}$ 生成, 其中 $j \neq p \neq q \neq i$.

b) $\lambda E, \lambda^n = 1$.

c) $E + {}^t ab$, 其中 a, b 是行使得 $b^t a = 0$. **提示**. 最后的命题从 c) 得出.

57.28. a) $\mathbf{SO}_2(\mathbb{R})$.

b) $\pm E$, 关于 OX 的对称和关于 OY 的对称.

57.30. a) $\mathbf{S}_3 = \{e\} \cup \{(12), (13), (23)\} \cup \{(123), (132)\}$.

b) $\mathbf{A}_4 = \{e\} \cup \{(12)(34), (13)(24), (14)(23)\} \cup \{(123), (134), (142), (243)\} \cup \{(132), (143), (124), (234)\}$.

c) 关于正方形的对边中点连线的对称, 关于正方形的对顶点的连线的对称, 绕正方形的中心转角为 $\pm \pi/2$ 的旋转, 正方形的中心对称, 恒等映射.

57.31. a) 单位元素群.

b) 2 阶群. **提示**. 因为这个群的所有非单位元是共轭的, 所以这个群的阶 n 能被 $n-1$ 整除.

c) 这个群或者同构于置换群 $\mathbf{S}_3$, 或者是 3 阶群. **提示**. 每个群有一个共轭类仅包含单位元. 设 n 是群 G 的阶, 并且 k, l 是其他两个共轭类的元素数目, $k \leqslant l$. 则 n 能被 k 和 l 整除, $1 + k + l = n$. 仅有的可能解是: 1) $n = 3, k = l = 1$; 2)

$n = 4, k = 1, l = 2$ (这个解能被拒绝, 因为 4 阶群是 Abel 群, 从而它们有 4 个共轭类); 3) $n = 6, k = 2, l = 3$; 为了建立一个同构 $G \cong \mathbf{S}_3$, 考虑 G 在包含 3 个元素的共轭类上的共轭作用 (见习题 57.22).

57.32. a) $\{(12)(34), (13)(24), (14)(23)\}$.

b) $\{(123), (132), (124), (142), (134), (143), (234), (243)\}$.

57.34. 提示. 设 $a = (i_1 \cdots i_k)(i_{k+1} \cdots i_l) \cdots$ 是置换 a 到不相交轮换的分解式. 对于置换 $c = bab^{-1}$, 把 b 用下述形式表示

$$\begin{pmatrix} i_1 & \cdots & i_k & i_{k+1} & \cdots & i_l & \cdots \\ j_1 & \cdots & j_k & j_{k+1} & \cdots & j_l & \cdots \end{pmatrix}.$$

则 $c = (j_1 \cdots j_k)(j_{k+1} \cdots j_l) \cdots$.

57.35. a) 5.

b) 7.

c) 11.

d) $(n+6)/2$ (当 n 是偶数); $(n+3)/2$ (当 n 是奇数). **提示.** 为了求与给定的一个元素共轭的元素的数目, 只要求出它的中心化子的阶; 注意当 n 是偶数时, 绕正 n 边形的中心转角为 π 的旋转把正 n 边形映成它自身.

57.36. 提示. 必要性从共轭矩阵的迹相等得出. 为了证明等式 $\varphi_1 + \varphi_2 = 2\pi k$ 的充分性, 取 $\mathrm{diag}\{-1, -1, 1\}$ 去计算

$$\mathrm{diag}\{-1, -1, 1\} \begin{pmatrix} 1 & 0 & 0 \\ 0 & \cos\varphi_1 & -\sin\varphi_1 \\ 0 & \sin\varphi_1 & \cos\varphi_1 \end{pmatrix} \mathrm{diag}\{-1, -1, 1\}^{-1}.$$

57.37. 提示. a) 共轭子群有相同的阶.

b) $K = gHg^{-1}$, 其中 $g = \mathrm{diag}(2, 1)$.

57.38. a) $N(H) = \left\langle H \begin{pmatrix} 0 & 1 \\ 1 & 0 \end{pmatrix} \right\rangle$.

b) $N(H)$ 由使得 $a_{21} = 0$ 的所有 2 阶非奇异矩阵组成.

c) $N(H)$ 由习题 57.21b) 的答案中写的 8 个置换组成.

57.39. a) $\mathrm{Aut}\, G$ 是 4 阶循环群, 它由自乘 $k = 1, 2, 3, 4$ 次幂的自同构组成.

b) $\mathrm{Aut}\, G$ 是 2 阶群, 它的仅有的非单位自同构是自乘 5 次幂的自同构.

57.40. 提示. a) 群 $\mathbf{S}_3$ 的每个自同构由它在三个 2 阶元上的作用决定.

b) 群 $\mathbf{V}_4$ 的任一非单位元的置换决定一个自同构.

57.41. a) Aut $\mathbf{Z}_9$ 是 6 阶循环群, 它由平方的自同构生成.

b) 这个群不是循环群, 因为 $|\mathrm{Aut}\,\mathbf{Z}_8| = 4$, 但是每个自同构的平方是恒等映射.

57.42. $|\mathrm{Aut}\,\mathrm{Aut}\,\mathrm{Aut}\,\mathbf{Z}_9| = 1$. **提示**. 利用习题 57.39 和 57.41.

57.43. 和 **57.44**. **提示**. M. I. Kargapolov, Y. I. Merzlyakov. Basic Group Theory. Nauka, Moscow, 1982, ch.2, §5.3.

57.45. 设 $\mathbf{D}_4 = \langle a,b | a^4 = b^2 = (ab)^2 = 1 \rangle$. 则 $\mathrm{Aut}\,\mathbf{D}_4 = \langle \varphi, \psi \rangle$, 其中 $\varphi(a) = a, \varphi(b) = ba, \psi(a) = a^{-1}, \psi(b) = b$. 于是 $\varphi^4 = \psi^2 = (\varphi\psi)^2 = 1$, 即 $\mathrm{Aut}\,\mathbf{D}_4 \simeq \mathbf{D}_4; \mathrm{Int}\,\mathbf{D}_4 = \langle \varphi^2, \psi \rangle$.

57.46. 设 $\mathbf{D}_n = \langle a,b | a^n = b^2 = (ab)^2 = 1 \rangle$. 则

$$\mathrm{Aut}\,\mathbf{D}_n = \langle \varphi, \psi_k, (k,n) = 1 \rangle,$$

其中 $\varphi(a) = a, \varphi(b) = ba, \psi_k(a) = a^k, \psi_k(b) = b$, 其中 $(k,n) = 1, 1 \leqslant k \leqslant n-1$.

58.1. 提示. b) 运用关于矩阵乘积的行列式的定理.

c) 运用关于置换乘积的奇偶性的定理.

58.4. a) $\mathbf{A}_3$.

b) $\mathbf{V}_4$.

c) $\mathbf{V}_4$ 和 $\mathbf{A}_4$.

提示. 注意子群的阶整除群的阶并且正规子群是群的一些共轭元素类的并集. 运用习题 57.30 和 57.34.

58.5. 提示. 例如, $K = \{(12)(34)\}, H = \mathbf{V}_4$.

58.6. 提示. $xyx^{-1}y^{-1} = x(yx^{-1}y^{-1}) = (xyx^{-1})y^{-1} \in A \cap B$.

58.7. 提示. 设 $c \in C$ 并且 $G = H \cup Hx$ 是 G 的陪集划分. 则 C 的任一元素能被写成形式 hch^{-1} 或者 $hxcx^{-1}h^{-1}$, 其中 $h \in H$.

58.9. 5 个共轭元素类, 分别由 1, 15, 20, 12 和 12 个元素组成. **提示**. 利用习题 57.34 和 58.7. 群 $\mathbf{A}_5$ 由 $\mathbf{S}_5$ 里的 4 个共轭元素类组成, 它们的代表分别是 $e, (12)(34), (123), (12345)$. 第一类和第二类分别包含 1 和 15 个元素, 因此它们是 $\mathbf{A}_5$ 里的共轭元素类. 第三类在 $\mathbf{A}_5$ 里不能分裂成两类, 尽管我们能够取 $x = (45)$ (见习题 58.7 的提示), 但是 $(45)(123)(45)^{-1} = (123)$. 最后第四类在 $\mathbf{A}_5$ 里分裂成两类, 因为它的元素数目 24 不能整除 $\mathbf{A}_5$ 的阶.

58.10. 提示. 根据习题 58.9, 如果正规子群的阶整除 60, 那么这个阶是数 1, 15, 20, 12, 12 的系数为 0 或 1 的和, 并且有一项等于 1, 这是因为 e 属于每个子群.

58.11. 提示. 首先证明 c). 中心由 $\pm E$ 组成. 没有任何其他的 2 阶子群, 因

此所有子群都是正规子群 (见习题 58.3). 共轭元素类是 $\{E\}, \{-E\}, \{\pm I\}, \{\pm J\}, \{\pm K\}$.

58.12. $\mathbf{D}_n$ 里的子群 $\mathbf{D}_k$, 其中 k 整除 n, 以及 $\mathbf{D}_n$ 的旋转子群.

58.15. λE.

58.17. 提示. c) 从习题 56.4 得出.

d) 根据 c), 群 G 在 $\mathbf{SL}_n(\mathbb{Z})$ 的自然同态下单射地映到 $\mathbf{SL}_n(\mathbf{Z}_3)$.

58.18. 提示. 如果 α_g 是自同构 $x \mapsto gxg^{-1}$, 那么 α_e 是恒等自同构, $(\alpha_g)^{-1} = \alpha_{g^{-1}}, \alpha_g \alpha_h = \alpha_{gh}$, 并且对于任意 $\varphi \in \operatorname{Aut} G$, 有

$$(\varphi \alpha_g \varphi^{-1})(x) = \varphi(g\varphi^{-1}(x)g^{-1}) = \varphi(g)x\varphi(g^{-1}) = \alpha_{\varphi(g)}(x).$$

58.20. a) $\mathbf{S}_2$(当 $n=2$); $\{e\}$(当 $n \neq 2$);

b) $\mathbf{A}_3$(当 $n=3$); $\{e\}$(当 $n \neq 3$);

c) 如果 n 是奇数, 那么中心是单位子群; 如果 n 是偶数, 那么中心包含恒等变换和转角为 π 的旋转.

58.22. 提示. 一个元素属于中心当且仅当它等于它的所有共轭. 因此如果中心是平凡的, 那么

$$p^n = 1 + p^{k_1} + \cdots + p^{k_i} \ (k_i \geqslant 1)$$

(任一共轭元素类的元素数目整除群的阶). 但是 1 不能被 p 整除.

58.23. b) 中心由矩阵 $E + bE_{13}$ 组成.

c) 包含非中心元素 $E + aE_{12} + bE_{13} + cE_{23}$ 的共轭元素类由矩阵 $E + aE_{12} + xE_{13} + cE_{23}(x \in \mathbf{Z}_p)$ 组成.

58.24. a) $\{\lambda E\}$.

b) $\{\pm E\}$.

c) 整个群.

d) $\{E\}$.

e) $\{\pm E\}$.

f) $\{\alpha E | \alpha^n = 1\}$.

g) $\{E + \lambda E_{1n}\}$.

58.27. 提示. 群 H 同构于 G 的商群.

58.28. 一个同态被生成元 a 的像决定. 因此同态像是这个元素的所有可能的像. a) 这个群的任一元素; 同态的数目等于 6. b) $e, b^3, b^6, b^9, b^{12}, b^{15}$. c) e, b, b^2, b^3, b^4, b^5. d) e, b^5, b^{10}. e) e.

58.29. 提示. 求当 $a \mapsto 1$ 时 $a/2$ 的像.

58.30. a) $\mathbf{Z}_n$. b) $\mathbf{Z}_4$. c) $\mathbf{Z}_3$. d) $\mathbf{Z}_2$.

58.31. 提示. 构造 F^n 到 F^{n-k} 上的一个线性映射, 它有核 H.

58.32. 提示. 考虑映射: a) $x \to \cos 2\pi x + i \sin 2\pi x$; b) $z \to \dfrac{z}{|z|}$; c) $z \to |z|$; d) $z \to z^n$; e) $z \to z^n$; f) $z \to \left(\dfrac{z}{|z|}\right)^n$; g) $z \to \dfrac{z}{|z|}$; h) $z \to |z|$.

58.33. 提示. 为了证明同构 $X/Y \simeq \mathbb{Z}$ 的存在, 去找从 X 到 $\mathbb{Z}$ 的一个同态且核为 Y.

58.34. 提示. 利用事实: 每个元素 $g \in G$ 有唯一的分解 kh, 其中 $k \in K, h \in H$. 证明映射 $g \mapsto k$ 是 $G \to K$ 的同态.

58.35. 提示. 根据习题 57.13, 群 $\mathbf{S}_4$ 作用在正方体上. 给正方体的上下底面、左右侧面、前后侧面分别编号为 $1, 2, 3$. 则我们得到群 $\mathbf{S}_4$ 作用在集合 $\{1, 2, 3\}$ 上. 检验这个作用的核是子群 $\mathbf{V}_4$.

58.36. 提示. 检验 G 的与 H 共轭的所有子群的交 N 是 G 的正规子群. 借助习题 57.20 证明商群 G/N 同构于群 $\mathbf{S}_k$ 的某个子群.

58.37. 提示. 设 N 是习题 58.36 的提示中构造的 G 的正规子群. 则 $p!$ 被 $|G/N|$ 整除并且 $|G/N| \geqslant p$, 这是因为 $N \subseteq H$. 由假设, p 是 $|G|$ 的最小素因子, 因此 $|G/H|$ 没有素因子小于 p, 这是由于 $|G|$ 能被 $|G/N|$ 整除. 另一方面在 $p!$ 的素数分解中所有素因子除了 p 外都小于 p. 因此 $|G/N| = p$, 即 N 和 H 的指数和阶分别一致. 包含关系 $N \subseteq H$ 蕴含 $N = H$, 因此子群 H 是正规的.

58.38. 提示. 任一线性算子作用在 1 维子空间上. 检查 $\mathbf{Z}_3$ 上的 2 维空间里有 4 个 1 维子空间能被适当的线性算子置换. 最后检查这个作用的核与群 $\mathbf{GL}_2(\mathbf{Z}_3)$ 的中心一致.

58.39. 提示. n 阶真子群包含形如 $(k/n) + \mathbb{Z}$ 的所有陪集, 其中 k 是任一整数.

58.40. 提示. 考虑把每个 $g \in G$ 对应到自同构 $x \mapsto gxg^{-1}$ 的映射.

58.41. 提示. 如果 $G/Z = \langle aZ \rangle$, 其中 Z 是 G 的中心, 那么元素 $x, y \in G$ 能被分解成 $x = a^k z_1, y = a^l z_2$, 因此 $xy = yx$.

58.42. 提示. 利用习题 58.22 和 58.41.

58.43. 提示. 利用习题 58.40 和 58.41.

58.44. $p^2 + p - 1$, 其中 p 个类由一个元素组成, 并且其他类由 p 个元素组成. 提示. 从习题 58.22 和 58.41 得出, 中心 Z 的阶为 p. 对于任一元素 $a \notin Z$, a 的中心化子的阶为 p^2, 这是因为它包含 $Z \cup \{a\}$ 并且它不等于整个群. 与 a 共轭的元

素的数目等于 $p^3 : p^2 = p$.

58.45. 提示. a) 检查极大子群 A 和 B 的元素的乘积 $a_0b_1\cdots a_{n-1}b_{n-1}a_n$, 它们形成一个子群 C 且 C 严格包含 A 和 B (因此 C 与 G 一致). $A\cap B$ 的元素与 C 的元素可交换因为 A 和 B 是交换群.

b) 设 H 是 G 的某个极大子群, 由于 G 不是循环群, 因此 $H\neq\{e\}$. 令 $|H|=m$ 且 $|G|=n=lm$. 因为 H 是极大子群且群 G 是单群, 它得出 H 在 G 里的正规化子与 H 一致. 于是存在 l 个与 H 共轭的不同的极大子群. 如果我们允许每两个不同的极大子群的交只包含一个元素 e, 那么这 l 个不同的极大子群的并包含 $1+l(m-1)$ 个元素. 由于 $lm-l+1<n$, 因此存在一个元素 a 不属于这 l 个极大子群中的任何一个. 从而存在一个包含元素 a 的极大子群 K, 它与 H 不共轭. 设 $|K|=m_1$ 且 $n=l_1m_1$. 则由上面的假设得到 $l+l_1$ 个极大子群中每两个子群的交只含 e. 于是我们得到 $1+l(m-1)+l_1(m_1-1)\geqslant 1+(n/2)+(n/2)>n$ 个元素.

c) 极大子群中的一个是非交换的, 这是因为否则, 正如在 a), b) 中证明的, 群 G 有非平凡的中心, 从而 G 不是单群.

58.46. 提示. 见 D. Gorenstein, Finite Groups, Harper and Row, 1968, ch.2, §8.

58.47 — 58.51. 提示. 见 D. A. Suprunenko. Matrix groups, Nauka, Moscow, 1972, ch3.

59.1. a) $(q^n-1)(q^n-q)\cdots(q^n-q^{n-1})$. **提示**. 如果我们已经选择了前 i 行, 那么我们有 q^n-q^i 种可能去挑选下面的第 $(i+1)$ 行: 事实上第 $(i+1)$ 行是任意一个长为 n 的行, 它不属于前面的行的线性包. q 元域上长为 n 的行总共有 q^n 行, 并且它们中的 q^i 行是前面 i 个 (线性无关的) 行的线性组合.

b) $(q^n-1)(q^n-q)\cdots(q^n-q^{n-1})/(q-1)$. **提示**. 子群 $\mathbf{SL}_n(\mathbb{F}_q)$ 是从 $\mathbf{GL}_n(\mathbb{F}_q)$ 到域 $\mathbb{F}_q$ 的乘法群 (包含 $q-1$ 个元素) 的同态 $A\mapsto\det A$ 的核. 根据同态定理 $|\mathbf{GL}_n(\mathbb{F}_q)/\mathbf{SL}_n(\mathbb{F}_q)|=q-1$; 现在运用 a) 和 Lagrange 定理.

59.2. a) 这两个群不同构. **提示**. 求这些群的 2 阶元的数目.

b) 这两个群不同构. **提示**. 注意矩阵 $2E$ 属于 $\mathbf{SL}_2(\mathbb{Z}_3)$ 的中心, 运用习题 58.20a.

59.3. a) 2-子群 $\langle(12)\rangle, \langle(13)\rangle, \langle(23)\rangle$; 3-子群 $\langle(123)\rangle$.

b) 2-子群 $\mathbf{V}_4$; 3-子群 $\langle(123)\rangle, \langle(124)\rangle, \langle(134)\rangle, \langle(234)\rangle$.

59.4. a) 第一个与第二个 Sylow 2-子群 (见习题 59.3a) 的答案) 通过置换 (23) 共轭, 第一个和第三个通过 (13) 共轭.

b) 第一个和第二个 Sylow 3-子群通过置换 (12)(34) 共轭, 第一个和第三个通过 (13)(24) 共轭, 第一个和第四个通过 (23)(14) 共轭.

59.5. 提示. 给正方形的顶点编号, 从而得到群 $\mathbf{D}_4$ 的同构的置换表示: $\mathbf{D}_4 \simeq P \subset \mathbf{S}_4$. 因为 $|\mathbf{D}_4| = 8$ 并且 $|\mathbf{S}_4| = 24 = 8 \cdot 3$, 所以 P 是 $\mathbf{S}_4$ 的一个 Sylow 2-子群. $\mathbf{S}_4$ 的其他 Sylow 2-子群与 P 共轭从而同构.

59.6. a) 它被包含在下述子群里:

$$\{e, (1324), (1423), (12)(34), (13)(24), (14)(23), (12), (34)\}.$$

b) 它被包含在下述子群里:

$$\{e, (1234), (1432), (13)(24), (12)(34), (14)(23), (13), (24)\}.$$

c) 它被包含在三个 Sylow 2-子群的每一个里.

59.7. 提示. 根据习题 59.2, 这两个群不同构. 如果某个 8 阶非 Abel 群有 2 阶非中心子群, 那么根据习题 57.20 和 59.5 得 $G \cong \mathbf{D}_4$. 否则设 e 和 $-e$ 是 G 的中心元素 (根据习题 58.22 和 58.23, G 的中心由两个元素组成). 设 $i, j \in G$ 并且 $ij \neq ji$. 令 $k = ij, i^{-1} = -i, j^{-1} = -j, k^{-1} = -k$. 检查从 G 到四元数群的自然映射是同构.

59.8. 提示. 在群 $\mathbf{SL}_2(\mathbf{Z}_3)$ 里解方程 $X^2 = E$, 我们得到仅两个解: $X = \pm E$. 类似地, 解方程 $X^2 = -E$, 我们找到 6 个 4 阶元. 这些元素没有平方根, 即 $\mathbf{SL}_2(\mathbf{Z}_3)$ 没有 8 阶元. 于是 $\mathbf{SL}_2(\mathbf{Z}_3)$ 共有 8 个元素的阶是 2 的方幂. 根据习题 59.2, $|\mathbf{SL}_2(\mathbf{Z}_3)| = 24 = 8 \cdot 3$, 从而 $\mathbf{SL}_2(\mathbf{Z}_3)$ 仅有一个 Sylow 2-子群, 因此这个子群是正规子群, 它是非 Abel 群, 因为例如, 元素

$$\begin{pmatrix} 0 & 1 \\ -1 & 0 \end{pmatrix} \text{ 和 } \begin{pmatrix} -1 & -1 \\ -1 & 1 \end{pmatrix}$$

是 4 阶元并且不交换. 现在利用习题 59.7.

59.9. a) 5. b) 10. c) 6.

59.10. p^m, 其中 $m = \left[\dfrac{n}{p}\right] + \left[\dfrac{n}{p^2}\right] + \left[\dfrac{n}{p^3}\right] + \cdots$.

59.11. $(p-2)!$. 提示. 数 $p!$ 能被 p 整除但是不能被 p^2 整除. 因此, 每一个 Sylow p-子群由一个轮换 $(i_1, i_2, \cdots, i_p)$ 的方幂组成. 这些轮换的数目等于 $(p-1)!$, 并且一个 p 阶循环群的不同生成元的数目等于 $p-1$.

59.12. 提示. 运用 Sylow 子群的共轭定理.

59.13. a) 提示. $|\mathbf{SL}_2(\mathbf{Z}_p)| = p(p-1)(p+1)$ (见习题 59.1), 因此, Sylow p-子群的阶为 p.

b) 正规化子由所有形如 $\begin{pmatrix} x & y \\ 0 & x^{-1} \end{pmatrix}$ 的矩阵组成, 其中 $x \neq 0$.

c) 因为正规化子的阶等于 $p(p-1)$, 所以它的指数以及不同的 Sylow p-子群的数目等于 $p+1$.

d) **提示**. 利用习题 59.1.

e) 所有形如 $\begin{pmatrix} x & y \\ 0 & z \end{pmatrix}$ 的矩阵组成的集合, 其中 $x, z \neq 0$.

f) $p+1$.

59.14. 提示. 证明这个子群的阶和整除 $|\mathbf{GL}_n(\mathbf{Z}_p)|$ 的 p 的最大方幂都等于 $p^{n(n-1)/2}$ (见习题 59.1).

59.15. a) 如果 p 是奇数, 那么 Sylow p-子群是唯一的, 并且由正 n 边形的转角为 $2\pi k/p^l (0 \leqslant k < p^l)$ 的旋转组成, 其中 p^l 是整除 n 的 p 的最大方幂.

设 $n = 2^l \cdot m$, 其中 m 是奇数. 则 $\mathbf{D}_n$ 包含 m 个不同的 Sylow 2-子群. 它们中的每一个能用下述方式得到. 选择一个正 2^l 边形, 它的顶点被包含在给定的正 n 边形的顶点中 (中心是相同的). **提示**. 考虑所有把正 2^l 边形映成自身的等距变换.

b) 在 $p=2$ 的情形, 共轭元素是转角为 $2\pi k/m$ 的旋转, $0 \leqslant k < m-1$.

59.16. 提示. 设 $|G| = p^l \cdot m$, 其中 m 不能被 p 整除, 并且 $|\operatorname{Ker}\varphi| = p^s \cdot t$, 其中 t 不能被 p 整除. 则 $H \simeq G/\operatorname{Ker}\varphi$, 于是根据 Lagrange 定理, H 的 Sylow p-子群的阶等于 p^{l-s}. 另一方面, $|P \cap \operatorname{Ker}\varphi| \leqslant p^s$, 这是因为 $|\operatorname{Ker}\varphi|$ 能被 $|P \cap \operatorname{Ker}\varphi|$ 整除. 因此 $|\varphi(P)| = |P/P \cap \operatorname{Ker}\varphi| \geqslant p^{l-s}$.

59.17. 提示. 显然, $P \subseteq \varphi_A(P) \times \varphi_B(P)$, 其中 φ_A 和 φ_B 是 $A \times B$ 分别到 A 和 B 上的射影同态. 这个包含关系事实上是一个等式 (比较阶 $|P|, |\varphi_A(P)|$ 和 $|\varphi_B(P)|$).

59.18. 提示. a) 设 $|G| = p^l \cdot m, |H| = p^s \cdot t$, 其中 m, t 不能被 p 整除. 则 G/H 的 p-子群 PH/H 的阶至多为 p^{l-s}. 因此自然同态 $P \to PH/H$ 的核 $P \cap H$ 的阶至少是 p^s.

b) 例如, 取 $\mathbf{S}_3$ 的不同的 Sylow 2-子群作为 P 和 H (见习题 59.3).

59.19. 提示. 见习题 58.42.

59.20. 提示. 运用不同的 Sylow p-子群的数目的定理. 这个数目整除群的阶并且模 p 同余于 1. 运用习题 59.12 和 58.6.

59.21. 5 个 Sylow 2-子群和 1 个 Sylow 5-子群 (见习题 59.20 的提示).

59.22. 提示. a) 运用习题 58.36 到 Sylow 3-子群 H.

b) 如果 Sylow 5-子群不是正规子群，那么根据 Sylow 子群的数目的定理，这个群有 16 个不同的 Sylow 5-子群. 因为每两个 Sylow 5-子群的交是平凡的，所以这个群至多有 $80 - 16 \cdot 4 = 16$ 个元素的阶是 2 的方幂. 这些元素仅形成一个 Sylow 2-子群，从而它是正规子群.

c) 类似于 b) 的解法.

59.23. 提示. a) 见习题 59.20 的提示.

b) 考虑所有形如 $\begin{pmatrix} a & b \\ 0 & 1 \end{pmatrix}$ 组成的矩阵，其中 $b \in \mathbf{Z}_q$，并且 a 属于域 $\mathbf{Z}_q$ 的乘法群的 p 阶子群. (这个子群存在是因为 $|q-1|$ 能被 p 整除.)

59.24. 48.

59.25. 提示. 对群的阶作归纳法.

59.26. 提示. 对群的阶作归纳法. 在 G 里选择一个指数为 p 的正规子群.

60.1. 提示. 如果 $\mathbb{Z} = A \oplus B$，其中 $A \neq 0, B \neq 0$，并且 $m \in A, n \in B$，那么 $mn \in A \cap B = \{0\}$. 类似的论证能被应用到群 $\mathbb{Q}$ 上.

60.2. 提示. 群 $\mathbf{S}_3, \mathbf{A}_4, \mathbf{S}_4$ 没有正规子群能使它们的交为单位子群. 在 $\mathbf{Q}_8$ 里每个非平凡的子群包含 -1；因此所列的群没有直积分解.

60.3. 提示. 如果 $\langle a \rangle$ 是阶为 $n = n_1 \cdot n_2$ 的循环加法群，其中 $(n_1, n_2) = 1$，那么 $\langle a \rangle = \langle n_1 a \rangle + \langle n_2 a \rangle$ (这些子群的阶分别为 n_2 和 n_1，因此它们的交是平凡的).

60.5. a) $\mathbf{Z}_6 = \langle \overline{3} \rangle \oplus \langle \overline{2} \rangle$.

b) $\mathbf{Z}_{12} \simeq \mathbf{Z}_3 \oplus \mathbf{Z}_4$.

c) $\mathbf{Z}_{60} \simeq \mathbf{Z}_3 \oplus \mathbf{Z}_4 \oplus \mathbf{Z}_5$.

提示. 在 b), c) 中指出每个直和项的生成元.

60.6. 提示. 它从复数的三角表示式得出.

60.7. 提示. $\mathbf{Z}_{2^n}$ 的一个元素是可逆元当且仅当它的类包含一个奇数，因此环 $\mathbf{Z}_{2^n}$ 的乘法群的阶等于 2^{n-1}. 元素 $3 = 1 + 2 \pmod{2^n}$ 的阶为 2^{n-2}，并且它生成的循环子群与子群 $\{\pm 1\}$ 的交为 $\{1\}$；因此它们的积的阶为 2^{n-1}，即它与整个群 $\mathbf{Z}_{2^n}^*$ 一致.

60.8. a) 因子的阶的积.

b) 它的直积分解的成分的阶的最小公倍数.

60.9. 提示. 通过前面的习题证明 $(A_1 + A_2 + \cdots + A_{i-1}) \cap A_i = \{0\}$ (对于任意 i).

60.11. 提示. 如果 $k = p_1^{k_1} \cdots p_r^{k_r}$，那么这个群有阶为 $p_1^{k_1}, \cdots, p_r^{k_r}$ 的元素 (例

如, 见习题 60.3). 通过习题 60.8, 60.9 证明这些元素的和的阶是 k. 群 S_3 有 2 阶元和 3 阶元, 但是它没有 6 阶元. 利用习题 56.8c).

60.12. $\{\pm 1\} \times \langle 2 \rangle = \{\pm 1\} \times \langle -2 \rangle$.

60.13. 提示. 这种直和分解的一项与 A 一致, 而另一项是由群 $\mathbb{Z}$ 的一个生成元与 A 的某个元素的有序对生成的群. 因此存在 $|A|$ 个这种直和分解.

60.14. $A \times B$ 的每一个共轭类是 A 的一个共轭类和 B 的一个共轭类的乘积.

60.16. 提示. 取 C 为 A/B 的基元素的原像生成的子群.

60.17. 提示. $G = A \oplus \mathrm{Ker}\,\pi$.

60.18. 提示. 由于在任一同态 $\varphi : A_1 \times A_2 \to B$ 下, A_1 的像与 A_2 的像是可交换的, 因此 B 的可交换性是本质的.

60.20. a), b), c) $\mathbb{Z}_6$.

d) $\mathrm{Hom}\,(A_1, B) \oplus \mathrm{Hom}\,(A_2, B)$.

e) $\mathrm{Hom}\,(A, B_1) \oplus \mathrm{Hom}\,(A, B_2)$.

f) $\mathbb{Z}_d$, 其中 $d = (m, n)$.

g) $\mathbb{Z}_n$.

h) $\{0\}$.

i) $\mathbb{Z}$.

60.21. 提示. 对于一个同态 $\varphi : \mathbb{Z} \to A$ 伴随 $\varphi(1)$.

60.24. a) $\mathbb{Z}$.

b) $\mathbb{Z}_n$.

c) $\mathbb{Q}$. **提示.** 证明如果 $\varphi : \mathbb{Q} \to \mathbb{Q}$ 是一个自同态, 那么 $\varphi(r) = r\varphi(1)$.

60.25. 提示. a) 映射 $x \mapsto nx$ 有平凡的核当且仅当这个群没有任何元素的阶能整除 n. 如果 $n = p_1^{k_1} \cdots p_r^{k_r}$ 是素分解, 那么这个群对于素数 $p_1, \cdots, p_r$ 的素成分都等于 0.

b) 映射是满射意味着在这个群里对于任意 g, 方程 $nx = g$ 有解.

60.26. 提示. 对于一个自同态 φ 伴随一个矩阵, 如同对于线性算子所做的那样.

60.27. a) $\mathbb{Z}_2$.

b) $\mathbb{Q}^*$.

c) 若 $n = 1$, 则为单位群; 若 $n = 2$, 则为 2 阶循环群; 若 $n > 2$, 则为 $\mathbb{Z}_2 \times \mathbb{Z}_{2^{n-2}}$ (见习题 60.7).

d) 行列式为 ± 1 的所有整数矩阵组成的群. **提示.** 在所有情形运用习题 60.23

和 60.24.

60.28. 提示. a) $\langle a \rangle_{30} = \langle a_1 \rangle_2 \oplus \langle a_2 \rangle_{15}$, 其中 $a_1 = 15a, a_2 = 2a$. 在任一自同构 φ 下, 我们有 $\varphi(\langle a_1 \rangle) = \langle a_1 \rangle, \varphi(\langle a_2 \rangle) = \langle a_2 \rangle$, 这是因为 a_1 与 a_2 的阶互素. 也注意 $\langle a_1 \rangle$ 仅有恒等自同构.

b) 设 $\mathbb{Z} = \langle a \rangle, \mathbf{Z}_2 = \langle b \rangle$; 在任一自同构 φ 下, 我们有 $\varphi(\mathbf{Z}_2) = \mathbf{Z}_2$ 且 $\varphi(b) = b$. 进一步 $\varphi(a)$ 能够等于下列元素之一: $a, -a, a+b, -a+b$. 检查所些这些自同构的平方是恒等自同构.

60.29. 提示. 用前面一个习题的记号我们有 $\varphi(a) = na + \varepsilon b, \varphi(b) = \delta b$, 其中 $n \in \mathbb{Z}, \varepsilon, \delta = 0, 1$. 自同态 φ_1, φ_2, 其中 $\varphi_1(a) = a, \varphi_1(b) = 0, \varphi_2(b) = 0, \varphi_2(a) = b$ 不交换.

60.30. 提示. 任一素成分在群的任一自同态下是不变的; 利用习题 60.20.

60.31. 提示. 对群的生成元的数目作归纳法. 如果群是循环群且它等于 $\langle a \rangle$, 运算为加法, U 是它的非零子群, 并且 k 是使得 $ka \in U$ 的最小正整数, 那么 U 是由 ka 生成的. 设 $ma \in U$, 用 k 去除 m 作带余除法: $m = qk + r$. 则 $ra = ma - q(ka) \in U$, 因此 $r = 0$ 并且 $ma = q(ka)$. 假设命题对于 $n-1$ 个生成元的群被证明, 现在来看 n 个生成元的群 $G = \langle a_1, \cdots, a_n \rangle, U \subseteq G$ 是一个子群. 考虑元素 $u = m_1 a_1 + \cdots + m_n a_n \in U$. 如果 $m_n = 0$ (对于所有的 $u \in U$), 那么 $U \subseteq \langle a_1, \cdots, a_{n-1} \rangle$, 从归纳假设得 U 是有限生成的. 否则, 设 m_n^0 是最小正整数使得存在 $u^0 \in U$, 对于它 $u^0 = m_1^0 a_1 + \cdots + m_n^0 a_n$. 显然任一数 m_n 它出现在某个 $u \in U$ 的分解式里能被 m_n^0 整除, $m_n = qm_n^0$. 则 $u - qu^0 \in U \cap \langle a_1, \cdots, a_{n-1} \rangle$. 根据归纳假设, 这个子群由 $n-1$ 个元素生成. 于是 U 由这些元素和 u^0 生成.

60.32. 提示. a) 如果 φ 是从群 G 到它自身的一个满同态, 它不是自同构, 那么 $\operatorname{Ker} \varphi \subset \operatorname{Ker} \varphi^2 \subset \cdots$ 是子群的严格升链, 并且它的并集不可能是由有限多个元素生成的, 这是因为这些生成元的每一个属于这条链的具有有限指标的一个成员. 剩下的部分运用前面一个习题.

b) 考虑求导数.

60.33. 提示. 如果秩 m 和 n ($m \neq n$) 的自由 Abel 群是同构的, 那么秩不是自由 Abel 群的不变量. 但是它的不变性能够用关于线性相关的主要引理一样的方法证明. 我们也能够运用下述结论: 如果 G 是秩 n 的自由 Abel 群, 那么 $|G/2G| = 2^n$.

60.34. 提示. 利用有限生成的 Abel 群的分解的唯一性.

60.35. 提示. 对群的阶和数 m 作归纳法.

60.36. 提示. 利用有限 Abel 群的分解的唯一性定理的证明.

60.37. 提示. 利用分解的唯一性定理.

60.40. a) 包含.

b) 不包含.

c) 包含.

60.41. $(3, 27)$. **提示**. 证明 $\langle a \rangle_9 \oplus \langle b \rangle_{27} = \langle a \oplus 3b \rangle \oplus \langle b \rangle$.

60.42. a) 不同构. **提示**. 第二个群是循环群, 而第一个群不是循环群.

b) 这两个群是同构的.

c) 这两个群不同构.

d) 这两个群不同构.

60.43. a) 3 个 2 阶子群, 2 个 6 阶子群.

b) 3 个 3 阶子群, 2 个 6 阶子群.

c) 3 个 5 阶子群, 2 个 15 阶子群.

60.46. 提示. 证明一个有限 Abel 群不是循环解, 如果它包含一个型 (p, p) 的子群 (见习题 60.40). 注意方程 $x^p = 1$ 在域中至多有 p 个解.

60.47. 提示. 设 $a_1, \cdots, a_n$ 是极大无关元素组. 考虑元素 $1 + a_1 \cdots a_n$ 并且由此推出群 F^* 是有限的.

60.48. 提示. 运用习题 60.46.

60.50. 提示. 如果 $y_j\ (j = 1, \cdots, n)$ 是一个基, 那么 $x_i\ (i = 1, \cdots, n)$ 能够通过这个基用整系数矩阵 B 表示. 于是 $AB = E$ 并且 $\det A = \pm 1$, 其中 $A = (a_{ij})$.

60.51. 提示. 利用有限生成的 Abel 群的主要定理的证明, 它基于把整数矩阵通过初等行变换和列变换化简成对角矩阵.

60.52. a) $\mathbb{Z}_2 \oplus \mathbb{Z}_2 \oplus \mathbb{Z}_3$.

b) $\mathbb{Z}_{31}$.

c) $\mathbb{Z}_2 \oplus \mathbb{Z}_3 \oplus \mathbb{Z}_3$.

d) $\mathbb{Z}_2 \oplus \mathbb{Z}_4$.

e) $\mathbb{Z}_4 \oplus \mathbb{Z}$.

f) $\mathbb{Z}_2 \oplus \mathbb{Z}_2 \oplus \mathbb{Z}_2$.

g) $\mathbb{Z}_3$.

h) $\mathbb{Z} \oplus \mathbb{Z}$.

i) $\mathbb{Z}$.

j) $\{0\}$.

60.53. 3.

60.55. 提示. 考虑习题 60.30 和 60.24, 只要证明有限素数幂非循环群的自同态环是非交换的. 不失一般性, 可以仅考虑群 $\langle a \rangle_{p^k} \oplus \langle b \rangle_{p^l}, k \geqslant l$. 根据习题 60.20, 这个群的任一自同态具有形式: $\varphi(a) = s_1 a + t_1 b, \varphi(b) = s_2 a + t_2 b$, 其中 s_2 被 p^{k-l} 整除. 于是例如, 自同构 φ, ψ, 它们使得 $\varphi(a) = a, \varphi(b) = 0, \psi(a) = b, \psi(b) = 0, \varphi$ 与 ψ 不交换.

60.56. 提示. 证明 H 是有限生成的. 选择 H 里的元素系 $e_1, \cdots, e_k$, 它们在 $\mathbb{R}$ 上是极大无关的. 证明 H 是由 $e_1, \cdots, e_k$ 和有限集 $H \cap D$ 生成的, 其中, $D = \left\{ \sum x_i e_i | 0 \leqslant x_i \leqslant 1 \right\}$.

60.59. 提示. 运用习题 60.56.

60.60. 提示. 映射 $x \mapsto nx$ 是循环群 $\langle a \rangle$ 的一个自同构 (它有平凡的核), 因此 $nx = a$ (对于某个 x).

60.63. 提示. 显然 $\mathbb{Q}$ 是可除的. 如果 $\varepsilon^{p^k} = 1$, 那么存在 δ 使得 $\delta^p = \varepsilon$. 如果 $q \neq p$ 是素数, 那么 $(q, p^k) = 1$, 运用习题 60.60 和 60.61.

60.65. 提示. 从假设得出子群 A 和 B 的和是直和; 必须证明这个和等于 G. 假如存在 $g \notin A \oplus B$, 则子群 $\langle g \rangle$ 与 $A \oplus B$ 的交有非零元, 否则, 和 $A \oplus B \oplus \langle g \rangle$ 是直和, 从而可以取 $B \oplus \langle g \rangle$ 代替 B, 这与 B 的极大性矛盾. 设 $ng \in A \oplus B$. 我们可以假设 n 是素数 (如果不是这个情形, 那么对于某个 $p|n$ 我们可以取 $(n/p)g$ 代替 g). 于是, $ng = a+b, a \in A, b \in B$. 因为 A 是可除的, 所以存在一个元素 a_1 使得 $na_1 = a$. 于是 $ng_1 = b$, 其中 $g_1 = g - a_1$ 不属于 $A \oplus B$. 根据子群 B 的选择, 我们有 $A \cap \langle g_1, B \rangle \neq 0$. 于是某个元素 $a' \in A$ 能表示成形式 $a' = kg_1 + b', b' \in B, 0 < k < n$. 由于 $(k, n) = 1$, 因此存在 u, v 使得 $ku + nv = 1$. 于是 $g_1 = kug_1 + nvg_1$. 由于 $ng_1 \in A \oplus B, kg_1 = a' - b' \in A \oplus B$, 因此 $g_1 \in A \oplus B$, 这是一个矛盾.

60.66. 提示. 设 D 是所有可除子群的和. 不难检查 D 是可除的: 设 $a \in D$, 则 $a = a_1 + \cdots + a_k$, 其中 $a_i \in A_i (i = 1, \cdots, k)$, 并且 A_i 是 D 的可除项. 如果 $na_i' = a_i, i = 1, \cdots, k$, 那么 $n \left(\sum_{i=1}^{k} a_i' \right) = a$. 根据前面一个习题, 整个群有一个直和分解 $D \oplus B$. 假如 B 有一个可除子群, 那么这个子群被包含在 D 里, 矛盾. 因此 B 没有可除子群. 整个群对于 D 的商群同构于 B.

60.67. 提示. 利用习题 60.16.

60.68. 提示. 利用习题 60.67.

60.69. 提示. 运用习题 60.67.

61.1. 提示. a) 考虑借助所给轮换的方幂与对换 (12) 共轭的元素.

b) $\mathbf{A}_n$ 的元素是偶数个对换的乘积. 并且 $(ij)(jk) = (ijk), (ij)(kl) =$

$(ikj)(ikl)$.

61.2. 提示. 利用通过初等行变换把矩阵化简成行阶梯形.

61.3. 提示. 一个非奇异矩阵能够通过初等行变换化简成对角矩阵, 即通过用相应的初等矩阵左乘这个矩阵.

61.5. 提示. 见 D. Gorenstein, Finite Groups, Harper and Row, 1968, §44.

61.7. a) $\{1,a\}, \{5,a\}, \{2,3\}, \{4,3\}$, 其中 a 是 $\mathbf{Z}_6$ 的任一元素.

b) 两个不同的对换或者一个对换和一个 3-轮换.

c) 任意两个 4 阶元 i, j, 它们满足 $jij^{-1} = i^{-1}$.

d) 正方形的一个旋转 σ 其转角为 $\pm(\pi/2)$ 与任一轴对称 τ; 也有 τ 和 $\tau\sigma$.

e) $\{a,b\}, \{a, a+b\}, \{b, a+b\}$.

61.10. 提示. 如果 $g_1, \cdots, g_n$ 是有限生成元系, 且 $f_1, f_2, \cdots, f_k, \cdots$ 是另一个生成元系, 那么元素 $g_1, \cdots, g_n$ 能够通过第二个生成元系表示. 每个表达式包含第二个生成元系的有限多个元素, 譬如说, $f_1, \cdots, f_m$. 则 $f_1, \cdots, f_m$ 生成这个群.

61.11. A 的正规闭作为子群是由元素

$$B^i A B^{-i} = \begin{pmatrix} 1 & 2^i \\ 0 & 1 \end{pmatrix} \quad (i \in \mathbb{Z})$$

生成的. 因此它同构于形如 $m/2^k$ 的有理数形成的加法群. 这个子群不是有限生成的.

61.12. 提示. a) 对所有可能的消去的数目作归纳法. (即对于字的长度作归纳法.)

b) 运算由 a) 恰当地定义. 结合律显然成立. 空字是单位元. 一个字 $u = x_{i_1}^{\varepsilon_1} \cdots x_{i_n}^{\varepsilon_n}$ 的逆元等于字 $x_{i_n}^{-\varepsilon_n} \cdots x_{i_1}^{-\varepsilon_1}$.

61.13. 提示. 定义同态 φ 如下: 若 $u = x_{i_1}^{\varepsilon_1} \cdots x_{i_n}^{\varepsilon_n}$, 则 $\varphi(u) = g_{i_1}^{\varepsilon_1} \cdots g_{i_n}^{\varepsilon_n}$. 这是唯一可能的定义.

61.14. 提示. 每一个可约字能写成形式 $u = vwv^{-1}$, 其中 w 的第一个和最后一个字母不互素. 于是 $u^n = vw^n v^{-1}$, 其中 w^n 的长度等于 w 的长度的 n 倍. 一般地,

$$d(u^n) = d(u) + (n-1)d(w),$$

因此 $u^n \neq 1$ (空字).

61.15. 提示. 假设可交换的元素 u, v 是可约的. 设 $d(u) \leqslant d(v)$.

1) 若在 uv 里, 字 u 的超过一半的字母能被消去, 则我们过渡到字 u, uv (第二个字比 v 短, 并且这些字跟 u 和 v 一样可交换).

2) 若在 vu 里, 字 u 的超过一半的字母被消去, 则和上面一样, 我们考虑字 u^{-1}, vu.

3) 若在字 vu^{-1} 里第二个因子的超过一半的字母被消去, 则我们过渡到字 uvu^{-1}.

4) 若在 $u^{-1}v$ 里第一个因子的超过一半的字母被消去, 则我们过渡到 $u^{-1}, u^{-1}v$.

5) 剩下的情形, $u = u_1 u_2$, 其中 $d(u_1) = d(u_2), v = u_2^{-1} v'$, 并且因子没有消去关系. 从 $uv = vu$ 得出 $u, v' = u_2^{-1} v' u_1 u_2$. 由于 $v' u_1 u_2$ 没有比 u_1 更多的消去关系, 因此我们有 $u_1 = u_2^{-1}$ 并且 $u = 1$.

6) 运用变换 1)—4), 我们得到情形 5). 考虑到前面一步, 我们找到了一个生成元 g 使得 u 和 v 能被 g 表示.

61.16. 提示. 在任一换位子, 以及在换位子的乘积里, 对任意 i, 所有出现的 x_i 的指数的和等于 0. 在一个字 u 里, 设某个 x_i 的指数的和等于 $k \neq 0$. 按照习题 61.13, 我们构造自由群到 $\mathbb{Z}$ 的一个同态使得 $x_i \to 1, x_j \to 0$ $(j \neq i)$. 则 u 对应到 $k \neq 0$, 因此 u 不属于换位子群.

61.17. 具有不可约表示 $uw_1 u^{-1}$ 的字, 其中 w_1 是 w 的一个循环置换.

61.18. 提示. 设 F 是有自由生成元 $x_1, \cdots, x_m$ 的自由群, 并且设 A 是有基 $a_1, \cdots, a_n$ 的自由 Abel 群. 如果一个同态 $F \to A$ 扩充了映射 $x_1 \to a_1, \cdots, x_n \to a_n$ (见习题 61.13), 那么它的核等于换位子群.

61.19. 提示. 运用习题 61.18.

61.20. 提示. 在任一群里指数为 2 的子群是正规子群. 这道习题归结为决定这个自由群到群 $\langle a \rangle_2$ 的所有可能的满同态. 如果 x_1, x_2 是这个自由群的自由生成元, 那么根据习题 61.13 必须找出 x_1 和 x_2 的所有可能的像. 答案: $\varphi_1(x_1) = a, \varphi_1(x_2) = 1; \varphi_2(x_1) = a, \varphi_2(x_2) = a; \varphi_3(x_1) = 1, \varphi_3(x_2) = a$. 即有 3 个指数为 2 的子群.

61.22. 提示. 显然, 在群 $F = (x_1, x_2)$ 到 $\mathbb{Z}_n \times \mathbb{Z}_n$ 的任一同态下, 一个换位子和 x_1^n, x_2^n 映成单位元. 群 F 对于由换位子和元素 x_1^n, x_2^n 生成的子群 N 的商群同构于 $\mathbb{Z}_n \times \mathbb{Z}_n$. 因此 N 是任一满同态 $F \to \mathbb{Z}_n \times \mathbb{Z}_n$ 的核.

61.23. a) 16.

b) 36. 提示. 运用习题 61.13.

61.25. 提示. 根据习题 61.13 构造有自由生成元 $x_1, \cdots, x_n$ 的自由群 F 到 H 的一个同态 φ 使得 $\varphi(x_i) = h_i, i = 1, 2, \cdots, n$. 在这个同态下, 包含字 $R_i(x_1, \cdots, x_n)(i \in I)$ 的最小正规子群 R 里的元素映成了单位元. 如果 $N = \text{Ker}\,\varphi$, 那么 $\text{Im}\,\varphi \simeq F/N \simeq (F/R)/(N/R)$.

61.27. 提示. 证明每个元素能表示成形式 $a^i b^j, 0 \leqslant i < 2, 0 \leqslant j < 7$.

61.28. 提示. 从定义关系推导出群的阶 $\leqslant 6$. 运用习题 6125.

61.29. 提示. 从定义关系推导出群的阶 $\leqslant 2n$. 运用习题 61.25.

61.30. 提示. 从定义关系推导出群的阶 $\leqslant 8$. 运用习题 61.25.

61.31. 提示. 根据习题 61.25. 考虑从这个群到所指出的矩阵群上的一个同态:
$$x_1 \to \begin{pmatrix} -1 & 0 \\ 0 & 1 \end{pmatrix}, \quad x_2 \to \begin{pmatrix} -1 & 1 \\ 0 & 1 \end{pmatrix}$$
(第二个矩阵的平方等于 E). 利用由 $x_1 x_2$ 生成的子群是正规子群这个事实.

61.32. 提示. 见习题 61.31 的提示.

61.34. 提示. 见 J. Milnor. Introduction to Algebraic K-theory, Princeton University Press, 1974, §5.

61.35. 提示. H 的每个陪集有形式 $g^i H, i \in \mathbb{Z}$, 因此群 G 的任一元素有形式 $g^i h, h \in H$.

61.36. 提示. 设 $\langle h \rangle$ 是由 h 生成的无限循环子群; 商群 G/H 是由 gH 生成的无限循环群. 根据前面一道习题, $G = \langle g \rangle \langle h \rangle$. 由于 H 是正规子群, 因此 $ghg^{-1} \in H$ 并且映射 $x \mapsto gxg^{-1}$ $(x \in H)$ 是 H 的一个自同构. 从而 ghg^{-1} (和 h) 是 H 的生成元. 于是 ghg^{-1} 等于 h 或者等于 h^{-1}. 因此关系 $ghg^{-1} = h, ghg^{-1} = h^{-1}$ 之一在这个群里成立. 在第一种情形下, 这个群是自由 Abel 群, 这是因为它由元素 x_1, x_2 生成且具有定义关系 $x_1 x_2 x_1^{-1} = x_2$. 考虑具有生成元 x_1, x_2 和定义关系 $x_1 x_2 x_1^{-1} = x_2^{-1}$ 的群. 从定义关系得出, 在这个群里由 x_2 生成的循环子群是正规的, 并且对于这个子群的商群是无限循环群 (考虑它到 $\mathbb{Z}$ 的同态使得 $x_1 \to 1, x_2 \to 0$). 元素 x_2 也有无限阶. 事实上, 考虑从这个群到形如 $\begin{pmatrix} \pm 1 & n \\ 0 & 1 \end{pmatrix}$ 的矩阵组成的群的一个同态: $x_2 \to \begin{pmatrix} 1 & 1 \\ 0 & 1 \end{pmatrix}$ (见习题 61.25).

61.37. 由 x_2 生成的最小正规子群同构于形如 $(m/2^k)(m, k \in \mathbb{Z})$ 的所有数组成的加法群. 提示. 考虑到 2 阶矩阵群的同态, 在这个同态下 $x_1 \to \begin{pmatrix} 2 & 0 \\ 0 & 1 \end{pmatrix}$, $x_2 \to \begin{pmatrix} 1 & 1 \\ 0 & 1 \end{pmatrix}$. (与习题 61.11 比较).

62.1. a) $\begin{pmatrix} \frac{1}{a} & 0 \\ 0 & a \end{pmatrix}$. b) $\begin{pmatrix} 1 & \frac{b}{c} + \frac{ay-bx}{cz} & -\frac{y}{z} \\ 0 & 1 \end{pmatrix}$

c) $(ij)(kl)(ij)^{-1}(kl)^{-1} = (1)$，其中 i,j,k,l 两两不同；$(ij)(jl)(ij)^{-1}(jl)^{-1} = (ilj)$，其中 i,j,l 两两不同. $(ij)(ij)(ij)^{-1}(ij)^{-1} = (1)$.

62.2. 提示. a) $g[a,b]g^{-1} = [gag^{-1}, gbg^{-1}]$.

b) $[aG', bG'] = [a,b]G' = G'$.

c) 如果 $[aN, bN] = N$，那么 $[a,b]N = N$ 且 $[a,b] \in N$.

62.3. 提示. $\varphi([a,b]) = [\varphi(a), \varphi(b)]$.

62.4. 提示. 如果 $\varepsilon : G \to G/G'$ 是自然同态并且 $\varphi : G/G' \to A$ 是到交换群 A 的一个同态，那么 $\varphi\varepsilon : G \to A$ 也是一个同态. 根据习题 62.2 c) 和 ε 是满射的事实，可知这个对应是双射.

62.5. 提示. 从矩阵乘积的行列式的定理得出，$|ABA^{-1}B^{-1}| = 1$.

62.6. 提示. 从 $[(a_1, b_1), (a_2, b_2)] = ([a_1, a_2], [b_1, b_2])$ 这个事实得出.

62.7. a) $\mathbf{A}_3, 2$.

b) $\{e, (12)(34), (13)(24), (14)(23)\}, 3$.

c) $\mathbf{A}_4, 2$.

d) $\{\pm 1\}, 4$.

62.8. a) $\mathbf{A}_n$. **提示.** 一个换位子是偶置换，并且根据习题 62.1c) 换位子群包含所有的 3-轮换；$\mathbf{A}_n$ 是由 3-轮换生成 (见习题 61.1).

b) 如果一个元素 $a \in \mathbf{D}_n$ 是转角为 $2\pi/n$ 的旋转，那么当 n 是奇数时，$\mathbf{D}'_n = \langle a \rangle$；当 n 为偶数时，$\mathbf{D}'_n = \langle a^2 \rangle$.

62.10. 提示. a) 应用前面一个习题作归纳法.

b) 应用习题 62.2 作归纳法.

62.11. 提示. a) 从子群的换位子群被包含在群的换位子群这个事实得出.

b) 从习题 62.3 得出.

c) 应用习题 62.6 作归纳法.

d) 由于 $B^{(k)} = \langle e \rangle$，因此 $G^{(k)} \subseteq A$ 并且 $G^{(k+l)} = \langle e \rangle$，其中 $A^{(l)} = \langle e \rangle$.

62.12. 提示. 见习题 62.7 和 62.8.

62.14. 提示. 从习题 62.13c) 得出，这是因为这个群的换位子群被包含在 $\mathbf{UT}_n(K)$ 里.

62.15. 提示. 如果群 G 有一个在这个习题中指出的子群列，那么根据习题 62.2c) $G^{(l)} = \langle e \rangle$. 如果群 G 是可解群，那么它的换位子群列的因子 $G^{(i)}/G^{(i+1)}$ 是 Abel 群，因此在 $G^{(i)}$ 和 $G^{(i+1)}$ 之间可以插进一个子群链并且得到一个子群列具有所要求的性质.

62.16. 提示. 根据习题 58.22, 有限 p-群 G 的中心是非平凡的. 设 A 是处于这个中心的 p 阶子群, 则 A 是 G 的正规子群. 通过对群的阶作归纳法完成证明. 过渡到 G/A (它是 p-群) 并且利用习题 62.11.

62.17. 提示. 如果 $q > p$, 那么 Sylow q-子群是群的正规子群 (见习题 59.20 的提示).

62.18. 提示. a) Sylow 5-子群是正规子群, 这是因为它的正规化子的指数是 4 的因子并且它模 5 同余于 1.

b) 如果 12 阶群的 Sylow 3-子群不是正规子群, 那么这些子群的数目至少是 4. 但是根据 Sylow 定理存在一个 4 阶子群并且它是唯一的.

c) 如果 $p > q$, 那么 p^2 阶子群的数目 m 模 p 同余于 1 仅当 $m = 1$. 如果 $p < q$, 那么 q-子群的数目模 q 同余于 1 并且整除 p 或 p^2. 这个数目不可能整除 p. 因此它等于 p^2. 于是 q 阶元的数目等于 $p^2(q-1)$. 而且 p^2 阶子群存在, 因此它是唯一的 ($p^2q = p^2(q-1) + p^2$).

d) Sylow 7-子群是正规子群.

e) Sylow 5-子群是正规子群.

f) 运用习题 62.16, 62.18c) 的结论以及下述事实: 如果 k 是一个 Sylow 子群的正规化子的指数, 那么这个群能用 Sylow 子群的集合 (即 k 个符号的集合) 上的置换来表示.

62.20. 提示. 利用习题 62.19.

62.21. 提示. 利用习题 62.1d).

62.26. 提示. 见 J. E. Humphreys, Linear Algebraic Groups, Springer-Verlag, New York, 1975, ch.17, §17.6.

62.27. 提示. a) 因为乘法群 $\mathbf{Z}_q^*$ 的阶 $q-1$ 能被 p 整除, 所以存在 $p-1$ 个整数 r (见习题 60.46).

b) 由矩阵 $\begin{pmatrix} r^i & x \\ 0 & 1 \end{pmatrix}$ 组成的群是非交换群, 其中 r 是 a) 中的数且看作模 q 剩余类, $x \in \mathbf{Z}_q$ ($0 \leqslant i < p$), 这只要考虑矩阵 $\begin{pmatrix} r & 0 \\ 0 & 1 \end{pmatrix}$ 和 $\begin{pmatrix} 1 & 1 \\ 0 & 1 \end{pmatrix}$, 这个群的阶为 pq. 设 G 是 pq 阶非 Abel 群并且设 $A = \langle a \rangle$ 是它的 Sylow q 阶子群. 设 $B = \langle b \rangle$ 是 G 的 Sylow p 阶子群. 则根据 Sylow 定理 (也见习题 62.17), 子群 A 是 G 的正规子群. 因此 $b^i a b^{-i} = a^{s^i}$. 特别地, $b^p a b^{-p} = a = a^{s^p}$; 因此 $s^p \equiv 1 \pmod{q}$, 这是因为 G 是非 Abel 群. 用 b 的 k 次幂 ($1 < k < p$) 代替 b, 我们可以用具有类似性质的任一数代替 s. 因此如果 G_1 和 G_2 是两个 pq 阶非 Abel 群, 那么可以选择

元素 $a_i, b_i (i=1,2)$ 类似于 a 和 b, 并且有性质: $a_i^q = e, b_i^p = e, b_i a_i b_i^{-1} = a_i^r$, 其中 $r^p \equiv 1 \pmod q$. 在这两个群之间的同构通过对应法则 $\varphi(a_1^s b_1^t) = a_2^s b_2^t$ 建立, 其中 $0 \leqslant s < q, 0 \leqslant t < p$.

62.28. 提示. b) 给定的这些置换的乘积是一个长度为 7 的轮换, 根据 a) 这个群对于换位子群的商群是平凡的, 因此这个群与它的换位子群一致.

c) 这个群有到 b) 中的群的一个满同态, 根据习题 61.25 它不是可解群.

62.29. 如果自由生成元系包含多于一个的元素, 那么它不是可解群, 在这个情形下, 每个非平凡的正规子群是非 Abel 群. 提示. 也见习题 62.11b).

63.1. 下列集合形成一个环: a), b), d), f), g), h), j), k), l), m), n) 当 $D \equiv 1 \pmod 4$, i) 不是环, 利用 $\sqrt[3]{2}$ 不是 $\mathbb{Q}$ 上二次三项式的根.

63.2. 下列集合形成一个环: c), d), e), f), g) 当 $D \equiv 1 \pmod 4$, h), i).

63.3. 所有集合形成一个环, 除了 h) 以外.

63.4. 它不形成一个环.

63.5. 提示. 见习题 1.2.

63.7. 63.2c); 63.4d) 当 $n > 2$; 63.2e) 当 $D = c^2$ ($c \in \mathbb{Z}$); 63.2f) 当 $D = c^2$ ($c \in K$); 63.3a); 63.3b); 63.3e) 当 $|R \backslash D| > 1$; 63.3i); 63.5).

63.10. 提示. 注意 $(xy)^{-1} = y^{-1} x^{-1}$.

63.11. a) $\mathbf{Z}_n^*$ 由所有使得 k 和 n 互素的剩余类 $[k]$ 组成; 零因子是所有使得 k 和 n 有非平凡的公因子的剩余类 $[k]$; 幂零元是所有使得 n 的每个素因子整除 k 的剩余类 $[k]$.

b) $\mathbf{Z}_{p^n}^*$ 由所有使得 k 不能被 p 整除的剩余类 $[k]$ 组成; 零因子是所有形如 $[pm]$ 的剩余类; 每个零因子是幂零元.

c) 类似于 a), 其中用多项式 f 代替 n.

d) 使得 $\alpha_{ii} \neq 0$ ($i = 1, \cdots, n$) 的矩阵 (α_{ij}) 的集合; 至少有一个 $\alpha_{ii} = 0$; $\alpha_{ii} = 0$ ($i = 1, \cdots, n$).

e) 分别为使得 $\det A \neq 0, \det A = 0, \operatorname{tr} A = 0$ 的矩阵 A 的集合. (幂零元要求 $\det A = 0$ 且 $\operatorname{tr} A = 0$.)

f) 在任一点上的函数值不为 0 的函数的集合; 在某个点上的函数值为 0 的函数; 零函数.

g) 可逆元是具有非零常数项的级数; 没有非平凡的零因子和幂零元.

63.13. 提示. a) 映射 $x \mapsto ax$ ($a \in R, a \neq 0$) 是双射, 因此 $ax = a$(对于某个 $x \in R$); 每个元素 $b \in R$ 有一个分解式 $b = ya$, 因此 $bx = b$, 即 x 是一个左单位元.

b) 一个元素如果它是右可逆的, 那么它不是右零因子, 于是 $x \mapsto xa$ 是双射.

c) 如果 $ab = 0$ 且 a 不是右零因子, 那么元素 $x_1 a, \cdots, x_n a$ 是两两不同的并且它们中有一个等于 1.

命题 c) 是不成立的: 对于 $\mathbb{Z}_2$ 上的代数, 它有基 (x, y) 和乘法表 $xy = y^2 = 0, yx = y, x^2 = x$.

命题 b) 是不成立的: 对于 $\mathbb{Z}$ 上的无限维代数, 它有基 $(y^k x^l | k, l \in \mathbb{N})$ (元素 x 和 y 不交换) 和乘法

$$y^k x^l \cdot y^r x^s = \begin{cases} y^k x^{l-r+s} & \text{对于 } l > r, \\ y^k x^s & \text{对于 } l = r, \\ y^{k+r-l} x^s & \text{对于 } l < r. \end{cases}$$

63.14. 提示. 如果 $ab = 1$, 那么 $(ba - 1)b = 0$.

63.15. 提示. b) 见习题 63.14 的答案.

c) 见习题 63.13 的答案.

63.17. 提示. a) 映射 $[x]_{kl} \mapsto ([x]_k, [x]_l)$ 是一个同构.

c) 在 $\mathbb{Z}_k \times \mathbb{Z}_l$ 里元素对 $([x], [y])$ 是可逆的当且仅当 $[x]$ 是 $\mathbb{Z}_k$ 的可逆元且 $[y]$ 是 $\mathbb{Z}_l$ 的可逆元; $\varphi(n)$ 是 $\mathbb{Z}_n$ 的生成元的数目.

63.19. 提示. b), c) 考虑由公式 $\varphi_a(x) = ax$ 定义的线性映射 $\varphi_a : A \to A$.

63.20. 提示. 对于这个代数的每一个元素存在一个零化多项式.

63.21. a) $\mathbb{C} \oplus \mathbb{C}, \mathbb{C}[x]/\langle x^2 \rangle$.

b) a) 中的代数和下面三个代数: $\mathbb{C}e \oplus \mathbb{C}e$, 其中 $e^2 = 0$; $\mathbb{C}e \oplus \mathbb{C}f$, 其中 $e^2 = ef = fe = 0, f^2 = e$; $\mathbb{C}e \oplus \mathbb{C}f$, 其中 $e^2 = 0, f^2 = f$.

63.22. a) $\mathbb{R} \oplus \mathbb{R}, \mathbb{C}, \mathbb{R}[x]/\langle x^2 \rangle$.

b) a) 中的代数和下述代数: $\mathbb{R}e \oplus \mathbb{R}e$, 其中 $e^2 = 0$; $\mathbb{R}e \oplus \mathbb{R}f$, 其中 $e^2 = 0, f^2 = f$; 以及向量空间 $\mathbb{R}e \oplus \mathbb{R}f$, 其中 $e^2 = ef = fe = 0, f^2 = e$.

63.23. a) 它不是代数.

d) 所有使得 $x_1^2 + x_2^2 + x_3^2 = 1$ 的四元数 $x_1 i + x_2 j + x_3 k$.

63.24. 提示. 利用借助于 V 构造的 $T(V)$ 的一个基.

63.25. 提示. b) 利用通过 V 的基构造的 $\Lambda^k(V)$ 的一个基.

c) 如果 x 是一个环的幂零元, 那么 $\alpha + x$ 是可逆元 (当 $\alpha \neq 0$).

63.28. 提示. 运用算子 $p_1^{l_1} \cdots p_n^{l_n} q_1^{t_1} \cdots q_n^{t_n}$ 到单项式 $x_1^{m_1} \cdots x_n^{m_n}$.

63.31. 提示. b) 连续函数的零点形成一个闭子集. 如果 $fg = 0$, 那么 f 和 g 的零点的并集等于 $[0, 1]$.

64.1. 提示. 运用带余除法. a) $n\mathbb{Z}$.

b) $f(x)K[x]$.

64.2. 提示. a) 考虑理想 $(2, x)$.

b) 考虑理想 (x, y).

64.3. 提示. 如果一个非零矩阵 X 属于一个理想 I, 那么 $AXB \in I$ 有形式 $E_{11} + \cdots + E_{rr} \in I$ (对于某对矩阵 A, B). 因此 $AXBE_{11} = E_{11} \in I$, 从而 $E = E_{11} + \cdots + E_{nn} \in I$.

64.5. 每个理想由所有形如 $\begin{pmatrix} a_1 & a_2 \\ 0 & a_3 \end{pmatrix}$ 的矩阵组成, 使得元素 a_k 形成 $\mathbb{Z}$ 的理想 I_k $(k=1,2,3)$, 其中 $I_1 \subseteq I_2$ 并且 $I_3 \subseteq I_2$.

64.7. 0; 整个代数; 第一 (第二) 列为 0 的所有矩阵; 有相同列的所有矩阵.

64.8. a) $0, L$ 和子代数 $\langle e \rangle$.

b) $0, L, \langle 1+e \rangle$ 和 $\langle 1-e \rangle$. 每一个不同于 0 和 L 的理想是 L 的一维子空间.

64.12. a) $\langle p \rangle$, 其中 p 是素数.

b) $\langle p(x) \rangle$, 其中 $p(x)$ 是一次多项式.

c) $\langle p(x) \rangle$, 其中 $p(x)$ 是一次多项式或者没有实根的二次多项式.

64.13. 不是.

64.14. 提示. b) 假设对于每个点 $a \in [0, 1]$, 存在这个理想的一个函数 f_a 使得 $f_a(a) \neq 0$. 由于函数 $f_a^2(x)$ 是连续函数, 因此 $f_a^2(x)$ 在点 a 的某个邻域 $(a-\varepsilon_a, a+\varepsilon_a)$ 里是正数 (并且它在所有其他点处是非负数). 从区间 $[0, 1]$ 的每个覆盖我们能选择一个有限覆盖. 因此在这个理想里存在有限多个函数 $f_1, \cdots, f_k$ 使得对一切 x 有 $f_1^2(x) + \cdots + f_k^2(x) > 0$.

64.15. 提示. 考虑由 $a \neq 0$ 生成的理想. 一个环具有零乘法且它的加法群是循环单群, 这个环没有非平凡的理想, 但是它不是一个域.

64.16. 提示. 证明全右零因子 (即元素 $a \in R$, 对于它 $Ra = 0$) 形成左理想, 因此它们等于 0. 若 $ba \neq 0$ 则 $Ra = R$. 由此推导出 R 没有零因子并且这个环的非零元形成一个乘法群.

64.17. 提示. 设 $R \ni a \neq 0$. 则 $Ra \supseteq Ra^2 \supseteq \cdots$, 并且对于某个 $k, Ra^k = Ra^{k+1}$. 因此 $a^k = ba^{k+1}$, 从而 $1 = ba$.

64.18. 提示. 令 $\delta_1(a) = \min \delta_1(ax)$, 其中 $x \in K \backslash \{0\}$.

64.19. 提示. a) 考虑范数 $\delta(x+\mathrm{i}y) = x^2 + y^2$.

b) 元素 2 和 $1 \pm \sqrt{3}$ 是素元, 于是 $4 = 2 \cdot 2 = (1+\mathrm{i}\sqrt{3})(1-\mathrm{i}\sqrt{3})$ 是两种不相伴的素分解.

c) 考虑范数 $\delta(x+\mathrm{i}y) = x^2 + y^2$.

64.24. 提示. 设 $R \subseteq A \subseteq Q$, I 是 A 的一个理想, 证明 $I = \langle r_0 \rangle$, 其中 r_0 生成由 I 的元素的所有分子组成的理想.

64.25. 提示. 设 $R[x]$ 是主理想环. 对于 $0 \ne a \in R$, 考虑 $R[x]$ 的一个理想 $I = \langle x, a \rangle$. 因为 $a \in R$, 所以 $I = \langle f_0 \rangle$, 其中 f_0 是一个常数, 即 $I = R[x]$. 由此得出, $1 = u(x)x + v(x)a$ 并且 $v(0) = 1$, 因此 R 是一个域. 注意 $F[x,y] \cong F[x][y]$.

64.26. $(x^n), n \geq 0$.

64.28. 提示. a) 把单位元表示成 $1 = a_1 + a_2$, 其中 $a_1 \in I_1, a_2 \in I_2$.

b) 用归纳法归结到 $n = 2$ 的情形. 对于每个 $i \geq 2$ 可以找到元素 $a_i \in I_i$ 和 $b_i \in I_i$ 使得 $1 = a_i + b_i$. 则 $1 = \prod_{i=1}^{n}(a_i + b_i) \in I_1 + \prod_{i=2}^{n} I_i$. 因此 $I_1 + \prod_{i=2}^{n} I_i = A$. 根据 a) 可以找到 $y_1 \equiv 1 \pmod{I_1}$ 且 $y_1 \equiv 0 \left(\mathrm{mod} \prod_{i=2}^{n} I_i\right)$. 类似地, 找到 $y_2, \cdots, y_n \in A$ 使得 $y_j \equiv 1 \pmod{I_j}$ 且 $y_j \equiv 0 \pmod{I_i}$(当 $i \ne j$). 则元素 $x = x_1 y_1 + \cdots + x_n y_n$ 满足习题的要求.

64.29. a) 不, 它不是这样.

b) 是, 它是真的.

64.31. a) **提示**. 利用习题 63.11c).

64.37. a) $n \mapsto 0$.

b) $n \mapsto n$; $n \mapsto 0$.

c) $n \mapsto 0$.

d) 任一同态有形式 $n \mapsto ne_i$, 其中 e_i 是矩阵环的一个幂等元; 8 个同态分别对应于幂等元 $O, E, E_{11}, E_{22}, E_{11}+E_{12}, E_{21}+E_{22}, E_{11}+E_{21}, E_{12}+E_{22}$.

64.38. a) $n \mapsto na$, 其中 a 是 $\mathbb{Q}$ 的任意一个固定元素.

b) $n \mapsto 0$, $n \mapsto n$.

64.39. 提示. 证明同态的核或者等于 0, 或者与这个域一致.

64.41. 提示. 考虑同态: a) $f(x) \to f(\alpha)$;

b) $f(x) \to f(\mathrm{i})$

c) $f(x) \to f\left(\dfrac{-1+\mathrm{i}\sqrt{3}}{2}\right)$.

64.42. 如果 $f_1(x) = x^2 + x + 1$, 那么商环是域; 如果 $f_1(x) = x^2$ 且 $f_2(x) = x^2 + 1$, 那么商环是同构的. **提示**. 考虑商环的乘法表.

64.43. 这两个商环不同构. **提示**. 第一商环有一个非零元, 它的立方等于 0; 第二个商环没有具有这种性质的元素.

64.44. 它们不同构.

64.45. 提示. 用 $x - a \in F[x]$ 去乘, 第一个模的任一元素变成零元, 第二个模没有这个性质. 两个商环都同构于 F.

64.46. 提示. 设 $\langle (x-a)(x-a) \rangle = I_1, \langle (x-c)(x-d) \rangle = I_2$, 写出 $F[x]/I_1$ 的任一元素 $\alpha(x-a) + \beta(x-b) + I_1$, 以及与它伴随的 $F[x]/I_2$ 中的元素 $k\alpha(x-c) + k\beta(x-d) + I_2$, 其中 $k = (a-b)/(c-d)$.

64.47. $\mathbf{A}_1$ 和 $\mathbf{A}_3$, $\mathbf{A}_2$ 和 $\mathbf{A}_5$.

64.48. a) 这两个代数是同构的.

b) 这两个代数是不同构的.

64.49. a) 这两个代数是同构的.

b) 这两个代数是不同构的.

64.50. 提示. 同待定系数法求 f 的逆.

64.52. 提示. 类似于习题 63.17.

64.53. 提示. 见习题 64.15.

64.54. 提示. 把一个整环嵌入到一个域里.

64.55. 提示. a) 求零因子.

b) 证明每个非零元可逆.

c) 证明如果 n 是素数, 它不是两个整数的平方和, 那么这个环没有零因子, 并且有限非零的没有零因子的交换环是域.

64.57. 提示. 考虑映射 $a_0 x^k + \cdots + a_k \mapsto \overline{a}_0 x^k + \cdots + \overline{a}_k$, 其中 $\overline{a}_i = a_i + \langle n \rangle (i = 0, \cdots, k)$.

64.58. p^n.

64.59. 提示. a) 在直和 $S = R \oplus \mathbb{Z}$ 上引进环的结构.

b) 若 R 是域 K 上的一个代数, 则分解这个代数到直和 $S = R \oplus K$.

c) 把代数 A 的每一个元素 a 对应到 K 上的向量空间 A 上的一个线性算子 φ_a 使得 $\varphi_a(x) = ax$.

d) 运用 b).

64.60. 提示. 证明 $I_k + \bigcap_{i \neq k} I_i = A$ (对于任一 $k = 1, \cdots, s$). 由此推导出映射 f 是满射.

64.61. 提示. 运用同态 $f(x) \mapsto (f(1), f(-1))$.

64.63. 提示. 证明 $I \cap \mathbb{Z} \neq 0$, 并且 I 包含一个多项式, 它是模 $I \cap \mathbb{Z}$ 非平凡的.

64.64 — 64.66. 提示. 运用同态定理.

64.67. 提示. c) 条件 $\det(a_{ij}) \neq 0$ 从合成列 $\Lambda(V) \xrightarrow{\varphi} \Lambda(V) \to \Lambda(V)/I_2$ 的满射性得出, 其中 I_2 是由 $\Lambda^2(V)$ 生成的理想. 为了证明 φ 是自同构, 必须证明
$$\varphi(e_i) \wedge \varphi(e_j) + \varphi(e_j) \wedge \varphi(e_i) = 0, \quad \forall i, j,$$
并且 φ 是满射. 只要对于具有单位矩阵 (a_{ij}) 的映射 φ 证明最后一个命题. 证明能够通过在 n 上作归纳法进行, 从包含关系 $\Lambda^n V \subset \operatorname{Im} \varphi$ 出发.

64.68. 提示. b) 这个零化子是由一个幂等元 $1 - e$ 生成, 其中 e 是所给理想的一个生成元.

64.69. 提示. 如果理想 $I_1, \cdots, I_n$ 是由正交幂等元 $e_1, \cdots, e_n$ 生成的, 那么 $I_1 + \cdots + I_n$ 是由幂等元 $e_1 + \cdots + e_n$ 生成的.

64.70. d) 提示. 例如, $\mathbf{M}_2(K) = \left\{ \begin{pmatrix} a & a \\ b & b \end{pmatrix} \right\} \oplus \left\{ \begin{pmatrix} c & 2c \\ d & 2d \end{pmatrix} \right\}$, 其中 a, b, c, d 是这个域的任意元素.

e) $\varphi\left(\begin{pmatrix} a & 0 \\ c & 0 \end{pmatrix}\right) = \begin{pmatrix} a & a \\ c & c \end{pmatrix}, \quad \varphi\left(\begin{pmatrix} 0 & b \\ 0 & d \end{pmatrix}\right) = \begin{pmatrix} b & 2b \\ d & 2d \end{pmatrix}$.

64.73. $\mathbf{M}_2(K) = I \oplus J$.

64.75. 提示. 考虑同态 $\mathbf{Z}_{mn} \to \mathbf{Z}_m \oplus \mathbf{Z}_n$ 的核, 这个同态是 $l + nm\mathbb{Z} \mapsto (l + m\mathbb{Z}, l + n\mathbb{Z})$.

64.76. 提示. 如果 n 没有平方因子, 运用习题 64.75.

64.77. 提示. 证明由所有矩阵 aE_n 组成的理想是这个代数的一个非零理想, 这个理想的任意两个元素的乘积为 0.

64.78. 提示. 如果 $R = I_1 \oplus \cdots \oplus I_n$ 是 R 到单环的直和分解, 并且 e 是 R 的一个幂等元, 那么 $e = e_1 + \cdots + e_n$, 其中 $e_i \in I_i$ 是幂等元. 证明在 I_i 里存在有限多个幂等元 (利用习题 64.16). 运用习题 64.15.

64.79. 提示. 如果 $A = I_1 \oplus \cdots \oplus I_n$ 是完全可约代数 (I_k 是单代数), 那么 $I_1 \oplus \cdots \oplus I_{k-1} \oplus I_{k+1} \oplus \cdots \oplus I_n$ 是它的极大理想 ($k = 1, 2, \cdots, n$).

64.80. 提示. 利用习题 64.15.

64.81. 阶没有平方因子的有限循环群. **提示**. 一个循环群没有真子群当且仅当它的阶是素数; 分解一个循环群到准素循环群的直和.

64.82. 提示. 设 $R = I_1 \oplus \cdots \oplus I_n$ 是 R 到极小左理想的直和分解. 如果 $I \subset R$, 那么存在 $I_{k_1} \not\subseteq I$, 于是 $I_{R_1} \cap I = 0$. 如果 $I_{k_1} \oplus I \neq R$, 那么存

在 $I_{k_2} \not\subseteq I_{k_1} \oplus I$, 于是 $I_{k_2} \cap (I_{k_1} \oplus I) = 0$. 最后我们有 $I_{k_1} \oplus \cdots \oplus I_{k_s} \oplus I = R$ (对于某个 $s < n$).

64.83. 提示. a) 如果 $R = I_1 \oplus \cdots \oplus I_n$ 是 R 到极小左理想的直和分解, 并且 I 是 R 的一个左理想, 那么对于适当的直和项的编号, $R = I_1 \oplus \cdots \oplus I_k \oplus I$ (见习题 64.82 的提示), 并且 $I \simeq R/(I_1 \oplus \cdots \oplus I_k) \simeq I_{k+1} \oplus \cdots \oplus I_n$.

b) $R = I \oplus J$ (习题 64.82), $1 = e_1 + e_2$, 其中 $e_1 \in I, e_2 \in J$; 证明 e_1, e_2 是幂等元并且 $I = Re_1$.

64.84. 提示. 考虑具有零乘法的素数阶循环群. 见习题 64.82b) 和 64.16 的提示.

64.85. 提示. 见习题 64.82.

64.88. 提示. 见习题 64.75.

64.89. 向量 $e_{i_1}, \cdots, e_{i_s}$ 生成的线性子空间, 其中, $1 \leqslant i_1 < \cdots < i_s \leqslant n$.
提示. 证明如果子模 A 包含向量 $\alpha_{i_1} e_1 + \cdots + \alpha_{i_s} e_{i_s}$, 其中 $\alpha_{i_1} \cdots \alpha_{i_s} \neq 0$, 那么 $e_{i_1}, \cdots, e_{i_s} \in A$.

64.90. 提示. 映射 $k \to kk_0$, 其中 k_0 是 R 的固定元素, k 是 R 的任意一个元素, 引出了 R-模 R 与左理想 $I = Rk_0$ 的一个同构. 反之, R-模 R 与左理想 $I \subseteq R$ 的一个同构蕴含 $I = Rk_0$, 其中 k_0 是 1 在这个同构下的像.

64.91. 提示. $F[x] = F[x] \circ 1 \oplus F[x] \circ x \oplus \cdots \oplus F[x] \circ x^{r-1}$, 其中 $F[x] \circ x^i \simeq F[x]$ ($F[x]$-模同构).

65.1. 提示. 设 J 是 $A[x]$ 的一个理想. 容易看出 J 中的多项式 $a_0 + a_1 x + \cdots + a_i x^i$ 的系数 a_i 组成的集合是 A 的一个理想 I. 理想的序列

$$I_0 \subseteq I_1 \subseteq I_2 \subseteq \cdots$$

有限, 譬如说稳定在 I_r. 设 $a_{ij}(i = 0, \cdots, r, j = 1, \cdots, n)$ 是 I_i 的生成元. 对于每一对指标 i, j, 选择 J 中的 i 次多项式 f_{ij}, 其首项系数为 a_{ij}. 则 $\{f_{ij}\}$ 是 J 的生成元的集合. 可以对次数作归纳法证明每个 $f \in J$ 属于由所有多项式 f_{ij} 生成的理想.

65.2. 提示. 利用前面一个习题.

65.3. 提示. d) 写出逆元的公式.

e) 考虑三种情形.

情形 1. 元素 $-\alpha, -\beta, -\alpha\beta$ 之一等于 γ^2 (对于某个 $\gamma \in F$). 由这个定义假设 $-\alpha = \gamma^2, \gamma \in F$. 则 A 有零因子并且一个同构 $A \simeq \mathbf{M}_2(F)$ 可以由下式公式清

晰地定义:

$$1 \to \begin{pmatrix} 1 & 0 \\ 0 & 1 \end{pmatrix}, \quad i \to \begin{pmatrix} \gamma & 0 \\ 0 & -\gamma \end{pmatrix}, \quad j \to \begin{pmatrix} 0 & \beta \\ -1 & 0 \end{pmatrix}, \quad k \to \begin{pmatrix} 0 & \gamma\beta \\ \gamma & 0 \end{pmatrix}.$$

情形 2. A 有零因子 $u+p$, 其中 $u = \gamma \cdot 1, \gamma \in F, \gamma \neq 0, p = x_1 i + x_2 j + x_3 k$ 是纯四元数. 则 (见 d)) $N(u+p) = \gamma^2 - p^2 = 0$. 令 $i' = p$ 并且把 i' 加到纯四元数空间的基 i', j', k' 上, 使得 $i'^2 = \gamma^2, j'^2 = -\beta, i'j' = -j'i' = k'$. 把情形 2 归结到情形 1.

情形 3. A 有零因子 $p = x_1 i + x_2 j + x_3 k$. 若 $x_1 \neq 0$, 考虑四元数

$$u + x_1 \left(1 + \frac{u^2}{4\alpha x_1^2}\right) i + x_2 \left(1 - \frac{u^2}{4\alpha x_1^2}\right) j + x_3 \left(1 - \frac{u^2}{4\alpha x_1^2}\right) k,$$

把情形 3 归结到情形 2. 若 $x_1 = 0$, 则得到情形 1.

f) 在矩阵表示 e) 下, 纯虚四元数由条件 $\operatorname{tr} p = 0$ 定义. 于是所有幂零矩阵 (并且只有它们) 表示 A 里的纯虚零因子.

g) 利用 d),f).

h) 如果必要用一个非零元 $\lambda \in F$ 去乘, 我们可以假设矩阵 Q 的行列式是 F 的一个平方元, 则 Q 在某个坐标系下有形式 $\alpha x_1^2 + \beta x_2^2 + \alpha\beta x_3^2$. 注意向量积依赖于定向. 检查在 W 的定向改变下我们用对偶代数 A° 代替代数 A, A° 的乘法 $*$ 与 A 的乘法通过法则 $a \cdot b = b * a$ 联系 (作为向量空间 A 和 A° 一致). 如果 A 是四元数代数, 那么 $A \simeq A^\circ$.

65.4. 提示. c) 考虑 F-线性映射 $x \mapsto ax$.

e) 把这个命题归结为有单位元的单代数的情形. 极小理想形如 Ae, 其中 $e^2 = e$.

65.5. 提示. c) 代数 $A = C_Q^+(F)$ 的纯四元数子空间 A_0 通过条件 $x = -\overline{x}$ 定义, 其中字母上面的 "−" 特指 Clifford 代数的自然对合: $\overline{1} = 1, \overline{e_i} = e_i, \overline{e_i e_j} = e_j e_i$. 取元素 $e_1 e_2 - \frac{1}{2} Q(e_1, e_2), e_2 e_3 - \frac{1}{2} Q(e_2, e_3), e_1 e_3 - \frac{1}{2} Q(e_1, e_3)$ 作为 A_0 的一个基.

65.7. 提示. a) 只要考虑 $\mathbb{Q}$ 上的不可约多项式 f 的情形. 则 $K = \mathbb{Q}[x]/f((x))$ 是 $\mathbb{Q}$ 上的 n 次有限扩张; 设 x 是一个类 $X (\operatorname{mod} f(x))$. 则由公式 $a \mapsto xa$ 定义的映射 $K \to K$ 是 $\mathbb{Q}$ 上的 n 维向量空间 K 到自身的线性映射. 它的极小多项式与 x 的极小多项式一致.

65.8. 这个代数没有零因子.

65.9. 提示. 设 $I = \langle f_1, \cdots, f_n \rangle$. 对于任一点 $z \in \mathbb{C}$, 定义一个非负整数 $n(z) = \min_i \gamma_z(f_i)$, 其中 $\gamma_z(f_i)$ 表示函数 f_i 在点 z 的零点的重数 (若 $f_i(z) \neq 0$,

则 $\gamma_z(f_i) = 0$). 设 (z_k) 是 $\mathbb{C}$ 里的点的序列使得 $n(z_k) \neq 0$. 构造一个整函数 f 使得序列 (z_k) 是它的重数为 $n(z_k)$ 的零点序列, 证明 $I = \langle f \rangle$.

65.10. a) $D = 0$. **提示**. 考虑 $x = y = 1$.

b) $f(x)D$, 其中 $f(x) \in \mathbb{Z}[x]$, D 是通常的微分.

c) $\sum fD_i$, 其中 $f \in \mathbb{Z}[x_1, \cdots, x_n]$, D_i 是偏微分.

65.12. **提示**. 见 I. N. Herstien. Noncommutative Rings, Mathematical Association of America, John Wiley, §4.6.

65.13. **提示**. 见 Dixmier J. Algèbres Enveloppantes, Gauthier-Villard Éditeurs, Paris, 1974, §4.3.

65.15 和 **65.16.** **提示**. 见 Borevich Z.I., Shafarevich I. R. Number Theory, Academic Press, New York, 1966.

66.2. a) 如果 $\sqrt{n} \notin \mathbb{Q}$.

b) 如果 $n < 0$.

c) 如果 $p = 3$, 那么 $n = 2$; 如果 $p = 5$, 那么 $n = 2, 3$; 如果 $p = 7$, 那么 $n = 3, 5, 6$.

66.5. **提示**. 4 元域的乘法群的阶为 3. 为了构造这个域, 只要找到 $\mathbb{Z}_2$ 上的 2 阶矩阵满足方程 $A^2 + A + E = 0$, 即 $\operatorname{tr} A = \det A = 1$. 例如, 取矩阵 $\begin{pmatrix} 0 & 1 \\ 1 & 1 \end{pmatrix}$. 则这个域由元素 $O, E, A, A + E$ 组成. 如果 $n = 6$, 考虑元素在加法群里的阶.

66.6. $\{ke | k \in \mathbb{Z}\}$. **提示**. 真子域的加法群的阶为 p 且包含这个子域.

66.7. **提示**. 对于域 $\mathbb{Q}$ 证明整数在任一自同构下被固定; 对于域 $\mathbb{R}$ 注意非负数是平方数, 因此它们的像也是非负数. 由此得出, 从 $x > y$ 得 $\varphi(x) = \varphi(x - y) + \varphi(y) > \varphi(y)$. 用实数的有理逼近.

66.8. $z \mapsto z$ 和 $z \mapsto \bar{z}$. **提示**. 考虑 i 的像.

66.9. $x + y\sqrt{2} \mapsto x - y\sqrt{2}$ 是唯一的非恒等自同构. **提示**. 考虑 $\sqrt{2}$ 的像.

66.10. **提示**. 注意若 $m = 1$, 则二项式系数 $\begin{pmatrix} p \\ n \end{pmatrix}$ 能被 p 整除; 对 m 作归纳法.

b) 从一个域到它自身的非零同态是一个自同构.

66.12. 如果 $m/n = r^2$ $(r \in \mathbb{Q} \backslash \{0\})$.

66.14. **提示**. 4 元域 K 的加法群不可能是循环群. 于是所有非零元是 2 阶元, $K = \{0, 1, a, a + 1\}$; 由于 $a(a + 1) = 1$, 因此乘法表是唯一的.

66.15. **提示**. 例如, 复系数的有理函数域.

66.17. $F_p(X)$.

66.18. a) $\{-1, -3 + 2\sqrt{2}\}$.

b) $\varnothing$; 在 $\mathbb{Q}(\sqrt{2})$ 中 13 不是平方数.

c) $\varnothing$.

d) $\varnothing$.

66.19. a) $\varnothing$.

b) $(2, 3, 2)$.

66.21. $3 + t + 3t^2 + t^3$.

66.23. 它们中的所有方程.

66.25. 提示. n 元域的乘法群的阶为 $n - 1$.

66.26. $x = a$.

66.28. a) 3 和 5.

b) 2, 6, 7, 8.

66.29. 提示. 证明如果 $a \neq 0$, 那么 $(ba^{-1})^3 = 1$, 从而 3 整除 $2^n - 1$, 矛盾.

66.30. 提示. 设 $F^* = \langle x \rangle$. 证明 x 是素子域上的代数元. 这个子域不同于 $\mathbb{Q}$, 因为 $\mathbb{Q}^*$ 不是循环群.

66.31. a) $\{\pm 1\}$.

b) $\varnothing$.

66.32. 提示. a) $\mathbf{Z}_p$ 没有 2 阶元. 因为 $p > 2$, 所以映射 $k \mapsto k^{-1}$ 是双射, 从而 $\sum_{k=1}^{p-1} k^{-1} = \sum_{k=1}^{p-1} k$.

b) 类似于 a); $8 | (p^2 - 1)$.

66.35 和 **66.36.** 提示. 见 Platonov V. P., Rapinchuk A. S. Algebraic Groups and Number Theory, Nauka, Moscow, 1991. ch.1, §1.1.

66.37 和 **66.38.** 提示. 类似于习题 66.35 和 66.36 的解法.

66.42 — 66.45. 提示. 见 Borevich Z. I., Shafarevich I. R. Number Theory, Academic Press, 1985.

66.46. 提示. 利用习题 66.45.

66.47. 提示. 利用 p 进数域的赋值.

67.1. 提示. 通过对 s 作归纳法归结到情形 $s = 1$; 用 A 在 K_1 上的一个基和 K_1 在 K 上的一个基构造 A 在 K 上的一个基.

67.6. 提示. 运用习题 67.4.

67.7. 提示. 对 s 作归纳法归结到情形 $s = 2$; 运用习题 67.1, 67.4, 67.5.

67.8. 提示. 如果多项式 $p(x)$ 是不可约的, 那么它在 $K[x]/\langle p(x) \rangle$ 中有根.

67.9. 提示. a) 对 $f(x)$ 的次数作归纳法, 运用习题 67.8.

b) 运用 a) 到 $f_1(x) \cdots f_l(x)$.

67.10. 提示. 考虑域的塔 $K \subset K(\alpha) \subset K(\alpha, \eta)$, 其中 η 是 $h(x) - \alpha$ 在 L 的某个扩张中的根. 运用习题 67.1, 67.2.

67.11. 提示. a), b) 比较 $x^n - a$ 在它的分裂域中分解成线性因子与这个多项式在 K 中的可能的分解.

c) 例如, 多项式 $x^4 + 1$ 在实数域上.

67.12. 提示. $f(x) = \prod_{i \in \mathbb{F}_p}(x - x_0 - i)$, 其中 $\mathbb{F}_p$ 是被包含在 K 里的 p 元域. 证明如果多项式 $f(x)$ 在 K 的某个扩张 L 里有根, 那么 $f(x)$ 能在 L 上分解成线性因子的乘积. 推导出 $f(x)$ 在 K 上的所有不可约因子有相同的次数.

67.13. a) 1.

b) 2.

c) 2.

d) 6.

e) 8.

f) $p - 1$.

g) $\varphi(n)$.

h) $p(p-1)$.

i) 2^r, 其中 r 是模 2 剩余类域上的矩阵 $(\overline{k}_{ij})$ 的秩, $i = 1, \cdots, s, j = 0, 1, \cdots, t$, $\overline{k}_{ij}$ 是模 2 剩余类, k_{ij} 是 a_i 分解成不同的素数 $p_1, \cdots, p_t$ 的方幂的乘积中的指数:
$$a_i = (-1)^{k_{i0}} \prod_{j=1}^{t} p_j^{k_{ij}}.$$

(允许某些 $k_{ij} = 0$.)

g) **提示**. 证明如果 ζ 是本原 n 次单位根并且 $\mu_\zeta(x)$ 是它在 $\mathbb{Q}$ 上的极小多项式, 那么对于任一素数 $p \nmid n$, ζ^p 也是 $\mu_\zeta(x)$ 的一个根; 否则, 如果 $x^n - 1 = \mu_\zeta(x)h(x)$, 那么 ζ 是 $h(x^p)$ 的一个根, 这与 $x^n - 1$ 在模 p 剩余类域上没有重因式矛盾.

h) **提示**. 运用习题 67.11.

i) **提示**. 如果 K 是所要求的域, 那么考虑 $(k^*)^2 \cap \mathbb{Q}^*$ 并且对 n 用归纳法.

67.14. $F(X,Y)/F(X^p, Y^p)$, 其中 F 是特征 p 的域. **提示**. 如果域 K 是有限的, 那么利用习题 56.36. 设 K 是无限域并且 $L = K(a_1, \cdots, a_s)$. 通过对 s 作

归纳法, 本原元素的存在性问题归结到 $s = 2$ 的情形; 证明对于某个 $\lambda \in K$, 一个元素 $a_1 + \lambda a_2$ 不被包含在任一真中间子域里. 反之, 证明如果 $L = K(a)$, 那么任一中间子域是由 a 在 K 上的极小多项式 $\mu_a(x)$ 在 $L[x]$ 中的某个因子的系数在 K 上生成的.

67.15. 提示. 选择 $L(x)$ 在 $K(x)$ 上的一个基, 它由 L 的元素组成.

67.17. 提示. 通过对 i 作归纳法 ($0 \leqslant i \leqslant m$), 证明在 $b_1, \cdots, b_n$ 的某种编号下, $a_1, \cdots, a_i, b_{i+1}, \cdots, b_n$ 是 L 在 K 上的极大代数无关组.

67.18. 提示. a) 证明极大理想的数目不超过 $(A : K)$, 其次证明如果一个元素 $a \in A$ 不是幂零元, 那么与 $\{a, a^2, \cdots\}$ 的交为空集的理想的集合中的极大理想是 A 的一个极大理想.

b) 利用 a). 对于唯一性, 证明在 A^{red} 的任一表示 $A^{\mathrm{red}} = \prod_{j=1}^{t} L_j$ 下, 域 L_j 同构于关于 A 的所有可能的极大理想的商代数.

67.20. 提示. 对 n 作归纳法. f_i 的线性相关性导致一个矛盾, 这是因为 f_i 是代数的同态.

67.23. 提示. a) 任一 K-同态 $A \to B$ 有唯一的到 L-同态 $A_L \to B$ 的扩张.

b) 利用 a).

67.24. 提示. 取 F_L 的任一分支作为 E.

67.25. 提示. 对于 b)⇒a) 的证明, 注意如果 L_i 是 A_L 的任一分支且 $\overline{a}_1, \cdots, \overline{a}_s$ 是 $a_1, \cdots, a_s$ 在 L_i 里的像, 那么 $L_i = L(\overline{a}_1, \cdots, \overline{a}_s)$. 对于蕴含 a)⇒b) 的证明, 运用习题 67.22a), 67.19 和 67.18e) 到 $K[a]$.

67.26. 提示. 运用习题 67.25.

67.27. 提示. b) 注意域 L_1, L_2 的每一个是另一个的分裂域, 由此得到 K-嵌入 $L_1 \to L_2$ 和 $L_2 \to L_1$.

67.28. 提示. 利用习题 67.27c) 和 67.22.

67.29. 提示. a) 选择 A 的包含 L 的一个分裂域, 并且运用习题 67.22.

b) 运用 a) 和习题 67.23b).

67.30. 提示. 运用习题 67.25, 67.29b).

67.31. 提示. b) 例如, $\mathbb{Q} \subset \mathbb{Q}(\sqrt{2}) \subset \mathbb{Q}(\sqrt[4]{2})$.

67.32. 提示. 为了证明最后的两个关系式, 把一般情形归结到两个情形: 当 $a \in K$ 和当 $L = K(a)$. 在第一个情形, 利用与域的塔对应的 L/K 的一个基. 在第二个情形, 在 L/K 中选择由 a 的方幂组成的一个基. 关于第一个关系式的证明, 注意 $\chi_{L/K}(a, x) = \mathbf{N}_{L(x)/K(x)}(a - x)$.

67.33. 提示. 利用习题 67.32.

67.34. 提示. 如果对于某个 $a \in L$ 有 $\text{tr}_{L/K}(a) \neq 0$, 那么对于 L 中的所有 $x \neq 0$ 有 $(x, ax^{-1}) \to \text{tr}_{L/K}(a) \neq 0$.

67.35. 提示. 条件 a) – c) 的每一个等价于下述事实: 对于任一分裂域 L 有 $A_L \simeq \Pi L$. 在 A 中和在 A_L 中的迹的型是同时非奇异的. 幂零元总是被包含在迹的型的核里.

67.37. 提示. 利用习题 67.22 和 67.18.

67.38. 提示. 利用等式 $\text{tr}_{A/K}(a) = \text{tr}_{A_L/L}(a)$.

67.39. a) 提示. 利用习题 67.14, 67.22.

b) b 是本原元素, a 不是本原元素.

67.40. 提示. 利用习题 67.22c).

67.41. 提示. 利用习题 67.34 和 67.35d).

67.42. 有理函数域 $K(t)$ 上的一个多项式 $x^p - t$, 其中 K 是特征为 $p \neq 0$ 的任意一个域.

67.43. 提示. 利用习题 67.19.

67.44. 提示. 对于逆命题的证明, 运用习题 67.41.

67.45. 提示. 设 L 是 $f(x)$ 的分裂域. 证明 $B_L \simeq \prod_{i=1}^{n} A_i$, 其中 $A_i \simeq A_L, n = \deg f$.

67.46. 提示. 对于蕴含 c) $\Rightarrow$ a) 的证明, 把 A 表示成商代数 $K[x_1, \cdots, x_s]/\langle \mu_{a_1}(x_1), \cdots, \mu_{a_s}(x_s) \rangle$. 运用习题 67.45.

67.47. 提示. a) 利用习题 67.46, 67.45, 67.42, 67.11.

67.48. 提示. 对于任一元素 $a \in L$ 考虑 $\mu_a(x)$.

67.50. 提示. 运用习题 67.48 和 67.49.

67.51. 提示. b) 借助于习题 67.26 证明, 对于扩张 L/K 的任一分裂域 E, 不同的 K-嵌入 $L \to E$ 的数目等于 $(K_s : K)$.

67.52. 提示. a) 计算 F 到域扩张 F/K 的某个分裂域的不同的 K-嵌入的数目.

67.53. 提示. 考虑域的塔 $K \subset K_s \subset L$ 并且运用习题 67.32, 67.38.

67.54. 提示. a) 运用习题 67.30 和 67.35.

b) 运用习题 67.27.

67.55. a) $G(\mathbb{C}/\mathbb{R})$ 由恒等自同构和复共轭组成.

b), c) $\mathbb{Z}_2$.

d) $\mathbf{Z}_2 \oplus \mathbf{Z}_2$.

67.56. a) $\{e\}$.

b) $\mathbf{S}_2$.

c) $\mathbf{S}_2$.

d) $\mathbf{S}_3$.

e) $\mathbf{D}_4$.

f) $\mathbf{Z}_{p-1}$.

g) $\mathbf{Z}_n^*$.

h) 群 $\mathbf{Z}_p$ 和它的自同构群的**半直积.**

i) 群 $\mathbf{Z}_2$ 的 r 个拷贝的直积.(见习题 67.13 的答案.)

67.57. 提示. 每个元素 $a \in L$ 是 K 上的一个次数 $\leqslant |G|$ 的可分多项式的一个根, 即 $f(x) = \prod_{\sigma \in G}(x - \sigma(a))$. 注意任一 (有限) 可分扩张有本原元素. 证明 $(L:K) = |G|$.

67.58. 提示. 考虑 $\mathbf{S}_n$ 在有理函数域 $K(a_1, \cdots, a_n)$ 上的作用并且运用习题 67.57.

67.59. 提示. 把群嵌入一个对称群并且运用习题 67.57.

67.60. 提示. 运用习题 67.57.

67.61. 提示. 首先证明不同于 $\mathbb{R}$ 的任一 Galois 扩张 $L/\mathbb{R}$ 的次数是 2 的方幂. 注意有限 2-群是可解的, 从而 $L'/\mathbb{R}$ 没有次数 > 2 的有限扩张. 证明 $L = \mathbb{C}$.

67.63. 提示. 考虑 Galois 群的元素在 $\sqrt{D}$ 上的作用.

67.64. 提示. 运用自同构的线性无关性 (习题 67.20) 并且证明 L 是 $K[\varphi]$ 上的循环模.

67.66. 提示. 群 $\mathbf{S}_n$ 通过置换作用在 $A = \prod K_i$ 的分支上 $(K_i \simeq K)$. 注意 K_i 是 A 的唯一的极小理想.

67.67. 提示. 注意 $\tau(x) = \sum_{\sigma} \sigma(\tau x) e_{\sigma} = \sum_{\sigma} \sigma(x) \tau(e_{\sigma})$(对于 $x \in L$).

67.68. 提示. 利用习题 67.20 (或者把 $(\varphi_i(y_j))$ 解释成基变换的矩阵; A 被假设为到 A_L 的嵌入.

67.69. 提示. 如果 K 是有限域, 见习题 67.64. 下面设 K 是无限域, $\omega_1, \cdots, \omega_n$ 是 L 在 K 上的某个基并且 $\omega = a_1\omega_1 + \cdots + a_n\omega_n$ 是 L 的任意一个元素 (如果 $a_i \in K$) 或者 L_L 的任意一个元素 (如果 $a_i \in L$). 习题 67.68 的假设保证了元素 $\{\sigma(\omega), \sigma \in G\}$ 形成 L 的一个基 (或 L_L 的一个基), 意思是对于某个多项式 $f(x_1, \cdots, x_n) \in L[x_1, \cdots, x_n]$, 它的值 $f(a_1, \cdots, a_n) \neq 0$. 然后利用 L_L

的正规基的存在性 (习题 67.67).

67.70. 提示. 如果 K 的特征等于 2, 那么
$$K(x_1,\cdots,x_n)^{\mathbf{A}_n} = K(\sigma_1,\cdots,\sigma_n,\Delta),$$
其中 $\sigma_1,\cdots,\sigma_n$ 是 $x_1,\cdots,x_n$ 的初等对称多项式,
$$\Delta = \prod_{j>i}(x_j - x_i).$$
在一个任意特征的情形我们有
$$K(x_1,\cdots,x_n)^{\mathbf{A}_n} = K(\sigma_1,\cdots,\sigma_n,y),$$
其中 $y = \sum_{\sigma\in\mathbf{A}_n}\sigma\left(\prod_{i=1}^n x_i^{i-1}\right)$.

67.71. $\mathbb{C}(x_1^n, x_1^{n-2}x_2,\cdots,x_1x_{n-1},x_n)$. **提示**. 运用习题 67.60.

67.72. $\mathbb{C}(y_1^n, y_1^{n-2}y_2,\cdots,y_1y_{n-1},y_n)$, 其中
$$y_i = \sum_{k=1}^n \varepsilon^{-ik}x_k,$$
ε 是本原 n 次单位根. **提示**. 在 $x_1,\cdots,x_n$ 的线性型的空间里, 选择由 σ 的特征向量组成的一个基; 然后运用习题 67.71.

67.73. 群 $\mathbf{Z}_n$. **提示**. $x^n - a$ 在 K 上的分解域 L 有形式 $L = K(\theta)$, 其中 θ 是 $x^n - a$ 在 L 中的某个根. 群 $G(L/K)$ 由一个使得 $\sigma(\theta) = \varepsilon\theta$ 的自同构 σ 生成, 其中 ε 是 n 次单位根 (循环) 群的生成元. 运用习题 67.11.

67.74. 提示. 设 ε 是 K 里的 n 次单位根群的一个生成元, 设 $y \in L$ 是 L 的一个元素使得 $\sum_{i=1}^n \varepsilon^{-i}\sigma^i y \neq 0$ (它存在吗?), 则 $a = \left(\sum_{i=1}^n \varepsilon^{-i}\sigma^i y\right)^n$. 考虑 σ 在 L 里的特征向量.

67.75. 提示. 如果 $L = K(\theta_1,\cdots,\theta_s)$, 那么对于任一 $\sigma \in G(L/K)$ 我们有 $\sigma(\theta_i) = \varepsilon_i(\sigma)\theta_i$, 其中 $\varepsilon_i(\sigma)^n = 1$. 反之, 如果群 $G(L/K)$ 是周期为 n 的 Abel 群, 那么利用下述事实: 一组可交换的可对角化线性算子有公共的特征基 (见习题 40.7).

67.76. 提示. 运用双线性映射 $G(L/K) \times A \to \mathbf{U}_n$ 到 $\sigma \in G(L/K)$ 和 $\bar{a} \in A(a \in \langle (K^*)^n, a_1,\cdots,a_s\rangle), (\sigma,\bar{a}) \mapsto (\sigma\theta)\cdot\theta^{-1}$, 其中 $\theta \in L$ 且 $\theta^n = a$.

67.77. $L \to (L^{*n} \cap K^*)/K^{*n}$; 如果 $A = B/K^{*n}, B = \langle K^{*n}, a_1,\cdots,a_s\rangle$ 是 K^* 的一个子群, 那么 $A \to L = K(\theta_1,\cdots,\theta_s)$, 其中 $\theta_i^n = a_i$. **提示**. 利用习题 67.76.

67.78. 提示. 设 $G(L/K) = \langle\sigma\rangle$. 为了求 θ, 利用 σ 的高度为 2 的根向量. 对于逆命题的证明, 运用习题 67.12.

67.79. 提示. 如果 $L = K(\theta_1 \cdots \theta_s)$, 那么对于任一 $\sigma \in G(L/K)$, 我们有 $\sigma(\theta_i) = \theta_i + \gamma_i, \gamma_i \in \mathbb{F}_p$ (见习题 67.12). 反之, 设 $G = G(L/K)$ 是 s 个 p 阶循环群的拷贝的直积. 在 G 中选择指数为 p 的子群 $H_i(i = 1, \cdots, s)$, 使得 $\bigcap_{i=1}^{s} H_i = \{e\}$; 则 $L^{H_i} = K(\theta_i)$ (见习题 67.78) 并且 $L = K(\theta_1, \cdots, \theta_s)$.

67.80. 提示. 考虑双线性映射 $G(L/K) \times A \to \mathbb{F}_p$, 使得对于 $\sigma \in G(L/K), \bar{a} \in A(a \in \langle\rho(K), a_1, \cdots, a_s\rangle)$, 我们有 $(\sigma, \bar{a}) \longmapsto \sigma(\theta) - \theta$, 其中 $\theta \in L$ 并且 $\rho(\theta) = a$.

67.81. $L \to (\rho(L) \cap K)/\rho(K)$; 如果 $A = B/\rho(K), B = \langle\rho(K), a_1, \cdots, a_s\rangle$, 那么 $A \to K(\theta_1, \cdots, \theta_s)$, 其中 $\rho(\theta_i) = a_i$. **提示.** 运用习题 67.79, 67.80.

68.1. 提示. 利用习题 56.31 c).

68.2. 提示. a) 如果 $|L| = q$, 那么 L 是 $x^q - x$ 的分解域.

b) 利用 a) 的提示和习题 67.27b).

68.3. 提示. 见习题 68.2 的提示; 在 a) 中利用事实 $x^q - x$ 没有重根.

68.4. 提示. 利用习题 56.31 c).

68.5. d) $(x^2 + x + 1)(x^2 + 2x + 4)$.

68.6. 提示. b) 把 σ 分解成不相交轮换的乘积.

68.7. 提示. 设 $b = \prod_{j=1}^{k} p_j^{n_j}$, 其中 p_j 是不同的素数. 把环 $\mathbf{Z}_b$ 分解成模 $p_j^{n_j}$ 剩余类环的直积. 若 $b = p^n, p$ 是素数, 则把剩余类集合表示成包含剩余类环的加法群的相同阶的所有元素的子集的并. 然后利用模 p^n 剩余类环的可逆元素的群的结构.

68.8. 提示. 计算 G 的元素按照下述方式排序

$$0, x_1, \cdots, x_n, -x_n, \cdots, -x_1,$$

σ 的反演的数目, 其中 $\{x_1, \cdots, x_n\} = S$.

68.9. 提示. a) 分别取 G_1 和 G_2 的某个子集 S_1 和 S_2, 运用习题 68.8. 令 $S = S_1 \cup \varphi^{-1}(S_2)$, 其中 $\varphi: G \to G_2$ 是标准同态.

68.10. 提示. 利用习题 68.8.

68.11. 提示. 利用习题 68.10.

68.12. 提示. 数对 (x, y), 其中 $1 \leqslant x \leqslant (a-1)/2, 1 \leqslant y \leqslant (b-1)/2$, 组成

的集合 R 是 4 个子集的并集:

$$R_1 = \{(x,y) \in R | ay - bx < -b/2\},$$
$$R_2 = \{(x,y) \in R | -b/2 < ay - bx < 0\},$$
$$R_3 = \{(x,y \in R) | 0 < ay - bx < a/2\},$$
$$R_4 = \{(x,y) \in R | a/2 < ay - bx\}.$$

考虑双射 $(x,y) \mapsto ((a+1)/2 - x, (b+1)/2 - y)$, 证明 $|R_1| = |R_4|$. 运用习题 68.10 证明 $\left(\dfrac{a}{b}\right) = (-1)^{|R_2|}$, $\left(\dfrac{b}{a}\right) = (-1)^{|R_3|}$.

68.13. 提示. 把 $\mathcal{A}$ 的矩阵表示成初等矩阵的乘积.

68.14 — 68.16. 提示. 见 Lidl R., Niedereiter H. Finite Fields, Addison-Wesley, 1988, ch.2, §3.

69.4. a) 是. b) 否. c) 是. d) 是. e) 否. f) 是.

69.5. 除了 d), e), h) 外, 指出的所有子空间都是不变的.

69.7. $\begin{pmatrix} 1 & -t & t^2 \\ 0 & 1 & -2t \\ 0 & 0 & 1 \end{pmatrix}$ (在基 $1, x, x^2$).

69.8. $\begin{pmatrix} \cos t & \sin t \\ -\sin t & \cos t \end{pmatrix}$ (在基 $\sin x, \cos x$).

69.10. 提示. 把空间 $\mathbf{M}_n(K)$ 分解成至多有一个 (固定的) 非零列的所有矩阵组成的子空间的和.

69.11. 提示. 首先证明在所有算子 $\mathrm{Ad}(A)$ 下, 其中 A 跑遍所有对角矩阵, $\mathbf{M}_n(K)$ 的不变子空间是矩阵单位 $E_{ij}(i \neq j)$ 的某个集合生成的子空间, 以及对角矩阵的某个子空间.

69.12. 提示. 首先证明在所有算子 $\Phi(A)$ 下, 其中 A 跑遍所有对角矩阵, $\mathbf{M}_n(K)$ 的任一不变子空间是某些矩阵 $aE_{ij} + bE_{ji}(i \neq j)$ 生成的子空间, 以及对角矩阵的某个子空间.

69.13. 提示. 求使得

$$X \begin{pmatrix} 0 & 1 \\ 1 & 0 \end{pmatrix} = \begin{pmatrix} 0 & 1 \\ 1 & 0 \end{pmatrix} X, \quad X \begin{pmatrix} 0 & -1 \\ 1 & -1 \end{pmatrix} = \begin{pmatrix} 0 & 1 \\ -1 & -1 \end{pmatrix} X$$

的矩阵 X 的一般形式, 并且证明当 $\mathrm{char} F = 3$ 时总有 $\det X = 0$.

69.16. 提示. c) 设 $H \subseteq W$ 是不变子空间且 $x \in H$. 考虑向量 $\pi x - x$, 其中 $\pi = (ij)$.

69.17. 提示. 首先确定这个子空间在 Θ 到对角矩阵子群的限制下是不变的。

69.25. 提示. 利用习题 69.24c) 和群 G 在 H 的左陪集上的划分。

69.26. a) m.

b) 2.

c) 1.

d) $m+1$.

69.27. 提示. 如果 A 和 B 是可交换算子，那么 A 的每一个特征子空间是 B 的不变子空间。

70.2. 提示. 利用习题 69.28.

70.5. 在两种情形中 H 的每一个不可约表示出现的重数为 2.

70.6. 奇阶群仅有平凡的表示；偶阶群有一个到 $\mathbf{GL}_1(\mathbb{R}) \simeq \mathbb{R}^*$ 的子群 $\{1,-1\}$ 上的同态。

70.7. 提示. 运用断言实算子有 2 维不变子空间的定理。

70.9. a) $[n/2]+1$. **提示**. 利用习题 70.8.

70.15. 对于 $\mathbf{S}_3$：平凡的表示和与对应于置换的符号的表示. **提示**. 运用关于换位子群的定理和习题 62.7a)。对于 $\mathbf{A}_4$：运用关于换位子群的定理和习题 62.7b)。

70.16. 提示. 运用关于换位子群的定理和习题 62.8.

70.17. 提示. 取习题 69.13 的表示。

70.31. 提示. 把正则表示分解成不可约子表示的直和。

70.32. 提示. 证明在 $\mathbf{GL}(V)$ 中由 $\mathcal{A}$ 和 $\mathcal{B}$ 生成的子群同构于 $\mathbf{S}_3$.

70.34. a) 1, 1, 2.

b) 1, 1, 1, 3.

c) 1, 1, 2, 3, 3.

d) 1, 1, 1, 1, 2.

e) 若 $n=2k$, 则有 4 个 1 维表示和 $k-1$ 个 2 维表示；若 $n=2k+1$, 则有 2 个 1 维表示和 k 个 2 维表示。

f) 1, 3, 3, 4, 5. **提示**. 运用主要定理和习题 69.16.

70.37. a), b), c) 它是不可能的。

70.38. 提示. 如果这个子群存在，那么存在群 $\mathbf{S}_4$ 的一个严格 2 维表示。

70.42. 提示. 仅对于 Abel 群。

70.43. 提示. 对群的阶作归纳法。

70.45. 提示. 利用习题 69.25.

70.46. 提示. 注意存在有限多个固定阶的不同构的群, 并且它们中的每一个有有限多个给定维数的不同构的表示.

70.48. 提示. 注意 p 阶和 p^2 阶群是 Abel 群.

70.49. p^2 个 1 维表示和 $p-1$ 个 p 维表示. **提示**. 注意所给群的中心有 p 阶并且共轭元素类的数目等于 $p^2 + p - 1$. 由于对于中心的商群是交换群, 因此所给群的换位子群的阶为 p. 这些参数决定了 1 维表示的数目. 注意所给群有指数为 p 的正规子群. 证明不可约表示的维数至多是 p.

70.54. 设 G 是 $\mathbf{SL}_2(\mathbb{Q})$ 中的有限子群. 在空间 $\mathbb{R}^2$ 中引入一个新的标量积
$$(x,y)_G = \sum_{g \in G}(gx, gy),$$
其中 $x = (x_1, x_2)$ 和 $y = (y_1, y_2)$ 是行向量, $(x,y) = x_1 y_1 + x_2 y_2$. 证明: 任何算子 g 关于这个标量积都是正交的. 因此, G 由旋转和反射组成. 证明: 对于某个 $n, G \subseteq \mathbf{D}_n$. 利用 $\operatorname{tr} g \in \mathbb{Q}$ 和习题 4.13 证明 n 等于 3,4 或 6.

70.55. 运用习题 70.54, 56.33.

70.56. 运用习题 56.33, 58.13.

70.57. 非 Abel 单群 G 与它的换位子群 G' 重合, 所以对于任何不可约复表示 $\varphi \to \mathbf{GL}_2(\mathbb{C})$, 任可矩阵 $\varphi(g)(g \in G)$ 的行列式等于 1. 此外, 这个表示是忠实的, 因为表示核只有单位元素. 不可约表示的维数能整除群 G 的阶数. 因此, 如果 φ 是群 G 的二维不可约复表示, 则根据 Sylow 第一定理, 在 G 中有二阶元素 g, 并且矩阵 $\varphi(g)$ 的特征值等于 ± 1. 如果这个矩阵的两个特征值相等, 则矩阵 $\varphi(g)$ 位于群 $\mathbf{GL}_2(\mathbb{C})$ 的中心, 所以元素 g 本身也位于 G 的中心, 而这是不可能的, 因为 G 是非 Abel 单群. 因此, 矩阵 $\varphi(g)$ 具有两个不同的特征值 $1, -1$. 特别地, $\det(\varphi(g)) = -1$. 如上所述, 这是不可能的.

71.2. 一个基由一个向量 $\sum_{\sigma \in \mathbf{S}_3}(\operatorname{sgn}\sigma)\sigma$ 组成. 维数等于 5.

71.3. $\{\varepsilon - a, \varepsilon^2 - a^2, \cdots, \varepsilon^{n-1} - a^{n-1}\}$.

71.9. a) 设 $e_1 = \dfrac{1}{6}\sum_{\sigma \in \mathbf{S}_3}\sigma, e_2 = \dfrac{1}{6}\sum_{\sigma \in \mathbf{S}_3}(\operatorname{sgn}\sigma)\sigma$. 可交换的理想是: $0, \mathbb{C}e_1, \mathbb{C}e_2, \mathbb{C}e_1 \oplus \mathbb{C}e_2$.

b) 设 $\mathbf{Q}_8 = \{E, \overline{E}, I, \overline{I}, J, \overline{J}, K, \overline{K}\}$,
$$e_1 = (E + \overline{E})(E + I + J + K), \quad e_2 = (E + \overline{E})(E + I - J - K),$$
$$e_3 = (E + \overline{E})(E - I - J - K), \quad e_4 = (E + \overline{E})(E + I - J + K).$$
可交换的理想是: 向量 $\{e_1, e_2, e_3, e_4\}$ 的任一子集生成的线性子空间.

c) 设 $e_1 = \dfrac{1}{10} \sum\limits_{A \in \mathbf{D}_5} A, e_2 = \dfrac{1}{10} \sum\limits_{A \in \mathbf{D}_5} (\det A)A$. 可交换的理想是: $0, \mathbb{C}e_1, \mathbb{C}e_2,$ $\mathbb{C}e_1 \oplus \mathbb{C}e_2$.

71.10. 如果 G 是无限群, 那么 $x = 0$; 如果 G 是有限群, 那么 $x = \alpha \sum\limits_{g \in G} g, \alpha \in F$.

71.11. $F[G]$ 的中心的一个基由元素 $\sum\limits_{g \in C} g$ 形成, 其中 C 跑遍 G 的所有共轭元素类.

71.16. 提示. 利用 Schur 引理.

71.19. 仅对于 $G = \{e\}$.

71.22. a) 2. b) 1. c) 2. d) 4.

71.24. 设 ε 是 $\mathbb{C}$ 中的本原 3 次单位根,
$$r_0 = \frac{1}{3}(e + a + a^2) \in \mathbb{R}[\langle a \rangle_3] \subset \mathbb{C}[\langle a \rangle_3],$$
$$r_1 = \frac{1}{3}(e + \varepsilon a + \varepsilon^2 a^2) \in \mathbb{C}[\langle a \rangle_3],$$
$$r_2 = \frac{1}{3}(e + \varepsilon^2 a + \varepsilon a^2) \in \mathbb{C}[\langle a \rangle_3].$$
$\mathbb{R}[\langle a \rangle_3] = F_0 \oplus F_1$, 其中 $F_0 = \mathbb{R}r_0 \simeq \mathbb{R}$ 并且
$$F_1 = \left\{ \alpha_0 e + \alpha_1 a + \alpha_2 a^2 \,\middle|\, \sum_{i=0}^{2} \alpha_i = 0, \alpha_i \in \mathbb{R} \right\} \simeq \mathbb{C}.$$
在一个同构 $\mathbb{C} \to F_1$ 下我们有 $1 \to e - r_0, \varepsilon \to a(e - r_0)$. $\mathbb{C}[\langle a \rangle_3] = F_0' \oplus F_1' \oplus F_2'$. 域 $F_i' = \mathbb{C}r_i$ 同构于 $\mathbb{C}$.

71.25. 提示. 阐明 $x^{p-1} + x^{p-2} + \cdots + x + 1$ 在 $\mathbb{Q}$ 上的不可约性.

71.27. a) 幂等元: $e_1 = 2 + 2a, e_2 = 2 + a$. 理想: $\mathbb{F}_3 e_1, \mathbb{F}_3 e_2$.

b) 仅有的幂等元是群代数的单位元. 理想: $\mathbb{F}_2(1 + a)$.

c) 幂等元: $\dfrac{1}{2}(1 + a), \dfrac{1}{2}(1 - a)$. 理想: $\mathbb{C}e_1, \mathbb{C}e_2$.

d) 幂等元: $\dfrac{1}{3}(1 + a + a^2), \dfrac{1}{3}(2 - a - a^2)$. 理想: $\mathbb{R}e_1, \mathbb{R}[\langle a \rangle_3]e_2$.

71.28. 提示. 检查对于矩阵代数 $\mathbf{M}_n(\mathbb{C})$ 的类似命题, 并且运用关于有限群的群代数的结构的定理.

71.29. a) 8. b) 32.

71.30. a) $\{e\}$.

b) $G \simeq \mathbf{Z}_2$.

c) $G \simeq \mathbf{Z}_3$ 或者 $G \simeq \mathbf{S}_3$. **提示**. 注意 n 等于 G 的共轭元素类的数目.

71.34. 当 $p = 2, U = F[G](a-e)^2$.

71.36. a) **提示**. 考虑 $G = H$ 的情形. 对 H 的阶作归纳法.

b) $n = 2$.

71.39. a) $P/H \simeq A/(g-ge)A \oplus A/(g-\varepsilon^2 e)A$, 其中 ε 是 $\mathbb{C}$ 中的本原 3 次单位根.

b) $P/H = 0$.

c) $P/H \simeq A$.

71.40. $\mathrm{Ker}\varphi = 0$.

71.41. **提示**. 考虑对于多项式环 $A = F[t]$ 的类似问题.

71.44. a) 所给元素是素元.

b) $(g_1 - g_2)^2(-g_1^{-1}g_2^{-1} - g_1^{-2})$.

71.45. a) 0.   b) $F[\langle g_1 \rangle]$.   c) F.

72.1. **提示**. 利用习题 69.21.

72.2. **提示**. 利用习题 69.11. 求矩阵 $\Phi(g)$ 的可能的对角形.

72.3. 和 **72.4.** **提示**. 利用习题 72.1.

72.5. **提示**. n 个单位根的和等于 n 当且仅当所有项都等于 1.

72.6. **提示**. 利用习题 72.5, 并且证明 A 中指数为 p 的任一子群是某个 $n-1$ 维子空间的元素组成的子群.

72.7. **提示**. 设 χ 是表示 Φ 的特征标. 运用习题 72.5 并且证明若 $g \in H$ 则 $\Phi(g) = E$. 类似地, 证明 $g \in K$ 当且仅当矩阵 $\Phi(g)$ 是数量矩阵.

72.8. **提示**. 利用 Maschke 定理和换位子群的性质.

72.9. **提示**. 利用 Maschke 定理和换位子群的性质.

72.20.

	1	−1	i	j	k
χ	2	−2	0	0	0

提示. 利用习题 70.24.

72.21. $\chi_\Phi(\sigma)$ 是集合 $\{1, 2, 3, \cdots, n\}$ 中被 σ 固定的元素的数目.

72.22. 设 $\mathbf{D}_n = \langle a, b | a^2 = b^n = e, aba = b^{-1} \rangle$. 则 $\chi(b^k) = 2\cos(2\pi k/n)$, $\chi(ab^k) = 0$.

72.23.

	e	(12)	(123)	(12)(34)	(1234)
χ	3	1	0	−1	−1

提示. 利用习题 70.19.

72.24.

	e	(12)	(123)	(12)(34)	1234
χ	3	−1	0	−1	1

提示. 利用习题 70.19.

72.25. 提示. 利用习题 70.4.

72.26. a) 两个特征标：一个平凡的以及 $\sigma \to \operatorname{sgn}\sigma$.

b)

	e	(123)	(132)	(12)(34)
φ_0	1	1	1	1
φ_1	1	ε	ε^2	1
φ_3	1	ε^2	ε	1

其中 ε 是 $\mathbb{C}$ 中的本原 3 次单位根.

c)

	1	−1	i	j	k
φ_0	1	1	1	1	1
φ_1	1	1	−1	−1	1
φ_2	1	1	−1	1	−1
φ_3	1	1	1	−1	−1

d) 见 a).

e) 设 $\mathbf{D}_n = \langle a, b | a^2 = b^n = e, aba = b^{-1} \rangle$. 若 n 是奇数，则存在两个 1 维特征标：一个平凡的以及 $a^i b^j \to (-1)^i$. 若 n 是偶数，则存在 4 个特征标：一个平凡的，$a^i b^j \to (-1)^i, a^i b^j \to (-1)^j, a^i b^j \to (-1)^{i+j}$.

72.27. $n^{n/2}$. **提示**. 利用特征标的正交关系计算这个矩阵与它的共轭转置矩阵的乘积.

72.28. a)

	e	(12)	(123)
φ_0	1	1	1
φ_1	1	−1	1
φ_2	2	0	−1

提示. 利用习题 72.26 和 70.17.

b)

	e	(12)	(123)	(12)(34)	(1234)
φ_0	1	1	1	1	1
φ_1	1	-1	1	1	-1
φ_2	3	1	0	-1	-1
φ_3	3	-1	0	-1	1
φ_4	2	0	-1	2	0

提示. 利用习题 72.26, 72.23, 72.24, 70.18.

c)

	1	-1	i	j	k
φ_0	1	1	1	1	1
φ_1	1	1	1	-1	-1
φ_2	1	1	-1	1	-1
φ_3	1	1	-1	-1	1
φ_4	2	-2	0	0	0

提示. 利用习题 72.26 和 72.20.

d)

	e	b	b^2	a	ab^2
φ_0	1	1	1	1	1
φ_1	1	-1	1	-1	1
φ_2	1	-1	1	1	-1
φ_3	1	1	1	-1	-1
φ_4	2	0	-2	0	0

提示. 利用习题 72.26 和 72.22.

e)

	e	b	b^2	a
φ_0	1	1	1	1
φ_1	1	1	1	-1
φ_2	2	$2\cos\dfrac{2\pi}{5}$	$2\cos\dfrac{4\pi}{5}$	0
φ_3	2	$2\cos\dfrac{4\pi}{5}$	$2\cos\dfrac{2\pi}{5}$	0

提示. 利用习题 72.26 和 72.22.

f)

	e	(12)(24)	(123)	(132)
φ_0	1	1	1	1
φ_1	1	1	ε	ε^2
φ_2	1	1	ε^2	ε
φ_3	3	-1	0	0

其中 ε 是 $\mathbb{C}$ 中的本原 3 次单位根. **提示**. 利用习题 72.26.

72.29. 不可能取这些值. **提示**. 所给函数的值的平方和不等于群的阶 8.

72.30. 用习题 72.28c) 的记号, $f = \frac{1}{2}\varphi_1 + \frac{1}{2}\varphi_3 + 2\varphi_4$.

72.31. 用习题 72.28a) 的记号, 我们有 $f_1 = -\varphi_0 + 3\varphi_1 + 2\varphi_2, f_2 = 4\varphi_1 + \varphi_2$. 由此得出, f_1 不是任一表示的特征标. f_2 是群 $\mathbf{S}_3$ 的一个不可约 2 维表示和这个群的一个非平凡 1 维表示的 4 个拷贝的直和特征标.

72.32. **提示**. c) 证明从 $\widehat{A}$ 到 $\mathbb{C}$ 的映射是 $\widehat{A}$ 的一个特征标, 对于某个 $a \in A$ 它把 χ 映到 $\chi(a)$. 证明诱导的映射 $A \to \widehat{\widehat{A}}$ 是一个同构.

72.33. **提示**. c) 借助 a) 推导出等式 $f(a) = \sum_{\chi \in \widehat{A}} \widehat{f}(\chi) \cdot \chi(a)$. 证明在习题 72.32c) 的同构下 $\widehat{\widehat{f}}$ 对应到 $(|A|)^{-1}f$.

72.34. **提示**. 利用等式 $(f, f)_A = \sum_{\chi \in \widehat{A}} (f, \chi)_A^2$.

72.37. a) $\chi_\Psi = \Psi_0 + \Psi_1 + \Psi_2$.

b) $\chi_\Psi = \Psi_0 + \Psi_1 + \Psi_2 + \Psi_4$.

c) $\chi_\Phi = \Psi_0 + \Psi_1 + \Psi_2 + \Psi_3$.

72.38. $\chi_\Psi = n \cdot \chi_\Phi$.

72.39. n^{m-1}. **提示**. 证明 G 的所有不可约表示在 $\rho^{\otimes m}$ 中以相同的重数出现.

72.40. a) $\chi_{\rho^{\otimes 2}} = \Psi_0 + \Psi_1 + \Psi_2$.

b) $\chi_{\rho^{\otimes 3}} = \Psi_0 + \Psi_1 + 3\Psi_2$.

72.41. 若 $\overline{n} = [(n+1)/2]$ 和 $\overline{m} = [m/2]$, 则重数等于 $\binom{\overline{n}-1}{\overline{m}}$.

72.42. **提示**. 考虑斜称两次反变张量的空间中的表示.

72.43. 在习题 72.28 的答案的记号下: a) φ_1.

b) $\varphi_0 + \varphi_2$.

c) $\varphi_0 + \varphi_1$.

d) $\varphi_1 + \varphi_2$.

73.2. a) $\begin{pmatrix} 0 & -1 \\ 1 & 0 \end{pmatrix}$. b) $\begin{pmatrix} 0 & 1 \\ 1 & 0 \end{pmatrix}$. c) $\begin{pmatrix} 1 & 0 \\ 0 & 0 \end{pmatrix}$. d) $\begin{pmatrix} 1 & 0 \\ 0 & -1 \end{pmatrix}$.

e) $\begin{pmatrix} 0 & 1 \\ 0 & 0 \end{pmatrix}$. f) $\begin{pmatrix} 0 & 1 \\ 0 & 1 \end{pmatrix}$.

73.3. b) 和 d); c) 和 (f).

73.4. 表示是等价的当且仅当对于任意 k 和 λ, A 与 $-A$ 的 Jordan 标准形有相同数目的特征值为 λ 的 k 阶 Jordan 块.

73.5. a) 任意一个表示有形式 $R_A(t) = e^{(\ln t)A}$, 其中 $A \in \mathbf{M}_n(\mathbb{C})$.

b) 任意一个表示等价于下述形式的表示:

$$R_{A,B}(t) = \begin{pmatrix} e^{\ln|t|\cdot A} & 0 \\ 0 & (\operatorname{sgn} t)e^{\ln|t|\cdot B} \end{pmatrix}, A \in \mathbf{M}_p(\mathbb{C}), B \in \mathbf{M}_q(\mathbb{C}).$$

提示. 考虑 $-1 \in \mathbb{R}^*$ 在所给表示下的像. 证明它的特征子空间是不变的. 运用 a).

c) 任意一个表示等价于下述形式的表示:

$$z \mapsto \begin{pmatrix} z^{k_1} & & & 0 \\ & z^{k_2} & & \\ & & \ddots & \\ 0 & & & z^{k_n} \end{pmatrix} \quad (k_1, \cdots, k_n \in \mathbb{Z}).$$

提示. 证明如果加法群 $\mathbb{C}$ 是同态 $\mathbb{C} \mapsto \mathbb{C}^*(t \to e^t)$ 和 $\mathbb{C}^*$ 的一个表示的合成, 那么它的表示有形式 $P_A, e^{2\pi i A} = E$ (见习题 73.1). 其次证明矩阵 A 相似于一个整数对角矩阵.

d) 任意一个表示等价于下述形式的表示:

$$z \mapsto \begin{pmatrix} z^{k_1} & & & 0 \\ & z^{k_2} & & \\ & & \ddots & \\ 0 & & & z^{k_n} \end{pmatrix} \quad (k_1, \cdots, k_n \in \mathbb{Z}).$$

提示. 考虑域 $\mathbb{R}$ 的加法群的一个表示, 它是由同态 $\mathbb{R} \to \mathbf{U}(t \to e^{it})$ 和群 $\mathbf{U}$ 的一个表示的合成得到的. 运用习题 73.1.

73.6. 是的, 它可以. **提示**. 证明任一非奇异复方阵有形式 e^A. 运用习题 73.1.

73.7. A 的特征向量的集合生成的子空间.

73.9. 提示. 考虑 Φ_n 到对角矩阵的子群的限制.

73.10. 提示. e) 证明等式在可对角化矩阵的子集上成立.

73.11. 提示. a) 注意 $\mathbf{SU}_2 = \{A \in \mathbb{H} | (A,A) = 1\}$. 证明如果 $A \in \mathbf{SU}_2$ 有特征值 $e^{\pm i\varphi}$, 那么 $P(A)$ 是空间 $\mathbb{H}_0$ 的绕经过 $A - \frac{1}{2}(\operatorname{tr} A)E \in \mathbb{H}_0$ 的轴转角为 2φ 的旋转.

b) 证明群 $\mathbf{SU}_2 \times \mathbf{SU}_2$ 传递地作用在 $\mathbb{H}$ 的单位球面上, 利用 a).

c) $\mathbb{H}_0$ 的复化是 $\mathbf{M}_2(\mathbb{C})$ 中形如 $\begin{pmatrix} a & b \\ c & -a \end{pmatrix}$ 的矩阵的子空间. 要求的同构让多项式 $f(x,y) = -bx^2 + 2axy + cy^2$ 对应于所指出的矩阵.

73.12 和 **73.13. 提示**. Suprunenko D. A. Group of Matrices, Nauka, Moscow, 1972, ch. 5.

理论知识

§I. 仿射几何和 Euclid 几何

域 K 上的**仿射空间**是由 K 上的向量空间 V 和集合 A 组成的一对 (A,V), A 的元素称为点. 假设这对 (A,V) 有一个点与向量的加法运算

$$(a,v) \to a+v \in A.$$

这个运算满足下列条件:

(1) 对一切 $a \in A, v_1, v_2 \in V, (a+v_1)+v_2 = a+(v_1+v_2)$;

(2) 对一切 $a \in A, a+0 = a$;

(3) 对于任意两个点 $a,b \in A$, 存在唯一的向量 $v \in V$ 使得 $a+v=b$ (这个向量用 $\overline{ab}$ 表示).

术语 "仿射空间" 经常仅用于这时 (A,V) 的第一个成员. 此时 V 称为所给的仿射空间的**伴随向量空间.**

仿射空间 (A,V) 的**维数**是向量空间 V 的维数.

任一向量空间 V 能看成是下述意义下的仿射空间: 令 $A = V$ 并且定义加法运算为空间 V 的加法.

仿射空间 (A,V) 的一个**仿射子空间**或**平面**是一对 (P,U), 其中 U 是 V 的子空间, 且 P 是 A 的非空子集, 使得

(1) 对一切 $p \in P, u \in U, p+u \in P$;

(2) 对一切 $p,q \in P, \overline{pq} \in U.$

这对 (P,U) 自身是一个仿射空间.

术语"仿射子空间"或"平面"经常仅用于这对 (P,U) 的第一个成员. 此时子空间 U 被 P 唯一决定, 它被称为所给的仿射子空间的**方向子空间**.

1 维的仿射子空间称为**线**. 维数等于空间的维数减 1 的仿射子空间称为**超平面**.

如果 S 是仿射空间 A 的一个非空子集, 那么 A 中包含 S 的最小平面称为 S 的**仿射包**. 它用 $\langle S \rangle$ 表示. 仿射空间 A 中 $k+1$ 个点 $a_0, a_1, \cdots, a_k$ 的集合是**仿射无关**的, 如果 $\dim \langle a_0, a_1, \cdots, a_k \rangle = k$. 此时我们称点 $a_0, a_1, \cdots, a_k$ 是在**一般位置**的.

仿射空间中两个不相交的平面 $(P_1, L_1), (P_2, L_2)$ 是**平行**的, 如果 $L_1 \subset L_2$ 或 $L_2 \subset L_1$. 两个平面是**交叉**的, 如果 $L_1 \cap L_2 = \{0\}$. 在一般情形, 数 $\dim(L_1 \cap L_2)$ 是 (P_1, L_1) 和 (P_2, L_2) 的**平行次数**.

仿射空间 (A, V) 的一个仿射坐标系是由一个点 a_0 (原点) 和向量空间 V 的一个基 $(e_1, \cdots, e_n)$ 组成的集合 $(a_0, e_1, \cdots, e_n)$. 点 $a \in A$ 在这个仿射坐标系中的坐标是向量 $\overline{a_0 a_1}$ 在基 $(e_1, \cdots, e_n)$ 下的坐标.

从仿射空间 (A, V) 到仿射空间 (B, W) 的**仿射映射**是由映射 $f: A \to B$ 和线性映射 $Df: V \to W$ 组成的一对 (f, Df), 使得对一切 $a \in A, v \in V, f(a+v) = f(a) + Df(v)$. 从一个仿射空间到它自身的双射仿射映射是**仿射变换**. 术语"仿射映射"(或"仿射变换")经常仅用于这对 (f, Df) 的第一个成员, 即 f. 线性映射 Df 称为 f 的**线性部分**或**微分**.

一个仿射空间的所有仿射变换形成一个群, 称为**仿射群**. 它用 $\mathrm{Aff} A$ 表示.

具有恒等线性部分的仿射变换称为**平移**. 所有平移形成 $\mathrm{Aff} A$ 的一个子群, 它能与 V 的加法群等同: 每个向量 $v \in V$ 对应于平移 $t_v: a \mapsto a + v$.

仿射空间 A 的一个**构形**是仿射子空间的一个有序组 $\{P_1, \cdots, P_s\}$. A 的两个构形 $\{P_1, \cdots, P_s\}$ 和 $\{Q_1, \cdots, Q_s\}$ 是仿射合同的, 如果存在一个仿射变换 f, 使得 $f(P_i) = Q_i$ (对于 $i = 1, \cdots, s$).

下面假设 (A, V) 是实数域上的仿射空间.

对于任意点 $a, b \in A, a \neq b$, 由所有的点 $\lambda a + (1-\lambda)b$ (其中 $0 \leqslant \lambda \leqslant 1$) 组成的集合称为连接 a 和 b 的区间. 非空子集 $M \subseteq A$ 是凸的, 如果对于它的任意两点, M 包含连接这些点的区间. 一个凸集的维数就是它的仿射包的维数. 一个凸集是**实**的, 如果它的仿射包与整个空间一致.

凸集 M 的一个点称为**内点**, 如果它属于 M 在它的仿射包里的开核, 否则称为**边界点**. 凸集 M 的一个点是**极点**, 如果它不是属于 M 的任一区间的内点.

空间 A 的凸集 M 的开核用 $M°$ 表示. (如果 M 不是实的, 那么 $M° = \emptyset$.)

包含一个给定的非空集 $S \subseteq A$ 的最小凸集称为 S 的**凸包**, 它用 $\text{conv} S$ 表示. 一般位置上的 $n+1$ 个点的凸包称为 n **维单纯形**.

对于空间 A 的任一非常值的仿射线性函数 f, 由不等式 $f(x) \geqslant 0$ 定义的集合是凸的, 称为被超平面 $\{x|f(x) = 0\}$ 界定的半空间. 每个超平面界定两个半空间. 集合 S 位于超平面 H 的一侧, 如果它被包含在由 H 界定的两个半空间之一. 此时, 如果 $S \cap H = \emptyset$, 我们称 S 严格位于 H 的一侧.

与闭凸集 M 有公共点的超平面 H 称为 M 的**基本超平面**, 如果 M 位于 H 的一侧. 有限多个半空间的非空交集称为**凸多面体**. 注意一个凸多面体是坐标满足某个相容的非强线性不等式组的所有点的集合, n 维仿射空间在某个仿射坐标系中用不等式组 $0 \leqslant x_i \leqslant 1 \, (i = 1, \cdots, n)$ 定义的子集称为 n **维平行六面体**.

凸多面体 M 与基本超平面的交称为 M 的**边**. 0 维边称为**顶点**, 1 维边称为**棱**. 凸多边形的任意一条边也是一个凸多边形.

向量空间 V 的子集 K 是**凸锥**, 如果对一切 $x, y \in K$ 且对一切 $\lambda > 0$ 有 $x + y \in K, \lambda x \in K$. 任一凸锥是空间 V 看成仿射空间的凸集.

实数域上的仿射空间 (E, V) 是 Euclid 空间, 如果向量空间 V 有 Euclid 向量空间的结构. 我们能够定义 Euclid 空间 E 中两点的距离: 如果 $a, b \in E$, 那么 $\rho(a, b) = |\overline{ab}|$, 其中 $|v| = \sqrt{(v, v)}$ 是 $v \in V$ 的长度. 类似地, 我们能够定义两个平面 $P, Q \subseteq E$ 的距离: $\rho(P, Q) = \inf\{\rho(a, b) | a \in P, b \in Q\}$. 两个平面所成的**角**被定义成它们的方向子空间的夹角. 两个平面是垂直的, 如果它们所成的角等于 $\pi/2$.

Euclid 空间的保距变换是一个仿射变换, 它的线性部分是正交变换. 一个保距变换 f 是**正常**的, 如果 $\det Df = 1$. 保距变换保持两点的距离不变. Euclid 空间 E 的所有保距变换形成一个群, 用 $\text{Isom} E$ 表示. 正常保距变换形成的群用 $\text{Isom}_+ E$ 表示.

Euclid 空间 E 的两个构形 $\{P_1, \cdots, P_s\}$ 和 $\{Q_1, \cdots, Q_s\}$ 是**度量合同**的, 如果存在 E 的一个保距变换 f, 使得 $f(P_i) = Q_i (i = 1, \cdots, s)$.

§II. 二次超曲面

设 (A, V) 是域 K 上的一个仿射空间. A 上的**二次函数** $Q: A \to K$ 形如

$$Q(a_0 + x) = q(x) + l(x) + c,$$

其中 a_0 是 A 的点,$q : V \to K$ 是二次函数,并且 $l : V \to K$ 是线性函数,$c \in K$. 二次函数 q 不依赖于 a_0, 它被称为 Q 的**二次部分**. 线性函数 l 称为 Q 关于点 a_0 的**线性部分**. A 中的**二次超曲面**或**二次曲面**是下述形式的集合:

$$X = X_Q = \{a \in A | Q(a) = 0\}.$$

在仿射坐标系 $(a_0; e_1, \cdots, e_n)$ 中, 二次函数 Q 能写成表达式

$$Q(a_0 + x) = \sum_{i,j=1}^{n} a_{ij} x_i x_j + 2 \sum_{i=1}^{n} b_i x_i + c,$$

其中 $a_{ij} = a_{ji}$. 符号 A_q 表示二次函数 q 在基 $(e_1, \cdots, e_n)$ 下的矩阵 (a_{ij}). 符号 A_Q 表示矩阵

$$A_Q = \left(\begin{array}{c|c} A_q & \begin{array}{c} b_1 \\ \vdots \\ b_n \end{array} \\ \hline b_1 \cdots b_n & c \end{array} \right).$$

A_Q 和 A_q 的行列式分别用 Δ 和 δ 表示. 于是 A_Q, A_q, Δ 和 δ 依赖于坐标系 $(a_0; e_1, \cdots, e_n)$ 的选择, 然而矩阵 A_Q 和 A_q 的秩不依赖于这个选择. 二次曲面是**非奇异的**, 如果 $\Delta \neq 0$. 它是**奇异的**, 如果 $\Delta = 0$.

超平面

$$\sum_{i,j=1}^{n} (a_{ij} x_j^0 + b_i)(x_i - x_i^0) = 0$$

是 X_Q 在点 $a_0 = (x_1^0, \cdots, x_n^0) \in X_Q$ 的**切面**, 如果对某个 i 有 $\sum_{j=1}^{n} a_{ij} x_j^0 + b_i \neq 0$. 如果这个条件不满足, 那么点 a_0 是**奇异的.**

向量 $r = (r_1, \cdots, r_n)$ 是**渐近方向的向量**, 如果 $q(r) = 0$.

点 $a_0 \in A$ 是二次函数 Q (或二次曲面 X_Q) 的**中心点**, 如果 Q 关于 a_0 的线性部分为零. 于是对于一切 $x \in V, Q(a_0 + x) = Q(a_0 - x)$. 函数 Q (或二次曲面 X_Q) 的**中心**是它的中心点组成的集合.

锥面 $\{a \in A | q(a - a_0) = 0\}$, 其中 a_0 是一个中心点, 不依赖于这个点的选择. 它被称为 X_Q 的**渐近锥面.**

对于任意一个二次函数 Q, 存在 A 的一个仿射坐标系, 使得 Q 是下述形式之一:

a) 若 q 是非奇异的, 则
$$Q(x_1,\cdots,x_n) = \sum_{i=1}^n \lambda_i x_i^2 + c \quad (\lambda_i, c \in K, \lambda_i \neq 0);$$

b) 若 q 是秩 r 奇异的且 Q 的中心是非空集, 则
$$Q(x_1,\cdots,x_n) = \sum_{i=1}^r \lambda_i x_i^2 + c \quad (\lambda_i, c \in K, \lambda_i \neq 0);$$

c) 若 q 是秩 r 奇异的且 Q 的中心是空集, 则
$$Q(x_1,\cdots,x_n) = \sum_{i=1}^r \lambda_i x_i^2 + x_{r+1}.$$

实数域上的二次曲面在某个仿射坐标系中的方程有下述形式之一:

$(\mathrm{I}_{r,s}):\quad x_1^2+\cdots+x_s^2-x_{s+1}^2-\cdots-x_r^2=1 \quad (0\leqslant s\leqslant r\leqslant n);$

$(\mathrm{I}'_{r,s}):\quad x_1^2+\cdots+x_s^2-x_{s+1}^2-\cdots-x_r^2=0 \quad \left(0\leqslant s\leqslant r\leqslant n, s\geqslant \dfrac{r}{2}\right);$

$(\mathrm{II}_{r,s}):\quad x_1^2+\cdots+x_s^2-x_{s+1}^2-\cdots-x_r^2=2x_{r+1} \quad \left(0\leqslant s\leqslant r\leqslant n-1, s\geqslant \dfrac{r}{2}\right).$

§Ⅲ. 射影空间

伴随域 K 上向量空间 V 的**射影空间**是 V 的 1 维子空间组成的集合 $P(V)$. $P(V)$ 的元素称为射影空间的**点**. 射影空间有下述结构.

a) $P(V)$ 有特殊子集, 称为射影子空间或平面. $P(V)$ 的一个子集是**射影子空间**, 如果它是 V 的某个子空间的所有 1 维子空间组成的子集.

b) 存在从仿射空间到 $P(V)$ 的一族单射, 称为**仿射图**. 仿射图 $\varphi: A \to P(V)$ 用 V 的一个仿射超平面 A (看成一个仿射空间, 它不包含原点) 定义. A 的每一个点伴随 V 中包含这个点的唯一的 1 维子空间.

c) 从 $P(V)$ 到它自身的双射称为**射影变换**. 射影变换 α 是由非奇异线性变换 $\mathcal{A}: V \to V$ 诱导的映射 $\alpha: P(V) \to P(V)$, 即, $P(V)$ 的一个元素在 α 下的像等于表示这个元素的 1 维子空间在 $\mathcal{A}$ 下的像.

射影变换把子空间映成子空间. 一个仿射图与一个射影变换的乘积也是仿射图. 空间 $P(V)$ 的维数等于 $\dim V - 1$. n 维射影空间通常用 $\mathbf{P}^n$ 表示. 仿射图常常等同于仿射空间 A 和它在 $P(V)$ 中的像. 在某些仿射图中给出的坐标称为射影空间的**非齐次坐标**. 这些坐标在整个空间中没有定义.

给出空间 V (关于某个基) 的坐标系和 $P(V)$ 的一个点, 就能够考虑相应的 1 维子空间的每个向量的坐标. 这些坐标是成比例的, 它们称为射影空间的点的**齐次坐标**.

设 V 有坐标系 $x_0, x_1, \cdots, x_r$. 由超平面 $x_i = 1$ 定义的仿射图称为**第 i 个坐标仿射图**.

如果 q 是 V 上的二次函数, 那么被包含在锥面 $q(x) = 0$ 里的 1 维子空间组成的集合是 $P(V)$ 中的**二次曲面**.

对于射影直线 $\mathbf{P}^1$ 上的 4 个不同的点 p_1, p_2, p_3, p_4, 我们可以定义**交比** $\delta(p_1, p_2, p_3, p_4)$, 它是基域的一个元素. 为了计算交比, 取 $\mathbf{P}^1$ 的任意一个齐次坐标系, 用 $\Delta(p_i, p_j)$ 表示点 p_i 和 p_j 的坐标组成的 2 阶矩阵的行列式, 则

$$\delta(p_1, p_2, p_3, p_4) = \frac{\Delta(p_1, p_4)}{\Delta(p_3, p_4)} \cdot \frac{\Delta(p_3, p_2)}{\Delta(p_1, p_2)}.$$

这个公式的右边不依赖于坐标系. 在非齐次坐标中

$$\delta(p_1, p_2, p_3, p_4) = \frac{(x_4 - x_1)(x_2 - x_3)}{(x_4 - x_3)(x_2 - x_1)},$$

其中 x_i 是 p_i 的坐标.

考虑一个仿射图和这个图的一个仿射坐标系. 我们能够用关于非齐次坐标的方程定义射影空间的子集. 这些子集被包含在这个图里面. 在某些情形可以把它们补足成一个射影空间: 用线性方程组定义的一个图的子集 (即一个仿射子空间), 在这个射影子空间里面有唯一的补. 一个图的子集 (它是一个仿射二次曲面) 有到射影二次曲面的唯一的补. 这些补在一些习题里被考虑.

射影空间的不属于所给的仿射图的点称为关于这个图的**无穷远点**.

§IV. 张量

向量空间 V 的一个 (p, q) 型张量或 p 阶共变和 q 阶反变张量是 $\underbrace{V \times \cdots \times V}_{q\text{次}} \times \underbrace{V^* \times \cdots \times V^*}_{p\text{次}}$ 上的一个函数, 它作为它的 $p + q$ 个自变量的每一个的函数是线性的. (p, q) 型张量形成一个张量空间 $\mathbb{T}_p^q(V)$. 它是用张量积

$$\underbrace{V \otimes \cdots \otimes V}_{q\text{次}} \otimes \underbrace{V^* \otimes \cdots \otimes V^*}_{p\text{次}}$$

自然定义的.

张量 $T \in \mathbb{T}_p^q(V)$ (在 V 的某个基下) 的坐标用 $t_{i_1 \cdots i_p}^{j_1 \cdots j_q}$ 表示.

如果 $\operatorname{char} K = 0$, 那么在 $\mathbb{T}_0^q(V)$ 中考虑线性算子 Sym 和 Alt：

$$(\operatorname{Sym} T)(f_1, \cdots, f_q) = \frac{1}{q!} \sum_{\sigma \in S_q} T(f_{\sigma(1)}, \cdots, f_{\sigma(q)}),$$

$$(\operatorname{Alt} T)(f_1, \cdots, f_q) = \frac{1}{q!} \sum_{\sigma \in S_q} (\operatorname{sgn} \sigma) T(f_{\sigma(1)}, \cdots, f_{\sigma(q)}).$$

这些算子分别是在对称张量和斜称张量组成的子空间 $S^q(V)$ 和 $\Lambda^q(V)$ 上的投影.

$\Lambda^p(V)$ 的元素通常称为 p **向量**. (在 $p = 2$ 的情形, p 向量也称为**双向量**).

空间 $S(V) = \bigoplus_{q=0}^{\infty} S^q(V)$ 具有乘法运算 $xy = \operatorname{Sym}(x \otimes y)$, 它是一个代数, 称为**空间 V 的对称代数**.

空间 $\Lambda(V) = \bigoplus_{q=0}^{\infty} \Lambda^q(V)$ 具有运算 $x \wedge y = \operatorname{Alt}(x \otimes y)$, 这是一个代数, 称为**空间 V 的外代数**或 **Grassman 代数**.

§V. 表示论初步

在阐述群表示论的主要定义和基本结果时, 习惯使用几种不同的方法. 理论的进一步发展提示了不同定义之间的联系, 并且给出了 "从一种语言翻译成另一种" 的方式. 我们不采用单一的方法讲解材料. 在我们看来, 学生应当了解在文献中采用的不同方法, 并且教师应当有机会找到用他觉得方便的方法表述出来的习题.

下面介绍群表示论的几种基本方法和几套术语.

A. 线性表示的术语. 从群 G 到空间 V 上的非奇异线性算子群的同态 $\Phi: G \to \mathbf{GL}(V)$ 称为群 G 在空间 V 中的**线性表示**. V 的维数是这个表示的**维数**或**次数**. G 在空间 V 中的表示 Φ 到 G 在空间 W 中的表示 Ψ 的一个同态是线性映射 $\alpha: V \to W$, 使得 $\alpha(\Phi(g)v) = \Psi(g)(\alpha(v))$ (对于一切 $g \in G, v \in V$). 如果同态 α 是空间的一个同构, 那么表示 Φ 和 Ψ 是**同构的**.

群 G 的表示 Φ 的子空间 $U \subset V$ 称为**不变的**, 如果对于一切 $g \in G$ 有 $\Phi(g)U = U$. 一个次数不为 0 的表示称为**不可约的**, 如果零子空间和整个空间是仅有的不变子空间.

B. 矩阵表示的术语. 群 G 在域 F 上的 n 次**矩阵表示**是从群 G 到 F 上的 n 阶可逆矩阵群的同态 $\rho: G \to \mathbf{GL}_n(F)$. 群 G 在 F 上的两个 n 次矩阵表示 ρ 和 σ 是**等价的** (同构的), 如果存在非奇异矩阵 $C \in \mathbf{M}_n(F)$, 使得 $\rho(g) = C^{-1}\sigma(g)C$ 对于一切 $g \in G$.

一个矩阵表示是**可约的**, 如果它等价于所有矩阵都有相同的 '零角' 的表示, 即它们形如 $\begin{pmatrix} A & C \\ 0 & B \end{pmatrix}$, 其中 A 和 B 是 r 阶和 s 阶矩阵, r 和 s 对于一切 $g \in G$ 是固定的.

C. 线性 G 空间的术语. 设 G 是群并且 V 是线性空间. 我们说, 在 V 中给出了线性 G 空间结构, 如果存在一个配对

$$G \times V \to V, \quad (g, v) \mapsto g * v,$$

使得 $v \mapsto g * v$ 是 V 上的线性算子, 并且对于一切 $g_1, g_2 \in G, v \in V$ 有 $g_1 * (g_2 * v) = (g_1 g_2) * v$. 两个 G 空间 V 和 W 是同构的如果存在空间的同构 $\alpha : V \to W$, 使得 $\alpha(g * v) = g * \alpha(v)$ (对于一切 $g \in G, v \in V$).

G 空间 V 的子空间 U 是**不变的**, 如果对于一切 $g \in G, u \in U$ 有 $g * u \in U$. 非零 G 空间是**不可约的**, 如果它没有非平凡的不变子空间.

D. 群代数上的模的术语. 空间 V 是群代数 $F[G]$ 上的**模**或者 $F[G]$ **模**, 如果存在一个配对

$$F[G] \times V \to V, \quad (a, v) \mapsto a \cdot v,$$

使得 $a_1 \cdot (a_2 \cdot v) = (a_1 a_2) \cdot v, a \cdot (v_1 + v_2) = a \cdot v_1 + a \cdot v_2$. 两个 $F[G]$ 模 V 和 W 是同构的, 如果存在线性同构 $\alpha : V \to W$, 使得 $\alpha(a \cdot v) = a \cdot \alpha(v)$ (对于一切 $a \in F[G], v \in V$).

$F[G]$ 模 V 的子空间 U 是**子模**, 如果 $a \cdot u \in U$ (对于一切 $a \in F[G], u \in U$). 一个非零模 V 是**单的**或**不可约的**, 如果它没有非平凡的子模.

我们指出, 如果在 V 上考虑 $F[G]$ 模的结构并认为 G 是 $F[G]$ 中的子集 (我们把 G 的元素与有一个非零系数且它等于 1 的和等同), 那么 V 有 G 空间的自然结构, $(g, v) \to g \cdot v$.

反之, 如果在 V 上考虑 G 空间的结构, 那么我们可以令

$$\left(\left(\sum \alpha_g \cdot g\right), v\right) \mapsto \sum \alpha_g (g * v).$$

由此得出 V 是 $F[G]$ 模.

如果 Φ 是群 G 在 V 中的线性表示, 那么运算 $(g, v) \mapsto \Phi(g)v$ 在 V 上给出了 G 空间的结构.

如果 V 是 G-空间并且 $\Phi(g) : v \mapsto g * v$, 那么 $\Phi(g)$ 是 V 上的线性算子. 容易证明 $g \mapsto \Phi(g)$ 是群 G 在 V 中的一个线性表示.

给了群 G 在 n 维空间 V 中的线性表示 Φ, 选取 V 的一个基, 并且让每个元素 $g \in G$ 对应算子 $\Phi(g)$ 在这个基下的矩阵, 就得到从 G 到 $\mathbf{GL}_n(F)$ 的一个映

射, 它是群 G 的一个矩阵表示. 如果我们选择另一个基, 那么我们得到等价的矩阵表示.

给了群 G 的一个 n 次矩阵表示 ρ, 让每个元素 $g \in G$ 对应于在空间 F^n 中用矩阵 $\rho(g)$ 的乘法得到的一个算子, 就得到 G 在 F^n 中的一个线性表示.

不难验证, 从 $F[G]$ 模到 G 空间、线性表示和矩阵表示的上述转换, 以及反过来的转换, 把不可约表示变成其他的不可约表示, 并且类似地, 在转换后把同构对象变成同构对象.

$F[G]$ 中的乘法运算给出了空间 $V = F[G]$ 中的一个 $F[G]$ 模结构, 群 G 在 V 中的相应线性表示称为**正则表示**. 我们也能够如下定义正则表示: 通过考虑有基 $(e_g | g \in G)$ 的空间 V 并且通过法则 $R(h)e_g = e_{hg}$ 对于一切 $g, h \in G$ 定义映射 $R : G \to \mathbf{GL}(V)$. 基 (e_g) 称为正则表示空间的**标准基**.

群表示论的主要定理如下.

定理 1 设 G' 是群 G 的换位子群并且 $\varphi : G \to G/G'$ 是标准同态. 则公式 $\psi \to \psi \circ \varphi$ 建立了在群 G 和 G/G' 的 1 维表示之间的一一对应.

定理 2 (Maschke) 设 G 是有限群并且域 F 的特征不能整除 $|G|$. 则 G 在 F 上的任一有限维表示同构于不可约表示的直和.

定理 3 设 G 是有限群并且 F 是代数闭域. 设域 F 的特征不能整除 $|G|$. 则 G 在 F 上的不同的不可约表示的数目等于 G 的共轭元素类的数目. 这些表示的维数的平方和等于 G 的阶.

定义汇总

下面列出在本习题集中用到的主要概念.

Absolute value on a field （域上的绝对值）：见习题 66.37.

Action of a group on a set （群在集合上的作用）：群 G 作用在集合 M 上，如果每个元素 $g \in G$ 对应一个双射 $M \to M, m \mapsto gm$ 并且 $g_1 g_2(m) = (g_1 g_2)m, 1m = m$ （对于一切 $g, g_2 \in G, m \in M$）.

Algebra （代数）

— $\sim$ **of formal power series** (in a variable x over a field K) （域 K 上变量 x 的形式幂级数的代数）：形式表达式 $\sum\limits_{k=0}^{\infty} a_k x^k (a_k \in K)$ 的集合，具有自然的加法和与 K 的元素的乘法，并且有乘法运算

$$\sum_{k=0}^{\infty} a_k x^k \cdot \sum_{k=0}^{\infty} b_k x^k = \sum_{k=0}^{\infty} c_k x^k, \quad \text{其中 } c_k = \sum_{\substack{i+j=k \\ i \geqslant 0, j \geqslant 0}} a_i b_j.$$

— $\sim$ **of generalized quaternions** （广义四元数代数）：见习题 65.3.

— $\sim$ **of differential operators** （微分算子的代数）：见习题 63.28 中的 Weyl 代数.

— **Banach** $\sim$ （Banach 代数）：完备赋范代数.

— **Central** $\sim$ （中心代数）：满足以下条件的代数：它的中心是 $1 \cdot K$，其中 1 是代数的单位元，K 是它的基本域.

— **External** $\sim$ **of a vector space** （向量空间的外代数）：见理论知识 §4 和习

题 63.25.

— **Grassman** $\sim$ **of a vector space** (向量空间的 Grassman 代数): 空间的外代数.

— **Group** $\sim$ (of a group G over a field F) (群 G 在域 F 上的群代数): 有限形式线性组合 $\sum \alpha_g g$ ($g \in G, \alpha_g \in F$) 的集合, 带有自然的加法和与 F 的元素的乘法, 并且有乘法运算
$$\alpha_g g \cdot \alpha_h h = \alpha_g \alpha_h gh,$$
它通过分配律也适用于线性组合.

— **Noetherian** $\sim$ (commutative) (交换 Noether 代数): 满足以下条件的交换代数: 任一理想的升链是有限的.

— **Normed** $\sim$ (over a normed field K) (赋范域 K 上的赋范代数): 具有非负实值函数 $\|x\|$ ($x \in A$) 的代数, 并且

　　a) $\|x\| \geqslant 0$; 并且 $\|x\| = 0$ 当且仅当 $x = 0$;

　　b) $\|x + y\| \leqslant \|x\| + \|y\|$;

　　c) $\|\lambda x\| = |\lambda| \cdot \|x\|$, 其中 $\lambda \in K, x \in A$;

　　d) $\|xy\| \leqslant \|x\| \cdot \|y\|$.

— **Semisimple** $\sim$ (半单代数): 满足以下条件的代数: 只有零理想是由幂零元组成的双边理想; 在可交换的情形, 只有零元是幂零元.

— **Separable** $\sim$ (可分代数): 见习题 67.35.

— **Simple** $\sim$ (单代数): 满足以下条件的代数: 只有零理想和整个代数是双边理想.

— **Symmetric** $\sim$ **of a vector space** (向量空间的对称代数): 见理论知识 §4 和习题 63.26.

— **Tensor** $\sim$ **of a vector space** (向量空间的张量代数): 见习题 63.24.

— **Weyl** $\sim$ (Weyl 代数): 见习题 63.28.

Annihilator (零化子): 见习题 64.68.

Axis of a homology (透射的轴): 见习题 53.23.

Center of a homology (透射的中心): 见习题 53.23.

— $\sim$ **of a group** (ring) (群 (环) 的中心): 群 (环) 中与所有元素可交换的元素组成的集合.

Centralizer of an element of a group (群的一个元素的中心化子): 群中与给定的元素可交换的所有元素的集合.

定义汇总

Circulant (循环行列式): 见习题 15.3.

Codimension of a subspace (子空间的余维数): 空间的维数与子空间的维数之间的差.

Commutant of a group (群的换位子群): 由群的元素的所有换位子生成的子群.

Commutator of elements x and y (元素 x 和 y 的换位子)

— $\sim\sim\sim\sim\sim\sim$ **of a group** (群的元素 x 和 y 的换位子): 群的元素 $xyx^{-1}y^{-1}$.

— $\sim\sim\sim\sim\sim\sim$ **of a ring** (环的元素 x 和 y 的换位子): 环的元素 $xy-yx$.

Completion of a metric space (度量空间的完备化): 对于 Cauchy 序列的完备化.

Component of semisimple (reduced) algebra (半单 (可约) 代数的分支): 见习题 67.18.

Continuant (连项式): 见习题 16.12.

Coordinates (坐标)

— **Barycentric** $\sim$ (重心坐标): 仿射空间中的点 x 对于一般位置的点系 $x_0, x_1, \cdots, x_n$ 的坐标 $\lambda_0, \lambda_1, \cdots, \lambda_n$, 它由下述等式定义

$$x = \sum_{i=0}^{n} \lambda_i x_i, \quad \text{其中} \sum_{i=0}^{n} \lambda_i = 1.$$

Correlation (对射变换): 见习题 53.29.

Cross-ratio (交比): 见习题 53.28.

Decrement of a permutation (置换的减量): 置换的次数与它分解成不相交轮换的轮换数目 (长度为 1 的轮换包括在内) 之间的差.

Degree (次数)

— $\sim$ **of a separable algebra** (可分代数的次数): 见习题 67.28.

— **Transcendence** $\sim$ **of an extension** (扩张的超越次数): 见习题 67.17.

Elementary row (column) transformations of a matrix (矩阵的初等行 (列) 变换): 用一个可逆元素乘一行 (列) (I 型); 一行 (列) 的倍数加到另一行 (列) (II 型); 有时置换行 (列).

K-embedding (K-嵌入): 单射 K-同态.

Extension (扩张)

— **Galois** $\sim$ (Galois 扩张): 见习题 67.54.

— **Normal** $\sim$ (正规扩张): 见习题 67.30.

— **Separable** ~ （可分扩张）：见习题 67.39.

— **Purely nonseparable** ~ （纯不可分扩张）：见习题 67.48.

Field （域）

— ~ **of decomposition of a polynomial** （多项式的分解域）：多项式的最小分裂域.

— **Normed** ~ （赋范域）：一个域具有绝对值，见习题 66.35.

— **Splitting** ~ **of an algebra** （代数的分裂域）：见习题 67.27, 67.25.

— **Splitting** ~ **of a polynomial** （多项式的分裂域）：多项式的系数域的一个扩张，在这个扩域上多项式能分解成线性因子的乘积.

Flag of subspaces （子空间的旗）：见习题 57.5.

Function （函数）

— ~ **of Möbius** （Möbius 函数）通过下式定义的自然数 n 的函数：

$$\mu(n) = \begin{cases} 1, & n = 1, \\ (-1)^r, & n \text{ 是 } r \text{ 个不同素数的乘积}, \\ 0, & \text{其他情形}. \end{cases}$$

— **Euler** ~ （欧拉函数）：若 $n = 1$，则它等于 1；若 $n > 1$，则它等于比 n 小且与 n 互素的自然数的数目.

Gram determinant （Gram 行列式）：Gram 矩阵的行列式.

Group （群）

— **Dihedral** ~ $\mathbf{D}_n$ （二面体群 $\mathbf{D}_n$）：平面的把一个正 n 边形映成它自身的等距变换群.

— ~ **of quaternions** $\mathbf{Q}_8$ （四元数群 $\mathbf{Q}_8$）：元素 $\pm 1, \pm i, \pm j, \pm k$ 的集合，具有与四元数体相同的乘法.

— **Divisible** ~ （可除群）：满足以下条件的 Abel 群：对于任一元素 a 和任一整数 n，方程 $nx = a$ 有解.

— **Dual abelian** ~ （对偶 Abel 群）：见习题 72.14.

— **Galois** ~ **of an extension** （一个扩张的 Galois 群）：见习题 67.54.

— **Galois** ~ **of a polynomial** （一个多项式的 Galois 群）：见习题 67.56.

— **Kleinian** ~ $\mathbf{V}_4$ （Klein 群 $\mathbf{V}_4$）：置换群

$$\{e, (12)(34), (13)(24), (14)(23)\}$$

和任一与它同构的群.

定义汇总

- **Periodic** ~ (周期群): 所有元素有有限阶的群.
- **P-group** (P-群): 所有元素有形如 p^n $(n \in \mathbb{N})$ 的阶的群.

Homology (透射): 见习题 53.23.

Homomorphism unitary (单式同态): (代数) 环的同态, 使单位元映成单位元.

- **K-homomorphism** (K 同态): 域 K 上的代数的同态. 该术语用于同时考虑域 K 的某个扩张上的代数的情形.

Isometry (等距变换): Euclid 空间到它自身的保持点之间的距离不变的映射.

Ideal (理想)

- **Maximal** ~ (极大理想): 环 (代数) 的一个理想, 它不被严格包含在这个环 (代数) 的任一真理想里.
- **Prime** ~ (of a commutative ring) (交换环的素理想): 使商环 (商代数) 没有零因子的理想.

Idempotent (幂等元): 环的一个元素, 它的平方等于这个元素.

Idempotents orthogonal (正交幂等元): 乘积为零的幂等元

Involution (对合): 见习题 65.3.

Lie superalgebra (李超代数): 见习题 65.6.

Matrix (矩阵)

- ~ **units** (矩阵单位): 仅有的非零元等于 1 并且位于 (i,j) 的方阵 E_{ij} $(i,j = 1, \cdots, n)$.
- **Adjoint** ~ (伴随矩阵): 由所给矩阵的元素的代数余子式组成的矩阵的转置.
- **Elementary** ~ (初等矩阵): 形如 $E + (\gamma - 1) E_{ii}$ $(\gamma \neq 0)$ (I 型), $E + \alpha E_{ij}$ $(\alpha \neq 0, i \neq j)$ (II 型) 之一的矩阵; 有时置换矩阵也称为初等矩阵.
- **Gram** ~ (of a system of verctors $e_1, \cdots, e_n$ in an Euclidean space) (Euclid 空间中向量组 $e_1, \cdots, e_n$ 的 Gram 矩阵): n 阶矩阵 $((e_i, e_j))$.
- **Hermitian** ~ (Hermite 矩阵): 满足条件 ${}^tA = \overline{A}$ 的复矩阵 A, 其中 $\overline{A}$ 是从 A 通过把它的元素用复共轭代替得到的矩阵.
- **Nilpotent** ~ (幂零矩阵): 某个方幂等于零矩阵的矩阵 (矩阵环的幂零元).
- **Niltriangular** ~ (幂零三角形矩阵): 一个上三角矩阵它的主对角线上的元素为 0.
- **Orthogonal** ~ (正交矩阵): 满足条件 ${}^tA = A^{-1}$ 的矩阵 A.
- **Periodic** ~ (周期矩阵): 某次方幂等于单位矩阵的矩阵.

— **Permutaiton** ~ （置换矩阵）：在每一行和每一列中只有一个元素为 1 而其余元素为 0 的矩阵.

— **Skew-Hermitian** ~ （反 Hermite 矩阵）：满足条件 $^tA = -\overline{A}$ 的复矩阵 A，其中 $\overline{A}$ 是从 A 通过把它的元素用复共轭代替得到的矩阵.

— **Skew-symmetric** ~ （反称矩阵）：满足条件 $^tA = -A$ 的矩阵 A.

— **Symmetric** ~ （对称矩阵）：满足条件 $^tA = A$ 的矩阵 A.

— **Triangular** ~ （三角形矩阵）：上或者下三角形矩阵.

— **Unimodular** ~ （幺模矩阵）：行列式为 1 的矩阵.

— **Unitriangular** ~ （单位三角形矩阵）：主对角线上都是 1 的三角形矩阵.

— **Unitary** ~ （酉矩阵）：满足条件 $^t\overline{A} = A^{-1}$ 的复矩阵 A，其中 $^t\overline{A}$ 是从 ^tA 通过把它的元素用复共轭代替得到的矩阵.

— **Upper-triangular** ~ （上三角形矩阵）：主对角线下方的元素全为 0 的矩阵.

Module （模）

— **Completely reducible** ~ （完全可约模）：见习题 64.81.

— **Cyclic** ~ （循环模）：满足以下条件的模：有一个固定元素 m_0，使得这个模的任一元素 m 能表示成形式 $m = am_0$，其中 a 是环的一个元素.

— **Irreducible** ~ （不可约模）：满足以下条件的非零模：它的子模只有零子模和整个模.

— **Reducible** ~ （可约模）：不是不可约模的非零模.

— **Unitary** ~ （单式模）满足以下条件的模：环的单位元恒等地作用.

Nilpotent element of a ring （环的幂零元）：某个方幂等于 0 的元素.

Nilradical of a ring （环的幂零根）：环的由幂零元素组成的最大双边理想（在集合论包含关系的意义上）.

Norm of an element of an algebra （环的元素的范数）：见习题 67.32.

Normalizer of a subgroup （子群的正规化子）：使给定子群是正规子群的最大子群.

Normal closure of an element of a group （群的元素的正规闭）：包含给定元素的最大正规子群.

Normed Vector space (of a normed field k) （赋范域 K 上的）赋范向量空间：具有非负实值函数 $\|x\|$ 的向量空间，并且

a) $\|x\| \geqslant 0$，并且 $\|x\| = 0$ 当且仅当 $x = 0$；

b) $\|x + y\| \leqslant \|x\| + \|y\|$；

c) $\|\lambda x\| = |\lambda| \cdot \|x\|$, 其中 $\lambda \in K, x \in V$.

Operator (算子)
— **Adjoint** ~ (**to an operator** $\mathcal{A}$) (算子 $\mathcal{A}$ 的伴随算子): 满足 $(\mathcal{A}x, y) = (x, \mathcal{A}^*y)$ 的线性算子 $\mathcal{A}^*$.
— **Hermitian** ~ (Hermite 算子): Hermite 空间中满足以下条件的线性算子 $\mathcal{A}$: $(\mathcal{A}x, y) = (x, \mathcal{A}y)$ 对于所有向量 x 和 y (即 $\mathcal{A}^* = \mathcal{A}$).
— **Normal** ~ (正规算子): Euclid 空间或度量空间与其伴随算子可交换的线性算子.
— **Orthogonal** ~ (正交算子): 保持向量的数量积的线性算子 $\mathcal{A}$, 即 $(\mathcal{A}x, \mathcal{A}y) = (x, y)$ 对于所有向量 x 和 y (换句话说, $\mathcal{A}^* = \mathcal{A}^{-1}$).
— **Self-adjoint or symmetric** ~ (自伴随或对称算子): Euclid 或 Hermite 空间中满足以下条件的线性算子 $\mathcal{A}$: $(\mathcal{A}x, y) = (x, \mathcal{A}y)$ 对于所有向量 x 和 y (即 $\mathcal{A}^* = \mathcal{A}$).
— **Semisimple** ~ (半单算子): 使得任一不变子空间有不变补空间的线性算子.
— **Skew-Hermitian** ~ (反 Hermite 算子): Hermite 空间中满足以下条件的线性算子 $\mathcal{A}$: $(\mathcal{A}x, y) = -(x, \mathcal{A}y)$ 对于所有向量 x 和 y (即 $\mathcal{A}^* = -\mathcal{A}$).
— **Skew-Symmetric** ~ (反称算子): 满足以下条件的线性算子 $\mathcal{A}$: $(\mathcal{A}x, y) = -(x, \mathcal{A}y)$ 对于所有向量 x 和 y (即 $\mathcal{A}^* = -\mathcal{A}$).
— **Unitary** ~ (酉算子): Hermite 空间中保持向量的数量积的线性算子 $\mathcal{A}$, $(\mathcal{A}x, \mathcal{A}y) = (x, y)$ 对于所有向量 x 和 y (即 $\mathcal{A}^* = \mathcal{A}^{-1}$).

Orbit of an element (元素的轨道): 群的一个元素在所有元素的乘法下的像的集合.

Orientation of a vector space (向量空间的定向): 见习题 52.28.

Parallelepiped (with edges $a_1, \cdots, a_k$) (具有棱 $a_1, \cdots, a_k$ 的平行六面体): 线性组合 $\sum_{i=1}^{k} \lambda_i a_i (0 \leqslant \lambda_i \leqslant 1, \quad i = 1, \cdots, k)$ 的集合.

Partition of a number n (数 n 的一个划分): 见习题 31.29.

Permutation (置换): 有限集合到它自身的双射.

Period of a group (群的周期): 使 $x^n = e$ 对于群的所有元素 x 都成立的最小自然数 n.

Periodic part of a group (群的周期部分): 群的有限阶元素的集合.

Polynomial (多项式)

- **Cyclotomic** $\sim \Phi_n(x)$ (分圆多项式 $\Phi_n(x)$): 多项式 $\prod_{k=1}^{\phi(n)}(x-\varepsilon_k)$, 其中 $\varepsilon_1, \cdots,$ $\varepsilon_{\phi(n)}$ 是本原 n 次单位根.
- **Legendre** $\sim$ (Legendre 多项式): 见习题 43.44.
- **Characteristic** $\sim$ **of an element of an algebra** (代数的一个元素的特征多项式): 见习题 67.32.
- **Minimal** $\sim$ **of a linear operator** (线性算子的最小多项式): 给定算子的次数最低的零化多项式 N; 算子的矩阵的最小多项式.
- — $\sim$ **of a matrix** (矩阵的最小多项式): 给定矩阵的次数最低的零化多项式.
- **Separable** $\sim$ (可分多项式): 见习题 67.42.

Projection (on a subspace U in parallel with a complement subspace V) (平行于补空间 V 在子空间 U 上的投影): 把向量 $x = u + v$ ($u \in U, v \in V$) 映射到向量 u 的线性算子.

Quadratic reciprocity law (二次互反律): 见习题 68.12.

Quadric (二次曲面)
- k-**planar** $\sim$ (k-平面二次曲面): 见习题 52.26.
- **Plücker** $\sim$ (Plücker 二次曲面): 见习题 52.28.

Pseudoreflection (伪反射): 见习题 39.13.

Quaternion (四元数): 四元数体的元素.
- **Pure** $\sim$ (纯四元数): 实部为 0 的四元数.

Ring (环)
- **Completely reducible** $\sim$ (left, right) (完全可约环 (左, 右)): 见习题 64.76 和 64.82.
- $\sim$ **of Gaussian integers** (Grass 整数环): 由复数 $x + yi$ ($x, y \in \mathbb{Z}$) 组成的环.
- $\sim$ **of polynomials in noncommuting variables** $x_1, \cdots, x_n$ (over a ring A) (环 A 上的不可交换的变量 $x_1, \cdots, x_n$ 的多项式环): 所有形如表达式
$$\sum_{K_1,\cdots,K_m} a_{k_1\cdots k_m} x_{k_1} \cdots x_{k_m} \quad (a_{k_1\cdots k_n} \in A, m \geqslant 0, 1 \leqslant k_1, \cdots, k_n \leqslant n)$$
的集合, 有自然的加法运算和单项式的乘法运算 $a_{k_1\cdots k_m} x_{k_1} \cdots x_{k_m} \cdot b_{i_1\cdots i_s}$ $x_{i_1} \cdots x_{i_s} = a_{k_1\cdots k_m} b_{i_1\cdots i_s} x_{k_1} \cdots x_{k_m} x_{i_1} \cdots x_{i_s}$, 它通过分配律扩充到多项式的乘法运算.

— **~ without zero divisors** (or a domain)　(无零因子环 (或整环)): 没有非平凡的零因子的环.
— **Lie ~**　(Lie 环): 见习题 65.11.
— **Noetherian ~**　(commutative)　(Noether 环 (可交换)): 满足以下条件的交换环: 它的任一理想的严格升链是有限的.
— **Simple ~**　(单环): 有非零乘法的环, 它仅有的双边理想是零理想和整个环.

Reflection　(in a space U in parallel with a complement subspace V)　(平行于补空间 V 关于子空间 U 的反射): 把每个向量 $x = u + v$ ($u \in U$, $v \in V$) 映到向量 $u - v$ 的线性算子.

Root (complex) of 1　(1 的复根): 满足以下条件的复数: 它的某个非零次方幂等于 1.
— **~ of order n**　(n 次单位根): n 次幂等于 1 的复数.
— **Primitive ~ of order n**　(本原 n 次单位根): 不是小于 n 次的单位根的 n 次单位根.

Semi-direct product of group G and H　(群 G 和 H 的半直积): 具有以下运算的集合 $G \times H$:
$$(x,y)(z,t) = (x \cdot \varphi(y)z, yt),$$
其中 $\varphi : H \to \operatorname{Aut} G$. 是某个同态.

Skew-field of quaternions　(四元数体): 域 $\mathbb{R}$ 上的向量空间, 它有一个基 $1, i, j, k$, 其中 1 是对于乘法的单位元,
$$i^2 = j^2 = k^2 = -1, \quad ij = -ji = k, \quad jk = -kj = i, \quad ki = -ik = j; \quad \alpha = \beta = 1$$
时的广义四元数代数.

Subgroup maximal　(极大子群): 不被严格包含在不同于整个群的任何子群的子群.

Subspace　(子空间)
— **Complement ~** (to a subspace U)　(对于子空间 U 的补空间): 使整个空间等于 $U \oplus V$ 的子空间.
— **Totally isotropic ~**　(with respect to a symmetric or sesquilinear function $f(x,y)$)　(对于对称或半双线性函数 $f(x,y)$ 的全迷向子空间): 满足 $f(x,x) = 0$ 的子空间.

Sylow p-subgroup　(Sylow p-子群): 极大 p-子群.

Symbol (符号)

— ~ **of Jacobi** (Jacobi 符号)：见习题 68.7.
— ~ **of Kronecker** (Kronecker 符号)：

$$\delta_{ii} = 1, \quad \delta_{ij} = 0 \text{ 当 } i \neq j \quad (i, j = 1, \cdots, n).$$

— ~ **of Legendre** (Lengendre 符号)：见习题 68.7.

Symmetric difference (对称差)：见习题 1.2.

Trace (迹)

— ~ **of a matrix** (矩阵的迹)：主对角线上元素的和.
— ~ **of an element of an algebra** (代数的一个元素的迹)：见习题 67.32.
— ~ **of an operator** (算子的迹)：所给算子的矩阵的迹.

Rotation (旋转)：保持空间的定向并且具有一个不动点的运动.

Zero divisor in a ring (环的零因子)：满足以下条件的非零元 a：存在元素 $b \neq 0$，使得 $ab = 0$ (左零因子).

符号表

^tA 矩阵 A 的转置

$\widehat{A}$ 矩阵 A 的伴随矩阵

$\mathcal{A}^*$ 线性算子 $\mathcal{A}$ 的伴随算子

$\mathbf{A}_n$ n 次交错群 (集合 $\{1,2,\cdots,n\}$ 的偶置换的群)

$|A|$ 集合 A 的元素的数目

$[A,B]$ 矩阵 A 和 B 的换位子 $AB-BA$

$\operatorname{Aut} G$ 群 G 的自同构群

Alt 空间 $\mathbb{T}_0^q(V)$ 中的交错化算子

(a) 由元素 a 生成的环的理想

$\langle a \rangle$ 由元素 a 生成的子群 (子环, 子代数, 子空间)

$\langle a \rangle_n$ 由元素 a 生成的 n 阶循环群

$\arg z$ 复数 z 的幅角, 假设 $0 \leqslant \arg z < 2\pi$

$\mathbb{C}$ 复数集 (域, 加法群)

$\mathbf{D}_n$ 二面体群 (正 n 边形等距变换的对称群)

$\mathbf{D}_n(A)$ 环 A 上的 n 阶对角矩阵的集合

$\mathcal{D}$ 函数空间中的微分算子

$\operatorname{diag}(\lambda_1,\cdots,\lambda_n)$ 主对角线上元素为 $\lambda_1,\cdots,\lambda_n$ 的对角矩阵

$\operatorname{End} A$	(环 A 的) Abel 群 A 的自同态环
e^A	函数 e^x 在 $x=A$ (A 是矩阵) 的 Taylor 级数的和
E_{ij}	矩阵单位, 即仅有的非零元在 (i,j) 处且等于 1 的矩阵
$\mathbb{F}_q$	q 元域
G_a	在群 G 对集合 M 的作用下元素 $a \in M$ 的稳定子群
G'	群 G 的换位子群
$\mathbf{GL}(V)$	向量空间 V 中的非退化线性算子的群
$\mathbf{GL}_n(F)$	域 F 上的 n 维向量空间中的非退化线性算子的群; 域 F 上 n 阶非退化矩阵的群
$\mathbf{GL}_n(q)$	即 $\mathbf{GL}_n(\mathbb{F}_q)$
$\mathbb{H}$	四元数体
$\operatorname{Hom}(A,B)$	从群 A 到 Abel 群 B 的同态的群
K^*	环 K 的可逆元的群
$K(a)$	域 K 通过添加元素 a 的扩张
$F[G]$	群 G 在域 K 上的群代数
$K[x]$	系数属于环 K 的变量 x 的多项式环
$K[x]_n$	环 $K[x]$ 中次数不大于 n 的多项式的集合
$K(x)$	系数属于域 K 的变量 x 的有理函数域
$K[[x]]$	系数属于环 K 的变量 x 的幂级数环
$K[x_1,\cdots,x_n]$	系数属于环 K 的变量 $x_1,\cdots,x_n$ 的多项式环
$K\{x_1,\cdots,x_n\}$	系数属于环 K 的不可交换变量 $x_1,\cdots,x_n$ 的多项式环
$L(V)$	向量空间 V 中的线性算子的集合
$\ln A$	函数 $\ln(1-x)$ 在 $x=E-A$ (A 是矩阵) 的 Taylor 级数的和
$\mathbf{M}_n(K)$	环 K 上 n 阶矩阵的环 (代数)
$\mathbb{N}$	自然数集
$N(A)$	代数 A 的幂零根
$N(H)$	子群 H 的正规化子
$\mathbf{N}_{A/K}(a)$	域 K 上代数 A 的元素 a 的范数
$n\mathbb{Z}$	能被数 n 整除的整数的集合

$\mathbf{O}_n(K)$	域 K 上 n 阶正交矩阵的群
$\mathbb{Q}$	有理数集 (域, 加法群)
$\mathbb{Q}_p$	p 进数域
$\mathbb{R}_+$	正实数集 (的乘法群)
$\mathrm{rk}A$	矩阵 A 的秩
$\mathrm{rk}\mathcal{A}$	线性算子 $\mathcal{A}$ 的秩
$\langle S \rangle$	具有生成元集 S 的子群 (子环, 子代数, 子空间); 集合 S 的仿射包
$\mathbf{S}_n$	n 次对称群 (集合 $\{1,\cdots,n\}$ 的置换群)
$\mathbf{S}_X$	集合 X 到自身的一一映射群
$\mathbf{SL}_n(K)$	域 K 上行列式为 1 的矩阵的群
$\mathbf{SL}_n(q)$	即 $\mathbf{SL}_n(\mathbb{F}_q)$
$\mathbf{SO}_n(K)$	域 K 上行列式为 1 的正交矩阵的群
$\mathbf{SU}_n(\mathbb{C})$	行列式为 1 的酉矩阵的群
$\mathbf{SU}_n$	即 $\mathbf{SU}_n(\mathbb{C})$
$S(V)$	向量空间 V 的对称代数
$S^q(V)$	向量空间 V 的 q 次对称幂
Sym	空间 $\mathbb{T}_0^q(V)$ 的对称化算子
$\mathbb{T}(V)$	向量空间 V 的张量代数
$\mathbb{T}_p^q(V)$	向量空间 V 的 (p,q) 型张量的向量空间
$\mathrm{tr}\,A$	矩阵 A 的迹
$\mathrm{tr}\,\mathcal{A}$	线性算子的迹
$\mathrm{tr}_{A|K}(a)$	域 K 上代数 A 的元素 a 的迹
$\mathbf{U}$	绝对值为 1 的复数的群
$\mathbf{U}_n$	n 次单位复根的群
$\mathbf{U}_{p^n}$	p^n 次 $(n\in\mathbb{N})$ 单位复根的群 (p 是素数)
U°	在对偶向量空间中子集 U 的正交补
$U^\perp$	向量空间的子集 U 对于给定的双线性函数的正交补
$\mathbf{UT}_n(K)$	域 K 上 n 阶单位上三角矩阵的群

$\mathbf{V}_4$ Klein 群

V^* 空间 V 的对偶向量空间

$V(a_1,\cdots,a_k)$ 具有棱 $a_1,\cdots,a_k$ 的平行六面体的体积

$x\wedge y$ 向量空间的 Grassman 代数中元素 x,y 的积

$\mathbb{Z}$ 整数集 (环, 加法群); 无限循环群

$\mathbf{Z}_n$ n 阶循环群, 模 n 剩余类环

$\mathbb{Z}_p$ p 进整数环

$\mathbb{Z}[i]$ Gauss 整数环

$\sqrt[n]{z}$ 复数 z 的 n 次复根的集合

$\mu(n)$ Möbius 函数

$\mu(a)$ 代数元素 a 的极小多项式

$\Lambda(V)$ 向量空间 V 的外代数 (Grassman 代数)

$\Phi_n(x)$ 分圆多项式 $\prod_{k=1}^{\phi(n)}(x-\varepsilon_k)$, 其中 ε_k 是本原 n 次单位根 $(k=1,\cdots,\phi(n))$

$\phi(n)$ Euler 函数

$\chi_{A|K}(a,x)$ 域 K 上代数 A 的元素 a 的特征多项式

1_X 集合 X 的恒等映射

2^X 集合 X 的所有子集的集合

相关图书清单

序号	书号	书名	作者
1	9787040183030	微积分学教程（第一卷）（第8版）	[俄]Г. М. 菲赫金哥尔茨
2	9787040183047	微积分学教程（第二卷）（第8版）	[俄]Г. М. 菲赫金哥尔茨
3	9787040183054	微积分学教程（第三卷）（第8版）	[俄]Г. М. 菲赫金哥尔茨
4	9787040345261	数学分析原理（第一卷）（第9版）	[俄]Г. М. 菲赫金哥尔茨
5	9787040351859	数学分析原理（第二卷）（第9版）	[俄]Г. М. 菲赫金哥尔茨
6	9787040287554	数学分析（第一卷）（第7版）	[俄]В. А. 卓里奇
7	9787040287561	数学分析（第二卷）（第7版）	[俄]В. А. 卓里奇
8	9787040183023	数学分析（第一卷）（第4版）	[俄]В. А. 卓里奇
9	9787040202571	数学分析（第二卷）（第4版）	[俄]В. А. 卓里奇
10	9787040345247	自然科学问题的数学分析	[俄]В. А. 卓里奇
11	9787040183061	数学分析讲义（第3版）	[俄]Г. И. 阿黑波夫 等
12	9787040254396	数学分析习题集（根据2010年俄文版翻译）	[俄]Б. П. 吉米多维奇
13	9787040310047	工科数学分析习题集（根据2006年俄文版翻译）	[俄]Б. П. 吉米多维奇
14	9787040295313	吉米多维奇数学分析习题集学习指引（第一册）	沐定夷、谢惠民 编著
15	9787040323566	吉米多维奇数学分析习题集学习指引（第二册）	谢惠民、沐定夷 编著
16	9787040322934	吉米多维奇数学分析习题集学习指引（第三册）	谢惠民、沐定夷 编著
17	9787040305784	复分析导论（第一卷）（第4版）	[俄]Б. В. 沙巴特
18	9787040223606	复分析导论（第二卷）（第4版）	[俄]Б. В. 沙巴特
19	9787040184075	函数论与泛函分析初步（第7版）	[俄]А. Н. 柯尔莫戈洛夫 等
20	9787040292213	实变函数论（第5版）	[俄]И. П. 那汤松
21	9787040183986	复变函数论方法（第6版）	[俄]М. А. 拉夫连季耶夫 等
22	9787040183993	常微分方程（第6版）	[俄]Л. С. 庞特里亚金
23	9787040225211	偏微分方程讲义（第2版）	[俄]О. А. 奥列尼克
24	9787040257663	偏微分方程习题集（第2版）	[俄]А. С. 沙玛耶夫
25	9787040230635	奇异摄动方程解的渐近展开	[俄]А. Б. 瓦西里亚娃 等
26	9787040272499	数值方法（第5版）	[俄]Н. С. 巴赫瓦洛夫 等
27	9787040373417	线性空间引论（第2版）	[俄]Г. Е. 希洛夫
28	9787040205251	代数学引论（第一卷）基础代数（第2版）	[俄]А. И. 柯斯特利金
29	9787040214918	代数学引论（第二卷）线性代数（第3版）	[俄]А. И. 柯斯特利金
30	9787040225068	代数学引论（第三卷）基本结构（第2版）	[俄]А. И. 柯斯特利金
31	9787040502343	代数学习题集（第4版）	[俄]А. И. 柯斯特利金
32	9787040189469	现代几何学（第一卷）曲面几何、变换群与场（第5版）	[俄]Б. А. 杜布洛文 等

（续表）

序号	书号	书名	作者
33	9787040214925	现代几何学（第二卷）流形上的几何与拓扑（第5版）	[俄] Б.А.杜布洛文 等
34	9787040214345	现代几何学（第三卷）同调论引论（第2版）	[俄] Б.А.杜布洛文 等
35	9787040184051	微分几何与拓扑学简明教程	[俄] А.С.米先柯 等
36	9787040288889	微分几何与拓扑学习题集（第2版）	[俄] А.С.米先柯 等
37	9787040220599	概率（第一卷）（第3版）	[俄] А.Н.施利亚耶夫
38	9787040225556	概率（第二卷）（第3版）	[俄] А.Н.施利亚耶夫
39	9787040225549	概率论习题集	[俄] А.Н.施利亚耶夫
40	9787040223590	随机过程论	[俄] А.В.布林斯基 等
41	9787040370980	随机金融数学基础（第一卷）事实·模型	[俄] А.Н.施利亚耶夫
42	9787040370973	随机金融数学基础（第二卷）理论	[俄] А.Н.施利亚耶夫
43	9787040184037	经典力学的数学方法（第4版）	[俄] В.Н.阿诺尔德
44	9787040185300	理论力学（第3版）	[俄] А.П.马尔契夫
45	9787040348200	理论力学习题集（第50版）	[俄] И.В.密歇尔斯基
46	9787040221558	连续介质力学（第一卷）（第6版）	[俄] Л.И.谢多夫
47	9787040226331	连续介质力学（第二卷）（第6版）	[俄] Л.И.谢多夫
48	9787040292237	非线性动力学定性理论方法（第一卷）	[俄] L. P. Shilnikov 等
49	9787040294644	非线性动力学定性理论方法（第二卷）	[俄] L. P. Shilnikov 等
50	9787040355338	苏联中学生数学奥林匹克试题汇编（1961—1992）	苏淳 编著
51	9787040533705	苏联中学生数学奥林匹克集训队试题及其解答（1984—1992）	姚博文、苏淳 编著
52	9787040498707	图说几何（第二版）	[俄] Arseniy Akopyan

购书网站：高教书城（www.hepmall.com.cn），高教天猫（gdjycbs.tmall.com），京东，当当，微店

其他订购办法：

各使用单位可向高等教育出版社电子商务部汇款订购。书款通过银行转账，支付成功后请将购买信息发邮件或传真，以便及时发货。购书免邮费，发票随书寄出（大批量订购图书，发票随后寄出）。

单位地址：北京西城区德外大街4号
电　　话：010-58581118
传　　真：010-58581113
电子邮箱：gjdzfwb@pub.hep.cn

通过银行转账：

户　　名：高等教育出版社有限公司
开 户 行：交通银行北京马甸支行
银行账号：110060437018010037603

郑重声明

高等教育出版社依法对本书享有专有出版权。任何未经许可的复制、销售行为均违反《中华人民共和国著作权法》，其行为人将承担相应的民事责任和行政责任；构成犯罪的，将被依法追究刑事责任。为了维护市场秩序，保护读者的合法权益，避免读者误用盗版书造成不良后果，我社将配合行政执法部门和司法机关对违法犯罪的单位和个人进行严厉打击。社会各界人士如发现上述侵权行为，希望及时举报，我社将奖励举报有功人员。

反盗版举报电话	(010) 58581999 58582371
反盗版举报邮箱	dd@hep.com.cn
通信地址	北京市西城区德外大街 4 号 高等教育出版社法律事务部
邮政编码	100120